Namen-
und
Sach-Verzeichniß

zu

Carl Ritter's

Erdkunde von Asien

bearbeitet

von

Julius Ludwig Ideler.

Erster Band.

Ost-Asien.

(Zu Band II. bis VI. des ganzen Werkes.)

Berlin.
Gedruckt und verlegt bei G. Reimer.
1841.

Vorrede.

Von dem schon im Vorworte zum fünften Bande dieser Erdkunde versprochenen und im neunten Bande angekündigten Inhalts-Verzeichnisse erscheint nun hiemit wirklich der erste Registerband, welcher das Namen- und Sach-Verzeichniß von Ost-Asien (Band II. bis VI. des ganzen Werkes) enthält, weil dem ersten Bande, der von Afrika handelt, schon ein solcher Index sogleich zum bequemen Nachschlagen beigegeben ward. Den übrigen Bänden der baldigst bevorstehenden Beendigung West-Asiens wird dann der zweite Registerband, die andere, westliche Hälfte dieses Erdtheils enthaltend, unmittelbar nachfolgen können, da hiezu nun schon die Vorbereitungen getroffen sind.

Diese höchst mühevolle Arbeit verdanke ich, nachdem schon früher einige andere an derselben gescheitert waren, dem ausdauernden Fleiße und der gelehrten Umsicht des Herrn Dr. Jul. Ludw. Ideler, der mit kritischer Sorgfalt und dem Bestreben, die höchstmöglichste Vollständigkeit in der Lösung seiner Aufgabe zu erreichen und mit größter Genauigkeit zu verbinden, bei derselben zu Werke ging. Welche Schwierigkeiten sich jedoch bei einer Riesenarbeit dieser Art entgegenstellen mußten, wo es auf so vielerlei Namen und Schreibweisen, wie auf vergleichende Anordnung und Gruppirung einer Fülle von Sachen und Materien ankam, um durch bequemstes Nachschlagen die Brauchbarkeit des Werkes selbst zu erhöhen, wird nur derjenige zu ermessen im Stande sein, welcher selbst die mühsame Durcharbeitung des darin behandelten Gegenstandes nicht scheut. Die Nachträge werden deshalb, so unangenehm sie an sich sind, doch mit Nachsicht beurtheilt werden müssen, da sie nur dazu bestimmt sind, die Vollständigkeit noch zu erhöhen.

Vielleicht gelingt es dereinst, außer dem zweiten Registerbande der Namen und Sachen, auch noch, wie gleich anfänglich beabsichtigt war, ein Literarisches Register der benutzten Schriften zu Stande zu bringen, womit dann eine vollständig geordnete Literatur über diesen Erdtheil der alten Welt, die uns bis jetzt noch fehlt, und welche von großem Interesse sein dürfte, als Repertorium sich verbinden ließe.

Berlin, den 25. Juni 1841.

C. Ritter.

Namen-
und
Sach-Verzeichniß
zu
Ost-Asien.

A.

Aabi, d. i. Kropf. IV, 139.
Aal, s. Achu. Morinda citrifolia. IV, 537.
Aas, Nahrung d. Asamesen. IV, 294. — essen die Buräten. III, 120. — wird von den reinen Bhils nicht gegessen. VI, 615.
Aasfressen s. Murmis, Siyena Bhotiyas.
Abagaitu am Argunfluß. II, 522. 523.
Abagan, Zufl. zum Chair-Kumin. II, 894. — nicht zu verwechseln mit dem folgenden s. Jabagan.
Abagan, Zufl. zum Jenisei, nicht zu verwechseln mit dem gleichnamigen Zufl. zum Tscharysch. II, 899.
Abai, Dorf am Sujasch. II, 922.
Abai, Zufl. zum Kokfun. II, 914.
Abak, Knäs der Telenguten. II, 988.
Abakan, Fl. Ufer desselben. II, 1077. 1080—1098. s. Bukan. II, 646.
Abakansk, sibirische Stadt. Ursachen ihres langsamen Emporblühens. II, 568. 1105.
Abakanskische Linie. II, 593. 999.
Abakanskoi-Karaul, russ. Grenzwacht. II, 1003. 1012. 1021.
Abakansk, Ostrog. II, 590. 591.
Abbaherelle, nährende Wurzelart auf Ceylon. VI, 115.
Abban, pers. Kaufmann. V, 608.
Abbi-Arasani. VI, 21.
Abdallah, Fürst von Hami (1696). II, 371.
Abdar-modo-gol, chin. mandschur. Grenzposten. II, 643.
Abdel Malek, Kaliph († 705); Streit desselben mit den Haschemiten VI, 37.
Abdraim, buchar. Familie. II, 183.
Ab-eilé, d. i. Ilifluß. II, 405.
Abelia chinensis, am Poyangsee. IV, 676.
Abeng, die, Garotribus. V, 403.
Abeyepure. VI, 222.
Abha-Tissa, König von Ceylon. VI, 242.
Abhimanyu, Wiederhersteller der Brahmanenlehre in Kaschmir. III, 1102.
Abhisara. IV, 1085. (Abisaros, Biasarus, Abissarus, Abiasares, Embiasares, Abissares.)
Abida-Gassan, Khan der Khalkas-Mongolen. II, 497.
Abilgardia, Hydrocharidee am Irawadi. V, 223.
Abim, ceylonesf. = Opium. VI, 780.
Abi Sardar, Stadt in Malabar nach Ibn-Batuta. V, 590.
Abisares, König von Kasmira zu Alex. d. Gr. Zeit. V, 453. 465.
Abjapani, Shivalehrer. IV, 114.
Ablaï Galbaï Gobi, Theil der Sandwüste. II, 310.
Ablaiketskie Sopki. II, 740.
Ablaikit, Ruinen des kalmückischen Hoflagers. II, 575. 738—749.
Ablaikitka, Fl. II, 644. 739. 761.
Ablain-Kied, s. Ablaikit. II, 739.
Ablaische Sterckten (holländ. d. i. Festungen). II, 747.
Ablaï-gin-kied. II, 746.
Ablaketka, Bach. II, 575.
Ablay, Kalmückenfürst. II, 551.
Abor, Volk in Ober-Asam. IV, 323.
Abor, Bor-Abor, Gebirgsvolk in Asam. IV, 353. 369.
Aboriginer, indische, V, 446.
Abortionen, ihrer rühmen sich die Frauen von Kutch. VI, 1054.
Abraham, Bischof der malabarischen Thomasgemeinde. V, 612.
Abrak, Glimmertafeln. IV, 18. 58.

Abrus praecatorius. VI, 510.
Absorbtionskraft, gesteigerte, der rarificirten Luftschichten höherliegender Plateauländer. III, 581. IV, 352.
Abta-iin Oola. II, 486.
Abteien mit 2000 Mönchen, buddhistischen zu M. Polo's Zeit. II, 235.
Abu, der höchste Pik der Aravullikette. VI, 732.
Abuda s. Abu, Arbuda. VI, 732.
Abulfathat s. Dawud. V, 537.
Abul Fazil, Sheikh. III, 432.
Abulfazl, der Minister Akbar's. VI, 425.
Abulfeda Schamin, Kirgisensultan. II, 422.
Abul-ghasi, Nachkomme d. Tschingiskhaniden. II, 282.
Abur, Kalkstein von Chokoladefarbe mit hellen Aderstreifen. VI, 1010.
Aburgà (d. i. Schlange), Berg in der Gobi. III, 353.
Abyl (beltir. = Hacke). II, 1088.
Abys, d. i. Zauberer, bei den Kalmücken. II, 947.
Acacia arabica s. Babul. VI, 829.
Acacia celtes. V, 201.
Acacia elata. V, 175. 176.
Acacia mollis. V, 201.
Acacîa serisha. VI, 673.
Accipenser ruthenus, der Sterled. II, 640.
Accipenser stellatus. II, 418.
Accipenser sturio, der Stör. II, 640.
Accomodessans auf Ceylon. VI, 134.
Acer negundo, amerikan. Baum in Duab Scherampur. VI, 1119.
Acesines (d. i. sanskr. Heilschaden), Fl. III, 1064. V, 456. — = Chinabfl. V, 452. 464. s. Chandrabhaga.
Achatuga, Zufl. zum Kosi. IV, 90.
Achani, Theil der Kschudrakaste auf Ceylon. VI, 231.
Acherang. V, 322.
Achhiks (Plur. Achhikrong), Garotribus. V, 403.
Achillea s. Genipi.
Achkam, Dorf, zu Leh gehörig am Schayuk. III, 633.
Achmednagara (d. h. Achmedstadt.), Zwittername. V, 514.
Achnus, V, 753.
A-chou, ob Obi? II, 558.
Achu s. Aal. Morinda citrifolia. VI, 537. 533. 753.
Achudapah Naig, Raja von Madura. VI, 155.
Achumar (d. i. Jägerkaste). V, 931. 935. 727.
Ackerbau. — Anfänge desselben bei den Kalmücken an der Tschuja. II, 937. 947. 971. — in Sibirien. II, 628. III, 151. 316 ff. — früherer am Baikal. III, 38. 59. 61. — der Buräten. III, 121. — in der Gobi. III, 377. — treiben chinesische Militärkolonien. II, 385. 406. 419. — in den Weideländern der Dsungaren in Aufnahme gebracht. II, 454. — am Kirengafl. zuerst 1639 eingeführt. II, 615. — von den Ming im Lande der Ordos eingeführt. II, 155. — den Sojoten völlig unbekannt. II, 1058. — Art desselben bei den Kirghisen. II, 664. — ohne allen Dung reichlich bei Buchtarminsk. II, 677. — im Altai in 4000′ Höhe. II. 687. — größte Höhe an der Nordseite desselben. II, 947. — s. auch Getreide, Korn.
Ackerstier, Heiligkeit desselben bei den Aegyptern, Indiern, Römern. V, 897.
Adagomeny, singhales. König. VI, 242.
Adakyai, Nebenfl. des Khara-gol. II, 330.
Adakhaiberg. II, 515.
Adamas, indischer Fl. bei Ptolem. (Diamantenfl.) V, 519. VI, 344.
Adamas (arab. Al Mas), Diamant. VI, 344.
Adamas (Korundum) auf Ceylon. VI, 34. 110.
Adamsapfel s. Musa sapientum. V, 876.
Adamsbrücke. VI, 153.
Adams Fußtapfe. VI, 60. 33.
Adams-Pik, Legende vom; seine Ersteigung. VI, 200—218.
Adamstritt, an der Buchtarmà. II, 678.

Adam Melle (d. i. der einh. Name für Adams-Pik). VI, 28.
Adamowa, Bach zum Bargusinfl. und Dorf. III, 64.
Adams, englischer General. VI, 410.
Adanad, Residenz des Oberhauptes der Namburi oder Brahmanen von Malayala. V, 772.
Adanapers, d. i. Hauptleute der Perlenfischer. VI, 161.
Adansonia digitata, der urweltliche Baum, auf der Insel Manaor. VI, 153. [Wol von den Portugiesen aus den äthiopischen Kolonien dorthin verpflanzt?] s. auch VI, 657.
Adaran (tung.) s. Koschka (russ.). III, 50.
Adas, Erbsenart in Asam. IV, 293.
Aden, Zielpunkt indischer Schifffahrt. V, 443.
Adern s. Adon. III, 1137.
Adharma (Laster), Dharma (Tugend). V, 748.
Ad'hi, Kornart. III, 683.
Adi Buddha. IV, 135.
Adhyayana (d. i. Lectüre der Vedahs), eine der drei Hauptpflichten der Saka-Dvipa-Brahmanen. VI, 557.
Adinahpur, in Kabulistan; Sultan Babers großer Garten daselbst. V, 884.
Adisamum, Centralstadt auf Taprobane, bei Ptolem. wol Bintenne oder Bintam? VI, 25.
Adisura. VI, 1195.
Adji-Denghiz (d. i. das Bitter-Meer). II, 1122.
Adjunta-Paß der Satpuraketten. VI, 450.
Adjutand, der, V, 925.
Adjyghur, der Festungsberg in Bundelkhund. VI, 860.
Adkasch. II, 1128.
Adlerholz. IV, 933. 1097. V, 73. s. auch Aquilaria.
Adon, Pergunnah von Kaschmir. III, 1137.
Adonidrug. VI, 307.
Adonis vernalis. II, 828.
Adonis villosa. II, 725.
Adon Scholon, d. h. der Herdenfels (mongol.) zwischen Onon und Ingoda, Gebirge. II, 521. 523. III, 288.
Adraistae = Arattas (?). V, 460. 467. 498.
Adsabaß, Fl., s. Schebaß. II, 1074.
Adscho, Zubach zum Kl. Chairkumin. II, 919.
Adskosch. II, 1128.
Adule bei dem heut. Arkeko. (I, 181. 102. 238.) VI, 28.
Adzige Gerbitsi bira. III, 296.
Adzirak, Fl. II, 527.
Adzu, Fl. in Tübet. IV, 203.
Adzuthang. IV, 203.
Aegle marmelos VI, 1115.
Aegoceros Argali. II, 757. 926. 954.
Aegypten, Löwe als Hieroglyphe in, VI, 717. — Baumwolle das. erst zu Plinius Zeit. V, 436. — Flora in vielen Beziehungen übereinstimmend mit derjenigen der Länder des Gangessystems. VI, 1111.
Älternmord, in Korea das einzige todeswürdige Verbrechen. IV, 633.
Aeng in Aracan. V, 333. 280. — das Emporium. VI, 207.
Aeng-Paß, der, in Aracan. V, 336 ff.
Aeng-Straße über das Hochgebirge Arakans. V, 200.
Aengwa s. Ava. V, 297.
Aen-ua (d. h. Fischteich) s. Aengwa, Ava. V, 297.
Aera Buddhavarussa der Singhalesen. VI, 223.
Aera Sakobda (56 v. Chr. Geb.) V, 486.
Aera Salivhâna. VI, 12.
Aera Vicramadityas (56 v. Chr. Geb.) V, 486.
Aërolithen (Bäthylien), V, 490. [S. Münter, Vergleichung der vom Himmel gefallenen Steine mit den Bäthylien des Alterthums, in dessen Antiquar. Abhandl. Kopenhagen 1816, 8. S. 257 ff. I. L. Ideler, Meteorol. veter. II, 7, p. 39 sqq.] II, 1135. III, 350.

Aerua javanica. VI, 1111.
Aerzte, Beschaffenheit derselben in Tübet. IV, 248.
Aesche (Salmo thymallus). II, 874.
Aeschynome diffusa in Asam. IV, 327.
Aeschynome grandiflora. VI, 1110.
Aesculus Hippocastanum, Frucht wird gegessen in Kotgerh. III, 749.
Aethiopen, östliche, des Homer. V, 444.
Aethiopien, frühere Verbindung desselben mit Indien. V, 620. 906.
Aethiopische Urbevölkerung Indiens. V, 446.
Angti, auf der Tsambo-Route durch Tübet. IV, 204.
Affe, Bild des ostasiat. Zodiakus. II, 1125. — Symbol in der Landesfahne von Cachar. V, 383.
Affen, Albinos unt. den, IV, 1105. — angebl. in Mittel-Tübet. IV, 221. — (menschengleiche) bei Tsching tu fu. IV, 417. — schwarze, in den Nilgherry. V, 985. — wilde, in Bhutan heilig gehalten. III, 919. 924. IV, 151. — in den Wäldern am Kiangstr. IV, 655. — ihre Dreistigkeit in Salem. VI, 292 f.
Affenarten um Seran. III, 763.
Affengesichtsbaum. V, 766.
Affenland, einheimischer Name für Tübet, mythologischer Ursprung dieser Benennung. II, 193. IV, 274.
Affenstaat auf Ceylon nach Ibn-Batuta. VI, 53.
Affil (d. i. Elephant), der Läufer im Schachspiel. V, 526. 907.
Afghanen, als die erbittertsten Feinde des Sultan Baber. V, 623.
Afghanenstämme, oft für Abkömmlinge der Juden gehalten. V, 599. — als Soldtruppen in Kaschmir. s. Ekangi. Tatri. III, 1110.
Afioun (pers. arab.), d. i. Opium VI, 775.
Africa, Etymologie von Aparica. II, 10. — Löwenverbreitung durch, VI, 715 f. — Verbreitung von Ficus indica durch, VI, 661.
Afrikanische Neger in Singapore. V, 68. — Physiognomie der Confuciusstatue am Poyangsee (?). IV, 676.
âg, hindustan. = Feuer. II, 334.
Aga, Zufl. z. Onon. III, 272. 291.
Aga Rabbi. III, 557.
Aga Mehdi. III, 557.
Agal, d. i. Aloëholz in Asam. IV, 293.
Agalassa, Mallierstadt zur Zeit Alex. d. Gr. V, 468.
Ἀγάλλοχον. IV, 933.
Agalmatolith, Speckstein. IV, 53.
Agam, Rituale der Jainas. V, 746.
Agam Singha, Häuptling der Kirats. III, 491.
Agaparambiu, Ortschaft der Suriani in Malabar. V, 613.
Agar, Name eines Waldbaumes in Cachar. V, 381.
Agari, Minenbesitzer, Name der, in Nepal. IV, 53.
Agarwal, Tribus der Jainas. V, 747. — ursprüngliche Bewohner Agras. V, 739.
Agate, ausgezeichnet schön in der Gobi. II, 359.
Aggurs, d. i. Salzseen. VI, 960.
âgh, mahratt. = Feuer. II, 334.
Aghbab (?). VI, 35.
Aghbab Sarandiv (ob Ceylonstraße?). VI, 35.
Aghena (Ceriſi), Residenz des Königs von Ceylon. VI, 35.
Aghin = Pe-Schan. II, 334.
agi, pendschab. = Feuer. II, 334.
Agigeue-Kentey-Alin. II, 503.
Agila-Holz. IV, 293. 933—935. V, 816. 823. 1097. — Ausfuhrartikel in Chantaban. IV, 934. 1069.
Agin = Pe-Schan. II, 334.
Agin-Thian-Schan (d. i. Berg des Feuerfeldes). II, 336.
agni, sanskr. = Feuer. II, 334.
Agnikund (d. h. die Feuerquelle) zu Muktinath. IV, 16.
Agni-Pala (d. i. der vom Feuer erzeugene), der erste Stammvater der Chohan. VI, 733.
âgoun, bengal. = Feuer. II, 334.
Agra. V, 501. — Beschreibung. VI, 1133.

Agrabuddhaganni, Buddhatempel, Wallfahrtsort auf Ceylon. VI, 188.
Agra Dwipa, Bdtg. VI, 1191.
Agraharam. VI, 324.
Agrarum, Dorf. VI, 439. V, 769.
Aguila-Holz s. Aquilaria.
Aguilaria s. Agila-Holz. IV, 1098.
Aguru s. Agila-Holz. IV, 1098.
Aguza, Fl. zum Onon. III, 263. (Aguza-kan s. ebend.)
Ahalya Bane, Erbauer von Mheysir. VI, 598.
Aham, chin. einheimische Aussprache statt Asam. IV, 288. 313.
Ahamaron s. Ficus indica. VI, 680.
Ahascareal, Getreideart auf Ceylon. VI, 114.
Ahatlu-Holz auf Ceylon. VI, 122.
Ahema s. Ahmed. VI, 706.
Ahmedabad s. Beder. VI, 429. — Die alte Capitale am Sabermatifluß. VI, 647 ff.
Ahmed Beg's Haut. VI, 1193.
Ahmed Khan Mewatty. V, 580.
Ahudhan, d. i. Sommer-Reis in Asam. IV, 325.
Aia Maram, Holzart in Animalana. V, 766.
Aibecca, Seehafen von Travancore. V, 787.
Aïdar, Teleutenfürst. II, 990. 991.
Aidza, Ort auf der H'Lassa-Route durch Tübet. IV, 255.
Aighar saldi, Ort am Yarkendfl. III, 637.
Aiguille de Varens im Arvethal. II, 871.
Aigulak, Fl. II, 941.
Ai-ki-li-ki (chin.) = Altai. II, 553.
Aikamenil, Sandelholz. V, 816.
Ailanthus excelsa. VI, 1111.
Aimak (= Stamm) bei den Virjusen. II, 1039.
Aimaks, die 26 der Mongolen. III, 399.
Aino = kurilischer Völkerstamm. II, 88.
Ainos, die, im Süden der Insel Tarakai. IV, 477. V, 268.
Air-Gall (bucharisch = Pferdemähne), Scheidegebirge. II, 333.
Airavâta, Indra's Weltelephant. V, 161.
Airavâti, Fl. (sanskr. = Weltelephant = Hyarotis.) V, 457. 161.
Airavati (d. i. der große Fluß), s. Irawadi. V, 167.
Airvi, König d. Brahmanen. V, 598.
Aishwarika, eines der 4 Hauptsysteme der Buddha-Philosophie. IV, 135.
Aiswarika-Form des Buddhismus, streitet gegen den Materialismus. IV, 116.
Ajan, tungus. Name der Saworotnajabucht am Baikalsee. III, 32.
Ajar-Noor. II, 427.
Ajagus, Fl. II, 400. 764. 766. 788.
Ajamida, s. Ajimere. VI, 902. 906.
Ajayanti (sanskr.), d. h. ein uneinnehmbarer Paß, Feste in Berar. V, 665.
A-jé, Name des Königs der Hakas. II, 1115.
Ajerac-Pira. II, 527.
Aji, Fl. in Kattiwar. VI, 1066.
Ajimere s. Ajimirha. V, 513. — die britische Provinz in Rajputana, auf der Mewarstufe. VI, 902 ff. — Subah. V, 626. Capitale. 906 ff.
Ajimirha, Landschaft, indische. V, 513.
Ajit Sing Raja von Jhoudpur. VI, 981.
Ajiva (d. h. unbelebt), Name der Materie bei den Jainas. V, 748.
Ajunti s. Ajayanti. V, 665.
Ajurschiri Dala, Khan der Mongolen von 1371 — 1378, erhebt Karakorum wieder zur Residenz. II, 451 f. 497.
Ajuta (ob = Tiuguriuk?), Fl. II, 924.
Ak, Euphorbienart in Bikanir. VI, 995.
Ak-Djus. II, 1091.
Aka, Fl. II, 1074.
Akabat, birman. Name des Landes der Cachari. V, 378.
Akabed Mohammed Khan, Radja von Ladakh. III, 624.
Akademie in Colombo. VI, 185. — der W. zu Delhi unter den Ghuriden. V, 561.
Akaok-taong (d. i. Hügel der Gebräuche) am Irawadi. V, 191.

Akar (od = Neske-gol?), Fluß. II, 488.
Akasa. V, 748.
Akäschin s. Etzina. II, 309.
Akaschu-Aepfel. III, 204.
Akbar, Kaiser (1556—1605). III, 438. V, 624—627. — Annalen desselben. III, 432. V, 314. 422. — Sein Verdienst um die Pferdezucht in Hindostan. V, 902.
Akbar-ca-dewa (d. i. Akbar's Lampe), Leuchtthurm zu Chitore. VI, 819.
Akber-abad, Fort Agra. VI, 1135 f.
Akeeu Khiang, Königreich, d. i. Bolor. III, 645.
Akgia, Insel an der Küste von Oman in Arabien. V, 879.
Akhaï-kung, Titel des Polizeichefs der Urga. III, 228.
Akhie = Pe-Schan. II, 334.
Akie = Pe-Schan. II, 334.
Akkarea, Liqueurs in Hinterindien. V, 416.
Akmeschi, Akmisdschid, Ort auf der Lehroute nach Yarkend. III, 638.
Akneimanskija Moly (d. i. Wollust bei den Gräbern), Kirgisenaul. II, 654.
Ako Wun. V, 322.
Akowyn in Aracan. V, 332.
Akpa, Ort in Ober-Kanawar. III, 829.
Akra, Heu von Rietgras. VI, 959. 1007.
Aksau, Flüßchen. II, 327.
Akschinskaja. II, 521.
Akschinsk-Krepost-Karaul, Grenzfestung. III, 278. 283.
Aksu, Stdt., Bässifabriken in, II, 411. — geogr. Lage. II, 324. 328. — Erdbeben zu, im J. 1716. II, 387.
Aksu, Fl. II, 400.
Akta, Bach. II, 1071.
Aktak (d. i. weißer Berg) am Yarkendfluß. III, 637.
Ak-Taß (d. h. weißer Fels), Fluß. II, 784.
Ak-Tengis. II, 399.
Aktiraki, See. III, 41.
Akubuk (d. i. Mäusefresser), Sanskritname der Katze. V, 987.
Akul, Bach. III, 266.
Akukan, Bach. III, 266.
Akuli, Zufl. zur Angara. III, 39.
Akulikan (d. i. kleiner Akuli), Zufl. zur Angara. III, 39.
Aku Wun, V, 118.
Akyab, Insel. V, 311.
Alabandan (Cosmas), ob ein Edelstein? VI, 30. [Ich halte es für ein Gummiharz. J. L. J.]
Alabaster in Dolomitmassen am Nerbuda. VI, 576.
Alacananda-Ganga, entsteht mit dem Zusammenflusse des Vischnu-Ganga und des Dauli bei Josimath. III, 506.
Alachana, Gebirge im West des Ili. III, 279.
Ala-Denghiz. II, 399.
Alaeddin, der Khiljy (1296—1317). V, 536. VI, 364. 653. — König von Kaschmir (1351—1363). III, 1121.
Alajan-Alin s. Holang-Schan. II, 167.
A-la-ki-See s. Jeke-Aral-Nor. II, 554. 1061.
Ala-Kul, d. i. der bunte See. II, 388. 415 ff. 766 ff.
Alak-tugul-Nor, d. h. See des bunten Stiers. II, 388. 416.
Ala kyun (d. h. die mittlere Insel) im Irawadi. V, 219.
Alan, alte Völker an der Nordseite des Caspisch. M. II, 434. 436 f.
Alanburga, Zufl. zum Bargusin. III, 54.
Alan-tay, Gebirgswasser in Martaban. V, 138.
Alanto, Ort auf der H'Lassa-Route durch Tübet. IV, 254.
Ala-Schan s. Holang-Schan. II, 167. — irrig auch In-Schan genannt. II, 240.
Alao-Tu (kalmück. = kahler Berg). II, 700.
Alaß (?), Fl. II, 1074.
Alathang. IV, 203.
Ala-Tau, Berg. II, 400.
Alauda alpestris. III, 98. 100.
Alauda tatarica. II, 756.
Alaum-chae-su (1081—1151 n. Chr.), König der Pugan-Dynastie. V, 215.

Alaungruben b. Pali in Jhoudpur. VI, 959. — in Kutch. VI, 1043.
Alaunschiefer, vom Wilde gesucht. II, 891.
âlaya, sanskr. = Wohnung. II, 13. [vergl. lat. alere.]
Albaner See im alten Latium, Bestimmung desselben. VI, 24.
Albasa, Daurenfürst. II, 618. III, 297.
Albasa-Berge. III, 322.
Albasin, Daurenfeste. II, 618. III, 297.
Albino-Affen. IV, 1105.
Albino-Elephant. V, 1104. V, 292.
Albon, d. i. Tribut, der Buräten. III, 123.
Albordsch (Elburs), symb. Bedeutung im Zend. V, 7.
Albuquerque (Alfonso de), V, 641 f.
Alcarazzas, mit Glasur in Martaban. V, 143.
Alceste-Insel, südlichste des Korea-Archipels. IV, 622.
Alchai s. Altai. II, 482.
Alchymie, leidenschaftlich betrieben von den Birmanen. V, 286.
Alcyonium, Spec. ein ungeheurer Seeschwamm in der Malayischen See. V, 16. 62.
Aldan, rechter Zufl. z. Lena. II, 612.
Aldan, See. III, 55. — Bach. 56.
Aldanisches Gebirge. II, 474.
Aldanni Uro (tungus.). III, 55. 56.
Aldschanberge. II, 755. 787.
Alei, Nebenfl. des Obi, schiffbar gemacht (1748). II, 581. 585.
Alei-Berg am Baikalsee. III, 31.
Alei-Steppe. II, 824.
Aleiskaja-Griwa. II, 829.
Aleiskei-Bor. II, 731.
Aleiskoi w'Lokte. II, 822.
Alek-Aula (kalmück. = bunte Berge), Name für die Schneealpen im Muztag. II, 333.
Alema (chines.), d. i. Akaschnäpfel. III, 204.
Alemgir (d. i. Eroberer der Welt) s. Aurengzeb. IV, 290.
Alephthagin, Statthalter von Khorasan und Gazna. V, 532.
Aleth, Mismidorf. IV, 393.
Aleurites, sp. s. Buruga. V, 766.
Alexanders des Gr. Zug nach Indien. V, 449—479. — Siegesdenkmale am Ssetledsch. V, 464. — Sage von ihm in Bikanir. VI, 989.
Alexander's Gades. VI, 58. (vergl. p. 65.)
Alexander Ikonoklastes (1396/1419). III, 651.
Alexander I., Kaiser von Rußland; seine Verbesserungen der Kolonistenlage in den Sibirischen Verbrecheransiedelungen. III, 314.
Alexander II. s. Alaeddin Khilji. V, 564.
Alexandria, an der Spaltung des Indusstromes. V, 475. — am unteren Indus. V, 472. — projektirtes am Zusammenfl. der Penjabströme. V, 471.
Alexandria ad Acesinem (Wuzirabad?). V, 465.
Alexandria ad Caucasum s. Bamyan. III, 420.
Alexandrowsk (1820), Dorf an der Beresowka. II, 682.
Alexandrowskaja-Redout. II, 706.
Alexandrowskoi Sawód am oberen Gasimur, seit d. J. 1800. III, 313.
Alexejewsche Fischerei im Saisansee. II, 641. 646. 656.
Alexis Michaelowitsch, Czar (1645—1670). II, 549.
Aleyaji. VI, 1057.
Alfandingo, d. i. Durchgangszoll (portugies.). V, 261.
Alfred der Gr., König. V, 606.
Algebra, indisch. Ursprungs. V, 528.
Alghinische od. Alghinskische Berge. II, 633.
Algu, Enkel Dschagataï-Khans. II, 477.
Alhagi maurorum. VI, 1111.
Alidek, d. i. Berg des Ali. III, 1143.
Aligherry, Berge. VI, 5.
Aligol. VI, 409.
Alik, s. Jeke-Aral-Nor. II, 1063.
Ali-mali = Ili. II, 402. 404.
Ali-Murdan's Kanal. VI, 1126.

Alipatna s. Bijanagur. V, 569.
Alipha (d. i. El-Ibha), Elephant. V, 907.
Ali-Soldan, Usurpator in Ili. II, 404. (1342).
Alkabek, Quellfluß des Irtysch. II, 638.
Alkali-Asche, aus Kokosblättern auf Ceylon bereitet. V, 845.
Alk'ara-Muran. II, 255.
Alkschanga, Poststation. III, 142.
Allahabad (d. h. Gottesstadt, arab.), frühere Lokalität. V, 501. VI, 1149 ff.
Allahbund (d. i. der Gottesdamm), Erdwall in Kutch, im J. 1819 durch Erdbeben emporgehoben. VI, 1044.
Allahpur, Stadt in Kaschmir. III, 1121.
Allamarum s. Ficus indica. VI, 680.
Allchawek, Quellfluß des Irtysch. II, 638.
Aller-Seelen-Fest, ähnliches auch in Tübet. IV, 259.
Alli-Arasani. VI, 21.
Alligatoren auf Ceylon s. Crocodilus biporcatus. VI, 145. — im Saluenfl. (n. sp.) V, 153. — verschieden vom gangetischen im Irawadi. V, 176. 183. — in Malabar. V, 924. — dem Aristoteles unbekannt. V, 481. — angeblich gezähmt von den Fakirs und Hinduasceten in Gour. VI, 1188. — im Ganges. VI, 1164.
Alligator, fossiler, V, 204.
Alligator-Kolonien, absichtliche, in den Festungsgräben. VI, 319.
Allium Altaicum, bis z. Schneegrenze steigend. II, 759. III, 411. 728.
Allium cepa. V, 718.
Allium moschatum. II, 753.
Allium nitidulum. II, 753.
Allium sativum. V, 718.
All. scorodoprasum. II, 214.
Allium senescens, tartaricum. II, 651.
Allium ursinum, am Baikalsee. III, 13.
Allum Schah, tritt Bengalen an die Engländer ab. V, 639.
Allundeo, Berg in Parkur. VI, 1020.
Alluvialplainen am Meeresufer von Orissa. VI, 530.
Alluvium, fast ganz aus Muscheln bestehend in Udeypur. VI, 874.
Almà, kirghis. Name der Früchte von Pirus baccata. II, 769.
Almalig. II, 402. 404. 429.
Almata, Quelle. II, 397.
Almen, deutsche, IV, 51.
Almenille, Schiffszimmerholz auf Ceylon. VI, 121.
Almora, Schlacht bei, (27. April 1815). III, 520.
Almurica. V, 315.
Alniawas, Grenzstadt von Marwar gegen Adjimer. VI, 988.
Alobasang, Schneepik in Tübet. IV, 197.
Aloe perfoliata, Verbreitg. VI, 1117.
Aloeholz von Ceylon. VI, 29. 34. [Ist nicht Agilaholz zu lesen?] — in Asam. IV, 293.
Aloexylum agallochum. IV, 934.
Alompra (eigentl. Alaeng-b'hura, d. h. zum Buddha bestimmt). V, 301. — Usurpator der Birmanen. V, 105. 186. — Herrscher in Munipur. V, 301. 363.
Alor s. Alwar. VI, 728.
Alore, Ruinen von, V, 472 ff.
Aletori, d. i. Bunter See. II, 1072.
A-lou-taï, chin. = Altaï. II, 481.
Alpen, Streichen derselben in verwandtschaftl. Beziehung mit dem Imaus und den Pyrenäen. II, 47.
Alpengebirgsländer. II, 36.
Alpenlandschaften. II, 32. Begr.
Alpenschwalbe (Hirundo alpina). II, 905. — wohnt nur in Schieferbergen und Kalksteinfelsen. II, 872.
Alpen-Schwäne, die heiligen des Himalaya. II, 14. III, 512. 661.
Alpenseen, charakteristisch auf der Hochkette des Himalaya. IV, 37. — der größte auf der Erde ist der Baikalsee. III, 5.
Alpensysteme. II, 36.
Alpen, Terektinskische. II, 924.
Alpenwirthschaft der Gurung. IV, 21.

Alphabet, koreanisch. IV, 628.
Alphonse-Mango. V, 894.
Akso Kawatta, See des Kleinen Koksun auf der Höhe des Altai. II, 913.
Alta (turk. mong.) = Gold. II, 481.
Altagana-Gebüsch s. Robinia pygmaea. III, 214.
Altai, d. h. Goldgebirge. II, 315. 472 ff. 807. — Bergsystem des, II, 472 f. — Entdeckungsgeschichte. II, 564—589. — erster Erzbau durch Ak. Nikita Demidof. II, 577.
Alta in niro, d. h. Gipfel des Altai (mong.), im Thian Schan. II, 479.
Altai-Bjelki. II, 669. 801—814. 856—960.
Altai, Groß-, als Querjoch zwischen dem Thian-Schan und dem Altai existirt nicht. II, 315. (Erdk. 1. Aufl. I, 450.)
Altai, der Kleine, unstatthafte Benennung. II, 475. 632.
Altaï-alin (mongol. = Goldberge). II, 481.
Altaï-alin-dubé. II, 489.
Altai-da. II, 807.
Altai-Dola, der, II, 486 f.
Altaizy (d. i. die treuergebenen Kalmücken) im Gegensatz zu den Dwojedenzy. II, 592. 807.
Altan, Altun (mongol. kalmück. burät.), Altaï = Gold. II, 479. 481.
Altan-Chagan. II, 479.
Altankhagan († 1583), der Restaurator des Lama-Kultus unter den Mongolen. III, 354.
Altan-Nor, der Goldne See. III, 159.
Altanskoi-Karaul. III, 195.
Altàn-Ulugoùi (d. i. Goldwiege), Bergkette in der Gobi. III, 345.
Altatscha-Bach bei Nertschinsk. III, 309.
Altay (M. Polo). II, 480.
Alt-Bisa = Bisa Gaum.
Alte-Grenze, Fluß der, = Darlung. IV, 648.
Alter, hundertjähriges, gewöhnlich bei den Uiguren. II, 348.
Alt-Guldscha. III, 405. 414.
Altirzi Kirghisen. II, 1073.
Altmisch, Schemseddin. V, 556.
Altpersische Inschr. auf baktrischen Münzen V, 486.
Altun-emel-dabahn (d. i. Paß des goldenen Sattels), Berg. II, 400.
Altun-Khane. II, 255. 479. 1064. III, 324. — s. Altyn-Khane.
Altyn-Kadusin (d. i. goldene Aue). II, 1071. 1074.
Altyn-Khane, die, am Kamtschyk und Upsa-See. II, 1064 ff. 989. 993. — ob vom Goldbrokatzelte benannt? II, 1126. — zum ersten Male in der Geschichte im J. 1609 genannt. II, 989.
Altyn-Kul (d. h. der Goldsee, kalm.) = Teletzkoi-See. II, 592. 983.
Altyn-Nor, Entdeckungsgeschichte. II, 986 ff.
Alu Haras von Bumaoba, seine Kriegsthaten und Legenden von ihm. VI, 805.
Alung-goa. II, 508.
Alu Schan, Alpenstadt des mittleren Siue Ling. IV, 411.
Alut Wihara, Tempelgrotte auf Ceylon. VI, 255.
Aly Schah, König von Kaschmir (1419—1422). III, 1125.
Aly Schah Chuk, König von Kaschmir (1569—1578). III, 1129.
Aly Schir s. Ala-eddin. III, 1121.
Alyssum halimifolium. III, 101.
Alyssum montanum. III, 101. 273.
Alwar, die Hauptfeste von Mewar. VI, 728.
Alwur s. Alor. Alwar. VI, 937. III, 1134.
Am s. Mango mangifera. V, 719.
Amara Kote (d. i. Fort der Unsterblichkeit) s. Amirkote. Omerkote. VI, 1032.
Amaranthus anardhana. III, 841.
Amaranth. polygamus. V, 719.
Amb Keswar, Lingam-idol des Siva in Jeypur. VI, 933.

Amba s. Amra. V, 888.
Amber, der Staat von, s. Jeypur. VI, 918. — die Tempelstadt. VI, 931 ff.
Amborun, d. i. Mangostadt, auf Guzerate. VI, 1070.
Ambura, Ort am Wurda-Ganga. VI, 451.
Ameisen, zolllange in Malabar. V, 924.
Ameisenplage im Tirhut. VI, 1183.
Amentaceae, fehlen in den Gangesplainen. VI, 1152.
Amer s. Amber. VI, 918.
Amerika, Gebirgsbildung. II, 52.
Amervella, d. h. Guirlande der Ewigkeit, der Riese der Parasiten. VI, 810
Amherst-Inseln, zum Koreaarchipel gehörig. IV, 602. 622.
Amherst Island, V, 333.
Amherstkap, falsche Benennung. IV, 622.
Amhersttown, geogr. Lage. V, 106. — Gründung. V, 147 f.
Amherstia nobilis, die prächtigste der Leguminosen. V, 151.
Amïé (tübet.) = Gebirgsknoten. II, 172.
Amïé-maldzin-monzun-Dola, mongol. Name des Si-ning-Geb. II, 172.
Amin el Millah, d. h. defensor fidei (arab.), Titel. V, 534.
Aminkhodjo (1725), Fürst der Turk von Turfân. II, 372.
Amitrochates, König von Baktrien (sanskr. Amitraghatas = Feindebekämpfer). V, 484.
Amleh (?), Landesfrucht in Asam. IV, 293.
Amlika s. Phyllanthus emblica. VI, 550.
Ammawaru, die indische Göttin des Reichthums. VI, 346.
Ammoniak, eigentl. Sal Arméniac: II, 337. — am Pe-Schan gesammelt. II, 335.
Ammoniten, versteinerte s. Saligráma. III, 572. — in Schiefersteinen s. Salagrami. IV, 12. III, 527. 531. 583. — auf den Himalayahöhen. III, 583. — auf größern Höhen. III, 572. 582. 614. 681. IV, 12.
Amomum Roxb. IV, 51.
Amomum cardamomum, L. s. besonders V, 825 ff.
Amomum repens s. besonders V, 762. ff. 704. 706. 825. ff.
Amonam, Gewicht auf Ceylon (etwa 3 Centner). VI, 121.
Amra s. Spondias amara in Asam. IV, 325. — Auch Name für die Blüthe von Mango mangifera. V, 888.
Amritachela, ind. Vogel. IV, 48.
Amr Sing Thappah s. III, 515.
Amschaspands, persische. V, 504.
Amsor, Baschlyk der Sagaier. II, 1086.
Amsumem, Gottheit der Bhotiyas IV, 165.
Amtchiï, d. i. Aerzte der Tübeter. IV, 248.
Amtytai, Bach. II, 1074.
Amu, Fl. s. Gihon. II, 477.
Amud Dew, Radja von Kaschmir. III, 1120.
Amul, Fl. II, 1024—1030.
Amulete der Buräten. III, 127. — der Rajputen in Malwa. VI, 766.
Amur, Stromgebiet, Eroberung desselben durch die Russen. II, 103. — Entdeckungen an den Ufern desselben 1643—50. II, 89. — oberer Lauf. II, 530—548.
Amursana, letzter Dschungarenkhan. (1756). II, 370. 379. 393. 418. 448. 457.
Amygdaloiden-Höhlen in den Eisenthonlagern von Dekan. VI, 534.
Amygdalus nana. II, 719. III, 148. II, 680. III, 188.
Amygd. pedunculata. III, 188.
Amygd. persicaefolia. II, 719.
Amyris heptaphylla. III, 842.
Anabasis ammodendron. II, 658.
Anabasis aphylla. II, 766.
Anabasis cretacea. II, 766.
Anacardium orientale. V, 876. VI, 117.
Anachoreten s. Einsiedler.
Anagallis caerulea bei Scheranpur. VI, 1116.
Analcim im Basalt. VI, 459.

Anambas-Inseln in der chinesischen See. V, 7. 9.
Anamesen, Sprache der, IV, 971 f.
Ananas, die schönsten in Malacca. V, 36.
Ananas im Tadithale. IV, 33. — trefflich in der Berglandschaft von Nepal. IV, 50.
Ananda-Tempel in Pugan. V, 215.
Anang Bhim Deo, Raja von Orissa. VI, 545. 563. (reg. von 1174—1201 n. Chr.)
Ananka s. Pho-tchaï. IV, 254.
Anantanagas, die Unendlichkeitsschlange, Begleiterin des Vischnu. III, 1093.
Anar s. Pommgranaten. VI, 978.
Anarismundi s. Andrasimundi. VI, 22.
Anarodgburre. VI, 22.
Anas casarea. III, 594.
Anas crecca. II, 917.
Anas falcata. III, 101.
Anas histrionica. III, 162. III, 271.
Anas rutila, am Baikal. III, 24. II, 948.
Anass, Zufl. zum Bagur. VI, 633. — Grenzstrom zwischen Malwa und Guzurate. VI, 643.
Anastomosen der Brahmaputra-Gewässer in Asam. IV, 347.
Anatolia (Joachim de St.), Capuciner-Pater. III, 459. 462.
Anaundopra s. Uparaja. V, 302.
Andaman-Inseln, Bewohner derselben. VI, 524. — ihr Reichthum an Kokos. V, 843.
Andarus, die Priester der Parsis. VI, 1090.
Andersonia panchmun (Roxb.) V, 765.
Andhra, (sanskr.) = Pondichery. V, 517.
Andipur, Festung in Bhutan. IV, 149 ff. 163.
Andora (d. i. Töpfer). V, 937.
Andra, Landschaft. VI, 432.
Andrada (Peter Antonio de). III, 440 ff.
Andrasimundi, Vorg. auf Taprobane nach Ptolem. VI, 22.
Andray, Volk, welches die Telinga-Sprache redet. VI, 379.
Andresa, Backsteinruinen am Garra, mohammedanische. V, 465.
Andreti, s. Indravati. III, 785. 788.
Andromeda ovalifolia. III, 856.
Andromeda polifolia. III, 72.
Andropogon Cernium, Hirseart. V, 235.
Androp. contortum. VI, 461.
Androp. Ivarancura. VI, 1124.
Androp. Martini. VI, 1124.
Androp. muricatum. VI, 580.
Andropogon sorghum s. Holcus sorghum. V, 716.
Androsace cordifolia. III, 856.
Androsace lactifolia. III, 272.
Androsace villosa. III, 174. 273. II, 878.
Androstachys (?). s. VI, 30.
Andry, Sandinseln an der Indusmündung. V, 479.
Andryti s. Indravati. III, 785.
Anduck, d. i. Asura, Mahesasur. VI, 571.
Anemone altaica. II, 661. 714. 889.
Anemone narcissiflora. II, 714. 884. 912.
Anemone patens. II, 714. 829.
Anemone pulsatilla. III, 101.
Anga s. Karnatik. V, 517. — Banga. Upavanga. Gour. VI, 1189.
Angadies, d. i. Bazare. V, 769.
Angara, Fluß. II, 527. III, 37 ff.
Angaracandy bei Tellicherry auf Malabar, Plantationen daselbst. V, 776. VI, 1113.
Angarakan, die kleine Angara, Fl. III, 37.
Angara Tunguska aus dem Baikalsee. II, 1113.
Angarowa, Stamm der Koibalen. II, 1108.
Angebodde, Name der Zimmttare auf Ceylon. VI, 134.
Angediva, Insel vor dem Vorgebirge Concana. V, 697.
Angelica archangelica. II, 651. III, 120.
Anger, schottische. IV, 51.
Angga s. Bhanga. V, 505.

Anghi, Stamm der Tsakhar-Mongolen. II, 425.
Anghirtu, Station in der Gobi. III, 360.
Anghiskoi-kap am Baikalsee. III, 13.
Angkhan, Dienstag der Siamesen. IV, 1154.
Ang-kho-lo, Fl. (chin.) = Angara. II, 527.
Ang le ywa, im Lande der Shan. V, 239.
Anglo-Chinesisches Collegium in Malakka. V, 43.
Angora Darmsalah. IV, 26.
Angoutschu. IV, 26.
Angrugl, Ort der Vorkette von Bhutan. V, 398.
Angstu s. Angoutschu. IV, 26.
Anguli-Nor, Steppensee. II, 123. 149. III, 345.
Anhoei, Hauptfundort der Porzellanerde. IV, 671.
Anhulvada s. Nerwala. VI, 646.
Ani s. Nonnen. IV, 94.
Aniamba auf der Tatsianlu-Route. IV, 191.
Animalisation, Luxus derselben in den Sunderbunds. VI, 1199.
Ani-malaya, d. i. Elephantenberg. Stdt. Passage. V, 760 ff.
Animalli s. Ani-malaya. V, 760.
Aninpal s. Anundpal. V, 536.
Anisat-Oel, Ausfuhrartikel in Singapore. V, 71.
Anisochilus carnosus. VI, 1111.
An ja na, König der Birmanen. V, 285.
Anjar, die britische Hauptfeste des östlichen Kutch. VI, 1047.
Anjengo, Seehafen von Travancore. V, 787. — Stapelort der Kokoswaaren von den Lakediven. V, 846. — Zimmtbaum dorthin verpflanzt. V, 787. VI, 131.
Anjouan, Insel. VI, 660.
Anjutenga s. Anjengo. V, 778.
Annadari, Perlensorte. VI, 177.
Annalen der Malaien. V, 92.
Annalisten und Barden der Rajputen. VI, 611.
Annantugherry VI, 430.
An nat (birmanes.) s. Ananas. V, 251.
Annedy, Bergfluß der Nilgherry. V, 962.
Annis, Perlensorte. VI, 177.
Anodonta, im Muschel-Alluvium von Udeypur. VI, 875.
Anodonta anatina s. Enten-Muscheln. III, 282.
Anodonta cygneus, Süßwasser-bivalve, von welcher bei den Chinesen Perlenproduktion erzwungen wird. VI, 188.
Anona reticulata s. Ranphul. V, 720.
Anona squamosa. VI, 1114. s. Annona.
Anona tripetala s. Custardapfel, Sitophulbaum. V, 720. VI, 862.
Anonkhenk (tübet.) = die Gangeslandschaften. V, 496.
Anopghur, die größte Stadt in Bhutan. VI, 1001.
Anpflanzung von Kokosbäumen, Geschäft gewisser indischer Heiligen. V, 847.
Anschwellungen der Erdrinde vorherrschend im Orient. II, 51.
Ansiam s. Opium. IV, 853.
Antarbeda s. Antarredi. V, 499.
Antarredi, Landschaft Duâb. V, 499.
Antaspura (= Mitte der Stadt, sanskr.) die arces der Städte. V, 503.
Antediluvianische Thierverbreitung V, 204.
Antersunte, Ort auf der Höhe der Westghats. V, 779.
Anthericum striatum. II, 912.
Anthistiria barbata, Grasart. VI, 374.
Anthropophagie in Centralasien. IV, 214. — in Indien nach Ptol. und Arrian. V, 519. — der Naga's in Zeiten der Hungersnoth. V, 376.
Anti, chines. Kaiser (107—125 n. Chr.) II, 196.
Antilopen, fehlen ganz in Arab. V, 258. 495. — fossile. V, 204.
Antilope gutturosa, die daurische Steppenziege. III, 280. 283. 358. 361.
Antilope Hodgsonii, das Einhorn, dem Hochgebirge von Ne-

pal eigenthümlich. IV, 58. 88. 99. 127. 255.
Antilope Kemas, Smith. IV, 100.
Antilope picta. II, 896.
Antimon s. auch Spießglanzoxyd. — in Ava. V, 262. — Ausfuhrartikel in Singapore. V, 71. — im Gebirge von Lao. V, 246. — in Martaban. V, 140. 142.
Antimoniumoxyd in Perak. V, 27.
Antiochus Magnus. V, 485.
Antiochus Soter. V, 485.
Antirrhinum orontium, bei Scherampur. VI, 1116.
Antonine, röm. Münzen derselben auf Ceylon. VI, 26.
Antonofskoi-Krepost. II, 584.
Antri (d. i. Defilé) von Mewar. VI, 804.
Antschah, s. Iytsch. III, 1137.
Antus byram, das heilige Feuer der Parsis im Tempel zu Urdwarra bei Stunsari. VI, 1090. [Beiramsfest?]
Anu s. Kan-Tighir. II, 1006. 1011.
Anubingara Civitas, auf Taprobane nach Ptolem. VI, 25 (wol das heutige Colombo). VI, 22.
Anu Gangam (sanskr.) = die Gangeslandschaften. V, 496.
Anui, Queerthal des, II, 813. — Fluß. II, 581.
Anui-Bjelki. II, 860.
Anuisches Schneegebirge. II, 891.
Anuiskaja, Festg. II, 584.
Anuiskoi-Bjelki. II, 892.
Anundia, Dorf der Mismi in Asam IV, 372.
Anundpal, Raja v. Lahore. V, 536.
Anundikan-Kap, am Baikalsee. III, 46.
Anupapaduka. IV, 135.
Anu pectu miu (d. i. das große westliche Gebirgsland), birman. Name für Aracan. V, 316.
Anuradda, König. VI, 244.
Anurahdepura, die Ruinen. VI, 4. 21. 222. 223. 249.
Anurogrammum regia, Stdt. auf Taprobane nach Ptolem. jetzt Anorajepura. VI, 21. 98. 196.
Anz, Pergunnah von Kaschmir. III, 1136.
Aokma, Titel des Aufsehers der Lock-Elephanten in Ava. V, 256.
Aong den le, künstlicher Teich (Tang) bei Amerapura. V, 239.
Aonla s. Phyllanthum emblica. VI, 536. 897. f.
Aor, Insel. V, 10.
Aorsen, hunnische Völkerschaft (?). II, 180.
Apara (sanskr. hinten), Name des Westlandes bei den Indern. II, 9
Apara Gandica, Weststrom vom Meru herab. II, 11.
Aparica, Name des Westlandes bei den Buddhisten. II, 10.
Apathie der Asiaten. VI, 839.
Apaymun s. Opium. VI, 779.
Apfelbäume in den Bergpässen am Terekty wild. II, 424.
Apfelbaumzucht in Ober-Kanawar III, 829.
Aphum, Götze der Pasias-Abors in Asam. IV, 364.
Apium, javanes. = Opium. VI, 780.
Apluda-Arten (Gramineen) in den Gangesebenen. VI, 1151.
Apocineae, in den Wäldern der Gangesmündungen. VI, 1210.
Apollo, Tagfalter. II, 868.
Apollodotus, König von Baktrien, Münze desselben. V, 469. 476. 485.
Apophyllit in Ostsibirien. II, 390.
Apotelesmatik der Garo's. V, 404.
Appa Saheb. VI, 787.
Appenzeller Land, Plateau desselben. V, 966.
Aprikose, sibirische. III, 131. — Hauptnahrung der Bergbewohner auf den Himalayahöhen. III, 702. 711. — am NOrande von HA. bei Gehol. II, 118.
Apsaresas, d. i. Tänzerinnen. III, 957. 1090.
Apu mi tu piu, Bergkette in Aracan. V, 310.
Aquamarin, Säulen von, II, 867
Aquamarinstücken in Jaspisbreccien. II, 885.
Aquila clanga, der schwarze Adler. II, 758.
Aquila Nepalensis. IV, 52.
Aquilaria agallocha. IV, 933. 1097.

Aquilegia alpina, grandiflora; zur Alpenflor des Sara-Tau. II, 652.
Aquilegia officinalis. II, 884.
Aquilegia viscosa. II, 765.
Arabatha, auf Taprobane nach Ptolem. VI, 24.
Araber, die, in Indien, ihre Colonisation und ihr Handel in Dekan, von frühester Zeit bis zur Ankunft Vasko de Gama's zu Kalikut. V, 581—595. — Handel derselben nach Sibirien im VIII. Jahrhundert n. Chr. II, 1126. — früher gemeinsames Volk mit den Phöniziern. V, 440. — in Singapore. V, 68. — geographische Begriffe der, II, 4. — Yavanas von den Indern genannt. V, 441.
Arabien, bezeichnet in der indisch. Erdansicht. II, 7. — frühzeitige Einführung des Christenthums im Glücklichen A. V, 604.
Arabische Aethiopen. V, 446.
Arabische Halbinsel, Mittelglied zw. der Asiatischen und Afrikanischen Landesnatur. II, 66.
Arabiten. V, 441.
Arabstrom. V, 441.
Aracan, das Gestadeland. V, 307 bis 345. — Boden, Clima. V, 316—318.
Aracan-Strom s. Kaladyng, Keladyne, Koladyne,
Arachis hypogaea (Erdnuß), V, 249. 719.
Arachen, Fluß zum Koui (allg. Bdtg des Namens). III, 221.
Aradschur, Turgutprinz. II, 464.
Aradus s. Tylos. V, 440.
Arahun, d. i. Pelzwerk, Beize desselben bei den Buräten. III, 123.
Ara Khatang tsa. III, 192.
Ara kiduru (Aru kidure), Bach zum Tschikoï. III, 192.
Aral-See, Spiegel des, nimmt fortwährend ab. II, 396.
Aral-Tübe, d. h. Inselberg, Seevulkan im Thian-Schangeb. II, 389.
Aramana (ob in Hinter-Indien?). VI, 246.
Aramuri, König von Nepal, als Zauberer in den Legenden von Kaschmir. III, 1108.
Aramuth, (?) bei Pat. Ven. de Goës. II, 362.
Araniya s. Aranya, Rin, Run, Erun. VI, 1035.
Aranya s. Rin. VI, 946.
Arapowa, Dorf. II, 861.
Araschan (kalmück. d. i. gesegnetes Wasser), heiße Mineralquellen. II, 422. 329.
Arâshtra (sanskr.) = Gegend ohne König. V, 459.
Arâshtras s. Panchanaden. V, 459.
Arassan (kirgis.) s. Araschan, Fl. II, 636. f.
Arassan-Tau, südliche Fortsetzung der Tekta-Kette. II, 421.
Arata, Frucht der Platana Arton. V, 882.
Arattas s. Arâshtras. V, 459.
Aratten (= Königslose) s. Adraistae.
Ἀρατρίων ἔθνος. V, 459.
Aravalli, Aravulli (d. i. sanskr. Berg der Stärke). VI, 731 ff. 876 f.
Aravi s. Tamulsprache. VI, 377.
Arbaat, Bäche dieses Namens. II, 1081.
Arbad, Steinsalzgebirge. II, 330.
Arbata-Ninghia (s. d.) II, 162.
Arbanaka. II, 965.
Arban-khoyor-Datcha-kheda (d. h. die zwölf Felsen von Datscha), Gebirgskette. II, 491.
Arbeitshäuser in Irkutzk. III, 134.
Arbor conciliorum. VI, 669.
Arbor de rais (port.), d. i. Wurzelbaum. s. Ficus religiosa. VI, 660.
Arbor diaboli. VI, 669.
Arbuda, Berg mit Jaininscriptionen. V, 743. — (d. i. Berg des Buda) s. Abu, Abuda. VI, 732.
Archa, Name der ächten Rhabarberwurzel in der Landschaft Kemaun. II, 186. III, 684.
Archangelica discurrens. II, 690.
Archangelskaja Sloboda. III, 149.
Architektenschule von Udeypur und Jeypur. VI, 851.
Architektur, Chinesisch-Indischer Pagodenstyl. IV, 238. 1174. V, 213. — Sucht nach weitläufigen

Gebäuden bei den Koreanern. IV, 633. — europäische, der Borache. VI, 758. — der Singhalesen. VI, 234.
Arcole s. Angoda. V, 732.
Arcot, Nabob von, tritt Madhura an die Ostindische Compagnie ab (1801). VI, 8.
Arctium lappa; die Filzblätter werden bei den Kalmücken als Feuerschwamm gebraucht. II, 963.
Arctomys bobac. II, 715.
Arctomys citillus, Zieselmaus. II, 904. 927.
Ardea Antigone. III, 285.
Ardea Virgo, die Numidische Jungfrau. III, 285.
Ardeshir, Parsenpriester. V, 617.
Ardhâ-nâri, Mannweib, Bild des Sivas. V, 490.
Ardminskoje Simowje. III, 23.
Arealu s. Ficus religiosa (in Malabar). VI, 669.
Areca catechu s. besonders V, 858 ff.
Areca oleracea (Catechu?) in Asam. IV, 138. 293. V, 859.
Arecapflanzungen auf Ceylon. V, 844. 858. 861 ff. VI, 40. 120.
Areka, Telinganame der Betelnuß. V, 858.
Arekûm s. Chair-Kumin. II, 917.
Arenaria Heimii affin. II, 715.
Arend s. Palma Christi, Ricinus communis. VI, 540.
Arfil s. Affil. V, 526. 907.
Argada, Zufl. z. Bargusin. III, 53.
Argali, Landschaft Ind. (Peripl. M. E.) V, 516.
Argali, Berg in der Gobi. III, 351.
Argali (turk.), wilde Widder. II, 342. III, 289.
Argamoz, Altane in Kuti. IV, 94.
Ἀργελλιον s. Narikala. V, 836.
Argemone mexicana. VI, 3111.
Arghâ (die Verehrungswürdige, die Mutter Erde, sanskr.). II, 7.
Arghali-Straße durch die Gobi III, 356.
Argon (M. Polo), Einwohnerkl. in Tenduch. II, 259.
Argun, der russ. chines. Grenzstrom in Daurien. II, 546. 611. III, 300—311. — Ursprung des Namens. III, 404.
Argunskoi-Karaul. III, 311.
Argus giganteus. V, 23.
Argut-Thal. II, 699. 907.
Arhita. V, 748.
Ari (hebr.) = Löwe. VI, 714.
Ari, Provinz von Tübet, s. Ngari. IV, 221.
Ariaca, Piratenküste des Ptolem. V, 515.
Ariakotta, Marktort. V, 780.
Ariangawel, Paß in Süd-Dekan. VI, 10.
Arianen, Indier an der Wseite des Sind. V, 445.
Arictey, Fl. II, 489.
Arier, ältester und eigener Name der Inder. V, 458. [s. das Reg. zu Westasien.]
Arigh-buga, Bruder und Gegenkaiser Khubilaï-Khans. II, 561.
Arik s. Alik. II, 1063.
Arimadeya, der fünfte, noch zu erwartende Buddha. V, 172.
Arimaspen. III, 336. [wo noch das Programm von Ad. Erman des Collége français v. J. 1835 zu erwähnen ist.]
Arimuttu, Herrscher von Asam. IV, 299.
Arinkil s. Warangel. VI, 470.
Ario, Univalve, im Muschel-Alluvium von Udeypur. VI, 875.
Aripo, Perlfischerei. VI, 42. 168.
Aripo Aar (d. i. Fluß Aripo) auf Ceylon. VI, 249.
Arisamarum s. Ficus religiosa. VI, 681.
Arithmetik, von Indien aus. V, 528.
Arjan-Pourgoutey-Alin. II, 495.
Arjeh (hebr.) = Löwe. V, 714.
Arjemony [ob Papaver Argemone = Argemone pratensis?] V, 234.
Arka s. Schwarze Pagode. VI, 548. 552 f.
Arkalyki-Berge. II, 754.
Arkarbi, Bergzug. II, 49.
Arkare, Name des Arghali bei den Kirghisen. II, 757. 926.

Arkatberge. II, 755.
Arka-ul, Vorberge des Altai. II, 645. 654.
Arkung s. Aracan. V, 314.
Arkut (Argut), Zufl. zur Katunja. II, 931.
Arkyrli s. Arkarbi. II, 417.
Arla, Fl. s. Argada. II, 53.
Arllasch, Bach. II, 978.
Armadille, häufig auf Ceylon. VI, 144.
Armalicco = Ili. II, 402.
Armalig = Ili. II, 402. 429.
Armelecco. II, 404.
Armenier in Singapore. V, 68. in Indien überhaupt. V, 620.
Armenische Christen beschützt von Oktai-Khan. II, 297. — als Pelzhändler in Südchina. II, 177.
Armenische Handelsfamilien, ehemals als Großhändler in Surate. VI, 631.
Arneo-Ghat im Thale von Beygu. VI, 817.
Arore s. Alore. VI, 1031.
Arrachulun s. Arka-ul. II, 649.
Arrack, mäßig genossen in China. VI, 796.
Arracktrinker in Indien. V, 982.
Arreacode s. Ariacotte. V, 780.
Arresir, Ort in Kutch. VI, 1053.
Arrow-Inseln. V, 73.
Arrow-Wurzel, westind. VI, 505.
Arrwas, verstoßene Brahmanenkaste bei den Buddagur. V, 1025.
Arschenewski, Oberst, führt die Bienenzucht am Narym ein (1793). II, 665.
Arsenikvergiftung der Elephanten in Sumatra. V, 915.
Arsentiefskoi, Ort an der Selenga. III, 148.
Arsentijewskoi, Dorf bei Selenginsk. III, 89. [wol ident. mit dem vorherg.?]
Ar-tai-See. II, 696. 1008. 1009. [Ortai wol Druckfhl.?]
Artel (ruff. d. i. Kameradschaften) II, 640. — der Fischer auf dem Baikalsee. III, 105.
Artemisien, die Filzblätter derselben werden bei den Kalmücken statt d. Feuerschwamms gebraucht. II, 963. — auf Salzboden. II, 653.
Artemisia pontica. III, 853.
Artesische Brunnen, Alter derselben in China. IV, 416 f.
Artillerie, reitende, auf Kameelen. VI, 1012.
Artingari, Bucht in der Ceylonstraße. V, 516.
Artischocken, nicht unter 3000′ üb. d. M. in den Tropengeg. V, 64.
Artocarpus-Art in Sanluen. V, 152.
Artocarpus bengalensis. V, 701.
Artocarpus incisa, integrifolia, auf Ceylon. VI, 116.
Artocarpus integrifolia, der Jackbaum. V, 260.
Arton, die vorzüglichste Art des Pisang, in Amerika heimisch. V, 880.
Artüsch, chines. Dorf. II, 327.
Aru s. Pfirsichbaum VI, 884.
Arubodam s. Mandelpfirsich. VI, 892.
Arucati s. Arcot. VI, 319.
Arui Jassutai. III, 184.
Aru Khadaïc ussu s. Aru khadangsu. III, 192.
Aru khadangsu, Zufl. zum Tschikoï. III, 192.
Aru-Kidscha (d. i. der nördl. Kidscha). III, 165.
Aru-Kortschin, Gau. II, 535.
Arulad, Mongolenstamm. II, 511.
Arulun-Tsagha-Balghassun, ehemalige Stadt. II, 506.
Arum, Hauptnahrung der Garo's. V, 404.
Arumarten, in den Wäldern des Sundagebiets. V, 414.
Arum campanulatum. III, 842.
Arum colocasia. III, 842.
Aru Modonkol, Bach. III, 82.
Arumbuli (Ghat). VI, 5. s. Amboli Ghat.
Arum Scharbatai, Station in der Bergwüste Gobi. II, 121.
Arun, Zufl. des Kosi. III, 502. IV, 81. — Durchbruch desselben. IV, 56. — Quelle. IV, 83.
Arundo Bambos s. Augheahgaus. IV, 138.
Arundo calamagrostis. II, 639.

Arundo karka. VI, 539.
Arundo phragmites. II, 664.
Arya s. Arghâ.
Arya s. Durga. VI, 527.
Aryavarta (sanskr. = Land der Würdigen). V, 497.
Aryu Radja, König von Kaschmir (89—135. n. Ch.). III, 1106.
Arysch (beltir. = Sommerkorn). II, 1088.
Arzneikunde, Zustand derselben in Korea. IV, 633. 645.
As (ostjäk.) = Obi? II, 558.
Asadi, pers. Dichter. VI, 65.
Asa foetida, als tübet. Tribut an China. IV, 233.
Asam, das Land des Brahmaputra. IV, 287—399.
Asam-Ebene, Höhe üb. dem Meere. V, 398.
Asam-Sprache, weite Verbreitung ihres Verständnisses. IV, 390. — verdrängt vom Bengali. IV, 295.
Asamesen, Charakter. IV, 294 ff.
Asan, Fl. im Längenthale Dehra-Dun. III, 537.
Ascetische Bußübungen der Jainas. V, 749.
Asch (beltir. = Gerste.) II, 1088.
Asche, statt des Salzes gebraucht bei den Garo's. V, 404.
Aschengaï s. Asinga. III, 193.
Aschenloch, das, II, 386.
Aschinga s. Asinga. III, 193.
Aschirit. II, 632.
Aschkenas, das Land; ob Polen und Rußland? [Scythia?] V, 597.
Aschref, pers. Dichter aus Herat. VI, 65.
Asclepias-Arten, als herrlich duftende Gewächse in den Ländern des Gangessystems. VI, 1110.
Asclepias gigantea. VI, 314. 510. 538.
Asclepias humilis. II, 540.
Asclepias tenacissima, giebt Filamente zum Weben von Stoffen. VI, 1211.
Asculi, Jos. de, Capuciner-Pater. III, 458.
Aserga, d. i. Hengst bei den Buräten. III, 122.
Asham s. Asam. IV, 288.
Ashowy s. Asoka. III, 1098.
Ashter s. Dschendpalis. V, 545.
Asien, Flächenraum (Areal). II, 57. — Stromsysteme, Uebersicht. II, 59 ff. — horizontale Dimensionen, wagerechte Gliederung. II, 20 ff. — Stellung gegen Afrika, Europa. II, 15 ff. — Stufenländer, Uebersicht. II. 58 ff.
Asil-Tüs, Asli-Tüs, Tüs-Wolle. III, 602.
Asin s. Pentaptera tomentosa. VI, 536.
Asinga, Fl. zum Onon. III, 193.
Askisz s. Askysch.
Askosowa, Stamm der Koibalen. II, 1108.
Askysch, Fl. II, 1084 ff.
Askyschkoi. II, 1086.
Aslan-Khan (d. i. Löwenkönig), Titel des Uigurenkhans. II, 348.
Asmani s. Aravi. VI, 379. [Ob wol Asmani mit dem Namen der Osmanen, Aravi mit dem der Araber zusammenhängt? Es ist damit noch nicht gesagt, daß diese Sprachen tartarischen oder semitischen Ursprungs seien, was in der That nicht der Fall ist, sondern nur, daß eine Verwechselung von Seiten mohammedanischer, europäischer und hindustanischer Bevölkerung in Bezug auf die verschiedenen Sprachgebiete, Sprachfamilien, Sprachklassen Statt gefunden habe. Beispiele ähnlicher Art bietet Ostasien allein in großer Anzahl dar. J. L. J.]
Asmine, Monatsname (Sept./Oct.) in Asam. IV, 324.
Asof Jah, Erbauer einer Kunstbrücke bei der Feste Ajayarti in Berar. V, 665.
Asoka, König von Kaschmir. III, 1097.
Asokamalla. VI, 228.
Asparagus officinalis, wild am Irtysch. II, 660.
Aspat, Banner der Uliangha i. II, 1010.
Assafötida, Ausfuhrartikel aus Sind. VI, 965.
Assakanen, Völkerst. Indiens zu Alexanders Zeit. V, 920.
Assam s. Asam. IV, 288.

Affapura, Tempelstadt der Bhawani im Insellande Kutch. VI, 1043.
Afferajfar, Dorf in Orissa. VI, 541.
Affena, d. i. Wolf. II, 438.
Affin f. Aschin (September), Name eines Monats in Bhutan. IV, 162. 167.
Affinga-See. III, 42.
Affirghur, Bergfeste bei Burhanpur. VI, 567.
Affura. V, 749.
Affye, Dorf, Schlacht bei, VI, 406.
Asthenteh, der Brahmabaum. VI, 677.
Aster, als Heerdenpflanze, färbt die Steppen blau. II, 862.
Aster alpinus. III, 144.
Aster dracunculoides. II, 755.
Aster fastigiatus. II, 693.
Asterias (nicht Asteria), in der Malayischen See. V, 16.
Astragalus. II, 891.
Astragalus alopecurus, höchste Steppenpflanze des Altaï. II, 930.
Astragalus alpinus. III, 267.
Astragalus biflorus. III, 281.
Astragalus galactites. II, 957.
Astragalus longiflorus auf Sanddünen. II, 658.
Astragalus melilotoides, bullarius. III, 187.
Astragalus montanus. III, 279.
Astrologie in Tangut zu Marco Polo's Zeit. II, 207. — der Siamesen. IV, 1154. — auf Ceylon VI, 243.
Astronomie, Systeme der, drei bei den Arabern, davon eines indischen Ursprungs. V, 528. — der Hindus. VI, 154. (cfr. 245.) — gefördert von Vicramaditya III. V, 493.
Astronomische Tafeln f. Tafeln.
Astuam, Dorf in Unter-Kanawar. III, 769.
Asuruli, Ort in Gondwana. VI, 522.
Asva (sanskr. = Pferd). V, 898.
Asvattha, Sanskritname von Ficus indica. VI, 664.
Aswaput (d. i. Marschall der Pferdeställe, General der Cavallerie), Großwürdenträger der alten Centralhindumonarchie. VI, 561.
Aß-Beremes, Gedächtnißfeier der Gestorbenen bei den Kirghisen. II, 778.
Ataps (Pfl.)? V, 22.
Ataran, Fluß zum Sanluen. V, 135. — Dorf. V, 136.
Ata-Sufi, Burgflecken. II, 361.
Ataz anguin. V, 89.
Atesch-Beharam, das heil. Feuer der Guebern. V, 616.
Athamanta condensata. II, 1099.
Athamanta crinita. II, 878. 912,
Athobhai. IV, 78.
Athan d'hau, Pagodensklaven in Ava. V, 290.
Athit, Sonntag der Siamesen. IV, 1154.
Athmungsproceß, Erschwerung desselben beim Ersteigen der Himalayaketten in Folge giftiger Ausathmungen der Gewächse. III, 444. 532. 634. 971. IV, 38. 196. 210. 292.
At Kalanja (Ibn Batuta), Dorf auf dem Adamspik. VI, 55.
Atkur, Diamantlager. VI, 351.
Atlas, Plateaubegleiter Spaniens. II, 48.
Atea, Klein-, Dorf und Sitz eines Räuberchefs in Harowti. VI, 804.
Atragene alpina. II, 946. 981. III, 162.
Atriplex-Arten auf Salzgrund. II, 755.
Atriplex sibirica, laciniata. II, 763.
Atriplex tartarica. II, 647.
Atscha f. Aga. III, 272.
Attaci, Name einer nördl. Völkerschaft Asiens bei Plinius. II, 10.
Attapedi, Gebirgsland. V, 774.
Attaram, Fl. f. Ataran. V, 135.
At Tasch, d. i. Pferdefels. II, 1085.
Attbascha, Flüßchen. II, 327.
Attinga, der geschmückteste aller Vögel Indiens. V, 925.
Attits, Brahmanenkloster. VI, 823.
Attivan, Fl. f. Ataran. V, 135.
Attock, nicht das ehemalige Taxile. V, 451.

Atui, Name des Pisang auf den Südseeinseln. V, 877.
Atur, Dorf am Belaurfl. VI, 314.
Atwee Wun. V, 223. 292.
Aty, eine Bauhinia-Art. V, 765.
Auchupowa, Stamm der Koibalen. II. 1108.
Audienzceremonien in Siam. IV, 1150 ff.
Audih (Oude) s. Ayodhya.
Auferstandene Todte. VI, 1203.
Aufgesetzte Gebirge. Def. II, 32.
Auge, das menschliche, wie es sich an den hellsten Lichtblick gewöhnen kann. II, 855 f.
Augen, tiefliegende, von wo aus Charakteristik eines besonderen Menschenschlages. II, 350.
Augenblendung s. Nyctalopia. VI, 508.
Augenbrauen, werden abrasirt von den Talapoines in Siam. IV, 1173.
Augenkrankheiten. II, 419.
Augenliedbildung (schiefgeschlitzte), charakteristisches Kennzeichen des birmanisch-chinesischen Völkerschlages. V, 389.
Aughenhgaus s. Bambus. (Bambusa arundinacea. Arundo Bambos.)
Augit, im Basalt fehlend. VI, 459. — reichlich in dem der indischen Trappformation. VI, 845.
Augnaud s. Gonerda. III, 1096.
Auguren der Bhils. VI, 614.
Augustus (Caesar Octavianus) empfängt eine indische Gesandtschaft. V, 488.
Aul, d. i. Standlager bei den Kirghisen. II, 417.
Aumrye, Colon. Dorf im Sonethal. VI, 487.
Au näck Chan. II, 256.
Aurantia, falschgebildetes Wort. V, 649.
Aurea Chersonnesus = Hinterindien. V, 27. 518.
Aurengzeb (d. i. Zierde d. Throns), Kaiser von Delhi (1656—1707). III, 433. V, 637 ff. — erobert Tatta. V, 476. — sein Grabmal. VI, 435 f.
Auripigment, Handelsartikel in Ava V, 264. — Ausfuhrartikel in Singapore. V, 71.
A-ur-tai-wu-leang-hai, d. i. Ostsamojedische Stämme. II, 1007. 1060. 1061.
Aurungabad, die Capitale. VI, 432 f. V, 678.
Auruvurs s. Arrwas. V, 1025.
Ausländer, seit den ältesten Zeiten vorzugsweise Handeltreibende in Indien. V, 442.
Ausreißer aus d. sibirischen Hüttenrevieren. II, 584. 588. 688. 701. 880.
Aussatz in Gondwana. VI, 508. — bei den Birmanen. V, 269. 290.
Austerbänke (antediluvianische) auf den Himalayahöhen. III, 583. — an der Küste von Malabar von Tellicherry bis Calicut. V, 775.
Austern, schlecht in Dschittagong. V, 420. — an der Küste von Aracan. V, 312.
Australien, seine unentwickelten Flußläufe. II, 781. — Gebirgs- und Vulkanbildung. II, 52 f. 56. — ob Ueberbleibsel eines alten Continents. II, 158. — seine Besserungsanstalten, verglichen mit den Sibirischen Verbrecherkolonien. III, 136. — Palmen an der Ostküste. V, 830. — Kultur des Pisang. V, 882.
Australneger. V, 446. VI, 524.
Ausun s. Terminalia alata, tomentosa. VI, 513.
Au taï st. Altai. II, 481.
Autengga s. Dillenia speciosa, in Asam. IV, 325.
Autodafés ketzerischer Schriften unter den buddhistischen Singhalesenkönigen. VI, 243.
Ava, das Königreich, V, 241—296. — bezeichnet in der indischen Erdansicht. II, 7. — die Residenz, V, 224 ff. — Culturebene von, V, 225 ff. 297 ff.
Ava, Provinz von Amboa. IV, 217. — Flora, Charakter derselben. V, 413. — Population. V, 273 f.
Avad s. Oude. III, 456.
Avadak s. Alidak, Berg in Kaschmir. III, 1143.

Avag, christl. armen. Gebirgsfürst (1240). II, 297.
Ava-Korn. III, 535. 623. 670. 711. IV, 41. 96. 261. 55. s. Uva.
Avalanchen (Bergschlipfe) in den Nilgherry. V, 1010.
Avanti Verma, König von Kaschmir (875—905 n. Chr.). III, 1109.
Avaray s. Dolichos lablab. V, 768.
Avari Donisch, Umarbeitung des Hitopadesa durch Kaiser Akbar veranstaltet. V, 627.
Avena fatua. VI, 1116.
Averrhoa carambola in Asam. IV, 325.
Avicenna (Honain Abu Ali Ben Sina, † 1036 zu Hamadan), seine Schriften auf Ceylon. VI, 44.
Avila gatna, Wildniß von, in Nord-Canara. V, 698.
Avisaharelle, Ort auf Ceylon. VI, 199. 258.
Awang-Kul, Nagadorf in Munipur. V, 370.
Awar s. Aor. V, 10.
A'wei s. Asa foetida. IV, 233.
Awmiltas s. Cassia fistula. VI, 581.
Axedrez (span.) = Schachspiel. V, 526.
Axt, Hauptwaffe der Gonds. VI, 526.
Axum, das mittlere Indien genannt. V, 603.
Ayari Shakarti, König von Ceylon (1340). VI, 50.
Ayasru s. Sandelholz. V, 816.
Ayergon, Station. II, 545.
Ayi, Fl. in Bhutan. IV, 169.
Ayodhya s. Kanodge. V, 487. 493. 501. (sanskr. = die Unbesiegbare) s. Oude, Audhl.
Ayoutho (d. i. Oude). V, 493.
Ayrata Cadawa, Gebirgsland. V, 774.
Ayul, böse Sommerluft in Himalayathälern. IV, 33. (III, 757.) IV, 63. 93.
Ayuki, Kalmückenkhan. II, 454.
Ayuka, Khan der Turgut-Olöth (seit 1672). II, 464. 550. 568.
Azania s. Aden. V, 443.
Azegebil, Fl. s. Osa, Ossa. III, 176.
Azinna s. Etzina. II, 308.
Azo, Feste in Asam. IV, 290.
azurro (M. Polo) = Lazur in Tenduch. II, 259.

B.

B und V geht bei den Chinesen oft in M über. III, 1113.
Ba, d. i. Kropf. IV, 139.
Baba, d. i. Adam, auf Ceylon. VI, 51.
Baba-Buden, Hochgebirgsgruppe in Dekan. VI, 372.
Baba Daon, Baba Dion, Dagong V, 316.
Baba Ghor, Kultus desselben bei den Bergleuten in den Karneolgruben von Barcach. VI, 606.
Baba Heineddin Ridschy, Einsiedelei des, in Kaschmir. III, 1154.
Babal, Brunnen in Kaschmir. III, 1154.
Babara, die antike Stadt in Kaschmir. III, 1097.
Baba-Rjetschka, Bach. II, 729. (Vergl. wegen des Namens auch II, 807. 1085.)
Babas, d. i. die Infanten der Ranas von Mewar. VI, 901.
Baba Tahi, Höhle auf Ceylon. VI, 53.
Babe, Pergunnah von Kanawar. III, 766.
Babriawar, Prov. von Guzurate. VI, 1065. — Bergketten. VI, 1067.
Babul, Name eines Waldbaumes in Cachar. V, 381. — Mimos. sp. VI, 509. 886. — Acacia arabica. VI, 829.
Babur, der Sultan und seine Nachfolger in Indien (1526—1707). III, 429 ff. 1127. V, 621—639.
Babylon, mit Hastinapura verglichen. VI, 1122.
Babylonischer Thurmbau und Sprachenverwirrung, ähnl. Sage in Korea. IV, 643.
Bacam s. Caesalpinia Sappan. VI, 537.
Bachanale, hindostanische. III, 899.

Bachstelzenart, eigenthümliche. III, 271. — Ominöser Vogel bei den Mera. VI, 915.
Bachta, d. i. grobe Russische Kattune, Handelsartikel in Inner-Asien. II, 797.
Bachunchcha, Pik. III, 890.
Bäck-pha (sanskr. = das Haupt, das Erste). II, 261. (IV, 283.)
Backsteinmauern, nur für Gott und den König nach dem Birmanengesetz. V, 123 f. 180.
Backstein-Ruinen, antike auf Singapore. V, 67.
Bactrian, der, das zweibucklige Kameel. III, 382.
Bactrien, christl. Bischöfe in, II, 285. f. Baktrien u. s. w.
Bad, entsühnendes. VI, 496. — heißes zu Chosiong. IV, 92. — warmes und schwefelhaltiges in Tübet. IV, 262.
Bäder, in den Tempeln des Confucius. IV, 675.
Badan, Theesurrogat. II, 863.
Badar (Basar), Fl. II, 643. 768.
Badascian f. Badachschan. III, 439.
Badda f. Bhatgang. III, 455.
Baddagame, Station d. Church-Missionary Mission auf Ceylon. VI, 186.
Badestellen, indische, VI, 627.
Badekasten der Tungusen. III, 183.
Badgong, Berg in Aracan. V, 310.
Badkasch (d. i. große Fächer) der Asamesen. IV, 296.
Badong, Stadt in Ava. V, 276.
Badon sachen. V, 236. f. Pa dun mang. V, 303.
Badra, Monatsname bei den Eruler in den Nilgherry. V, 1017.
Badrak, Dorf in Orissa. VI, 541.
Badri Nat, f. Bhadri-Nath, Quelle des Ganges. III, 496.-499.
Badshah (d. i. Padischah)-Straße, der Kaiserweg. III, 561.
Badschi Rao, Mahrattenherrscher. VI, 396.
Badulla auf Ceylon. VI, 203.
Badul Mahl, d. i. Wolkenpallast. VI, 894.
Baematisten Alexanders des Großen; Mensores der Römer; ähnl. Einrichtung in China. III, 467.
Baftas, Handelswaare in Ober-Kanawar. III, 828.
Baga-Kenté, d. h. der Klein-Kenté. II, 504.
Ba gang than, Ort in Tübet auf der Tsiambo-Route. IV, 204.
Bagari, chines. Sojotenstamm. II, 1142.
Bagargar (arabisch) = Scha-to. II, 250.
Bagbera, Tribus der Bhotiyas. IV, 166.
Bagdad, erobert von Hulagu. II, 383.
Bagdwar in Bhutan. IV, 162.
Bagh Hadschi Mohammed, Ort am Yarkendfl. III, 637.
Bagh-i-Rath, Prachtpallast zu Herat. III, 1134.
Baghiratha, Westarm des unteren Ganges. V, 507.
Bagh-i-Shery, Prachtpallast zu Herat. III, 1134.
Bagh-i-Sufid, Prachtpallast zu Herat. III, 1134.
Bagh-Nessim, Lustgarten in Kaschmir. III, 1183.
Bagh-Nichât, Lustgarten in Kaschmir. III, 1183.
Baglana, der nordwestlichste Bergdistrikt der Subah Aurungabad. V, 656.
Bagmutri f. Vagmati. IV, 66.
Bago f. Pegu. V, 179.
Bago-Hara (d. i. der Hirschmond), vierter Monat der Buräten. III, 128.
Bagon f. Pegu. V, 179.
Bagulnik (ruff.) = Rhododendron dauricum. II, 1022. 1077. (auch = Ledum palustre). III, 43. 45.
Bagur, die Landschaft. VI, 638 f.
Bahadur-Sahi, Gorkha-Fürst. III, 489.
Bahaleourecan, Reisart auf Ceylon. VI, 115.
Bahar f. Behar. V, 507. — die alte Capitale. VI, 1153.
Bahara f. Terminalia belerica. VI, 536.
Baharam, parthischer König. V, 525.
Baharampur. V, 525.
Bahatia f. Bhatia. V, 539.

Bahawalpur, Stadt, frühere Residenz des Khans von Daudputra. VI, 992.
Bahikar (sanskr.) = Gesetzverächter. V, 459.
Bahrain, Insel im pers. Golf, ehemals Tylos. V, 436.
Bai, Gewicht der Birmanen. V, 267.
Baian khara tsitsit khana, Name des Gebirges, auf welchem sich die Quellen des Gelben Stromes finden. IV, 650.
Baiberi, Tribus der zinspflichtigen Buräten. II, 1037.
Baichara, russ. Slobode. III, 149.
Baichua, d. i. grüner Thee in Büchsen. II, 420.
Baide, Zufl. zum Askysch. II, 1085.
Baïdi s. Palte-See. IV, 229. 271.
Baidschigat, Kirghisenstamm. II, 423.
Baidu, dunkelgelbe, marmorähnliche Kalksteinart in Jessulwar. VI, 1010.
Baidya (ob = Buddhist?). VI, 1195.
Baigarin, Stamm der chines. Sojoten. II, 1017. 1042.
Baighal s. Baikal. II, 599.
Baikal, Bodenart in Marwar. VI, 956.
Baikal (jakut. d. i. der Reiche See). II, 599. III, 5. — Plateau dess. III, 128. (Der Spiegel liegt 1655 üb. d. M. III, 129.)
Baikalgebirgsland. III, 5 ff.
Baikalsee, Vergleichungspunkt in China. II, 157. — auch Pe-hai, d. i. chin. = Nordmeer, genannt. II, 598. III, 5 ff.
Baikharska (Slobode). III, 174. 175.
Baïkhonggor-Dola. II, 493.
Baikow, Feodor Isaak, russ. Gesandter nach China (1645). II, 430. 551. 746. 736.
Baikul, Hafenort, südlich von Mangalore. V, 732.
Bailan, Grenzlager der Dauren. III, 307.
Bailaru, Bailur. V, 736.
Bailkota, Bergkastell in Nepal. IV, 33.
Bain-Ganga s. Bana-Ganga. VI, 450.
Bainchussin, Slobode. III, 150.
Bain-djiruké, d. i. des Reiches Herz. II, 514. — Gebirgsgrenze II, 496.
Baïn-gol, Fl. III, 216.
Bain khara, Berg in der Gobi. III, 372. — Bayan Khara. IV, 412.
Bain-Khundul, Thäler der Gobi. III, 352.
Bain-Dola, Geb. II, 532.
Baïn-Duldzouïtu, Berg in der Gobi. III, 352.
Baïn-tologei, Berg. III, 400.
Bain-ulân, Grenzberge der Gobi. III, 346.
Baipleotta, Ortschaft der Surlaul in Indien. V, 613.
Bair s. Zizyphus jujuba. V, 720.
Bairagis, Secte. III, 911 ff.
Bairam (Ibn Batuta), s. Anji Deva. V, 589.
Bairam, Tempel des, III, 886.
Bairat, Berg, Fort. III, 538. 885.
Bairi (d. i. Feinde). III, 877.
Baïri-oola, Berg. III, 400.
Bairo Ghati s. Bhagirathi. III, 498.
Baischin-Schelo (?). III, 172.
Baisi, Culturthal, im Gegensatze von Tar, ein wildes Thal. IV, 32.
Baisi Radja's, d. h. die XXII Gebirgsfürsten. IV, 22.
Baïsiri-Buritu. II, 499.
Baitamungaium. VI, 316.
Baitarik, Steppenfl. II, 490. 551. — Ursprung. 496. — fließt in den Tschagan-Nor. II, 355.
Baitul bei Nagpur. VI, 454.
Bajandnisk, Station. III, 129.
Bajazed, Grab des Sultan, in Dschittagong. V, 417.
Bajera s. Holcus spicatus. V, 716. — Panicum spicatum. VI, 535.
Bajerle s. Panicum. VI, 753.
Bajra s. Holcus spicatus. VI, 937.
Bajurkit s. Diamantthier, Pangolin, Schuppenthier. VI, 511.
Bakai, Kalmückenfürst. II, 989.
Bakam (?), auf Ceylon nach Ibn Batuta. VI, 50. — ob = Caesalpinia Sappan? V, 594.
Bakari (Ptolem.) soll Kalikut sein. V, 515.

Bakatscha, Zubach zur Schilka. III, 296.
Bakhagar, Fluß, goldreich. IV, 18.
Bakhsha-Dewar s. Bukadewar. IV, 140. 160.
Baklan s. Seeraben. III, 9. 48. 162.
Baklanyje Ostrowa, d. i. die Seerabeninsel im Baikalsee. III, 29.
Baker, M., englischer Gesandter an dem Hof des Alompra (1755). V, 229.
Bakrapat bei Gandicotta, Paß. VI, 340.
Bakſha-Dewar s. Bukadewar. IV, 141. 160.
Bakta, chines. Sommerposten. II, 417.
Baktar, Temudschins Bruder. II, 509.
Baktrianen. V, 441.
Baktrische Herrscher von den Szu vom Throne gestoßen. II, 432. — Münzen zu Rawil-Pindi gefunden. V. 452. — in Sherkote gefunden. V, 469. 476.
Baktrisches Reich. V, 484 ff.
Baktyal Barbaruya s. IV, 301.
Bala (Abdecker), verachtetste Kaste bei den Newari. IV, 124. — (malabar.) = Musa sapientum. V, 876.
Balaback-Insel (?), eine Tagereise von Ceylon. VI, 35.
Ba-la-Berg in Tübet. IV, 253.
Balach (M. Polo) s. Balk. VI, 705.
Balachong s. Shrimps. V, 122. 146.
Balaganskoi Ostrog. (1684). II, 604. 607. III, 87.
Bala Ghat. V, 655.
Balahairi, Stadt am Bain-Ganga. VI, 923.
Bala meïn, Grenzfl. zwischen Pe und Martaban. V, 131.
Bala-Nilkhent (d. h. Klein-N.) am Bishemuttyfl., der heilige Tempelort am Eingange der Kathmandu-Ebene. IV, 35.
Balanghedde Vihare, Tempel auf Ceylon. VI, 210.
Balanites aegyptiaca. VI, 1111.
Balarama, Bruder des Krischna. III, 1096.
Balároyn-Drug, Berg. V, 722. 736. VI, 372.
Balchet s. Bhalkn.
Baldeo Baladeva, Bruder Sri Jeo's und Krischna's. VI, 565.
Baldeos. VI, 546.
Baldha, Fl. s. Baldzl. III, 193.
Baldhi s. Palte-See. IV, 229. 271.
Baldhi, Stadt auf der Teschu-Lumbu-Route nach H'Lassa. IV, 271.
Baldhi Singha. VI, 320.
Baldschina-Amul. III, 272. 279.
Balega, Zufl. zum Khilok. III, 166.
Balghad-Chorumchan s. Karakorum. II, 562.
Bali, Insel. V, 73. — chinesische Münzen daselbst. V, 68. — Buddhistencolonie das. V, 493.
Bali, Held indischer Erzählungen. VI, 322.
Bali-Schrift, richtiger als Pali. V, 215. 284.
Balia s. Oyo. VI, 510.
Baliarte, erster König der Thomaschristen in Indien. V, 610.
Balijan, Ort in Asam. IV, 346. 348.
Baliram, tübet. Name. III, 705.
Baliram, Seyana (d. i. Oberschulze) von Ramjan; seine Reisen. III, 590.
Balita (Peripl. Arr.), indische Küstenstadt. V, 516.
Balladschi Badschi Rao, Mahrattenherrscher. VI, 397.
Ballagan (ruff.), d. i. Jagdhütten. III, 175.
Balla-Ghat. VI, 271.
Ballack-Küll, See. II, 783.
Ballack-Tschileck, See; merkwürdiges Felsenthal an demselben. II, 647 f. 649.
Balligeta bei Seringapatam, früher Hauptort des Jainas-cultus. V, 746.
Ballyari, einstiger Hafenort in Kutch. VI, 1044.
Balmir-Berggruppe. VI, 1019 f.
Balnath, Gebirge s. Bulnat. V, 542.

Bal-kori, s. Kori's. VI, 811.
Bal Siva, der Sonnengott. VI, 809. [Man vergl. das ägypt. bal = Auge.]
Balladschi Wismanat. VI, 396.
Βάλται, Βύλται (Ptolem.), die Bewohner von Balti, d. i. Klein-Tübet. III, 654.
Baltagara, Nebenfl. des Ajagus. II, 764.
Balti, Baltistan = Klein-Tübet. III, 640—660.
Baltschikan, baurische Grenzwacht. III, 183.
Baltschikanskoi Karaul. III, 193. 195.
Balschina-See. III, 272.
Balu, Insel. V, 134.
Balumba, Küstenort in Kattiwar. VI, 1066.
Balungda, Fl. IV, 198.
Balückte-Kull, d. i. fischreicher See. II, 787.
Balwa-kund, Quellen in der Nähe von Islamabad. V, 416. 418.
Balwanta. VI, 549.
Balykſa, Bach. II, 1086.
Balyra, heißes Bad. III, 183.
Balzora, Feste am Pumila. IV, 26.
Bamalli, d. i. Hokuspokusmacher in Malwa. VI, 771.
Bambu s. Mambu. V, 765.
Bambus s. Arundo Bambos. IV, 138. — beliebter Artikel in Tübet. Hausgeräth aus demselben angefertigt. IV, 236. — 60 verschiedene Arten nach chinesischer Angabe. IV, 669. — der Samen, eine sehr erhitzende Speise, wird von den Sur genossen. VI, 530. — Waffen der Koreaner daraus gefertigt. IV, 633.
Bambusbrücken, künstliche, der Naga's. V, 374.
Bambus-Papier der Birmanen. V, 262.
Bambusrohr am westl. Ufer des Fl. Takiang. IV, 655. 658.
Bambuswälder fehlen fast gänzlich in Guzurate. VI, 635. — die schönsten in Nord-Canara. V, 701.
Bambuswurzeln, Hüte geflochten aus, bei den Mongolen. III, 401.
Bambusa arenacea. IV, 675.
Bambusa arundinacea. s. Arundo Bambos. IV, 138. — in Kotgerh. III, 749.
Bambusa stricta. VI, 748.
Bambusa verticillata. V, 82.
Bameya, Ort am Brahmaputra. IV, 343.
Bameya am Lohit. IV, 385.
Bampura, prachtvolles Sarai und Mausoleum aus Sandsteinquadern zum Andenken des Dscheswuni Row Holkar. VI, 747.
Bamted, Distrikt in West-Tübet, berühmt durch Erzeugung der Shawlwolle. III, 603.
Ban, Eichenart in Sirmore. III, 856.
Banaganpilly s. Banganpally. VI, 348.
Banal s. Pauhal. III, 1137.
Banane (sanskr.) s. Pisang. Verbreitungssphäre. V, 875 ff.
[Bananen und Banyanen wohl zu unterscheiden. Ersteres ist Musa paradisiaca, letzteres Ficus religiosa. s. d.] zu V, 178 f.
Bananenpflanzungen in Pegu. V, 175.
Banar, Gangeskanal. VI, 1224.
Banara, Küstenfluß in Kalantan. V, 5.
Banaul, Zufl. zum Dschemna und gleichnamiger Distrikt. III, 889.
Banawasy, Stadt in Nord-Canara am Kl. Baradafl. V, 704.
Banca, Zinnreichthum. V, 439.
Bancakette s. Sidashurkette. V, 380.
Bancani, d. h. Baniani. V, 443. 488. VI, 663.
Bancauli, Ort im Dschemnathale. III, 887.
Bancut, Gebirgsfl. in Dekan. V, 668. s. Sawutry, Sawutty.
Banda, auf der Nepalstraße nach Teschu-Lumbu. IV, 258.
Banda-Berge, die, VI, 847 f.
Bandajwa s. Columba Nepalensis. IV, 53.
Bandaky s. Hibiscus esculentus. V, 718.
Bandarah, Ort auf Salsette. VI, 1096.
Bandekassein, Prinzessin in der Singhalesensage. VI, 222.

Bander puchh s. Banara-puchha. III, 883.
Bandi s. Bandaky. V, 718.
Bandiali, Zufluß zum Dschemna. III, 900.
Bandida-Chambo-Lama. III, 157.
Bandjin Erdeni, Bandjin Ribotsi. IV, 264.
Bandri Sindri s. Bandursindri. VI, 926.
Bandu-Khana der mohammedanischen Schriftsteller s. Pandava, Pandu. III, 1094.
Bandursindri, Grenzort des Kischenghur-Staates. VI, 926.
Banekol s. Bangal. III, 1137.
Banga, erste Sylhetstadt am Sirmah. V, 379.
Banga Bhascha, d. i. Bengali-Grammatik, Sprache und Literatur. VI, 1246 ff.
Banga gora s. Rungapora. IV, 361. 405.
Bangalore, das indische Montpellier. VI, 277. 307 ff.
Banganpally, Diamantdistrikt von, VI, 348.
Bangarin, Sojotentribus. II, 1052.
Bangdan (tungus.) s. Sosnowaja. III, 46.
Banggacha, kleine Insel in dem Hafen von Tschantaban. IV, 1069.
Banghyi, Gebirgsgau in Nepal. IV, 21.
Bangiram. V, 112.
Bangnam. IV, 82.
Bangnaram s. Bangiram. V, 112.
Bangol, Pergunnah von Kaschmir. III, 437.
Bangoran, die große Natunainsel. V, 11.
Bangra's, Buddhapriester der Newari. IV, 124.
Bangs, der, Canal. VI, 1224.
Bang ta phan, Seestadt in Tanasserim. V, 112.
Banguel s. Bangol. III, 1137.
Bangu Gaon, Ort der Mismi in Asam. IV, 387.
Bangum, ein Gemüse in Bhutan, ob ein Solanum? IV, 151.
Bangur-Land s. Tarai. Tariyani. VI, 1113.
Banhal s. Panhal. III, 1137.
Banianen, sanskr. Ursprungs des Namens. V, 443. [den Lombarden des Mittelalters vergleichbar.] s. auch III, 911.
Banig-jana, d. h. Handelsleute (sanskr.) = Banianen. V, 443.
Banila, Soldatenklasse in Orissa. VI, 556.
Banja ka Mandur (d. i. Kaufmannstempel), Jainheiligthum in der Stadt Jeypur. VI, 927.
Banjaras, die, oder die Kornhändler in Dekan. V, 687—690. VI, 281.
Bankar, d. i. Waldprodukte. VI, 537.
Bankipur, Stadt am Ganges. VI, 1159.
Bankygur, s. Banpur. VI, 529.
Ban-ling, Ammonitenkiesel im Nerbudda. IV, 13. s. Salagrami. VI, 597.
Banna, Bach z. Bangufluß. III, 62.
Bannal s. Panhal. III, 1137.
Bannasa. III, 895.
Bannasur, Ghatgipfel. V, 777.
Bannepadora s. Pan so to lo. IV, 1164.
Banni, Insel. V, 410.
Bannietary, Chef einer Kukitribus. V, 376.
Banpur. VI, 529.
Bansaballi fothi. VI, 562.
Banselochum s. Tabaschir. Kutbinbanse. VI, 366.
Bansey, Stadt. IV, 9.
Banskandi, kleiner Ort in Cachar. V, 355. — geogr. Lage. V, 369.
Banspatli, Fischart in Orissa. VI, 539.
Banswabdy, Dorf. VI, 439.
Banswara, Bergradscha von, VI, 639. — Burg von, VI, 643.
Bantschiam, Stadt in Martaban. V, 139.
Banu Begum, die Mutter d. Kaisers Akbar. VI, 1032.
Banyane (Ficus religiosa.) von Megasthenes beschrieben. V, 482. — als Buddhabaum s. besonders VI, 251. — wild auf Ceylon. V, 884. VI, 214.
Banyanen s. Batbäume. V, 522.

Bao V, 237.
Baobab s. Adansonia digitata. VI, 657.
Ba, Pa s. Bathang. IV, 199.
Baptisten-Mission, Amerikanische, in Rangun. V, 174.
Bar s. Bata. VI, 680.
Bara s. Thaikot, Garcinia pedunculata. IV, 325.
Baraba Steppe am Om. II, 567.
Barabati, Feste bei Kuttak. VI, 541.
Bára Bhungiya, das Land der XII Reguli, älterer Name für Asam. IV, 307.
Bara Burya, Name der Steuerbeamten in Asam. IV, 316. 318. 323.
Bara Devan, der Pagodenthurm zu Jaggernat. VI, 550.
Barai-Ganga s. Burha-Ganga. III, 895.
Barak s. Surmah.
Barakthäler (Stromlinie derselben). V, 349.
Baral. III, 669. 763. 962. IV, 52. 127.
Bara-Masha, d. i. die Zwölfmonatsblume. VI, 984.
Baramgala s. Behramgala. III, 1144.
Baramulé, Grenzort von Kaschmir, am Behut. III, 1147. — Die Engpässe von B. verglichen mit dem Austritt der Rhône aus dem Genfer See bei L'Ecluse. III, 1156. 1139.
Barana busa, Sanskritname der Musa sapientum. V, 875.
Bara Nilkantha. IV, 31.
Barantola, Königreich. IV, 183. (d. i. Tübet).
Bara-Opkót, Schneealpe. II, 333.
Bara Phukon, Name des Statthalters von Kamrup (Asam). IV, 319.
Barári-Sindh. III, 1133.
Barasa, Distrikt. III, 875.
Baraschewka, Uferbach zum Irtysch. II, 718.
Barasinga, Hirscharten in Hinterindien. V, 393.
Barbaren (sanskr.) = Warwara. V, 447. — Afrika. 556.
Barbaren Herodots s. Mletscha. III, 1100. (Afrika. 2. Aufl. S. 555.)
Barbari, Emporium der, bei Ptolemäus. II, 180.
Barbarika, Hafen von Sinde im 2ten Jahrhundert v. Chr. Geb. V, 475.
Barbarin, Ursprung der Niederlassung. VI, 37.
Barben, fehlen vom Ural durch ganz Sibirien. III, 281.
Barbiere s. Nai.
Barbut, engl. Oberst. VI, 198.
Barcheu-arthe-li-kin. II, 558.
Barchu-Alte-Tingan. II, 346.
Bardanes, Christ. II, 736 ff.
Barden und Annalisten der Rajputen. VI, 611.
Bardesanes' Gesandtschaft nach Indien. V, 488. 489 ff.
Bareilly, die Capitale von Rohilkund. VI, 1142.
Barein, Berg. IV, 26.
Barga s. Bata. VI, 680.
Barga-Burjad, Volk. III, 61. 116. — reden den rauhesten Dialekt unter allen ihren Sprachstammgenossen. III, 116.
Bargari, Diamantengruben zu, VI, 359.
Bargugni Omen. III, 49.
Bargukan, Zufl. zum Bargusin. III, 59.
Bargusinfl. und sein Stufenland. III, 50—65.
Bargusinsee. III, 60.
Bargusin, Kap am Baikalsee. III, 14. 47. (Halbinsel.)
Bargusinskaja Guba. III, 49.
Bargusinskoi (erb. 1648) Ostrog. II, 606. 607. III, 52.
Barguten, Volk. III, 61. 116.
Bari, Dorf. III, 895.
Bariggh°ldy, Quelle des Moyarfl. V, 961.
Barigosha s. Baroach. VI, 626.
Baring, traubenreiches Bergthal des Himalaya. III, 544. — Ort auf dem Harang-Paß. III, 805.
Baringtonia acutangula. V, 201.
Baritang. IV, 253.
Bariyalbhera, Sämerei als Handelsartikel (?). IV, 29.

Barkal, Wasserfälle von, V, 412. (Lage, geogr. derselben.)
Barkala, Berg in Tübet. IV, 225.
Barkathang, Thal. IV, 213.
Barken, königliche, in Ava, Cochin-China. IV, 1010. V, 223.
Barkol, Barkul. II, 379 f.
Barla, Bach. II, 1071.
Barleria prionitis. VI, 314. 1110.
Barlukfl. II, 423.
Barluk, Berg. II, 422.
Barma, ob Ava? II, 424. 426. V, 186.
Barma djousson. IV, 191.
Barmair f. Balmir. VI, 1019.
Barnak, Pergunnah von Kaschmir. III, 1136.
Barnaul, geogr. Lage. II, 578. (eine der bedeutendsten Kreisstädte Sibiriens). — Bergschule zu, seit 1789. II, 586. — Glashütte. II, 825. — Kreisstadt seit 1822. II, 826 f. — Höhe. II, 826. 849. — der große Schmelzhof. II, 848 bis 856.
Barnaulka, Nebenfl. des Ob. II, 578. — Flüßchen zum Alei. II, 827.
Barnaulskoi-Bor. II, 731.
Barnes, Edw., Gouverneur von Ceylon (1825). VI, 185.
Barnim, seine Aufnahme des Balkalsees. III, 12.
Bara Sakri, ehemalige Residenz der Moamariyachefs in Ober-Asam. IV, 361.
Baro. III, 741.
Baroach, ehemals Barygaza. V, 489. besonders VI, 626 ff.
Barode, das Emporium am Dahder-Strom. VI, 631—636.
Barolli, Tempelruinen von, VI, 808 ff.
Baron-tha-la (i. e. Urbs ad Tartariae dexteram) f. Barantola. IV, 185.
Barra Balluti, die 12 Dorfvorsteher in Dekan. VI, 416.
Barra Lucha, Paß f. Parelosa.
Barrackpur, die königl. Villa des General-Gouverneurs vom brit. Indien. VI, 1202.
Barsch f. Perca fluviatilis. III, 795.
Barsenapti, Oberhaupt der Moamariya in Ober-Asam. IV, 361.
Barsini f. III, 795.
Bars-Khotan, Stadt. II, 533. 547. 562.
Barspur, Pergunnah von Kaschmir. III, 1137.
Barsu D'hara, heiliger Wasserfall an den Gangesquellen. III, 500.
Barsugah, Arzt des Königs Nuschirvan. V, 526.
Bart, wird ausgerissen bei Malayen, Siamesen, den amerikanischeu Aboriginern. IV, 1147. — dünn bei den Buräten. III, 118.
Bartak, Pergunnah von Kaschmir. III, 1136.
Bartgeier f. Gypaetus barbatus. III, 184.
Barthenipadu, Barthenipar, Diamantlager. VI, 351.
Bartholomäus, Apostel. II, 284. V, 601.
Bartsia (nov. sp.) zur Alpenflor des Sara-Tau. II, 652.
Bartu, Berg des In-Schan. II, 239.
Bartwuchs, Zeichen eingezogener, büßender Lebensweise in Tavay. V, 130.
Baruh Thakurai (die XII Herrscher). III, 745.
Barun f. Capparis trifoliata. VI, 537.
Barun Sunnit, die, III, 370.
Barvi, Pergunnah von Kaschmir. III, 1137. f. Parwa. III, 1161.
Barwal, Schafe in Nepal. IV, 52. f. Baral. III, 669. 763. 962.
Barwattin, das schwarze Gewand der Vogelfreien in Indien. VI, 896.
Barwels, Mergui-Insel. V, 119.
Barygaza in Indien (Arrian). V, 439. 443. 476. (berühmter Seehafen der Malabarküste).
Basala, Landschaft. V, 506.
Basalt, poröser, VI, 463.
Basalt, an der Djida und dem Tschikoi. II, 390. — auf Salsette. VI, 1097.
Basaltsäulen, Gruppen derselben treten aus den geringern Vorketten der Vindhya hervor. VI, 587.
Basar f. Badar. II, 643. 708. 780. 789.

Bascha (sanskr.), d. i. Dialekt. VI, 559.
Baschalatzki-Bjelki. II, 860. 876.
Baschalazkoi-Bjelki. II, 892.
Baschalazkische Alpen, östliche Fortsetzung. II, 932.
Baschalyk, Fl. II, 860. 892.
Baschhuß, Banner der Uliangḥai. II, 1010.
Baschkaus, Quellstr. des Telezkoisees. II, 592.
Baschkaus mit dem Telezkoisee, Querthal des. II, 813.
Baschkaus, Fl. II, 978 f.
Baschtu-Khan (russ.) II, 450.
Basginburgan-Hara (d. i. Grasmond), achter Monat der Buräten. III, 128.
Basi, Zufl. zum Askysch. II, 1085. Geb. ebend.
Basil's Bay an der Wküste von Korea. IV, 621.
Basi Kug, Nebenbach zum Askysch. II, 1084.
Basinskoi Rudnik. II, 1085.
Basnats, eine der 8 geringeren Kriegerkasten in Nepal. IV, 119.
Baspa, Fl. zum Ssetledsch. III, 542. 544. 639. 774. 804.
Bassa dungram ula, Name eines Berges in Osttübet. IV, 651.
Bassein, Stadt und Hafen, Salsette gegenüber. V, 166. VI, 1096.
Bassen am Wurdasl. VI, 450.
Bassia latifolia. V, 685. VI, 485. 510. 580. Ihre süßduftenden, wie Rosinen gestalteten Blüthen werden von den Anwohnern des Nerbuda zur Destillation von spirituösen Getränken benutzt.
Bassia longifolia [?]. V, 699.
Bassin vong gaom. IV, 369.
Basta-Kym, Fl. II, 920. 923.
Bastard-Teakbaum s. Dillenia. V, 175.
Bastygina (kalmück.) s. Basta-Kym. Krasnojarska. II, 923.
Basut, Fl. V, 5.
Bata s. Bati. V, 517.
Bata Metropolis (Ptolem.). V, 522.
Bata s. Bata (alte Stadt). V, 522.
Batae (Ptolem.). VI, 674.
Batanana, die, im Ost-Jordanlande. VI, 459.
Batbäume = Banyanen. V, 522.
Bate, Insel bei Guzurate. VI, 1068.
Batgao. III, 462.
Bathang, Fluß von, = Gelber Strom. IV, 648.
Bathang, Stadt. IV, 199. 649.
Bathin, singhales. König. VI, 241.
Bathkaï, Station in der Gobi. III, 357.
Bathu, eine Getreide gebende Amaranthusart in Subathu. III, 841.
Bathugar s. Bakhagar. IV, 18.
Bati (Ptolem.), indisches Volk. V, 516.
Batimena, Ortschaft der Suriani in Malabar. V, 614.
Ba-tschu s. Kincha-Kiang. IV, 195
Batschydchir, Insel im Baikalsee. III, 48.
Battala (bei Ibn Batuta), wol Putlam? VI, 50.
Battam, Insel. V, 12.
Battan s. Patan. Pattan. III, 1137.
Batti, antikes Maaß in Orissa. VI, 564.
Batticalo, kleiner Ort auf Ceylon. VI, 193.
Batu, Getreideart auf den höchsten Himalayahöhen. III, 711. — Pergunnah von Kaschmir. III, 1137. — Ort in Kaschmir. III, 1160.
Baty, russ. Grenzposten geg. China. II, 637. 641. 660.
Baty-Pikat. II, 782.
Bauart, sonderbare in Bombay. VI, 1084.
Baubul, eine Mimosenart, die ein arabisches Gummi liefert. VI, 626.
Baudhi s. Ficus religiosa. VI, 671.
Baud'hi, d. i. der Tempel des Feigenbaumes in Pugan. V, 215.
Bauernstand, sibirischer, der Verbrecherkolonien. III, 316.
Baug, Stadt. VI, 589.
Bauglan, d. i. Bergland, s. Buglana. V, 659.
Baugna, Zufl. zur Ina. III, 54.
Bauhinia Aty. V, 765.
Bauhinia gigantea, die riesenmäßige Kletterpflanze in Sirmore. III, 852.

Bauhinia racemosa, der Same wird von den Sur gegessen, VI, 530.
Bau Kumon. III, 737.
Baukunst, in großer Blüthe bei den Newars. IV, 124.
Baumdienst der Kukis von Tripura. V, 376.
Baum-Ganga s. Bana Ganga. VI, 450.
Baumhenne, die, II, 404.
Baum-Incarnation, Vischnu's zu Jaggernaut. VI, 546.
Baumwolle von vorzüglicher Güte als Exportartikel in Ava. V, 265. — mit nankin-brauner Farbe in Thaumpe. V, 189. — früher in Munipur gebaut. V, 363. — von den Nagas in den Gebirgen gebaut. V, 374. — Hauptmarkt am Ganges ist Mirzapur. VI, 1154.
Baumwollenbaum, s. Bombax ceiba. VI, 118. — Bombax heptaphyllum, Simul. VI, 509.
Baumwollengewebe von außerordentlicher Güte, Ausfuhrartikel aus Malwa. VI, 755.
Baumwollenkultur, westlich vom Fl. Takiang. IV, 655. — vorzugsweise in Bhurtpur. VI, 943.
Baumwollenpflanze, schöne gelbe Species am Kiangfl. IV, 696. — am Sanluen. V, 152. s. Gossypium herbaceum. V, 717.
Baumwollenpflanzungen auf der Insel Manaar. VI, 152.
Baumwollenstaude auf Ceylon. VI, 118. — braune. IV, 678.
Baumwollenweber, tamulische Caste der, V, 767.
Baumwollenweberei in Ceylon, ihre Epoche. VI, 32. 43.
Baumwollenzeuge, von den Garo's seit Kurzem erst gewebt. V, 404.
Baunt-See, erster Ostrog am. II, 603. 607. III, 52.
Baurwah s. Barua. VI, 559.
Baurym, Metallart der Gobi. III, 350. [wol ein Aërolith?]
Baussim s. Bassen. VI, 450.
Bawally-Nulla. V, 779.
Bawari, d. i. Barbaren, s. Mletschas. V, 447 (in Orissa). 495. VI, 526. 556 u. a. a. O.
Bawas, Beerenart in der Sindwüste. VI, 1005.
Baya, der Schneidervogel. V, 925.
Bayaderen in Dekan. VI, 321 f. — Ursprung des Namens. V, 647. — (nicht portug. Ursprungs von balladeiras), indische Tänzerinnen. V, 525. VI, 622.
Bayanbulak, chines. Grenzwacht. II, 1069.
Bayanda, Bergwasser im Al. II, 408.
Bayan Inkè, Berg. III, 400.
Bayan Khara Geb. (d. i. die Schneekette von Sifan). II, 171. III, 410. IV, 194. Wasserscheidezug zwischen Hoangho und Janthe Kiang. — nordöstl. Verzweig. des Kuen-lun. II, 172. 188. IV, 412. 649. Durchbruch des Fl. Kiang (s. d.) durch dasselbe.
Bayan-nuru, Landschaft. II, 310.
Bayan-Dola, Bergkette. II, 490.
Baylanava, s. Andersonia panchmum. V, 765.
Bayr, s. Zizyphus jujuba. VI, 829.
Bayreuthische Höhlengebirgszüge. II, 871.
Bazaira, Bazaria s. Bykund. VI, 705.
Bazar, Dorf am Indus. III, 435.
Bazara auf Ceylon, wann angelegt? VI, 245.
Baz Bahadur, Pallast von Mandagurh. VI. 585.
Bazwal, Dorf in Kaschmir. III, 1165.
Bäcker, fehlen in Asam. IV, 328.
Bär, der große, Incarnation desselben als weiblicher Kutuchtu in Tübet. IV, 229.
Bären, List derselben. III, 44, — in Unzahl am Abakanfl. II, 1082, — durch Gesang verjagt. III, 33. — in den Tigheräzkoi-Bjelki. II, 872. — im Altai. II, 716. 717. — in Ava. V, 258. — in Harowti. VI, 822. — in den Nilgherry. V, 985. — in Kanawar. III, 834. — im Innern von Ceylon. VI, 206. — in den Tigheräzkoi-Bjelki als Beerenfresser. II, 868. — als regelmäßige Hausthiere auf

Tarakal. IV, 478. — in Tavoy. V, 128. — um Seram. III, 763. — gelbe in Ili. II, 404. 418. — weißscheckige am Jenisei. II, 1109.
Bärengalle, Handelsprodukt in Tsiambo. IV, 235.
Bären-Götze am Uvbat. II, 1092.
Bärenjagden, im Waldlande des Newuj. VI, 824.
Bärenklau s. Arctium Lappa.
Bäsi, Zeug. II, 410. 411.
Bäume, grüne, werden nie von den Kalmücken geschlagen. II, 896.
Beangi-Wolle. III, 601.
Beáparis, d. i. Kaufleute (?) in Gertope. III, 600. 601.
Bearmah, rechter Quellarm des Kan. VI, 838.
Beas s. Beyas. V, 462.
Beaulieu, franz. Commodore. V, 21.
Beckur s. Bekar. Shipke. III, 551. 573.
Bed, d. i. Veda-Brahmanen. VI, 558.
Bedagur s. Beragarh. VI, 576.
Bedah's s. Weddah. VI, 229.
Bedana (d. i. kernlos). VI, 978.
Bede-Hor, d. i. Mongolen. IV, 182.
Bede-Kem, Fl. II, 1031.
Bedell-dowan, Berg. II, 328.
Bednore, Ertrag der dortig. Areka-pflanzungen. V, 861.
Beder, Capitale am Godavery. VI, 429.
Bederhully (d. i. Bambusdorf), Bednore. V, 705.
Bederuru (d. i. Bambusort), Bednore. V, 705.
Bedford, engl. Kapitain, seine Beschiffung des Dibong im J. 1825. IV, 370 — 375.
Bedi s. Baldhi. IV, 271.
Bedia eddin ben Mohammed Azim. III, 1118,
Bedlar Gadh, Bergstrom zum Dschemna. III, 890.
Bedjapur s. Bejapur. VI, 374. V, 634. 638.
Bedscha s. Beyas. Hyphasis. III, 553.
Bedulnen, mit den Hiongnu verglichen. II, 241.
Bedusta-Behut, Fl. V. 466.
Beeol, Name einer Grewia-Art in Sirmore. III, 856.
Beerdigung der hoffnungslosen Kranken in Indien. VI, 646.
Befestigungen, eigenthümliche, in Cachar. V, 382.
Begdzi, Untergott der Buräten. III, 8.
Beghiaghigang auf der Nepalstr. nach Teschu-Lumbu. IV, 258.
Begraben, lebendiges der Pilger in Varesha Kshetra. IV, 86. — in Dubboi. VI, 623.
Begräbnißweise der Tataren. II, 278.
Begräbnisse der vornehmen Asamesen. IV, 296.
Begu, Ort am Bhamunifl. in Harowti. VI, 805.
Beguithang s. Tsaïli. IV, 257.
Begumpurah, Vorstadt von Aurungabad. VI, 434.
Behar, d. i. Frühling. VI, 1153.
Behar (Provinz). V, 507. 509.
Behdin s. Dinibeh. V, 618.
Beheset, d. i. Paradiesland, Name von Kaschmir. III, 1173.
Behim Bagsa s. Bhim. V, 538.
Behramgala, Ort in Kaschmir. III, 1144.
Behut, Quelle dess. III, 1082. 1109. 1147.
Behya Baji bei den Bhils verehrt. VI, 613.
Bei, Bach. II, 1099.
Beidururu s. Bednore. V, 721.
Beigga s. Taßkyl. II, 1109.
Bei-Kem s. Pei Kimu. II, 1047. 1094.
Bei-khai s. Pe-hai. III, 7.
Beilé-Kul, See. II, 396.
Beiram-Khan. V, 624.
Beissé. II, 1054 f.
Beituma, Beit-Tuma (syr. = Haus des Thomas). V, 587.
Bejapur. VI, 374. V, 634. 638.
Bejjerban, flammender Blitz oder Donnerkeil Indra's. IV, 70.
Bejura s. Bisjora. IV, 169.
Bekas, die Söhne des Sohnes Jhouda's, in Bikanir. VI, 997.
Beketow (Peter), Syn-Bojarski, II, 608 — 611. III, 156. — seine Expedition nach den Trans-

baikalischen Gebirgsländern (1652—1660).
Bekum, linker Zufl. zum Saisansee. II, 641. 642. 657. 761.
Bekun Fl. s. Bukan. II, 646.
Bel s. Sida rhombifolia. VI, 510.
Belad el fulful s. Balad el fulful, die Pfefferküste. V, 439. 515. 590. 864.
Belary. V, 694. VI, 307.
Belasagun (Balghassun = Karakorum). II, 557.
Belasi, Ort am Kankaye in Sikim. IV, 108.
Belebung, System derselben, abhängig von der plastischen Gestaltung der Einzelmassen in doppelter Beziehung. II, 74.
Belemniten, auf den Himalayahöhen. III, 583.
Belespur, Beste am Ssetledsch. III, 515. 519. 552. 743. V, 456.
Belgaum, Stadt im Lande der Ghats. V, 664.
Beli im Industhale. III, 637.
Belim s. Bei-Kem. II, 1047.
Bell-Lankastersche Methode. VI, 332.
Belladu, Vitex sp. V, 699.
Bellamy, Bergpaß auf Ceylon. VI, 199.
Belletollah s. Beltoli. IV, 34.
Bellibul, Buddagurdorf in den Nilgherry. V, 1005.
Belor, Bergcrystall s. IV, 58.
Belorezkoi. II, 583.
Belorezkoi-Krepost. II, 818. 865.
Beltolya, Rana von, in Unter-Asam. IV, 34.
Beltyren, Völkerstamm. II, 590. 1087.
Belur-tagh s. Bolor-tagh. II, 326.
Belville bei Seheranpur. III, 537.
Belwul, der Trockenboden Dekans. VI, 371.
Belwunta s. Balwanta. VI, 549.
Bembetpassage nach Kaschmir. III, 1139. 1143 ff. V, 455.
Bembharpaß s. Bemberpaß. III, 1139.
Bena-Gras. VI, 539.
Benares. VI, 1154 ff. — Heiligkeit des dortigen großen Mahadeotempels. VI, 1170.
Bengal, Ursprung des Namens. V, 507. VI, 1189.
Bengalen, sanskr. Form des Namens. V, 505. — als selbständiges Königreich. V, 557.
Bengalis, die, s. VI, 1242 ff.
Bengalischrift d. Hirumbusprache angepaßt. V, 384. VI, 1246 ff.
Bengalisprache, Hofsprache in Cachar. V, 384. s. bes. VI, 1245 f. — von den Brahmanen in Munipur gesprochen. V, 366.
Bengtolli, Dorf in Bhutan. IV, 169.
Bengmora, Land der Moamariya in Asam. IV, 354.
Beni-Shahar s. Malebum. IV, 17.
Benjaensboom (holl.) s. Ficus indica. VI, 660.
Benjamin, Ausfuhrartikel in Singapore. IV, 1097. V, 71.
Benjaminum s. auch Benjovinum. IV, 1097.
Benjovinum IV, 1097.
Bentink (Lord Will. Cavendish), General-Gouverneur von Indien im J. 1828. VI, 1227.
Benua, malayisches Wort, Urspr. und Bedeutung desselben. V, 32. — s. Jakong. V, 31. 38. 90. (IV, 1130.) V, 97.
Bentam s. Rhio. V, 12. 57.
Benzoin s. Benjamin. V, 115.
Benzoin-Harz, oft im Handel mit dem Kemnyanharze verwechselt. IV, 1097.
Beobachtungsfehler b. d. Engländern durch mechanische Vorrichtungen statt durch Rechnungen verbessert. VI, 447.
Bera Fl. IV, 161.
Bera s. Solanum melongaena. IV, 76.
Beragarh, Cataract d. Nerbuda. VI, 576.
Berauschende Getränke, besonders beliebt b. d. Garo's. V, 404.
Berbera, d. h. Barbarenstämme, sanskr. II, 11. s. Mletscha.
Berberis angustifolia. III, 856.
Berberis sibirica. II, 714. 839.

Berberis vulgaris auf den höchsten Himalayahöhen. III, 711. 729.
Berell, Quellen des, II, 696. 1009.
Bereng, Stadt in Kaschmir. III, 1132.
Beresofskoi Sainskoi. II, 583.
Beresowka (russ. d. h. Birkenflüßchen, Fluß durch Birkengehölz), häufig vorkommender Name vieler kleinen sibirischen Gewässer. S. II, 682. 720. 729. — Uferbach zum Irtysch. II, 718. — Zufluß zur Buchtarma. II, 696. — Quelle. II, 683.
Beresowkabach, Zufl. zum Alei. II, 818. — verschieden von den obigen.
Beresowsk, Station am Irtysch. II, 706.
Beresowskaja-Redut, Engpaß von. II, 677.
Beresowskoi. II, 676. 680.
Bergadu s. Burkhan-Kaldin. II, 505. 599.
Bergbau, Aufnahme desselben im Ural und Sibirien durch sächsische u. schwedische Bergleute. II, 576.
Bergbewohner, Sinn derselben für Form u. Ornamente. III, 869.
Bergblau, in Tübet. IV, 236.
Berge, tönende. II, 204. 718. 720.
Berggipfel, höchste der Erde, wol noch ungemessen. III, 410. 411. 416. IV, 11.
Berg-Kalmücken im Altai. II, 566. 567. 569. 574. 577. 580. 582. 590. 592. 889. 890. 896. 899. 960—977. 986. 1002.
Berg-Kobolde, Glaube an den Schabernack derselben in Hochasien. III, 379 f.
Bergtheer s. Malta. III, 65.
Bergkrystall, auf dem Mahamandalberge. IV, 32. VI, 303. — auf Ceylon. VI, 108. mit dem Mahadeobilde in Kaschmir. III, 1154.
Berglandschaft v. Nepal, Klima. IV, 48.
Bergreis auf Ceylon. VI, 114.
Bergschlipfe s. Avalanchen.
Bergstädte und Bergreviere, Civilisationscentra. II, 845 f.
Bergversetzungen, Sagen von, VI, 473. 551. 600. 734.
Bergziege, Capra ammon, russ. Guldscha, häufig bei Ili. II, 402.
Beri Gandak s. Bura Ghandaki. IV, 39. 41.
Beris, Forellenwasser zum Udey-Sagur-See. VI, 890.
Berkinak-Kokeï-Oola. II, 487.
Berkut (russ.) s. Biurgut.
Berkut (kalmück., d. i. Jagdadler). II, 765. s. Bürgut, Falco fulvus. III, 184.
St. Bernhard, Uebersteigung des Berges durch Napoleon. III, 429.
Bernerische Alpen, Herabsinken der Waldgrenze. II, 911.
Bernier, Franç. III, 433. 627. 637.
Beoparris, d. i. Opiumaufkäufer in Malwa. VI, 789.
Berowey s. Barvi. III, 1137.
Berßa, Bach zum Kinkun. III, 267.
Berupa, Nordarm des Mahanadi-Delta. VI, 531.
Beryllberge von Adinscholon. II, 521.
Berylle, in den Flußbetten von Ceylon. VI, 35. 110.
Beryll-Krystalle, den schönsten Brasilianischen Smaragden vergleichbar. III, 288 f.
Besimmennaja, Bach zum Baikal. III, 77.
Besimmennaja-Kap (d. h. das Namenlose) am Baikalsee. III, 66.
Besimmenoi, Kap am Baikalsee. III, 77.
Besitzthümer, in kleinere Parcellen im Berglande getheilt als im Flachlande. IV, 680.
Beska, früherer Name des Steppensl. Ablaïkit. II, 739. 747.
Bessely-Ghat. V, 737 f. 722.
Besseramganga, Plateauhöhe v., VI, 851.
Besta, Karnatatribus s. V, 934.
Bestohlene, der, wird in China ebenso bestraft wie der Dieb wegen seiner Nachlässigkeit. II, 703.
Beß-Tschocho, d. i. die Fünf Berge bei den Kirghis. II, 780.

Betel, Handel damit in der voralexandrin. Per. V, 440. 875.
Betelkauen, als Etikette sehr alt in Indien. V, 859. VI, 782. — vergl. IV, 1147. V, 265.
Betelnußpalme s. besonders V, 858 ff.
Bettelservice von Diamanten des Kaisers v. Menangkabao. V, 861.
Bethusda s. Vitasta, Behut, Hydaspes, Dschilum. III, 1106.
Bett, Betta (tamul.) = viele Piks. V, 783.
Betta, d. i. Berg in der Carnatiksprache. V, 964.
Bettada Chicama (d. i. die kleine Bergmutter), die Schutzgöttin der Cad Carubaru. V, 932.
Bettadapura, Pik. s. V, 818 f. VI, 272.
Bettelarmuth Indiens. VI, 1143.
Bettelmönche, hindostanische, bis Kutuchtu vorgedrungen. II, 264.
Betteln, Ordensregel der Budhapriester. VI, 61.
Bettelnonnen in Siam. IV, 1148.
Bettelpilger Indiens. VI, 628 f.
Bettre s. Betel. V, 859.
Bettrouilli Fl. IV, 39.
Betula daurica am Baikal. III, 23. (Marik, tungus.) III, 53.
Betula fruticans, nana. III, 177.
Betula fruticosa. II, 904. III, 286.
Betula fusca. III, 169. (nur in Ost-Sibirien und Daurien.)
Betula nana am Baikalsee. III, 33. 177. — obere Höhe auf dem Altai Bjelki. II, 906.
Betwa, Fl. s. Viteaventi. VI, 751.
Betwah, Ort bei Ahmed-Abad. VI, 648.
Beulein Khyang, Fl. V, 135.
Bevölkerung, Vertheilung derselben im Altaigebiet. II, 589.
Bewässerung, künstliche, in der Culturebene von Ava. V, 225.
Bewässerungsanstalten, höchst sinnreiche in China. IV, 668.
Bewässerungskunst der Aecker, vorzugsweise bei den Tataren in der Krimm und bei den Kirghisen am Narym. II, 664.
Bewunsindh, Quelle im Distrikt Kumber von Kaschmir. III, 1160.
Bewybetta, Pik der Nilgherry. V, 967.
Beyah s. Hyphasis.
Beyer, russ. Brigadier. II, 580.
Beyer-Marra, Felsentempel in Gondwana. VI, 489.
Beypur, Fl. Mittel zur Beschiffung desselben. V, 959. 1012. VI, 157.
Beyragur s. Rhygur, Raeghur. VI, 354.
Beysakh, Name eines Monats in Ober-Kanawar. III, 818.
Beyvy nullah, kl. Fl. zum Mulpurba. V, 709.
Bèz s. Bäsi. II, 411. 704.
Bez' imennoi (d. i. das namenlose), Beiname mehrerer Vorgebirge am Baikalsee. III, 14.
Bezoars, aus Ochsenaugen, Waare in Tübet. IV, 247.
Bhadgun, d. i. August. s. III, 621.
Bhadra (Bhadrasoma), sanskr. Name für den gen Norden vom Meru herabström. Fluß, wahrscheinlich Irtysch. II, 11.
Bhadra (d. i. excellens, sanskr.) s. Budra. VI, 372.
Bhadrachalom (d. i. heiliger Berg) s. Budrachellum. VI, 467.
Bhadrāsvas, Ostländer in der indischen Erdansicht. II, 6.
Bhadravati, alter Name v. Puchail. s. d. VI, 808.
Bhagadatta, antiker Hindukönig in Asam. IV, 317. VI, 1194.
Bhagavadjita (d. h. göttlicher Gesang), eine ernste philosophische Episode des Mahabharata. III, 1110.
Bhag-Bhyru, Geb. IV, 91.
Bhagbatta s. Bhagadatta. IV, 312.
Bhagelana (sanskr.) s. Baglana. V, 656.
Bhagirathi vereinigt mit dem Alacananda. III, 497. V, 497. VI, 1195.
Bhagun-Nuddi s. Bagin-Fluß. VI, 362.
Bhaira Ghati. s. III, 901.

Bhaira Lal, der Pförtner (Ianitor) des Dschemnotri und Gangotri. III, 901.
Bhairawas, Name der dienstbaren Geister Mahadewa's. IV, 30. — Bhairawi's, Name der dienstbaren weiblichen Geister der Göttin Sakti. IV, 30.
Bhairanath, Tempel des Shiwa in Chinachin. IV, 28.
Bhalaunji, Stromschnelle im Ghandaki bei, IV, 80.
Bhalbo (tübet.) = Nepal. IV, 115.
Bhaldi-Yumtso-See in Tübet. s. Palte-See. IV, 229. 271.
Bhalkasch. II, 398. 766.
Bhalkhaschi-Nor. II, 399.
Bhalku, am Einfluß des Bura-Ghanda in den Trisul-Ganga. IV, 41.
Bhamisvara, d. i. Herr der Erde, Pontifex maximus. s. II, 1101. — vergl. II, 266.
Bhamiyas, Name der Häuptlinge bei den Bhils. VI, 616.
Bhamo s. Bhanmo. IV, 750. V, 162.
Bhampura s. VI, 823 f.
Bhanaji (d. i. Gevattersmann, Vetter) s. Zalim Sing. VI, 891.
Bhang, d. i. wilde Eichen. IV, 33.
Bhanga, d. h. Bangala, Bengalen. V, 505.
Bhanga-nadi, Zufl. zum Dihong. IV, 370.
Bhangans (?), Frucht in Aracan. V, 319.
Bhanmo, Stadt in Ava. V, 276. — das Grenzemporium, das hinterindische Kiachta. s. auch V, 263.
Bharadvedja Muni. VI, 547.
Bharata, Stammvater der Kurus und Pandus. V, 494.
Bharatakanda, das Land der Tugend. V, 508.
Bharata khanda (d. h. Theil Bharata's) = Indien (sanskr.) II, 10 (?). V, 494.
Bharata varsha (d. h. Erdstrich Bharata's) = Indien (sanskr.) II, 10. V, 494.
Bharlewar, in Udeypur, Residenz eines der Rajputenhäuptlinge von Kanor'h. VI, 885.
Bharwattia. VI, 1073.
Bhatgang, Stadt in Gr. Nepal. IV, 72. 73. s. Khopo-Deise. IV, 114.
Bhat-gang, Zweig der alten Mal-dynastie in Nepal. IV, 43.
Bhatia, Feste, von den Gaznividen erstürmt. V, 536 f.
Bhatmash, Hülsenfrucht, in Nepal gebaut. IV, 51.
Bhatmir, Feste, V, 574.
Bhatnair, Rajputenstaat. VI, 1000 ff.
Bhatnir, Feste, Erbauung derselben. V, 559.
Bhats, die, der indischen Legende. VI, 722.
Bhatt, d. i. Bürde bei den Banjaras. V, 689. — bei den Rajputen. VI, 611.
Bhattis, Herrschertribus in Jessulmer. VI, 1014.
Bhauds, Name der Cretins im Tirhut. VI, 1184.
Bhaug-Dungur, d. i. der Tigerberg, in den Rajpipleybergen. VI, 603.
Bhaugulpur s. Boglipur. VI, 1162.
Bhavaneswara, die Ruinen der Capitale. VI, 549 ff.
Bhavani, ind. Name der göttlichen Sau der Tübeter (?). IV, 229.
Bhavanidurga, Bergfeste. V, 706.
Bhawani kudal. V, 960 f. VI, 289 f.
Bhawulpur, alteinheimische Weberei daselbst. V, 470. 471.
Bheilole Khan Lody, Stifter der Lody-Afghanen-Dynastie. V, 580.
Bhembar s. Bembar. III, 1143.
Bhengang, d. i. Höhle, nepales. IV, 95.
Bher, hindostan. Name von Zizyphus Jujuba. V, 232.
Bheva (d. i. kreisrunde Quelle), angebliche Emanation der Gange zu Barolly. VI, 809.
Bheri, Gebirgsstr. in Jayarkot. IV, 28.
Bhika, Stammvater der Rehten. V, 690.
Bhila s. Semicarpus anacardium. VI, 536.

Bhilalahs, d. i. Rajputen-Söhne von Bhilweibern. VI, 608.
Bhilla, die, s. besonders VI, 607 ff.
Bhillawun s. Semicarpus anacardium. VI, 510.
Bhillet, der große Hexenmeister der Bhils. VI, 614.
Bhils von Malwa, dunkelfarbig. V, 446. s. besonders VI, 607 bis 620.
Bhilwara, Stadt. VI, 617. — der Hauptmarkt von Mewar. VI, 868. 900.
Bhim, indische Feste. V, 538.
Bhima, Arm des Kistnafl. V, 657. VI, 350. 370.
Bhima, fabelhafter Ahnherr der Hirumbadynastie. V, 378. 538. — einer der fünf Pandubrüder. V, 497.
Bhimaghora. V, 497.
Bhima Kali, die Patronin von Bissahir; die ihr ehemals dargebrachten Menschenopfer sind seit der britischen Besitznahme abgeschafft. III, 762.
Bhimal-Deoralli. IV, 92.
Bhimbaba, Gondraja der. VI, 525.
Bhimbherpaß s. Bemberp. III, 1139.
Bhimesvar, Pilgerort. IV, 30.
Bhim-ki-Gadh s. Burha-Ganga. III, 895.
Bhimki-Udar, Felshöhle des Bunder-puch. III, 895.
Bhims, rechtmäßige, einheimische Herrscherfamilie in Cachar. V, 351.
Bhims Bazar zu Dhumnar. VI, 827.
Bhims Chaori. VI, 823.
Bhim Sem, mythische Person in Nepal. IV, 115. V, 378. — berühmt. Tempel d., zu Dalka. IV, 82.
Bhim Sem Gada, d. i. Bhim Sems Stab, Säule im Fort zu Allahabad. VI, 1130.
Bhimul-gurry. IV, 95.
Bhinderwar, Kannibalenstämme der Ghonds. VI, 519 f.
Bhir, Volksst. in Balti. III, 643.
Bhira. V, 621.
Bhirbuddur-Kund. IV, 37.
Bhirbundy, Berg. IV, 33. 35.
Bhirbundy, Paß-Berg in Gr. Nepal, Höhe. IV, 66.
Bhircalleh (d. i. Opferfels). VI, 595.
Bhirkot, Radjageschlecht aus dem St. der Mincha in Nepal. IV, 78.
Bhiru, indischer Kriegsgott, ältester Bruder des Shiva. VI, 811.
Bhobanesar s. Bhavaneswara. VI, 549.
Bhoj, Hindu-radja, s. besond. VI, 751.
Bhojaks (d. i. Essende), Brahmanen-Orden d. Jainas-Sekte. V, 745.
Bhomiyas, d. i. freie Landeigenthümer. VI, 892.
Bhooj, die Haupt- und Residenzstadt von Kutch. VI, 1050.
Bhoojeah, Festungsberg v. Bhooj. VI, 1050.
Bhootnuill s. Butal-Paß. III, 516.
Bhopal, der Nabob von, ist gegenwärtig der einzige mohammedanische erbliche Fürst in Malwa. VI, 751. 757.
Bhopalputtum, Sitz eines mächtigen Gond-Raja. VI, 520. 525.
Bhor Kampti-Land, Quellen des Irawadi daselbst. V, 347.
Bhor-Kampti's, die, und ihre Wanderstraßen. IV, 396.
Bhot-Buddhismus. IV, 110.
Bhot, d. i. Tübet. IV, 29.
Bhotan, Tuch von. IV, 52.
Bhotiya's. IV, 126—137. (ihre Literatur und Buddhalehre) III, 625. 713. 822. 837. — ihr Charakter feig und unkriegerisch. IV, 105.
Bhotiyas, als Tribus in den Hochgebirgen Nepal's. IV, 34.
Bhowani, Schutzgöttin Nepal's. IV, 34.
Bhowani, Stadt, s. Bhawani-kubal. V, 960 f. VI, 289 f.
Bhowal Bhagas Alaya. VI, 1194.
Bhownuggur, Hauptstadt d. Provinz Goilwar auf Guzerate. VI, 1068. 1070.
Bhraeboung, gr. Buddhistenkloster bei H'Lassa in Tübet und zugehöriger Klostertempel. IV, 237. 249. 282.

Bhrae-dung s. Bhutan. IV, 212.
Bhrigu, der Weise. V, 489. 513. VI, 626 f.
Bhrigugacha, vom Weisen Bhrigu benannter Marktort, das Emporium Barygaza. V, 513. s. auch Baroach. VI, 626.
Bhrigu-kscheto s. Baroach, Barygaza. VI, 603.
Bhrigu-Kschetra. VI, 626.
Bhrigu-Pura s. Barcach. VI, 626.
Bhrj Putta s. Bhurjapatra, Boji Putta. III, 950.
Bhubaneswar. VI, 545.
Bhuj s. Bhooj. VI, 1050.
Bhuji, Stamm d. Gurung. IV, 20.
Bhulin-Soang s. Set-Barua. III, 997. IV, 54. 148.
Bhunni, der Nordsaum des Landes Kutch. VI, 1041.
Bhur Fl. in Bhutan (ob Barelly). IV, 169.
Bhura s. Klippenbiene. III, 1196.
Bhura-Silan. V, 76.
Bhurjapatra, Baum auf den Himalayahöhen (?). III, 498.
Bhurpyli, Paß. VI, 518.
Bhurtekhapaß in Cachar. V, 381. 379.
Bhurtpur, der Staat der Jat von, VI, 938—943. — die Stadt, VI, 940 f.
Bhuryapatra, nepales. Birkenart. IV, 59.
Bhutan, das Alpengebirgsland. IV, 137 ff.
Bhutan und Tübet, Vergleichung und Gegensatz. IV, 261.
Bhutan's Vorketten der Tübetanischen Schneegebirge, Höhe derselben. V, 397.
Bhutanen, Characteristik der, IV, 154 f.
Bhutan-Straße nach Teshu-Lumbu durch Tübet. IV, 260—264.
Bhutia-Kosi, Zufl. des San-Kosi. IV, 81. — Quelle IV, 95.
Bhutisir, alter Wallfahrtsort in Kaschmir. III, 1151.
Bhutnair s. Bhatnair. VI, 1000 ff.
Bhutpu Ghati. III, 740.
Bhutt Acharya, Verfolger der Jainas. V, 742.
Bhuvana, die Hölle der Jainas. V, 748.
Bhuvanâcosa (sanskr. = Sammlung der Stationen), geogr. mytholog. Theil der Purânas. V, 521.
Bhuvanâ darsa (d. h. Weltspiegel), geographisches Anfangskapitel in den indischen Veda's. II, 5. V, 521.
Bhuvanâ sagara (= See der Stationen) s. Bhuvanâcosa. V, 522.
Bhuvunaberg in Cachar. V, 381.
Bhyand (d. i. Brüderschaft). VI, 1057.
Bhynsa Shah. VI, 807.
Bhynsror, Handels- und Fährenzoll bei, Haupttheil der Einkünfte d. Rawut v. Harowti. VI, 807.
Bhynsrorgurh, Ort in Harowti. VI, 805.
Bhyria-gong (die Weidenstadt). IV, 101.
Bhyron (?). VI, 495.
Bhyrub Kund, Mineralquelle auf Kalinjer. VI, 862.
Bhyrub-Langur, Geb. IV, 91.
Bhyru-kund. IV, 37.
Bhytipur, Ort in Kaschmir. III, 1150 f.
Bia, Name der Kauries bei den Siamesen. IV, 1155.
Biamma, d. i. Birmanen bei den Italiänern. V, 301.
Biana, am Bain-Ganga. V, 628.
Bias s. Bâsi. II, 411. 704.
Biasarus s. Abhisara. III, 1085.
Biaschmasch, Berggipfel. II, 788.
Biba s. Firnißbaum, Holigarna. V, 699.
Biber. II, 418. — im Kurtschumsk. II, 659. — in den Tigheräzkoi-Bjelki. II, 872. — am Sentelek. II, 875. — fehlen jetzt fast gänzlich im Irtysch. II, 730. — am Jenisei, Ob und den Zufl. des Amur, nicht aber im Baikal. III, 112.
Bibio sanguinarius (Pall.), Mücken, Moschki, Plage derselben. II, 677.
Bibliothek, große, des Galdan-Tseren. II, 751 folgd.
Biby, mohammedanische Fürstenfa-

milie in Kananore auf Malabar. V, 776.
Bicho de Mer s. Holothurien. V, 122.
Bichhakor (d. h. voller Skorpione), Ansiedlung in Tariyani. IV, 61.
Bichora, Ort in Harowti. VI, 805.
Bichuk s. Skorpion. VI, 513.
Bi=cihu in Tübet. IV, 209.
Bickery=Gebirge. VI, 488.
Bickrampur s. Bicrampur. V, 381.
Bider s. Beder. VI, 429.
Bidharba s. Gondwana. V, 563. VI, 432.
Bidhati, Grenzfl. von Karnata=Desa. V, 698.
Bidje s. Bische. II, 400.
Bidpai's Fabeln. V, 526.
Bidschi, d. h. Schriftbach, bei Abakansk. S. II, 1077.
Bidzi=Dabahn. II, 486.
Biebersteinia odora. II, 951.
Bienen in Gondwana. VI, 513.
Bienenarten ohne Stachel in Martaban. V, 137. — in Tanasserim. V, 117.
Bienenfresser s. Merops apiaster.
Bienenzucht bei Ridderss. II, 711. — in Kaschmir. III, 1195 ff. — — der Kirghisen an der Buchtarma. II, 683. — im hohen Altai. II, 716. — am Narym. II, 665. — am Uimon und der Katunja. II, 925. — früher in Munipur. V, 363. — in Asam. IV, 372.
Bielka (russ.) s. Sciurus vulgaris. III, 113.
Bielki (d. h. Schneeberge), Theil des Altai. II, 582.
Bielye Osera, d. i. die Weißen Seen. III, 164.
Bier, allgemeines Getränk neben dem Thee in Kuti. IV, 96.
Bierbrauerei bei den Hakas. II, 1134.
Biga, antikes Maaß in Orissa. VI, 564.
Bignonia auriculata Willd. V, 201.
Bignonia indica. III, 854.
Bignonia suaveolens, d. Trompetenbaum. V, 508. VI, 536. III, 854.
Bignonia tuberosa. III, 854.
Bihur=Cataracte. VI, 839 f.
Bii (Beg, Bei), tatar. und mongol. = Fürst. II, 909.
Bija, Fl. Lauf desselben. II, 885. — Entstehung II, 808.
Bijanagur, die antike Hindukapitale. V, 569. VI, 373.
Bijanun yua s. Hukhung. IV, 378. 379. 398.
Bijipur [ist Brijpur zu lesen?], Diamantengruben zu. VI, 359.
Bijjala, letzter Radscha von Patna († 1648). V, 552.
Bijni s. Bisni. IV, 140. 161. 169. 322.
Bijolli, Castell in Harowti. VI, 816.
Bijul, Zufl. zum Rhair. VI, 486. 488.
Bikamir, der Rhatore=Rajputenstaat. VI, 988—1002.
Bikatunskaja. II, 582.
Bikhur s. Beckar, Bekar. III, 551. 573. 738.
Bi=Kiatun=Khie=kin. II, 1117.
Bilasi s. Belasi. IV, 109.
Bilaspur, Gebirgsgau in Nepal. IV, 22.
Bildhauerei d. Singhalesen. VI, 234.
Bildhauerschule von Udeypur u. Jeypur. VI, 881.
Bildstein s. Sila. Topfstein. VI, 279.
Bildsäulen, steinerne, von guter Arbeit, in Ili. II, 408.
Bildwarry Ghat. VI, 488.
Bileam. VI, 763.
Bilektu Chagan (1371—1378). II, 497.
Billiancotta. V, 771.
Bill=Jsik, Quellfl. des Irtysch. II, 638.
Billiton, Inselgruppe, Piratenstation der Malaien. V, 102.
Bills = Sümpfe, in Cachar. V, 380.
Bilesi=Cataract in Bundelkhund. VI, 835. 842.
Bilpei s. Bidpai. V, 526.

Bilputri s. Limonia crenulata. V, 766.
Bilitschir, Bach. III, 142.
Bima, tüb. Tempelpallast zu H'lassa. IV, 240.
Bimbaji, Raja von Chotisghur. VI, 495.
Bimphedi. IV, 63.
Bimssteine, auf dem Thian-Schan. II, 387.
Binang-Paß am Ssetledsch. III, 826.
Bindachu s. Bindeh, Deo Girl. VI, 458.
Bindeh s. Bindachul. Deo Girl. VI, 458.
Bindrabund s. Bindravana. VI, 1133.
Binei, Kalmückenfürst. II, 989.
Bingerloch im Rhein. II, 1013.
Bini s. Malebum. IV, 15.
Binishahr s. Bini. IV, 16.
Binnenvulkane. II, 389. 781.
Bintang s. Bentam, Rhio. V, 12. 57.
Bira Chuki, Wasserfall. VI, 286.
Birumgulla s. Behramgala. III, 1144.
Biramgulta s. Behramgala. III, 1144.
Biramscheh, Gaznevide († 1152). V, 527.
Birbum s. Birabhumi. V, 511.
Birga-dabà. II, 303.
Birga-gol. II, 503.
Birhmapoter s. Brahmaputra. IV, 291.
Birid, Reich der (?). IV, 231.
Birjat s. Bijayi, Parvati Khetr. VI, 553 f.
Birjusen (Birussen), Ostturkischer Stamm, Anwohner der Birussa. II, 1039.
Birjussa, Fl. II, 1038.
Birjussen, die, von ostturkischem Stamm. II, 1083 f.
Birjussinskaja, Fl. II, 1038.
Birke, obere Grenze auf dem Altai. II, 912.
Birken, sehr selten in der Kirghisteppe, II, 762. — in Sirmore. III, 873.
Birkenbast, tangutische Handschriften auf. II, 744. — vgl. 1095.
Birkengrenze, obere, in Kanawar. III, 773.
Birkenkähne. II, 1043. — der Tungusen. III, 32.
Birkenrinde als Schreibmaterial. III, 933. 950. IV, 59.
Birket el Hadji, der Pilgersee, bei Kairo. III, 189.
Birmanen-Reich, Flächeninhalt. V, 159.
Birmanen, Geschichte. V, 300 bis 307. — Sprache und Literatur. V, 283 ff.
Birmanenkrieg in Asam (1821 —1824). IV, 335 ff.
Birmanisch-chinesischer Völkerschlag, charakteristische Kennzeichen. V, 389.
Birmanische Ansicht vom Götterberge Meru. II, 9.
Birnbäume in Kanawar. IV, 768. s. Pyrus communis. V, 234.
Birpur am Begur. VI, 638.
Birussen s. Birjusen.
Birussa, Fl. II, 1038.
Bisan Gaon, Ort der Mismi in Asam. IV, 387.
Bisa Gaum (d. h. Alt Bisa) = Hukhung, im obern Irawadilande. V, 347.
Bisa Gaum, in Asam. IV, 339. 347.
Bisa-Gaum, Dorf der Sinhpho in Asam. IV, 353.
Bisamhandel in Kan-tschéou-fu. II, 225.
Bisara Seti. V, 39.
Bisch s. Beisyas. V, 926. VI, 356.
Bischbali, weitere Bedeutung des Namens. II, 384.
Bischbalik, die Pentapolis. II, 380 —386.
Bisch-balig s. auch Pe-thing.
Bische, Flüßchen. II, 400.
Bishehr s. Bissahir. III, 616.
Bishemutty, Fl. IV, 35.
Bishenath, Stadt in Asam, geogr. Lage. IV, 315.
Bishne-Sing, Raja von Bundi († 1821). VI, 981.
Bishtakos, eine der 8 geringeren Kriegerkasten in Nepal. IV, 119.
Bisil-Talab, künstlicher Süßwassersee bei Ajimere. VI, 910.

Bisjora, an der Grenze des brit. Territor. und Bhutans. IV, 169.
Bis-ki-huwa s. Esch, Giftluft. III, 649.
Bison in Martaban. V, 148.
Bispanthi (d. i. die XIV Wege). V, 747.
Bissahir, der Staat von. III, 759 ff.
Bissahir, Radja von. III, 545. 571.
Bissu-sing, Berg in Bhutan. IV, 170.
Bissur Sing. IV, 161.
Bitaro, einstiger Hafenort in Kutch. VI, 1044.
Bitiznyi, der ungünstige Wind auf dem Baikal. III, 93.
Bitketschi (russ.), chines. Fourier. II, 125.
Bi tkheschi (chin.), d. i. Sekretär-Kapitän. III, 210. 227.
Bitramiatighat, Fl. IV, 31. (Bitrawati.)
Bi tsin s. Murn ussu. IV, 209.
Bittacumba, Station in den Nilgherry. V, 995.
Bittersalzsee in der Aleisteppe. II, 825.
Bitui, Zufl. zum Onon. III, 277.
Bitunda (?), Feste im Penjab. V, 533. 536. [ob Birunda?]
Biurgut, große Adlerart. II, 341.
Biur-narer s. Buir-nor. II, 509.
Bivalven, versteinerte (producta, terebratula, pecten, modiola, arca) auf den Himalayahöhen. III, 583.
Biyu (Bali) s. Musa sapientum. V, 876.
Biz, das Weibchen des Moschusthiers in Kanawar. III, 774.
Bjalojavsk, Slobode. II, 577.
Bjelaja, Hochgebirgsbach des Altai. II, 685. 690. — Dorf. II, 686.
Bjelaja II, 880. (allgem. Name.)
Bjelaja (d. i. Weißwasser), Zufl. des Irtysch, verschieden von dem erwähnten gleichnamigen Flusse. II, 699.
Bjejala Ryba (russ. d. h. Weißfische). II, 640.
Bjelki, Granitgebirge der. II, 870.
Bjelkoi, Kholsunsche, Tungusiskische, Koksunsche, Ulbinskische (Schneegebirge). II, 669. 681.
Bjelo-Kopuitowa, Ort am Onon. III, 290.
Bjelucha-Berg. II, 696. 699.
Bjiskaja. II, 582.
Bjiskaja Krepost. II, 583.
Bjiskaja, Fest. II, 584.
Blagodarna (russ. = das wohlthätige, Fische spendende Wasser?) II, 879.
Blagodarna, Schneewasser d. Altai. II, 722.
Blake, engl. Capitän. III, 492.
Blandong (d. i. Waldmänner), Javaner, die mit dem Fällen und dem Transport des Teakholzes im Hinterindien beschäftigt sind. V, 806.
Blasenartige Emporhebungen. VI, 459.
Blatta orientalis. VI, 1183.
Blattern-Epidemie in Tübet. IV, 262. s. Pockenseuche.
Blauer Berg in Aracan. V, 309. — s. Kooko Tscholon Chadda. III, 276.
Blaue Berge, die, in Malabar. V, 951 ff.
Blaues Gebirge, das Große, = In-Schan. II, 237.
Blaue Kette, Meridianberge derselben. V, 412.
Blaue Koppe s. Sinaja-Sopka.
Blei, Gold, Silber, gegenseitiges Verhältniß derselben in Ava. V, 266.
Blei, alte Namen desselben. V, 528.
Blei, im Gebirge v. Lao. V, 246. — in Thaumpe. V, 189. — auf dem Mahamandalberge. IV, 32.
Bleibergwerke zu Aleiskoi-Sawód am oberen Alei. II, 586. 853. III, 163. — zu Lodi in Sirmore. III, 878.
Bleierz bei Negpur. VI, 453. — an der Schilka. II, 603.
Bleierze, silberhaltige, im Nalla-Malla-Geb. VI, 342. — in Ajimere. VI, 907.
Bleiminen (silberhaltige) in Nepal. IV, 53. — zu Nilang. III, 795. — um Ramghur und Hazaribagh. VI, 508.

Blissa, Bach zum Kirkun. III, 195.
Blitz, aufwärtsgehender, in Bhutan. IV, 167.
Blitzcultus der alten Etrusker und bei den Khyen in Ava. V, 281.
Blonka s. Ploska. II, 817.
Bludnaja, Zufl. zum Khilok. III, 164.
Blumenkohl, nicht unter 3000' üb. d. M. in der Tropengegend. V, 64.
Blumenopfer der Narmada dargebracht. VI, 627. — an Quellen. III, 1132.
Blumenstickerei der Asamesen. IV, 293.
Blumisterei in Irkutzk. III, 131.
Blupsha, Ort am Ssatadru. III, 736.
Blutegel, Plage derselben im Mismilande. IV, 391. — eigner Art in Bhutan. IV, 145.
Blutegelplage in Dekan, Ceylon. V, 1012. VI, 53. 145. — in den Nilgherry. V, 1012.
Blutmarke s. Tika. VI, 610.
Blutrache der Kuki's wegen Bestreichung mit Fett. V, 376. — bei den Achhiks. V, 403. — bei den Bhils. VI, 616.
Blühen des Baikalsees. III, 91.
Bo s. Ficus religiosa. VI, 671.
Bo Mallva. VI, 249 ff.
Boa constrictor, von Megasthenes beschrieben. V, 482. — in Gondwana. VI, 513. — von ungeheurer Größe. VI, 1188.
Boa fasciata. VI, 513.
Boaben Chaung, Fl. in Tavay. V, 127.
Bobrowska, Bach. II, 716.
Bobrowskoi, Dorf und Kosackenvorposten. II, 716. 719. 724.
Bochara, Samanidenherrschaft. V, 531 folgd.
Bochiha Bandjin. IV, 264.
Bockyn, Zustrom zum Hussuss. VI, 494.
Bod (= Buddha?) VI, 822.
Bodhi s. Ficus religiosa. VI, 671.
Bodhi Darma. III, 234. IV, 1164.
Bodhidaue (avan.) s. Pipalabaum. VI, 681.
Bodhisatwas (Buddhaschüler). IV, 131. 135.
Bodinwahanse, der heil. Bobaum (F. relig.) auf Ceylon. VI, 239.
Bodon, Bach zur Ina. III, 59.
Bo Duaen s. Bor twang. IV, 1216. V, 245.
Bo-Dzangbo, Zufl. zum Gakbotchu. IV, 225.
Boerchoe s. Urga. II, 747.
Bogaha (s. Ficus religiosa, die Lebenscypresse auf dem Adams-Pik). VI, 55. 122.
Boga-Pani, Fl. in Cachar. V, 396.
Bogassi s. Bugas, Fl. II, 781.
Bogda, die drei, II, 262. 337.
Bogdai, Fürst d. Dauren. II, 617.
Bogdo, Gebirge bei. II, 381.
Bogen, Stämme bei den Turk nach B. gerechnet. II, 1083.
Bogengewölbe, sehr alt in Hinterindien. V, 215.
Bogdo-Khan, d. i. höchster Khan, kalmück. Titel d. chines. Kaisers. II, 337.
Bogdo-Lama (Haupt der Lamas). II, 261.
Bogdo Dola s. Bokdo-Dola. — ob ein Trachytberg wie der Chimboraço? II, 390.
Boghas s. Ficus indica. VI, 668.
Boghelkund s. Bundhelkund. VI, 357.
Boghordschi. II, 510. 511. 513.
Boglekhund. VI, 496.
Boglipur muselmännische Stadt am Ganges. VI, 1162.
Bogdl (d. h. der Diener), Berg in der Gobi. III, 346.
Bohman-Berge in Cachar. V, 379.
Bohnenerz. VI, 535.
Bohrahs, Mohammedanersecte in Burhanpur. VI, 567.
Bohra-Thee. III, 240.
Bohren der Perlen. VI, 178.
Bohrmuschel s. Teredo navalis. V, 815. — in Kalkstein. II, 774.
Boikalowa, Dorf am Abakan. II, 1060.

Boirnd-Arm des Ganges. VI, 1206.
Bois d'Aigle s. Agilaholz. IV, 1098.
Boje, Strauchgötze der Tungusen. III, 42.
Bojez (d. h. der Kämpfer), Wasserfall der Ingoda. III, 274.
Boji Putta, Birkenart in Mukba. III, 933.
Bokana, Stadt auf Taprobane nach Ptolem. VI, 23.
Bokdo-Dola (mongol. = der Heilige Berg), Culminationspunkt des Thian-Schan-Gebirges. II, 321. 337 ff.
Bokow, russ. Kaufmann. II, 624.
Bola pama s. Calkuttafisch. V, 176.
Bolan, Paß von. V, 474.
Bolchoi-Baigatol, Stamm der Koibalen. II, 1108.
Bolgahan, Filzjurten den Buräten. III, 118.
Bollo, Fl. II, 425.
Bolor, die Provinz. III, 645.
Bolor-tagh, Querjoch des, schließt die Hohe Bucharei gegen Kaschgar hin ab. II, 394.
Bolschaja-Guba, am Baikalsee. III, 25.
Bolschaja Sopka. II, 816.
Bolschaja Tscheremtschenka, Gebirgsstr. z. Baikalsee. III, 47.
Bolschakewa, Dorf. III, 175.
Bolscherezk, Höhe. II, 817.
Bom (mongol. kalmück. = steiler Bergabfall gegen einen durchbrechenden Strom). II, 940. 1011.
Bomba Devi (Hindugöttin), daher Bombay. V, 515. VI, 1076.
Bom Bahia (port. d. h. gute Bay) = Bombay. V, 515.
Bombas, Afghanenst. im Grenzgebiete von Kaschmir. III, 1179.
Bombasoi, Berg an der Küste des Siamgolfes. IV, 1069.
Bombax ceiba, am Ganges. VI, 1164.
Bombax heptaphylla. IV, 45. V, 766. — auf der Insel Ceylon. VI, 218.
Bombay. VI, 1075 ff.
Bombo, Flächenmaaß in Ava. V, 225.
Bom-Jenisei. II, 1000.
Bom-Kemtschyk. II, 1005.
Bongram, Rana von, in Unter-Asam. IV, 321.
Bonnet chinois s. Cercopithecus faunus. VI, 293.
Bontayloll, Chef einer Kukitribus. V, 376.
Bonti-Catarakt. VI, 842.
Bontju ciambo, Fl. in Tübet. IV, 259.
Boobanhöhle b. Pandua. V, 394.
Booklook, ob = Medicago lutea? III, 1195.
Boondee s. Bundi. VI, 815.
Boonting, Insel, s. Butong. V, 21.
Bootan s. Bhutan. IV, 137.
Boote der Birmanen. V, 262 ff.
Bora s. Katuka. VI, 513. — die, in Nimutch. VI, 641.
Boras in Indien. VI, 631. 758. s. auch Rhododendron puniceum. III, 862.
Borassus caudata. V, 82.
Borassus flabelliformis. V, 83. 854 ff.
Borassus gomutus. V, 855.
Borax, Handelsartikel der Bhotiya's auf dem Markte von Kathmandu. IV, 129. — in den oberen Indusgegenden. III, 608.
Borbol, Fürst. II, 613.
Bordah, arabisches Gedicht von Scherifeddin angeführt. III, 1124.
Borderia, sp. V, 192.
Bordju, Fl. II, 488.
Bordschigen (d. h. die mit graubraunen Augen). II, 508. 531.
Bordzi-gol, Fl. II, 488.
Bore s. Kenterung. VI, 1212.
Bor-Ghat s. Col Par-Ghat. V, 672.
Borghid, Plaine i. d. Gobi. III, 373.
Borhayo Chowka s. Bor Hath Chokey. IV, 398. (vgl. IV, 359.)
Bor Hath, Burhath, Ort in Ober-Asam. IV, 314. 352 ff.
Bori-Dihing, Zufl. z. Brahmaputra in Asam. IV, 314. 352 ff.
Bori-Lohit. IV, 341 ff. 344.
Boriß Subow. II, 992.
Borka, Name des Territoriums von H'Lassa (?). IV, 127.

Borkola-mas (asam.) s. Pisum arvense. IV, 325.
Bor Lohit, Strom von, d. i. Brahmaputra. IV, 313. 314.
Bor-Meyong, Volksst. in Asam. IV, 364.
Borneo, Handel mit Singapore. V, 73. — der Elephant auf, V, 915.
Boro, Nebensl. des Khara-gol. II, 530.
Boro-burgassu, Kanton am Borotalsee. II, 401.
Borochol, Dorf. III, 175.
Boro-dhan (d. i. Frühlingsreis) in Asam. IV, 325.
Bord-Khoudsir, Station in der Gobi. III, 349.
Boroldji, Station in der Gobi. III, 370.
Bor-Onyketö, Felsgebirge. II, 766. 768.
Borotaba-gol = Fluß d. grauen Plaine. II, 427.
Borotala, Fl. II, 338.
Boratala-see. II, 338.
Boro-tal- oder Chara-tal-See. II, 426.
Borotu-tak. II, 402.
Borsinskoi-Karaul. III, 309.
Borsowna, Bach. III, 295.
Bor twang, Silberminen von. IV, 1216. V, 245.
Borul, Bergthal von. VI, 601.
Bos grunniens in Yumila. IV, 29. pflanzt sich in Nepal nicht fort. IV, 52. 127. 143. 386.
Bos-angga s. Bugusan-ama. III, 80.
Boschaguns, Name der Aeltesten bei den chorinzischen Buräten. III, 125.
Boschcha. III, 206.
Boschko, Geheimeräthe der mongol. Wang. III, 397.
Boschockthu-Khan-Kit, Lamatempel, vom Delöth-Galdan erbaut, nur von Pallas besucht. II, 751.
Boschockthu, Titel der Nachkommen Tschingis-Khans vom Delöth-Galdan angemaßt. II, 449. 751. 1073.
Boschtuchan-Kind s. Boschukthu-Khan-Kit.
Boschtu-Khan (russ.) II, 450.
Bossinskoi s. Bugusan-ama. III, 80.
Bossinskoi Karaul. III, 81.
Bostu, See bei Kharaschar. II, 344.
Boswellia thurifera. VI, 1211.
Boß lacus. II, 1047.
Bota-Müß, Quelle. II, 329.
Botala, Phutala, Phato Schan, der heil. Berg bei H'lassa, Sitz des Dalaï-Lama. IV, 242.
Botanischer Garten zu Seheranpur, geogr. Lage. VI, 1106.
Botchu, Milchbrei aus Buchweizen. II, 1078.
Botoga, Tungusisch. Fürst. II, 603.
Botsiu s. Dzang tsiou. IV, 222.
Botti, Ostrog mit einer Ziegelei. III, 295.
Βούδιοι. III, 1102.
Bougach s. Bugas, Fl. II, 781.
Boutantu, Fl. II, 489.
Bouïr-Nor, See, Lage. II, 253. 114.
Boulkhatsi-Nor. II, 427.
Bou-lounghir, Steppenfl., Quellen desselben. II, 187. III, 416.
Bouly-tagh (d. i. Wolkengebirge) im Uigur-turk. II, 326.
Boungi, indische Gewebe. V, 470.
Bourbon, Insel, empfängt eine bedeutende Anzahl von Kulturpflanzen aus Süd-Dekan durch Leschenault. VI, 6. — Theeanpflanzungen daselbst. II, 246.
Bourbon cotton, die perennirende Baumwollenstaude. V, 717.
Bourei-tsiu, tübetanischer Name des Gelben Stromes. IV, 648. s. Kincha Kiang. IV, 195. 228.
Bourgassatai-Gol. II, 488.
Boussole, chinesische Erfindung. V, 526.
Bouti-Cataract in Bundelkhund. VI, 835.
Βουττα. V, 491.
Bowli. VI, 1146.
Boyantu-gol, Fl. II, 489.
Bö, Schamanen der Buräten. III, 118.
Böotier, Indische (die Bewohner von Orissa). VI, 555.

Bôreldjut, die Plaine der Gobi. III, 346.
Börö=Taßtagen, chines. Grenzstation an der Kirghisensteppe. II, 780. 782.
Bös (kalm.) s. Bäsi. II, 411. 704.
Brab s. Borassus flabelliformis. V, 854 f.
Brachminawanse, die Priesterkaste auf Ceylon. VI, 228.
Bradid, Pagode s. Bhadri nat'ha. III, 443. 551.
Bradypus tridactylus in Singapore. V, 65.
Braganza (Constantin de). VI, 201.
Brahma (das Unerschaffene), sanskr. II, 6.
Brahmâ, Lotosblume. II, 6.
Brahma=Kund s. Brahmaputra. IV, 313. 381.
Brahman, weltschaffender Demiurg (sanskr.). II, 6.
Brâhmana, Bedeutung des Namens. II, 5.
Brahmane [richtiger als Brahmine. S. v. Bohlen, das alte Indien, II, 12.]
Brahmane verbrennt sich in Athen. V, 488. — zu Alexandrien während der Römerzeit. V, 581.
Brahmanen, die, in Guzurate. VI, 622. — in Orissa. VI, 557. — in Maharatta. VI, 396. — in Madras. VI, 424. — in Tanjore. VI, 302. — in Malwa. VI, 761. s. Brahminen.
Brahmanengürtel, heiliger, von den Kshatriyas in Nepal getragen. IV, 119. — von den Bangras der Newar. IV, 124.
Brahmanenkaste in den bigotten Ländern am untern Indus. V, 472.
Brahmanenthum im baktrischen Reiche. V, 486.
Brahmanentodschlag, Lehre von der Sündlichkeit desselben und specielle Anwendung dieser Lehre in Malwa. V, 563. 928. VI, 762.
Brahmanische Idole in den buddhistischen Tempeln Tübets geduldet. IV, 239.
Brahmanismus, Verbreitung desselben in Hinterindien. IV, 71. 114. 117. 330.
Brahmaputra, der Zwillingsbruder des Ganges. VI, 1104. (II, 60. IV, 341 ff. 425. 429.) — Verehrung desselben. VI, 1172. — ob vielleicht ehemals mit dem Ganges verbunden in einem anderen Strombette in Asam? IV, 304.
Brahmaputra=Dynastie in Asam. IV, 299.
Brahmarshidesa (Regio Sapientum Brahmanum), sanskrit. Name für das eigentliche Indien. V, 498.
Brahmathum, blutige Einführung desselben an die Stelle des Buddhathums. VI, 547. — vgl. IV, 1164. V, 512. VI, 225. 383. 385.
Brahmavarta (sanskr. = das von Göttern besuchte Land). V, 497.
Brahminen, religiöser Stolz derselben in Nepal gegen die Buddhisten. IV, 120. — Zahl derselben gering in den Nepalesischen Landschaften. IV, 117. — von Indien aus gegen den Osten gedrängt. V, 42. 87. 90. 492. — die, Malabars. V, 751. 927 f. — erlauben sich den Holzdiebstahl in den Sandelholzwaldungen. V, 818.
Brahmineneinfluß, nachtheilige Folgen desselben. IV, 309.
Brahminenkultus, Spuren desselben in buddhistischen Ländern (Nepal, Pugan). IV, 114. V, 216.
Brahminifluß. VI, 504 f.
Brahmini=Gänse s. Anas casarea. III, 594.
Bramascion, Provinz. IV, 93. s. Bregiong.
Bramha, Diamantenart. VI, 347.
Bramhun s. Brahmane. III, 886.
Braminabad, d. i. Brahmanenstadt, s. Kullankote. V, 476.
Bramni, Fl., s. Saank. V, 519.
Branntwein, aus Korn, Wurzeln und Pfeffer gebraut. III, 899.
Brare, ob einheimischer Genius in Kaschmir? III, 1133.
Brasilien, Theanpflanz. III, 246.

Brasilienholz s. Caesalpinia Sappan. V, 145. [Ueber den Ursprung des Namens Brasilienholz s. Alex. v. Humboldt, Krit. Untersuch. übersetzt von Ideler. II, S. 188.]
Brassica botrytis. V, 64.
Brassica oleracea. V, 64.
Bratskoi s. Buräten. III, 115.
Bratskoi Ostrog s. Buratskoi Ostrog.
Braughy-See in Malacca. V, 35.
Braunkohle über dem Naphtha. V, 204. — in Ava. V, 246.
Brautdienst der Mädchen bei den Naga's. V, 375.
Brautschatz, wie es damit bei den Kirghisen gehalten wird. II, 775.
Brän s. Ilka. III, 165.
Bre = Reis, tübet. IV, 91.
Breazes. V, 791.
Breccie, grüne, am Katunjadurchbruche. II, 931.
Breccienberge am Alei. II, 823.
Bregiong, Provinz. IV, 93. s. Bramascion.
Brehle, Weilergruppe in Unter-Kanawar. III, 773.
Breit, d. i. Mergui. V, 111. 113.
Brekatschan (tung., d. i. Bach) s. Nischnaja-Borsa. III, 309. — Zufl. zum Assingan-See. III, 42.
Brema, d. i. Birmanen bei den Portugiesen. IV, 1201. 1224. V, 301.
Brengiogn. III, 462.
Bre-phung s. Bhraebung. IV, 249.
Brettspiel, ob einst den Tschuden bekannt? III, 333.
Brezken s. Bratskoi. III, 117.
Bribsun. IV, 238. s. auch 275.
Brijpur, Diamantengruben zu, VI, 359.
Brikatkatha, uralter bengalischer König. VI, 1195.
Brill, von, Gouverneur von Irkutzk ($17\frac{12}{73}$). III, 10.
Brillenschlange s. Cobra di Capello, Naag, Nagao. V, 924.
Brima, d. i. Birmanen bei den Hindu. V, 301.
Brimha, eine Form des Brahma als Schöpfers. VI, 912.
Brinjal s. Eierpflanze, Solanum melongaena. V, 719.
Brinjarris s. Banjaras. V, 689. VI, 498.
Briten, die, auf Ceylon. VI, 261 ff.
Brius (M. Polo), Fl. in Tübet. IV, 195.
Brjända, westl. Zubach der Seja. II, 612. 613.
Brod, aus der Frucht von Rhamnus lotus und Zizyphus Jujuba. VI, 1109.
Brodera s. Barode. VI, 631.
Brohmoputro s. Brahmaputra. IV, 311.
Bromelia Ananas s. Ananas.
Bronze-Idole im Birmanenlande. V, 238. 334.
Brotfruchtbaum auf Ceylon s. Artocarpus incisa. VI, 116.
Brough-ba (d. i. das westliche Asam). IV, 212.
Broughtons-Bai an der Ostküste von Korea. IV, 620.
Brownrigg, Sir Robert, VI, 72.
Bruang, Dorf. III, 792.
Bruä, Bruang, Dorf am Ssetledsch. III, 770. Paß, 781.
Brunnen, die brennenden, bei Jaffirabad. V, 418. — am Indus von Alexander gegraben. V, 478. — nachtheilige Folgen ihrer Verderbniß in Udeypur. VI, 875. — Verpachtung derselben in Mewar. VI, 885. — merkwürd. in Banda. VI, 859.
Brunnenbau, merkwürdiger in Udeypur. VI, 900.
Brunnenbohren, wie alt in China? IV, 416 f.
Brunnentiefe, außerordentliche im Jessulmerstaat. VI, 1007. 1009.
Brunnenkresse, Gärtnerei derselben in Thüringen. III, 1191.
Brücken, höchst selten am Nordrande von Hochasien, in den chinesischen und russ. Besitzungen. II, 642.
Brückenbauten, antike, in Orissa. VI, 554.
Brüder, die sieben, Felsklippen im Irtysch. II, 705.
Brühl, Graf, Gouverneur von Irkutzk. II, 1013.

Buah, d. i. Nuß κατ' ἐξοχήν, Name der Betelnußpalme auf den Molukken. V, 858.
Buban s. Boobanhöhle. V, 394.
Bubissia, kleine Reisart in Asam. IV, 387.
Bubo fuscus. III, 282.
Bucca Raja, Herrscher im Dekan, 1285 n. Chr. V, 522.
Bucca Sinha s. Bucca Raja. V, 522.
Bucephala, gr. Coloniestadt am Hydaspes durch Alexander d. Gr. V, 453. 465.
Buceros s. Nashornvogel. VI, 280.
Buch (Leopold von), Theorie desselben über die Emporhebung der Porphyrgruppe. II, 855.
Buchanan (Claudius). V, 43.
Buchanania latifolia. VI, 536.
Buchang, gefürchteter Raubvogel in Nepal s. Dicrurus indicus. IV, 52.
Bucharei (Große), einst dem baktr. Reiche angehörig. V, 485.
Bucharen, gezwungene Ansiedler der Irtyschufer unter der Dsungarenherrschaft. II, 728 f.
Bucharische Kaufleute, Haupthändler mit Rhabarber. II, 184. 758. III, 203.
Bucharisches Tiefland. II, 71. (Characteristik desselben.)
Buchdruckerei, überallhin mit den Buddhistischen Klöstern verbreitet. II, 745. — alt bei den Bhotiyas. IV, 130.
Buchholz, Iwan, Expedition desselben nach Sibirien (im Jahre 1714). II, 571.
Buchkalghat. III, 786.
Buchtarmafluß, Buchtarmageb. II, 669—692.
Buchtarminsk, Handelskarawanen von, II, 407.
Buchturminskoi-Rudnik. II, 670.
Buchuncha, Pik. III, 892.
Buckes, engl. Major. V, 332.
Budah Sumba, Paß, s. Burasumber. VI, 518.
Budala, Tempel bei H'Lassa in Tübet. II, 140.
Budari s. Muda-Bidderh. V, 737.
Buddagur, die, in den Nilgherry. V, 1014. 1022 ff.
Buddha Gohani. IV, 802.
Buddakar s. Buddagur. V, 1022.
Buddha, Datum seines Todes, IV, 1161. 1164. 1166. 1167. V, 492. — nach der Aere der Siamesen. IV, 1155.
Bud'dha's Sieben Gemeine (?). IV, 131.
Buddhabaum am Poyangsee (?). IV, 676.
Buddha-Berg s. Ling-Schan. II, 853.
Buddha-Cultus in Korea. IV, 636 f.
Buddhadienst einst am NOrande von HA. II, 117.
Buddha dumsa, König von Ceylon. VI, 243.
Budd'ha Gausa, Budd'ha Gautha, Buddagosa s. Gautama. IV, 1165. V, 213.
Buddhaghosa (d. i. Buddha's Stimme), gelehrter Priester. IV, 1161. 1165. VI, 243. (sanskr. Buddhagocha.)
Buddhagrotten. V, 151. 191. 511.
Buddha Gya, Geburtsort des Buddha. V, 510.
Buddha-Idole, metallene, Fabrik derselben zu Paro in Bhutan. IV, 144. — bei Tassisudon. IV, 148. 160. (Monopol des Deb-Radja.)
Buddha-Klöster in Korea. IV, 642.
Buddha-Lehre in Nepal. IV, 116. — frühere Verbreitung. III, 1102.
Buddhama, der älteste buddhistische Tempel in Katmandu. III, 427.
Buddhapatriarchen, ihre Reihenfolge. III, 234. IV, 135. V, 748.
Buddhareligion, ihr unblutiger Charakter. IV, 1175 f. VI, 234.
Buddhastatue, kolossale, am Berge Feu. IV, 655. V, 511.
Buddhastrahlen, physikal. Erscheinung. VI, 104.
Buddhathum, Einführung desselben in Siam. IV, 1155.

Buddha vachana, d. i. Worte Buddha's. IV, 131.
Buddhaverussa-Aera der Singhalesen. VI, 223.
Buddha vuttie. V, 564.
Buddhazahn, der, das Palladium von Kandy. (IV, 1162 bis 1167.) VI, 201.
Buddhistische Klöster, Buchdruckereien in denselben. II, 744 ff.
Buddhistische Literatur, angebliche Zahl der zu derselben gehögen Werke. II, 751. III, 153. 354. IV, 74. — vergl. II, 745. III, 126.
Buddhismus, Epoche der Einführung desselben in Schensi. II, 208 f. — in Nepal. IV, 69. 238. V, 444. 493.
Buddrachellum (eigentl. Badhrachellum, d. i. heiliger Berg). VI, 352.
Budgerows, Gangesschiffe. VI, 1140.
Budinen Herodots, indogermanischen Stammes. II, 435.
Buding Gaon, Ort der Mismi in Asam. IV, 387.
Budka-Amel (?). VI, 552.
Bud Mukra s. Tarantel. VI, 513.
Budo Gosaï, das höchste Wesen der Puharris. VI, 1177.
Budra, Quellfluß des Tumbudra. VI, 372.
Budrachellum, berühmte Pagode am Godavery. VI, 467.
Budresir, Pagoden von, in Kutch. VI, 1054.
Budughaha, Budughas s. Ficus indica. VI, 668 f.
Buburganà (mongol.), Gewächs (ob Rhododendron-Art?) in der Gobi. III, 352. 353. 358.
Buesput, dunkelfarbige Diamanten. VI, 362.
Buet, Schiefergeröllberg im Norden des Montblanc. III, 178.
Bugan Tschigelück. II, 659.
Bugan-Tschigelyck s. Kochbuchti. II, 789.
Bugan Tschighelyk, Fl. II, 762.
Bugas, erster südlicher Zufl. des Saisan. II, 643. 764.
Bugas, Fl., s. besond. II, 780 ff.
Bugatschan s. Tolinarol Osero. III, 40.
Buggaur, Westarm des Indus. V, 478. 479.
Buggleconday, d. h. Kohlenberg, Berg am Kistnafl., ob erloschener Vulkan? VI, 472.
Bughat, Paß des Chur-Gebirges in Sirmore. III, 864.
Bughrendu s. Iatropha curcas. VI, 510.
Bugi, malayischer Stamm auf der Insel Celebes. V, 30. 72. — finden sich von dort aus als Handelsleute in Singapore. V, 69.
Buglana, der Theil der Ghatkette im S. und SW. v. Khandesch, s. Bauglan. V, 659.
Bugmah, Kohlendepot. VI, 1220.
Bugoi, Name der burätischen Schamanen. III, 8.
Bugor-Solatarskoi, Hügel. II, 733. 901.
Bugotschan, tungus. Grabhügel. III, 52.
Bugri-Insel. III, 41.
Bugrody, Bergdorf in Gondwana. VI, 491.
Bugrowat, d. i. Gräbergold und Grabsilber in den Tschudengräbern. II, 721. III, 330.
Bugúldeicha, Bach zum Baikalsee. III, 22.
Bugulsdeiskoi Utjas, Kap am Baikalsee. III, 13.
Bugumchara, Geb. II, 496.
Bugusan-ama, Bach zur Dziba. III, 80.
Bugutschan, Insel im Baikalsee. III, 35.
Bugutschick, Fl., s. Kokbuchty.
Bugutu s. Bukhötu dabaga. III, 82.
Buguwa s. Bugmah. VI, 1220.
Buhbejin, Kannibalen von, in Asam. IV, 372. 374.
Buhera, Iharechef der Diamantgräber. VI, 356.
Buikowa, Jassakdorf. II, 701.
Buile-Sutu, Berg an der Selenga. III, 80.
Buir-Nor. II, 253. 533. 536.
Bujan, Dorf der Bhor-Khamti. IV, 397.

Bujanna, Ort in Jhallawar (Guzurate). VI, 1065.
Buka Subah. IV, 141.
Bukadewar s. Passaka. IV, 140. 160.
Bukan, linker Zufl. des Irtysch. II, 642. 644.
Bukaser Pat (= Mahadeo), der Schutzgott der Diamantgräber. VI, 356.
Bukhôtu dabaga, Berg. III, 82.
Bukhur, die alte Capitale des Musikanus-Reichs. V, 472.
Bukit Taong, Goldmine von, im Staate Malacca. V, 34.
Bukkarey s. Pykarifl. V, 959.
Buktsui, Fl. II, 527.
Bukukun, Bach zum Kirkun. III, 266. — Schneewasser vom Tschekondo. III, 264.
Bula-Tsingghil-gol, Fl. II, 489.
Bulbul, die Indische Nachtigall. VI, 636.
Bulgaren, ob Nachkömmlinge der alten Tschuden? III, 342.
Bul-Ghat. VI, 488.
Bulla, See. III, 54.
Bullen, ihre Verehrung in Indien. V, 896.
Bullephi. IV, 90.
Bullur (sanskr.), Varietät von Dolichos lablab im Dekan. V, V, 716.
Bulnat, Gebirge, s. Balnath. V, 542. — Radja von Kaschmir. III, 1125.
Bultra, Ort in Cachar. V, 382.
Bulugan, Stadt (?). II, 552.
Bum, d. i. Berg in der Sinhpho-Sprache in Asam. IV, 354.
Bumbatû, Station in der Gobi. III, 349.
Bumbas, die Landschaft. III, 564.
Bumpta, Feste in Sirmore. III, 473.
Bunai, Stadt in Ajimere. VI, 904.
Bunaira, Stadt in Udeypur. VI, 901.
Bunaß, Fl. VI, 736 f.
Bund Alore, Brücke von, V, 473.
Bundantsar-Mong-Khan. II, 508. 509.
Bundelkhunda, die Landschaft, das Land Band, der Bundelahs. VI, 830—864.
Bunder, d. i. Hafen. VI, 1196.
Bunderpuch-Gruppe. III, 785. 883. — vergl. Banarapuchha.
Bundi, Capitale des Berglandes Harowti. VI, 815 f.
Bunds, hohe Wegdämme in Asam. IV, 311 f. — große Kunstdämme gegen Ueberschwemmungen. VI, 531.
Bundun-Busen des Baikalsees. III, 27.
Bundurpuch, Riesenpik des Himalaya. III, 540.
Bungalows (d. i. Sommerhütten) der Europäer in Indien. VI, 1084.
Bungs s. Bangs. VI, 1224.
Buni, Ort. III, 840.
Bunkha s. Suburgan. III, 215.
Bunnias, d. i. Krämer, in Malwa. VI, 767.
Bunzong, Dorf am Moh. V, 209.
Buona Bahia = Bombay (port.) VI, 1076.
Bupleurum baldense. II, 693.
Bupleurum ranunculoides, zur Alpenflor des Sara-Tau. II, 652.
Bur s. Bata. VI, 680. — Ficus indica. VI, 509.
Bura, Dorf am Ssetledsch. III, 785.
Bura s. Bord, Fl. III, 188.
Burabalang, Küstenfl. bei Balasore. VI, 504.
Bura-Ghandeki. IV, 39. 41.
Bura Gohaing s. Budha Gohani. IV, 302.
Bural-Bucha, Quelle. II, 418.
Bura-Naimanße, Kirghisen Wolost. II, 764.
Buranda-Paß s. Bruang, Bruck. III, 781. 791.
Burane, äußerst gefährliche Gebirgsstürme mit Schneegestöber. II, 842. — in der Buchtarma. II, 680.
Bura-Nilkhent (d. h. der Große N.). IV, 35 f.
Burar, Fort am Ganges. VI, 1159.
Burasumber, Paß. VI, 518.

Buratara, Fl. II, 338.
Burät-Bulak, Quelle. III, 166.
Buräten, erster Versuch der Russen (1628), sie zu unterjochen. II, 604. III, 115. — die Ursassen des Baikallandes. III, 115 bis 128.
Buratskoi Ostrog (1654). II, 604. 1033. III, 117.
Burchan-Chalduna, Quellberg des Onon. II, 531.
Burchane, Götzenbilder der Mongolen. II, 609. — lamaische. II, 743. 956. III, 126.
Burchtarminsk-Krepost, 1791 als Waffenplatz für die Irtysch-Linie angelegt. II, 671.
Burdah s. Jaitwar. VI, 1065. — Gebirge von, in Guzerate. VI, 1067.
Burdy-Radja von Buddery. VI, 487.
Burga-Balaktai. II, 386.
Burgan Hara (d. i. Frühlingsmond), siebenter Monat der Buräten. III, 128.
Burgan-Kotan (= Stadt der Idole), Ruinen am Lohanfl. II, 117.
Burgassatai, Quelle des, II, 488.
Burgassutei, Posten. II, 637.
Burgatu, Fl. II, 240.
Burgeo, Fl. zum Li (?); Fort. III, 583. 611. 710.
Burghar s. Buddagur. V, 1022.
Burgosu, Name der ungetauften Buräten. III, 127.
Burgultei (d. i. Adlerberg). III, 185. 188.
Burgundu, Schneeberg am Baikalsee. III, 33.
Burha-Ganga, Zufluß zum Dschemna. III, 895.
Burhanpur, Hauptort am Bhagirathi. VI, 1203.
Buriga, Holzart in Animalaya. V, 766.
Buri Lohit, d. i. der alte Lohit. IV, 345.
Burinskoi-Karaul. III, 309.
Burjäd s. Buräten. III, 115.
Burjäten s. Buräten. III, 115.
Burkhan, Bedeutung. II, 260.
Burkan-Dola, Gebirgskette. II, 491. (d. h. der heilige Berg). II, 504. 599.
Burlton, engl. Lieutenant. IV, 362 ff.
Burmakund, heiße Salzquelle bei Jaffrabad. V, 419.
Burney, Major, engl. Resident in Ava (1825). V, 245. 350.
Buro, Dorf am Spinofl. III, 721.
Buros, Vorgebirge, äußerste Südspitze von Asien. IV, 890. V, 8.
Bur Pani, Zufl. zum Kulung. IV, 315.
Burra Bijnu in Bhutan. IV, 162.
Burreo Shah, Brahmane. III, 1161.
Burrl. III, 669. 763. 962. IV, 52.
Bursiapati s. Barsenapti. IV, 361.
Burtiah, Tribus der Banjaras. V, 689.
Buruga s. Buriga. V, 766.
Burül, Zufl. zum Ekhé. III, 82.
Burull, Quelle. II, 696. 1009.
Burulyn-dabà (d. i. der Graue Berg) in der Gobi. III, 345.
Burunduk s. Sciurus striatus. III, 178.
Burung, Geb. II, 496.
Buruß, der, Gebirgszug. II, 1019.
Burut, die, ziehen aus Sibirien fort und lassen sich unter den Kalmücken nieder. II, 566. — östliche, II, 401.
Burwall s. Buradwipa. VI, 593.
Burwamy. VI, 601.
Burwanni. VI, 601.
Burway, Ruinenstadt, eine Feste Holkars. VI, 593.
Busconnes in Meriko. II, 852.
Busgi, Festung am Indus zu Ladakh gehörig. III, 632.
Buslagur, Gond-Dorf. VI, 501.
Bussaja, Zufl. der Katunja. II, 699.
Busta-Bunder, alter Name von Luckput in Kutch. VI, 1053.
Bustar-Raja, Gebiet des, VI, 476.
Busties, Jaintempel. V, 735.
But s. Vata. VI, 680.
Butakowa, Dorf. II, 716.
Butal-Dola, Bergkette. II, 491.
Butan-Asamsche Himalaya, der, III, 587.

Butatschlcha, Dorf. II, 390.
Butaul, Berg-Radjas der Gorkhali, von, IV, 79.
Butaulli, Fort. III, 756.
Butcher Island, im Hafen von Bombay. V, 672. VI, 1081.
Butea frondosa (Roxb.) s. Erythrina monosperma. VI, 510. — s. Dhak, Kinsuku. IV, 382.
Butka-Gora (d. h. Wachthausberg). II, 838.
Butkhana [ob Bur Khana?]. III, 425. 427. V, 568.
Butleia nimda. VI, 1115.
Butpu, Gebirge. III, 739.
Butschikur, d. i. Ikonoklastes, der Bilderstürmer. III, 1125.
Butterbereitung, von ganz Indien nur in Süd-Dekan. V, 895.
Butung, Teakbaum auf. V, 806.
Buurtschun, Quellfl. des Irtysch. II, 638.
Buzengir. II, 508.
Buzuka (d. i. Affenteich), Wasserteich auf Ceylon. VI, 53.
Buzule s. Nadole. VI, 984.
Büffel, der, auf Ceylon. VI, 143. — in Ava. V, 257. — in Indien. V, 897 ff. — Albinos unter denselben. IV, 1105. — früher auf dem Tafellande Manipur. V, 363. — auf den Nilgherry-Höhen. V, 1033. — gegen die Hindulehre von den Newarpriestern verspeist. IV, 34.
Büffeldämon, der indische, s. Mahishasura, Maheswära. V, 514. VI, 325.
Bükö, Kirghisen-Sultan. II, 785.
Bürgut s. Berkut, Falco fulvus. III, 184.
Bürte-Dschuschin, Timurs Gemahlin. II, 510.
Bürte-Tschino, d. i. der blaue Wolf. II, 439. 445. 531. 927.
By, Fl. II, 581.
Byangiun, Biangi-Wolle. III, 601. 602.
Byeit s. Breit. Mergui. V, 113.
Bykykoe, Bach. II, 523.
Bylö-kul (d. i. Schleifsteinsee). II, 1125.
Bymi, Pfirsichart. III, 749.
Bynadu s. Wynaad. V, 780.
Byohar (Hinduwort, d. i. Handel), davon Berahs. (s. d.) VI, 605.
Byragur, der große Marktort am Kobragurfl. [Nicht zu verwechseln mit Byragur am Tell-Nadifl.]. VI, 501.
Byram conda. VI, 340.
Byrang, Ort in Cachar. V, 395.
Byrké-bulak, chin. Posten. II, 386.
Bysakh, Name eines Monats in Bhutan. IV, 162.
Byssusbereitung (ob Seidenweberei?) in Tsching tu fu. IV, 416.
Bystrucha-Bach bei Ridderskl. II, 711.
Bystrucha (d. i. Sturzbach) zur Katunja, verschieden von dem eben angeführten Bache. II, 931.
Bystrucha, Fl. II, 712. 713.
Byur s. Zyzyphus jujuba. VI, 510.

C.

Caber (Cosmas), d. i. Cavery. V, 517. VI, 30.
Cabob-China, Name der Knospen von Laurus Cassia. V, 699. 824.
Cabul (Mädchen aus) = Bayaderen. V, 525. s. Kabul.
Cabura (sanskr.) = Kabul. V, 454.
Cacalia, sp. V, 191.
Caccottoralle, nährende Wurzelart auf Ceylon. VI, 115.
Cachar, Provinz von Hirumba. V, 379. — Volksmenge. V, 384. 385. — Residenz der Raljas von. V, 350. 378. — Niederung. V, 380. — ursprüngliche Bedeutung des Namens. V, 379.
Cacharis, Physiognomie und Charakteristik. V, 384.
Cachaura, einstige Residenz eines Rana von T'hucnor. III, 931.
Cach'ha (sanskr. = Morast) s. Kutch. VI, 1037 ff.
Cachhi s. Cochin. V, 586.
Cacis s. Khasses. V, 388.

Cactus, höchster Luxus derselben in ganz Aravalli. VI, 894.
Cactus ficus indica, Pflanzungen desselben als Gartengehege auf dem Darwarplateau. V, 718.
Cactus indicus, ursprünglich amerikanische Pflanze. VI, 1117.
Cad Carubaru, Kaste, ein roher Karnata-Tribus. V, 931.
Cadalcutti, Hayfischbanner auf Ceylon. VI, 174.
Cadar, Tribus. V, 761. 768. 933.
Caderi, Dorf, ehemalige Feste in Nord-Canara. V, 698.
Cadmendu s. Kathmandu. III, 455.
Caduba s. Curg. V, 721.
Cadumba s. Nauclea purpurea. V, 699.
Cadumbay s. Nauclea dadnga, V, 765.
Cadungalur s. Cranganor. V, 583.
Cadwada, früheres Emporium von Nord-Canara. V, 698.
Caesalpinia Sappan. IV, 1099. V, 145. VI, 122.
Caesarea tomentosa. III, 854.
Caffray Mircin s. Capsicum grossum. V, 719.
Caffries, Kafern. V, 26.
Caggarsl. (Drishadvati?). V, 498.
Cagnur, Ortschaft der Suriani in Malabar. V, 613.
Caigo s. Pisum arvense. IV, 75.
Cailac, Stadt. II, 404. — Tal, See. III, 922.
Cairo (portug.) s. Coire. V, 844.
Cairus, Schottische. III, 942. V, 1038.
Cajeru s. Strychnos Nux vomica. V, 699.
Cajori, Südarm des Mahanadi. VI, 531.
Cajubedi (mal.) s. Ficus religiosa. VI, 681.
Caksi. III, 925.
Cal s. Siva. VI, 1168.
Calabar s. Cap Calymere. V, 587.
Cala Bhot mas s. Dolichos soja. IV, 75.
Calacia, Hauptstadt von Minghla bei M. Polo. II, 227.
Caladium Dioscurias, Hauptnahrung der Garo's. V, 404.
Calamanderholz zu Feurnituren. VI, 39.
Calamba s. Aloëholz. IV, 934.
Calamindar s. Calumidiri, kostbares Holz auf Ceylon. VI, 122. 367.
Calamus rotang. VI, 510. 537.
Calani s. Clutia retusa. V, 765.
Calappa s. Kokos. V, 837.
Calappus s. Kokospalme. V, 855.
Calare, Ortschaft der Suriani in Malabar. V, 614.
Calastri Zemindare, Bergbau zu. VI, 342.
Calcutta. VI, 1237.
Caleculan, Ortschaft der Suriani in Malabar. V, 613.
Calendula, als Handelsartikel in Tübet. IV, 236.
Calicut, die Stadt. V, 773 ff.
Cali Mat'h, hoher Pik über der Feste Almora. III, 527. (geogr. Lage.)
Calindi. III, 883.
Calinga, Felsen von. VI, 89.
Calini. III, 883.
Cali Sind. VI, 751 f.
Calistri, Raja von. VI, 335.
Cali Yug Aera. VI, 297.
Calkuttafisch s. Bola pama. V, 176.
Callay s. Cicer arietinum. V, 706.
Calliani, bei Bombay. V, 667. VI, 29.
Callianthemum rutaefolium. II, 698.
Calligonum auf Sanddünen. II, 658.
Callionymus baicalensis. III, 110.
Callu (Telinga, Tamul.) Palmwein von Elate silvestris. V, 857. s. Jagory. V, 856.
Calophyllum indicum. VI, 540.
Calosoma sycophanta, die Moschusfliege in Asam. IV, 363. 382. (wird auch gegessen) 386.
Calpentin, die Halbinsel. VI, 180.
Calsi, Ort am Einfluß des Tonse zum Dschemna. III, 875. 884.
Caltha palustris. II, 878.

Calucate, Ortschaft der Suriani in Malabar. V, 613.
Calumidiri s. Calamindar. VI, 122. 367.
Calygon, Bergketten am Nerbuda. VI, 592.
Calygramma s. Calygon. VI, 592.
Calymere, im Caverydelta. VI, 294.
Calyptranthes. VI, 1151.
Cam (Diego), der Entdecker von Congo. VI, 663.
Camalla. V, 710.
Caman Goscha, Berg in Kaschmir. III, 1143.
Camataraya, Gottheit der Kohata in den Nilgherry. V, 1022.
Camaulda, Gebirgsstrom zum Dschemna. III, 887.
Cambala, Berg. IV, 97.
Cambalensis Archiepiscopus. II, 259.
Cambaya, das Emporium am Mhai. VI, 636 ff. — Vaterland der Banianen. V, 443. — Golf von. VI, 645. — die Hafenstadt. VI, 653. — Karneolschleifereien. VI, 604.
Cambogia guttifera. IV, 932. 1097.
Camburi s. Musa sapientum. Name derselben in Süd-Amerika. V, 881.
Camellien (im Nov. blühend) am Poyang-See. IV, 674. — die Blätter werden dem Thee beigemengt. III, 232. 245. s. Sasanqua.
Cameru = Kan-tschéou. II, 215. 311. 404.
Campania felix, seine Weinrebe. V, 866.
Campanula grandiflora. III, 72. 265.
Campanula rotundifolia. III, 72.
Campi Phlegraei. II, 336. 386.
Camraz, Pergunnah von Kaschmir. III, 1137.
Camul = Kamil, Hami. II, 219. 362.
Canadapally s. Condapilly. VI, 473.
Canalbau, versucht zur Verbindung des Bhagirathi mit dem Ganges. VI, 1205.
Canalfahrten, chinesische, s. VI, 1218. (Ihre vortheilhafte Anwendung in den Gangesmündungen.)
Cananor, älterer Name (?). V, 515.
Canarese, Canara, Karnatakasprache. V, 692. VI, 376.
Canarische Inseln, Naturbeschaffenheit. II, 52 f.
Canceù = Kantscheou. II, 219. 223.
Cancer astachus. III, 259.
Cancer salinus im Baikal. III, 24.
Canchipura (d. i. die goldene Stadt). VI, 320.
Can-ci-pu s. Kantschéousu. II, 223.
Cançungo. IV, 416.
Candari s. Gandaritis. Sindu-Ghandar. III, 1087.
Candaschera, d. i. Dorfhäuptling in Coimbetore. V, 761.
Candauleh s. Khandula. V, 673.
Candelle, nährende Wurzelart auf Ceylon. VI, 115.
Candelly, Tauf von. VI, 39. 93.
Candenad, die Residenz des Metropolitans der Suriani in Malabar. V, 947.
Candin, Gewicht zu 640 Pfund. V, 826.
Candula, myth. Elephant der Ceylonsage. VI, 239.
Candum. V, 757.
Canella alba, Peruviana, Zeilanica, VI, 128.
Canelle de Mato. VI, 129.
Cani, die Sterndeuterkaste. V, 935.
Canis (Genus), gänzlicher Mangel desselben in Hinterindien. V, 146. 258. — Verbreitung desselben in Hindostan. VI, 703.
Canis primaevus. V, 728. 923. 986. VI, 510.
Canjany-oly s. Conjangalli. VI, 158.
Cannabis procera. II, 540.
Cannia-Quellen auf Ceylon. VI, 81 f.
Canning, engl. Major. V, 304.
Canoëbaum s. Thengan. V, 153.
Cantel, Berg. III, 434.

Caolins in Guzerate, ob = Culies? VI, 1070.
Cap Fida Buengono. IV, 614.
Capil=aul, Name der Gehilfen der Tuda=priester. V, 1039.
Cap Lyant. IV, 1070 f.
Capparis aphylla. VI, 1110.
Capparis heteroclita, der kletternde Kapernstrauch. VI, 1110.
Capparis trifoliata. VI, 537.
Capra ammon, die Bergziege. II, 402.
Capra ibex. II, 765.
Capsicum, als Gewürz in Ava. V, 250.
Capsicum frutescens. V, 719.
Capsicum grossum. V, 719.
Capuciner=Mission in Tübet und Nepal. III, 458. IV, 74.
Carachoran s. Kara=korum. II, 309.
Carachu, Dalbergia, sp. V, 765.
Caramalur, Ortschaft der Suriani in Malabar. V, 613.
Caramanate, Ortschaft der Suriani in Malabar. V, 614.
Caramate, Ortschaft der Suriani in Malabar. V, 614.
Caramnassa. VI, 1152. (d. i. Zerstörer der guten Werke.)
Carana. V, 748.
Carangol s. Cranganor. V, 605.
Caranjah, Inselchen im Hafen von Bombay. VI, 1081.
Caratal, See, s. Borotal. II, 405. 421.
Carawille, Giftschlange auf Ceylon. VI, 144.
Carbasus = Baumwolle s. Karpas. V, 436.
Carchoran (bei Ramusio) = Karakorum. II, 563.
Carcote Eddom, auf dem Caracotepaß. V, 781 f.
Carcur Yeddun s. Carcote Eddom. V, 782.
Cardamine. III, 45.
Cardamomen, Verbreitung. V, 825 ff. — in Tenasserim. V, 117. — auf Ceylon von den Holländern eingeführt. VI, 119. (V, 825.)
Cardamomum minus. IV, 51.
Cardiopteris. V, 233. (Sapindacee.)
Carey, Dr. V, 43. 174.
Caribaridistrikt, wüster, am SWfuße der Garoberge. V, 400.
Caribarifelsen. V, 400.
Carica papaya, im Ueberfluß in Aracan. V, 319. 250.
Carical, im Caverydelta. VI, 294.
Caricala s. Karikol. VI, 304.
Carimadara s. Chuncoa modara. V, 766.
Carimattas, Inselgruppe der, Piratenstation der Malaien. V, 102.
Carimon, Inselgruppe, Piratenstation der Malaien. V, 102. — s. Krimuninseln. V, 12. 57.
Carippu. V, 820. (Sandelholz, Serte IV.)
Carli, Grottentempel zu, bei Khandula. V, 672 ff.
Carneolkiesel im Onon. III, 281.
Caron s. Karong. II, 536. 542. III, 363.
Caron s. Karang.
Carthago, Sage von der Gründung der Stadt, wiederholt sich in Asien. V, 194.
Carthamus tinctorius. VI, 510. 754. s. Kussun.
Cartic Jaltra, jährliches Fest zu Ongkar Mandatta. VI, 595.
Carticeya, Schutzgott der Pagode zu Kattregam auf Ceylon. VI, 191.
Cartuti, Ortschaft der Suriani in Malabar. V, 613.
Carungali s. Mimosa sundra. V, 765.
Carur, Ort am Einfl. des Coimbetore in den Cavery. VI, 290.
Carura bei Ptolemäus. V, 487.
Carunja=Munji=Maram, d. i. Affengesichtsbaum s. Rottleria tinctoria. V, 766.
Carwar s. Cadwada. V, 698.
Caryota=Palme, Lieblingsfutter der Elephanten. V, 863. VI, 206.
Caryota urens. V, 83. besond. V, 863. — auf Ceylon. VI, 181.
Casa cassa, Telingan. = Opium. VI, 780.
Casanari, malabar. Name der Presbyter in der ind. St. Thomas=Kirche. V, 613.

Cascelho, im brasilian. Diamantrevier. VI, 360.
Caschu s. Catechu. V, 858.
Casci, verschollenes Volk im alten Latium. II, 764.
Casimir. III, 1173.
Casi Shan, Flächeninhalt. V, 159.
Caspur s. Khaspur.
Cassanur, d. i. Syrischer Geistlicher in Travancore. V, 945.
Cassay (birmanischen Antheils), Flächeninhalt. V, 159.
Cassay, Name des Landes der Kasi Shan. V, 366.
Cassay, Volk in Ava. V, 267.
Cassay (Munipore), kriegsgefangene Ansiedler aus, in Sagaing. V, 227. 270. 282.
Cassayberge (bengal.) in Jyntea. V, 388.
Cassayer von Munipur in Ava. IV, 335. V, 260.
Cassdir (arab.) s. Kastira.
Cassi s. Kasi Shan.
Cassia, Ausfuhrartikel in Singapore. IV, 929. V, 71.
Cassia auriculata, sophora, tora. VI, 314. V, 708.
Cassia fistula s. Awmiltas. Umultas. VI, 510. 581. 823. 1110.
Cassia lignea (die Waare). V, 823 ff.
Cassia senna. V, 823.
Cassuvium, amerikanisches Gewächs auf dem Gestadelande von Nord-Canara. V, 697.
Casten, portugiesischer Ursprung der Benennung. V, 647. — indische, früher nicht allgemein. V, 460.
Casteneintheilung, überall von den Birmanen zerstört. V, 356. — Spuren derselben auch bei den alten Etruskern und Römern. V, 648. — fehlt bei den Kukies in Hinterindien. V, 376.
Castenwesen auf Ceylon. VI, 228—233.
Castorölpflanze s. Ricinus communis. V, 718.
Casturi Mungal, eine Art wilder Turmeric in Animalaya. V, 763.
Casuarineae in Hinterindien. V, 8.
Casup, Singhalesenkönig. VI, 243.
Casya (eine der 7 heiligen Städte Indiens) s. Oujein, Ozene, Udschayini. VI, 756.
Catadupa s. Katadvipa. V, 497.
Cataja, Name im Mittelalter für das östliche Hochasien. II, 86.
Catacombenbau der ägyptischen Königsgräber. (I, 749). VI, 930.
Catal (Plur. Catalun), Sklavenkaste in Vorder-Indien. V, 931.
Catamarans, Art von Booten bei Madras. VI, 328.
Catapulten. III, 872.
Cataracten d. Dschemna. III, 890.
Cat' Chensu, eigener Name der Gruler. V, 1016.
Catechu aus der Kheira-mimose von den Gherkalesen bereitet. III, 848. 854. 1047. IV, 48. — aus der Nauclea gambir bereitet. V, 17. 65. 254.
Cat-claru s. Bombax. V, 766.
Cathar, Pergunnah von Kaschmir. III, 1137.
Cathäer, V, 458.
Catmaudir s. Kathmandu. III, 455.
Catnaur, am Einfluß des Shilba zum Dschemna. III, 890 ff.
Catsi s. Kasi Shan.
Cattamanack, Baum auf Ceylon. VI, 91.
Cattie, mal. Gewicht (= 21½ Unzen avoir dup.) V, 51.
Cattocari, der Riesentank auf Ceylon. VI, 37. 99.
Catula sternutatoria. VI, 1115.
Catyayani, Zufl. zum Lanka-See. III, 665.
Cauca s. Cochin. V, 586.
Caucameli s. Cochin. V, 586.
Caudhully. VI, 281.
Caunicki, d. i. Weihgeschenke. VI, 336.
Cavery, Fl. ind., ob Chabaris? V, 517 f. VI, 271 ff. 721. 725.
Cavery-pura-Ghat, Fort. VI, 282.
Cawantisse, Singhalesenkönig. VI, 239.

Cawapur, Stadt am Ganges in der Nähe von Lucknow. VI, 1140.
Carcar s. Khushkash. VI, 776.
Carimir. III, 438.
Caybo-de (cochinchin.) s. Ficus religiosa. VI, 681.
Cayenne, Zimmtpflanzungen in. VI, 130.
Cay Sanh s. Ficus indica. VI, 659.
Cazy-Aly, Vicekönig von Kaschmir unter Kaiser Akbar. III, 1135.
Cäsalpinienwald in den Tropen. VI, 657.
Cealac, Stadt. II, 404.
Çedar, creeping. III, 532. s. Nadelholzarten. III, 1196.
Cedar-Ganga. III, 939.
Ceded-Distrikte. VI, 278.
Ceder, tübetische. IV, 236.
Cedern, auf dem Gipfel der Berge am Tongting See. IV, 662.
Cedernholz, wohlriechendes in den Bergwäldern, westlich vom Fl. Ta kiang. IV, 655.
Cedernwälder am Tscharysch. II, 897.
Cedrela. IV, 47. VI, 510.
Cedrela tuna. VI, 1115.
Ceiba s. Cat clavu. V, 760.
Celebes, Opiumbau auf. VI, 786. — Teakbaum auf. V, 806.
Cellati s. Salat, Sallati, Salleiters. V, 16. 79.
Celtis orientalis, Rinde derselben zu Mänteln bei den Garo's benutzt. V, 404.
Celtische Physiognomie der Puharas in Rajamahal. VI, 618.
Cenis giungba, Provinz von Amdoa. IV, 217.
Centaurea grandiflora (?). III, 291.
Centanrea uniflora. III, 144.
Central-Asien, Name. II, 87.
Ceram. V, 73.
Cercopithecus faunus. VI, 293.
Cerealien, Temperaturbedürfnisse derselben im Gegensatze zu anderen Vegetabilien. III, 317.
Cerit s. Keraït. II, 256.
Certhia (Baumläufer). V, 53.
Cervus alcea. II, 710. s. Elchthier, Elen. III, 113.
Cervus axis auf Ceylon. VI, 253.
Cervus munjac in Singapore. V, 65.
Cervus porcinus (?) s. Ovis ammon. III, 669. 763. 962. IV, 52.
Cervus pygargns. II, 665. (wilde Ziegen genannt.)
Cetacee, wiederkäuende s. Dugong, Halicore cetacea. V, 65.
Çetaeum promontorium auf Taprobane nach Ptolemäus, wol das heutige Cap Jalle. VI, 22.
Cetiapaly, Ortschaft der Suriani in Malabar. V, 614.
Ceylon cabinet Works in England. VI, 122.
Ceylon, unter Europäerherrschaft. VI, 257—266. — abgesprengte Gliederung der Plateaumasse. V, 431. — welthistorische Bedeutung für die Zukunft. VI, 68. — Küstenumriß. VI, 69 ff. — Binnenland 70 ff. — Temperatur, Witterung 101 ff. — Geschichte 236 ff. — Bevölkerung. VI, 218—220. — ob es einst größer gewesen? VI, 17. 49. 238. — Elephanten daselbst. V, 917.
Ceylonstraße. VI, 148—157.
Cha, d. i. Thee (franz.). III, 231.
Chabar, Bach s. Chabara. II, 785.
Chabaris (Ptol.), Stadt im heutigen Tanjore. V, 517. VI, 271. — ob Cavery? V, 517.
Chabarow, Jerofei, seine sibirische Expedition. II, 615. 619. — beschifft zuerst den Amur. II, 102. 566.
Chabasie, in Ostsibirien. II, 390.
Chaberic, Khaberic, Priester der parsischen Guebern. V, 618.
Chaberis (Ptolem.) s. Cavery. VI, 323.
Chabina-Dabagan. II, 1000.
Chabri (?), Polygonum-Art in Sirmore. III, 863.
Chabtagai, chin. Peslen. II, 425.
Chabutras. III, 912.
Chachai-Cataract in Bhundelkhund. VI, 835—840 ff.

Chachera-Kund in Kutch. VI, 1043.
Chacschu (sanskr.), Oxus der Alten, Weststrom vom Meru herab. II, 11.
Chadálei s. Tschudengräber. III, 261.
Chadanza, Zufl. von Sawitschi-Gebirge zum Tschikoi. III, 173.
Chadatsk, s. Schadatskoi. II, 1028.
Chado Shynung, Berg am Sanluaen. V, 156.
Chagla, Chastu, Gebirgsstrom zum Ssatadru. III, 682.
Chahan-Nor s. Tsahan-Nor.
Chahan-Subarhan s. Tsähan Subarhan.
Chailar, Festung in Parkur. VI, 1025.
Chaimukan, warmer Zufluß zur Mischnaja-Bersa. III, 309.
Chainda, Flüßchen. II, 783.
Chairkumiu, Gebirgsbach zur Buchtarma. II, 672. (verschieden von zwei unten aufgeführten.)
Chairkumin, reißender Gebirgsfluß zur Buchtarma. II, 681. 907.
Chairkumin, linker Zufluß des Koksum. II, 885. 917. — (d. h. rascher, junger Bursche) Fl. II, 860. 891. 893.
Chaitro, Monatsname in Asam. IV, 335.
Chaitschi (d. i. die Scheere, mongol.), = Iris dichotoma. III, 291. — Bach vom Tschokonde. III, 266.
Chaitur, Stadt. VI, 336. s. Chitore. VI, 818.
Chaituska, Zubach zum Kl. Chairkumin. II, 919.
Chaitya, der eigenthümliche Name zur Bezeichnung der Wohnung des Buddha-Gottes. IV, 136. s. Ficus indica. VI, 667. 672.
Chakara Chang. III, 740.
Chakdaha, Bedeutung. VI, 1191.
Chakelam, Herrscher von Chake. IV, 158.
Chaker, Chakuri s. Perdix rufa. IV, 28.
Chak'hyi, Längenmaaß der Birmanen. V, 266.
Chakra, des Diskusrad des Vischnu. IV, 13. VI, 550.
Chakradhwaja Singha, Herrscher von Asam. IV, 300.
Chakradwipa, Bedeutung. VI, 1191.
Chala dokpo, Zufl. zum Spiti. III, 714.
Chalain s. Salen. V, 206. 208. 333.
Chalcedon im Basaltfels, feucht und durchsichtig. VI, 367. — in Jaspisbreccien. II, 885. — auf Ceylon. VI, 109. — im Basalt. VI, 459. — im Bette des Kansl. VI, 850 f.
Chalcedonkiesel im Onon. III, 281.
Chalcedonartige Kiesel an der Selenga. III, 148.
Chaldschi s. Khiljies. V, 533.
Chalen s. Salen. V, 206. 333.
Chalias, Kaste der Weber, Zimmtschäler auf Ceylon. VI, 42. 133. 232.
Chalifat zu Bagdad, gestürzt durch Hulagu-Khan. 1253. II, 383.
Challa, Subah von, in Bhutan. IV, 161. 171.
Challa (?), Ort in der Nähe der Brahmaputraquellen. IV, 385.
Chalmers, britt. Oberrichter in Bengalen. VI, 1176.
Chalome, Fischertribus der Mergui-Insulaner. V, 120.
Chalsanowa, Dorf. III, 150.
Chalu, tübet. Dorf. IV, 261.
Chaluknaichi, der Schutzgötze der Sodas. VI, 1029.
Chalwa, Berg. II, 646. 760. 788.
Cham jetzt Yen-ngan-fu. II, 200.
Chamaejasne. III, 183.
Chamäleon, sehr häufig in Malabar. V, 924.
Chamaerops humilis, einzige europ. Palmenart neben Phoenix dactylifera. V, 830.
Chamaerops Martiana, die himmelhohe Palmenart in Nepal. V, 884.
Chamaili, d. i. Jasmin. VI, 984.
Chamari (sanskr.), Schweif des Yak. IV, 29.

Chambanary s. Chunsapany. V, 1001.
Chambela, Quellarm des Chumbul. VI, 749.
Chambolae, frühere Residenz in Aracan. V, 323.
Chamdan s. Schayuk. III, 634.
Chamdo=Bandida (i. e. Vicarius). III, 228.
Chambode, Stadt am unteren Nerbuda. VI, 621.
Chamkal (Lederbereiter), eine der niedrigsten Kasten bei den Nawari. IV, 124.
Cham nagen. III, 117.
Cha=meu s. Schamo, Gobi. III, 343.
Chamouniards, als Wegweiser. II, 874.
Champa, Dorf zwischen Shalkhar und Gertope. III, 740.
Champa s. Michelia champaca. VI, 510.
Champamati, Fl. in Bhutan. IV, 169.
Champanere, ehemalige Residenz von Guzerate, vom Sultan Humayun zerstört. V, 624.
Champevat, Fort am Kali=Gogra. III, 520.
Champignon's, Handel mit denselben von Südsibirien aus nach China. II, 123.
Chamton (d'Anville) s. Tchhangtu, Tsiambo. IV, 205.
Chamtung, Bhotiyadorf am Arun. IV, 103.
Chan, Montag der Siamesen. IV, 1154.
Chana s. Cicer arietinum. IV, 28.
Chanas Sobon Tau, Schneealpe am oberen Ili. II, 333.
Chan=chang, Benennung der Regierungs=Magazine in Tübet. IV, 286.
Chand, mythischer indischer Kaufmann. VI, 1195.
Chanda, Feste am Wurda. VI, 451.
Chandal, Chandala, Fischerkaste in Asam. IV, 334. — Name der niedrigsten Kasten in Orissa. VI, 559. — (Sandala) verstoßene Hindukaste. V, 290.
Chandan, Name eines Waldbaums in Cachar. V, 381.
Chandana, indische Papagaienart. IV, 48.
Chanda Teo Chyn, König von Aracan. V, 316.
Chandelah s. Pariar. V, 929.
Chandera=Baga, d. i. Mondesgabe (Chandrabhâga), Beiname des Chinabfl. III, 553.; oder des Acesines. V, 457. 464.
Chandera Giri, Höhe. IV, 60. — Pik. IV, 9. 10. (d. h. Mondberg) 66.
Chander=Kund. IV, 37.
Chandernagor, die franz. Colonie am Hugly. VI, 1102.
Chanderry, nordöstliche Grenzprovinz von Malwa. Feste. VI, 757.
Chandgurh am Nerbuda, Eisenschmelzen zu. VI, 592.
Chandies, d. i. Selbstopfer, bei den Charuns in Malwa. VI, 763.
Chandinskoi Karaul. III, 83.
Chandoo s. Madinne. VI, 231.
Chandpur, Höhe. VI, 836.
Chandra, Brahmane. III, 1102.
Chandracul, Kanal im Pergunnah Oudeh. III, 1104.
Chandraguptas (d. h. der Mondbeschützte, sanskr.) s. Sandrakottus. V, 481. 484.
Chandragupti, Sitz eines Gebirgsrajas in Nord=Canara. V, 704.
Chandrakant Singha, Radja von Asam. IV, 302.
Chandranath, Tempel d. Shiwa in Chinachin. IV, 28.
Chandravati, Stadt am Fuße des Berges Abu. VI, 734. — antiker Name von Jhalera=Patun. VI, 815.
Chandscheyloo, chinesischer Wachtposten. II, 329.
Chandzab, d. i. der Hofmarschall des Kutuchtu. III, 228.
Chang=tang, Landschaft in West=Tübet. III, 595.
Changa, Baumwollengewebe in Gr. Nepal. IV, 76.
Changanbery, Brahmanenfamilie zum Thomas=Christenthum bekehrt. V, 607.

Changanor, Ortschaft der Suriani in Malabar. V, 614.
Changar, Ort zwischen Shalkhar und Gertope. III, 740.
Changbal. III, 601.
Changi=Dialekt in Tübet (?). IV, 259.
Chang=kih=wih, Haupt der Rebellion in Ili. II, 470.
Chang krein=Insel an der Mündung des Aracanfl. V, 311.
Chang=lung, Paß. III, 562.
Chango, Dorf am Lifl. III, 713 f. 739.
Chang p'hru (hang) f. Sembuen. V, 236. 302.
Changrezhing, Dorf. III, 570. 714.
Chang=Schan, Dorf auf der Westküste von Korea. IV, 624.
Changshal=Pik. III, 871.
Chang=ta=ling, Distrikt in West=Tübet wegen der Shawlwolle berühmt. III, 602. 603.
Changti, Zufl. zum Ssetledsch. III, 827.
Changwert, Schweif des Yak. IV, 29.
Chan=hai=guan. Fest. II, 96.
Chani f. Chini. III, 772.
Chanju Cushu, Dalai=Lama von Teshu=Lumbu. IV, 269.
Chanken=Berge in Tübet. IV, 203.
Chankfischerei, die, an den Küsten von Ceylon. VI, 157 ff.
Channel Creek im Hugly. VI, 1200.
Chanpur, Salzsee bei, in Bikanir. VI, 994.
Chanquo Tsanko f. Sangamuschel. VI, 157 ff.
Chan ta bun f. Tschan ta bon. IV, 1067.
Chantibond f. Tschan ta bon. IV, 1067 ff.
Chantiboona f. Tschan ta bon. IV, 1067 ff.
Chantou f. Schang=tu.
Chantsab, d. i. Obrist=Hausverwalter des Kutuchtu. III, 214.
Chan=wan, Fl., Aufenthaltsort der Antilope Hodgsonii. IV, 99.
Chanwan, Ort auf der H'Lassa=Route durch Tübet. IV, 255.
Chao-mo-to. II, 518.
Chaori, Elfenbeinringe als Ornamente bei den Frauen in Jessulmer. VI, 1015.
Chao tcheou, Stadt in der Provinz Kanton. IV, 664.
Chao tcheou fu, Ort am Fl. Pe=Kiang. IV, 663.
Chapkaln, Fl. f. Dzabgân. II, 554.
Cha=po=lio=Khan. II, 480.
Chaperi, Dorf in Aracan. V, 341.
Chapparah, Ort am Wyu=Ganga. VI, 451.
Chara f. Charrah. VI, 524.
Chara Schibir, Fl. Dorf, III. 166.
Charadrius himantopus, der Regenpfeifer. III, 60.
Charadrius morinellus. II, 1083.
Charaganazkoi Staniz am Urbu=Dogno. III, 260.
Charagirei (allgemeinere Bedeutung). II, 767.
Charagirei=Baidschiget=Taukö, Welest. II, 763. 767.
Charagirei=Chodschiebet (Aul oder Welest.) II, 765.
Chara=Kitat. II, 409. V, 822.
Charaktschin=Schatu (d. i. Schwarze Leiter), Schlacht bei, (1203 n. Chr.) II, 257.
Charalun, Seitenarm des Tschikeiflusses. III, 158.
Chárámái=See. III, 791.
Chara mengut (d. i. die schwarzen Kobolde). III, 118. 271.
Charanas (d. i. Läufer), f. Charuns. VI, 963.
Charaktan. II, 505.
Charang=Paß. III, 569.
Charang=Lama=Paß. III, 570.
Charapangur. III, 447.
Charar, Insel im Run. VI, 1042.
Chara=Tal, See. II, 427.
Charas (d. i. berauschender Hanf), Handelsartikel auf dem Markte von Kathmandu. IV, 129.
Charatal f. Berotala. II, 339.
Charazanskoi=Karaul. III, 81.
Charazirik, Mongolischer Räuberhaufen. III, 278.

Chargantu, Thal. III, 165.
Charguna-Khan = In-Schan (mongol.) II, 240.
Chargola, Marktort der Pytu Kukis. V, 376.
Charh'le-i, Bergrücken in Tübet. IV, 198.
Chari, Dorf in Kutch. VI, 1044.
Chariaswol, bucharische Stadt. II, 333.
Charidwar, Nordprov. von Asam. IV, 316. 323.
Charious s. Salmo thymallus. II, 898. 1035. III, 43.
Char kon la Gangri, Berg in Tübet. IV, 2511.
Charlowa, Dorf. II, 857. 860.
Charmukhi, Gestalt des Shiva. VI, 913.
Charuns, die, der indischen Legende. V, 689. VI, 612. 722 ff.
Chasa s. Opium. VI, 779.
Chasazkoi Staniz. III, 162.
Chasch, Zufl. des Tekes. II, 399.
Chaschtäck, hoher Berg zum Ala-Tau streichend. II, 397.
Chashil-Kette in Sirmore. III, 790. 859.
Chasil-Tasch (= rother Fels), ungeheure Granitmasse. II, 765.
Chasinicha, Nebenfl. des Korgon. II, 882.
Chasinskische Koppe. II, 889.
Chassageck, kirgh. s. Dipus jaculus. II, 780.
Chassa-Gumbah, Residenz des Phari-Lama in Bhutan. IV, 153.
Chastu s. Chagla. III, 682.
Chasu, Dorf in Ober-Kanawar am Einfluß des Tarbung zum Ssetledsch. III, 819. 821.
Chata, Dorf am Buri-Lohit. IV, 345.
Chatalun, Ort am Yarkendfl. III, 637.
Chategaon s. Dschittagong. V, 406.
Chatigang-Distrikt in Hinterindien, richtiger als Dschittagong. V, 313. 413. 422.
Chatigaon = Ismalabad. V, 415.
Cha-to s. Scha-to.
Chatrakal s. Chitaldrug. V, 817.
Chatschagan, Mongolenstamm. III, 159.
Chatsibak, Stämme der Achhiks. V, 403.
Chattah, der mysteriöse, des Buddha, (d. i. Baldachin, Schirmdach). V, 675. (zu Carli, Kennery u. s. w.)
Chatternag, Heilquelle in Kaschmir. III, 1156.
Chattis Pathak (d. i. 36 Pathak oder Professionisten) in Orissa. VI, 559.
Chatts, wilde Hirsche. V, 183.
Chatun-Bogda (turk.), d. i. majestätischer Berg der Königin = Bogdo-Oola. II, 337.
Chatunja s. Katunja.
Chaturanga (= vierkörprig, sanskr.), das Schachspiel. V, 526.
Chaturgrama = Dschittagong. V, 406. 417.
Chaty, ein kleiner Vogel in Dschittagong. V, 417.
Chaubisi Radja's, die. IV, 22. 25. u. s. w. 78.
Chaudang, Zugang zum Berg Teji-Kamrup in Asam. IV, 317.
Chaug-dung, waldiger Landstrich in Tübet. IV, 99.
Chaul, Zufl. zum Argun. III, 300.
Chau-lu, birmanischer König von Pugan (1030 v. Chr. Geb.). V, 199.
Chaunde, Bergstrom in Kanawar. III, 767.
Chaungri-chamar, Schweif des Yak. IV, 29.
Chau pya. V, 288.
Chauvaris, d. i. Schulen der Brahmanen. IV, 333.
Chawuk, Name der Musa sapientum in der Sundasprache. VI, 876.
Chawul s. Oryza sativa. V, 716.
Chayenpur, Fort. IV, 85. 103.
Cha-yin-Than, Landschaft am oberen Indus. III, 561. s. Kanri. III, 595.
Chazzuhrte, Fl. III, 96.
Chebadu, auf der Nepalstr. nach Teshu Lumbu. IV, 258.
Chedat s. Schedat. II, 1023.
Cheduba s. Tscheduba. V, 309.

Chedudeh, im Caverydelta. VI, 295.
Chee-choo-foo s. Tschitscheousu.
Chegure, Ortschaft der Suriani in Malabar. V, 613.
Cheirek, Berg. II, 644.
Chejang-Kanka, Paß. III, 731.
Chekays, Polizeibeamte in Tenasserim. V, 118.
Cheker, Stadt in Klein-Tübet. III, 642.
Chelam s. Salem. VI, 290.
Chelasten, Ort am Fl. von Misar. III, 638.
Chelonik, Name des SOwinds auf dem Baikal. III, 93.
Chenne s. Cicer ariet. VI, 488.
Chemie, von Indien ausgegangen. V, 528.
Chemorchi (?) in Bhutan. IV, 166.
Chenapatam s. Chenappapatam, Madras. VI, 328.
Chenappapatam s. Madras. VI, 328.
Chanatti, d. h. die 6 Sekten, in Malwa. VI, 761.
Chandari, Fort, in der nordöstlichsten Provinz Malwas. VI, 751.
Chenkiao (Kutuchtu). IV, 205 f.
Chennagare, Ortschaft der Suriani in Malabar. V, 614.
Chenopodium viride. II, 899 f.
Chentio s. Thsiuan-tscheou. IV, 638.
Chepal, Feste in Sirmore. III, 864.
Chera s. Salem. VI, 290. — das gemeine Volk von Karnata-Desa. V, 770.
Cheraji, Gottheit der Bhotiyas. IV, 165.
Cheram s. Salem. VI, 290.
Cherang, Subah von, in Bhutan. IV, 161.
Cherang, Sommerresidenz des Subah von Cherang. IV, 170.
Chernig Mai s. Chiang Mai. IV, 1224. V, 134.
Chersonnesus Aurea = Hinterindien. V, 27. 518.
Cheruman Permal. V, 752 ff.
Cheta, eine schwarze Leopardenart. VI, 19. 143. 510.
Chetaung, Fl. in Pegu, s. Zittaun. V, 133.
Chetaung, Pegu-Provinz. V, 132.
Che-thu, Turk-Khakan. II, 480.
Chetkul, Dorf an der Baspa. III, 794.
Chetra, Diamantenart. VI, 347.
Chetulwano, das Delta zwischen der Stromspaltung des Luni. VI, 976.
Cheuntá, Chyonta (sanskr. = Ameise). III, 660.
Chevalier, franz. Gouverneur von Chandernagore (1762). IV, 304.
Chhatras, Missionen der Vishnu-Diener in Asam. IV, 333.
Chho-gumbah. IV, 101.
Ch'hutiya = Fürsten, den Asamesen unterworfen. IV, 300.
Chia, d. i. Thee, italiän. III, 231.
Chiá s. Cilsaum-Gebirge.
Chia-Berg. III, 900.
Chiai Catai, d. i. Thee (pers.). III, 232.
Chiaicuan = Kia-yu-konan. II, 219.
Chiama, Götze der Cacharis. V, 385.
Chiangmoi, Capitale von Laos. V, 132.
Chiang Mai s. Chering Mai. IV, 1224. V, 134.
Chiao (d. h. sieh dich um!) s. Nunow. VI, 1039.
Chica cula s. Cicacole. VI, 477.
Chica-May s. Phaseolus occultatus. IV, 75.
Chichakotta, Paß und Festung von, III, 483. IV, 138. 140.
Chichkit, Fl. II, 1049.
Chichyna s. Chahai. VI, 839.
Chiculda am Nerbuda. VI, 587.
Chika thuba, Idol in Ober-Kanawar. III, 824.
Chikaydo's. V, 322.
Chikeen, Name der venetianischen Zechinen im Dekan. VI, 456.
Chiklai Berge, westliche Vorberge des Dupha-Bum und der Wangleo-kette in Asam. IV, 397.
Chikni, Bodenart in Marwar. VI, 956.
Chikonda s. Trichosanthes anguina. V, 719.

Chila, Name der flachen Diamantgruben. VI, 359.
Chilao, Chilaw, Hafenort auf Ceylon. VI, 52. 181.
Childingkona, Paß der Rishi-Gangtang-Kette. III, 543. 810.
Chilgona s. Stipa capillata. III, 156.
Chilgentui, Grassteppe am Tschikoi. III, 156.
Chilguze s. Pinus Deodara. III, 770.
Chili s. Pfeffer, spanischer. IV, 151.
Chilias, eigener Name der Bewohner von Ceylon. VI, 14.
Chilka-See. VI, 477 f.
Chilkotoi, Bach zur Untern Khabanza. III, 197.
Chilkul, Dorf an der Baspa. III, 794.
Chillambacam, Pagode von. VI, 304.
Chillambrum, im Caverydelta. VI, 294. 304.
Chilli, Gebirgsgau in Nepal. IV, 22.
Chilli-kath s. Cedrela. IV, 47.
Chillies, Produkt der Naga's. V, 374. (rother Pfeffer?) III, 842.
Chilly s. Capsicum frutescens. V, 719.
Chilok s. Khilok. III, 160.
Chimda, Bach zum Kegyr. II, 1030. 1042.
Chimorerel, Bergsee des Himal. (15000′ H.). III, 580 f.
Chi-mu-Mili, Schneepik in Tübet auf der Tsiambo-Route. IV, 203.
Chin = Hinterindien bei den Hindus. V, 413.
China, Ursprung des Namens von der Dynastie der Thsin. II, 199. — äußerste Westgränze zu allen Zeiten. II, 187. — dortige Seidenkultur, wol selbständigen Ursprungs von der indischen. V, 438. — Handel mit Singapore. V, 72. — berühmtester Eingangspaß dorthin. II, 123.
Chinachin, Hauptstadt von Yumilah. IV, 24. 28 f.
Chin-ah = Acesines Fl. V, 457.
China-holz (?). III, 628.
Chinapatna (d. h. Chinesenstadt) = Madras. V, 518. — vergl. jedoch VI, 328.
Chinchitalas (M. Polo). II, 290.
Chindwara s. Sindwara. VI, 452.
Chinesen, Charakter ihrer geographischen Literatur. II, 4. — in Singapore. V, 68. 69. — als Weltschiffer. IV, 798. VI, 126. — treiben Handel auf Ceylon. IV, 798. V, 592. VI, 31. 38. — in Indien. V, 619.
Chinesisch-Russische Reichsgrenze. II, 642. III, 78—83. — an der oberen Buchtarma. II, 692 ff.
Chinesen, Lager der, Ort der Uiguren. II, 348.
Chinesische Infantinnen, aus politischen Gründen mit fernen Vasallen vermählt. II, 242. 247. 259. 433. 950. IV, 232. III, 220.
Chinesische Kaiser, Stammland der jetzigen Dynastie. II, 91.
Chinesische Münzen bei allen Indischen Nationen vor deren Annahme des Islams. V, 68.
Chinesische Nachrichten über Baktrien. V, 486.
Chinesische Physiognomie der Gare's. V, 402.
Chinesische Schiffahrt, direkte nach der Küste Malabar vor Vasco de Gama's Zeit. V, 592.
Chinesische Schriftsprache in Korea. IV, 635.
Chinesisches Südreich, ehemalige Residenz Nanking. IV, 681.
Chinesische Tartarei, Name. II, 86.
Chinesische Waaren, Ursache ihrer hohen Preise und Mittel zur Verringerung derselben. II, 675.
Ching-chung, chines. Kaiser der Sung-chao-Dynastie; Kupfermünzen desselben auf Singapore. IV, 793. V, 68.
Ching-meï-k'hi, chines. Gelehrter. III, 479.
Chini, Ort in Unter-Kanawar. III, 771 ff.
Chinka Dewar in Bhutan. IV, 162.

Chinnur, Ort am Godavery. VI, 431. 466.
Chins, Antilopen. V, 183.
Chinsura, die holländische Niederlassung am Hugly. VI, 1202.
Chintapilly, Diamantlager. VI, 351.
Chiluna-Baum (?). III, 612. 621.
Chintu, Hiantu, Jetu, Khiantu, Thiantu, s. Pe-Jntu. III, 646.
Chintz, Gewebe in Dekan. VI, 475.
Chipachintang, Bhotiyadorf. IV, 103.
Chir, Pinus-Art in Sirmore. III, 862.
Chirangia sapida. V, 766.
Chir-Gor (d. i. die Löwenburg), s. Shereghur. III, 1181.
Chiriya-Ghat (d. i. Vogel-Paß). IV, 62.
Chirmiti s. Chumbul. VI, 802.
Chiro s. Seru. IV, 99.
Chironjea sapida. VI, 510.
Chirunija sapida. VI, 536.
Chisapani (d. h. kaltes Wasser), Bergpaß in Nepal. IV, 63.
Chisu s. Chasu. III, 819.
Chitalaing, Dorf in Aracan. V, 338.
Chitirowe, Berg. III, 857.
Chitkul. VI, 306.
Chitlong, Hauptstadt von Klein-Nepal. IV, 60. 65.
Chitore, angebliches Stammland der Gorkha. IV, 19. — die Kapitale am Bairaß. VI, 818 ff.
Chitrakar, Zeichnerkaste in Gr. Nepal. IV, 72.
Chitrore s. Chitore. VI, 886.
Chitrung-Mori, Häuptling des Mori-Tribus. VI, 886.
Chittavadu, Steinfort. VI, 335.
Chittertola, Mittelhauptarm des Mahanadidelta. VI, 531.
Chittledrug (Chitra durga), die Hauptfeste des Plateaulandes von Nord-Maißore. VI, 307. 309. — Militärstation in Dekan. IV, 372.
Chittore s. Chitore. VI, 818.
Chittore-kette, die; VI, 736 ff.
Chittrana Byaghra. III, 660.
Chittur s. Chaitur. VI, 336.
Chitwa s. Shetuwai. V, 779 ff.
Chi'-weï s. Schi-wei. II, 557.
Chloritschiefer, durchsetzt die Dolomitmassen an Nerbuda. VI, 576. — mit Grünstein wechselnd. II, 887.
Chloroxylon dupada s. Cunghilium. V, 763.
Choaï s. Suang. III, 821.
Chobambho, buddhistisches Tempelkloster zu H'Lassa, Hauptbuchdruckerei der Buddhisten daselbst. II, 745.
Chobandho, Chobando. IV, 253.
Chobdo, Khobdo, Stadt. II, 420. 428. 446. 553. 594. 694. 703. 1010. 1062 f.
Chocha s. Tvacha, Tvak. VI, 125.
Chodadad = Gottesgabe, pers. V, 545.
Chodoiawerd (a Deo oblati), pers. V, 545.
Choe-Ganga. VI, 563.
Chofsach = Kaptschak (?). II, 1127.
Choghat s. Bughat. III, 864.
Chogra s. Sarju. III, 500.
Chohan, Tribus der reinen Bhils. VI, 615. — auch Name eines Gebirgstribus in Gondwana. VI, 490.
Choha-Rajputenstaat von Parkur. VI, 1018 ff.
Chojin-Taban s. Khoin-Taban. II, 1022.
Cho-Kum, Fl. II, 1048.
Chola, alter indischer König. V, 518.
Chola desa, Chola mandel s. Coromandel. VI, 238. 296. 303.
Cholak, Berg, vulkanischer. II, 387.
Cholando, Canton auf der Grenze zwischen China und Tübet. IV, 206 f.
Cholang, Dorf in Unter-Kanawar. III, 769.
Cholasiramani, Dorf. VI, 313.
Cholbonski, Tschudengräber an der Schilka. III, 295.
Cholera, endemisch jetzt in Sylhet. V, 406. — angeblich durch das Essen frischer Austern erzeugt in Dschittagong. V, 420. — Verheerungen derselben auf dem Plateaulande von Munipur. V, 363. — in Cachar seit dem Jahre 1817 einheimisch. V, 385. —

in Martaban. V, 150. 152. — zum ersten Male auf Pulo-Penang im J. 1819. V, 56. — permanent in Kotah, der Residenz von Harowti. VI, 813. — hat sich noch gar nicht gezeigt in Kutch. VI, 1051. — drang nicht zu den Nilgherry hinauf. V, 977.
Chöling, Chulling, Zufluß zum Spiti. III, 732.
Cholmi (russ. = Kalkhügel). II, 875.
Chonchelol, polnische Kolonie am Balegabach. III, 166.
Choni-malchi s. Baty. II, 662.
Chonin (geni, goi); türk. das Schaaf. III, 388.
Cholomandala (sanskr. = Reich des Chola)=Coromandel. V, 518.
Cholostije. III, 108.
Choma-la, Berg in Tübet. IV, 253.
Chomutova Simowje. III, 18.
Chon-Tandscha. II, 454.
Chong s. Tschong. IV, 1070.
Chong, d. i. Reisbranntwein. IV, 14.
Chongkwad, Familie. II, 510.
Choni-maïlakhu, chines. Grenzposten. II, 783. s. Keschtübe.
Chonoté, Han der, II, 462.
Chontanschinzen. II, 454.
Choo-foo-tze, Schüler des Confucius. IV, 676.
Choomatang, Station am oberen Indus. III, 609.
Choormurcreel, See, s. Chimorerel. III, 612.
Chootraphul, der Berberis verwandt. IV, 54.
Chorai-Khereng, Geb. in Asam. IV, 307. 318. s. Nera-Geb.
Choraitagurh, am dritten Catarakt des Chumbulfl. VI, 808.
Chorei, Gebirge (d. h. das Trockne). III, 165.
ChoriantschuskoiRod. III, 28.
Chorljut, Hordenkhan der Olöth. II, 463.
Chorgoldsi (türk.), Blei. III, 388.
Chorispora sibirica. II, 897.
Choronji s. Chironjea sapida. VI, 510.
Chorses. II, 1082.
Chorumchan, d. i. Karakorum. II, 534.
Chosan, SOhafen von Korea. IV, 608. 613.
Chosan-Se, Insel, IV, 609.
Choschit s. Choschod. II, 447. 1063.
Choschod, Mongolenstamm. II, 445. — am Ko-ko-Nor. II, 447.
Choschod-Kalmückische Abtheilung. II, 445. 747.
Choshotei. II, 86.
Chosiong am Bhutia Kosi. IV, 92. s. Sciuscha, Chuscha.
Chosroës I., Sassanidenkönig (532—579 n. Chr.). V, 524.
Chosroës II. V, 502.
Chosten, Lama-Tempelchen in Marang. III, 609.
Chota Cali Sind. VI, 750.
Chota-Nagpur, d. i. Klein-Nagpur mit Burwa, dem Hauptort, an der Quelle des Brahminiflusses. VI, 503.
Chota Sakri, ehemalige Residenz d. Moamariyachefs in Ober-Asam. IV, 361.
Chota Sind, d. i. der kleine Sind. III, 1153.
Chota Tolao (d. i. Leoparden-fels), Haltplatz am Anasse. VI, 643.
Chotisghar. VI, 451.
Chotula-Berge in Guzerate. VI, 1069.
Chou, Königreich. IV, 414.
Choucas (Corvus graculus). III, 228.
Chouchong, kleines Territorium in den Garobergen, von einem Brahminen beherrscht. V, 390.
Chouiking s. Kuenlun, Kulkun. III, 409.
Choujigang. IV, 245.
Choulay s. Amaranthus polygamus. V, 719.
Chouli (?), Obstart in Bhutan. IV, 167.
Chouliah's, d. i. = Coromandeler. V, 22.
Chounr s. Yak, Bos grunniens. III, 506.
Chouong s. Suang. III, 921.
Choupal s. Chepal. III, 864.
Chourjit. V, 351.
Choutra. IV, 90.

Chowan-Rajputen, Verdränger der Bhils in Malwa. VI, 761.
Chowarigolah, Berg. IV, 107.
Chowringhi, Haus der Asiatic Calcutta society. V, 511.
Chore Churkang. III, 737.
Choya-Wurzel s. Oldenlandia umbellata. VI, 38. 117.
Choyi, Pfefferart in Asam. IV, 325.
Chrebet, Bedeutung. III, 174.
Chrebti (russ. d. i. Berge). III, 177.
Chripunow, Jakob, Woiwod von Jeniseisk (1628), versucht vergeblich, die Buräten zu unterjochen. II, 604.
Christal cats eyes auf Ceylon. VI, 109.
Christa-Rurn, Nadelholzart in Ladakh und Kaschmir. III, 1196.
Christian, der Missionar der Puharries. VI, 1178.
Christliche Religion in Korea. IV, 637.
Christliche (persisch-) Gemeinde auf Ceylon zu Cosmas' Zeit. V, 603. VI, 29.
Christen, aus China verbannt unter K. Yong-tsching. II, 273. — in Siam. IV, 1070. — singhalesische, ihr Religionszustand. VI, 231.
Christenthum, geduldet in Ava. V, 287.
Christen-Verfolgung in Ili (1342). II, 404.
Chroniken, indischer Fürstengeschlechter, wie die Malabarische Chronik. V, 642. — die Maddhura-Annalen. VI, 11. — von Bijeya-Nagara. VI, 420. — der Bhils. VI, 615. s. Annalen.
Chronologie s. Zeitrechnung. IV, 646.
Chronologie der Buräten. III, 127 f. — der Peguaner. V, 183. — der Siamesen. IV, 1154. — der Koreer, chinesisch. Ursprungs. IV, 634.
Chronologische Tafeln in Ava. V, 285.
Chryse s. Aurea Chersonnesus. V, 518.
Chrysoberyll, auf Ceylon, VI, 110.
Chrysocoma. II, 755.
Chrysocoma angustifolia. II, 753.
Chrysowka, Fluß des Ulbinskischen Schneegebirges. II, 715.
Chuara, Bissahir-Landschaft. III, 775.
Chubduzk, Burätenstamm. III, 145.
Chubutra. VI, 595.
Chucksung, Station. III, 612 f.
Chudaiga Bascheraga. II, 1097.
Chugarasi. V, 419.
Chuk, Klasse der Einwohner von Kaschmir. III, 1121. 1171.
Chuka, Felsenschloß in Bhutan. IV, 145.
Chuk-Dynastie in Kaschmir. III, 1121.
Chukapha, Usurpator in Asam. IV, 300.
Chukka s. Rumex vesicarius. V, 719.
Chukota s. Citrus decumana. V, 720.
Chukrachurn, Residenz eines Bhoteafürsten. III, 739.
Chukrase, geadertes Holz, Ausfuhrprod. in Dschittagong. V, 419.
Chukum (?), Herrscher von Asam. IV, 300.
Chulan-Hy-son, Theesorte. III, 232.
Chuldazkoi Karaul. III, 81.
Chuli-Maheswar, Cataract des Chumbul. VI, 807.
Chuling, Bergstrom zum Baspa. III, 797.
Chulis (d. h. Wirbel). VI, 810. — des Chumbul. VI, 810 ff.
Chulughunain Ködöh, d. i. die Thalfläche der Mäuse. IV, 232.
Chumbla s. Chumbul. VI, 749 ff.
Chumbul (Tschumbul), Fl., besonders VI, 749 ff.
Chumpaguri (?), einstige Residenz in Asam. IV, 300.
Chumba, auf der H'Lassa-Route durch Tübet. IV, 256.
Chumirstu, Landschaft. III, 736.
Chumrutti, kl. Bhoteastaat s. Chumirstu. III, 739.
Chunam, Austerschalenkalk, Stucco daraus. VI, 168. s. Areca Catechu. V, 860.

Chunar, Fort am Ganges bei Mirzapur. VI, 1154.
Chuncoa haliva. V, 699. 765.
Chuncoa madura. V, 766.
Chuncoa muttia. V, 700.
Chunda, Dorf der Mismi in Asam. IV, 372.
Chundah, Bergdorf in Gondwana. VI, 491.
Chundna-Arm d. Ganges, zweigt sich bei Kusti ab. VI, 1205.
Chundunbari. IV, 36.
Chundurkund, flammende Mineralquelle bei Jaffirabad. V, 419.
Chung, Hausgötze der Asamesenradjas. IV, 307.
Chunga, Dorf am Indus. III, 614.
Chung sa (tübet. Name der Bleiminen zu Nilang). III, 738. 795.
Chunjapang. V, 1001.
Chunna ca bowli, großes Wasserbassin zu Nadole. VI, 985.
Chunnur, Ort am Parasl. III, 612.
Chunra, Maurer, Rangklasse derselben in Nepal. IV, 119.
Chunroypatan s. Tschin-Raja-Patam. V, 723.
Chun-thian, Stadt in Korea. IV, 640.
Chun-ti (chin.) s. Toghon-Timur. II, 533.
Chun-tschy (1644—1661), erster Gründer der Mandschudynastie in China. II, 369. 449.
Chuntuk (?), Ort in Asam. IV, 300.
Chupalu. IV, 82.
Chupper (d. h. die Versammlung), des Landesaufgebot in Kutch. VI, 1061.
Chur, Churked'hár, der mächtige Pik, welcher die Provinzen Sirmore und Jubal scheidet. III, 537. 790.
Churah, d. i. Alluvialbildung. VI, 1193.
Churang s. Chor-Ganga. VI, 563.
Churas, Räuberkaste in Bikanir aus den Kutchgegenden. VI, 999.
Churasena-Rajputen auf Guzerate. VI, 1069.
Chur-balua, Station am Arun in Ost-Nepal. IV, 84. 101.
Church Missionary Station auf Ceylon. VI, 185.
Chur-Gruppe, das Centralgebirge von Sirmore. III, 859 ff.
Churia, Zeug aus der Rinde des Uddal-Baumes bei den Abors in Asam. IV, 364.
Churit, Dorf am Li-Fl. III, 611. — Churet. III, 714.
Churker. IV, 91.
Churmun, Name der Sklaven in Malabar. V, 926.
Churr-Erku s. Dzangbo. IV, 222.
Churt (saurer Käse) bei den Kirghisen. II, 776.
Chur-Wagur (d. i. das östliche W.). VI, 1054.
Chuscha s. Chosiong. IV, 92.
Chuß-Murren (d. i. Vogelschnabel), Berg in der Kirghisen-Steppe. II, 763. 780. 788. — Kusch-murun s. Chuß-Murren.
Chutaopha, Fürst von Assam. IV, 300.
Chute impraticable, la, des Jenisei. II, 1013.
Chutnahully, Ort auf der Höhe der West-Ghats. V, 779.
Chutterkote, Berg voll Schlangen in Kaschmir. III, 1153. — die Festung. VI, 818.
Chuttersal (Chuttur Saul), einstiger Beherrscher von Bhundelkhund. VI, 360.
Chuttur Saul, Raja von Panna, s. Chuttersal. VI, 834.
Chu-yin-Than s. Tschang-tang. III, 550.
Chuwuß, musikalisches Instrument der Kirghisen. II, 772.
Chyba s. Dheba. IV, 199.
Chy-goni, kriegerischer Völkerstamm. II, 98.
Chypankeou in Tübet auf der Tsiamdo-Route. IV, 203.
Chyram s. Koiram. V, 390.
Cia, d. i. Thee. III, 231.
Cialis = Yuldus. II, 222. 290. (Bernh. de Goës.)
Ciandu s. Schang-tu.
Cianganor s. Tsahan-Nor.
Ciapharanga. III, 447.
Cicacole, Stadt. VI, 477.

Cicer arietinum s. Chana. IV, 28. — s. Gram. V, 219. — als Pferdefutter durch ganz Indien. V, 247. 249.
Cichorium intybus. II, 770.
Ciconia marabu, besonders bei Commercally. VI, 1207.
Cigarren, rauchen die Kinder in Tavoy schon im zweiten und dritten Jahre. V, 126.
Cilsaum-Gebirge. III, 890.
Cimeter, engl. = Dolch. Etymol. V, 545.
Cimicifuga foetida. II, 870.
Cinara Scolymus. V, 64.
Cinching, Berg bei Tsching-tufu. IV, 417.
Cineraria alpina. II, 651.
Cineraria thyrsoïdea. II, 740.
Cingam, der Brahminengürtel des Buddagur. V, 1025.
Cingavanti s. Cinguaits. V, 1025.
Cingir-khan. II, 455.
Cinguaits. V, 1025.
Ciopra. IV, 90.
Circaea alpina. II, 983.
Circaetis Nepalensis (Adlerart). IV, 52.
Circar, d. i. Provinz. VI, 470.
Cissus quadrangularis. VI, 314.
Citrone, die gefingerte. VI, 1118.
Citronenholz, zum Verfälschen d. Sandelholzes gebraucht. V, 820.
Citronenwälder am Kiangstr. IV, 655. 659.
Citrus aurantium. V, 720.
Citrus decumana. V, 720.
Citrus medica. V, 720.
Citrus vulgaris, wild in Asam. IV, 374.
Civilisation, völlige Unempfänglichkeit für dieselbe bei den Buschnegern Südafrika's und den Vandiemensländern Tasmaniens. VI, 620.
Ciusang, Provinz von Amdoa. IV, 217.
Claude, Martin, engl. General. VI. 1149.
Claudius, Kaiser, indische Gesandtschaft an ihn. V, 489.
Claytonia acutifolia. II, 949.
Claytonia sibirica, Seltenheit derselben. III, 265.
Clematis glauca, II, 940.
Clematis orientalis, Schlingpflanze in den sibirischen Fichtenwäldern. II, 732.
Clemens V. ernennt Joan de Monte-Corvino zum ersten Erzbischof von Kambalu. II, 259.
Clerodendron phlomoides. VI, 1110.
Cleveland, der Oberrichter in Bengalen. VI, 1162. 1175.
Clima, ändert die Nationalfarbe nicht um, hat aber Einfluß auf das Temperament der Völker. IV, 127.
Clima von Martaban. V, 142.
Climate, tropische. V, 48 ff.
Clive, Lord, der Gründer des bengalischen Königreiches für England. VI, 1203.
Clupanodon ilisha s. Sable. V, 176.
Clutia retusa. V, 765.
Cmeltschek s. Mertsel. III, 80.
Cnicus asiatica, zur Alpenflor des Sara-Tau. II, 652.
Cnicus esculentus. II, 784.
Coands, Raubhorden in Dekan. VI, 467. s. Kands. VI, 527 ff.
Cobra de capello s. Coluber naja. VI, 144. 513.
Cobra minelle, die kleine, aber äußerst gefährl. Giftschlange Malabars. V, 924.
Cobri, Name des Kokosöls zum Salben der Haut und des Haares in Madras. V, 849.
Cobritin, d. i. Summus Pontifex. V, 585.
Cocaia, Berg. II, 1129.
Cocconule, nährende Wurzelart auf Ceylon. VI, 115.
Coccus Lacca in Asam, besonders auf Ficus religiosa, Varinga latifolia, Shorea robusta. IV, 328. 1111. VI, 513.
Coch s. Kutch-Behor. IV, 167.
Cochin, das alte Cottiara. — das Königreich. V, 515. 784 ff.
Cochinchina, Buddhistencolonie daselbst. IV, 956. V, 493.

Cochin-Fuß, Name der Elephantiasis auf Ceylon. VI, 188.
Cochinleg s. Cochin-Fuß. V, 785.
Cochlearia integrifolia. II, 714.
Cockley-Fluß auf Ceylon. VI, 196.
Cockup s. Coius vacti, Seefisch. V, 176.
Cocos nucifera. V, 834 ff.
Cocoye, Berg. II, 488. 554.
Cocsha = Oxus s. auch Chacschu.
Coda s. Seeschwamm. VI, 170.
Codadorea. VI, 137.
Codapakkachippy, Perlaustern-art. VI, 170.
Codavettykellu, Diamantlager. VI, 351.
Codenopsis, sp. V, 191.
Codda panna s. Corypha umbraculifera. V, 862.
Cogué Lonpaudsé s. Keuke. III, 476.
Cohatte Coroede. VI, 130.
Coiganzu (M. Polo) = Hoei-ngan-fu. II, 249.
Coikul, Waldbaum in den Nilgherry. V, 983.
Coiladdy, Ort am Cavery. VI, 294.
Coillaries. VI, 8. 11.
Coius vacti s. Cockup, Seefisch. V, 176.
Coja Joan, Usurpator auf Ceylon. VI, 58.
Col Par-Ghat. V, 671.
Col's der Franz. und Helvetischen Alpen. II, 811.
Col de Balme. II, 811.
Cola (d. i Blatt, singhales.). VI, 56.
Colabah, Insel im Hafen von Bombay. VI, 1081.
Colair-See. VI, 474.
Colaki, dorniger Bambus. V, 699.
Colambac. IV, 935.
Colangodu, malabarische Feste. V, 767.
Colar, Geburtsort Hyder Ali's. VI, 310. 315 f. 337.
Colaries. VI, 8. 11.
Colaschy, Seehafen von Travancore. V, 787.
Colby, englischer Ingenieuroberst. VI, 447.
Colchiersitze in Indien zur Zeit des Ptolemäus. V, 487.
Colchicus Sinus in Indien (Ptolem.). V, 516. VI, 11.
Coleitycota, Festung am Colair-See. VI, 474.
Colerun, Nordarm des Cavery. VI, 294.
Colgong, Dorf bei Boglipur. VI, 1163.
Collmann in Tyrol an der Etsch, Porphyre daselbst. VI, 472.
Collonetty, Getreideart auf Ceylon. VI, 114.
Collyrium (Spießglanzoryd), Indischer Ausfuhrartikel, schon bei Plinius. V, 440.
Collysair Ghaut s. Kalaisur. VI, 466.
Colocutta Teyca s. Premna tomentosa. V, 765.
Colombo, Hauptstadt auf Ceylon. VI, 183 f. — Ursprung der Niederlassung. VI, 39.
Coloniestädte, griechische, in Indien durch Alex. d. Gr. V, 453.
Colonnes des fées am NWfuß der Montblanckette; ähnliche Erscheinungen in NWchina. II, 136.
Colossales Blatt von Corypha umbraculifera. V, 863.
Coluber naja. IV, 1057. — auf Ceylon. VI, 144.
Columba javanica, die grüne Taube. VI, 1120.
Columba Nepalensis s. Bandajwa. IV, 53.
Colymbus (rubricollis?). II, 874.
Comana, Stadt auf Taprobane nach Ptolem. VI, 23.
Combermere-Bay. V, 334.
Combretum, sp. (fam. Myrobolaneae). V, 225.
Combretum decandrum. VI, 537.
Combretum ovalifolium. III, 854.
Combuconum, Stadt im Cavery-Distrikt. VI, 303.
Comeder, Land der, III, 421.
Comer-See. II, 809.
Comillah = Tiperah. V, 408.
Commercally, am Chundun-Arme des Ganges. VI, 1207.

Communalverhältnisse im Dekan. VI, 415 ff.
Comoren, ob dort der Banjanenbaum ursprünglich einheimisch gewesen? VI, 661. 663.
Comorin, Kap, s. Kumari.
Compaß, eigenthümlicher, der Baikalschiffer. III, 93.
Conay s. Cassia fistula. V, 765.
Concan, Küstendistrikt in der Subah Bejapur. V, 667.
Concana, Vorgebirge. V, 697.
Concha s. Changuo. VI, 157 ff.
Conda Brahmesvara. VI, 340.
Condapilly am Kistna, Bergfeste. VI, 306. 337. 469.
Condatchy, Ort auf Ceylon. VI, 168.
Conde=Uda, Bedeutung. VI, 74. 200.
Cone, Riesenpik des Himalaya. III, 540.
Cone=Lieya=Holz auf Ceylon. VI, 122.
Conferva fontinalis. III, 45.
Conferva mucifera, in den Buchten des Baikalsees. III, 21.
Conferva racemosa. III, 45.
Confucius, Religion desselben in Korea. IV, 546. 626. — in diesem Lande vorzüglich hochgeehrt. IV, 635. — Baum von ihm selbst gepflanzt (?). IV, 676.
Cong-bò-khang i. e. Regnum Prastimmo. IV, 216.
Congregatio Sacra de Propaganda Fide in Rom. III, 457.
Congo, Kultur von Musa sapientum daselbst. V, 879.
Congora-agirhan-Alie, Gebirgskette. II, 491.
Con=gu, Theesorte. III, 232.
Conguei, Fl., s. Kunghei. II, 488. 554.
Coniferae, fehlen in den Waldungen von Malabar. V, 802. — und in den Gangesplainen. VI, 1152.
Conium maculatum. II, 770.
Conjeur s. Koudojurry. VI, 528.
Conjevaram, Jainatempel bei, VI, 303. 320 f.
Conjugation und Deklination fehlen in vielen ostasiatisch. Sprachen. IV, 636.
Connor, Station in der Gobi. III, 360.
Conocarpus, Baum. III, 855.
Conolly, Arthur, engl. Lieutenant. VI, 990.
Consio s. Koung=tscheou. IV, 638.
Constantine, Pallast des engl. Generals M. Claude zu Lucknow. VI, 1149.
Constantinopel, Embassaden der Turk nach, II, 478. 574.
Contel, Berg, Grenzpaß von Kaschmir. III, 642. — s. Cantal. III, 434.
Contrast=Klimate. V, 709. VI, 102.
Contrischa (russ.), Ahnherr der Delöth=Galdan. II, 449.
Conus, Muschelart. VI, 461.
Conva s. Gongway. VI, 645.
Convallaria verticillata. III, 187.
Convergenz und Parallelismus der Gebirgsketten. II, 44 f.
Convolvulaceen, vorherrschend in den Wäldern der Sunderbunds. VI, 1210.
Convolvolus batatas s. Sakerkandh. IV, 76. V, 718.
Convolvulus pes caprae. V, 82.
Cooloo s. Kullu. III, 552. 571. 755.
Coond, Gebirgskette. III, 420.
Cooneer=Paß der Nilgherry. V, 1002 f.
Coorg s. Curg. V, 721.
Copperoe Coronde. VI, 130.
Copra, Name der trocknen Kokosnußkerne in Madras. V, 848 f.
Corabun, Bergtribus. V, 762.
Corak, Grasart. VI, 474.
Corary, Dorf am Sone. VI, 485.
Corchorus olitorius, in Asam gebaut. IV, 326.
Corcobara civitas auf Taprobane. VI, 22.
Cordelia obliqua. VI, 829.
Coriandrum sativum. V, 719.
Corico Langara, Ortschaft der Suriani in Malabar. V, 614.

Coringa, Hafen im Godavery-Delta. VI, 469. 475.
Corinthische Säulen-Kapitäler in Hindutempeln. V, 454.
Corissa carandas. VI, 510.
Corlung, Provinz von Amboa. IV, 217.
Cornus alba. III, 261.
Cornwales = Kassiterideninseln der Phönizier. V, 438.
Coromandel, Etym., V, 518. VI, 296.
Coromandelwind auf Ceylon. VI, 103.
Coronda s. Corissa carandas. VI, 510,
Coronde, Zimmt-Sorte auf Ceylon. VI, 129.
Corri, Archidiakonus zu Buglipur; seine Verdienste um die Puharries. VI, 1175 ff.
Corselles, Dorf auf der Manaar-Insel. VI, 152.
Cortik, Name eines indischen Monats. VI, 1171,
Cortona, cyklopische Denkmale zu, VI, 982.
Cortschin, Landschaft am NO-rande Hochasiens. II, 116.
Cortusa Gmelini. III, 272.
Corunda-Gras. VI, 539.
Corundum (Kuran), Schwefelmetall. IV, 53. 681. — auf Ceylon, VI, 110. — in Ava. V, 242.
Corvus corone verfolgt die Heuschreckenzüge. II, 658.
Corvus dauricus. III, 98. 100.
Corvus glandarius. II, 884.
Corvus graculus, (Pall.) III, 228. (d. i. die Steindohle). II, 771. III, 100. 289. 630.
Corydalis bracteata. II, 714.
Corydalis nobilis. II, 725.
Corydalis pauciflora. II, 949.
Corydalis stricta. II, 952.
Corylus Avellana. III, 312.
Corypha umbraculifera. V, 855 ff. 862 f.
Corypha talicri. V, 863.
Cosmas Indicopleustes. VI, 28 ff.
Cosmopoliten unter den Pflanzen, V, 877.
Cosselang s. Kazalung. V, 411.
Cossim Ali Khan, der letzte Usurpator von Bengalen, besiegt im J. 1763. VI, 1161.
Cossimbazar s. Bhagirathi. VI, 1195. 1201 f.
Cossy, d. i. Heiligthum. VI, 498.
Cossyahs, Name der Bewohner von Jyntea. V, 386 f.
Cossyahvolk (bengal.) = Khassi's. V, 388.
Cossya-Monumente bei Nangklow. V, 397.
Costok, Name des Owinds auf dem Baikal. III, 93.
Costus nepalensis. VI, 1115.
Coß, Kürze derselben in den Ghats. VI, 281.
Cotah (d. i. Festung). VI, 436.
Cotallum, Gebirge von, geognostische Beschaffenheit. VI, 6.
Cotalmaluco, einstiger Gestadeort in Maabar von Arabern bewohnt. V, 585.
Cotepar. VI, 499.
Cotette, Ortschaft der Suriani in Indien. V, 613.
Cot'ha, Dörfchen am Dschemna. III, 885.
Cothea Sophitis (Strabo, Curtius). II, 86.
Cotschin. V, 515.
Cotta, Dorf auf Ceylon. VI, 185.
Cottars s. Kohata, Gohata, Kuhschlächter. V, 1020.
Cotteragon s. Kattregam. VI, 112. 191.
Cottiara s. Cochin. V, 515.
Cotties s. Bhils, Culies. VI, 607.
Cottona s. Cochin. V, 515.
Cottonara s. Cochin. V, 515.
Cotton-Grund, schwarzer. V, 709. 714. VI, 269. s. auch Regur. — Analyse. VI, 352.
Cotucadu-Methode des Waldbrands. V, 933. VI, 524. — die Einsammler d. Cardamomen, Kaste. V, 762. 933.
Cotyledon malacophyllum. III, 187.
Cotyledon spinosa. II, 753.
Coucou Tabahan. II, 496.
Coudja-boiruc. II, 256.
Coulan s. Quilan. V, 594. 694. 787. VI, 58.

Coulon-omo. II, 532.
Coumly, Zeug der Bewohner im Taluk Sub Hazar des Alpenlandes Curg. V, 727.
Courban-saïkan-Alic. II, 490. s. Gurban Saikhan.
Courban-Tamir. II, 528.
Courrahan. III, 311.
Coutta Raja, der Wohlthäter der Menschen, Statuen desselben. V, 846. VI, 189. — sein Denkmal bei Mathura (er soll als Pilgerfremdling das Essen der Kokos zuerst gelehrt haben). V, 846.
Cou-tan-hojo s. Houtan-hojo. II, 232.
Couy. II, 530.
Cowhier, Gebirgstribus in Gondwana. VI, 493.
Cowlapur, Dorf. VI, 521.
Cowries, Verbreitung derselben als Handelsmünze von den Malediven aus, II, 964. III, 120. IV, 233. V, 420. — (Erdk. Afrika. I, 1038.)
Coxebazar, dortige Mugsansiedelungen. V, 421.
Coyan, Schiffsgewicht in Tavay (?). V, 129.
Coyehamin, Pergunnah von Kaschmir. III, 1137. s. Hahyhemu. III, 1155.
Cölibat der birmanesischen Priester. V, 288. — der Mönche in Korea. IV, 643.
Crabben-Insel. V, 123.
Craig-Harriet, Insel im Koreaarchipel. IV, 622.
Cramont über der Allée blanche. II, 134.
Cranganor, Hafen, s. Codungulur. V, 583. — früher holländ. Stadt in Cochin. V, 785.
Crataegus integrifolia. III, 856.
Crataegus pomifera. III, 131.
Crataegus sanguinea. II, 650. — am Saisansee. II, 658. — an der Buchtarma. II, 679.
Crataeva, weite Verbreitung einiger Arten durch Indien, Afrika und Amerika. VI, 1117.
Crataeva religiosa. VI, 1115.
Crataeva tapia. V, 765.
Crawford, engl. Oberst. III, 524. — seine Messungen im Himalaya. III, 492. IV, 6.
Creeks, salzige Buchten und Einfahrten am Meeresgestade. V, 61.
Cretinismus am NOrande von Hochasien. II, 135. s. auch Bhauds. VI, 1184.
Criminal-Gesetzbuch von Achin. V, 95.
Criminaljustiz, sonderbare der Chinesen, bei Diebstählen. II, 703. 1059.
Crinum. V, 28. [Statt Palmenarten lies dort Pflanzenarten; denn Crinum gehört zu der Familie der Amaryllideae, und Epidendron zu der Familie der Orchideae, Abth. Epidendreae, Lindley.]
Crocodilus biporcatus auf Ceylon. VI, 145.
Crocus in Tübet. IV, 236.
Cromlechs, Steinplatten auf anderen Steinblöcken ruhend, in Wales und Cornwallis. V, 397.
Croce-Tanks. VI, 563.
Croton sebiferum s. Talgbaum.
Crotolaria iuncea, in Asam gebaut. IV, 326. (d. i. Indischer Hanf). V, 194. 232. 716.
Croton, Heckenbildung desselben am Nahan. III, 855.
Croyère (Louis de l'Isle de la). II, 625.
Crusta s. Coutta Raja. V, 846. VI, 189.
Cshetra samasa = Sammlung der Länder, geogr. Theil der Purânas. V, 521.
Cshir, Pinusart. III, 932.
Csoma de Körös. III, 584 f.
Cubeben, Ausfuhrartikel in Singapore. V, 71.
Cubhany, Zufluß zum Cavery. VI, 279.
Cuci s. Kukis.
Cucifera thebaica. V, 830.
Cucubalus, zur Alpenflor des Sara-Tau. II, 652.
Cuculus canorus in Nepal. IV, 65. 874. — auf dem Kurtschunplateau. II, 662.

Cucumis acutangulus. V, 719.
Cucumis melo. V, 719.
Cucumis momordica s. Phut. III, 842.
Cucumis sativus. V, 719.
Cucurbita citrillus. V, 719.
Cucurbita lagenaria. V, 719.
Cuddapah. VI, 339. 340.
Cudian, Name des Eigenthümers der Kokosgärten in Malabar. V, 850.
Cugal, Getreideart. III, 750.
Culam. VI, 319.
Culey, die, in Parkur. VI, 1026.
Culies (Bhils), Abkömmlinge der ältesten Aboriginer Dekans. V, 659. VI, 382.
Cullian-Singh, Raja von Kischenghur. VI, 915.
Culna, Ort am Hoogly. VI, 1202.
Culsey, ein Gewicht von 600 Pfund, in Guzerate. V, 892.
Cultura, Ort auf Ceylon. VI, 185 f.
Culturpflanzen, ihre Ausartung. V, 52.
Culturzustand der Singhalesen. VI, 234.
Cumbhe-Mala, hindostan. Fest. III, 909.
Cumbia, Waldbaum in Canara. V, 699.
Cummin, Pfl. III, 772.
Cummun. VI, 339.
Cumpong kling, Bergdorf in Malacca. V, 34.
Cumschun s. Cani. V, 935.
Cund'aci s. Ghandaki. IV, 15.
Cunda-sithala. IV, 15.
Cunds, d. i. Brunnquellen. VI, 496.
Cungbung, Provinz von Amboa. IV, 217.
Cunghilium, Holzart in Animalaya. V, 763.
Cung king s. Cinching. IV, 417.
Cunian s. Cani. V, 935.
Cuntes-Pik. III, 528.
Cunti, Gebirgsbach zum Dschemna. III, 885.
Cunur-Paß der Nilgherry. V, 1002 f.
Cupar s. Tungru. III, 865.
Cuphara, Tempelort. III, 894.
Cupressus horizontalis. III, 532.
Carachi, Berge an der Indusmündung. V, 477.
Curbs (d. i. Schluchtbewohner) in den Nilgherry. V, 1018.
Curcuma angustifolia. VI, 505.
Curcuma longa s. Turmerik. V, 127. 706.
Curcuma, dem Thee beigemengt. III, 232.
Curg, das Gebirgsland. V, 721 ff.
Curi-Ganga, Zufl. zum Lanka-See. III, 665.
Currup, Ort am Besselp-Ghat. V, 738.
Currybary s. Koroyivari. IV, 320.
Curtschahan-Nor, Station in der Gobi. III, 360.
Curumbal (Plur. Curumbalun), Sklaven-Kaste in Vorder-Indien. V, 931.
Cusahar, Dorf in Gondwana. VI, 492.
Cusgur, Berghöhen von, in Gondwana. VI, 493.
Cushat, Dorf am Indus. III, 614.
Cussum, Holzart in Canara. V, 699.
Custard-Aepfel s. Psidium pomiferum, Annona tripetala, Sitophulbaum. V, 195. 250. 720. VI, 862.
Custeri, Name des Moschusthiers bei Seran. III, 763.
Cut s. Terra Japonica. VI, 281.
Cutab Minur, die Prachtsäulen in Delhi. VI, 1131.
Cutacki-Paß der Ghats. V, 698.
Cutchubary s. Kachubari. IV, 161. 169.
Cutchur, Dorf in Gondwana. VI, 492.
Cuttoly, Dorf am Myarfl. VI, 489.
Cuttyadi, Ort am Brahmaputra. VI, 1221.
Curs, d. i. Handwerker, Kunstleute s. Kohata. V, 1020.
Cuyne s. Gajuk-Khagan.
Cyanit. V, 799.

Cycas circinalis, Palmenart. V, 50.
Cyclostoma, Muschelgattung. VI, 462.
Cyklopenbilder in Amerapura. V, 239.
Cyklopische Denkmäler im Lande der alten Etrusker. VI, 98.
Cyklus, zwölfjähriger, bei den Mongolen, Mandschu, Japanern, Tübetern, Ost-Kirghisen. II, 1124. — Buräten. III, 128. 391. — sechzigjähriger der Siamesen. IV, 1155.
Cylan (richt. Aussprache für Ceylon). VI, 14.
Cynosurus corocanus. IV, 75. 104. V, 768.
Cypern, Insel, abgesprengtes Glied der Tauruskette. III, 29.
Cyperoideen in den Gangesplainen. VI, 1151.
Cypresse, die, im Gefolge der Perser und Osmanen. VI, 661. — bei Aurungabad. VI, 434.
Cyprinus Carassius (Karausche). II, 742.
Cyprinus catla. V, 176.
Cyprinus idus, ruff. Jasi. II, 725. 795. III, 38.
Cyprinus labio. III, 281.
Cyprinus lacustris. II, 761. 795. 833.
Cyprinus leptocephalus. III, 281.
Cyprinus leuciscens. III, 67.
Cyprinus rohita. V, 176.
Cyprinus rutilus. III, 65.
Cypripedium alpinum. III, 272.
Cypripedium bulbosum am Baikalsee. III, 23.
Cypripedium calceolus. III, 261.
Cypripedium guttatum. III, 261.
Cytisus cajan in Asam. IV, 325. V, 716. — s. Tuwar. VI, 753.
Czar Kolokol, die große Glocke in Moskau. V, 173.
Czod, Czodi, Czudo. III, 339.
Czud s. Tschuden. III, 339.
Czudskoje ozero d. i. der Peipussee. III, 339.
Χελῶναι. Schildpatt von Taprobane. V, 516.
Χίλαν. VI, 14.

D.

Daba, Stadt. III, 507. 535. 673 f.
Daba (1 Stück) = 22 Ellen. II, 685.
Dabaat, Bach. II, 1099.
Dabahn (mongol.) = Passage. II, 331. 1004. — nicht Berg. II, 486.
Dabagân (osttürk.) = Passage. II, 331. 1004.
Dabi, Ort an der Grenze von Mewar und dem Harowtistaate. VI, 812. — Tempel bei Ajimere. VI, 913.
Dabla, die nördlichste Mewarstadt gegen die Grenze von Ajimere. VI, 901.
Dabling, Stadt am Ssetledsch. III, 544. 702. 813.
Dabussuneï-Nor. III, 286.
Dacca, Gouvernementsstadt des östl. Gangeslandes. VI, 1207.
Dachian (goth.) = δέξιος, dexter. V, 495.
Dachbaum. VI, 886.
Dadiken, die goldholenden, des Herodot. III, 654. V, 445.
Dadkannam, Stadt in Malabar nach Ibn-Batuta. V, 591.
Daeb Radja (d. i. weltlicher Regent) in Bhutan. IV, 145.
Daedalos, der indische. V, 821.
Daffa Pani s. Dupha Pani. IV, 397. (vgl. S. 392.)
Dagelet-Insel. 612.
Dagobahs, die, auf Ceylon. VI, 252. — glockenartige, zur Aufnahme von Buddhareliquien. IV, 1162. V, 683. VI, 191.
Dagor, Bucht des Baikalsees. III, 40.
Dagulda, Seitenbach zum Witim. III, 57.

Dagurskye Sawody. III, 292.
Dagwumba s. Degombah. V, 905. [Vergl. I, 330. 331. 378.]
Daha, Bedeutung. VI, 1191.
Dahata-wahansa, der heil. Zahn des Buddha. VI, 201. 243.
Dahder-Strom, seine furchtbaren Ueberschwemmungen. VI, 624.
Dahya, Tribus der Bhotiyas. IV, 166.
Daiby-Ghaut. IV, 31. 34.
Dain-Noson. II, 1070. 1071.
Dai-Dergo, mongol. Name von Maimatschin. III, 200.
Daityas, d. i. Titanen. VI, 733.
Dak, chines. Pferdepost. III, 347. 603. IV, 98. 273.
Dakiar, Dorf am Dschemna-Ufer. III, 889.
Dakpo, scheußliches Mahadeobild zu Lapranga in Ober-Kanawar. III, 824.
Dakschina-desa (sanskr.) das Land zur Rechten, der Süden, Dekan. II, 10. V, 495. VI, 724.
Dakshinkul (d. i. Südprovinz von Asam). IV, 291.
Dakshinapathas s. Δαχιναβάδης. V, 424.
Dakshinpara (d. i. der südliche Theil) s. Datschanpor. III, 1136.
Dak Schoki (d. i. Fußboden). V, 632. s. Your.
Daktschudinga, Ort am Schayuk. III, 633.
Dalaï, d. i. Meer, Name selbst für kleinere Seen. II, 495.
Dalai Jeung, Bergschloß in Bhutan. IV, 149.
Dalai-Lama (d. i. der Oceangleiche Ober-Priester). IV, 283.
Dalai-Nor. II, 254. 539.
Dalai-See. II, 112. 114. 522. III, 299.
Dalai-Tschoye-tschong-dalai. II, 539.
Dalbergia-Arten. IV, 47.
Dalbergia paniculata. V, 765.
Dalbergia Sisu. VI, 510. 536.
Dalbhum. VI, 528.
Dalchia, eine Art wilden Zimmts in den Nilgherry. V, 983.
Dalinkote s. Dallincot, Dellamkota.
Dalka, Hauptmarkt am Dhamba-Khosi. IV, 82.
Dall-See in Kaschmir. III, 1181.
Dallincot, Feste am Tista. IV, 107. 140. 161.
Dalpani, Fl. in Bhutan. IV, 169.
Dalu Basandra, Vishnu-Heiligthum in Jayarkot. IV, 20. — ob = Chinachin? IV, 24.
Dalu-Dailek, Gebirgsgau in Nepal. IV, 22.
Δαμάδανις, im Innern Indiens. V, 489.
Damai, Schneider und Musikanten, Rangklasse derselben in Nepal. IV, 119.
Damai-Bach. III, 165.
Damans, Unter-Taischas der chorinzischen Buräten. III, 125.
Damasonium indicum. VI, 1116.
Damaun-Opium. VI, 794.
Damba, Taischa der Buräten (1772). III, 124.
Dambedeny, Stadt auf Ceylon (?). VI, 248.
Dambulu galle, der Grottentempel von, auf Ceylon. VI, 254 ff.
Damda (Giftfliegen), nur im Mismilande. IV, 391.
Dames, Peter, Schwede. II, 624.
Dami's, Priester der Magars. IV, 19.
Damm, der heilige, in H'Lassa. IV, 246.
Dammarbaum s. Theerbaum. V, 388.
Damma ran kri, Tempel zu Pugan. V, 216.
Damo (chin.) s. Tarma. IV, 280.
Damodara, König von Kaschmir. III, 1098.
Damodardar Panda. VI, 564.
Damodarkund. IV, 15.
Dampfschiff, das erste auf dem Ganges. VI, 1148 f.
Dampfschiffahrt im Malaienmeer, treffliches Mittel zur Verhinderung der dortigen Piraterie. V, 15. 103. — von Bengalen nach Asam. VI, 1122 ff. — projektirte über das Rothe Meer. VI, 1089.

Dampur, Stadt, im J. 1554 durch ein Erdbeben von der Ostseite auf die Westseite des Behut geschoben. III, 1128.
Damsang, Feste in Bhutan. IV, 107.
Damtchouk, Berg in Tübet, s. Tam tsiogh. IV, 221.
Damu, Dorf. III, 683.
Damu s. Dúmpú. III, 535.
Damya, Aneti sp. V, 706.
Dana (d. i. Almosengeben), eine der drei Hauptpflichten der Saka-Dvipa-Brahmanen. VI, 557.
Danah. III, 913.
Danakoti, Handelsplatz. IV, 17.
Danayken Cotah, Paß über die Nilgherry. V, 952. (Danaikencota. V, 1004.)
Dand, metallene Trommel der Asamesen. IV, 297.
Dandigala s. Dindigul. VI, 4.
Dang, Gebirgsgau in Nepal. IV, 22.
Dang Dami Kyang, Fl. V, 135.
Dangal, Ebene. III, 923.
Dangana, Stadt auf Taprobane nach Ptolemäus wol das heutige Tangala. VI, 22.
Dangho-Kette, Wasserscheide zw. Indus- und Ssetledsch-Gebiet. III, 509. 589. 590. 593. 680. 684. 740. V, 605.
Dangerfield, engl. Capt. VI, 790.
Dangermow, Wasserfall des Bhamuni bei, VI, 806.
Danggoriyasi, Khuntaifamilie in Asam. IV, 331.
Dangiling, Fort, Sanatarium. III, 978. IV, 105. 108. V, 393. s. Tasiding.
Danischmend, Nabob. III, 1133. 1159.
Danisso, Pergunnah von Kaschmir. III, 1137.
Dánker, Fort am Spiti-Fl. III, 571. 772 ff.
Dankhii-Kette. IV, 908. V, 277. 309. 347. 407.
Dan Nayakana Cotay am Bhawanifl. V, 775.
Danno, wildes Volk in der Tongtaongkette. V, 235.
Dantin (sanskr. = lat. dentatus), Name des Elephanten. V, 906.
Daodputras, der Staat des Bhawul-Khan von Doch. VI, 1030 ff.
Daphne altaica. II, 684. 719. — als Buschwerk. II, 716.
Daphne cannabina. III, 997. IV, 54. 148.
Daphne Gardneri. III, 997. IV, 54. 148.
Daphne papyrifera Hamilt. III, 997.
Darada, Daradae, Δεράδραι, Dardi, unabhängiges Gebirgsvolk in Groß-Tübet. III, 631.
Daraissun. II, 505.
Darakhti Schahadek, d. i. der Baum des Zeugnisses. V, 591.
Dara Nipol. IV, 238. 275.
Darapur, Dorf am Behutfl. V, 452.
Daraputtum, einstige Ansiedlung der Araber in Maabar. V, 585.
Dara Wentching. IV, 238. 275.
Darbung, Zufl. zum Ssetledsch. III, 571. 574. 726. — s. auch Nashkalang. III, 819.
Darcha, Dorf am Südfuß der Paralasa-Kette. III, 577.
Darchan s. Gangri. III, 665. — Kan ri. III, 595.
Darchan-Jordschi. II, 750.
Dar Chini (arab. d. i. Rinde von China), Name des Zimmts. VI, 42. — s. Darzini. VI, 126. (pers. Darchinei.)
Dardi s. Darada. III, 631.
Dardjini s. Darzini. VI, 126.
Dargoui, Militärtitel. III, 214.
Dariba, Zinnminen von, in Mewar. VI, 882.
Darizenic s. Darzini. VI, 127.
Darkhan-Route, die, durch die Gobi. III, 347.
Darku Gaon, Ort der Mismi in Asam. IV, 387.
Darlai-See. II, 427.
Darlak, kleiner See. II, 387.
Darma, der Büßer, aus seinen abgeschnittenen Wimpern entsprießt der Theestr. nach der japanischen Legende. III, 233.

Darmaschoka, König von Jambudwipa. VI, 224.
Daroukhona, chines. Gouvernementsbefehlshaber. II, 347.
Darowli, Dorf in Udeypur. VI, 885.
Darr, Dorf, Eisengruben. VI, 487.
Darrur am Kistnah. VI, 307.
Dartschini, Hindl.-Name des Zimmtes. VI, 125.
Daru. II, 432. — eine kleine Granaten- (Punica-) Art. III, 842. — s. Ficus indica. VI, 661.
Daru Avatar, die Baumincarnation Vishnus zu Jaggernaut. VI, 546.
Darung dzoung, Canton auf der Grenze zwischen China und Tübet. IV, 206.
Dârn-sini, Bengali-Name des Zimmtes. VI, 125. 126.
Darvabhisaradi, die alte Residenz der Könige von Kaschmir. III, 1085.
Darvas s. Daradan, Dardi, Davars. III, 1085.
Darwar, Stadt. V, 694.
Darwar-Plateau im Osten der Ghats. V, 707 ff.
Darzenie s. Dar Chini. VI, 42.
Darzini, arab. Name des Zimmtes. VI, 126.
Darzini Alzin (i. e. Darzini chinense).
Dasau, Distrikt von Bissahir. III, 762.
Das, Name der zweihändigen Schwerter bei den Birmanen. V, 294.
Dasahara, das große Herbstfest der Bhils. VI, 613.
Dasarathas, König, im Ramayana. V, 909.
Daskun, Berg. IV, 90.
Daspalla (?). VI, 527.
Daßgong, Bäder. V, 670.
Dasta, Zink in Malebum. IV, 18. — in Nepal. IV, 53.
Datchempara s. Datschanpor. III, 1136.
Datchin Kaura s. Datschan cauvra. III, 1137.
Dat'hari. III, 918.
Datschan cauvra, Pergunnah von Kaschmir. III, 1137.
Datschanpor, Pergunnah von Kaschmir. III, 1136.
Dattelbaum, der, nach seiner Einführung und der Limitation seines Vorkommens in Indien. V, 832 ff. — im Gefolge der Perser und Osmanen. VI, 661. — in Kutch. VI, 1049. — auf dem Küstenstriche von Fars. V, 796.
Dattelhaine am Rawisi. V, 470.
Datura fastuosa. VI, 510.
Daucus carota. V, 718.
Daudputra s. Daodputras. VI, 1030.
Daulatabad (d. i. Herrscherstadt). V, 513. 564. VI, 433 ff.
Dauli-Ganga. III, 499.
Daum in Tübet s. Dam. IV, 209.
Daumergidda, trigonometrische Basis, gemessen bei, VI, 430.
Dauren, die, III, 320 ff. — am Khergössi. II, 402. s. Deyri.
Daurien (spr. Da-urien). — Nertschinskisches. III, 256—320.
Daurisches Scheidegebirge. II, 521.
Daurisches Alpen-Gebirgsland. III, 3—343.
Dauwà, Zubach des Tschar-Gurban. II, 761.
Davahalla, Getreideart auf Ceylon. VI, 114.
Davalacotta. V, 782.
Davan s. Dabahn. II, 486.
Davân (ostturk.) = Passage. II, 331. 1004.
Davara cotal. III, 1138.
Davaroypatnam. V, 958. 962. 982. — Plateau von, V, 958.
Davars s. Daradrac, Dardi, Darvas. III, 1085.
Davatsi. III, 457.
David Rex. II, 295.
Davidische Psalmen, Zubur in Persien genannt. V, 422.
Davie, engl. Major. VI, 262.
Davurcondah. VI, 337.
Davy (John), seine Besteigung des Adampiks. VI, 71. 209—212.
Dawa Dumba, Doa Dumba s. Wollmarkt zu Gertope. III, 600.

Dawae s. Tavoy. V, 110. 122.
Dawai s. Tavoy. V, 122.
Daward, das Gebirgsland der Durds. III, 653.
Dawatschan (tung.) s. Salmo erythrinus. III, 43.
Dawatschanda, tungus. Name der Frölicha. III, 43.
Dawatta-Holz auf Ceylon. VI, 122.
Dawe s. Tavoy. V, 122.
Dawjitan, Gottheit der Bhotiyas. IV, 165.
Dawson, engl. Capitän. VI, 198.
Dawud, Raja von Multan (1005 n. Chr.). V, 537.
Dawud Khan Lody, Radscha von Byana. V, 580.
Δαχιναβάδης, Dekan. II, 10. V, 424. 495.
Dazageng s. Daßgeng. V, 670.
Dämonen in der Wüste. II, 377.
Dämonenkultus der Kalmücken. II, 961.
Dchappan, Festung. II, 403.
Debarain, Stadt in Ava. V, 276.
Deberkei, Thal. III, 301.
Debijat s. Diu-Jat, d. i. Ceylon. VI, 33.
Deb Nadi, Seitenarm des Cajori. VI, 531.
Deb Tal s. Vishnu-Ganga. III, 445.
Debta Mura (= Götterberg), in Tiperah. V, 409.
Decani, Schneepik des Himalaya. III, 935.
Dech s. Set-Barua. IV, 148.
Decimalsystem der alten Indier. VI, 425.
Declination und Conjugation fehlen in vielen ostasiat. Sprachen. IV, 636.
Decumates der Römer. III, 401.
Deers leap s. Hurn Pahl. VI, 591.
Degombah, Elephantenzähmung zu, V, 905.
Degu s. Dikho Nuddi. IV, 296.
Degungla, Berg in Tübet. IV, 253.
Degurcha (? = H'Lassa). III, 621.
Dehehalle, nährende Wurzelart auf Ceylon. VI, 115.
De heng s. Dibong, Di peng. IV, 349.
Dehi, Pergunnah von Kaschmir. III, 1136.
Dehra, Stadt am Bhagirathi-Ganga. III, 915.
Dehra Dun. III, 517. 537. 853.
Dehras, Aboriginer in der Gegend von Nassuk. V, 684.
Dehris s. Tibareihen. VI, 951.
Deinsu s. Danisso. III, 1137.
Dejbharbo, d. i. Untiefen, Wort der Guzuratesprache. VI, 569.
Dekan, das südliche Indien, alte Geogr. V, 513 ff. — Bedeutung des Namens. V, 513. 637. VI, 375. — Etymologie. II, 10. V, 495.
Dekhani Muth, Dekhow. VI, 1220.
Dekincol s. Dakshineul. IV, 291.
Delaserry, südlicher Zufluß zum Berakstrome. V, 377. — Grenzfluß zwischen Cachar und Sylhet. V, 379.
Delfft, Insel bei Ceylon, vom englisch. Gouvernement zu einer Hanfplantage bestimmt. VI, 118.
Delhi, einst Indraprashta. V, 499. — Beschreibung nach Ibn-Batuta. V, 567. — jetziger Zustand. VI, 1127 ff.
Deligun-Buldagha. II, 507. 511. 513.
Dellamcotta s. Dalinkote. IV, 140.
Delphine im Kiangstrome, in weiter Ferne von der Mündung desselben. IV, 673. — im Takiang. IV, 659. — im Hugly. VI, 1204.
Delphinien-Arten in Sirmore. III, 856.
Delta des Irawadi. V, 166.
Delu. VI, 1127.
Delun, Fl. III, 184.
Demetrius. vierter König von Baktrien. V, 485.
Demetscha (kalmück.), Befehlshaber. II, 955. 965.
Demidof-Nikita. II, 577.
Demit, Tussulakhtschi. III, 354.
Demuru-Baum (mit eßbarer Rinde) in Asam. IV, 370.
Demuru s. Dumuriya. IV, 321.

Demuth der Brahmanen in Asam. IV, 333.
Dendriten, schwarze, in hornartigem Jaspisschiefer. II, 764.
Denghiz (türk. = das Meer), Name des Bhalkaschfl. II, 399. 1048.
Deng-tsavga, Salzsee in Hinter-Tübet. IV, 236.
Deo, Gestadeinsel der Provinz Babriawer in Guzerate. VI, 1069.
Deo-Bori (d. i. Wohnung der Gottheit), Schneepik der Langtankette. IV, 344. 383.
Deodara, Baum (Pinus Deodara), in Unter-Kanawar. III, 768. V, 455. — Distrikt. III, 875.
Deodhaings, Priester des Khuntaï in Asam. IV, 332.
Deogerh (Deo giri), Berge. VI, 451.
Deoghat, Pilgerort. IV, 34.
Deoghir bei Aurungabad im Maharashtra. V, 513.
Deoghur-Paß in Udeypur. VI, 889.
Deogiri s. Deogerh.
Deogur s. Tagara. VI, 393.
Deohra, Residenz des Rana von Jubal. III, 865.
Deo Kukura (Pavo bicalcaratus), heiliger Vogel in Asam. IV, 318. 332.
Deonatus s. Dunji. VI, 609.
Deoralli-Kette. IV, 36. 40.
Deoralli, i. e. Obelisci bei den Nepalesen. IV, 36.
Deori, Höhe. VI, 836.
Deosa (d. h. divina), gr. Stadt in Jeypur. VI, 924.
Deo Sabha, d. i. Götterversammlung, merkwürdige Terrasse in den Kand Giri. VI, 551.
Deosir Berbala s. Deusar. III, 1134. 1160.
Deöra, Zweig der Chohan. VI, 734.
Depalpur (?). V, 570.
Deportationsstrafe in Korea. IV, 633.
Depressionen der Erdoberfläche. II, 34.
Deráli, Pilgerstation im Himalaya. III, 928. 931 ff.
Derbul, Zufluß zum Argun. III, 300.
Δέρδαι (Strabo). II, 654.
Dereng, das Land, ein Theil von Nord-Asam. IV, 294.
Dereny Pantissa, König von Siam. IV, 1163.
Deris, Trümmern von, in Persien. VI, 712.
Derissuïn-ussu in der Gobi. III, 348.
Derissu s. Stipa pinnata. III, 367.
Derru s. Zerru. III, 1150.
Dervisi-Paß. III, 865.
Derry, Dorf in Gondwana. VI, 489.
Dergai-nur (d. i. Ocean des Lichts), pers. Name des Diamanten. VI, 364.
Desamala = Länderguirlanden s. Puranas. V, 521.
Δησαρένη (Ptolem.). V, 519.
Desideri, Peter, seine Wanderungen in Tübet. III, 434. IV, 176.
Desi-flachi, Cardamomenspec. in Nepal. IV, 51.
Desli, Ort in Gondwana. VI, 524.
Desolation du Sud, Epitheton des Magellanischen Südlandes der Neuen Welt. II, 867.
Despotie, die vollkommenste in Ava. V, 291.
Dessarah, das jährliche Plünderfest der Mahratten. VI, 405.
Dessätin Land 2400 □Toisen. II, 1044.
Dessing s. Disung. IV, 359.
Dessun, falsche Schreibart für Dithoi. IV, 314.
Destillation, indische Erfindung. V, 529. [s. besonders Alex. von Humboldt, Examen critique de l'hist. de la géogr. du N. C. Th. I, S. 502—513 der deutschen Uebersetzung.]
Destur, d. i. Parsenpriester. V, 617.
Detonationsphänomene. II, 204. 718.
Detsin dzong, Ort auf der H'lassa-Route durch Tübet. IV, 256.
Deusar, Ort in Kaschmir. III, 1137. 1160.

Deussar, Pergunnah von Kaschmir. III, 1137.
Deûra, d. i. Idolentempel. III, 1133.
Devadaru, d. i. Pinus Deodara. III, 920.
Devadasi (tamul. = Sklavinnen des Idols) s. Bayaderen. IV, 322.
Deva Devy, d. i. die Götterinsel, s. Butchers Island. VI, 1091.
Devadigaskaste in Tulava. V, 860.
Devakara, Ort am Sedasiva-ghur-Fluß. V, 698.
Devanagarischrift bei den Bhotiya's. IV, 133.
Devaprayâga, der heilige Tempelort, III, 497. 908. 914. V, 497. 501.
Devanisi, kein indischer Gott, V, 450. [Es müßte Nisideva heißen.]
Deveraddy, Getreideart auf Ceylon. VI, 114.
Deveny-Paetissa, König der Singhalesen, die unter ihm zum Buddhathume bekehrt werden. IV, 1162 ff. VI, 223. 236.
Devighat, Dorf. IV, 31. 34.
Devi Kenail, bei den Bhils verehrt. VI, 613.
Devikot-Berg, in Gr. Nepal. IV, 66.
Devikotta, im Caverydelta. VI, 294.
Devikotta (sanskr. = Wohnung der Göttin) s. Calcutta. V, 507.
Devinura Maha Vishnu Dewely, Buddhatempel auf Ceylon. VI, 191.
Devi's, dienende Völkerschaften im Götterhofe des Brahma. II, 9.
Devtas, d. i. Heroen der Lamaiten; ihre Bilder. IV, 269.
Dewan Kost, d. i. Audienzgebäude. VI, 1128.
Dewapatam, Stadt in Gr. Nepal. IV, 72.
Dewea raja Wihara, Tempelgrotte auf Ceylon. VI, 257.
Dewilmurry, Dorf. VI, 520.
Dewnumana, d. i. Dondra, auf Ceylon. VI, 190.
Dewla, Höhe. VI, 637.
Dewla's, Dämonen, [ob identisch mit Teufel?]. III, 892.
Dewsur s. Deosir. III, 1133.
Dewtas in Bhutan. IV, 152.
Dewta Tschuptschup, Zauberer, Sage von ihm in Bhutan. IV, 145.
Dewul, d. i. Tempel. V, 675.
Dewunder s. Divinur. VI, 189.
Deykah, Dorf. VI, 489.
Deylah, Bergort. VI, 486.
Deyo Wahalla (d. i. Gotteshaus). VI, 216.
Deyrah-Dhoon s. Dehra-Dun. III, 517.
Deyri, Nerbuda-Cataracte bei, VI, 591.
Dhaak s. Butea frondosa, Dhak. VI, 1124.
Dhaibun s. Dhayabung. IV, 8.
Dhain-baitra-katrakagong. IV, 101.
Dhak s. Kinsuka, Butea frondosa. IV, 382.
Dhakan, d. i. Hexe, bei den Bhils. VI, 614.
Dhama, der heilige Boden Hindustan's. IV, 30.
Dhamdzong, Stadt am Dzangbo. IV, 213.
Dhamilas, alte Bewohner Coromandels. VI, 246.
Dhamin s. Bambusbaum. VI, 510.
Dhamuni, d. i. Erdschicht von Sand und Humus mit Thonlagen. VI, 956.
D'hanao, Volk in Ava. V, 267.
Dhanapati. VI, 1195.
Dhander-Strom s. Dahder. VI, 624.
Dhanesa, d. i. Kuchilafresser, s. Buceros, Nashornvogel. VI, 538.
Dhangphiyu s. Meleagris satyra, Phasianus Impeyanus. IV, 28 u. 29.
Dhankot, Dhankuta. IV, 102.
D'hanu, Volk in Ava. V, 267.
Dhanukia Zeip, Paß in Martaban. IV, 1225. 1241. V, 132.
Dhâpà s. Daba. III, 673.
Dhar, Ort am Ssetledsch. III, 761. — Stadt in Malwa. VI, 757. — s. Deohra. III, 873.

Dharaire, Ort auf Salsette. VI, 1097.
Dharam-Salla s. Dharma-Sala. III, 942.
Dharma, Gebirgsgau in Nepal. IV, 21.
Dharma s. Adharma. V, 748. — s. auch Buddha vachana. IV, 131.
Dharma Radja (d. i. geistlicher Herrscher) von Bhutan. IV, 146.
Dharma-Sala, d. i. die frommen Herbergen, Name der Pilgerhütten bei dem Gangotritempel. III, 940.
Dharmaschoka aus Jambu-Dwipa s. Dharma-Raja. V, 683. VI, 237.
Dharmas, die neun; s. Khands. IV, 131. 132.
Dharmpur, Landschaft an der Nordgränze von Asam. V, 377.
Dharmpurebene. V, 382. Stadt. 383.
Dharmpur, Provinz von Hirumba. V, 379.
Dhat, D'hat, Name des Thurr zwischen Daudputra im N. und dem Run der Parkur im S. VI, 945. 1031. s. Roon, Thurr.
Dhawalagiri, Höhe. IV, 5. 9. —
Dhayabung, Himalayapik. IV, 7. — die Gruppe. IV, 30—42. — Stadt. IV, 8. — Dorf. IV, 31.
Dhéba, d. i. chin. Civil- oder Militärgouverneur, Verweser weltlicher Angelegenheiten. II, 272. III, 507. 674. IV, 190.
Dhemsi (?), Getreide in Bhutan. IV, 167.
Dhenkiyas, d. i. Bogenschützen in Orissa. VI, 556.
Dheram-silla-phede. IV, 95.
Dhermapur s. Dharmpur. V, 381. 383.
Dhermia, ein gelehrter Jainas-Astrolog. V, 742.
Dheybur-See. VI, 638.
Dheypur-See. VI, 878 ff.
Dimoha s. Dhimsa.
Dhimsa, Bhutyastadt. IV, 37. 40.
Dhisongku s. Hi-song-Keou.
Dhjana (d. i. Ewigkeitsgedanken der Buße). VI, 672.
Dho, noch unbekannte Baumart in Harowti. VI, 812.
Dhobri, Kohlendepot. VI, 1220.
Dhol, Trommelart der Asamesen. IV, 297.
Dholagir s. Dhawalagiri. IV, 5. 9.
Dhonek, Fl. in Asam, s. Dikho. IV, 292. 316.
Dhor, Radjageschlecht in Nepal. IV, 78.
Dhoral, Castell von Malebum. IV, 18.
Dhordze-phagh-mo, Palast in Tübet. IV, 229. (Der Name bedeutet heiliges Mutterschwein und bezeichnet zugleich eine der berühmtesten weiblichen Kutuchtus.)
Dhorimum, Pilgerort in Parkur. VI, 1020.
Dhoti, Bekleidung der Abors in Asam. IV, 364.
Dhuboy s. Dubboi. VI, 625.
Dhucha, Berg. IV, 36.
Dhud-Kosi. IV. 82.
Dhulen-Khara, Höhenzug am Rande der Gobi. II, 517.
Dhumnar, die Grottentempel zu, VI, 825.
Dhuna, d. i. Pech. VI, 537.
Dhu Nawas s. Yusef. V, 604.
Dhunchi, Bhotiyadorf. IV, 31.
Dhuncho, Bhutyaort. IV, 37. 40.
D'hund, Opferberg, berühmt in der indischen Mythologie. VI, 918.
Dhunda-Thal. III, 916.
Dhundar s. Jeypur. VI, 918.
Dhunghia-Sango, Brücke am Einfl. des Russuafl. zum Trisul-Ganga. IV, 40.
Dhunnia s. Coriandrum sativum. V, 719.
Dhunsa, Bhotiyadorf. IV, 31.
Dhunsiri, Fl. in Asam. IV, 315.
Dhupa, Bach in Tiperah. V, 409.
Dhupi, Wachholderarten, mit duftendem Holze von Mahagonifarbe. IV, 58.
Dhupibäume. IV, 104.
Dhurmpuri, unbedeutender Ort im Nerbudathal. VI, 601.
Dhurumnath, Hindu-Heiliger. VI, 1043.
Dhurun, d. i. Werke der Wohl-

thätigkeit, dauernde Tempelgüter. VI, 969.
Dhyani. IV, 135.
Dhyani Buddha's, Vertheidiger der metaphysisch-systemat. Sekte der Lehre. IV, 116.
Dhybun s. Dhayabung. IV, 37.
Di, Ti, d. i. Fluß, Wasser in der Mismispr. in Asam. IV, 354.
Diamant, im Alluvialboden des Saank und Mahanadi. V, 519. — von ungeheurer Größe. V, 564.
Diamanten-Cataracte, die, in Bhundelkhund. VI, 357. 362. 838.
Diamantenservice s. Betelservice. V, 861.
Diamant-Insel s. Negrais. V, 166.
Diamant-Lager, die, in Indien. VI, 343—368. — in Pegu. V, 168. — fehlen in Ceylon. VI, 108—111. 363.
Diamanten-Thor in Dubbol. VI, 625.
Diamantthier s. Bajurkit, Pangolin, Schuppenthier. VI, 511.
Diamantwäschen. VI, 355.
Diamas = Diamant. VI, 344.
Διαμοῦνα (Ptolem.) s. Dschemna. III, 882.
Diamper, Ortschaft der Suriani in Malabar. V, 613.
Diamper altera. V, 613.
Dianda, der Seegott der Tungusen. III, 10. 44.
Dias, Distrikte s. Dirias. III, 563.
Diatilika, d. i. Hangrankette auf Ceylon. VI, 259.
Diban anguin. V, 89.
Dibong, Arm des Brahmaputra. IV, 348.
Dibul s. Tatta. V, 582.
Dibur, die Quelle des Behut in Kaschmir. III, 1148.
Diburu, Fluß in Asam. IV, 354.
Dicrurus indicus s. Buchang. IV, 52.
Dicshya. V, 746.
Dictamnus albus. II, 760. 765.
Dictamnus fraxinella. II, 717.
Didamria Beter, Dorf. IV, 397.
Didru-Oya, Küstenfluß auf Ceylon. VI, 101.
Didwanoh, Stadt in Jhoudpur am gleichnamigen Salzsee. VI, 960. 975.
Diebeskaste, geborene, in Dekan. VI, 416.
Diebstahl, unbekannt unter den Cossyah's. V, 392. — in Korea. IV, 635. — in Kaschmir. III, 1164. — Todesstrafe auf den geringfügigsten zu den Zeiten des Ibn-Batuta in Maabar. V, 590. — äußerst selten bei den Kalmükken. II, 968. — namentlich bei denen am Ursul. II, 936. — des Reises, unter gewissen Bedingungen den Orissa-Brahmanen gesetzlich gestattet. VI, 558.
Dieti Bojarski. III, 131.
Diga, Digamandulon. VI, 222.
Digamadalu, König der Singhalesensage. VI, 239.
Digambaras (d. i. denen der Himmel das Kleid ist), die strenge Partei der Jainas-Sekte. V, 745.
Digaru, Zufluß zum Lohit. IV, 383. — Zustrom zum Brahmaputra. IV, 345.
Digaru Mismi, Dorf der Mismi in Asam. IV, 387.
Diggercheh s. Dzigatze. IV, 41. 101. s. Digurche, Shigadze.
Digher, Dorf zu Ladakh gehörig. III, 633.
Digli-Ghat am Bori-Dihing. IV, 360.
Digurche s. Teshu Lumbu. IV, 99. 101.
Dihing s. Bori-Dihing. IV, 314. 347. — s. Disong. IV, 307.
Dihong, Fl., ob auch Dzang-botsiou? IV, 214.
Dihingga, Khuntaifamilie in Asam. IV, 331.
Dihong in Asam, Fl., ob identisch mit dem Momtchu in Tübet? IV, 224.
Dikho, Dikhol, Zufl. zum Brahmaputra in Asam. IV, 314. — s. Dhonek. IV, 292. 316.
Dikho Nuddi, Fl. in Asam. IV, 296.
Dikorbasini, Tempel in Asam. IV, 313.
Dikun bulbak. II, 507.
Dikuscha (russ.), der wilde Buch-

weizen in Sibirien s. Polygonum tataricum. III, 317.
Dikye Baranye s. Steinwidder. II, 926.
Dilguscha, Pallast zu Samarkand. III, 1134.
Dillenia s. Bastard-Teakbaum. V, 175.
Dillenia pentagyna. V, 699.
Dillenia speciosa in Asam. IV, 325.
Dilli, Mismidorf am Brahmakund. IV, 383. 386.
Dimahog (ob = Dumjok?). III, 608.
Dimali, Zollhaus und Marktort in Sikim. IV, 108. — Volksstamm der, den Garo's verwandt. IV, 109.
Dimbola, Bergfeste auf Ceylon. VI, 205.
Dimensionen, geographische, vertikale, horizontale, physikalische. II, 5 ff.
Dimhutti-Fluß. V, 962.
Dimhutty, eine der beiden Central-Ansiedelungen in den Nilgherry. V, 992 f.
Dimnah s. Bidpaï. V, 527.
Dinagepur, der Distrikt. VI, 1186. — Stadt am Ganges. VI, 1159.
Dinajepur s. Dinagepur. VI, 1159.
Dinaur (?), Handelsstadt auf Ceylon. VI, 56.
Dind, d. i. willkürliche Erpressungen. VI, 1017.
Dindigul, Stadt. VI, 4. 7.
Dingding, Inselgruppe, Piratenstation der Malaien. V, 28. 102.
Dingru, Ostarm des Indravatifl. III, 788.
Dinibeh, d. i. religio excellens. V, 618.
Dionysus verglichen mit Suradevas. V, 469. — altthrazischer Mythus. V, 450.
Dioptas. II, 632.
Διὸς ἄκρα, Cap auf Taprobane nach Ptolem. VI, 22.
Di peng s. Dibong. IV, 348.
Dioscorea bultifera (sativa) s. Yams. V, 128.
Dioscoridis Insula s. Sukhatâra.
Diospyros ebenum. VI, 510.
Diotis ceratoides. II, 693.
Dipal, Hauptstadt des Duti-Radja. IV, 23.
Dipus? in den Höhlen an den Indusquellen. III, 593.
Dipus jaculus. II, 753. 780.
Dirias s. Draz, Drauz. III, 562.
Diriras s. Draus. III, 630 f. 643.
Disari, Ort der Sinhpho in Asam. IV, 377.
Disbayen, Distrikt. V, 186 f.
Dissarenies, Name der Provinzen auf Ceylon. VI, 235.
Disung Nuddi, Zufl. zum Brahmaputra in Asam. IV, 314.
Diu, portug. Fort, s. Deo. VI, 1069.
Diufar (M. Polo), arab. Hafen, wol Dulfar? V, 900.
Divinur, Ort auf Ceylon. VI, 189.
Diwan Khanah, d. i. Audienzsaal, im Ghergong des Radja von Asam. IV, 296.
Dizabul, Khakan der Turk. II, 479.
Djabekan, Fl., Wasserscheide. II, 476. 490. 501.
Djachi, Stadt bei H'Lassa. IV, 246.
Djachigang, auf der Nepalstr. nach Teshu-Lumbu. IV, 258.
Djaba-naring, Berg. IV, 98.
Djaïran, d. i. Dseren, Gazellen. III, 356.
Djakdur, Nebenfluß des Kharagol. II, 530.
Djakkas (?), Landesfrucht in Asam. IV, 293.
Djak-la s. Choma-la. IV, 253.
Djaktai-gol, Fl. II, 489.
Dja-la, tübet. Gebirge. IV, 212.
Djalatu-Dola. II, 493.
Djamalung, Ort auf der Teshu-Lumbu-Route nach H'Lassa. IV, 271.
Djamba s. Chamba. III, 646.
Djamdjuni, Bach in Tiperah. V, 409.
Djamka, Tempel in Mittel-Tübet. IV, 223.

Djamur-Dola. II, 513.
Djandathang, Ort auf der H'Lassa-Route durch Tübet. IV, 257.
Django, Gebirge. II, 498.
Djara, Berg des In-Schan. II, 239.
Djarat mala (singhales. = die gute rothe Blume), d. i. Rhododendron arboreum. VI, 203.
Djassi H'Lumbo (tübet. d. i. Berg der glücklichen Weissagung) s. Teshu-Lumbu. IV, 264. 267.
Djathang, auf der Nepalstr. nach Teshu-Lumbu. IV, 258.
Djatinga, kl. Fl. in Cachar. V, 354.
Djattrapur, Stockaden daselbst im Birmanenkriege 1813. V, 354.
Djaya, Tempelort auf der Tsiambo-Route durch Tübet. IV, 204.
Djayek, Salzsee in Hinter-Tübet. IV, 236.
Djedé, Nebenfl. der Selenga. II, 527.
Djedo. IV, 190.
Djemalabad. V, 735.
Djend Rai s. Dschender Raj. V, 545.
Djerri s. Jarai. V, 22.
Djhengga-garki s. Jhungagari. IV, 39. 41.
Djessidzong, auf der Nepalstr. nach Teshu-Lumbu. IV, 258.
Djidkhalantu, Schneepik. III, 367.
Djida s. Djedé. II, 527.
Djils, Lagunen, Regenlachen. V, 409. VI, 506.
Djirgalangtu (d. h. Ueberfluß), Station der Gobi. III, 346.
Djirgilâ-Uda. III, 142.
Djiri Nulle, Gebirgszufluß zum Barakstr. in Cachar. V, 369. 379.
Djirmatai, Gebirgsbach. II, 498.
Djitinga, Fl. in Cachar. V, 379.
Djoguialek s. Sandi. III, 1143.
Djohor, Staat von, in Hinterindien. V, 7 f. 11. 57.
Djohore, d. i. Seeräuber. V, 12.
Djohor Lami. V, 7.
Djonkha, Fl., welcher auf dem Imatu entspringt. II, 240.
Djuangdze, Fl. in Tübet zum Dzangbo. IV, 222.
Djugong, Kloster in Tübet. IV, 213.
Djukba-Barbaren in Tübet. IV, 181. 212 f. 214.
Djum Dereh, Fort in Nord-Asam. IV, 294.
Djumpul-Fluß, Bergwasser in Malacca. V, 34.
Djungor, Titel der Polizei-Obersten in Tübet. IV, 286.
Djynta s. Jyntea. IV, 388.
Dmietriefskoi. II, 733.
Doabah s. Duâb. V, 499. VI, 786.
Doa-Ssochor, d. i. Einange. II, 507.
Dobhang, Cultur-Thal am Arun in Ost-Nepal. IV, 85. — am Zusammenfluß des Soyega und Arun. IV, 103.
Doblah, am Mhaifl. VI, 644.
Dochai, tübet. Dorf. IV, 261.
Docken zum Schiffsbau; die einzigen im indischen Meere zu Bombay. VI, 1082.
Doda maram, d. h. großer Baum. V, 760.
Doda-Tayka s. Teakbaum. V, 803.
Dodamvelle, Ort im Innern von Ceylon. VI, 200.
Dodagunta. VI, 439.
Dodangkaba-Holz auf Ceylon. VI, 122.
Dodda Weddahs, d. i. die Handlanger, Theil der Kschudra-Kaste auf Ceylon. VI, 232.
Dodekarchie in Asam. IV, 299. 307. 377. [Wol nicht minder Sage als die ägyptische, aus welcher Psammetich hervorgegangen sein soll. Vergl. Rosellini, Monum. dell' Egitto e della Nubia, I, Mon. Stor., Vol. II, p. 151 ff.]
Dodol, Name der cultivirten Mango in Java. V, 890.
Dodonea viscosa. VI, 314.
Doduwa, fester Ort der Dauren. II, 614.
Doghing nangghir, Civilbeamter im tüb. Tempel. IV, 206.
Dogno, Bach. III, 145. 258.
Doh, Dorf der Khyen. V, 279. — einstiger Hafenort in Kutch, auch Dohi genannt. VI, 1044.
Dohrah danah. III, 913.

Doi Sae Pha, Quellberg des Sri Lohit, nach der Sage der Asamesen. IV, 376.
Dojakh, d. i. höllische Gegend. V, 557. VI, 1192.
Dokaphedi, Steilufer des Rapti IV, 63.
Dok-Pu, einheimischer Name für Bhutan. IV, 137.
Dolaka furiya. IV, 317.
Dolch, langer, der chorinzischen Buräten. III, 125.
Dole, bunte, s. Corvus dauricus. III, 98.
Dolen, n. spec. II, 950.
Dolen-Kara, Gebirge. II, 645. — nördlich vom Saisansee. II, 636. — Höhe und Abdachung. II, 654.
Dolen-Karaghai-Hügel. II, 637.
Dolety, Fl. vom Barluk. II, 422.
Dolichos. V, 234. 247.
Dolichos bengalensis. V, 249.
Dolichos catiang. V, 716.
Dolichos fabaeformis. V, 718.
Dolichos lablab. V, 716. 769.
Dolichos mungo. IV, 75.
Dolichos soja. IV, 75.
Dolichos tranquebaricus. V, 716.
Dolloncharà s. Dolen-Kara. II, 649.
Dolomit. II, 871.
Dolomitgruppe Tyrols. II, 885. VI, 462.
Dolomitgestein (Urkalk) auf Ceylon. VI, 77.
Dolomithöhlen. III, 722 f.
Dolomitmassen am Wasserfall von Beragay des Nerbuda. V, 576.
Dolon-Karagaï (d. h. die 7 Fichten). II, 747. 751. s. Semipalatinsk.
Dolon-Nor, d. i. die Sieben Seen. II, 269.
Dolonskaja-Krepost. II, 750. 787.
Dolotui, hoher Bergrücken. III, 197.
Dolphinsnose, Cap. VI, 468.
Domel, Mergui-Insel. V, 120.
Dominico s. Musa regia. V, 881.
Domna s. Dogno. III, 145.
Doms, dunkelfarbig, kraushaarig. III, 1045. IV, 120. V, 446. — die, negerartige Outcast in den Himalaya-Thälern. III, 530 ff. — auch Nebiyals. IV, 330.
Donau, Verbrecherkolonien der Römer an den Mündungen der Donau. III, 406.
Donebin am Irawadi. V, 176.
Donderah (das Donnerkap) auf Ceylon. VI, 67.
Dondra-Head, das Donnerkap auf Ceylon. VI, 189 f.
Doney's, Name kleiner Barken auf Ceylon. VI, 70.
Dondura s. Divinur. VI, 184.
Dong (birman. = Berg, Fels). V, 308.
Donga, Ort zwischen Konkair und Vizagapatam. VI, 499.
Dongri-Devas (d. i. Berggötter), die 60 der Bhils. VI, 614.
Donheeriah s. Dhunsiri. IV, 315.
Donhiri s. Dhunsiri. IV, 315.
Donison, Station am Malgunsl. III, 793.
Don Jose (katholischer Missionar, † 1832). V, 222.
Don Juan Dermapali. VI, 258.
Donke (tung. d. i. Leute), angebliche Etymologie des Namens der Tungusen. III, 403. (Tung-us.)
Donner, fehlt in Bhutan. IV, 167.
Donnerkeil, Idol der Khyen. V, 281. [Es sind dort wol Blitzröhren gemeint, nicht Meteorsteine.]
Donsiri s. Dhunsiri. IV, 315.
Deny, d. i. der Divan des Deb-Radja in Bhutan. IV, 159.
Donzog s. Dumjek. III, 607.
Doppel-Seen. III, 512.
Doppelt-Zinspflichtige. II, 1007 ff.
Dora Baltea. III, 929.
Doraden (Seefische) im Kiangsl. IV, 659.
Dordji. II, 457.
Dordzidja, antiker Tempel mit einem wunderbaren See in Tübet. IV, 251.
Dori s. Dauren. III, 323.

Dorngebüsch, den Bhils heiliges, in Harowti. VI, 812.
Dorosejew, Peter. II, 991.
Dorong, Radja von, in Asam. IV, 322.
Dorong Bata Kutchi am Mongol. Dohofl. in Asam. IV, 329.
Doronicum altaicum. II, 713. 714.
Doronicum pardalianches. III, 265.
Doroninskoi Selo, Kirchdorf an der Ingode. III, 163 f. 269.
Dorryar Deo, Bustar-Radja. VI, 500.
Dorungbzong, Produkte. IV, 236.
Dorut, einstiger Hafenort in Kutch. VI, 1044.
Dorville, Alb., Jesuitenpater, seine Reise mit Joh. Gruber. II, 173. III, 453 ff. IV, 88 ff.
Doschiktu dabaga s. Dosit dabaga. III, 82.
Doschkutschan s. Nischnaja Angara. III, 39. — Arm der Angara zum Baikalsee. III, 36.
Doschtschenniken. II, 571.
Dosim, eine der 7 Hauptfestungen in Bhutan. IV, 162.
Dosit dabaga s. Doschiktu dabaga. III, 82.
Dostar-Baschn, chines. Wache. II, 403.
Do Surac, in Kaschmir. III, 1144.
Dote (d. i. die äußere), Doktrin in Tübet. IV, 278.
Doti, Kleidung des Volkes in Jesfulmer. VI, 1015.
Dotoschinskoi Karaul. III, 82.
Dötsin-yisun-djasakh (mongol. d. i. Verein der 49 Fahnen oder Banner). III, 395 f.
Doubo, Turkhorde. II, 1136.
Doulan-Khara, Berg, zum Khingan gehörig. II, 498.
Dountgul s. Dangal. III, 923.
Doveton, engl. General. VI, 456.
Dowlut Bagh. VI, 910.
Dowlut Scindiah. VI, 400.
Dörfer, die absolut höchst-gelegenen der Erde. III, 637. — der Nagâb, Charakteristik. V, 373.
Dörren des Fleisches. IV, 96.
Dörwöt = Türbet. II, 638.
Dötschin-Tümen (d. i. die vierzig Zehntausende), Kanzleititel der Mongolenkhane. II, 444.
Draba hydrophila. II, 912. n. sp. 949.
Draba hydrophylla. II, 715.
Draba lactea. II, 957.
Draba vernalis. III, 99.
Drache, Bild des ostasiat. Zodiakus. II, 1125.
Drachenbaum, der, zu Orotava. VI, 657.
Drachenblut, Ausfuhrartikel in Singapore. V, 71.
Drachengott der Chinesen, Tempel desselben. IV, 616.
Drachenschlünde, chines. Form der Kanonen. II, 152.
Drachmen, antike der Griechen, in späterer Zeit noch am Indus. V, 469. 476.
Dracaena draco. VI, 657.
Dracocephalum altaiense. II, 713. 714. 912. 942.
Dracocephalum grandiflorum. III, 265.
Dracocephalum nutans. III, 72. 165.
Dracontium pertusum, Farrnbaum. V, 737.
Dramatische Literatur Indiens, ihr Höhepunkt zu Palibothra und Udschaini. V, 493.
Dramatische Poesie, Volksthümlichkeit derselben in Dekan. VI, 421.
Draveda s. Karnatik. V, 517.
Dravida s. Tamulsprache. VI, 277.
Dravida-Desam. VI, 378.
Dravir-Land d. i. Pansch Dravada, der Norden Dekans. IV, 299.
Draz, Drauz s. Dirias. II, 562.
Drechseln durch Mühlen. III, 755.
Dreizack des Mahadeo. III, 901. IV, 37.
Dreswa (russ. d. i. Graufels). II, 726.
Drohti, Dorf in Sirmore. III, 868.
Druckereien, tübet. im Kloster Moru bei H'Lassa. IV, 248. — in Korea. IV, 646.
Drug vom sanskrit. Durga = Burg, Feste. VI, 308.

Drusen, die, des Libanon, mit den Ihareja in Kutch verglichen. VI, 1063.
Dryas geoïdes, Heerdenpflanze der Altaïsteppen. II, 930.
Dryas octopetala, auf dem Korgonplateau. II, 878. 912.
Dryas pentapetala. II, 1085.
Dryas trifoliata. III, 177.
Dryobalanops camphora auf Borneo. V, 806.
Dsaisang-Nor (d. h. See der Edlen), mongol. Orthogr. für Saisansee. II, 639.
Dsalan, Truppenabtheilung. II, 414.
Dsambehr, sanskr. = zweischneidig, Schwert. V, 545.
Dsandan s. Sandel. V, 821.
Dsanghi. II, 425.
Dsantang Kungma, Berg in Tübet. IV, 193.
Dschabudja, sechsarmiger Götze der Cacharis. V, 385.
Dschaddi, Stern, d. i. der Polarstern. III, 615.
Dschagatai, Dschingis-Khan's Sohn, tritt zum Christenthume über (?). II, 296.
Dscha-hol s. Je-hol.
Dschaibeck, Kalmücken-Sultan. II, 767.
Dschaingta s. Chaingra. IV, 300.
Dschai-Tübé, hoher Berg. II, 772. 788.
Dschaksum s. Jug Soma. V, 540.
Dschalanatschi Kul, d. h. Schlangensee. II, 423.
Dschalandhara. III, 1108.
Dschalin Obo (kalmück.) kleiner Irtyscharm. II, 749.
Dschanabek, mythische Person der Kalmücken. III, 338.
Dschanama, Flüßchen in der Kirghisensteppe. II, 760.
Dschandal, tungus. Name der Samojeden. I, 1139.
Dschandana s. Sandelholz. V, 821 u. öft.
Dschandandschu. V, 822.
Dschangal Kirghis (d. i. Kirghisengehölz), Ort am Yarkendfl. III, 637.
Dschanghium Beïlé, d. i. General-Statthalter. II, 381. 406. 412. 1053. III, 372. 397.
Dschanschun Tüschken, Dorf. II, 403.
Dschoo thung fu, chines. Stadt. IV, 409.
Dschar-Gurban (kalmück. = die 3 Steine). II, 760. 788.
Dscharma, Quelle. II, 787.
Dschasak-Dargan. II, 372.
Dschaschilumbo s. Teshulumbo. III, 587.
Dschawahir s. Jawahir. III, 587.
Dschawar (?), Getreideart. III, 622.
Dschawund, Hindu-Radja von Delhi. V, 555.
Dschehan, Shah (1627—1656). V, 634. s. Jehan.
Dschehangir, Shah (1605 bis 1627). V, 634. s. Jehangir.
Dschelalleddin, Shah von Khowaresmien. V, 558.
Dschelalleddin Feroze Khiljy, Stifter der Khiljy-Dynastie. (1288 bis 1295). V, 561 f.
Dschellinghy s. Jellinghi. VI, 1195.
Dschemna, Fl., III, 870 f. — der Felsspalt. III, 903.
Dschemnotri, d. i. Jamuna-awatari. III, 522. — Himalayagruppe von, III, 881 ff.
Dschemschid, König von Kaschmir. III, 1121.
Dschendradscha s. Dschender Raj. V, 545.
Dschennet-Nezyr (d. i. Ebenbild des Paradieses), Epitheton von Kaschmir. III, 1166.
Dschender Raj, Indischer Herrscher. V, 545.
Dschendpalis, indische Feste. V, 545.
Dscheparle, Eisberge des Thian-Schan. II, 329. 403.
Dscheswunt Row Holkar. VI, 400.
Dschibasün-tomba-Kutuchtu-Ghegen, Chubilgan der Urga. III, 228.
Dschida s. Dzida. III, 80.
Dschidinskischer Distrikt. III, 150.

Dschindinskoi Karaul. III, 169 f. 191.
Dschi-fung, d. h. Windbrecher, Name der kolossalen Hüte der Koreer. IV, 633.
Dschiggetai (mongol. d. i. Langohr), s. Equus hemionus. II, 543. III, 285. 361.
Dschigileck, Kalmücken-Dschulenga. II, 936.
Dschigirim, Bach zum Kuitun. III, 167.
Dschikaja Rosch (russ. = wilder Roggen), d. i. Strandhafer, Triticum litorale. III, 72.
Dschindinskaja, Dorf. III, 197.
Dschindo, Bach zum Tschikoi. III, 192.
Dschingis-khan, Geburtsstätte (1162). II, 506. — am Amur. II, 531. — Leibwache. II, 447. — Ort seines Todes. II, 154. 164. — Grabstätte. II, 237 bis 239. 481. 503. — der Eisenschmied. II, 438. III, 350.
Dschinischkal, Bach. II, 661.
Dschipal, Raja von Lahore (1000 n. Chr.). V, 532. 533. 535.
Dschipal II., Raja von Lahore (1013 n. Chr.). V, 542.
Dschiramatai, Bäche von Tschokondo. III, 266.
Dschiran-Tschunguruk (d. h. die 60 Seen), Thal. III, 288.
Dschireck s. Tschudengräber. III, 261.
Dschittagong, Stufenland. V, 406—423. — Provinz, Größe und Bevölkerung. V, 421. — Geschichte. 422 f. — eigentl. Name des Hafens von Islam-abad. V, 313.
Dschizdä (buchar.), die wilde Olive. II, 205.
Dschohor s. Djoher. V, 7.
Dschoun-gar = Dsungar. II, 447.
Dschü Akschubhe Wadschra, Buddhabild. IV, 231.
Dschu Sakjamuni, Buddhabild. IV, 232.
Dschu Tschandare Dära Eke, Buddhabild. IV, 231.
Dschud, Münze in Ladakh. III, 624.
Dschuldus s. Yuldus. II, 340.
Dschulgani-da. II, 1055.
Dschumsa s. Ldjoumtsa.
Dschun, der südliche Zufluß des Yamûna (? = Sumbul). V, 546.
Dschurgan, d. i. Tribunal der ausw. Angelegenheiten, Tribunal der Mongolen zu Peking. II, 1055.
Dseren s. Antilope gutturosa. III, 280. 283. 358. 361.
Dseren = Antilopen am NOrande von Hochasien. II, 116.
Dses (mongol.), Kupfer. III, 388.
Dshauhan, Tribus der Banjaras. V, 690.
Dshiksa, Bach. II, 1099.
Dsungarei. II, 86.
Dsungaren, Ursprung des Namens. II, 191. 392. 447.
Dsungarische Kirghisensteppe. II, 734 ff.
Duab (das) zwischen Rawi und Chinab. V, 457. — s. auch Antarvedi.
Dualismus der Buddhistischen Philosophie. IV, 135.
Dubari s. Dhobri. VI, 1220.
Dubé (Mandsch. = Schwanz, Blattspitze). II, 489.
Dubi, Ort in Jeypur. VI, 924.
Dubling, Dorf am Ssetledsch. III, 815.
Duboigne, französ. General in Indien. VI, 402.
Duchowoi, Cap, Bach, See am Baikalgestade. III, 65. (Duchowoi-Osero, russ. = Geruchs-See.)
Dudhputli am Barak, neuere Residenz der Radschas von Cachar. V, 382.
Dudallay. VI, 431.
Duderchun. III, 739.
Dudhi Kund, kalte Salzquelle bei Jaffirabad. V, 419.
Dudu, Station am Rupic-Fluß im Süden des Guuaß-Passes. III, 543.
Dufleh, unabhängiger Volksst. in Asam. IV, 292.
Duftwolken, weithin von Ceylons Küsten auf die hohe See hin getragen. VI, 140.

Dugaldi, Seitenbach zum Witim. III, 58.
Dugdi, Pik des Rudru-Himalaya. III, 938.
Dugol, die, Garotribus. V, 403.
Dugong s. Halicore cetacea. V, 65.
Duhr bin Chuch, alter Brahmanenkönig von Alore. V, 473.
Dukans (d. i. Buden) in den Grottentempeln zu Bang. VI, 828.
Dukba, tatarische Hirten am Tschamalari. IV, 181.
Dukbo, Station zw. Shalkhar und Gertope. III, 740.
Dukheat s. Dakiar. III, 889.
Dukka Jeung in Bhutan. IV, 142. 143.
Dukpa, Klasse der Lama-Novizen. III, 822. 824.
Dukque auf der Teshu-Lumbu-Route durch Tübet. IV, 263.
Duku, Obstbaum. V, 68.
Dukuh, Frucht in Hinterindien. V, 64.
Dukur-Warra, Name des Muschel-Marmors von Kutch. VI, 1047 f.
Dulapur Talaow, See in Chotisghur. VI, 496.
Dula wati (Pali) s. Myittha (birm.). V, 224.
Dulayil Feroze Schahi. V, 572.
Duli's, Sänften der Asamesen. IV, 295.
Dull, See in Kaschmir. III, 1164. [Ob identisch mit Dall-See?]
Dullogalo Tschökröt, Berggruppe (kirgh. kalmück.). III, 759.
Dulochi, Berg. III, 218.
Dulusagan, See. IV, 26.
Dum s. Dhugna. IV, 91.
Dumah, gröbere Art der Shawls. III, 1163.
Dumdhercund s. Damodur-cund. IV, 13.
Dumjok, Ort in Ladakh. III, 607.
Dummuche Dust (d. i. die wichtigste Messe) in Leh. III, 621.
Dummudah, Zufl. zum Ganges. VI, 504. — s. Dammuda. VI, 1215.
Dumnar, Höhlentempel von, VI, 746.
Dumpalme, die, s. Cucifera thebaica; ihre Verbreitung. V, 830.
Dumpu, Stadt. III, 672.
Dumuriya, Rana von, in Unter-Asam. IV, 321.
Dun, Tiefthäler in den Vorbergen Nepals. III, 521. 845. 851. IV, 48. 142. — Weilergruppe in Unter-Kanawar. III, 773.
Dunatibuoya, Pilgerstation auf dem Adamspik in Ceylon. VI, 214.
Dunda, Berg am Baikalsee. III, 34.
Dundaki-Borsa, Fl. III, 308.
Dundana s. Dschilun. III, 1156.
Dun djung tse Bang, Civilbeamter im tüb. Tempel. IV, 206.
Dundunche, Ort zw. Chango und Gertope. III, 739.
Dungari-Höhe innerhalb des Fort's von Bombay. VI, 1083.
Dung-ba-ilak, Ort am Schayukfl. III, 634.
Dungodar. IV, 67.
Dungtcham, Salzsee bei Kutho. III, 608.
Dunji, Restaurator des Malwahreiches (850 v. Chr. Geb.) VI, 609.
Dunken s. Dankhar. III, 575. 710. 721.
Dunna s. Dhugna. IV, 91.
Dunni, edle Pferderace zwischen Indus und Jelum. V, 899.
Dunsakkha in Bhutan. IV, 162.
Duntum, Subah von, in Bhutan. IV, 161.
Dunu, Wallnußbaum in Kaschmir. III, 1196.
Dup, Pinus-Art in Sirmore. III, 862.
Dupa, Weihrauchbaum der Kurumbar. V, 1018.
Dupha-Bum, Berg. IV, 343.
Dupha-Pani, Zufluß zum Noh-Dihing. IV, 346.
Duphla-Distrikt in Asam. IV, 311.
Dur s. Tir. VI, 951.
Dural-Tabun. II, 1071.
Durango, Minen von, II, 843.
Durban ledu kit. III, 400.
Durban-Oirat, d. i. die vier Alliirten. II, 445. 463.
Durbar, Rath der jedem Radja

in Jyntea u. a. a. O. beigegebenen Aeltesten. V, 392. VI, 1059.
Durben-Puta, Geburtsstätte Dschingiskhans. II, 506. 508.
Durbi, festes Schloß in Bhutan. IV, 144.
Durbs s. Dardi. III, 653.
Durga, Drachenkönig in der süd. Göttersage. IV, 239. — die Schwerzugängliche s. Bhavani, Kali. — Kultus dieser furchtbaren Naturgöttin und dessen Verbreitung. III, 1155.
Durgaon, Dorf am Tons in Kanawar. III, 777.
Durgapah Conda. VI, 340. — s. Condapilly. VI, 370.
Durgas, d. i. feste Burgen, Castelle in Balaghat. VI, 309.
Duria Khan Lody. V, 580.
Durian, Frucht in Hinterindien. IV, 927. V, 36. 52. — äußerste Nordgrenze in Tavoy. V, 128. — Pflanzungen in Malacca. V, 34.
Duriyas, Abtheilung der Jainas. V, 747.
Durmà, Berg in der Gobi. III, 358.
Durmapur am Sumusserai, Stadt in Jyntea. V, 389.
Duroi, Steppenseen. III, 305.
Duroiskoi-Karaul. III, 305.
Durrahs, d. i. Heerhaufen von Freibeutern. VI, 408.
Durri, Gewichtsmaaß in Malwa. VI, 789.
Durru s. Zurru. III, 1150.
Durtogal, Kirghisenstamm. II, 423.
Duschmanta, König. V, 499.
Dushö, d. i. Ambos bei den Buräten. III, 122.
Dosow s. Dasau. III, 762.
Dutarang, Dorf in Kanawar. III, 766.
Dutchenparch [III, 1136], Dutchenpareh, Stadt in Kaschmir (d. i. südlicher Theil, Dakschina para). III, 1154.
Dute-Dabahn, Bergkette. II, 490.
Duti, Gebirgsgau in Nepal. IV, 22.
Duttes s. Khol. III, 1137.
Dutla, Name für Fragmente krystallinischer, transparenter Mineralkörper in Bhundelkhund. VI, 863.
Dutscheri, Mandschustamm am Amur. II, 89. — s. Dauren. III, 320 ff. — s. Taguri. II, 613.
Dutscherskische Grube im daurischen Erzgebirge, seit 1763. III, 313.
Duste-Gameny s. Dutu-Gameny. VI, 239.
Dutu Gameny, König von Ceylon (150 v. Chr.). VI, 160. 207.
Duvaucel, M. A., VI, 1206.
Duyara, Khuntaifamilie in Asam. IV, 331.
Duyung s. Dugong. V, 65.
Düngoroma, Berg. II, 328. 395.
Düngung des Bodens durch Muschelkalk. V, 223.
Düttulur. III, 166.
Dvipa (d. h. zweimal-trinkend), sanskrit. Name des Elephanten. V, 906.
Dvisas (d. i. bis nati), indischer Name der drei obersten Casten in Indien. III, 1099.
Dwaraca (d. i. Thor), berühmter Wallfahrtsort in Guzerate. VI, 1068. 1070.
Dwarica (ob Dwara Samudra?). VI, 972.
Dwipa (sanskr.) s. Jezìra (arab.). II, 6. — Bedeutung. VI, 1191.
Dwipa's, Erdhalbinseln in der ind. Erdansicht. II, 6.
Dwojedonzi (d. i. die Doppelt-Zinspflichtigen). II, 592. 806. 941.
Dworez, Steppe. III, 53 f.
Dworjänin. III, 131.
Dyn, Fl. in Ajimere und Udeypur. VI, 899.
Dynaud, Dorf in den Nilgherry. V, 952.
Dyt, d. i. Riese. VI, 1043.
Dyte-ca-har (d. i. Riesenknochen), Vorfels der berühmten Kaskaden in Harowti. VI, 803.
Dyvan, Ministertitel in Kaschmir. III, 1151.
Dzabgan, Fl. ob der Hoen-mu-

lian? II, 428. 553. 985. 1008. 1059.
Dzaissang s. Saisan. II, 448.
Dzamin-arik, Berg in der Gobi. III, 352.
Dzamyn gandà, Brunnen in der Gobi. III, 346.
Dzan-fu, Titel der Beherrscher von Tübet. IV, 275.
Dzangbo, der, Str. und seine Zuflüsse. IV, 218—223.
Dzang-botsu, der obere Brahma-Putra. IV, 16.
Dzanguin. III, 366.
Dzào-Modò, Siegesschlacht über die Ölöth bei, 1696. II, 515. 517. 524. — s. auch Terelgi. II, 524. — Waldreicher Gau. II, 529. — Thal der hundert Bäume. III, 219.
Dzara, Berg. III, 400.
Dza' tchu, östl. Arm des Langthsang Kiang. IV, 227.
Dzawu, auf der Nevalstr. nach Teshu-Lumbu. IV, 258.
Dze dang, Tempel am Dzangbo. IV, 212.
Dzeigan, Titel der Rechnungsrevisoren in Tübet. IV, 286.
Dzelagang-dzung, Stadt in Mittel-Tübet. IV, 223.
Dzelture, Fl. zur Dzida. III, 80.
Dzeto s. Khiutchi. IV, 253.
Dziagh-ri, d. i. der Eisenberg (tüb.) bei H'lassa. IV, 242.
Dziah-ri-bi-dung, Berg bei H'lassa. IV, 245.
Dziakul s. Saa-Kol. II, 1071.
Dzida, Zufluß zur Selenga. III, 78, 80.
Dzida Ekhel, Fl. III, 80.
Dzigadze. IV, 259.
Dzilùng-dabà. II, 504. 515.
Dzimorsek s. Kumurghi. II, 786.
Dzolan, d. i. Regimenter, der Mongolen. II, 1054. III, 399.
Dzormalik, Berg auf der chines. russ. Grenze. III, 80.
Dzordzi. IV, 249. (Ob ein Aërolith?)
Dzoùngar = Dsungar. II, 447.
Dzoun-modò. III, 219.
Dzulghetu, Station in der Gobi. III, 351.
Dzumghlo. IV, 245.
Dzundzio lu khang, See bei H'Lassa. IV, 245.

E.

Eagle Wood s. Agilaholz. IV, 1098.
East, engl. Oberst. VI, 1059.
Eastment, englischer Kapitän. V, 1003.
Ebbe und Fluth des Ostoceans erstreckt sich im Takiangfluß bis zum Nordende des Poyangsees. IV, 657. — des Meeres, Erstreckung derselben landeinwärts im Cosselangfl. V, 412. — wüthende Heftigkeit derselben an der Mündung des Nerbuda. VI, 628.
Ebda karra, auf dem Caracotepaß. V, 781.
Ebed-Yeshu, Patriarch der Stadt Merv. II, 288.
Ebeïdoule, Fürst von Hami. II, 371.
Ebel. II, 911.
Ebenholzbaum s. Diospyros ebenum. VI, 510.
Eber, fossile. V, 204. — um Seran. III, 763. — in den Morästen am Ili. II, 402. — wilde, in Dschittagong. V, 420.
Eber-Incarnation des Vishnu. VI, 325.
Ebtoula-tarhanbek s. Ebeïdoule. II, 371.
Echel, d. i. Altai. II, 479.
Echikbach (türk. d. i. Gemsenkopf) = Pe-Schan. II, 335.
Echikbach-gol, Fl. vom Pe-Schan. II, 335.
Echinus-Arten, große, im Meer bei Punto Galle. VI, 187.
Echites antidysenterica. III, 854.
Echites dichotoma. III, 855.

Echo, merkwürdiges, auf Ongkar-Mandatta. VI, 598.
Eddava, holländische Faktorei zwischen Quilon und Anjengo. V, 787.
Edege-Bi, mythische Person der Kalmücken. III, 338.
Edelsteine, Bearbeitung derselben in Indien uralt. V, 528. — auf Ceylon. VI, 107 ff. [Edelsteinschmuck ein Zauber im Orient s. Vorhalle, S. 124—130. Erdk. 1ste Aufl. II, 554. 556.] — in Ava. V, 242. — aller Art in Udeypur. VI, 881.
Edelsteinmarkt, noch immer bedeutender in Delhi. VI, 1130.
Eder, Str. II, 495. 527.
Edessa, christl. Schule für Perser zu, II, 285.
Edobrigis, baktrischer König. V, 486.
Edsinei s. Etzina, Fl. II, 310.
Edyn, J., V, 786.
Eekhung s. Ikhung. III, 594. 599. 606.
Eggen und Walzen des Ackers, ungebräuchlich bei den Kirghisen. II, 664.
Egrigaia = Ninghia (s. d.). II, 162 f. 227. 290.
Eguden dschoo, Berg. III, 80.
Egutri-Khalka, Hügelreihe. II, 547.
Ehe der Geschwister erlaubt in Aracan. V, 314. — der Rothmützen (Lamapriestersecte). IV, 206. 248. 283. — ungültig in Korea bis in das 4te Verwandschaftsglied. IV, 643. — fehlt bei den Eruler in den Nilgherry. V, 1016.
Ehebruch, unbekannt in Korea. IV, 635. — mit dem Tode bestraft bei den Naga's. V, 375.
Ehebündniß, verboten bei den Dsungaren zw. Personen, welche einen und denselben Familiennamen führen. II, 448.
Ehefreiheit, ohne Rücksicht auf Kasten bei den Nepalesen. IV, 123.
Ehelosigkeit der Buddha-Mönche in Korea. IV, 643. — der Talapoinas in Siam. IV, 1173.
Ehemänner, üble Lage derselben bei den Achhiks. V, 403.
Ehe-Pira. II, 527.
Eichen, nördl. Grenze in Hochasien. II, 115. — auf dem Plateaulande von Munipur. V, 363. — Verbreitungssphäre derselben mit der des Teakbaums verglichen. V, 813.
Eichenarten, neue, in Birma. V, 233. 254. — neue Species. IV, 680. — mit lorbeerähnlichem Laube. IV, 681.
Eichenwaldungen, nie von der Art berührt, in der Mandschurei. II, 97.
Eichhörner, schwarze (Pteromys volans?). II, 917.
Eidechsen s. Landeidechsen.
Eier, Zerbrechen derselben, als Augurium in Jyntea. V, 392.
Eierpflanze s. Brinjal, Solanum melongaena. V, 719.
Eigenthum, fehlend in Korea. IV, 633. s. Besitz.
Eigong, Eegong, Dorf am oberen Indus. III, 606.
Eingeweide der Thiere, Weissagungen daraus bei den Garo's. V, 404.
Eingeweideübel in Kaschmir, wodurch hervorgerufen. III, 1190.
Einhorn, das, s. Antilope Hodgsonii. IV, 58. 127.
Einsalbungen mit Kokosöl; ihr Nutzen. V, 846.
Einsenkung am Nordgehänge des Siue-Schan, Hauptlängenrichtung derselben. II, 189. bedingt den Gang der Geschichten von Mittelasien, ebendas.
Einsenkungen des Dsungarischen Stufenlandes am NW-Saume des hohen Central-Asiens. II, 392. 634.
Einsiedeleien in großer Anzahl in Bhutan. IV, 146. — in Kandy-Giri. VI, 551.
Einsiedler- und Klosterleben, drei Klassen desselben in Tübet. IV, 241.
Einsiedlerhöhlen in Harowti. VI, 803.

Einuru, Ort am Mangaloresluß. V, 738 f.
Einye. V, 237.
Eis des Baikal. III, 102 f.
Eisbildung auf dem reißenden Irtysch. II, 707.
Eisbrecher, von Pinus Deodara gefertigt. III, 1196.
Eisgletscherbildung, nur Annäherung an dieselbe auf dem Korgon-Plateau. II, 878.
Eisgrotte in Kaschmir. III, 1161.
Eisvegetation, sonderbare. III, 712. 719.
Eisen auf Ceylon. VI, 107. — indisches, bei den Römern zollbare Waare. V, 528. — im Gebirge von Khongor. II, 402. — in Asam. IV, 324. — in Fülle auf dem Tafellande Munipur. V, 363. — Reichthum desselben im In-Schan. II, 241. — in Kaschmir. III, 1187. — im Insellande Oka-Mundal. VI, 1068. — in Hirumba Reichthum daran, doch schlecht. V, 383. — bei den Khunungs in Asam. IV, 396. — Handelsartikel zu Rywudze. IV, 235.
Eisenarbeiten, treffliche, in Bikanir gefertigt. VI, 996.
Eisenarten am Poyang-See. IV, 674. 676.
Eisenbergwerke in Takiang. IV, 681.
Eisenbrücke, über den Gumty bei Lucknow. VI, 1148.
Eisenerz, treffliches, in Nepal. IV, 53. — am Kuitumbache. III, 167. — am Ostufer des Jenisei. II, 1077. — in den chin. Westgeb. II, 148. — in Ava. V, 243. — bei Nagpur. VI, 453. — in den südlichen Randgebirgen des Vindhyan. VI, 746. — am Irofluß. III, 213. — am Schakschasee. III, 162.
Eisengehalt im Mal (s. d.). VI, 753.
Eisengruben am Kulpusl. IV, 32.
Eisenhaken s. Tscharok. VI, 1202.
Eisenhütten zu Sunarim in Cachar. V, 396.
Eisenkettenbrücken. IV, 143.
Eisenkiesel, auf Ceylon. VI, 109.
Eisenlager im Hochlande von Gondwana. VI, 508.
Eisenmasse, meteorische (?) in Tavay. V, 124.
Eisenminen von Hampapura. VI, 279. — in Kaschmir. III, 1150. 1162. — berühmte im Hohen Sirmore. III, 865. — in Gondwana. VI, 490.
Eisenreichthum bei Katha in Martaban. V, 155. — der Nalla Malla Berge. VI, 342. — der Jugamahalberge. VI, 487.
Eisenschlacken, ob natürliche. III, 875.
Eisenschmelzen in Takiang. IV, 681. — am Nerbuda. VI, 592.
Eisenschmiede in Ava. V, 261.
Eisenschmiedekunst der Buräten. III, 117. — bei den Kohata in den Nilgherry. V, 1021.
Eisensteinmassen der Caribarlifelsen. V, 400. — im Jenisei. II, 1135.
Eisensteinreichthum der Ufer des Isse-Kul. II, 395.
Eisenthon s. Laterites. V, 702. 715. 758. VI, 5. 534.
Eisenwerke, laninskische, am Baikal. III, 23.
Eisernes Messer, in einem Tschudengrabe gefunden. III, 329.
Eisenhaltige heiße Quelle in der Nähe des Dschemna. III, 593.
Eisenholz auf Ceylon. VI, 91. 200.
Eja s. Cià, Tscha, Thee. III, 449.
Ejalu s. Elate silvestris. V, 857.
Ejuruppa, der Götze der Malaya-Carubaru (ob identisch mit dem Affengotte Hanuman?). V, 933.
Ekailgurh, Ruinen von, im Berglande Harowti. VI, 824.
Ekangi, in Kaschmir, ob Afghanenstamm? III, 1110.
Ekaral-Nor s. Jeke-Aral-Nor. II, 554.
Ekatarinskische Grube im Daurischen Erzgebirge, seit 1776. III, 313.
Ekela-gumbah. IV, 101.
Ekhe, nördlichster linker Zufluß der

Selenga. II, 495. 527. 528. 1046.
Ekhé-neyen, mandschurischer Völkerstamm. II, 92. ihr Waldland ebendas.
Ekschastriawanse, die königliche Caste auf Ceylon. V, 228.
Ektag, d. i. Altai. II, 476. 479. 480. 489. 580. 645. 804. (Uebertragung des Namens.)
Ektel, d. i. Altai. II, 479.
Ela (sanskr.) s. Amomum cardamomum. V, 825.
Elaeagnus-Arten, als Waldbäume in Dschittagong. V, 414.
Elaeis guineensis. V, 830.
Elachi (hindi) s. Amomum cardamomum. V, 825.
Elate silvestris. V, 82. — zur Bereitung des Palmweins benutzt. V, 856 ff. VI, 509.
Elchthier, Elen s. Cervus alce. III, 113.
El Dawoh. V, 565.
Eldenggéwekhe (d. i. Glänzender Stein, mongol.), chinesischer Grenzstein am Gerbitsi. III, 297.
Elektrizität der Thierkörper während der Jahreszeit der heißen Winde in den Ländern des Gangesystems. VI, 1110.
Eleng-Chabirgan = Bogdo-Dola. II, 337. 398. 400. s. Iren-Chabirga.
Elen-Thiere. II, 114. 710. III, 168. — am Tarbagataï. II, 418. — in den Tigheräzkoi-Bjelki. II, 872.
Elephant, der wilde; seine Verbreitung zur Zeit des Sultan Babur. V, 630. — Heerdenleben desselben. III, 847. 1037. IV, 937 f. 1102 ff. V, 183. 255 f. 314. 363. 451. 906. VI, 304. 314. 407. 412. 420. 630. 726. 761. 766. — nach seiner Verbreitungssphäre und seinem Einfluß auf das Leben des Orients. V, 903 ff. — Alter desselben. VI, 657. — Benennung auf koreisch. IV, 634. — der weiße, Rolle desselben in Ava, Siam. IV, 1103 f. V, 292. — in Hinterindien, Regal des Gouvernements. V, 420. — bringen bis zu bedeutenden Höhen hinauf auf der Insel Ceylon. VI, 74. — Weideland der, bei Ptolemäus. V, 916. VI, 23. — wilde, in Asam. IV, 292. — im ganzen Birmanenlande. V, 183. 255 ff. — zahlreiche in den Tong-taong-Bergen. V, 235. — zahme, ihr Hauptfutter besteht von Ceylon bis Ava in dem Laube der Kokospalme. V, 852. — früher auf dem Tafellande Munipur. V, 363. — Backzähne derselben im Letten des Schlangenbergs. II, 843. — vom Nashorn besiegt. VI, 1209. — zum Uebersetzen über Ströme gebraucht. VI, 813.
Elephanta, die Insel. VI, 1091 f. — Zerstörung der dortigen Skulpturen durch die Portugiesen. V, 646.
Elephantenart, eigenthümliche in Nepal. IV, 47.
Elephantenheerden, Verheerungen durch dieselben in Nepal. VI, 23. 192.
Elephantenjagden in Indien, Regale der Radjas. IV, 46. — der Mismi in Asam. IV, 372. — der Römer in Mauretanien, Ursache des dortigen Aussterbens der früher einheimischen Elephanten. V, 904 f.
Elephantenjäger, Jagdrevier derselben in Tiperah. V, 407.
Elephanten-Kolonien begleiteten Alexanders des Gr. Rückzug nach Macedonien. V, 910.
Elephantenrevier in Cachar. V, 381.
Elephantenzähne. II, 822.
Elephanten-Insel, die, im Mergui-Archipelagus. V, 119.
Elephantiasis in Gondwana. VI, 508. — äußerst verbreitet in Cachar. V, 385. — auf Ceylon. VI, 188. — s. auch Cochinleg. V, 785.
Eleusine corocana. V, 716. VI, 287. (s. Maruya) so ist auch zu lesen IV, 20.
Eleuth s. Eluth. II, 446.
Elfenbein, den Homerischen Sän-

gern bekannt; nicht aber der Elephant. V, 905.
Elgana, Bach zur Borsa. III, 309.
Eliabad, Ort in Kaschmir. III, 1144.
Elichpur. VI, 445. besonders VI, 457. — die alte Capitale von Berar. V, 562. VI, 450.
Elias, Ungar, Botschafter an Usbek Khan (1343). II, 404.
Elk s. Samur. VI, 512.
Ellaharah, Dorf auf Ceylon. VI, 93. 94.
Ellavre, König der Singhalesen. VI, 239.
Elora, Tempelgrotten zu, durch Kaiser Aurungzeb zerstört. V, 647. — Beschreibung der Grottentempel. V, 678 ff.
Elphi, Chronikon. V, 544.
Elphinstone s. Montstuart Elphinstone. V, 658.
Elritzen s. Mulki. II, 894.
Elura s. Ellore. VI, 474.
Elusutü, Station im Lande der Tsakhar. III, 367.
Eluthen s. Delöth.
Elveira-Mount auf Prince-Wales-Island. V, 46.
El Wolak. V, 565.
Elymus giganteus. II, 720.
Ημαον, Name des Himalaya. III, 420.
Embassaden nach China, fingirte. II, 221 f. III, 648.
Emberiza cia (Ammer). II, 1107.
Emberiza ortolana. IV, 52. (in Nepal.)
Embiasares s. Abhisara. III, 1085.
Embomma, in Congo, an der Mündung des Zaireſl. VI, 661. — Kultur des Pisang daselbst. V, 879.
Emery, Edelst. s. *Σμιρις*, *Σμυρις*, Sunbedej. VI, 34. 35.
Emir s. Emyl.
Emir (russ. Albasicha), kl. Flüßchen in Daurien. II, 618.
Emir al Omrah. V, 559. VI, 300.
Emir Nasireddin s. Sobokthegin. V, 532.
Emnik-zagan-Noïn (d. h. der unüberwindliche Weiße Gott) der Buräten. III, 19.
Emodus, Bedeutung bei Ptolemäus. II, 185. V, 449.
Empetrum nigrum in der Zone des Rennthiermooses auf dem Alei-Berge. III, 31. 44.
Emporhebungen, blasenartige. VI, 459.
Emporien, die drei großen des Orients (Bombay, Calcutta, Canton). VI, 1079.
Emyl, Fl. II, 416. 785.
Emys, fossile. V, 204.
Endergol, Pergunnah von Kaschmir. III, 1137.
Enedkek (mongol.) = die Gangeslandschaften. V, 496.
Engelsburg s. Moles Hadriani. VI, 1134.
Engi, Rock der Birmanen. V, 272.
Engindah-Pik der Nilgherry, s. Unginda. V, 960. 991.
Englische Benennungen für Handelsartikel im Chinesischen. IV, 664.
Englische Sprache, allgemeiner in Guzerate gesprochen und verstanden, als in den britischen Provinzen des nördlichen Indiens. VI, 651.
Engthäler s. Glens. IV, 48.
Enguralle, nährende Wurzelart auf Ceylon. VI, 115.
Enisei s. Jenisei. II, 1113.
Enke-baïn (d. i. ewiger Ueberfluß), Oase in der Gobi. III, 370.
Enoch, d. i. Buddha. VI, 61.
Ensete, Musa-Art in Abyssinien. V, 879.
Enten, als Zugvögel in Ava. V, 259.
Enten-Muscheln, von bedeutender Größe am Onon. III, 282.
Entsilberungsmethoden des Rohsteins: Freiburger, Nieder-Ungarische. II, 853.
Entsühnungsbäder im Nerbuda. VI, 622.
Entwässerung der Thäler durch Göllerhand. IV, 263.
Entzündbares Gas s. Gas.
Ephedra polygonoidos. II, 765.

Epheu, von den Alten als Beweis für die Anwesenheit des Bacchus auf seinen Zügen gehalten. V, 450.
Epia, Schneeberg. II, 1030.
Epidendron, prachtvolles, in Perak. V, 28.
Epilobium angustifolium. II, 690.
Epidoros (Arrian) s. Manaar-Insel. V, 516. VI, 152.
Epochen der Birmanen. V, 285.
Eptisch, Beschlyk der Beltiren (1772). II, 1087.
Equus hemionus. II, 543. III, 285.
Equus Kiang (Moorcroftii), wol Antilope Hodgsonii? III, 559. IV, 98. (255.) besonders III, 619 f.
Equus Onager. II, 771.
Era-Kaberga-Tau = Bogdo-Dola. II, 333 ff.
Eramza, Fl., s. Itanza. III, 138.
Erannoboas, Fl. in Indien. V, 508.
Eranthemum, nov. sp. V, 192.
Eray. VI, 319.
Erbfolgerecht der Schwestersöhne. V, 589. 640.
Erblichkeit der Gewerbe bei den Kohata in den Nilgherry, wie bei den alten Aegyptern. V, 1021.
Erbrecht in Korea. IV, 645.
Erbschaftsverhältnisse, sonderbare bei den Sinhphos. IV, 379.
Erbfolge auf die Neffen übergehend bei den Garo's, Nairs und Jyntea's. V, 390.
Erbsenbaum, sibirischer, s. Robinia caragana. II, 728.
Erdansicht, europäische. II, 15 f.
Erdansichten der verschiedenen Völker Indiens. II, 5. V, 491. 520 ff.
Erdbeben am Muztagh und in der Songarei überhaupt. II, 387. — am Baikal-See. III, 84. — häufig am Kistna. VI, 472. — auf Oueda. V, 23. — im Tieflande am Fuß der Gobi. II, 122. — in NWchina im J. 1719. II, 130. III, 85. — in Hami. II, 561. — in Sylhet. V, 406. — häufig in Dschittagong. V, 416. — am Südostrande der Gobi. III, 365. — auf den Altai Bjelki. II, 917. III, 89. — bei Hussingabad (17. Junius 1821). VI, 578. — zu Dampur im Jahr 1554. III, 1128. — häufig in Kaschmir. III, 1164. namentlich im J. 1554. III, 1128. — in Wazirghur am Dschemna im J. 1807. III, 594. — im Himalaya. III, 940 f. — in Kutch. VI, 1043 ff. — im gesammten Industhale (1819). VI, 1034. — im Gangesdelta. VI, 1193 ff.
Erdbeeren, auf dem Plateaulande von Munipur einheimisch. V, 363. — fehlen in Westsibirien, häufig dagegen in Ostsibirien. II, 651. 728. — werden von den Mongolen nicht gegessen. III, 221. — auf dem Tapalinggeb. IV, 656. — (5540′ über dem Meere) in Cachar, wo kein Baumwuchs mehr ist. V, 396. — in Orissa. VI, 545.
Erdbrand (?) in Kaschmir. III, 1156.
Erde, weiße, eßbare in Tübet. IV, 251.
Erdeni Baatur (kalmück.). II, 449.
Erdeni-Khung-Taidschi, Mongolenfürsten. II, 449. 497. 749.
Erdeni toloha c Kerlon poulong, Station in der Gobi. II, 547. III, 363.
Erdeni-Tschao (Erdenidzao, geograph. Lage. II, 497.), größter Tempel der Olöth. II, 262. 452. 528. 556. 1059.
Erdeni-Zuruktu-Batur-Kontaischa, Titel des Dsungarenkhans. II, 454.
Erdhase, der kleine, s. Lepus minutus.
Erdhügel, künstliche, bei Nagpur. VI, 453.
Erdkälte in Sibirien, eigenthümliche. III, 98.
Erdkunde, indische. V, 520 ff.
Erdnuß (s. Arachis hypogaea), Hauptnahrung der Birmesen im Königr. Ava. V, 249. — von un-

geheurer Größe in den Bergwäldern westlich vom Fl. Ta kiang. IV, 655.
Erdöl s. Sillajit (?). IV, 53.
Erdschlipfe s. Avalanchen.
Erechombo, d. i. Dzangbo. III, 485.
Eredkek (mongol., d. i. Hindostan). IV, 98.
Eremiten in Kand Giri. VI, 551.
Eremtschick (süßer Bröckelkäse) bei den Kirghisen. II, 776.
Erendi, Seidenwurmart in Asam. IV, 326.
Erettelle, nährende Wurzelart auf Ceylon. VI, 115.
Ergetu khomchim botisato. III, 203.
Ergheou, Fl., II, 335.
Erghi, Station in der Gobi. III, 355.
Ergik-targak-taiga, Grenzgebirge zwischen China und Sibirien. II, 526. 593. 1016. 1023. S. Irgen-Targak.
Erginul (M. Polo) = Liangtschéou. II, 227.
Ergol s. Ergheou. II, 335.
Ergone s. Argun (tung.). III, 404.
Ergune s. Argun, Fl. III, 298.
Ergunè, d. i. Argunfl. II, 533. III, 299.
Erhebungen aus dem Meere. IV, 610.
Erhebungslinien in den Anden. II, 632.
Erich, bedeutende mohammedanische Stadt in Bhundelkhund. VI, 852 f.
Erigeron alpinum. II, 714. 878.
Erigeron gramineum. III, 273.
Eriligarn, Gebirgstribus in Vorder-Indien. V, 934. — s. Erular. V, 1015 ff.
Erimpana s. Caryota urens. V, 863.
Erind s. Ricinus communis. V, 718.
Ering, Fl. zum Ekhe. III, 81.
Erinzen, Taischa der Buräten (1735). III, 124.
Erkhetu, Berg des Mittelaltai. II, 496.
Erkihu, chinesische Grenzwacht. II, 1069.
Erkik-Schan. II, 1016.
Ernaad s. Irnaad. V, 782.
Erntefest in Korea. IV, 635.
Err, Name des Büffels bei den Tubas. V, 986.
Ersün, chinesische Grenzwacht. II, 1069.
Ertschis (mongol.) = Irtysch. II, 633.
Ertschügin-Langting-Balghassun, ehemalige Stadt. II, 506.
Ertsit, Gebirge. II, 495.
Ertsis = Irtysch. II, 486.
Erukhetai-Khubsul, Geb. II, 496.
Erul (tamul.), d. i. Dunkelheit. V, 1016.
Erular, die, in den Nilgherry. V, 1015 ff.
Erun s. Nun. VI, 1035.
Ervum lens s. Mosu, Mosuri. IV, 75. — in Asam. IV, 325.
Erythrina indica. V, 51. VI, 829.
Erythrina monosperma = Butea frondosa. Roxb. IV, 45. V, 150.
Erythronium dens canis. II, 698. 714. 890. 1038. 1043.
Erz, korinthisches, in Indien zu Alex. d. Gr. Zeit. V, 528.
Erzbischof von Kambalu. II, 259.
Erziehungssystem der alten Madhuresen. VI, 421.
Erzina Pira, Steppenfl. II, 187. 188. 206. 309.
Esapur, Fort in der Nähe von Lohaghur. V, 676.
Esch, die böse. III, 633. 696. 707. IV, 97. s. Athmungsproceß, Giftaushauchen.
Eschbar, Garten in Kaschmir. III, 1153.
Esel in Ava. V, 258. — schwarze, in Tübet von außerordentlicher Schnelligkeit. IV, 234. — wilde, in der Gobi. II, 309. — s. Gorkhur. IV, 154.

Eskender Schah s. Sikunder Butschikun. III, 1122.
Eskerdu, die Kapitale von Klein-Tübet. III, 642. 644.
Esparsette s. Hedysarum. II, 761.
Essenzen, zuerst in Indien destillirt. V, 529.
Est, Name des Ochsen bei den Tudas. V, 986.
Estina s. Etzina. II, 309.
Etaworgiri. IV, 27 folgd.
Etschil, d. i. Wolga. II, 464.
Etrusker, alte, ihr Blitzkultus. V, 281. [Vergl. I. L. Ideler, Meterolog. vet. Graec. et Roman. VII, 38, p. 173. und Lindenbrog. ad Censorin. de die nat. c. 11, p. 60. ad Ammian. Marcellin. XXIII, 5, p. 393. ed. Gronov. L. B. 1693.]
Etsine Pera, Steppenfl. II, 188. 206. 309. 355. (Ob identisch mit Erzine Pira?)
Etwa, Diamantengruben zu, VI, 359.
Etzina, chinesische Stadt am Eingange der großen Wüste. II, 224. 309.
Euaspla, Fl., s. Kameh. III, 421.
Eugenia Jambu, auf Ceylon erst eingeführt. II, 10. V, 720. VI, 117. (Eugenia Jambos.)
Euklid, ihn studirte Kaiser Kanghi (1691). II, 151. 233.
Eul-lang-wang, Landschaft in Tübet. IV, 198.
Eungiba s. Ingoba (tungus.). III, 404.
Euphonie, übermäßiges Uebergewicht derselben in der Koreasprache. IV, 636.
Euphorbiae, Waldbäume in Dschittagong. V, 414. — Physiognomie derselben. III, 855.
Euphorbia n. sp. im Altai. II, 715.
Euphorbia antiquorum. VI, 472.
Euphorbia lutescens. II, 717.
Euphorbia tirucalli. V, 802. — Pflanzungen derselben als Gartengehege auf dem Darwar-Plateau. V, 718.
Eurasier, Indo-Briten. V, 996.
Europa, Gebirgsdiagonale von Mittel-Europa. II, 48. — Vermittelung einer Verbindung desselben mit Ostasien. II, 790.
Europäische Waaren auf den Märkten im inneren China. IV, 676.
Euryale ferox. VI, 1116.
Eu schan schin, Ort in China, wo der Long-shia-tong-Fluß schiffbar wird. IV, 670.
Euthydemus, dritter König von Baktrien. V, 485.
Euzofzyes, Volksstamm in Balti. III, 643.
Ewigkeit der Herrscherbesitznahmen. VI, 12.
Extispicien bei den Garo's. V, 404.
Eyghour s. Uiguren. II, 377.

F.

Faang (siames.) s. Caesalpinia Sappan.
Fabelland der Mandschu. II, 91.
Fackeln aus dürren gewundenen Kokospalmblättern auf Ceylon in Gebrauch. V, 845.
Fadicha, Zufluß zur Buchtarma. II, 696.
Faizabad, Stadt, Ruinen von Ayodhya. V, 501. — der Jagdsitz der Groß-Moghule. III, 847.
Fakhr-Eddin, Emir. II, 361.
Fakirabad (d. i. Bettlerstadt), Beiname von Allahabad. VI, 1150.
Fakir-Berg in Bundelkhund. VI, 850.
Fakir's bis zum Hofe des Kutuchtu-Lama vordringend. II, 264.
Faktoreien, französische und holländische zu Surate. VI, 630.
Falam, kleinste Scheidemünze von Gold in Carnatik. V, 565.
Falck, holländischer Gouverneur von Ceylon. VI, 132.

Falco fulvus s. Berkut, Bürgut. III, 184.
Falco palumbarius. III, 184.
Falken vom Baikal zur Beizjagd für die chines. Kaiser. II, 600.
Falkenjagd auf Antilopenheerden in Berar. VI, 456. — königliches Vergnügen im Dschemnathale. III, 888.
False point Palmyras. VI, 531.
Familiennamen, gleicher, hindert Verheirathung bei den Dsungaren. II, 448.
Fan (chines., d. i. Fremdlinge) s. Tübeter. IV, 180.
Fanam s. Falam. V, 565. 851.
Fanatiker, wüthender, in Hinterindien. V, 382.
Fandaraina, Stadt in Malabar nach Ibn-Batuta. V, 591.
Fang (siames.) s. Caesalpinia Sappan.
Fannus s. Artocarpus integrifolia. V, 720.
Fantsiao, japan. Name der Bananen. V, 883.
Faraan, hoher Berg (ob Altai?) bei Edrisi. II, 1129.
Farasonowa, Dorf. II, 835.
Farbe, rothe, aus der Choya-Wurzel. VI, 38. 117.
Farben-Nieren. III, 56.
Farbestoffe, Zubereitung derselben, eine indische Erfindung. V, 529.
Farbenton der chinesischen Kunstarbeiten, naturgemäß. IV, 679.
Farçenspiele in Malwa. VI, 771.
Farrnkrautabdrücke im Sandsteinschiefer von Jirun. VI, 747.
Fasanen am NOrande von HA. II, 116.
Faschinenbauten, ob nicht schon frühzeitig in Kaschmir bekannt? III, 1109.
Fasciola hepatica (ob Fasciolaria?). III, 617.
Fata Morgana. II, 756. VI, 900.
Fattam, Stadt in Malabar nach Ibn-Batuta, ob Pattan? V, 501.
Faulfieber, Verhältniß desselben zur Pest. VI, 507.
Fauna Bengalens, die, verspricht noch reiche Entdeckungsernten. VI, 1209.
Fazelpur, am Mhaisf. VI, 644.
Färberei der Birmanen. V, 261.
Färbestoff aus der Arekanuß in Coromandel und Indien. V, 860.
Féangu, berühmter chinesischer Feldherr, Besieger der Olöth. II, 231. 270. 304. 306. 492. 518.
Februar, Anfangsmonat des Jahres bei den Tübetern. IV, 286.
Federvieh, keinerlei Art wird von den Hindus gehalten. V, 895.
Fehling, Weilergruppe in Unter-Kanawar. III, 773.
Feigenbäume, Familie derselben. VI, 658. — auf den Thormauern chinesischer Städte. IV, 678. — am Takiangfl. in China. IV, 670.
Feigheit der Koreer. IV, 645.
Feischell. V, 510.
Felzi, Bruder des Abu-Fazl. V, 626.
Feklistowskaja-Redout. II, 706.
Feldspath im Basalt. VI, 459.
Feldspath-Porphyr, schwarzbrauner, in Ostsibirien. II, 391.
Felingi s. Ferringis. III, 508.
Felis leo, Verbreitungssphäre desselben. VI, 703 ff.
Felis onca (Unze). III, 112.
Feliya. IV, 82.
Felsgrotten, merkwürdige bei Pandua. V, 393.
Felskolosse der Jainas. V, 734. — auf Ceylon. VI, 96.
Felsmäuse in ungeheurer Anzahl auf allen Flächen zwischen Ingoda und Argun. III, 273.
Fenny (= Schlangenfluß), Parallelfluß des Gomuti. V, 410.
Feudalwesen der Malaien. V, 98.
Ferachkand (Zend) = Indien, V, 494.
Ferath s. Kuriat. V, 547.
Ferishta (Mohammed Kasim). III, 1114.
Feronia elephantum. VI, 829.
Feroze-abad (d. i. Stadt des Sieges). V, 570.
Feroze-Cotelah, d. i. Feroze-

Säule oder = Stab, in Delhi. VI, 1127.
Feroze=Kanal, der, V, 570.
Feroze Lath s. Feroze=Cotelah. VI, 1130.
Feroze Toghluk s. Firuz Schah. VI, 563.
Ferringis (d. i. Franken, Europäer). III, 508.
Festonartige Schichtungen und Vorsprünge. II, 871.
Festtage der Tübeter. IV, 286.
Festung, chinesische, in Khamil. II, 357. — verlassene, am Uldscharfl. II, 771.
Fett, Vorurtheil dagegen bei den Kuki's von Tripura. V, 376.
Fettschwanzschaafe der Kalmücken. II, 899.
Fettschwänze der Hammel von 3 Pfund. II, 359.
Feu, Berg am Ta=Kiangfluß. IV, 655.
Feueranbeter in China. II, 209.
Feueranbetung, ehemals bei den Hakas. II, 1129.
Feuerkultus der Guebern einst in Khamil. II, 362.
Feuerlandsinsel, insulare Bedeutsamkeit derselben. II, 28.
Feuersignale als Telegraphen in Korea. IV, 612.
Feuersteinschiefer. V, 13.
Feuerverehrung bei den Schato. II, 250.
Feuerwerke, großartige, in Pegu. V, 183.
Feuer=Wiesel s. Mustela sibirica. II, 917.
Fezipulac, Station in der Gobi. III, 364.
Fiangu=Pé. II, 306. 492.
Fichten, Bodennatur, welche sie erfordern. II, 979. 982.
Fichtenrinde unter dem Taback bei den Buräten. III, 121.
Fichtenwald, ungeheurer, an den Vorhöhen des Westaltai. II, 731. 815. 824.
Fichtenzapfen, in metallische Erde verwandelt. IV, 67 f.
Ficus acuminata. VI, 662.
Ficus bengalensis. VI, 662. 668.
Ficus benjamina auf Java. VI, 679.
Ficus carica. V, 720.
Ficus elastica. VI, 1210.
Ficus indica s. Batbäume. IV, 138. V, 522.
Ficus populifolia. VI, 662.
Ficus religiosa, in Asam zur Coconszucht benutzt. IV, 328.
Ficus salicifolia. VI, 662.
Ficus vasta. VI, 662. 663.
Fidji=Inseln, ihr Holz. V, 816.
Fieber, bösartige, auf der Küste von Arakan. V, 275. — durch Kupferkiese im Flußwasser veranlaßt. II, 727. — gelbes, in Westindien. VI, 507. — intermittirende, in Sylhet. V, 406. — verderbliche in Indien. VI, 506. 752. — s. auch Kandy=Fieber. VI, 105.
Fiebererzeugendes Klima von Aracan. V, 329.
Fieberluft, Erzeugungswerkstätte derselben. VI, 875.
Fieberrinde, Surrogat dafür. VI, 1211.
Figueira (port.), s. Musa sapientum. V, 876.
Fikam Das, Wazir des Radja von Bissahir. III, 805.
Fil (arab.), s. Pilu. V, 907.
Fil=Khaneh, der Elephantenmarstall. V, 922.
Filbert s. Lambertsnuß. III, 749.
Fillodi, Stadt in Jhoudpur. VI, 975. — Salzsee von, VI, 960.
Filo, Oberhaupt der Hoei=he (744 n. Chr.). II, 498.
Filodi s. Fillodi. VI, 960.
Filze von Ziegenhaaren in Tübet. IV, 236.
Filzjurten, den Holzhäusern selbst von den ansässigen Kirghisen vorgezogen. II, 685.
Filzstiefeln der Mongolensoldaten. II, 1056.
Finanzen in Aracan. V, 320.
Finanzwesen in Ava. V, 295.
Fingersprache, pasigraphische. III, 913.
Firangs ind. = Franken, Europäer.
Firnißbaum in den Shanprovin=

zen von Ava. V, 251. 699. s. Rhus vernicifera.
Firnißquadern, Brücke aus, IV, 245.
Firs, d. i. schmalblättrige Nadelholzbäume im Himalaya. III, 950 ff.
Firuz, König von Persien (461 bis 488), Christenverfolger, nimmt die Nestorianer auf. II, 285. — durch die Menge seiner Bauwerke berühmt. VI, 563.
Firuzpur, dortiger trockener Seitenarm des Ssetledsch. V, 465.
Firverdu, d. i. April. III, 1151.
Fische, den Buddhisten verboten. IV, 237. — von den Birmanen genossen gegen das Hindugesetz. V, 259. — auf Ceylon, von den Singhalesen nicht gegessen. VI, 146 ff. — bleiben unverzehrt. III, 618. 662. — sollen nicht getödtet werden von den Bhutanern. IV, 165. — rothe. III, 43. — gezähmte, in Kaschmir. III, 1149. — des Ganges, besonderes Studium derselben durch Fr. Buchanan (Hamilton). VI, 1209.
Fischerei, den Kalmücken gänzlich unbekannt. II, 984.
Fischereien, große, im Kiangstr., Zeit derselben. IV, 682. — große russische, im Saisansee. II, 639 ff. — auf dem Baikalsee. III, 104.
Fischesser, die, indische Völkerschaft bei Herodot. V, 445.
Fischfang mit dem Speer bei den Malayen. V, 18. — der Tungusen mit Gabeln. III, 43. 105.
Fischottern, fehlen jetzt fast gänzlich im Irtysch. II, 730. — finden sich im Baikalsee. III, 76. — in den Tigheräzkoi-Bjelki. II, 872. — im Ili. II, 402. 418. — in den Seen der Mongolei. II, 538.
Fischorden, der, der Delhi-Kaiser. VI, 1057.
Fischreichthum, außerordentlicher, eines Felsbassins des Nerbuda. VI, 594.
Fischschwärme, Mastungen derselben auf den kleinen Inseln des Poyangsees. IV, 672.
Fischer-Tribus der Bhils zu Ummirghur am Bunaßfluß. VI, 617.
Fistelgetön, eigenthümliches, jubelnder Elephanten. VI, 890.
Fi-ti-tcuen s. Pi-ti. II, 312.
Fitiya, König von Mientien. IV, 735.
Fitz-Clarence, englischer Oberst. VI, 456.
Fizen, japan. Provinz. IV, 614.
Flachholme der Lakediven. V, 846.
Flachs, im Dekan nur zur Oelbereitung gebraucht. V, 716.
Flacourtia, sp. VI, 1111.
Flagstaff-Hill, Berg auf Pulo-Penang. V, 7. 55.
Flagstaff-Pik. VI, 290.
Fledermäuse, europäische, in Sibirien. III, 305. — die großen indischen. VI, 280.
Fleisch, dürres, als Pferdefutter in Hindostan. V, 900.
Fleischer, unehrlich bei den Buddhisten in Nepal. IV, 96.
Fleischgenuß den Peguern verboten. V, 182.
Fliesen-Festung. II, 677.
Floods. VI, 1213.
Flora von Ava und Pegu, Charakter derselben. V, 413. — durch Südwinde an Bergabfällen hinaufgerückt. I, 688. — am Saisansee. II, 656 ff. — Differenz derselben nach den Längenabständen. V, 49. 63.
Flores, Insel. V, 73.
Florens, Joseph, Bischof von Metellopolis. IV, 1070.
Florikin s. Otis bengalensis. VI, 1120.
Flößereien auf dem Gelben Strom in China. IV, 653 f.
Flottenwesen in Korea. IV, 641.
Flugfeuer in den Steppen. II, 829.
Flugsand. II, 657. — Charakter der Flugsandwüsten. VI, 944.
Flüsse, schiffbare, Einfluß derselben auf die Handhabung der Regierung. IV, 678.

Flußläufe, unterirdische, Legenden davon. III, 890.
Flußmündungen. VI, 1212.
Fluth, chinesische, II, 158 folgd. — die große, auf Ceylon. VI, 238. — in der Geschichtsmythe von Orissa. VI, 561. — erste große in Kaschmir. III, 1092. — des Irawadi, ihre Erstreckung. V, 167.
Fluthenhöhe in Aracan. V, 330.
Fo, Lehre desselben in Korea. IV, 635. — Königreich s. Kaschmir. III, 1120.
Foe-Hoan, Handelsstadt bei Mukden. II, 96.
Foe li to. III, 1113.
Fojdar. V, 559.
Fontaine von Atcheval. III, 1149.
Forbes, engl. Major, seine künstliche Erweiterung des Gangesdelta. VI, 1217.
Forellen in der Ablaikitka. II, 739. — in den Zubächen zum Indus und Ssetledsch. III, 617.
Forrest-Straße. V, 109. 119.
Fort George auf Pulo-Penang. V, 45.
Foshang, Ort am Ssatadru. III, 739.
Fossiles Holz, in den Garobergen. V, 401.
Fou-koneï (d. i. Stadt der kostbaren Reichthümer) am Orghon; ob Selenginsk? II, 499.
Fourmont. II, 746.
Four-Saints (the), die Vier Heiligen des Himalaya. III, 952.
Föhnwind in den inneren Alpenthälern. II, 693.
Franziskaner Mönche in Asien. II, 404.
Franzosen, Kampf derselben gegen die Briten in Indien. VI, 401 ff.
Französische Kolonien, vorzügliche Ortslagen derselben. V, 776.
Frauen der Samojeden, geschickte Schützen. II, 1038. — baden öffentlich unter Männern im Nerbudastrome. VI, 627. — Freiheit derselben bei den Munipuris. V, 368. — zügelloses Leben derselben in Bhutan. IV, 166. — werden zur Benutzung vermiethet in Aracan. V, 325. — der Garo, höchst häßlich. V, 404. — können sich beliebig anderweitig verheirathen. V, 403. — hochgeachtet bei den Naga's. V, 375.
Frauendorf, von, russ. Gouverneur (erste Kartenaufnahme des Baikalsees 1766). III, 10.
Frauenglas, Berg von, II, 1039. III, 35.
Frauenleben in Hami. II, 359 f. — bei den Dauren. III, 322.
Frauenschönheit, Ideal derselben auf Ceylon. VI, 227 f.
Freibergisches Erzrevier. II, 844.
Freimaurerei am Ssatadru. III, 668.
Fremdlinge aus China verwiesen im J. 787. II, 222.
Freshes. VI, 1213.
Freudenmädchen, kirghisische. II, 663.
Freundschaftsgruß der Naga's. V, 374.
Freyre, Pater Manoel, Begleiter des P. Desideri durch Tübet. III, 434.
Fridelli, Jesuiten-Pater (eigentl. Friedel). III, 467.
Friedenstraktat zu Yandabu. V, 219. — zwischen Rußland und China zu Nertschinsk. II, 103. 542. 567. 596.
Fringilla flavirostris. III, 98.
Fringilla rosea. III, 100.
Fringis (d. i. Franken, Europäer). VI, 500.
Frohnbauern in den russischen Bergwerken. II, 845.
Frohndienste in Rangun. V, 174.
v. Frolow, Gouverneur von Barnaul, hohe Verdienste desselben um die Civilisation jener Gegenden. II, 850.
Frolowoi Muis. III, 42.
Frölicha-See. III, 42.
Frösche, fehlen in der Gobi. III, 353. — selten in der Kirghisensteppe. II, 685.
Froschplage im Tirhut. VI, 1182.

Fruchtbäume, Ortsbenennungen von denselben s. Colombo, Jambudwipa, Malacca, Palibothra u. s. w. V, 42. 508. VI, 56. 62.
Fu, chinesische Provinz erster Kl. II, 367.
Fuchs, der, der Wüste von Bikanir. VI, 996.
Fuchskatzen in Martaban. V, 146.
Fuci, nesselartig-brennende. V, 62.
Fuciner See im alten Latium, Bestimmung desselben. VI, 24.
Fu-hi, mythische Person der chinesischen Sage. II, 159.
Fukian-Lang. IV, 787—810. VI, 798.
Fu-ke-hian, Stadt. II, 156.
Fu-kue-kung, in Tübet. IV, 284.
Fulin, das Amazonenreich. IV, 211.
Fullarton, britischer Capitain. V, 759. VI, 155.
Fumaria impatiens. III, 72.
Fumaria Vaillantii bei Seheranpur. VI, 1116.
Fungiten. II, 842.
Fung-thian-fu (chin.) = Mukden (s. d.).
Fung yan, Baum in Tübet. IV, 235.
Funnel-Berg. V, 672.
Furka. II, 811.
Furrukabad, Stadt am Ganges. VI, 1140.
Furruzun-Sahib. III, 901.
Furze, wol Ilex aquisolium? III, 695. 699. u. öft.
Fusan s. Chosan.
Fu-schan (japanisch), Hafen auf Korea. IV, 614. 616. 617. flgd. s. Chosan.
Fu-schi, myth. chinesischer Kaiser. II, 158.
Fußtapfen der Heiligen, auch bei den Jainas verehrt. V, 746.
Fußverkrüppelung, nicht in allen Provinzen von China. IV, 669.
Fu-té, chin. General. II, 460.
Futhushu. IV, 200.
Futteghur, brit. Militärstation am Ganges. VI, 1140.
Futteh-Khan, Vizier von Kaschmir. III, 1177.
Futteh Mohamed, Usurpator von Kutch. VI, 1053.
Futtehpur, Ort auf dem britischen Gebiete der Provinz Agra, an der Grenze von Bhurtpur. VI, 941.
Fu yung Schan, Berg auf einer der Inseln am Südgestade von Korea mit einem chin. Kornmagazin. IV, 615.
Füllen-Opfer der Schamanen. III, 8.
Fünffarbigen, die, II, 445.
Fürstentöchter als Tempeldienerinnen. V, 525.
Füttern der Flüsse bei den Tungusen. III, 56.
Fykalka, ruff. Grenzdorf. II, 588. 928. — Felsdorf im Altai. II, 686. 687. (Höhe 3951' über d. Meer.) — Bergfl. II, 690.
Fyzabad. VI, 1145.

G.

Gabr s. Guebern. V, 615.
Gabun, Dorfschaft am Darbung. III, 821.
Gacha. IV, 160.
Gachha, Name der Abtheilungen bei den Digambara-Jainas. V, 746.
Gachün, Station in der Gobi. III, 357.
Gada (sanskr., d. i. Keule), Emblem. VI, 550.
Gadang (japan.), s. Musa sapientum. V, 876.
Gadavari s. Godavery. V, 657. VI, 426.
Gaddada, Fl. in Bhutan. IV, 138. V, 400.
Gades. VI, 58.
Gadhadar Singha, Radja von Asam. IV, 301.
Gadjar-oola (mongol.) = In-Schan. II, 240.
Gadrah, Zufluß zum Lanka-See. III, 665.

Gadus lota (die Quappe). II, 795. III, 14. 64.
Gaertnera racemosa. III, 855.
Gagana chiki, Berg in den Nilgherry. V, 1007 f.
Γάγγη Βασιλειον (Ptolem.), ob Gour? VI, 1186.
Γάγγης. V, 497.
Gahira, Name der tiefgehenden Diamantgruben. VI, 359.
Gaibouràl s. Ghiabu-ural. IV, 41.
Gaikewad s. Guicowar. VI, 632.
Gailenreuth, Höhle von, II, 871.
Gailenreuther Berge, ihr Grottenwesen. III, 723.
Gain, Fl. zum Sanluen. V, 135.
Gaisang-Thee. III, 232.
Gaja, d. i. Elephant, alltäglicher Name desselben in Indien. V, 906 f.
Gajal, Gebirgsgau in Nepal. IV, 21.
Gaja Machuoa (d. i. Zerstörer des Elephanten). VI, 550. 722.
Gajapada (d. i. Elephantenfuß) s. Elephantiasis. VI, 508.
Gajapati (d. i. Elephantenkönig), der Oberradja von Orissa in Kuttak. VI, 541. 560.
Gajja Bendu. VI, 347.
Gajuk-Khagan, Sohn und Nachfolger Oktaï-Khans. II, 297.
Gajundi, an der Quelle des Giri-Ganga. III, 865.
Gajur s. Daucus carota. V, 718.
Gakaren s. Gukhar. III, 1138.
Gakbo, Quellarme des Stromes bei H'Lari. IV, 255.
Gakbo-dzangbo-tchu (tsu), d. i. der klare Strom von Gakbo. IV, 224 f.
Gakhtsa-kharkei, chinesische Poststation. II, 330.
Gakhtsà-sumè. III, 352.
Gakkendorf (?) in Asam. IV, 389.
Gakla Gangri, tübet. Name eines Theils des Himalaya. III, 414. IV, 225.
Galai-da, Benennung eines mongolischen Staabsoffiziers. II, 425. — chin., d. i. Zollinspector. II, 412. III, 639.
Galang, Insel, Piratenstation der Malaien. V, 101.
Galatai, Berggruppe des, II, 515.
Galdan, Olöth-Königreich des, und dessen Untergang (1696). II, 266. 268. 449 ff. 1007.
Galdan-Tseren. II, 456. 574. 577. 728.
Galdjao muren (d. i. der wüthende Strom, mongol.) in Tübet. IV, 222.
Galdschirwasch, Quellfluß des Irtysch. II, 638. 651. — Hauptquell desselben vom Marcha-Gol. II, 646.
Galedupa arborea. VI, 536.
Galeopithecus rufus, Pelzflatterer. V, 53.
Galeotten, auf dem Baikalsee. III, 94.
Galgedera, Paß zum Berglande von Kandy. VI, 182.
Galium-Arten in Sirmore. III, 856.
Galkin, Jw. II, 606.
Galkot, Gebirgsgau in Nepal. IV, 21.
Galladget, Gebirgskette. V, 177. 181.
Galle Bihari. VI, 96.
Gama, Bhotiyadorf. IV, 102.
Gamba-dze, Ort in Tübet. IV, 272.
Gambapale, Ort auf Ceylon. VI, 208.
Gambar s. Gmelinia arborea. VI, 536.
Gambir s. Gumbhur, Quellarm des Chumbul. VI, 749.
Gambir-Staude zur Bereitung des Catechu benutzt. V, 17. 62. 65. 254.
Gamboge s. Gummi-Gutt. IV, 932. 1097.
Gamboribaum in Bhutan. IV, 168.
Gambula, hoher Berg in Tübet. IV, 271.
Gampula, ehemalige Residenz der Singhalesenradjas. VI, 200.
Ganbula, Berg in Tübet. IV, 222. 273. s. Gambula.
Gandacavati s. Ghandaki. IV, 15.
Gandaka (sanskr.) = Rhinozeros. V, 506.

Gandar s. Gaindar. VI, 1208.
Gandaritis, Landschaft zwischen Hyarotis und Hydaspis. V, 453. 457. — s. Sindhu Ghandar. III, 1087.
Gandha Banija, d. i. Materialhändler, Droguist. VI, 559.
Gandharbas, Diener im Götterhofe des Brahma. II, 8.
Gandhauk, Feste in Sikim am Tistaft. IV, 105.
Gadjar-khoschâ = In-Schan. II, 240.
Gandjur (d. i. das Gesetz), heiliger Codex der mongolischen Lamen. III, 215. IV, 251. 278. — aus 108 Bdn. bestehend, im Tempel von Sumé in der Gobi. III, 354.
Ganes Gangara, Idol des Ganesa. IV, 31.
Ganesa, Idol desselben, als Schutzpatrons warmer Quellen. V, 908. VI, 82. — weshalb mit einem Elephantenkopfe abgebildet? V, 908.
Ganeswara Radja, Territor. desselben. IV, 320.
Ganga (sanskr.), Gangesfluß. II, 11.
Ganga, die Göttin der Reinheit. V, 497. VI, 1173.
Ganga Bheva (d. h. Kreis der Ganga), Tempelruinen zu, VI, 808 ff.
Gangadvâra (d. i. Thor der Ganga). III, 909. — s. Huridvâra. V, 499.
Ganga Godavery. VI, 426.
Gangaluoya, Pilgerstation auf dem Adamspik in Ceylon. VI, 214.
Gangamah. V, 1028.
Ganga Mai, die Göttin. III, 939.
Gangamar, Ort in Tübet. IV, 262.
Gangana Chuki, Wasserfall. VI, 285.
Gangani ca Ghat. III, 888.
Gangani ci Dhar, Gebirgshöhe. III, 888.
Gangariden-Monarchie bei Plinius erwähnt. V, 488.
Ganga Sagar. VI, 1173.
Ganga Sona (d. i. der kleine Ganges) s. Godavery. VI, 426. — die Göttin. VI, 463.
Ganga tscharra, Bach in Tiperah. V, 409.
Gangautri s. Gangotri. III, 498.
Ganga-Vansa, Dynastie von Orissa (seit 1151 n. Chr.). VI, 554.
Gangawali, Fl. in Canara. V, 692.
Gangbans, die, in Orissa s. Ganga-Vansa-Dynastie. VI, 563.
Gang-dis-ri, tübet. (d. i. Schneefarbiger Berg), s. Kailas, Kaylasa, Oneuta, Oneou-ta. III, 414. 469.
Gangdis-ri, Geb., s. Gängtes. IV, 179.
Gang-djan-yul (d. i. Reich des Schnees) = Tübet. IV, 174. 193.
Gangdok s. Gandhauk. IV, 105.
Ganges, Entdeckung der wahren Quellen. III, 493 ff. — Stromsystem. VI, 1100 ff. — unterer Lauf desselben durch Bengalen. VI, 1184 ff. — woher sein Wasserreichthum? VI, 1215. — Qualität des Wassers. VI, 1171. — Verehrung desselben und Legenden von ihm bei den Hindus. VI, 1168 ff. — alter Name des Stapelorts am Hoogly. V, 507.
Gangesfl. auf Ceylon nach Ptolem. s. Mahavelle Ganga. VI, 24.
Gangesmündungen, unerreicht vom Könige Menander von Baktrien. V, 485. — sieben, V, 498.
Gangesschwellen. VI, 1211 ff.
Gangeswara Deo, Raja von Orissa. VI, 541. 563.
Ganggebirge, kein Flötz, an der Polarseite der Erde. II, 830 f.
Gangkotemy s. Godavery. VI, 429.
Gangri s. Kan ri. III, 595.
Gangri Majika s. Gertope. III, 603.
Gangil-Thal. III, 664. — Ort. 665.
Gangtang-Paß bei Dabling. III, 693.

Gani Partala s. Partal, Parteala, Purtyala. VI, 351.
Ganjam, einer der Circars der Präsidentschaft Madras. VI, 471. 477. 533.
Ganke-Timur, Fürst von Hami (1397). II, 369.
Gan-khoun, Priester der Hakas. II, 1133.
Gan-king-foo s. Ngan-kin-fu.
Gan-Keang, Hafen an der Westküste von Korea. IV, 625.
Ganora, der Hauptort in Godwar. VI, 896.
Gans, große chinesische, auch auf dem Altai. II, 917. — der König der Vögel bei den Singhalesen. VI, 96. 250. [Dies erinnert lebhaft an die ägyptischen Sculpturen.] — Wappenthier von Pegu. V, 177. — als Zugvogel in Ava. V, 259.
Gantimur, daurischer Fürst (1653). II, 610. III, 157. 321.
Gaolpara, Grenzstadt von Munipur. IV, 310. V, 348.
Gaour, der, VI, 511 f.
Garagata (?), Königreich in Bengalen. III, 439.
Gara-la s. Lamayak. IV, 197.
Garbha. V, 746.
Garcinia cambogia. IV, 932. 1097.
Garcinia mangostana. V, 251. (s. Mangustane.)
Garcinia pedunculata in Asam. IV, 325.
Gardahar, Pergunnah von Kaschmir. III, 1137.
Gardenia dumetorum. VI, 1110.
Gardenia uliginosa. V, 699.
Gardiner, engl. Obrist-Lieutenant. III, 520.
Gardjan, Kette des, d. i. In-Schan. II, 240. 493.
Garganatzkische Jurten. III, 260.
Gargun s. Matura-Diamanten. VI, 110.
Garling, englischer Lieutenant. VI, 443.
Garmakhia, tübet. Tempel. IV, 248.
Garotribus. V, 402—404. — aus diesem Volksstamm sind die Herrscher von Jyntea. V, 389.
Garoberge. V, 398—402.
Garo-convertiten (der Hindus), kehren gern zu ihren Fleischspeisen und Gebräuchen zurück. IV, 333. V, 403.
Garo-Häuptlinge in Unterasam. IV, 320—323. V, 399.
Garo-mas (asam.) s. Cytisus cajan. IV, 325.
Garpan, chinesischer Rangtitel. III, 595.
Gar-Pasara, Dorf in Nepal. IV, 61.
Garra, Name für die Vereinigung des Beyas und Ssetledsch. V, 465.
Garrow s. Garotribus.
Garshap Nameh, persisches Gedicht aus dem zehnten Jahrhundert. VI, 65.
Garsipa, Ort am Sherwutifluß, ausgezeichnet durch einen Cataract. V, 695.
Garten, der, von Hindostan. VI, 1141.
Gartenbau und Baumpflanzung, religiöse Pflicht für die Buddhadiener in Ceylon, die Ormuzdiener in Iran. VI, 241. — der Birmanen. V, 249.
Gartenkultur, in den Weideländern der Dsungaren in Aufnahme gebracht. II, 454. — europäische in Indien. VI, 452.
Garuda, der Adler des Vishnu. III, 1108.
Garuga pinnata. III, 855.
Gas, entzündbares, Ausströmung desselben bei Ismalabad. V, 411.
Gasah Kotee s. Dhawalagiri. IV, 5. 9.
Gasar, d. i. die Erde, Untergottheit der Buräten. III, 126.
Gasch-Nor s. Khasch-Nor. III, 411.
Gaschün, Station in der Gobi. III, 371.
Gasimur, der größte Zufluß zum Amur. III, 299. 310.
Gasimurskische Grube im Daurischen Erzgebirge, seit 1778. III, 313.

Gasmundo, Verbrecherkaste auf Ceylon. VI, 232.
Gassa, auf der Paßhöhe von Sumunon. IV, 143.
Gastfreiheit im Hüttenrevier des Schlangenbergs. II, 848.
Gastfreundschaft der Kirghisen. II, 661.
Gatpurba, Zufluß zum Kistna. VI, 369.
Gat-tschi-kan-Modo-Dabutu, chinesisch-mandschur. Grenzposten. II, 643.
Gattaru, ausgestoßene Kaste auf Ceylon. VI, 229.
Gauda, d. i. Dorfschulz der Cad Carubaru. V, 932. — auch in den Dörfern von Karnata-Desa, wo er zugleich die Stelle des Priesters vertritt. V, 698. — Name der erblichen Bergfürsten in den Nilgherrys. V, 774.
Gaudi, sanskr. = Rum aus Zucker bereitet. V, 440.
Gauima, am Mhaisi. VI, 644.
Gaum, Gaom, d. i. Chef, Häuptling in Asam bei den Abors. IV, 360. 369.
Gaunagon, die Wasserschaale des, des älteren Buddha. V, 172.
Gaura, das Zuckerland, sanskr. = Bengalen. V, 505.
Gauricunda, Quelle. IV, 31. — Name für den Zusammenfl. des Cedar-Ganga und Bhagirathi-Ganga. III, 939.
Gaurikund. III, 906. IV, 38.
Gaurinath Singha, König von Asam. IV, 302. 304. 309. V, 366.
Gautama, seine Epoche nach den Birmanen. V, 285.
Gautama Svami der Jainas. V, 746.
Gauvamah. V, 1028.
Gavalipa, buddhistischer Sanctus. V, 548.
Gavial, fossile. V, 204. — von ungeheurer Größe im Hoogly. VI, 1204.
Gavrilofsk, Hütte. II, 853.
Gawilgurh, Fort in Berar. VI, 446. 450.
Gawot, Längenmaaß der Birmanen. V, 266.
Gaya s. Gya. V, 510. VI, 488.
Gayabahu, singhales. König. VI, 242.
Gayal, der wilde Büffel. VI, 512.
Gayan s. Kanyeng. V, 320.
Gängtes, Geb. IV, 179. s. Gangdis-ri.
Gänse, wilde, an der Ostküste von Korea. IV, 620. — als Zugvögel in Kaschmir. III, 1158.
Gärten, flottirende, in Kaschmir. III, 1159.
Gärtner, die ersten des Orients sind die Chinesen. II, 150. IV, 793. 796. 800. 804. V, 867.
Gebete der Buräten. III, 127.
Gebetblätter, buddhistische, in Ablaikit, Daba. II, 745. III, 677.
Gebetflaggen in Bhutan. IV, 146.
Gebetformel der Mongolen. III, 177. — mystische, der Tübetaner. IV, 230. — buddhistische, in Bhutan. IV, 165.
Gebetmauern in Bhutan. IV, 146. 146.
Gebeträder, goldene, in Tübet, China. III, 676. 822. IV, 233.
Gebhan (d. i. Lustort), Stadt in Kaschmir (welche?). III, 1122.
Gebirge, ganz freistehende, isolirte (Natur derselben). II, 37. — Unterschied der asiatischen von den europäischen. II, 37. — aufgesetzte (Plateaugebirge). II, 32. Defin. — Randgebirge, Def. II, 32.
Gebirgsarme, technischer Ausdruck bei Characterisirung der Gebirgsmassen. II, 33.
Gebirgs-Diagonale Mitteleuropa's. II, 48.
Gebirgsfestungen zur Sicherung der chinesischen Grenze. IV, 654.
Gebirgsketten, Convergenz und Parallelismus. II, 44 folgd.
Gebirgsketten, hohe, unglückliche Gewohnheit der Kartenzeichner, dergleichen dahin zu setzen, wo Wassersysteme sich trennen. II, 476.

Gebirgsknoten durch Zusammenschnürung mehrerer Gebirgsmassen entstanden. I, 40.
Gebirgsländer, Definition. II, 31 ff.
Gebirgs-Reis in Asam. IV, 386.
Gebirgszweige, Begriff. II, 33. — freistehende, im Gegensatz der Randgebirge. II, 36. s. Gebirgsarme.
Gebiseri, Götze der Bewohner von Sirmore. III, 872.
Geburts- und Todtenregister bei den Mongolen. III, 402. — bei den Chinesen. II, 1055.
Gedsull, d. i. Oberlama der Buräten. III, 124.
Geeaee, Ort am Indus. III, 609.
Geganigaru, die Kaste der Oelmüller in Süd-Maissore. V, 934.
Gehea (?). III, 736.
Gehol, Kaiserl. Chines. Sommerschloß am Südrande der Scheitelfl. des Hohen Petscha. II, 118.
Geiervögel in Guzerate. VI, 645.
Geisterthal, das, in der Gobi. III, 379.
Geistige Beschaffenheit der Bewohner Munipur's größer als die der Bewohner von Hindostan. V, 361.
Geistlichkeit von Bhutan. IV, 163.
Gelb, Priesterfarbe bei den Birmanen. V, 273.
Gelbwurzel (s. Turmeric), Ausfuhrartikel in Singapore. III, 855. V, 71.
Geld, gemünztes, fehlt bei den Kirghisen. II, 779. — koreanisches, IV, 632. 645.
Gellüng-Nor, d. i. der Priestersee. III, 159.
Gelpo s. Ghialbo.
Gelupa, Klasse der Lama-Novizen. III, 824.
Gen, Tribus der Bhotiyas. IV, 166.
Genda-Paß. III, 887.
Genealogien der Mongolen. III, 392. — der Thiere. V, 909.
Genealogische Stammtafeln indischer Könige. V, 491. (mythisch.)
Genesungsanstalten in Hindostan. III, 976—981. IV, 108. V, 393.
Gengti s. Konkar, Kalkconcretionen. VI, 539.
Genipi (Achillea), Wunderpfl. der Savoyarden. II, 95.
Γέννοι (Jainas), d. i. *Γυμνοσόφισται*. V, 745.
Gentiana adscendens. II, 650.
Gentiana algida auf dem Korgon-Plateau. II, 878.
Gentiana altaica. II, 698.
Gentiana altaica, septemfida. II, 912.
Gentiana angulosa. II, 713.
Gentiana aquatica. III, 281.
Gentiana ciliata. III, 267.
Gentios, Gentoos. V, 648.
Gentjah s. Jyntea. IV, 386.
Gentu s. Hindus. V, 648. VI, 651.
Gentur-Muntur, das, zu Delhi. VI, 1132.
Geographie der Inder. V, 520 ff.
Geographische Literatur, dürftig in Indien. III, 1084. V, 491. 521 ff.
Geographische (= horizontale) Dimension. II, 31.
Geo-poëten Indiens. II, 5.
Georg s. Bang-khan. II, 258.
George (St.), Fort von Madras. VI, 328.
Georgi (J. G.). II, 626.
Geöbung, Dorf am Darbung. III, 819.
Geraiah, Dorf in Bundelkhund. VI, 848.
Geranium columbinum. III, 261.
Geranium sibiricum. III, 261.
Gerard (Patrik, Alexander und J. G.), die drei Brüder; ihre Entdeckungsreisen im Himalayasystem. 1818—1829. III, 566 bis 584. — Patrick, englischer Capitän. III, 541.
Gerassim Sypänow. II, 670 f.
Geraweh s. Geraiah. VI, 848.
Geräusch soll Unwetter in den Alpen Hindustans herbeiziehen (Aberglauben). III, 1142. IV, 141.

Gerbitsi, bedeutender Gebirgsfl. II, 520. 525. 603. — s. Gerbitscha. III, 296.
Gerh-Cataract in Bundelkhund. VI, 835.
Gerich, Markscheider, Reise desselben. II, 817.
Gerichtsverwaltung bei den Birmanen. V, 294.
Geringa, Pterospermum spec. VI, 536.
Germanen, alte, Feinde von Städten. IV, 73. — (d. h. Sramânas = Heilige), sanskr. V, 491.
Germasir, d. i. heißer Distrikt. V, 628.
Germetscha, Bach zum Bargusinfluß. III, 64.
Gernar s. Junaghur-Berge. VI, 1067.
Gerste, von den Kirghisen gebaut. II, 664. — fehlt Ostasien. V, 248. — sechszeilige. II, 740. — Sibirische s. Awa-Korn. III, 729. — Winterernte auf Reisfeldern in Nepal. IV, 51.
Gertope, Gartope, Ghertope, Gortope, Gartu. III, 595 ff. IV, 221.
Geru s. Ghertope. III, 545.
Gerüche, eigenthümliche, als Vorläufer schädlicher Ausdünstungen. VI, 506.
Gesandschaften, indische, nach Rom. V, 488.
Gesandtenkap s. Posolskoi-Muis.
Gesang, verjagt die Bären. III, 33. — nächtlicher melancholischer der Dsungaren. II, 448. — der Mongolen. III, 384. — und Musik der Kaschmirer. III, 1172.
Geschichtliche Literatur der Inder. III, 1084. V, 521.
Geschirre, transpirirende, zum Kühlhalten des Trinkwassers s. Alcarazzas. VI, 655.
Gesegouna-tün-undosoun, mongolischer Name des Rhabarber. II, 184.
Gesetze, geschriebene, der Birmanen. V, 293.
Gesetzgebung in Korea. IV, 634 folgd.
Gesicht der Siamesen. IV, 1146.
Gestadeinseln. II, 27.
Gestadeland bis auf 100 geogr. Meilen von der See einwärts, in Folge so weit reichender Ebbe und Fluth. IV, 657.
Gestorbene, Gedächtnißfeier für dieselben bei den Kirghisen. II, 778.
Gesundheitsstationen s. Genesungsanstalten, Sanatarien.
Gesur-Khan, mongol. Heros; sein Kultus. III, 203.
Getae. II, 431. III, 1100. IV, 274. V, 485.
Geten s. Ye-tha.
Getreide, Austreten desselben durch Pferde. III, 218. — Reichthum daran in Malwa. VI, 754.
Getreidebau in Ava. V, 225.
Gewächse, Analogie derselben entspricht der Analogie der geognostischen Beschaffenheiten. VI, 1109.
Gewerbe in Asam. IV, 327. — Erblichkeit derselben bei den Kohata in den Nilgherry, wie bei den alten Aegyptern. V, 1020.
Gewichte, Namen derselben in Pegu. V, 172.
Gewitter, ziehen nicht über den Baikalsee. III, 93. — Vorgefühl gegen dieselben bei den Elephanten. VI, 910.
Gewitterperioden, den Fiebern vergleichbar nach Volta. VI, 86.
Gewölbbau, Kenntniß desselben mangelnd zur Zeit des Entstehens der alten Bauwerke in Orissa. VI, 554.
Géyué, Berg. II, 558.
Gez (5000 auf ein Cos). V, 631.
Ghadhagh, Glücksschärpen, als Ehrenzeichen der tübet. Soldaten. IV, 285. (wol id. m. d. f.)
Ghadhak's, geweihte Tücher in Tübet. IV, 249.
Ghakor s. Perdix rufa. III, 673.
Gh'aldan, gr. Buddhistenkloster bei H'lassa. IV, 237. 249.
Ghaldhan phum tso ling, auf der Nepalstr. nach Teshu-Lumbu. IV, 258.
Ghali, Name der Gurung. IV, 20.
Ghan, Zufl. zum Argun. III, 300. — Fl. III, 303. s. Gan.

Ghandaki-Ganga. IV, 12. 79. V, 506. — Ghand.-Narayana. IV, 15.
Ghandaki-Salagrama, Urspr. des Namens. III, 583.
Ghaen s. Gaum (d. i. Oberhaupt). IV, 377.
Gharahang, Radjageschlecht in Nepal. IV, 78.
Gharipuri, d. i. die Grottenstadt, s. Elephanta. VI, 1091.
Ghasra, Schneegebirge, Ort in Bhutan. IV, 150.
Ghat, Ursprung des Namens. V, 654. — Bhotiyadorf. IV, 102.
Ghat-Gebirge. V, 655 ff. — Westabhang desselben noch fast gänzlich unbekannt. V, 666.
Ghatna, Name des Oberhauptes der Felsdörfer in Dekan. VI, 490.
Ghati Behroun, Gebirgspaß. III, 477.
Ghatotkach, mythischer König von Hirumba. V, 373.
Ghatta (sanskr.) = Engpaß. V, 496.
Ghauts s. Ghats. VI, 840. — die Prachttreppen am Ganges. VI, 1155.
Ghautt, kleiner Fluß in Nepal. IV, 41.
Ghazie (d. i. Religionskrieg, Vertilgung der Ungläubigen). III, 423. V, 579.
Ghee s. Butter. VI, 498.
Ghega, Name der Kröpfe bei den Hindus in Tirhut. VI, 1184.
Gheghen-Kutuchtu, der, an der Selenga. II, 260. 262. d. h. der heilige Kutuchtu.
Gheig, d. i. Kropf. IV, 139. s. Ghega.
Gheiseddin-Bulbun, Ghuriden-Sultan (1266—1286). V, 560 ff. VI, 757.
Ghellongs, ihre rauschende Musik. III, 678. IV, 147 f.
Ghelotes. VI. 820.
Ghendun Djubba, Gründer von Teshu-Lumbu (1447). IV, 264.
Ghèr (mongol.), daher Jurte. III, 211.
Ghergong, Stadt in Asam. IV, 296.
Gherry, tübet. Wegemaaß. III, 630.
Ghertope, Gertope, der Marktort. III, 508.
Gherwal-Himalaya, Gebirgs-Passagen desselben. III, 774 bis 798.
Ghessur-Khan, der Mongolen, als Bogenschütze berühmt. III, 358.
Ghiabu-nral, Dorf am Sunakola. IV, 41.
Ghiaga, Berg bei Bathang. IV, 199.
Ghialbo (d. i. Rex), Titel des Radja von Sikna. IV, 105. 238.
Ghiangbalin s. Jung khung su. IV, 206.
Ghiañgdze-dzon, Stadt in Tübet. IV, 272. (wol id. m. d. f.)
Ghiang dze dzong, auf der Teshu-Lumbu-Route nach H'Lassa. IV, 271.
Ghia-Sogh (d. i. Bewohner der Wiesen). IV, 181.
Ghiatsobo, auf der Nepalstr. nach Teshu-Lumbu. IV, 258.
Ghibu-gounra. IV, 39. 41.
Ghilan Nòr (d. i. der Weiße See). III, 189. 210.
Ghinbun, Name der koreanischen Vulgärschrift. IV, 632.
Ghir, Hauptort des Caolies in Guzerate. VI, 1070.
Ghobdo s. Khoputo-Khoto. II, 660.
Ghobdo-Uliassutai, nördlichstes chinesisches Grenzgouvernement. II, 594. 674.
Ghoranga, Art Nilgau in Orissa. VI, 512.
Ghorchuras, d. i. Reiter, die Sikhs. V, 899.
Ghortis, eine der 8 geringeren Kriegerkasten in Nepal. IV, 119.
Ghosa Coti s. Dhawalagiri. IV, 5.
Gho-tchi s. Odji. II, 1136.
Ghoyabhamoo s. Coyehamin-Hobyhamu. III, 1137.
Ghulabi Jambu s. Eugenia Jambos. V, 720.
Ghultia-gurry. IV, 95.

Ghultia-Kola, Zufl. des Bhutia Kosi. IV, 92.
Ghultia-paun, Station. IV, 100.
Ghulum Ti, Nebenfl. des Brahmaputra. IV, 343.
Ghumbir Sing. V, 351.
Ghumti-Ganga. III, 930.
Ghundeh s. Tarantel. VI, 513.
Ghuriden-Dynastie. V, 506. 555 ff.
Ghuriden-Sultane, ihre Grabstätten bei Ahmed-abad. VI, 647.
Ghurrea s. Ghir. VI, 1070.
Ghurrie, tübet. (chines.?) Wegemaaß = 22½ Minute; 141 Ghurries = 28½ geograph. Meilen. IV, 38. — chines. nepales. Wegemaaß; genauere Bestimmung desselben. IV, 89.
Ghusal-Paß. III, 569.
Ghusul-Paß. III, 783. 793.
G'hyun Sampa (birm. = Weizen-Reis). V, 248.
Gianda, Festung. II, 1129.
Giant-Causeway in Nord-Irland. VI, 459.
Gidghir-Khagn. III, 460.
Giftaushauchen der Gewächse unter dem Schnee, beschwerlich beim Ersteigen der Himalayaketten. III, 444. 532. 634. 971. 1124. IV, 38. 196. 292.
Giftbaum, unbekannter bei den Nagas. V, 372.
Giftfliegen s. Damba. IV, 391.
Giftige Pfeile der Miris in Ober-Asam. IV, 362.
Gift-vernichtende Holzschaalen in Tübet. IV, 236.
Gihannumai (d. i. Spiegel der der Welt), Name des Pallastes von Delhi. V, 574.
Gih-lu-tih = Delöth. II, 1060.
Gil, Fl. in Daurien. II, 603.
Gilanki, Stamm der Aino's und Kurilen. II, 603. — tungusische Uferanwohner am Ostmeer. III, 298.
Gilewa, Dorf. II, 822.
Gilher (d. i. Kröpfe), hindustan. III, 622.
Gillemalle, Bergdorf auf Ceylon. VI, 210.
Gillespie, englischer General. III, 516.
Gilui, Fl. in Daurien. II, 603.
Gilul, Zubach zum Seja. II, 613.
Gimpas s. Gumbahs, Klöster in Bhutan. IV, 164.
Ginder, Bergrücken. III, 305.
Ginger s. Ingwer, Amomum Zingiber. V, 233. 719.
Ginseng s. Ginsong.
Gin-song (Königin der Pflanzen). II, 94. (Heimath) 253. Arzneipfl. bei den Chinesen von unermeßlichem Werth.
Giona, Bergwasser. VI, 589.
Gipfelmassen (partikuläre Erhebung isolirter). II, 32. Def.
Gira (slav.), Berg. II, 7. — Ort am Barnaulfl. III, 889.
Girah, Ort am Indus. III, 609.
Girban Judebir Bhum Schah, letzter Radja der Gorkhalis. III, 515.
Giriagamme, Paß zum Berglande von Kandy. VI, 182.
Girifalchi (M. Polo) vom Baikal. II, 600.
Giri-Ganga, der, und sein Thalgebiet. III, 865 ff.
Giri-Pug-Paß. III, 812.
Girin-ula, Stadt nördlich von Mukden. II, 92. (am Songarifl.).
Giriulla, Ort auf Ceylon. VI, 181.
Girkha, Zufl. zum Kosi. IV, 90.
Gisborne, Missionar der Wesleyan Society auf Ceylon. VI, 188.
Giseckia pharnacioides, Verbr. VI, 1117.
Giti, Stadt geogr. Lage. III, 475.
Gitterartige Ornamentenskulptur der Rajputen. VI, 873. 881. 894. 1010.
Giun s. Triticum aestivum. V, 718.
Glanz der Perlen; Methode der Ceylonesen, denselben hervorzurufen. VI, 178.
Glasenap, russ. General, Kommandant der neuen Sibirischen Linie (1811). II, 673.
Glashütten in Irkuzk. III, 134.
Glasirte Töpferwaare in Martaban, Pugan, Montzabo, Seng-

ko (?), Senkaing, Tharet, Ava. V, 143. 261.
Glaskopf im Eisenstein am Baikalsee. III, 29.
Glaukaniker, altes indisches Volk zur Zeit Alex. des Gr. V, 455.
Glaux maritima, Repräsentant der Salz-Oasen vom deutschen Rhein bis zum Altai. II, 826. 897.
Glätzer, Bedeutung; nicht zu verwechseln mit Gletscher. III, 174.
Gleden, die, Vorgebirge des Altai. II, 832.
Glens, schottisch = Engthäler. IV, 48.
Gletscher, bei Nilkantha. IV, 37.
Gletscherbildung fehlt am Altai. II, 921. — in Kaschmir. III, 1161.
Gliederungen der Erdtheile. II, 63. (mit denen der Gewächse verglichen). V, 425.
Glimmerschiefer, selten auf Ceylon. VI, 76. — auf Marmor bei Sagaing. V, 227.
Glimmerschiefergebirg, rothes, in Cachar. V, 396.
Glimmerschüppchen, als charakterist. Kennzeichen des Schlammbodens im Duab des Yamuna von Cawepur bis Allahabad. VI, 1139.
Glocke, große, in Rangun. V, 172 f. — in den Waldheiligthümern der Tudas in den Nilgherry. V, 1040. — hölzerne in Sirmore. III, 872.
Gloriosa superba auf Ceylon. VI, 122. 537. 840.
Glubnik, Name des SWwinds auf dem Baikal. III, 93.
Glubocka, Uferbach zum Irtysch. II, 718.
Gluboka, Fl. zum Tschikokan. III, 179. 180.
Glubokaja Bach, mündet zum Alei. II, 817. 818.
Glucharicha, Zufluß zur oberen Uba. II, 818.
Glugor auf Pulo-Penang. V, 46.
Glühhitze, das Land der, VI, 665.
Glycine tomentosa, als Pferdefutter im Dekan. V, 716.
Gmelinia arborea. III, 855. VI, 536.
Gmündtner-Tiefsee im Salzkammergut. II, 833.
Gnanngrue, Bergsee. V, 160.
Gnavas, Obstart. VI, 280.
Gnerba-Kuti. IV, 94.
Gneus und Granit senkrecht geschichtet am Poyangsee. IV, 675.
Gneuß. VI, 576. — auf Ceylon. VI, 76.
Gneußgebirg, senkrecht geschichtet. V, 401.
Gniagh-mtso. II, 190.
Gniala s. Ngialam, Kuti.
Gnialam s. Gniala, Ngialam, Nialma, Kuti. IV, 179.
Gnia-thri-tzhengo, erster Fabelkönig von Tübet. IV, 192.
Goa, erster Hauptsitz der Pansch-Gauda-Brahmanen. V, 668.
Goabaum s. Ficus indica. VI, 660.
Goales (d. i. Kuhhalter). V, 896. VI, 703.
Goalpara, geogr. Lage. IV, 315.
Goalpur s. Gowalpara. IV, 140.
Gobaar, erster Opiumablauf der eingekerbten Mohnköpfe. VI, 777.
Gobdo, Fl. II, 489.
Gobdo-Khoto. II, 476.
Goberdhana s. Govardhanas. VI, 666.
Gobi, Oberflächenverhältnisse, Boden, Klima, Flora, Fauna. III, 374—386. — die Wüste der Mongolen. II, 111 f. — III, 343—386.
Gobi hara (d. i. Zwiebelmond), vierter Monat der Buräten. III, 128.
Godapara-Holz auf Ceylon. VI, 122.
Godavery, Stromsystem des, VI, 426 ff. — unterer Lauf. VI, 466.
Godom s. Gautama. VI, 429.
Godra, kleine Ortschaft am Anass. VI, 643.
Goni, Turkvolk. II, 245.
Goei-he s. Hoei-he, Hoei-hou. II, 343. 440.
Goës, Pater Benedict de, I, 218 f. III, 437 f.

Goewanse, Goyas, Kaste auf Ceylon. VI, 229.
Goga-la, tübet. Gebirge. IV, 212.
Gogchan s. Gajuk-Khagan.
Gogra, Name der rothen Frauengewänder in Jessulmer. VI, 1015.
Gogult, Volk in den Gebirgengen am Amur. II, 89.
Gohaing (d. i. = Hauptmann). IV, 318.
Gohalle, nährende Wurzelart auf Ceylon. VI, 115.
Gohata s. Cottars, Kohata, Kuhschlächter. V, 1020.
Gohati. IV, 292. V, 387. — geogr. Lage. IV, 315.
Goheri Alem Tofet uchcheji. III, 1118.
Goil, Rajputenstamm auf Guzerate. VI, 1070.
Goilwar, Provinz von Guzerate. VI, 1065.
Gojapura s. Gudurpura. VI, 594.
Gojkarma, Weißfisch in Orissa. VI, 539.
Gok, Salzsee bei Kutho. III, 608.
Gokulgurh, Raubschloß in Udeypur. VI, 895.
Golab Sagar (d. i. Rosenwasser-See) bei Jhoudpur. VI, 979.
Gold, gediegenes, in Kaschmir, nach chinesischen Annalen. III, 1113. — aus dem Sande mehrerer Flüsse in Malepur gewaschen. IV, 18. — in Hinterindien. V, 5. 6. — in Körnern in Li-thang. IV, 235. — in den Bleibergwerken des Daurischen Erzgebirges. III, 312. (vergl. II, 626.) — auf der kleinen Insel Sa-ma-rayat im Hafen von Tschantaban. IV, 1069. — in den Nilgherry. VI, 758. 782. 968. — aus Yünnan. IV, 736. 753. V, 243. — sparsam, wo Zinnreichthum, und umgekehrt. V, 78. (vergl. IV, 1090.) — am Kyendwen, am oberen Irawadi, zu Shwe-gyen in Laos. IV, 1216. V, 243. — Werth desselben in Bezug auf das Silber. IV, 741. V, 244. — aus Sandwäschen in Asam. IV, 294. — in den Flußbetten von Nepal. IV, 53. — Verhältniß desselben zum Silber in Ava. V, 266. — = 12 : 1 in Asam. IV, 324. — im Malayenstaate Perak. V, 27. — nicht auf Ceylon. VI, 78. 107.
Goldader in Sejestan unter Mahmud Ghazi entdeckt. V, 534.
Goldameisen, Sage von den, bei Herodot. (III, 655 ff.) V, 445.
Goldarbeiter, chinesische in Hinterindien. V, 6. — in Asam. IV, 327. — europäische, von den Mongolen nach den asiatischen Steppen verpflanzt. III, 340. (II, 563.)
Goldau-Thal im Canton Schwyz, Zerstörung desselben (1806). III, 829.
Goldbarren, Ausfuhrartikel in Singapore. V, 71.
Goldbäumchen, als Zeichen des Tributs bei allen malayischen Völkerschaften. V, 26.
Goldbergwerk am Djumpulfluß in Malacca. V, 35.
Goldblättchen, gediegene, in den Tschudengräbern. II, 649.
Goldbranntwein, Schale voll, Zeichen der Unterwerfung bei den Kosacken. II, 1070. 1118.
Goldbrokate, arabische. II, 1126.
Golderze des Schlangenbergs, entdeckt 1745. II, 580.
Goldfluß in der Gobi. II, 213.
Goldgehalt des Bodens in der Nähe der Indusquellen. III, 593.
Goldgräbereien Indiens schon Herodot bekannt. III, 658. V, 447.
Goldgrube (?) bei Shegar. IV, 98.
Goldkörner im Lehmboden des Mahanadifl. VI, 342.
Goldkörner, Goldstaub, Goldstufen, in Balti. III, 508. 529. 593. 608. 618. 619. 657. 668.
Goldmünzen, Recht desselben von Kaiser Akbar nur 4 Städten seines Reichs bewilligt: Bengal, Agra, Kabul und Ahmedabad. VI, 648.
Goldprobe der Birmanen. V, 266.
Goldsand bei Nagpur. VI, 453. — in allen Zuflüssen zum obe-

ren Indus. III, 608. — in Gondwana. VI, 508. — am Palaurfl. VI, 316. — in den Gebirgsflüssen des Air-Gall. II, 333. — im Dhunfrifl. in Asam. IV, 315.
Goldsand-Expeditionen. II, 784 ff.
Goldsandwäschen in Thaumpe. V, 189.
Goldschmiedekunst in Pertabghur. VI, 642.
Goldschmuck in Bareilly. VI, 1143.
Goldstaub aus Borneo, Celebes und Sumatra. V, 74. — am oberen Ssatadru. III, 683. — im Ajifluß von Kattiwar. VI, 1066.
Goldwäsche, als dem Ackerbau nachträglich in Ladakh. III, 618. — bei Kemharsein. III, 750 f.
Goldfische im Takiangfl. IV, 659.
Goldsa s. Guldscha. II, 402.
Golas, Zollhäuser bei den Gorkha's. IV, 88.
Gole (d. h. die Masse), Benennung des niederen Adels in Mewar. VI, 867.
Golimar, Volksstamm in Asam. IV, 364.
Golkonda, Diamantminen von, VI, 350 f.
Goloi Zavorotnik, Vorgebirge am Baikalsee. III, 1332.
Golomenka, Golomjanka s. Callionymus baicalensis. III, 110.
Golon, Kolou, Völkerschaft. II, 1126.
Golowa (ruff. = Dorfältester). II, 682.
Golowin, Peter, erster Woiwode von Jakutzk. II, 612.
Golowin, Graf, schließt den Friedenstraktat von Nertschinsk. II, 623.
Golsutzkische Gruppen. III, 142.
Golu baja, Bach. II, 1099.
Golustna, Bach zum Baikalsee. III, 25.
Golustnaja Step (die Kahle Steppe) am Baikalsee. III, 25. 103. (Galustnaja.)
Golzo ska, Zufluß zum Alei. II, 818.
Golzofskoi Rudnik (seit 1759 reiche Erzschürfe auf Silber und Kupfer). II, 819.
Gomati (d. i. Windung, sanskr.) s. Gumty. VI, 1145.
Gombo, Gombu, Provinz Tübets. IV, 212. 256.
Gombu Ghiamba. IV, 256.
Gomukha, das Kuhmaul. III, 937.
Gomut s. Gomuti.
Gomuti, Fl. in Tiperah. V, 409.
Gomur s. Cobra Capella. VI, 513.
Gonam, westl. Zufluß des Utschur. II, 612.
Gonaser, Bergketten von, V, 401.
Goands s. Gonds. VI, 515 ff.
Gondhelly, Dorf im Alpenlande Curg. V, 725.
Gondlapetta s. Gundulpet. V, 1005.
Gonds, die Aboriginer in Gondwana und ihre Verbreitung. VI, 515. — von Hoschung-Shah am Khirlah geschlagen (1433), aber nie ganz besiegt. VI, 579.
Gonduh s. Sandut. V, 359.
Gondwarra s. Gondwana. VI, 515.
Gonerda, König von Kaschmir dieses Namens. III, 1094 ff.
Gong (d. i. Ort bei den Sinhphos in Asam). IV, 377.
Gongawala, Küstenfl. in Dekan. V, 667.
Gongkar, Stromschnelle an den beiden Felsen von, in Ghandaki. IV, 80.
Gongré s. Jongoobre. III, 594.
Gongs, d. i. Meiereien in Asam. IV, 316.
Gongway s. Cenva. VI, 645.
Gonjulan (?), böser Dämon der Bhotiyas. IV, 165.
Gonoma s. Gonam.
Goom surgur s. Gumsur. VI, 477.
Gopaditya, König von Kaschmir (82 n. Chr.). III, 1104.
Gop'has, Anachoretenhöhlen in Harowti. VI, 803.
Gopi chitty, Dorf in Nord-Canara. V, 698.

Gor, Bergstrom zum Badpa. III, 797.
Gora (slav.), Berg. II, 7.
Gora-Bogdo. II, 486.
Gorabunder, Ort auf Salsette. VI, 1096.
Gorackpur, Stadt am Raptifluß an der Grenze des Tirhut. VI, 1178.
Gorangut. VI, 431.
Gorbitscha, Zufl. zur Schilka, scheidet das Nertschinskische Gebiet vom Jakutischen. III, 296.
Gorbitza, linker Zufl. zum mittleren Amur. II, 594.
Gorchon, Dorf. III, 150.
Gorcum s. Hamel.
Gordius aquaticus, der Haarwurm. III, 295.
Gordonia, als Zimmerholz benutzt in Nepal. IV, 54. — den Camellien verwandt. V, 234.
Gore, Rao von Kutch, grausamer Tyrann. VI, 1053. 1058.
Gorecha, Bach. III, 163.
Gorechazan, Bach. III, 163.
Gorechinskoe Simowje. III, 163.
Gorgatskaja, Colonistendorf an der Uda. III, 142.
Goriatschei Muis, das Kap der Heißen Quellen, am Baikalsee. III, 13.
Goricha, Gorichú, Idol. VI, 1027.
Gorkha, Kapitale. IV, 77.
Gorkha's, stammen von den Magar ab. IV, 19. — britischer Krieg gegen die, III, 513—522.
Gorkha-nath, Tempel. IV, 77.
Gorkha Radja's, ihre Heimath. IV, 76. — Urspr. des Namens. IV, 77.
Gorkhur, Name des wilden Esels bei Hindu und Afghanen. IV, 154.
Gornaja Pojoda (d. i. Bergwind). III, 93.
Gornostoi (ruff.) s. Hermeline. III, 113.
Gornowaja, Bach. II, 870.
Goro, Brücke in Tübet. IV, 252.
Gorod s. Ablaï-kit. II, 747.
Gorodischtschenskaja-Sloboda, am Zusammenfluß der Ingoda und des Onon. III, 274. 292.
Goru Kanta, Grasart in den Sumpfwaldungen von Orissa. VI, 538.
Gosaings s. Saniassys. VI, 646.
Gosaingsthan-Pik. IV, 8. 31. 32. 90.
Gossi hara (d. i. Milchmond), zehnter Monat der Buräten. III, 128.
Gossypium herbaceum. V, 436. 717.
Gothisches Volk in Asien. II, 1122 folgd.
Göto, Station in der Gobi. III, 349.
Gottesdienst, gänzlich fehlend bei den Kukis in Hinterindien. V, 376.
Gou, westlicher Stamm der Uiguren. II, 344.
Gouabari, älteste Residenz von Cachar. V, 379. 382.
Gouche s. Gourtche. III, 641.
Goudron (franz.), der Theerbaum, in Cochinchina. IV, 1022 f. — in Jyntea. V, 388.
Gouel-Fl. s. Coyle. VI, 353.
Gour, die alte Capitale an der ehemaligen Gangesgabelung. VI, 1186 ff. — Ruinen. V, 505.
Gourban-Saïkan-Dola. II, 491.
Gourghé-Noor (d. i. See der Brücke, mongol.). II, 416.
Gourier. VI, 512.
Gournyi, der furchtbare NWwind auf dem Baikal. III, 93.
Gourtche, kl. Stadt in Kaschmir. III, 641.
Gousaï-Anban, chin., = Divisionsgeneral. II, 127.
Gouyang, Zufl. zum Dzangbo. IV, 221.
Govardhanas s. Ficus indica. VI, 666.
Govay s. auch Cassuvium. V, 698. — S. Goa. V, 668.
Govib Tschandra, letztes Glied der Herrscherfamilie der Bhims in Cachar. V, 351. (1813—1817.)
Goving Sing. III, 891.

Govinpur, Ort in Sylhet. V, 379.
Gowar, sehr kleine hühnereigroße Melone in Jessulmer. VI, 1011. — in Bikanir. VI, 995.
Gowdie, engl. Major. VI, 312.
Goyang, Bhotiyadorf. IV, 102.
Goggrahfl. V, 501.
Götterbad auf Ramisseram. VI, 9.
Gögöšö (mongol.) s. Cnicus esculentus. II, 784.
Götter-Dynastieen in Asam. IV, 298.
Götzenbilder, keine, in den Tempeln der Anhänger des Confucius. IV, 675.
Graai s. Seeschlangen. VI, 1082.
Grabmäler, antike, in den hinteren Altaithälern. II, 329. 901.
Grabmonumente, antike, in Malakka. V, 42. 90.
Grabstätte der Kin bei Karakorum. II, 481.
Grabstätten, goldreichgeschmückte, alter Fürstengeschlechter an den oberen Quellen des Irtysch. II, 482.
Gräber, altslavische im Meklenburgischen. III, 342.
Gräber-Gold, aus den Tschudengräbern. II, 721.
Grabung-Rimbotschi. III, 825.
Gracias s. Bhils. VI, 607.
Gracula religiosa in Nepal. IV, 48.
Gradmessung, indische. VI, 437 ff.
Graff, von der, Gouverneur von Ceylon. VI, 133.
Graha (sanskr.) = Schlange. VI, 1082.
Graham, engl. Capitän, jetziges Ortsoberhaupt der Puharris. VI, 1177.
Gram s. Cicer arietinum. V, 219. — s. Ramchla. IV, 39.
Gramang, Dorf in Kanawar. III, 766. — Abtheilung des Ortes Thangi am Einfluß des Tidung in den Ssetledsch. III, 803.
Gramineen und selbst andere Ackergewächse durch Einführung der Cerealien über den Erdkreis verbreitet. VI, 1116.
Grammatucha, Altaïalpenstrom, Quellfl. der Ulba. II, 711. 713.
Granate (Punica granatum) aus China nach Korea verpflanzt. IV, 634.
Granaten auf Ceylon. VI, 109. — edle (Ceylon-Rubin) auf Ceylon. VI, 109. — in Hami. II, 359. — im Glimmerschiefer. III, 860. V, 778. (am St. Gotthardsgebirge und in Sirmore).
— (Punica Gr.), kernlose, in Kabul und Jhudpur. VI, 978.
Granit von Vizagapatam. VI, 534. — horizontal geschichteter, von eigenthümlicher Spaltung. II, 677. 740. 920.
Granit und Gneus senkrecht geschichtet am Poyangsee. IV, 675.
Granitblöcke, bei den Gonds verehrt. VI, 454.
Granite, horizontal geschichtete, oft von den Porphyrgängen durchsprengt, ergossen sich als Eruptions-Formation über Thonschiefermassen. — Wichtiges geognostisches Resultat von Alex. von Humboldt's sibirischer Reise. II, 631. 662. 667. 740. 756. 885. 887.
Granitfelsen am Poyangsee. IV, 675.
Granitische primitive Gebirgsmassen, ihr Charakter auf Ceylon. VI, 76.
Granithaltiger Eisensand am Baikalsee. III, 76.
Granitkette aus Ringen bestehend, aus Einem Stein gefertigt in Chillambacam. VI, 304.
Granitkoppen am Kolywansee. II, 834. vergl. III, 351.
Granitlager, horizontale. II, 677. 887. (707.) — Gr. geschichtet. II, 834. 887. — verwitterte, von sonderbaren Formen auf den P[illegible] gen der Gobi. III, 351. (v[illegible] II, 834.)
Granito rosso, minuto nitone. III, 74.
Granitregion auf dem G[illegible] rücken zwischen Sylhet und V, 396. — in Bundelkhu[illegible] 849 ff.

Granitwände, geschliffene, der indischen und ägyptischen Tempel. VI, 549.
Granitzüge Bengalens. VI, 357. 463.
Grant, engl. Capitän. V, 357.
Grant'ha-Schrift; ihr Verhältniß zu den übrigen indischen Schriftarten. VI, 327.
Grasbäume s. Trina Drumas. V, 864.
Grasnowka, Fl. III, 184.
Grasstricke, eigenthümliches Viehfutter in Kaschmir. III, 1195.
Graswiesen über niedergebrannten Rohrwäldern. II, 657.
Gratiola juncea. VI, 1115.
Gratschewskoi, Tschudengrabmal bei, III, 332.
Graucasus = Indischer Kaukasus; richtige Schreibart bei Plinius. V, 449.
Graufels (Gneuß-Granit?). III, 21. — verwitternder. II, 839. III, 264.
Graustein s. Granit. II, 835. 867.
Grauwackeschiefer in den Cossyahbergen in Hinterindien. V, 397.
Grâvakâsas, d. h. glänzendes Felsgebirg (sanskr.), ursprüngliche Benennung des indischen Kaukasus. V, 449.
Gray (Mr.), britischer Kaplan in Bhooj. VI, 1061.
Grazie in der Gliederbildung der Hindus. IV, 1146.
Grebnoffka-Bach. II, 920.
Grechen, die, im Mont-Rosa-Thale. II, 869.
Greife, unter den Tempelskulpturen zu Jaggernat. VI, 550.
Greifen, Fabel von den, im Baktrisch-Skythischen Norden. III, 119. 337.
Greif-Figuren auf asamesischen Skulpturen. IV, 394.
Grein, Donaustrudel bei, II, 1013.
Grenzbehörden, chinesische, deren Humanität. II, 663.
Grenzberichtigung zwischen Rußland und China im Jahre 1727. II, 103. 112. 628.
Grenze, zwischen Bhutan und Tübet, wie bezeichnet? IV, 152.
Grenzlinie, die neue, II, 584. 814. 860. 865. 873.
Grenzsäulenlinie zwischen Rußland und China nach dem Nertschinsker Friedenstraktat. II, 999.
Grenzpolizei, chinesische. III, 597.
Gretschanin (Stepan), seine erste Embassade zum Altyn-Khan im J. 1636. II, 1070. — zweite im J. 1659. II, 1073 ff.
Griechen, als Handelsleute in Nussirabad. VI, 905.
Griechenland, Löwen daselbst. VI, 718.
Griechische Münzen zu Rawil-Pindi gefunden. V, 452.
Griechisches Profil. II, 352.
Grislea tomentosa. VI, 580.
Grewia in Malabar. V, 802.
Gromotocha, Zubach zum Deschkutschan. III, 40.
Grotte des heil. Gautamas. V, 511.
Grotten s. Höhlen.
Grottenbildung als Dolomitbegleiter (Leop. v. Buch). VI, 78.
Grottentempel in Dekan. V, 669—687. VI, 384. — bei Deykah. VI, 489. — auf dem Hochlande von Malwa und Harowti, in Baug und Dhumnar. VI, 825—830. — auf Elephanta. VI, 1092.
Grottenwerke der Kand-Giri. VI, 551 ff.
Grubenwerke in Sibirien, Zahl derselben. II, 627.
Gruber, Joh., Jesuitenpater; seine Reise mit Alb. Dorville (1661 bis 1665). II, 173. III, 453 ff. IV, 88 ff. 183.
Grumora, Ort in Cachar. V, 382.
Grundeis im Baikalsee. III, 102.
Gruppengebirge. II, 37.
Gruß s. Freundschaftsgruß.
Gryllus onos. III, 301.
Gryllus barabensis. III, 301.
Gryllus Laxmanni. II, 756.
Gryllus obscurus. III, 301.
Gräser, von ungeheurer Höhe, im Dschittagonggebiete. V, 414.
Gräsnuschka, Bach. II, 670.

Grünerde im Basalt. VI, 459.
Grünstein und Grauwacke wechselnd, als Unterlagen des Granit s. Eruptionsformation, Granit. II, 757.
Grünstein mit eingeschlossenem Hornstein-porphyr. II, 654.
Grünsteinfelsen. VI, 581.
Grünsteinschiefer, Bergreihe von, II, 678.
Gu, d. i. Stuke bei den Buräten. III, 122.
Guajavabaum s. Psidium pomiferum. V, 195. 250.
Gualior, von Mahmud dem Ghazneviden erobert. V, 548.
Guallabamba, Bergkluft von, bei Quito. III, 413.
Guanaxuato, Minen von, II, 844.
Guaung-bavn s. Ficus religiosa. VI, 671.
Guava, Frucht auf Ceylon. VI, 117. — s. Psidium piriferum. V, 720.
Guava's s. Jacks. V, 234.
Guba (russ. = Bai, Bucht). III, 21.
Guba, Insel vor dem Vorgebirge Concana. V, 697.
Gudalur, in den Nilgherry. V, 1007. — S. auch Kudalur. V, 783.
Gudbacul. VI, 306.
Gudderi (Marco Polo) = Moschusthiere. IV, 416.
Gudroti, Gebirgsdorf in Sirmore. III, 868.
Gudurpura, Dorf am Nerbuda. VI, 594.
Guebern mit den Sassaniden zugleich gestürzt. II, 285. — in der Wüste von Bhatnir zu Timurs Zeit. V, 574.
Guenon Girivan (d. i. der Elephantenfels). V, 21.
Guglielmo da Tripoli, Dominikanermönch, Begleiter Marco Polo's. III, 436.
Gugu-dze, Tribus. IV, 179.
Guhran Hara (d. i. der Rehmond), dritter Monat der Buräten. III, 128.
Guhyiswari, Gemahlin des Pasupatinath, d. i. des Shiwa. IV, 71.
Guickowar, Titel des Herrschers von Barode. VI, 399. — Guzerate-Häuptling in Brodera oder Barode. VI, 632.
Guilandina bonduc. VI, 1115.
Guinea-Küste, Klima derselben. V, 318. 331.
Guineo s. Camburi. V, 881.
Guinnak, Capitale der chinesischen Tartarei. III, 605.
Gujalhally s. Guzglahully. V, 1005.
Guje-Serri. IV, 90.
Gujnair, Marktort in Bikanir. VI, 996.
Gujrah (?). III, 1126.
Guj Sing, Rawul von Jessulmer (1830). VI, 1017.
Gujuk s. Gajuk-Khagan.
Gujuraschtra s. Guzurate. VI, 609.
Gujure-Târ, Thal des Trisul-Ganga. IV, 34.
Gukker, Name verdrängter kriegerischer Hindus am oberen Sind. V, 538. — erst neuerdings durch die Seikhs gebändigt. V, 559.
Gular s. Ficus glomerata. VI, 509.
Gulchunder, Raja von Mahavun, 1000 n. Chr. V, 505.
Gulcowar, Radja von, V, 489.
Guldja s. Guldscha. II, 402.
Guldscha, Gouvernement von, II, 393. — Stadt. 338. 397. 399. 426. 674. — oder Ili, Stadt, geogr. Lage. II, 325. 329.
Guldscha-kurä. II, 399. 402. 770.
Gulikul-Pik der Nilgherry. V, 960.
Guli-Shara, eine der Abtheilungen der mongolischen Hirtenstämme. II, 124.
Guli-schari, Banner der Tsakhar. III, 368.
Gulkut, Bergpaß in der Pergunnah Kamraj von Kaschmir. III, 1155 f.
Gullikotu s. Davalacotta. V, 782.
Gulpia, Fl. in Tanasserim. V, 113.

Gulsadbork (d. h. die Rose mit hundert Blättern; Rosa centifolia), Name der Kaschmirischen Rose. III, 1183.
Gulnni, Waldbaum in den Nilgherry. V, 983.
Gulur (?), Baum in Jhudpur. VI, 983.
Guma-norr s. Annorr. V, 1038.
Guman-Singh, Raja von Bundelkhund. VI, 859.
Gumbhar, Quellarm des Chumbul. VI, 749.
Gumbher Sing, Radja von Munipur. V, 356.
Gum Lao s. Sinhyhos. IV, 379.
Gummi zur Verfälschung des Opiums gebraucht. VI, 790. — elastisches, von Ficus elastica. VI, 1210.
Gummigutt, Ausfuhrartikel in Singapore. IV, 932. 1097. V, 71.
Gummiguttbaum. IV, 932. 1097. — s. Cordelia obliqua. VI, 829.
Gummigutthandel, Hauptsitz desselben in Chantaban. IV, 1068.
Gummi-Olivan s. Boswelia thurifera. VI, 1211.
Gumra, Fl. in Cachar. V, 379.
Gumsur. VI, 477.
Gumti, merkwürdige Ruinen von, in Guzerate. VI, 1068. 1070.
Gumty s. Gomuti. VI, 878.
Gunas, die drei, (Ureigenschaften) in der Philosophie der Vedas. VI, 665.
Gunaß-Paß. III, 542. 568. 774 ff. — Höhe. 778.
Gundara, Ortschaft der Suriani in Malabar. V, 614.
Gundiat, Residenz der Paduman-Shah. III, 888.
Gundjon-dzam (d. i. der Prinzessinnenweg) durch die Gobi. III, 370.
Gundri, Furt bei, über den Nerbuda. VI, 580.
Gunduck s. Gandaki Ganga. V, 506.
Gundulpet. V, 1005.
Gundzan-Dola-Mayak. III, 80.
Gunelle, nährende Wurzelart auf Ceylon. VI, 115.
Gun-Ergi. II, 439.
Gung, d. i. Ganga, Fluß. V, 314.
Gungbo s. Gombo, Kombo. IV, 212.
Gungrah s. Gungrowe. VI, 899.
Gungrowe, Kastell bei Ummerghur. VI, 899.
Gungterry, Landschaft, ein Theil von Buglana in Dekan. V, 660.
Gungunza, Gurgunza. III, 600. 606.
Gungurtei, Bach. III, 193.
Gunher, Dorf in Kaschmir. III, 1157.
Gunicè. IV, 97.
Gunnode, Ort in Kattiwar. VI, 1066.
Gunong (d. h. Berg) = geral s. Janai. V, 22.
Gunong Ledang, Berg. V, 33.
Gunt, Pferdeart in Asam. IV, 294.
Guntû, Berg. III, 223.
Guntu-Sambu, mongolischer Tempel. III, 215.
Guntur, einer der Circars der Präsidentschaft Madras. VI, 471. Stadt ebendas.
Gupa, d. i. Höhle. IV, 36. 92. u. öft.
Gupt Cachi, Ruinen von, VI, 489.
Guptipara. VI, 1203.
Gur (bengali) s. Gaura. V, 505.
Gurah, Dorf am Bunaßfl. VI, 892.
Gur Arjeh (hebr.) = Löwe. VI, 714.
Gurai Mismi, Dorf der Mismi in Asam. IV, 387.
Gurban s. Gurbi.
Gurban-Meng-neschi, Name der drei zusammenfließenden Arme der oberen Oka. II, 1034.
Gurban Saikhan, Geb. II, 355. 490.
Gurbàn Tolgòtu (d. i. die drei Dreifüße), Station in der Gobi. III, 368.
Gurban-Urtu-Nirn (d. h. die drei langen Bergketten). II, 514.
Gurbi Gebirge. II, 1031. — Ursprung des Namens. 1034.
Gurbi-Dabahn. II, 486.

Gurcan. II, 256. 291.
Gurc'hali Choki. III, 913.
Guretille-Tank auf Ceylon. VI, 94.
Gurgong, ob = Gurtche? III, 1155.
Gurguna in Bhutan. IV, 162.
Gurjâra (perf.) f. Guzerate. V, 513. 549.
Gurjârarashtra f. Guzerate. V, 513. VI, 1065.
Gurkhar, der pfeilschnelle Esel von Iran. III, 619. — auch in Ladakh einheimisch. — in Bhutan. IV, 154.
Gurkdokh f. Gurtok, Gertope. III, 561.
Gurmura f. Dikrang, Zufl. zum Brahmaputra. IV, 348. 374.
Gurra, Höhe. VI, 836.
Gurraghur, Fest., 1818 den Briten übergeben. VI, 455.
Gurrah, Distrikt von Kutch. VI, 1038.
Gurri, d. i. Mann, Barbar. VI, 769.
Gurrl. III, 669. 763. 962. IV, 52.
Gurrote, Ort in Harowti. VI, 824.
Gurroy-Arm des Ganges, zweigt sich bei Maddapur ab. VI, 1205.
Gursery, Dorf. VI, 488.
Guru, d. i. Stellvertreter. IV, 77. 301.
Guru (slav.) Berg. II, 7.
Guru Mata, die Nationalversammlung der Seikhs in Lahore. VI, 407.
Guru-Sikhar, d. i. der Heilige Pik. VI, 733.
Gurundzata (d. h. der Schleifstein), Berg. III, 220.
Gurung, Gebirgsaboriginer in Nepal. IV, 19. 20 f. 52.
Gushthasp (Darius Hystaspes) erobert Kanodge. V, 543.
Gusino Osero, d. i. der Gänse-See. III, 159.
Gussini-Kolodzi (d. h. die 10 Gänsebrunnen) in der Nähe von Semipalatinsk. II, 793.
Gusso, d. i. Schaaf bei den Buräten. III, 122.
Gußkünstler, aus Nepal nach Tübet verschrieben. IV, 241.
Gutaja, Bach zum Tschikoi und gleichnamiges Dorf. III, 172.
Gutaum, Zufl. zum Rhair. VI, 486. 488.
Guthrie, Gefährte Moorcroft's. III, 551.
Gutpurba, Fl. zum Warda. V, 709.
Gutti-baum f. Gummi-gutti-Baum. IV, 1097.
Guttiferae, als Waldbäume in Dschittagong. V, 414.
Gutturalen im burätischen Dialekte der mongolischen Sprache. III, 117.
Guty, Festung. VI, 806.
Gutydrug, Bergfeste am Pennarfluß. VI, 338. 442.
Guviejsk, Hütte. II, 853.
Guz f. Gez. V, 631.
Guz Babery. V, 631.
Guzerate, altindische Namen. V, 513.
Guzglahully. V, 1005.
Guz Sikundry. V, 631.
Guzurate f. Guzerate; die Halbinsel. VI, 1064 ff. — Sprache, als Geschäftsidiom in Kutch. VI, 1055.
Güldenstädtia monophylla. II, 940.
Gütervertheilung eigenthümlicher Art im Culturdistrikt von Vellore. VI, 319.
Gwon (birmes. = Baumwolle). V, 249.
Gya (Gott) der Tübet., entwässert die Thäler. IV, 263. — f. Dolichos soja. IV, 75. — f. Geeaee (?), Ort am Indus. III, 607. 609.
Gyah, Grenzort im Königreich Ladakh. III, 554. (613.)
Gyall f. Gayal. VI, 512.
Gyen Kyang, Gyein f. Gain. V, 135.
Gygugu, Dorf in Bhutan. IV, 142. 144. 145.
Gymnandra bicolor. II, 878. 949. 954.
Gymnandra borealis. III, 265.
Gymnasien in Irkutzk. III, 134.
Gymnastische Uebungen, ganz allgemein in Malwa. VI, 771.

Γυμνοσοφισταί. V, 745.
Gymnosophisten s. Gosai gs, Saniassys. VI, 646.
Gyou-te, d. i. die esoterische Doctrin der Samanäer. IV, 278.
Gypaetus barbatus. III, 184.
Gyps, gewöhnlicher Begleiter des Salzes in den älteren Sandsteinformationen. II, 825.
Gypsophila. II, 891.
Gypur Mahadeo, Wasserfall von, VI, 824.
Gyu-Rimbiche s. Lama Rimbochay. IV, 158.

H.

Haalomba-Holz auf Ceylon. VI, 122.
Haarausreißen als ascetische Büßung der Jainas. V, 749.
Haare, merkwürdige Steifheit derselben bei den Nagâs. V, 372.
Haarflechten, der Burätinnen. III, 118.
Haarlocke der Kinder, brahminischer, siamesischer Gebrauch. IV, 1148.
Haarige Menschen. IV, 477. 1147. V, 268.
Haarwurm s. Gordius aquaticus. III, 295.
Haba-Pira, Fl. II, 488.
Habenaria gigantea. III, 858.
Habenaria pectinata. III, 858.
Habesch, christlicher Kaiser von, für den Priester Johannes gehalten. I. (Afr.), 225. 411. 412. II, 283.
Habessinier in Indien. V, 620.
Habirhan in der Gobi. III, 360. 365.
Hac s. Koh. III, 1123.
Hachyn (der Buräten) s. Bart. III, 118.
Hadjins, besonderer Tribus am Fuß der Garoberge. V, 404.
Hadschipur, Stadt am Ganges. VI, 1159.
Hafiz Mohammed Fazil, Gefährte Moorcroft's. III, 551.
Hagel, auf den Höhen der Indusquellen. III, 592. — auf Ceylon. VI, 104. — häufig in Tübet. IV, 230. und in Sylhet. V, 406.
Hagelschauer auf dem hohen Altai-Bjelki. II, 923. — auf dem Plateaulande von Una desa. III, 673.
Hageltheorie, Leopold v. Buch's. II, 692. (Vergl. III, 374.)
Hagelwetter, furchtbare, in Tirhut. VI, 1181. — vergl. III, 888.
Hahnenkampfsberg, der, s. Klaeppue-taung. V, 111. 123.
Ha-ho, Sohn des Togrul. II, 295.
Hahyhamu. III, 1155.
Haifische an den Küsten von Ceylon. VI, 147.
Haifischzähne, petref. in den Garobergen. V, 401.
Haiga-Brahmanen in Karnata-Desam. V, 866.
Haiga, Dialekt der Malabar-Sprache. V, 692. 696. 936. VI, 377.
Hai-lan, Zufluß des Temen-ula. II, 93 f.
Hailoustai. II, 234.
Hainan, Insel, Handel mit Singapore. V, 72.
Haindava, pers. = Indier. V, 458.
Hai-tu. II, 509.
Haiva s. Haiga. V, 696.
Hajipur, der Hauptort des Tirhut. VI, 1131. 1180.
Haju, Marktort in Asam. IV, 329.
Hakala, Dorf. IV, 102.
Hakas, die, oder Ostkirghisen. II, 590. 1110—1137.
Ha-ka-sju s. Hakas. II, 1110.
Ha-kia-sju s. Hakas. II, 1110.
Hakra, angeblicher ehemaliger Fl. in Bikanir. VI, 969.
Hakuru, d. i. Palmweinbereiter, Theil der Kschudrakaste auf Ceylon. VI, 231.

Halophyten s. Salzpflanzen.
Halcoutou, Fl. II, 488.
Halicore cetacea (Illiger; dugong, Finlayson). V, 65.
Halicore dugong, tabernaculi, VI, 147.
Hali=Kanara=Schrift. VI, 1098.
Halk Mata, bei den Bhils verehrt. VI, 613.
Hallar, Provinz von Guzurate. VI, 1065. 1066. 1071.
Hallstädter Tiefsee im Salzkammergut. II, 833.
Halmantelbaum auf Ceylon. VI, 91 f.
Haltingplace near the Debouché of the Ganges. III, 953.
Ha=Malell (singhales.) s. Adams-Pik. VI, 23. 74.
Hamanril, tungus. Name des Schamanenkaps am Baikalsee. III, 10.
Hamar=Dabahan, Felshöhen des Petschagebirges. II, 100. III, 364.
H. Hamel van Gorcum, zwölfjährige Gefangenschaft desselben auf Korea und Bericht über dieses Land. IV, 637 ff.
Hami, Stadt, geogr. Lage. II, 324. II, 375 folgd. bes. 357 ff. — von den Dsungaren geschleift. II, 455 (im J. 1714).
Hamilton (Fr.), botanische Sammlung desselben. V, 414.
Hammel, Bild im ostasiat. Zodiakus. II, 1125.
Hammelfleisch, gedörrtes, in Tübet, Jahre lang genießbar. IV, 267.
Hammenella s. Adams=Pik auf Ceylon. VI, 74.
Hammond, englischer Capitän. V, 149.
Hamo s. Sesamum. IV, 75.
Hampasagar, Ort am Tumbudrasl., Höhe. V, 694.
Hamuk. VI, 777.
Ham=yam=tu=scha, Wüste. II, 376.
Han, chines. Aussprache für Khan. II, 462. — Fl., Nebenfluß des Kiang. IV. 658.
Hanavara s. Hinaur, Onore. V, 589.
Hand, eiserne, s. Artesische Brunnen. IV, 416 f.
Handel in Singapore. V, 70 ff. — der Birmanen. V, 262 ff. — der Mohammedaner, Verfall derselben. VI, 45.
Handelsgesetzgebung der alten Indier, richtige Principien derselben. VI, 424.
Handelsspekulationen der Jesuiten=Missionen in Asien. II, 221. III, 457.
Handelsstraße der Russen nach China von Ili aus über Barkol. II, 380. 411. 674. — die, durch die Gobi. III, 347. — Oststraße über die Gebirgskette des Khingan oder Khing=kan=Oola. II, 111 ff. — aus dem Irawadilande durch Yünnan nach China. IV, 749. 750. V, 347.
Handelsverkehr mit den Malaien, Art desselben. V, 100.
Handschriften, tangutische, in den Kirghisentempeln. II, 743. 1069.
Hanefy=Sekte der Mohammedaner. III, 1121.
Hanf, indischer, s. Crotolaria juncea. V, 194. 716. — (Hane) einheimisch auf Ceylon. VI, 118. — trefflicher in Concan. V, 667. — berauschender, s. Charas. IV, 129.
Hanfbau im Altai. II, 937. — in Korea. IV, 633.
Hang, Titel des erblichen Reichsverwesers in Sikim. IV, 105.
Hangarang=Paß. III, 543. — Gau. 546. 566. 570. 717. — Plateau. III, 718—735.
Hang=gey=han. II, 502.
Hang=hai, ob richtige Orthographie für Han=haï und Khan=gaï. II, 502. III, 344. — Land, Schilderung desselben. II, 501.
Hango, Dorf am Hangerangpaß. III, 726. 732.
Han=hai (d. i. das trockene Meer), Wüste = Gobi, s. d. Khangai. II, 112. 378. 502. III, 343.
Han hoei thang yao, Schneepik in Tübet auf der Tsiambo=Route. IV, 203.

Hanhona, das Land der Kirkhis. II, 1119.
Han-ho-nas. II, 1139.
Han-Kheon, chin. Name des Gelben Fl. nach seiner Vereinigung mit dem Han-Kia g. IV, 652.
Hankiangfl., Quelle. IV, 656.
Hankut, Dorf im Industhale. III, 632.
Hannawi, d. i. Schneider, Theil der Kschudra-Kaste auf Ceylon. VI, 232.
Hannumanna in Bundelkhund. VI, 835.
Hansa-ta, (d. i. Gansgeschrei?) s. Henzadah. V, 177.
Hansi, Fest. V, 570.
Hanta Kotu, chines. Grenzwacht. II, 1069.
Han tschung fu, Hauptstadt am Takiangfl. IV, 520. 656.
Hanuman, der indische Affengott. II, 193. u. öft. besonders III, 898 f.
Hanumansaffe s. Semnopithecus entellus, seine fast unglaublichen Sprünge. VI, 864. — seine Frechheit bei Mathura. VI, 1133.
Hanwelle, Ort auf Ceylon. VI, 199.
Hanyang, Stadt am Ta-kiang. IV, 657. — Residenz des Königs von Korea. IV, 625.
Hao-tschit, Gau, II, 535.
Hapgang in Bhutan. IV, 161.
Ha-phun-Berge s. Phaphun. V, 133.
Hapium, (bali) = Opium. VI, 780.
Hapscheli-Pulom, Lagerplatz in der Gobi. III, 364.
Hara, d. i. der Mond, Untergottheit der Burâten. III, 126. — Monate, Mondsläufe der Burâten. III, 127.
Hara-Ertchis, Fl. II, 488.
Hara Khetr. VI, 548 f.
Harangki Ghati, der Harang-Paß. III, 804.
Hara Raja von Bundi. VI, 815.
Harassu in Bhutan. IV, 170.
Haratal-Pira s. Kharatalfluß. II, 495.
Hara-Tribus, geraume Zeit hindurch Beherrscher von Harowti. VI, 801.
Harava-Pairi (d. i. Fuß des Hara), heiliger Badeort im Ganges. III, 909. VI, 1170.
Haravati s. Harowti. VI, 801 ff.
Harhan-ho-yor tatcha Hata, Gebirgskette. II, 491.
Harcas s. Kargos. II, 405.
Harchend, Meer von (bei Edrisi). VI, 34.
Hardary (d. i. Stunde) = Coß. VI, 282.
Hardwicke, englischer Capitän. III, 496.
Hari, indischer Gott = der Grüne, viridis [nicht identisch mit dem ägyptischen Horus, dem Lichtgotte, wie v. Bohlen wollte. J. L. J.]. V, 417.
Hariballabh, Brahmane. III, 493.
Haricourt, englischer General. VI, 405.
Haridwara (sanskr.) = Thor des Hari oder Mahadewa, Pilgermarkt s. Hurdwar. III, 497. 909. V, 461. 499. VI, 1105.
Harigong, Ort am Brahmaputra. V, 401.
Hariharpore, Dorf in Orissa. VI, 541.
Hari Parvat (d. i. der Grüne Berg) bei Sirinagur in Kaschmir. III, 1167.
Harira s. Terminalia chebula. VI, 536.
Harkas s. Kargos. II, 452.
Harkh Dev, Pandit. III, 506.
Harlekinaden in Malwa. VI, 771.
Harmozin s. Ormuz. V, 615.
Harowti, die Berglandschaft. VI, 801 ff.
Harowti-Kette, Ostzug des Vindhyansystems. VI, 737.
Harra-Bahara (d. i. Myrobalanen). IV, 104.
Harrasar, berühmtes Dorf in Dekan. V, 669.
Hartriegel s. Rhamnus catharcticus. II, 600. 679.
Harusch, der schwarze, in Afrika. (I, 988). VI, 459.
Ha-sa-kih. II, 470.

Haschemiten, Einwanderung derselben auf Ceylon. VI, 36.
Haselgebüschwaldungen. II, 115.
Haselstaude, fehlt in Sibirien; auf dem Daurischen Erzgebirge. III, 312.
Hase (mit dem weißen Winterbalge) am Baikal. III, 113. — unschmackhaft in Indien. V, 259. — (Steppenhasen) am NOrande von HA. II, 116. — böses Omen auf Ceylon. VI, 200. — Bild im ostasiat. Zodiakus. II, 1125.
Hastin (d. i. der Handbegabte), Sanskritname des Elephanten. V, 906.
Hastinapura (d. i. die Elephantenstadt), das Babylon des alten Indiens. V, 499. VI, 1122.
Hastings-Bay der St. Matthäus-Insel. V, 119.
Hastyngia coccinea. III, 855.
Hatak. IV, 399.
Hatamal-Alin. II, 513. (III, 216.)
Hat-Gebiseri, Götzenheiligthum in Sirmore. III, 872.
Hati-bant, Armringe von Elfenbein. VI, 765.
Hati-dwara, d. i. Elephantenthor, Felswand. VI, 895.
Hatimuriyas. IV, 307.
Hatipowa, bei den Bhils verehrt. VI, 613.
Hatis, die Hütten der Bergbhils. VI, 616.
Hatiya, Bhotiyadorf, Marktort. IV, 103.
Hatmarz s. Dodabetta, Patmarz. V, 964.
Hatohaien Tabahan. II, 515.
Hats, d. i. Marktorte bei den Gorkha's. IV, 88.
Ha-tschien, Fl. IV, 144.
Hattiya (d. h. Elephant), Schieferfels am Karnaphulifl. V, 411.
Hattiyaka-Mu, d. h. Elephantenmaul, einer der Wasserfälle des Karnaphuli. V, 412.
Hattu (d. i. Steinfort). III, 746.
Hauptaxe der Anschwellung von Innerasien. II, 49. — Fortsetzung derselben gegen SW. II, 51 ff. III, 407. (II, 35.)
Hauraks (s. Bills), stehende Sumpflachen in Indien. V, 393.
Hauschroniken der indischen Radjageschlechter. VI, 420.
Hausgötter der herrschenden Familien in Asien, bei den Gorkha's, den Asamesenradjas. IV, 77. 307.
Hausratten, ihre Verbreitung. III, 259.
Haut, d. i. Markt, s. Hats. VI, 1193.
Hautfarbe, hellrosige. III, 705. 869.
Hautkrankheiten in Gondwana. VI, 508. — durch Genuß der Kokos vertilgt. V, 846.
Havildar, Zufluß des Kurmsali. V, 411. — militärischer Titel in Asam. IV, 318.
Havilland, de, britischer Oberst. VI, 155.
Hawaraghat, wüster Distrikt am Nordfuß der Garoberge. V, 400.
Hawaraghats, die, Garotribus. V, 403.
Haya (sanskr. = Pferd). V, 898.
Hayfischflossen, Trocknung derselben. V, 773. 776.
Hayfischzauberer auf Ceylon. VI, 174.
Hayngumay s. Phaseolus calcaratus. IV, 75. — Phaseolus racemosus. IV, 75.
Hazardasitaun, d. i. der Vogel mit tausend Liedern, Name der indischen Nachtigall, s. Bulbul. V, 925.
Hazardspiele, bei Chinesen und Malaien beliebt. V, 56.
Hazey-Pira. II, 527.
Hängebrücken. IV, 143. 151.
Häp (burät.) = Phoca vitulina. III, 111.
Häuser, Bauart der, in Kanawar. III, 834 f. — die acht weißen. II, 504 f.
He = Reis, hindost. IV, 91.
Heanda, (Zend) = Indien. V, 458.
Hearsay, englischer Kapitän. III, 520.
Hebe, Fl. VI, 354.

Heber, Bischof. V, 949 ff. VI, 300 ff.
Hebungstheorie. VI, 461.
Hechte, goldfarbige und buntfleckige im Onon. III, 282.
Hedang (Hedagna), Ort an der Gränze von Nepal und Tübet. IV, 83. 84. 103.
Hedonda (?). III, 455.
Hedycheae, gigantische. V, 234.
Hedysarum obscurum. II, 1082.
Hedysarum procumbens, Steppenfl. des Altai. II, 930.
Hedysarum sativum (Esparsette). II, 761.
Heemea s. Himi. III, 607. 609.
Heer, das versteinerte, in der Kirghisensteppe. II, 540.
Heerden, Zahl derselben vom Wildreichthum überboten auf dem Malwa-Plateau. VI, 754.
Heerdenleben von Hausthieren, fehlt gänzlich in Hindostan, aus welchem Grunde? V, 895.
Heerstraße, großartige, von Colombo nach Kandy. VI, 100.
Heibut-Khan. III, 651.
Heidenreich, russ. Bergmeister, seine Expedition. II, 784.
Heidur Malek, Sohn Hasan Malek's. III, 1118.
Heiligen, die Vier; Riesenpiks des Himalaya. III, 540.
Heiligenscheine der Hindugötter. VI, 320.
Heilverfahren der Tartaren durch Brennen mit heißen Steinen. II, 278.
Heirathsgesetze der Katschinzen. II, 1096.
Hei-sam-Thee. III, 232.
Hela s. Lalita Patan. IV, 74.
Heldengedicht in der Orissasprache. VI, 560.
St. Helena, Insel, Theebau daselbst. III, 247.
Heli-an-po-po, Stifter des ersten Hia-reiches, aus dem Hiognustamme, seit 407 n. Chr. II, 245.
Helicteres isora indica. V, 765.
Heliogabal, indische Gesandschaft an ihn. V, 489.
Heliotrop im Basalt. VI, 459.
Helix globosus, im Muschelalluvium von Udeypur. VI, 875.
He long kiang (chines. = Fluß des großen Drachen), der Nordarm des Amur. III, 298.
He-lung-kiang (chines.), d. i. Amur. II, 533. S. d. v.
Heluya Keyot, Volksstamm (Kaste?) in Asam. IV, 333.
Hema, sanskr. = Gold. II, 13.
Hemakutas (sanskr. = Goldgipfel), Bergreihe im Norden Indiens. II, 13. — (sanskr.) einer der 7 Gebirgsgürtel in der syst. Geogr. der Inder. I, 12. V, 495.
Hemanta [die feuchte Jahreszeit in Dekan; vergl. das griechische Χειμών, lat. hiems.]. VI, 371.
Hemerocallis flava. III, 165. 290.
Henda, Karnataname für den Palmwein aus Elate silvestris. V, 857.
Hendou-kech s. Hindu-khu. III, 429.
Hengha, Fl. V, 122. 124.
Hengkih, Fl. II, 1010.
Hengste, den Göttern geweiht, bei Buräten, Katschinzen. II, 1096. III, 30.
Hengadeh, Ort am Irawadi. V, 165. 166. 177.
Henzah, Küstenfl. in Tavay. V, 124.
Henzawadi, Thor in Ava. V, 225.
Heore, Ort am Indus. III, 609.
Heouthing, Stadt zu Pe-thing gehörig, jetzt unbekannt. II, 384.
Herakles, angeblicher Zug desselben nach dem Indus. V, 467.
Herambartarea, das große Waldland. VI, 609.
Herat, nestor. Bischöfe von, 503 bis 1090. II, 287.
Herbert (J. D.), engl. Lieutenant. III, 448. 536. 541.
Hercar-Du, Götze der Buddagur. V, 1026.
Heria s. Herat.
Heriah, Localgötze der Buddagur. V, 1026.

Heritiera fomes. V, 175.
Heritiera litoralis. VI, 538.
Heritiera robusta. V, 254. s. Sundrybaum.
Herkules, der singhalesische, s. Pusa-Dewa. VI, 160. — indischer. V, 450.
Hermelin s. Mustela Erminea. II, 917.
Heroenkultus der vorbrahminischen Zeit in Nepal. III, 886. 939. 985. 1096. IV, 115. — der Sinhyphos. IV, 380. — bei den Bhils. VI, 614.
Heroinen unter den Mahratta-Brahmanen und Mahratta-Sudras in Malwa. VI, 760.
Heros der Rajputen in Malwa. VI, 766.
Herpestis monniera. VI, 1115.
Hersila Ganga. III, 930.
Heschui, Fl. Durchbruch desselben durch die Tapalingkette. IV, 421. 656.
Hesidrus s. Zatadrus. III, 666. V, 453—468. (Hesudrus.)
He-si-fan, tübet. Völkerstamm. II, 176.
Hesperis matronalis, sibirica. III, 261.
Hessian-flie, schädliches Insekt auf Singapore. V, 65.
Hesudrus s. Zatadrus. III, 666 ff. V, 453—468.
Hethaura, Ort in Mokwanpur. IV, 61—63.
He-tscha (d. i. Schwarzer Thee). III, 232.
Hetty, das Hauptidol der Buddagur. V, 1026.
Hetty-du. V, 1026.
Hetty-magali. V, 1026.
Hetty-pagali. V, 1026.
Heuernten in Guzerate, fehlen im übrigen Indien. VI, 644.
Heuschrecken im Altai Bjelki. II, 940. — als Speise in Hindostan. VI, 1143.
Heuschreckenschwärme am Argun. III, 301. — ihre Verheerungen in Udeypur. VI, 892. — am Yamuna. VI, 1138.
Heuschrecken-Ueberfälle im Sajanskischen Gebirge. II, 1003. — in Sibirien. III, 317.
Heuschreckenzüge, verfolgt von Corvus corone. II, 658.
Herenglaube der Bhils und anderer Hindutribus. VI, 614.
Heyte Ghat. VI, 490.
Hia, erste, Dynastie derselben. II, 245. — Dynastie. IV, 188 f. — Reich, einst zu Tangut gehörig. II, 206. — zerstört (1227). II, 162. 309.
Hian, chines. Provinz dritter Kl. II, 367.
Hiangnan (chines.) = Cedernbaum. IV, 655.
Hian schan tao (chin.), Inselchen am Seegestade von Korea. IV, 615.
Hiantu s. Pe-Intu. III, 646.
Hian-yang, alter Name für Singan-fu. II, 154.
Hia-wu-ti, chin. Kaiser. II, 194. (142—87 v. Chr.) 197. 242.
Hibiscus, als Waldbäume in Hinterindien. V, 8.
Hibiscus cannabinus. V, 716.
Hibiscus esculentus. V, 718.
Hibiscus populneus. VI, 312.
Hibiscus religiosus, braune Baumwollenstaude. IV, 678.
Hiegar (Hiekar), s. Himalaya (tüb.). IV, 178.
Hiekar s. Hiegar. IV, 179.
Hieou-siun (altchin.) = U-sun. II, 434.
Hieracium alpinum. III, 265.
Hieroglyphen, Löwe, Bedeutung. VI, 717.
Hieroglyphische Figuren in Ava. (s. symbolische). V, 229.
Hieroglyphische (?) Inscriptionen in Sibirien. III, 305.
Hi-fong-Keou, Thor der Gr. Mauer. II, 100. 119. — Gebirgspaß in Daurien (chin. N.). II, 102.
Hili, Stadt in Malabar nach Ibn-Batuta, wol Cap-Dilli? V, 591.
Hilsa, Sandfisch in Orissa. VI, 539.
Hima sanskr. = Schnee (Χεῖμα; hiems). II, 13.

Himachul, d. i. Nepal. III, 426.
Hima-chuli, die höhere Himalleh-kette; Ursache der Benennung. IV, 57.
Himála s. Himavan. II, 13.
Himâlaya (sanskr. = Wohnung des Schnees). II, 13.
Himalaya, Bergsystem des, III, 411 ff.
Himalayaluft, kalte, weht bis zum Bergkranz von Radjamel hinab. V, 842.
Himalayasystem im engeren Sinne. III, 585 ff.
Himaleh s. Himavan. II, 13.
Himalleh-Nil-khent. IV, 36.
Himavan (sanskr.) = der Schneeige. V, 449. — Gebirgskette. II, 12. III, 666.
Himavat s. Himavan. II, 13.
Himbeere, auf dem Tapalinggeb. IV, 656. — (5540′ üb. d. M.) in Cachar, wo kein Baumwuchs mehr ist. V, 396.
Himbleatawelle, Militärposten auf Ceylon. VI, 203.
Himeah, Ort am Einfluß des Thuglung in den Sing-ke-Tschu (Indus). III, 614.
Himi, Dorf am oberen Indus. III, 607. 609.
Himmelsleiter, Sage von der, in Asam. IV, 289.
Himyariten aus Aden, als Handelsleute in Ceylon. V, 581. 594. VI, 31.
Hinaur s. Onore. V, 589.
Hindery, Zufl. zum Tumbudra. VI, 372.
Hindi, Sprachgebiet des, VI, 616. 768.
Hindia, kleine Stadt am Südufer des Nerbuda. VI, 592.
Hindoo-Literary-Society. VI, 424.
Hindostan, Mittelalter. V, 523 ff.
Hindu, Schiffsbauholz auf Ceylon. VI, 121.
Hinducollegium zu Benares. VI, 1158.
Hindugesetz, richtige Auffassung desselben. V, 447.
Hindui s. Hindi. VI, 768.
Hindu-Khu, verbindendes Mittelglied zwischen Ost- und Westasien. II, 43 folgd.
Hindu Kush (pers.). V, 449.
Hinduismus in Bissahir. III, 753 f. — ob durch Bhuddismus verdrängt? IV, 113 f.
Hindu-Nabob von Bengal, seine Residenz zu Burhanpur. VI, 1204.
Hindu's setzen sich als erobernde Radja's in den Nepalesischen Landschaften fest. III, 426. 428. 432. 677. 753. 1005. 1049. IV, 22. 115.
Hindus (pers.) = Indus. V, 451.
Hindus'than, das centrale. VI, 724 ff.
Hindwi-Sprache Hindostans, verwandt mit dem Parbatiya-basha und dem Khas-basha. IV, 117.
Hingarja, Schäfertribus in Jessulmer. VI, 1016.
Hing-gan-ling, d. i. der Khinganpaß im Ostaltai. II, 516.
Hingenghat am Wurdafluß. VI, 450.
Hingodagulneura (d. i. Stadt des Singhalesenvolks), einheimischer Name der Stadt Kandy. VI, 200.
Hing-tschéu = Ning-hia (s. d.). II, 162.
Hingwalka Chhota saral, Pinusart in Nepal. IV, 59.
Hinkan-Alin s. Khin-gan.
Hintal s. Phoenix paludosa. Zwergpalme. VI, 538.
Hinter- und Vorderasien, Charakteristik. II, 74 ff.
Hinterindien, Parallelismus der dortigen Meridianketten. II, 49. 53. IV, 428. 895. 903. V, 369.
Hin-tou (chin.), ob eine indische Kolonie? II, 203.
Hiongnu (Hunnen), Zug derselben gegen China. II, 154. 241 bis 243. — chines. Kaiser aus dem Stamme der, Residenz derselben. II, 161. — Nicht = Hunnen. II, 190.
Hiou-tsoung, chin. Kaiser der Tang-Dynastie. II, 248.
Hippalus, entdeckt die Natur der indischen Monsune. V, 483. 586.

Hipparch. VI, 15.
Hippelaphus s. Antilope picta. V, 896.
Hippocura (Bangalore) bei Ptolemäus. V, 487.
Hippophaë rhamnoides. II, 945.
Hippopotamen, fossile. V, 204.
Hippuros, Berg auf Taprobane (d. i. Ἵππου ὄρος, Pferdeberg; Kudire malai, tamul. gleicher Bedeutung). VI, 21. 161. — Hafen auf Taprobane. VI, 18.
Hirapor, Ort in Kaschmir. III, 1144.
Hirapur s. Hurpur. III, 1128.
Hiras (Töpfer), unreine Kaste in Asam. IV, 334.
Hirbad s. Maubad, Mobad. V, 618.
Hirdit s. Hurdus Radja. V, 543.
Hirscharten, zahlreiche, um Seran. III, 763.
Hirsche, Waldgebirge der, II, 212. — fossile. V, 204.
Hirschgeweih, theures Arzneimittel bei den Mongolen und Chinesen vom Altai-Bjelki. II, 925.
Hirschpetrefakten als Kieseinlagerungen am Kailas in 15000′ Höhe. III, 533.
Hirse (Panicum italicum), Hauptnahrung der Garo's. V, 404. — spärlich von den Mongolen gebaut am NOrande von HA. II, 116. — bei den Kirghisen gebaut. II, 664. — in der Gobi. III, 377.
Hirsowti, Grenzort zwischen Kischenghur und Jeypur. VI, 926.
Hirtengott, Krischna als, am Bunaß verehrt. VI, 891.
Hirtenhund, selten in der Gobi und Nordchina. III, 386.
Hirtenvolk, ohne Hund, die Tudas in den Nilgherry das einzige auf der Erde. V, 986.
Hirumba, das Radschathum. V, 377 folgd. — frühere Bedeutung desselben. V, 378.
Hirundo alpestris. II, 815. 871.
Hirundo alpina. II, 905.
Hirundo daurica. II, 871.
Hirundo esculenta, fucifaga s. Salanganen. V, 120.
Hirundo rustica, die Rauchschwalbe am Baikalsee. III, 26.
Hirznan, Insel. VI, 660.
Hi-sa-ur-pa-sche, See, s. Kisilbasch. II, 1062.
Hissar, britische Gouvernements-Stuterei zu, VI, 1002.
Historische Literatur, dürftig in Indien. V, 491.
Hitatiah, Hindutempel auf Ceylon. VI, 189.
Hitôpadêsa, das indische Fabelbuch. V, 527. 627. s. auch Avari Danisch.
Hitze, äußerste Extreme trockener, in Harowti. VI, 814.
Hiuan Thsang, chinesischer Buddhist, Reise desselben (650 n. Chr.). V, 509.
Hiun-Des (d. i. Land des Schnees). III, 505.
Hiunthsang, chinesischer Buddhistenpilger, Reise desselben. V, 493.
Hiun-yu s. Hiongnu. II, 241.
Hladze = Tadze. IV, 213. 253.
H'Lamo, Prachtsaal zu H'Lassa. IV, 244.
H'Lari, Berg in Tübet (d. h. der Göttliche). IV, 254. — der berühmte Tempel zu, IV, 225.
H'Lari-Rolpa (d. i. der musiktönende Götterberg) der tübetan. Mythologie. IV, 193.
H'Lassa, die Capitale, die Kultur-Mitte Tübets. IV, 237—251. — von den Dsungaren erstürmt (1717). II, 456. — buddhistische Haupt-Buchdruckerei daselbst. II, 745. — Großer Tempel zu, Steininscription Kaiser Kang-hi's daselbst. II, 271.
H'Lassei-tsio-K'hang. IV, 243.
H'lokba-Barbaren in Tübet. IV, 212 f. 214.
H'Lorung dzoung, Canton auf der Grenze zwischen China und Tübet. IV, 206 f. 253.
H'lo-Siekar-dzong (d. i. die weiße Stadt, chines.) s. Shegar. IV, 258.
Ho, chinesisches Kornmaaß. III, 1120.

Hoachu (chin.), Zitterpappelart. II, 544. 545.
Hoa-men, Paß. II, 313.
Hoang-ho, Quellen. II, 188.
Hoay-Nor, Steppensee. II, 150.
Hoang-si-fan (d. h. die gelben Sifan), tübetan. Völkerstamm. II, 177.
Hoangti, chinesischer Kaiser (2000 v. Chr.). Unter ihm wird der Seidenbau in China eingeführt. V, 437.
Hoangti s. Bogdo-Khan. III, 225.
Hoang tscheou fu, gr. Stadt am Kiang. IV, 658.
Ho-chang (chin.), d. i. Lama. II, 273.
Ho chao pho. IV, 196.
Hoch-Asien im allgemeinsten Sinne. II, 87. — Nordostrand, Küstenstrich an dem äußersten Nordostrande. II, 88 ff. — Nordrand. II, 315 ff. — östliches, Definition. II, 85.
Hochfläche auf dem Kurtschun-Gebirge. II, 661.
Hochländer, Definition. II, 31 ff. — Asiens, Formen und Stellungen derselben. II, 41. 62 ff. 173.
Hochlandsvergnügungen des chines. Kaiserhofes. II, 151.
Hocho s. Hotscho. III, 693. 701.
Hochzeit-Ceremonien bei den Plans. V, 190 — bei den Kalmücken. II, 959. — in Tübet. IV, 204.
Hodgson (J. A.), engl. Kapitän. III, 524.
Ho-dschün, Fl. II, 1008. 1010. 1011.
Hodugus, sehr starkes und dauerhaftes Zimmerholz in Nord-Canara. V, 699.
Hoei-he = Turk-Uigur, ihre Macht. II, 174. 247. 255. 343 ff.
Hoei-hoei Sprache, d. i. der Turkdialekt. II, 385. — Name der Muhammedanerstämme bei den Chinesen. II, 376. IV, 181.
Hoeihu, Turkvölker. II, 245. — erhoben sich in den Städten Kan-tschéou und Scha-tschéou seit 872. II, 202. S. besonders II, 343 ff.
Hoei-juan-tschhing, Ehrentitel der Stadt Ili. II, 402.
Hoei li, chines. Stadt. IV, 409.
Hoei-poldac-Alin. II, 495.
Hoei-thieï, Berg. II, 429.
Hoei-tih-hia (Turkstämme). II, 441. 1063.
Hoe mei (chin.) = Nachtigall. IV, 655.
Hoen-i, Fl. II, 312.
Hoen-mu-lian, Fl. II, 428. 501. 553. s. Dzabgân.
Hoen-murin, Fl. s. Dzabgân. II, 501. 553.
Ho-Ertchis, Fl. II, 488.
Ho-fo (d. i. lebender Fo), Titel des Kutuchtu-Lama. II, 260.
Ho kheou. IV, 191.
Hokusi (tungus.), heiße Quelle am Baikalsee. III, 34.
Holang Schan, d. h. Gebirge Holang. II, 167 folgd.
Ho-la-tschuen. II, 377.
Holbo, Station in der Gobi. III, 360.
Holcus Sorghum. IV, 75. V, 716. VI, 453.
Holcus spicatus. V, 716.
Holho, Horho, Station in der Gobi. III, 360.
Ho-li, Berg. II, 225.
Holigarma s. Biba, Firnißbaum. V, 251. 699.
Holin, alte Residenz der Turk Hoei-hu. II, 481. — Urheimath der Uigur. — später Karakorum, Residenz des Khakhans der östlichen Turk. II, 246.
Ho-lin-pieï-li-po-li-tha. II, 558.
Holjetou-toulan-hora. II, 498.
Holkar s. Mulhar Row Holkar. VI, 400. — sein Grabmal im Waldthale bei Bampura. VI, 823.
Holländer, die, in Indien. V, 644 ff.
Holländische Regierung in Hinterindien, Folgen derselben. V, 35. 37.
Holländisch-ostindische Kompagnie, seit 1602. V, 644.

Hololachne Songarica. II, 954.
Holostaibulak. II, 543.
Holuthuria edulis s. Trepang. V, 10.
Holz vom Altai nach der Großen Mauer zum Verkauf gebracht. II, 514. III, 220. — fossiles, in den Garobergen. V, 401. — versteinertes, im Irawadithale. V, 194.
Holzflößerein über die Katarrhakten des Ta-kiang. IV, 668.
Holzhandel, vorzüglich lebhaft und einträglich in China. IV, 653.
Holzpetrefakten am Irawadi. V, 203 f. — im Insellande Kutch. VI, 1042.
Holzschlag erstreckt sich bei den Kalmücken nur auf das verdorrte Holz. II, 896.
Holzvegetation, hat äußerst schwierigen Fortgang auf dem Daurischen Erzgebirge. III, 311.
Homan, Ort in Indien (wo?). V, 847.
Homander, Holzart auf Ceylon. VI, 122.
Homer, kannte Indien nicht. V, 444.
Honan, Land der Ordos. II, 153 bis 158.
Hona-scheli-tsche, Fürst von Hami. II, 369.
Hong-vu, chin. Kaiser. III, 362. — Gründer der Mingdynastie in China. VI, 705.
Hongyu = Goldfische, im Takiangfl. IV, 659.
Honig, Ausfuhrartikel im Alpenlande Curg. V, 727. — von Narbonne, von Kaschmir. III, 1195. s. Bienenzucht.
Ho-ning-lo (d. i. = Provinz der stillen Einsamkeit). II, 561.
Honnay s. Pterocarpus sandalinus. V, 701.
Hoogly. VI, 1195 ff.
Hooiwater (d. i. Heuwasser), anfängliche verächtliche Benennung des Thees bei den Holländern. V, 647.
Hooloo s. Yunzalaen. V, 133.
Hopcha Wodar, Bergstr. III, 813.
Hopdewar s. Kalin Dewar. IV, 162.
Hopdo, Fl. s. Khodo. II, 554.
Hopea, sehr starkes Zimmerholz der Nilgherry. V, 979.
Hopfen, wilder, am Jenisei, reicher Ausfuhrartikel. II, 1106.
Hopoca odorata s. Thinganbaum. V, 252.
Hopton s. Khobdu. II, 553.
Hor, Völkerstamm, identisch mit den Mongolen von Dam. IV, 209. — s. Khor. IV, 181. (alttürkischer, den Kirghis verwandter Stamm.) — officinelle Fruchtart. III, 604.
Hordeum coeleste. III, 729. 749. 786.
Hordeum hexastichon. III, 786.
Horho s. Holho.
Horhotou-Alin. II, 493.
Horin s. Ho-lin. II, 254.
Horitae s. Hor. IV, 210.
Horitas, d. i. Töpfer in Asam. IV, 327.
Hori Tschandra, Herrscher von Cachar (bis 1773). V, 385.
Hormuz s. Ormuz. V, 615.
Hornblende, im Basalt fehlend. VI, 459.
Hornblendgestein auf Marmor bei Sagaing. V, 227. — (Adamspik) selten auf Ceylon. VI, 76.
Hornblendschiefer. VI, 576.
Hornstein, weniger silberhaltig als Schwerspath. II, 840.
Hornsteinmassen, säulenförmige. VI, 748.
Hornsteinporphyr. II, 755. — ganz Harowti besteht daraus. VI, 811.
Hornsteinporphyrboden. V, 8.
Hornsteinschiefer geht in porphyrartiges Gestein über. VI, 593.
Horobot (d. i. Kameelrücken), die Uferberge des Kerlonfl. II, 524. 641.
Hortsa, wüste Landschaft. II, 190.
Horu-Holz auf Ceylon. VI, 122.
Ho-Schan (= Feuerberg) s. Pe-Schan. II, 333.
Hoschang, Mönche des Fo, Klöster derselben. II, 130.

Ho-schang-tao (chin.) = Insel der Buddhapriester, am Seegestade von Korea. IV, 615.
Ho-schih-ha, d. i. Kaschghar. II, 471.
Hoschung Shah von Malwa, der Erbauer von Hoschungabad. VI, 579.
Hoschungabad am Nerbuda, s. Hussingabad. VI, 568.
Hosein Schah, König von Bengalen. IV, 288.
Ho-si, Land, d. i. der Westen des Hoangho. II, 365. 367. — älterer Name der chines. Provinzen im West des Hoang-ho. II, 165. 557.
Hospitalität im Alpenlande Curg. V, 727. 729.
Hospitäler für Thiere in Baroach und Surate. VI, 629.
Hosrung, Theilung Tübets unter König H. (925 n. Chr.). IV, 280.
Hosso-Angady-Paß. V, 705. 707.
Hotao, ältester Name für Honan. II, 153.
Ho-tchu-tsa (d. h. Wachtposten der feurigen Pfeile.). IV, 196.
Hoti s. Anti.
Ho-to-ho-Tschin, berühmter Delöth-Galdan. II, 449.
Ho-tschéou = Si-tschéou. II, 153. 347.
Ho-tschen, Stadt am unteren Takiangsl. IV, 678.
Ho-tschéou (d. h. Feuerstadt), Vulkan von, II, 341 ff.
Ho-tschi-tih s. Choschod. II, 445. 1060.
Hotscho, Fluß zum Ssetledsch. III, 693. 701.
Hotzelnbaum, daurischer. III, 131.
Houai-li, chin. Stadt am Yang-ho. II, 130.
Houang-tsching-kouan, kleine chines. Festung; Lage. IV, 650.
Houang-thu-kang. IV, 198.
Houang-tschuang, Fl., alter Name des Ulan Muren. II, 187.
Hou-hou-ho-tun = Khu-khu-Khotun. II, 229.
Hou-li-tha-ha (turk. d. i. Berg der Glückseligkeit). II, 558.
Houng, Pik. II, 312.
Houpton, Fl. II, 489.
Hourra, Fl. II, 94.
Hourchin, Fl. II, 488.
Houssou-Kor-Nor. II, 495.
Houtan-hojo. II, 232.
Hou tsiao, japanes. Name der Arekanuß. V, 860.
Hou yan, Thal. II, 311.
Ho-yan-sara-mu. II, 1047.
Ho-yen-Schan s. Hotcheou, Vulkan von, II, 346.
Högau am Kaiserstuhl, Basalt und Trachytgänge daselbst. VI, 472.
Höhle, Windhöhle, am See Alakkul. II, 389. 429. — merkwürdige im Bhununagebirge. V, 382.
Höhlen im Kalkgebirge Inskaja-Gora. II, 870 f. — natürliche, auf der Insel Gunan Guriyan. V, 22. — Veranlassung zum Grottenbau. V, 490. — wunderbare in Tübet. IV, 205. — die sieben; s. Sem-Pestscher. — zu Putal-Ganga. VI, 863 f.
Höhlentempel s. Grottentempel.
Huah s. Buah.
Hua-Kimu, Ostquelle des oberen Kem. II, 1046. 1061.
Huang tsching kuan, chinesisches Fort. IV, 412.
Hubib, König von Kaschmir. III, 652.
Hubly, Stadt im Lande der Ghats. V, 664.
Hudlipett, Dorf im Alpenlande Curg. V, 725.
Huflattig s. Tussilago farfara. III, 99.
Hugindar s. Unginda. V, 960.
Hugly s. Hoogly. VI, 1195 ff.
Hugly, die Stadt. VI, 1202.
Huglyschlamm s. Silt. VI, 1216.
Huha = Reis bei den Nepalesen s. Uya. IV, 91.
Huhn, Bild des ostasiat. Zodiakus. II, 1125.
Hujimak, Station in der Gobi. III, 360.
Huka, d. i. Opiumpfeife. VI, 1015.
Húkëo-Paß. III, 698 f.
Hukhung. IV, 379, falsche Lesart statt Muckhung. V, 347.
Hukuang, Ebene. IV, 657.

Hulagu Khan, Bruder des Kaisers Mangu-Khan. Heereszug desselben gegen W. im J. 1253. II, 382. 404. 428. 500. 1120.
Hulcas (?), Paß zu Kaschmir. III, 1129.
Huldiwari in Bhutan. IV, 161.
Hulikaikiang, Fl. II, 94.
Hulikul, Dorf in den Nilgherry. V, 1008.
Huliram Dhaikiyal Phuhkun, Verf. der einheimischen Historie von Asam. IV, 298.
Hullia, die Nachkommen der im Dekan alteinheimischen Pariarkönige. VI, 381.
Hullu, Affenart in Asam. IV, 371.
Hu-long-heu, Nebenfluß des Onon. II, 544 f.
Hulu s. Yunzalaen. V, 133.
Hulussutai-Tschahan Nor, See in der Gobi. III, 362.
Hulustai, Station in der Gobi. III, 360.
Hulwana, Erdfort in Bhutnair. VI, 1001.
Huly, das Frühlingsfest der Göttin Bhavani in Gondwana. VI, 494.
Humayun, Kaiser, Sohn und Nachfolger Sultan Baburs (1530 bis 1556). V, 622. — seine Flucht durch die Sandwüste. VI, 1032. — dem Opiumrausche ergeben. VI, 780.
Humboldt, Alex. von, III, 494.
Humirji II., Herrscher von Kutch. VI, 1057.
Humla, Schneekette. IV, 25.
Humor der Tudas. V, 977 ff.
Humus, vegetabiler, Ursache seines geringen Vorkommens auf Ceylon. VI, 82.
Hund, Verbreitung desselben in Asien. VI, 703. (II, 1125. V, 728. 924. 986.) — besondere Verehrung desselben bei den Koles. VI, 529. — Nepalesischer. III, 623. — tübetische, mit dicken Köpfen. III, 669. 764. IV, 236. — als Zugthier, schon in der östlichsten Mandschurei, dann durch ganz Sibirien. II, 94. — weissagender. II, 308. — der wilde, dem Hochgebirge von Nepal eigenthümlich. IV, 58. — in Ava. V, 258. 728. 923. 986. VI, 510. s. Balia, Canis primaevus, Kolsun, Gvo, Sata Rohini, Hirtenhund.
Hundeschlitten der Ainos. IV, 478.
Hundsgrotte bei Neapel. Vergl. III, 671.
Hundu, Name der lasttragenden Schafe in Kaschmir. III, 1153.
Hungchin s. Hungtsching.
Hungerblümchen s. Draba vernalis. III, 99.
Hungersnoth, sehr häufig in Central-Indien. VI, 732. — besonders in Bikanir. VI, 990 ff. — auf Ceylon. VI, 116. — befördert den Vertrieb der Rauschmittel. VI, 784.
Hungtsching, ob M. Polo's Sindichin? II, 235. — s. Ulun-palassan. II, 234.
Hunnen Ammian's, nicht die Hiognu. II, 244.
Huupapur, Ort auf der Höhe der Westghats. V, 779.
Huns, tübet. Dorf an der Quelle des Tidung. III, 801.
Huntéh-Han (d. i. Khan) der, II, 462.
Huntly-Lodge, Insel im Koreaarchipel. IV, 622.
Húpsang-Tukbo-Strom. III, 686.
Hupong, altes Muluk-Dorf. IV, 393.
Hurdut, Raja von Mirut (1000 n. Chr.). V, 535.
Hurdwar, Pilgermarkt. III, 497. 909. V, 461. 497.
Hurea kuddu (Huria k.?) s. Cucurbita lagenaria. V, 719.
Huria Badshahpur (sanskr. Königsstadt?), Ruinen. V, 454.
Huria Lobch s. Dolichos tranquebaricus. V, 716.
Huringotta-Arm des Ganges. VI, 1206.
Huritung, der Aracanfl. V, 310.
Hurn Pahl, d. i. Hirschsprung, Klippen im Nerbudastrome. VI, 569.

Hurpheraj, Gondraja der, VI, 525.
Hurpur, Huripur s. Hirapor. III, 1144.
Hurri Dupa, Grenzort in Kaschmir. III, 1179.
Hurryhur, Ort in Dekan. VI, 372.
Hurryputtum, einstige Ansiedelung der Araber in Maabar. V, 585.
Hurtal (d. i. gelber Arsenik), Handelsartikel der Bhotiyas auf dem Markte von Kathmandu. IV, 129.
Hurto (mong. d. i. Filzhütte), daher Jurte. III, 211.
Hurul, Waldbaum in den Nilgherry. V, 983.
Husairah, Steinbrüche zu, in Bikanir. VI, 994.
Huschka, Turkkönig von Kaschmir. III, 1100.
Huschkapur, ob das heutige Shecreoh im Pergunnah Lar? III, 1100.
Hussa Hara (d. i. der Schafmond), fünfter Monat der Buräten. III, 128.
Hussai s. Dauren, Mergenzi. III, 306. 322.
Hussain-abad s. Mullaycota. V, 1005.
Hussein-Shah-Chuk, König von Kaschmir. (1563—1569). III, 1128.
Hussingabad, Stadt am Nerbuda. VI, 452. — Niederlage der Pindarrees bei, VI, 411. — Doppelschlacht bei ($\frac{26}{27}$ Nov. 1817). VI, 580.
Hussunus s. Assasinen. VI, 641.
Hustimachul, Berg. IV, 38.
Hustu, Fl. VI, 482.
Hutta, Höhe. VI, 836.
Huttonsinsel an der Westküste von Korea. IV, 625.
Hutu s. Hattu. III, 746.
Hutu bayban. II, 543.
Huwa Muhul, das Observatorium zu Jeypur. VI, 930.
Huwah, Westorkane in Kutch. VI, 1047.
Hühner, wilde, in den Wäldern am Irawadi. III, 975. V, 197. 259.
Hülsenfrüchte, früher in Munipur gebaut. V, 363.
Hüte, aus Bambuswurzeln geflechten, bei den Mongolen. III, 401.
Hyacinthus, der Edelstein (Cosm.). VI, 28. — auf Ceylon. VI, 110.
Hyangbang. IV, 318. 332.
Hyarotes = Ravisl. V, 452. 455.
Hyänen auf Ceylon. VI, 202.
Hybanda, Hayfischbanner auf Ceylon. VI, 174.
Hydaspes = Behutsl. V, 452.
Hyderghur. V, 706.
Hydernagar s. Bednore. V, 705.
Hydraken s. Sudraken. V, 469.
Hydractes s. Hyarotis.
Hydrini s. Seeschlangen. VI, 1082.
Hydrographie des Malwa-Plateaus. VI, 749 ff.
Hydrolea Zeylanica. VI, 1115.
Hyetometrie s. Regen.
Hymap, Dorf im Industhale. III, 632.
Hymeneenwald in den Tropen. VI, 657.
Hyoscyamus physaloïdes. III, 287.
Hypecoum erectum. II, 940.
Hyperanthera morunga, Verehrung dieses Baumes bei den Koles. VI, 529.
Hyperboräer, griechische Sage von ihnen, III, 656.
Hypericum cerneum. III, 856.
Hyphasis = Beyasfl. III, 1066. V, 452. 455. 462.
Hyranyavâhas (d. h. der Goldarmige) = Sonesl. V, 508.
Hyrkanien, christliche Bischöfe in, II, 285.
Hy-son Thee. III, 232.
Hyssopus officinalis. II, 765.

J.

Jabagan, Zufluß zum Chair-Kumin. II, 894. (nicht zu verwechseln mit dem folgenden.)
Jabagan, rechter Zubach zum Tscharysch. II, 858. 860.
Jaberi, Getreideart. III, 750.
Jableni-Daba, Scheidegebirge zwischen Daurien und Sibirien. III, 258.
Jabloki. III, 258.
Jablonoi-Chrebet (ruff., d. h. Apfelgebirge), Geb. II, 101. 521. 610. 613.
Jablotschki (ruff.) s. Pyrus baccata. III, 100. 131.
Jabnak, Stadt. III, 427.
Jabo, die Jacke der Ladakhi's. III, 623.
Jabuah, Hauptort der Landschaft Raah. VI, 638.
Jacadeva Raja, tausendjährige Kokospalmen, angeblich gepflanzt von, V, 849.
Jachem (ob Jasch, Jaspis, Ju, Jade?). III, 627. 637.
Jackanary, Dorf in den Nilgherry. V, 1002.
Jackbaum s. Artocarpus integrifolia. V, 260. — auf Ceylon. VI, 116.
Jackeni-Ghat, Scheidepaß der Stromthäler des Dschemna und des Ganges. III, 890.
Jacketolka, Dorf in den Nilgherry. V, 1002.
Jacob, Presbyter der malabarischen Thomasgemeinde. V, 612.
Jacobus, Angamalensis Episcopus. V, 611.
Jadar, die Weberkaste. V, 935.
Jadu Ranu von Seyjan. V, 615.
Jaepur, der Berg-Raja von, VI, 476.
Jaffergunge, an der Einmündung des Jenye-Armes in den Ganges. VI, 1224.
Jaffier Ali Khan (1760) tritt Dschitlagong an die ostindische Kompagnie ab. V, 423.
Jaffirabad, Villa des Sir Will. Jones. V, 415. 417 folgd.
Jaffna, Ursprung der Niederlassung. VI, 37.
Jaffnapatam auf Ceylon. VI, 196—198.
Jaffrabad, Hafen auf Guzerate. VI, 1070.
Jagamohana (d. i. Wonne der Welt). VI, 550.
Jagannatha, d. i. Krishna. s. Jaggernaut. V, 519.
Jagarkot, Gebirgsgau in Nepal. IV, 21.
Jagd, nach den Mandschugesetzen Pflicht, nicht Vergnügen. II, 92. — der Hirsche in Ava. V, 259. — große, der Mongolenkaiser. II, 97. — große, der Rajputenrajas von Harowti. VI, 822.
Jagden der Nagas. V, 376.
Jagd-Adler (wol Falco candicans?). II, 765.
Jagdrevier, das große, des Bogdo-Khan. II, 514. III, 220.
Jagdeo, ob = Siva? III, 1125.
Jagdspiel s. Shinty.
Jaggan mohun, Pandit, Verfasser des Kshetra Samasa. V, 522.
Jaggannathas (d. i. Herr der Welt) s. Jaggernaut. VI, 545.
Jaggernaut. VI, 545 ff.
Jaghatai-Turki, die Sprache, in welcher Sultan Baber seine Memoiren geschrieben hat. II, 281. V, 622.
Jaghirdar Rameswamy Mudeliar. VI, 283 f.
Jaghirdars, die, VI, 398. 415.
Jagmara, Dorf bei Jaggernaut; die dortigen Grottenwerke. VI, 551 ff.
Jagmohan (d. i. Vorhalle). VI, 552.
Jagory (spr. Dschaggeri), d. i. Σάκχαρι, Sacharum. V, 439. 853. VI, 19. 213. 231.
Jagurita. II, 288.
Jahari, Gebirgsgau in Nepal. IV, 21.
Jahnari, Jahneri, Jahni Ganga. III, 541. 795. 927 f. 935. 939.
Jahr, der Siamesen. IV, 1154.

Jahresanfang, der Tübeter. IV, 286.
Jahreszeiten, Wechsel derselben in Nepal. IV, 50.
Jaigna, Sec. III, 54.
Jaina-Sekte, als Handelsleute in Malwa und Bundelkhund. V, 739 ff. VI, 756.
Jainas, die, in Canara und ihre Verbreitung durch Dekan. V, 738 bis 749. VI, 303. — ihre auswärtigen Handelsniederlassungen. VI, 962.
Jain-Tempel s. besonders Jhalara-Patun. VI, 814. — angeblich einst 750 in Kanor'h. VI, 885.
Jaintya s. Jynteah. IV, 310. 335. 386. V, 306.
Jaishta, Name des Frühlings in Asam. IV, 326.
Jaitarum, Stadt in Jhudpur. VI, 975.
Jaitwar, Provinz von Guzurate. VI, 1065.
Jaizkische Kosaken. II, 799.
Jajati Kesary, Orissadynastie von 473—520 n. Chr. VI, 562.
Jajpur, am unteren Brahminifluß, antike Stadt in Orissa. VI, 541 f.
Jake-Ueteck, Gegend. II, 506.
Jako, Dorf am Rupinfl. III, 776. — Pik. III, 840.
Jakong, wilde Menschenrace im Innern von Rumbo. IV, 1130. V, 31. 38. 90.
Jaks, Volk, ihr Charakter in Shekawutty. VI, 936.
Jaku, Küstenstrom am Nordostrande von Hochasien. II, 90.
Jakutzk an der Lena, Gründung der Stadt (1661). II, 565.
Jakutzkoi-Ostrog an der Lena, geogr. Lage. II, 600. 601.
Jal, Fl. II, 114.
Jalap, Feste in Nepal. IV, 96.
Jallore, Feste in Jhudpur, am Sukri. VI, 975.
Jalo, Theil des Khingangeb. II, 113. 525. 533.
Jaloen s. Yunzalaen. V, 133.
Jaloka, König von Kaschmir. III, 1098.
Jam s. Psidium piriferum. V, 720. — muhammedanischer Titel der Sindhfürsten. VI, 1050.
Jam Raja, das Gebiet des, V, 637.
Jam Rawul. VI, 1057.
Jaman-Dpköt, Schneealpe. II, 333.
Jamautri s. Dschemnotri, Jumnotri. III, 897.
Jambay s. Mimosa xylocarpon. V, 699.
Jamben s. Jemba. II, 798. 941.
Jambi, javan. Name der Betelnuß. V, 858.
Jambosir-Pergunnah. VI, 632. — Stadt in Guzurate. VI, 632.
Jambovalle, nährende Wurzelart auf Ceylon. VI, 115.
Jambu (sanskr. d. h. Rosenäpfel), Land der köstlichsten Früchte nach den Ansichten der indischen Geographie. II, 10.
Jambu, Distrikt des Malayenstaats Patani. V, 5.
Jambudvipa = Indien (sanskr.). II, 6. V, 494.
Jamejah, Insel der Arambas-Gruppe. V, 9.
James-Hall's Gruppe, Inselgruppe an der Westküste von Korea. IV, 621.
Jamghur, Ort in Bhutnair. VI, 1001.
Jamischewskisches Salzmeer. II, 454.
Jamnarin (mong., d. h. kaiserliche Reitpost). II, 559.
Jamoh, Tunika von Chinz oder Baumwollenzeug der Bhattis in Jessulmer. VI, 1015.
Jamuna, Zufluß zum Kullung. IV, 315.
Jamysch, Salzsee am Irtysch. II, 571. 825.
Jamyschewa, Festung am Irtysch, 1715 erbaut. II, 567. 794. — geogr. Lage. 573.
Jamyschewskoi, Salzsee im Semipalatinsker Kreise. II, 796.
Jan, Bergwasser im Gebiete der Bhor Khamti. IV, 397.
Janamejaya, Sohn der Paries-

hit, der Schlangenvertilger. II, 1093.
Janapava-Gruppe des hohen Vindhyan. VI, 749.
Jandu, Gebirgsstrom zum Ssatadru. III, 681.
Jang s. Tsang. III, 735. IV, 175.
Jangal, ursprünglich ein Ausdruck in den bengalischen Steuerrollen, welcher in die moderne indo-britische Sprache (Jungle) ganz allgemein übergegangen ist. V, 628. VI, 1121.
Jangal Eschetra s. Jungle Mehals. V, 628.
Jangal-teri s. Jungle Mehals. V, 628.
Jangbu, tübet. Name für Kathmandu. IV, 74.
Jangi, Ort in Ober-Kanawar. III, 827.
Jangum, Zufl. zum Mihai. VI, 639.
Janickpur, heilige Gorkhastadt. III, 517.
Janitscharen-Musik, Ursprung derselben. V, 450. 525.
Janglig, Ort am Pabur. III, 790.
Janme. V, 746.
Jantres, magische Schriften der Bhotiyas. IV, 130.
Jan-Sylan. V, 76.
Jan-tse-Kiang, der blaue Strom, chin. Quelle des Fl. Kiang. II, 188. IV, 639. 649 f.
Jao-Porzellan, Beschaffenheit desselben. IV, 671.
Jao tscheou fu, Stadt am Poyang-See, berühmt wegen der Hauptfabriken des chines. Porzellans. IV, 671.
Japan, Handel mit Korea. IV, 645.
Japanische Inselgruppe mit dem Continente durch Korea verbunden. IV, 602.
Japkosi, Bach. III, 59.
Japlung, kleine Bergfeste in Cachar. V, 382.
Jar s. **Borassus flabelliformis.** V, 710.
Jarai, Pik. V, 22.
Jarba, Provinz von Amboa. IV, 217.
Jardq-kula s. Irdekuln. II, 551.
Jaresang, Stadt. IV, 103.
Jarga, Zufl. zum Chair-Kumin. II, 894.
Jariya's, Urfassentribus in Nepal. IV, 22.
Jarool, Waldbaum in Pegu. V, 184. s. Jarul.
Jarul, der rothe, Waldbaum in Arracan. V, 320. 381. s. Jarool. — in Dschittagong. V, 420. — **Lagerströmia Flos reginae.** VI, 540.
Jasaschnol, d. i. Kalmückische Bauern. II, 582.
Jascha, Bach zur Baugna. III, 59.
Jaschma-Gora, d. h. der Jaspisberg. III, 310.
Jasi (Fisch) s. **Cyprinus idus.** II, 795.
Jasowala, Hochgebirgsbach des Altai. II, 685.
Jasowaja, Zufl. zur Buchtarma. II, 684.
Jasoweia, Jassakdorf. II, 703.
Jaspis, apfelgrüner. VI, 313.
Jaspisarten am Korgon im Altai. II, 586. 857.
Jaspisblöcke als Einfassung der Tschudengräber. II, 761. (768.)
Jaspis-Breccien. II, 864.
Jaspisgebirge. II, 820.
Jaspiskugeln. II, 875.
Jassak-Bauern an der äußersten chin. russ. Grenze, Colonisation der, von 1791—1826. II, 701 bis 704. d. h. Tribut-Bauern; Jassaschnicken. II, 588. 601. 681.
Jassutai. III, 184.
Jastreb s. **Falco palumbarius.** III, 184.
Jasungin-Beghi, Gemahlin Dschingis-Khans. II, 296.
Jat, Jaty, Aboriginervolk auf Ceylon. VI, 33.
Jata wana Rama, Dagobah auf Ceylon. VI, 252.
Jatamangsi s. **Valeriana Jatamansi.** IV, 59.
Jat'a, Sivas Lockenhaar und Bart. III, 957. VI, 1169.
Jati, d. i. Casten der Jainas. V, 747.

Jatikapur (d. i. Kreidebaum), Teakbaumart auf Java. V, 805.
Jati Sunggu (d. i. der echte Teakbaum) auf Java. V, 805.
Jat-Mal, Herrscher in Nepal. IV, 43.
Jatropha curcas. VI, 510.
Jats, die, V, 486. 553. 574—579. 639. VI, 939. 970.
Jattaingah, Dorf in Gondwana. VI, 494.
Jattea, Moose. V, 984.
Jatus, Teakbaum auf Java. V, 805.
Jau, Name des Birkennachens der Tungusen. III, 35. — d. i. Korn. III, 673.
Jaum, Stadt. VI, 586.
Jaum-Ghat. VI, 586 f.
Jausis, illegitime außerehelliche Brahmanenkinder. IV, 118.
Java, Teakwaldungen auf der Insel. V, 805. — s. Japha. VI, 57.
Javahalle, nährende Wurzelart auf Ceylon. VI, 115.
Javan. V, 441.
Javana-Dynastie in Orissa. VI, 561.
Javi, die Schriftsprache der Malaien. V, 91.
Jawanowa, See. III, 162.
Jawarra, Zinnminen von, in Mewar. VI, 882.
Jawud, Höhe. VI, 637.
Jaya Sinha. V, 216.
Jayadhweja Sinha (d. i. der Löwe mit der Siegesfahne), Radja von Asam. IV, 289. 300.
Jayanagara s. Jeypur. VI, 918.
Jayapira, König von Kaschmir, seit 772 n. Chr. III, 1108.
Jayarana Stambha. VI, 327.
Jayarkot, der Alpengau. IV, 23 f.
Jaypur s. Jeypore. IV, 360.
Ἰάονες. V, 441.
Jb, Zufl. zum Mahanadi. VI, 354.
Jbha, sanskr. = Elephant. V, 907.
Jbitsykh-Thal. III, 212.
Jbn-Batuta. V, 566. — auf Serendiv (Ceylon). VI, 49—56.
Jchhanglima, Berge in Ost-Nepal. IV, 85.
Jchthyophthalm im Basalt. VI, 459.
Ictis nov. sp. in Singapore. V, 65.
Jdalkan, Gestadeort in Maabar. V, 585.
Jdamalpane, Ort auf Ceylon. VI, 199.
Jdes, Moskowit. Gesandter nach China (1692). II, 104. 113. III, 251.
Jdisa, ehemaliger Ort in China. II, 235.
Jdiga-Caste. V, 857. beschäftigt sich mit der Bereitung des Clateweins. V, 935.
Jdi-Kut (d. h. Besitzer des Reichs), Königstitel bei den Uigur-Kaotschang 'I, 345. 346.
Jdole s. Götzenbilder. — Kultus derselben in Kaschmir. III, 1127. — Seltenheit derselben in Bengalen. IV, 13. — fehlen bei den Garo's. V, 404.
Jdukhu s. Jdi-Kut.
Jebagan, Fl. II, 860.
Je-choni-thang (d. i. Abhang des heißen Flusses), Weiler auf der Tsambo-Route durch Tübet. IV, 204.
Jecho-Ulo, Kegel geklüfteter Felstrümmern auf dem Aleiberge am Baikalsee. III, 31.
Je chouï thang (d. h. die heißen Quellen), Ort an einem See in Tübet. IV, 254.
Jechunda, Küstensee am Baikal. III, 33.
Jecnare (korean.) = Japan. IV, 605.
Jegeram, Hafen im Godavery-Delta. VI, 469.
Je-Hai (chin., d. h. der Warme See). II, 388. 392.
Jehajpur, Bergfeste in Harowti. VI, 822.
Jehan-abad s. Delhi. VI, 1128.
Jehangir, Schah. III, 432.
Jehazgurh s. Jehajpur. VI, 822.
Je-ho oder Je-ho-eul, kais. chin. Lustschloß. II, 139. — Jagd daselbst. II, 92. 136. 138. III, 222.
Je-hol (d. h. Sitz lieblicher Kühlung), kaiserlich chinesische Sommerresidenz. II, 131. 136 ff. s. Je-ho.
Jehuda, Rabbi. V, 597.

Jeidej Sing, Radja von Asam. IV, 289.
Jeilagusch, Bach zur Katunja. II, 941 f.
Jeimul, Feldherr Kaiser Akbar's. VI, 988.
Jeipal s. Dschipal. V, 532. 533.
Jekatharinskaja am Alei, Höhe. II, 725.
Jeke-Aral-Nor, d. h. der große Insel-See. II, 476. — des Dzabgan. II, 1009.
Jekogna-See, Schürfe auf Eisenblau am, III, 57.
Jeligna, Zufluß zum Witim. III, 56.
Jellao, die Felskoppe des Tschokondo. III, 263.
Jellinghi, Stadt. VI, 1195.
Jelloo, Felswände am Tochtor. III, 283.
Jelmkar, Name der Landbesitzer in Malabar. V, 799.
Jelo-Bach zur Katunja. II, 904.
Jelowk s. Jeloke. III, 1098.
Jelung, auf der Nepalstraße nach Teshu-Lumbu. IV, 258. 271.
Jelutai, Dorf. III, 150.
Jemautdar, d. i. Polizei-Oberster. VI, 899.
Jemba, feines Silber in ausgegossenen und gestempelten Stücken, als Tauschmittel weniger, denn als Schaumünze. II, 797. 941. 658.
Jemineddaula, d. h. die Rechte des Reichs, arabischer Titel. V, 534.
Jemlah s. Yumillah. IV, 24.
Jendschu, Indschu, turk. tatarischer Name der Perle. VI, 178.
Jendzingang, auf der Teshu-Lumbu-Route nach H'Lassa. IV, 271.
Jengao, tübet. Titel für den chin. Deba; s. d. IV, 202.
Jenisei, Fl., als Naturscheidegrenze zwischen Asien und Europa. II, 993 f. — Oberer Jenisei. II, 997 ff. — Oberer, Hydrographie desselben nach Chinesischen Karten. II, 1046.
Jeniseiquellen, geographische Lage. II, 492. 526. 1035. — Ursprung des Namens. III, 404.
Jeniseisk am Kem, Gründung der Stadt (1620). II, 565. — geogr. Lage. II, 997. 1105 ff.
Jennatabad s. Gour. VI, 1187.
Jentschuck, Fluß zur Angara. III, 37.
Jeou-jan, Völkerstamm der, II, 440. 478.
Jeptukan, Fluß zur Angara. III, 38.
Jeraweiskoi Ostrog. III, 145.
Jerawna, Zufluß zum Witim. III, 145.
Jerawna-See. II, 605. 607.
Jerboa-Art in der Wüste von Shekawutty. VI, 937.
Jerima s. Jerawna. III, 145.
Jerken-Daria, Goldsandwäschen im, II, 570.
Jermak Timopheyew, Kosakenhetmann, Entdecker von Sibirien. II, 565.
Jerrode, im Territorium des Guicowar von Surate. VI, 633.
Jerten-Tau. II, 781.
Jesen, Fischart. III, 43.
Jesse, Ort auf der Teshu-Lumbu-Route nach H'Lassa. IV, 271.
Jessugei Baghatur. II, 508.
Jessulmer, Jesulmer, das Land. V, 637. — Oase von, VI, 951. 1001 ff. — geogr. Lage. VI, 953. — die Kapitale und Residenz. VI, 1017 f.
Jesu-Jabus Cabulensis, Nestorianischer Patriarch (636). II, 286.
Jesu-Jabus Adiabenus, Nestorianischer Patriarch (650 bis 660). II, 286.
Jesuiten erforschen Innerasien. II, 218 f. III, 437 f.
Jesuiten-Mission am Indus. III, 435 ff. — in Tanjore. VI, 300.
Jesuiten-Periode auf Ceylon. VI, 153.
Jesulmer s. Jessulmer.
Jeswunt Raja von Jhudpur. VI, 981.
Jeterinskaja, Dorf am Alei, Höhe. II, 815. 816.

Jety-Kaman (chinef. = die 7 Vorposten), Wasserscheiderücken auf dem Altai Bjelki. II, 937.
Jeyana. V, 746.
Jeynagur s. Jeypur. VI, 918.
Jeypore s. Jeypur.
Jeypur, Fort am Beri-Dihing in Asam. IV, 303. 354. — der Rajputenstaat. VI, 918 ff. — die Residenz. VI, 925 ff. 929.
Jeysinagar, Stadt, Höhe. VI, 836.
Jeysulmir s. Jessulmer. VI, 1002.
Jeyte. IV, 163.
Jezira (arab.) s. Dwipa (sanskr.). II, 6.
Jga, Fl. s. Ekhé. II, 528. III, 80.
Jgen-balak, Nebenflüßchen des Uldschar. II, 770.
Jgnapali, Ortschaft der Suriani in Malabar. V, 614.
Ignis. II, 334.
J-gu-lu, antiker Name von Khamil. II, 346.
Jgung-Khampo s. Indus, Jkhung. III, 594. 599.
Jgur, Ursprung des Namens. II, 346. — s. Khamil. II, 357.
Jgurita. II, 288.
Jhak, Militärposten auf der Grenze von Udeypur, Ajimer und Merwar. VI, 903.
Jhala-Pik. III, 784.
Jhala, Dorf am Ganges. III, 928.
Jhalamund, Ort bei Jhoudpur. VI, 978.
Jhalara-Patun (d. i. Glockenstadt) s. Patun. VI, 814.
Jhalinder-nath, d. i. Göttertempel. VI, 975.
Jhallawar, Prov. von Guzurate. VI, 1065. 1072.
Jhalloda. VI, 643.
Jhalore s. Jallore. VI, 975.
Jhalta s. Salsette. VI, 1095.
Jhamikuma, Zufl. des Gr. Tista. IV, 108.
Jhangtchake, Salzsee bei Kutho. III, 608.
Jhansu-Jeung, festes Schloß in Tübet. IV, 262. — Kloster. 263.
Jhao s. Tamarix indica. VI, 538.
Jharas, die Diamantgräber. VI, 355.
Jhareja Rajputen von Cutch. V, 475. 1056. — mit den Drusen im Libanon verglichen. VI, 1063.
Jhargaon, Subah von, in Bhutan. IV, 161.
Jhari. IV, 90.
Jharra, Summachef aus Sind. VI, 1056.
Jhelum s. Behut, Fl. III, 629.
Jhirrow, Ort in Marwar. VI, 988.
J-ho s. Hami. II, 365. — chines. Militärgouvernement seit 73 n. Chr. II, 346.
Jhogo, Rinderart mit Schweifen, Bos grunniens verwandt. IV, 29.
Jholangghat am Arun. IV, 103.
Jhudpur, im Jahre 1150 durch die Rhatteries von Malwa erobert. VI, 762.
Jhul, Lichenenart als Apothekerwaare. IV, 54.
Jhula, d. i. Hängebrücke aus Weidenzweigen geflochten. III, 689. 756. 877.
Jhum-Tribus, Könige aus den, in Aracan. V, 314.
Jhungagari. IV, 39. 41.
Jhunjuna, Stadt in Shekawutty. VI, 936.
Jjiktu, der Götterberg. II, 669. 700. 944. 946. 1009. — bis zur Schneegrenze ersteigbar. II, 803. 805 f.
Jibjibia, Pik. IV, 35. 38.
Jiga gungghar, zweite Capitale von Tübet. IV, 223.
Jil, Seitenarm des Irawadi. V, 208.
Jilu, Gebirgsstrom zum Ssetledsch. III, 770.
Jimu, Station. III, 839.
Jimu-iteki s. Steinbock. II, 1018.
Jina (d. i. der Siegreiche), der erste Lehrer der Jainas. V, 745.
Jinas (d. i. Sancti), die canonisirten Heiligen der Jainas. V, 748.
Jineswara. V, 740.

Jin-chung, chin. Kaiser. IV, 793. V, 68.
Jinda, Dorf, s. Dschindinskoi Karaul. III, 172.
Jingshas, Dorf am Brahmaputra. IV, 343.
Jin-tchung-ning-ung-ky-paszu (d. i. Tempel vom zweiten Range des Friedens-Greises, der Alles um sich versammelt) s. Teshu-Lumbu. IV, 264.
Jin-tsung, mongol. Kaiser in China. III, 392.
Jirah, Walddorf in Gondwana. VI, 490.
Jira Sarri, berühmte Reisart in Royakot. IV, 33.
Jirpon (korean.) = Japan. IV, 605.
Jirun, Sandsteinschiefer von, mit Farrnkrautabdrücken. VI, 747.
Jiva (d. h. belebt), Seele. V, 748.
Jits s. Jats. VI, 998.
Jiyamana, erbliches Oberhaupt der Malaya-Carubaru. V, 933.
Ika, Sinapis ramosa. IV, 75.
Ikat, Zufl. zur Karga. III, 52.
Ikbur, hanfähnliche Pflanze im Jessulmerstaat. VI, 1011.
Ikeri, Sitz eines Gebirgsrajas in Nord-Canara. V, 704.
Ikhung s. Indus. III, 594. 606.
Iki-schaili, Fl. zum Artal-See. II, 1011.
Ikol-Bach zum Tschulyschman. II, 982.
Ikra (russ.) = Kaviar. III, 106.
Ikshvaku, Herrscherlinie der, V, 501.
Ilain-Balgassum. II, 402.
Ilain-Chetd. II, 402.
Ilan-tschéon (d. i. Schlangenstadt). II, 1119.
Ilavanga (d. h. die weiße Zimmtrinde) s. Cassia lignea. V, 823. 824.
Ilä s. Ili. II, 397.
Ildikan, Zufluß zur Nischnaja-Borsa. III, 309.
Ilek, König von Kaschgar (1005 n. Chr.). V, 537.
Ilex aquifolium s. auch Furze. III, 695. 699.
Ilga, Zufluß zum Onon. III, 272. — Quellen. III, 272. s. Guldscha.
Ili, Fl. II, 339. — Stufenland des, II, 392 ff. — älteste Völkersitze am, II, 430 folgd. — Turkstamm (?). II, 345. — Gouvernement. II, 325. — Stadt. II, 402 f. — Rebellion im Grenzgouvernement. II, 468 ff.
Ili-balik, d. h. Stadt am Ili. II, 385. 402.
Iligis, Zufl. des Gr. Kem. II, 1049. 1050.
Ili-Kem, Fl. II, 1048.
Ilim, rechter Zufl. des Nerbuda. VI, 573.
Ilimskoi, Ostrog. II, 604. III, 150.
Ilinskaja, Colonistendorf an der Iliquelle. III, 279.
Ilinskoi, Ort an der Selenga. III, 70.
Ilka, Zufl. zur Uda. III, 165.
Illanos, malaiische Piraten. V, 45.
Illanus, Name der Bewohner von Magindanao. V, 101.
Illi s. Dilli, Hili. V, 591.
Ilolo = Kutsché. II, 335.
Ilor s. Ilolo.
Iltschirsan, Berg des Gurbigebirges. III, 75.
Imaginationskraft der Malaien. V, 19.
Imalcha, Zufl. zum Tarei-Nor. III, 283.
Imalka, Steppenfl. zum Khara-Tarei-Nor. III, 275.
Imambarah, das Todtenfest für Hassan und Hussein, die Nachkömmlinge Ali's, zu Lucknow. VI, 1148.
Imatu, Flüßchen an der chines. Grenze. II, 152. — östlichster Theil des In-Schan. II, 240.
Imaus, Streichen desselben in verwandschaftlicher Beziehung mit den Alpen und Pyrenäen. II, 47. — Etymologie des Namens. V, 449. — vergl. II, 13 f. 330. III, 420.
Imhoff, von, holländischer Generalgouverneur auf Ceylon (1736). VI, 261.
Imil s. Emyl.

Imil-Thal scheidet die Kette des Tarbagatai von den Tochta-Bergen. II, 418.
Iminliu s. Emyl.
Impal-Turul, Fl. = Kongba. V, 360.
Improvisation der Kalmücken. II, 975. — der Bhats in Malwa. VI, 764. — Zeitvertreib der Rajputenfürsten. VI, 891.
Imuscha (tungus.) s. Steinbutter. III, 48.
Ina, Fl. III, 54.
Inä, Fl. II, 860. 869.
Incolla. III, 919.
Indawur, Dorf bei Mairta am Rin in Jhudpur. VI, 973.
Inderowty, Fl. in Gondwana s. Indrawuty. VI, 500. 520.
Inderthum, die antike Eigenthümlichkeit desselben noch heute in Tanjore. V, 518.
Indiani, Fluß zum San Kosi. IV, 90.
Indien, Englands Supremat über, Aussichten in die Zukunft. VI, 68. — frühere Verbindungen desselben mit Abyssinien. V, 620. 906.
Indier in Rom unter Kaiser Claudius. V, 489. VI, 18. 421. — haben auch Seefahrt getrieben. V, 442.
Indische Erdansicht. II, 5. V, 491. — Kolonien in Khotan. II, 335.
Indischer Kaukasus. V, 499.
Indifferenz, religiöse, in Ladakh. III, 626,
Indigo, wild in Dschittagong. V, 419. — wild und cultivirt in Ava. V, 249. — in Dekan. VI, 473. — in Thaumpe. V, 189.
Indigo-Bau und Ausfuhr aus Ceylon. VI, 40. 117. — in Kiaungeik am Irawadi. V, 177. — in Martaban. V, 155. — die grandiosesten Pflanzungen in der Ebene von Plassey. VI, 1204. — die Kultur desselben hat den Opiumbau im Gangesthale verdrängt. VI, 1141. — verlangt Kalkboden. VI, 1216. — Hauptmarkt desselben am Ganges ist Mirzapur. VI, 1154.
Indigo-Insel s. Kokram. IV, 1071.
Indigofera pseudotinctoria. VI, 473.
Indigofera tinctoria, wild auf Ceylon. VI, 41.
Indo-Chinesische Völkergruppe. V, 384.
Indo-germanische Völker. II, 434. — in Nordasien. II, 1130 f.
Indo-Scythen s. Getae.
Indoscythische Zeit in Indien. V, 452.
Indore, die neuere Residenz Holkars in Malwa. VI, 757.
Indra sanskr. = Herrscher (ind = herrschen), der tausendäugige Gott. II, 13.
Indra als Iupiter Pluvius. III, 540.
Indra's Blitz oder Donnerkeil. IV, 70. — sein Elephant. V, 161.
Indra, Stadt in Kaschmir, durch Erdbeben im Jahre 1554 zerstört. III, 1128.
Indra Bhuti. V, 748. (s. Gautama Swami.)
Indraprashta, Indraprastha, alte Stadt am Yamuna. V, 499. VI, 1127.
Indravati, Fl. III, 785. 788.
Indrâyudha sanskr. = Indra's Waffe, der Regenbogen. II, 13.
Indurra, die Rhatorestadt. VI, 985.
Indus, Fl. scheidet Ost- und West-Asien. II, 994.
Indus-Anwohner, ihr Wandertrieb. VI, 1073.
Indusflotte Alexanders. V, 456.
Indus-Mündung, Alexanders Flottenfahrt an derselben. V, 476. 479. VI, 628.
Indus-Quellen. III, 592.
Industrie in Ava. V, 260 ff.
Inflexion fehlt der birmanischen Sprache. IV, 971. 1156. V, 284.
Ingan s. Khing-kan. III, 365.
Inggar, an der Grenze der östl. Burut. II, 401.
Ingke, Nordarm des Dupha. IV, 390.

Ingoda, Fl., ehemals Schilka (s. d.). II, 521. 603. — Hauptarm des Amur. II, 531. — Ursprung des Namens. III, 404.
Ingomaki, Zufluß zur Angara. III, 39.
Ing she men, Birmanenkönig. V, 303.
Ing-tschang-fu = Bars-Khotan, Stadt. II, 533.
Inguan s. Monitor terrestris. VI, 230.
Ingwer (ohne Fasern) wild in Asam. IV, 293.
Injä s. Inä. II, 864. 877 ff.
Innaconda, Berg. VI, 472.
Inner-Asien, Name. II, 87. zerfällt in 3 Theile IA. im Osten, IA. im Nord, IA. im West, ebds. — IA. im Süd = Tübet. s. d.
Innes, englischer Major. V, 356.
Inpagutt. VI, 430.
Inquisition, portugiesische in Indien. V, 642. — namentlich in Goa. V, 612. — römische, Kampf der St. Thomaschristen in Indien gegen dieselbe. V, 614.
In-Schan, Gebirge, Anfang desselben. II, 153 ff. 236 ff. 356. 493.
Inschrift Kaiser Kanghi's in der Gobi. III, 361. (vergl. II, 305.). — in Pali-charakteren auf Singapore gefunden. V, 67. — christliche (in Estranghelo) in Siganfu gefunden. II, 286. — chinesische, am Tulaflusse auf dem Khan-Ola. II, 519. III, 225. — chinesische Sieges-, des Kaisers Kanghi. II, 525.
Inschriften, indische, in der Sammlung des Obersten Mackenzie. VI, 419. — mandschurische, in der Nähe von Buchtarminsk. II, 679. — sanskritische, auf dem hohen Abu bei Serowe. VI, 734. — unlesbare, auf einer alten Pagode in der Nähe von Cachar. V, 385. — noch unentziffer te, am Abhange des Udaya Giri. VI, 552.
Inseln, oceanische. II, 27. — vorliegende, als abgesprengte Glieder der Continente. III, 28. — die glückseligen des Diodor. V, 603.
Inselbildung, Wesen und Bedeutsamkeit derselben. II, 27.
Insel-Gebirge, Defin. II, 33.
Inskaja-Gora (d. i. das Kalkgebirge). II, 865. 870.
Inskoi Chrebet. III, 55.
Instrumentalmusik der Kalmücken. II, 976.
Insula Dioscoridis = Sukhatára. V, 443.
Intschahan, Steppenfl. der Gobi. III, 365.
Intu s. Pe-Intu. III, 646.
Inu-Shan (die Laos von Yangoma). IV, 1231.
Io s. Yau, Yo. V, 277.
Ioan Presbyter. II, 256 ff.
Ioan, Patriarch der Nestorianer in Bagdad (1001—1012). II, 288.
Ioandesi (tungus.) s. Jenisei. II, 1113.
Joannes Rex Indorum Sacerdos. II, 283 ff.
Ioar, d. i. Feueropfer. VI, 821. 860.
Ioblonoi Chrebet (d. i. Apfelgebirge). II, 474.
Iodapur s. Jhoudpur. VI, 977.
Iogana, Stadt auf Ceylon nach Ptolemäus, wol das jetzige Kudrimalle. VI, 21.
Iogi-mara, Thal des Trisul-Ganga. IV, 34.
Iohannes, Priester, Sage von demselben in Afrika. II, 294. — s. Priester Johannes.
Ioharrum, d. i. Riesen der Ceylonsage. VI, 95.
Iohe, nepales. Name für Kathmandu. IV, 74.
Iohilla, kl. Fluß am Fuße des Omercuntuk-Plateaus; Pilgerlegende von ihm. VI, 571.
Iohns, St., Cap. V, 616. 666. 1075.
Iohnston, Alex., Oberrichter auf Ceylon. VI, 36.
Iohnstonehouse bei Madhura. VI, 423.
Iohor s. Djohor. V, 7.
Iola, d. i. Seilbrücken. III, 877.

Jollo (mongol.) s. Gypaetus barbatus. III, 184.
Jolpayi s. Perinkara (Hort. Mal. in Asam. IV, 325.
Jolyphanodas s. Geganigaru V, 934.
Jom, ein heiliges Buch in Tübetischer Sprache. III, 354.
Jomanes (Plin.) = Dschumna III, 881. V, 481.
Jonagrah Girina. VI, 734.
Jones (Will.), Villa desselben bei Jaffirabad. V, 417 f.
Jones, britischer Lieutenant, sein Landmarsch von Rungpore nach Jeypore nach Ober-Asam. IV 358 ff.
Jonesia asoca. VI, 540.
Jongar-iulh (tübet., d. i. Dsungaren-Staat) s. Yarkend. IV 179. 181.
Jonk-ceylam. V, 76.
Jonnalu s. Holcus sorghum VI, 475.
Jo Pri, Flächeninhalt. V, 159.
Jorhat, neuere Residenz von Asam IV, 302. 317.
Jorikampti, Alpenweiden von IV, 102.
Josimath, Stadt, Residenz des Oberpriesters auf den Höhen der Gangesquellen. III, 499.
Jou, Uigurenstamm. II, 343.
J-ou s. Khamil. II, 357. 365.
Joui-ti (i. e. ingeniosus Imperator), Name des Kaisers Kiakhing (s. d.). III, 222.
Joupa s. Djukba. IV, 212.
Jouro (mongol.) s. Jrö. III, 212 [Wem fällt hierbei nicht der alte Name des Nil ἰάρω, Jaro, ein J. L. J.]
Jow = Gerste. III, 749.
Jowarry s. Holcus sorghum VI, 753.
Joy Faknir, einstige Ansiedlung der Araber in Maabar. V, 585
Jöckh, Zufluß zum Askysch. II 1085.
Jptartai-Nor in der Gobi. III 365.
Jpuki, Fl. II, 1048.
Jra, Zubach des Temnik. III, 150
Jran, Feuerkultus hat sich noch immer erhalten in einigen der unzugänglichsten und verborgensten Thäler von, V, 616.
Jrapur s. Hirapor. III, 1144.
Jrawadi, oberer Lauf, völlig unbekannt. V, 345. — ob identisch mit dem Dzangbo? IV, 220. 223. 304. 352. — nicht schiffbar bis zur chinesischen Grenze. IV, 264. — Querthal des, V, 219 ff.
Jräoti (Hyraotes), noch heutiger Name des Rawifl. V, 470.
Jrbische Eisenhütten. II, 1105.
Jrbitsche Messe am Ural. II, 672. 798. III, 133.
Jrdekulu, Taidschi. II, 551.
Jrdensches Kochgeschirr, Exportation desselben in Tavay. V, 129.
Jren, Fl. s. Ering. III, 81.
Jren-Chabirgan s. Bogdo-Oola. II, 337 ff. 398. 400. 407.
Jren-Nor, Salzsee in der Gobi. III, 371.
Jreng s. Jrung. V, 370.
Jrga s. Spiraea alpina. II, 869.
Jrgaltai, Fl. s. Jurgutu. II, 1074.
Jrgana-kon, Ebene. II, 438. f. 927.
Jrgen-See. II, 607. III, 146. 161 ff.
Jrgene-kun, Ebene. II, 438.
Jrgen-Targak. II, 1016. (d. i. turk. = zackiger Kamm.)
Jrho Tsitsi Kona, chines. Grenzwacht. II, 1069.
Jridium, (in unverhältnißmäßig bedeutender Quantität) im Gold-Platin Ava's. V, 245.
Iris dichotoma. III, 291.
Iris pumila. III, 279. 281.
Iris sibirica s. Pikulnik. II, 1077.
Jrkut, Zufluß der Angara. II, 590. — Quelle. II, 1031. III, 75.
Jrkutzk, die Capitale von Ostsibirien, der Mittelpunkt des Verkehrs im Baikal-Gebirgslande. III, 128—134. — Gouvernement, Größe desselben. III, 129. — Höhe über d. Meer. II, 1040. — Entstehung. II, 607. III, 129. — Centrum des Erschütte-

rungskreiſes in Oſtſibirien. II, 390. III, 85.
Irland, Denkmäler dortiger Aboriginer. II, 764.
Irnada-Diſtrikt in den Nilgherry. V, 775.
Irô-Fl. III, 212 f. (d. h. der Wohlthätige.)
Irokan-See. III, 38.
Irol ſ. Jlolo.
Iron-side (engl., d. i. Eiſenwand), Felsſpik des Himalaya. III, 938.
Irrelurs ſ. Emular. V, 1015 ff.
Irrigationsſyſtem, antikes, auf Ceylon. VI, 93 ff.
Irrwege, vor den Tempelhütten der Tudas in den Nilgherry. V, 1040.
Irtyſch, der Stille. II, 676. — Quellen, geogr. Lage. II, 488. 491. 526. — zu ihnen wurden die Tſchen-yu der nördlichen Hiongnu zurückgedrängt (90 n. Chr.). II, 243. — Quellflüſſe. II, 488. 637. — mittlerer Lauf bis Uſtkamenogorsk. II, 644—646.
Irtyſch-Baraba-Iſchim-Steppe. II, 826.
Irung, Bergſtrom in Munipur. V, 370.
Irung Nulla, große Bambusbrücke über denſelben. V, 374.
Iruputty ſ. Carachu. V, 765.
Irus, Berg an der Indusmündung zu Alexanders d. Gr. Zeit. V, 479.
Is, Zufl. zum Abakan. II, 1083.
Iſa ſ. Is. II, 1083.
Iſaac, Armenier, Reiſegefährte des B. Goës. II, 219.
Iſan-Patnaik. VI, 564.
Isauitae. III, 438.
Ischoenum ſ. Sabe. IV, 46.
Iſik, Berg. II, 1093.
Iſino (Pali = Eremit). V, 213.
Iſir-kitſchi (d. i. Leute vom Katſchaſl.). II, 1093.
Iſir-ſu = Katſchaſl. II, 1093.
Iskender ſ. Skender.
Iskenderfels auf Ceylon. VI, 53.
Iskender Shah ſ. Skri Iskender Shah, ſein Grabmal. V, 68.
Islam, Verbreitung desſelben in Dſchittagong. V, 423.
Islam-abad, Stadt in Dſchittagong. V, 313. — Ort in Kaſchmir. III, 1150.
Islamghur ſ. Islamkote. VI, 1025.
Islamkote, Feſtung in der Wüſte von Sind. VI, 1025.
Island, vulkaniſche Erſcheinungen auf, III, 672.
Isle-Bourbon, als europäiſche Reconvalescentenſtation. V, 955.
Isle de France, Zimmtpflanzungen auf, VI, 130.
Isma, Korund in den Bergen von, IV, 53.
Ismailiah ſ. Behrahs. VI, 567.
Ismalabad, Hauptſtadt von Dſchittagong. V, 415. 416.
Isprawnick, bei den Kalmücken, ruſſ. Kreishauptmann. II, 941.
[Israël, Kinder, ziehen durch das Rothe Meeer; vergl. die analoge finghaleſiſche Sage. VI, 242.]
Iſrafil, der Engel des jüngſten Gerichts. V, 913.
Iſſe ſ. Is. II, 1083.
Iſſe-Kul, der, mit dem Ausfl. des Tſchui. II, 394—398.
Iſſetſe (chineſ. Annalen) = Dezdejerd. III, 647.
Iſſigheul ſ. Iſſe-Kul (türk., d. h. der Warme See). II, 388. 394.
Iſſyk, Berg, ſ. Iſik (d. i. Heißer Berg). II, 1093.
Iſta Mahmud, Höhle auf Ceylon. VI, 53.
Iſultſchuck, Quellfluß des Irtyſch. II, 638.
Iſwara, Bedeutung des Wortes bei den Jainas. V, 748.
Iswjeſtkowoj, Kalkſteinbruch von, II, 795.
Italiäner, als Baumeiſter in Indien. VI, 929.
Itanza, Fl. ſ. Eramza. III, 138.
Itanzinskoi Oſtrog. III, 149.
Itattu-Dola. II, 493.
I-thung-ſchi (d. i. Coder der Geographie), mongoliſches Werk. III, 393.
Itilekireßkiſche Woloſt. II, 784.
Itilikiret, Kirghiſenſt. II, 758.
I-tſchéu-Khamil. II, 357. 365.

I=tou=han, d. i. Idikut=Khan. II, 558.
Ittem, der Kolbalen, der Gebirgszug. II, 1019.
Iu, Zufl. zum Askysch. II, 1085.
Iuanpore, am Gumty. VI, 1145.
Iuari. VI, 453. (Holcus sorghum.)
Iubal, Alpenstaat. III, 864 f.
Iubbulpur. VI, 572 f. 576.
Iubing, Dorf. IV, 102.
Iubul, Alpenstaat im Paburgebiete. III, 744.
Iubuna s. Dschemna. III, 882.
Iuchten, russische, Handel damit nach Gertope. III, 483. 510. 604.
Iuck, Prophet aus Rumsan. VI, 1030.
Iuden, indische, als treffliche Soldaten. VI, 635. — Gefangenschaft ders.ben in Aegypten, ähnliche Sage in Ceylon. VI, 246. — in Jerusalem. VI, 1156. — Verbreitung derselben in Hindostan. III, 1185.
Iudenkolonie, die, in Malabar; die alten Judenansiedelungen in Indien und Asien. V, 595 bis 601. — in China. V, 599.
Iudenpech, ausgeworfen vom Baikalsee. III, 38.
Iüdische Gesichtsbildung der Rhatore in Shekawutty. VI, 937. — der Einwohner von Kutch. VI, 1054.
Iüdisch=Sabäische Regenten. V, 604.
Iudisther, einer der 5 Panduiden. III, 939.
Iuds s. Juts. V, 901.
Iudson, Amerikanischer Missionar. V, 148. — sein Birmanenlexikon. V, 284. 287.
Iugamahal=Berge, eisenreiche. VI, 487.
Iugdulpur s. Jaghedepur. VI, 499.
Iuggler, jongleurs, in Malwa. VI, 771.
Iug Soma, Hindu=Idol. V, 540.
Iugnren s. Uigur. II, 441.
Iugut Mohun Singh, Herrscher von Bundelkhund. VI, 839.
Iuhjung, Zufl. zum Lohit. IV, 383.
Iuitpur, Ort in Kattiwar. VI, 1066.
Iujubenbaum s. Zizyphus vulgaris. V, 201. — köstlich in der Oase Hami. II, 359. — s. auch Bayr. VI, 829.
Iu=kung, Flugsandmassen des, II, 204.
Iule=Holz auf Ceylon. VI, 122.
Iulin und Vineta, ähnliche Sage in Indien. VI, 324.
Iulky, Ort in Gondwana. VI, 494.
Iumadar, militärischer Titel in Asam. IV, 318.
Iumboo, indischer Staat. III, 1077. V, 456.
Iumbu, Grasart. VI, 474.
Iu=men, chinesischer Grenzpaß. II, 202 ff. — s. Yuman. II, 357.
Iumla s. Yumilah. IV, 24.
Iumma=Moschee von Mandagurh. VI, 585.
Iummu s. Jumboo, s. auch III, 1078. 1122. V, 456. 579. — vergl. Jumbo, Jumnoo, Tschamou.
Iumna s. Dschilum. III, 1156.
Iumna=Musjed, die prachtvolle Moschee in Ahmedabad. VI, 646.
Jumne mundroo, der Berberis verwandt. IV, 54.
Iumsetji, Parsifamilie in Bombay. VI, 1082.
Ium=tschieu, Fl. IV, 144.
Iumuwei, König von Aracan (1306—1337 n. Chr.). V, 314. 327.
Iun s. Kattia. V, 463.
Iunaghur=Berge auf Guzurate. VI, 1067.
Iunah=Chotun. VI, 1020.
Iunaija, Schäfertribus in Jessulmer. VI, 1016.
Iunar, Gruppe von Grottentempeln. VI, 384.
Iundrey s. Dschender Raj. V, 545.
Iundria, Pikkegel im Insellande Kutch. VI, 1040.
Iunalle, nährende Wurzelart auf Ceylon. VI, 115.

Jung s. Tsang. III, 735. IV, 175.
Jungah s. Jhungagari. IV, 39. 41.
Jung Dust (d. i. die kleine Messe) in Leh. III, 621.
Jung khung fu, Tempel des chinesischen Kaisers zu Tsiambo. IV, 206.
Jungle s. Jangal, bes. V, 628. VI, 1121.
Jungle-Fieber, nie in Kokoswaldungen. V, 845. VI, 507. — ergreift die Munipuris im Kubo-Thale. V, 362.
Jungle-Mehals (d. i. die Waldreviere). V, 628.
Jungle-Tarze, ehemalige schöne Race indischer Pferde. V, 899.
Jungli Awe s. Spondias mangifera. V, 720.
Jungulak, Fl. II, 1034.
Ju nieou Schan (chin.), d. h. Berg der Kuh, auf welchem die Quelle d. Gelben Stroms. IV, 651.
Juniperus-Arten, eigenthümliche in Nepal s. Dhupi. IV, 58.
Juniperus lycia. II, 816. 869. 912. — der Sewenbaum. II, 765.
Juniperus nana. II, 714.
Juniperus sabina. II, 714. 1022. 1080. 1082. — an der Buchtarma. II, 680.
Junk Ceylon, Insel. V, 76 bis 82. — Zinnreichthum. V, 439.
Junkhari s. Dsungharen. II, 456.
Junkharorum Ontacy s. Dsungharen. II, 456.
Junovogel s. Argus giganteus. V, 23.
Junsar, wildes, wenig bekanntes Bergland zwischen dem unteren Tonse-Laufe und dem östlichen Dschemna. III, 875.
Junysch-Bach. II, 872.
Jupha. IV, 103.
Jupi, Bergwasser im Gebiete der Bhor-Khamti. IV, 397.
Jupiter, der Planet, Eintritt desselben in das Zeichen des Löwen. III, 1156.
Jupiter Belus s. Bali. VI, 322.
Jupiter Pluvius. II, 13. III, 540. 903.
Juragan Soliman. V, 24.
Jurbinskaja, Dorf. II, 1092.
Jurgutu, Fl.; ob Tsir-ko-tu? II, 1071.
Jurib = Ruthe, Maaß in Malwa. VI, 789.
Jur kannam, Stadt in Malabar nach Ibn-Batuta. V, 591.
Jurta, Bedeutung. II, 965.
Jurte, Ursprung des Namens. III, 211.
Jurten der Kirghisen, Kalmücken, Katschinzen. II, 1095. — der Kalmücken. II, 965.
Juschpur. VI, 354.
Jusdhun, Ort in Kattiwar an der Quelle des Bhadur. VI, 1066.
Jushka, Turkkönig von Kaschmir. III, 1100.
Jushkapur, das heutige Dahimpur. III, 1100.
Jussaly, Bergspitzen. II, 787.
Jussiaea repens. VI, 1115.
Jussún tsagàn, der neunfach weiße Tribut. II, 269.
Ju-Stein. II, 138. 210. 221. besonders gut bearbeitet in Peking. 349. vgl. VII, 380. 389.
Justinian, Kaiser. VI, 563. — läßt Seidenwürmer holen. V, 443.
Justinus II., Kaiser (569). II, 478. 574.
Justizwesen in Korea. IV, 642.
Jutha Durbar (d. i. der Lügenhof). VI, 921.
Juthian s. Khotan. V, 913.
Jutsché, Stammverwandte der Tungusen. II, 598.
Ju-tschi (Kin-Dynastie 1115 bis 1234). II, 254.
Ju-tschy-Khitan, kriegerischer Völkerstamm. II, 98. III, 304.
Juwelierkunst der Birmanen. V, 262.
Jüßtutt, linker Zubach zum Kökfun. II, 922.
Jvanofskaja, Kupfergrube. II, 823.
Jwalamuky, d. i. strahlende Herrlichkeit, Tempelidol zu Nagrakote. V, 572.
Ixora, sp. VI, 540.
Ixora coccinea auf Ceylon. VI, 122.

Iykin, Ufer desselben von Chinesischen Sojoten bewohnt. II, 1005.
Iyntidschwuri, Landesgötze der Cossyahs. V, 390.
Iyntea, der Gebirgsstaat. V, 386 folgd.
Iynteapur, Hauptstadt von Iyntea. V, 387.
Iypore, altes Fort in Asam. IV, 314.
Iy Sing, Erbauer des Sanctuariums zu Ongkar Mandatta. VI, 595.
Iytsch, Pergunnah von Kaschmir. III, 1137.
Iyut, Zufl. zum Uß. II, 1018.

K.

Ka (siames. = Insel), Kayet. IV, 905. V, 133. 156.
Kaba, d. i. Kropf, geschwollener Hals. IV, 139.
Kabaneï-Muis (d. i. das Kap der Eber) am Baikalsee. III, 14.
Kabanie-Fluß. III, 46.
Kaban-Kulak, See. II, 396.
Kabanofskoi. II, 583.
Kabanow, Höhe. II, 817.
Kabanskoi-Kap am Baikalsee. III, 46.
Kabanskoi-Ostrog. III, 70. 71.
Kabbella-Holz auf Ceylon. VI, 122.
Kabira. V, 617.
Kabouc, Name des Thoneisensteins in Ceylon und Malabar. V, 34.
Kabrath s. Kuriat. V, 547.
Kabuk s. Eisenthon, Laterites. VI, 6. 79. 83.
Kabul s. Kamul. II, 361. — (nördlicher Theil), einst dem baktrischen Reiche angehörig. V, 485.
Kabumalupara, wüster Distrikt am Westfuße der Garoberge. V, 400.
Kacha (d. i. unreif). VI, 359.
Kachalu s. Arum colocasia. III, 841 f.
Kachein, Insel im Sanluen. V, 155.
Kachhar s. Cachar.
Kachili, d. i. Kaufleute, Charuns in Malwa. VI, 762.
Kachinagar s. Canchipura. VI, 564.
Kachubari, Ort und Paß in Bhutan. IV, 161. 169.
Kadachaong Creek. V, 135.
Kadhu, roher Völkerstamm in Tavay. V, 129.
Kadilnoi Utjos, das beräucherte Kap, am Baikalsee. III, 13. 25.
Kadol, Insel im Sanluen. V, 155.
Kaduganarron, Bergpaß auf Ceylon. VI, 198.
Kadzi-rava, Sommerpark des Dalaï-Lama bei Butala. IV, 245.
Kaephal s. Amyris heptaphylla. III, 842.
Kaffa in Habesch, die Urheimath des Kaffees. (Afr. S. 175.) VI, 119.
Kaffeebaum, Anpflanzung desselben auf Singapore ist nicht gerathen. V, 65. — Cultur desselben auf Ceylon. VI, 119. — in Dschittagong. V, 419. — in den Nilgherry angepflanzt. V, 983.
Kaffeebäume, Ertrag derselben in Ceylon. VI, 7.
Kaffee-Surrogat der Tungusen (Hyoscyamus physalodes). III, 287 f.
Kaffern, Collektivname bei den Muhammedanern. II, 274. — (arab.) = Ungläubige im Hindu Khu. III, 421. V, 450.
Kaffernländer Afrika's, Elephanten in denselben. V, 916.
Kagach (pers.) = Reispapier. VI, 1245.
Kaghez-gumbah. IV, 101.
Kaghzi, Wallnußbaum in Kaschmir. III, 1196.
Kagu manis, Kaschu manis, d. i. Cinnamomum, Zimmt (mal. = süßes Holz). VI, 125.
Kah s. Koh. III, 1123.

Kahladsch, Dorf im Industhale. III, 632.
Kahwerparah, Quelle in Kaschmir. III, 1154.
Kaibar, Zufluß zum Argun. III, 300.
Kail, Pinus-Art in Sirmore, s. Kelöi. III, 861.
Kailar, Bach. II, 114. — Nebenfl. des Argun. II, 539.
Kailasa (sanskr. = Hochgipfel), die höchsten, heiligsten Gipfel des Himalaya. II, 13. III, 512. 569.
Kailasi s. Koilasee. IV, 321.
Kaili auf Celebes. V, 72.
Kailwara, Hauptort eines Gebirgsgaus in Udeypur. VI, 893.
Kain, Stamm der Ostturk. II, 1083.
Kain-Aimak der Birjusen. II, 1039. 1082.
Kainda-Bulak, Quelle. II, 423.
Kainde, chinesischer Wachtposten. II, 330.
Kainroukri. IV, 1233 f.
Kain's Söhne. VI, 62.
Kairah, an einem Seitenfl. des Sabermati. VI, 646.
Kairana. V, 890.
Kairi s. Mimosa Catechu. V, 697.
Kairo, Lokalität. V, 178.
Kairula s. Malayala. V, 514.
Kais, indische Gewebe. V, 470.
Kaiser, chines., Tempel desselben zu Tsiambo. IV, 206.
Kaiserbad, Mineralquellen an der Jeholstr. II, 133.
Kaiserberg, der. II, 519.
Kaiserstr., chin. II, 132.
Kaiser-Thee. III, 246.
Kaisin s. Kotel. II, 895.
Kaislur, Feste des Bustar-Radja. VI, 500.
Kaith s. Kayastha. VI, 767.
Kajla, indischer Vogel. IV, 48.
Kaju s. Kashu, Anacardium occidentale. V, 720.
Kakam (Ibn-Batuta), Name einer Art von chinesischen Schiffen. V, 593.
Kakanwar, Stadt in Malabar nach Ibn-Batuta. V, 590.
Kakerghat s. Kukirghautt. IV, 41.
Katha, Insel (?). VI, 246.
Ka khiaen, Ka kyen, an den obern Ufern des Saluaen. V, 279.
Kakis s. Kukis.
Kaklakhot, District von, IV, 179.
Ka Kret. V, 133.
Kakuli (?), Arom auf Ceylon nach Ibn-Batuta. VI, 50.
Kakus, Abtheilung der Sinhphos in Asam. IV, 379 f.
Kakushsanda s. Manushi. IV, 135.
Kala. V, 748.
Kala-Bhyrub, Geb. IV, 91.
Kala Bhyrub Langur Bhenjang. IV, 95.
Kala Nagha Ghat, Dorf am Djiri-Nullasi. V, 369.
Kala-Sogpo-Tataren, ihre ehemalige Ausdehnung. IV, 40.
Kaladyng s. Aracan Str. V, 309.
Kalaisur am Godavery. VI, 466.
Kalaït, Turkis anorganischen Ursprungs. III, 411.
Kalakot (d. i. innere Feste). VI, 436.
Kalam (arab.), d. i. Feder. VI, 1245.
Kala-mas s. Phaseolus Minimo. IV, 75.
Kalamback, d. i. Aloëholz in Asam. IV, 294.
Kala Megh (d. i. Schwarze Wolke), höchster Pik im Berglande Harowti. VI, 805.
Kalan, Amtstitel in Bhutan. IV, 159.
Kalani Ganga, Fl. auf Ceylon. VI, 88. 99.
Kalanka, Zubach zum Bargusin. III, 52.
Kalantan, Malaienstaat. V, 5.
Kalantier des Herodot, indische Völkerschaft. V, 446.
Kalantschie Nojon. II, 1072.
Kalanus (indischer Gymnosophist zu Alexanders Zeiten), Ursprung des Namens. V, 442.
Kalany Tissa, König von Ceylon. VI, 238. 239.
Kala Naga, Passagedorf in Munipur. V, 373.
Kala-Pani, Fl. in Cachar. V, 396.
Kalaum kynu, Insel im San-

luenfluß. V, 153. 156. s. Kynn-Insel.
Kalbasin, Kalmückenort. II, 550. 747. 749.
Kalbasunskaja-Saostrowka. II, 749.
Kalbsopfer der Tudas. V, 1041.
Kalbinberge. II, 642. 644.
Kalburga, alte Capitale. VI, 429.
Kalby-Berge s. Chalwa. II, 760. 788.
Kaldjan-Burgut, Landschaft. II, 310.
Kaldjan-Burgutu. II, 168.
Kaldsa s. Gyldscha. II, 402.
Kaldschakschin. III, 117.
Kaldschirwan, Quellfl. des Irtysch. II, 638.
Kaleeng aug s. Kaleinaum. V, 123.
Kaleinaum, Ort in Tavay. V, 123.
Kalender der Ceylonesen nach den Ringen der Kokospalme. V, 854. — der Birmanen. V, 285. — chinesischer, Annahme desselben ein Zeichen der Unterwerfung. Vergl. auch II, 1181. IV, 240. 286. — koreanischer. IV, 646.
Kalenderberge. II, 204. 718. 720.
Kalesi. IV, 82.
Kaleswar, Pilgerort. IV, 30.
Kalgan (ruff.), Gebirgspaß, Pforte, oft wiederkehrender Name in Daurien. II, 102.
Kali, Bad am Tempel der, bei Kalatsur. VI, 467. — Name für den oberen Lauf des Ghandaki. IV, 16. — Stadt auf Ceylon, nach Ibn-Batuta. VI, 56.
Kalian s. Kaleinaum. V, 123.
Kalick, d. i. October. III, 621.
Kali Ganga, Zufl. zum Alacananda. III, 908.
Kalikotta (sanskr. = Wohnung der Kali) jetzt Calcutta. V, 507.
Kalikut, ob Bakari des Ptolemäus? V, 515.
Kalila, Buch, indischen Ursprungs. V, 525.
Kalimuck. II, 446.
Kalinga, Landschaft, d. i. Bengalen bis zum Ostmeer. III, 1107. IV, 1162. V, 508. 511. VI, 221. 432.
Kalinga-Sprache s. Telinga. VI, 379.
Kalingera. VI, 643.
Kalinjer, der Staat. VI, 833. — die Festung in Bundelkhund. VI, 860 ff.
Kalinjer-Berge. VI, 1021 ff.
Kalinjurkote, einstige Ansiedelung der Araber in Maabar. V, 585.
Kali Nuddi, Flüßchen bei Mirut. VI, 1123.
Kalipani (= Schwarzwasser), Nebenfl. des Gomuti. V, 409.
Kalipha, Anführer der Bettelpilger. VI, 629.
Kalitempel zu Kote Kangrah. III, 1072—1075. V, 539.
Kali-Ummun, Göttin der Cadar. V, 762.
Kaliu-tei, Berg am Dalai-Nor. II, 539.
Kaliyani (d. h. die Schöne, sanskr.), alter indischer Handelsort. V, 515.
Kaliyuga (3101 v. Chr.), indische Aera. V, 491.
Kalk, Handelsartikel der Birmanen. V, 263.
Kalkhaltiges Wasser der Buchtarma, schädlich für Wunden. II, 677.
Kalkincrustate. IV, 47.
Kalksinter, alabasterähnlicher. II, 1085. — incrustirt sich an Wasserfällen. VI, *469.
Kalksolution, bedeutende Quantitäten derselben in den Schlammmassen des Hugly. VI, 1216.
Kalkstein, trefflicher, aus den Laourbergen durch ganz Bengalen angewendet. V, 402. — blauer, in Martaban. V, 136. — im Basalt. VI, 459. — rauchgrauer. VI, 843. — Natur desselben auf Ceylon. VI, 79. — mit dem völligen Ansehen geschmolzener Massen und von ganz durchsichtiger Natur in Sirmore. III, 874.
Kalksteinberge mit Petrefakten. II, 842.
Kalksteinbruch bei Iswjestkowoj

im Semipalatinsker Kreise. II, 795. — einziger in Gr. Nepal, am Nag-Arjun Berg. IV, 68.
Kalksteingebirge, Formen derselben in der Provinz Canton. IV, 664.
Kalksteininseln und Kalksteinketten im malaischen Archipelagus. V, 21.
Kalla Mala, Teakwald von außerordentlicher Ausdehnung. V, 782.
Kalleah Deh am Siprafl., der Pallast der Ghuriden bei Oujein. VI, 756.
Kalliabar. IV, 338. V, 371.
Kalliana (*Καλλιάνη* bei Cosm. Indicopl.), indischer Hafenort, ob Bombay? ob Kalikut? V, 515. 603.
Kallindscher. V, 546. — genaue Angabe der relativen Lage. V, 547.
Kallipu, Perlensorte. VI, 177.
Kalmack s. Kalmuck. II, 446.
Kalmak Desertum. IV, 183.
Kalmakow, Iwan. II, 572.
Kalmanka, Station. II, 828.
Kalmazkoi. II, 583.
Kalmuck. II, 446.
Kalmung s. Keln, Pinus Deodara. III, 817.
Kalmus, treffliches Mastfutter für die wilden Schweine. II, 639.
Kalmücken am Iren-Chabirga. II, 339. — ihre Waldkultur. II, 896. — die doppelt-zinspflichtigen Bergkalmücken. II, 590.
Kalmückenbach zur Ulba. II, 910.
Kalmückenfeld, das, II, 880.
Kalmücken-Fürsten, verschanzte Hordenlager derselben. II, 742.
Kalmücken-Koppe, geographische Lage. II, 389.
Kalmückenopfer auf Stangengerüsten. II, 935. — Dankopfer an Baumästen. II, 939.
Kalmücken-Tempel, alte. II, 728.
Kalmück-Tologoi, Berg. II, 389. — oder Kalmy-Tologoi, d. i. Kalmückenhaupt, Gipfel der Kalbinberge. II, 630. 642. 644.
Kalmytzkoi-Mys. II, 830.
Kalora-Dynastie in Sindh (1705 bis 1786). VI, 1027. 1058.
Kalotay Tabahan. II, 515.
Kalouton s. Galatai. II, 515.
Kalpi am Yamuna in Bundelkhund. VI, 859.
Kalschu, vortreffliche Art von Yam's. V, 374.
Kaltu, Station in der Gobi. III, 360.
Kalu, Name Mahadeo's. VI, 860. — Fl. auf Ceylon. VI, 209.
Kalu Ganga (d. h. Schwarzer Fluß) auf Ceylon. VI, 88. 101.
Kaluga (russ.), Hausenart. III, 281.
Kalun (d. i. Ghelung), Titel des ersten Ministers in Ladakh. III, 625.
Kalunga s. Nalapani. III, 518.
Kalüm, d. i. Brautschatz, wie es mit demselben bei den Kirghisen gehalten wird. II, 775.
Kaly, Bach. II, 1099.
Kalyana s. Kalanus.
Kam = Osttübet s. K'ham. IV, 651. — d. i. Arzt bei den Kalmücken. II, 947.
Kam-Hay, Festung in der Mandschurei. II, 97.
Kama, Dorf. V, 196.
Kamadeva, der indische Liebesgott. V, 889.
Kamakhya, die allgemeine Schutzgöttin von Asam (ob die Liebesgöttin?). IV, 319. 333.
Kamakshiya. IV, 319.
Kamal, Name der Priester bei den Garo's. V, 404.
Kamal Lochan. III, 492 f.
Kamamang, Stadt, Lage. V, 5.
Kamaon, richtige Schreibart statt Kemaun. III, 530.
Kamara, Zufluß zum Argun. III, 310.
Kamarga, Bach zum Baikalsee. III, 36.
Kamarskoi-Ostrog. II, 620.
Kamaschen, Nomadenvolk. II, 1030.
Kamaschinzen, Nomadenstamm. II, 1043. — im Ssaganskigeb. II, 590.

Kamawa, Buch in Balischrift bei den Birmanen. V, 215.
Kambala, Berg am Palte-See. IV, 229. — s. Gambula. IV, 222. 273.
Kameel, Benennung auf koreisch. IV, 634. — ihre Heimath. II, 899. 953. 954. 1109. III, 54. — wild, am Iren-Chabirga. II, 341. — in der Gobi. III, 381. — bei den Koibalen. II, 1109. (s. 953.) — in Marwar beginnt dasselbe, wo der Elephant das Ende seiner Verbreitungssphäre in Central-Indien erreicht hat. VI, 960 f. — feurigen Temperaments in Kutch. VI, 1050. — Heerden bei den Buräten. III, 121. — wild am In-Schan. II, 241.
Kameele, zweibucklige, bei den Koibalen in der Irtysch- und Jenisei-Steppe. II, 1109. — bei den Buräten. III, 121. — in Tübet v. außerordentlicher Schnelligkeit. IV, 234.
Kameelfleisch zu essen, ist den Lamen verboten. III, 625.
Kameelstraße, Name der Karavanenstraße über den Berg Sendjit nach China. II, 124.
Kameel-Tiger s. Löwe. VI, 709.
Kameelzucht in Malwa. VI, 754. — in Ajimere. VI, 904.
Kamel-khan, chines. Name der Samojeden. II, 1139.
Kamenka, Zufluß zum Alei. II, 818.
Kamenoje Moslo (russ.) s. Steinbutter. III, 48.
Kamennie Medscheti s. II, 1067. vergl. II, 741. 749.
Kamennoi-Baran (russ. Steinwidder. II, 872.
Kamennoi-Ostrog (d. i. Flußinsel) im Jenisei. II, 1104.
Kamensch-tschicks (d. h. Bewohner der Felsdörfer), Name der russischen Ausreißer am Altai. II, 588. 681. — Colonisation der, II, 701—704. 925.
Kamenucha (d. i. Felsbach), Fluß zur Buchtarma. II, 692. 696.
Kamenuschik s. Anas histrionica. III, 162.
Kameri (?), Arom auf Ceylon nach Ibn-Batuta. VI, 50.
Kamewa, birmesisches Buch in Pali-Schrift. V, 215. 284.
Kameyan, Harzart in Siam. IV, 1097.
Kamgar (d. h. zaubern), kalm. vergl. das russ. kamlat. II, 975.
Kamgatsk, turkischer Nomadenstamm an der Uda. II, 1037.
Kamglou s. Kantschéoufu. II, 223.
Kami, Bergleute, Rangklasse derselben in Nepal. IV, 119.
Kamikah. IV, 319.
Kami-tschu. II, 215. 204. (eigentlich Kami-tschéou.)
Kamlat s. kamgar. II, 975.
Kamli sukka, Berg in Bhutan. IV, 170.
Kammand, Dorf in den Nilgherry. V, 1007.
Kammawun, Insel. V, 156.
Kampanang, Dorf in Kanawar. III, 766.
Kampher, Ausfuhrartikel in Singapore. V, 71.
Kampferbäume am Takiangfl. in China. IV, 670.
Kampfergehalt der Zimmtwurzel. VI, 130.
Kampferlorbeerbaum (Laurus glandulifera). V, 414.
Kampion (M. Polo) = Kantschéoufu. II, 223. 308.
Kamraj s. Camraz. III, 1137.
Kamrangga s. Averrhoa carambola in Asam. IV, 325.
Kamrup-Land (d. i. die vier heiligen Distrikte), der alte Name des Asamlandes. III, 428. IV, 288. 299. 324. V, 407.
Kamsara-Kem, Fl. II, 1027. 1039.
Kamti, Volksst. in Asam. IV, 324. — britisches Cantonnement bei Nagpur. VI, 454.
Kamtschatkische Handlungsgesellschaften in Irkutzk. III, 133.
Kam tscheou, große chinesische Stadt. II, 206. 212. 223 bis 225. 290.

Kamul s. Khamil. II, 357. — Marco Polo's Beschreibung. II, 360.
Kamun, buddhistischer Klosterort bei Sungnum III, 572. 584. [der langjährige Aufenthalt des siebenbürgischen Reisenden Csoma de Körös.]
Kamyschenka, Fl. II, 860.
Kamyschin, Höhe (fraglich?). II, 19.
Kan-Fluß. II, 1039—1044.
Kan, Zufluß zum Jenisei, nicht zu verwechseln mit dem zum Tscharysch. II, 899. — Zufluß zum Tscharysch. II, 858. 860. — Stadt an der chines. Mauer. II, 187.
Kana, Prinz von Asam. IV, 301. — in Arabien, Hauptmarkt der Phönizier für den Zinnhandel. V, 438.
Kanak = Weizen. III, 749.
Kanak Nidhi Jiwari, Brahmane. III, 492.
Kanaka Muni s. Manushi. IV, 135.
Kanal von Nearch am Indus gegraben. V, 479.
Kanar s. östl. Goggra. IV, 25.
Kanarak, altes Dorf in Orissa. VI, 552.
Kanauwer s. Kanawar. III, 542.
Kanawar, der Alpengau. III, 765—798. — das Obere. II, 807 ff.
Kanawar-Sprache, ihre Grenze. III, 704.
Kanawari, Handelsthätigkeit und Tapferkeit der Kanawari. III, 760 f. — allgemeine Charakteristik derselben. III, 837 ff.
Kanawur s. Kanawar. III, 551.
Kand Giri, die, VI, 551 ff.
Kandachai (mongol.), d. i. Elenthier. II, 418.
Kandat, Nebenfl. des Amul (ob = Taigoch?). II, 1027.
Kandelle s. Candelly.
Kandelle-Tank auf Ceylon. VI, 97.
Kandhar, Marktplatz am Westfuße der Ghats. V, 668.
Kandras (d. i. Dorfwächter in der Orissaspr.). VI, 528. 556.
Kands, die, in den Grenzgebirgen von Orissa. VI, 526 ff.
Kandschega Bach. II, 426.
Kandschega-Geb. II, 338. 339. — Paß. 339.
Kandschiga = Kandschega. II, 339.
Kandu, Brahmane, geheiligte Einsiedelei desselben am Gumty. V, 562.
Kandy, das Königreich, Eintheilung, Gesetzgebung, Administration. VI, 235. — das alte Königreich auf Ceylon. VI, 72.
Kandy-Fieber. VI, 105.
Kandyk s. Erythronium Dens canis, Wurzeln eßbar. II, 1038. 1089.
Kandyn, Gebirgsgau. II, 1043. — Nomadenvolk. II, 1030.
Kanee, am unteren Ningti, Fundort des Platingoldes. V, 244. 359.
Kangat, Geschlecht der Bergtartaren. II, 1036.
Kangatses s. Kamgatsk. II, 1037.
Kangri s. Kanri. III, 595.
Kanghi, Kaiser von China, sein Durchzug durch die Gobi. III, 359—363. — Embassade zum Kutuchtu Lama (1688). II, 260 ff. — Kaiser, besucht den Kutuchtu-Lama (1696). II, 263. — führt Trauben aus Hami nach China ein. II, 359.
Kangi s. Tamulsprache. VI, 377. — Weilergruppe in Unter-Kanawar. III, 773.
Kangkari, Gurke. IV, 76.
Kangrah. III, 1072—1075. V, 539.
Kanguni s. Panicum italicum. IV, 20.
Kan-hai, dürrster Theil der Gobi. II, 357.
Kan-hai-tsu. IV, 198.
Kanhan, Zufl. zum Wurda-Ganga. VI, 451.
Kan-hoen s. Gan-khoun. II, 1133.
Kani, Bach, ergießt sich in den Gomuti. V, 409.
Kanijan, Station auf dem Shatul-Paß. III, 787.
Kanishka, Turkkönig von Kaschmir. III, 1100.

Kanishkapur s. Cansapur. III, 1100 f.
Kanja-Sum (d. i. der dreifache Gott) der Lamaïten in Ladakh. III, 625.
Kanjar kara, Ort in Malabar nach Ibn-Batuta. V, 594.
Kanji Kaviri Pothi, Heldengedicht in der Orissasprache. VI, 560.
Kankar, cingalesische Residenzstadt (1340). VI, 52.
Kankarboden bei Nagpur. VI, 453. s. Konkarboden.
Kankayi s. Mahanada. IV, 86.
Kan Kiang, Fl. in der chines. Provinz Kiangsi, Hauptstrom zum Poyang-See. IV, 661. — Quelle desselben. III, 245. IV, 666.
Kan-maschen, Nomadenstamm der, II, 1042 f.
Kanna. VI, 347.
Kannee s. Kaue. V, 245.
Kannibalenstämme der Ghonds s. Bhinderwar. VI, 519 f.
Kanodge, Residenz des Königs Vicramadityas. V, 487.
Kanoes aus hohlen Baumstämmen in Munipur. V, 361.
Kanonen in Siam. IV, 1151 f.
Kanorein s. Salsette. VI, 1095.
Kan-pian, d. i. Grenze von Kan. II, 223.
Kan ri s. Gang-dis-ri. III, 595.
Kansa s. Khusa, Stadt. IV, 92.
Kan-sara, Fl. II, 1047. 1050.
Kansâsthi (sanskr.) s. Erz, korinthisches. V, 528.
Kansbans, Küstenfluß. VI, 504.
Kansk, berühmt durch den Zobelfang. II, 1040.
Kanskoi-Ostrog. II, 1040.
Kanssyn, Gebirge. II, 1001.
Kan-su, alter Name für Schan-si. II, 153. — Provinz, Ausdehnung derselben. II, 380.
Kan-su-ouei = Kantschéousu. II, 223.
Kantaka-kote (d. i. Dornfestung), Dorngehege. VI, 986.
Kantal s. Contel. III, 643.
Kan-tcheou-fu, Handel mit officinellen Alpenkräutern und Apothekerwaaren. IV, 668.
Kante, d. h. westliches Grenzland. VI, 757.
Kante-chan s. Gang-dis-ri, Kentaisse. III, 469.
Kante-see s. Kentaisse, Kailasa, Gang-dis-ri. III, 617.
Kanthi, Distrikt von Kutch. VI, 1038.
Kan Tighir, Gebirge. II, 1005. — Fl. Thal. 1011.
Kanton, buddhistisches Kloster mit einer Druckerei zu, II, 745. — oder Canton, als Weltemporium. IV, 825—858.
Kantul, Station in der Gobi. III, 371. — nordwestliche Grenzprovinz von Malwa s. Kante. VI, 757.
Kantygre, Gebirge. II, 1005.
Kanudscha, Feldzug gegen dasselbe von Mahmud dem Gazneviden. V, 543.
Kanug s. Kanya Kubha. III, 424.
Kanum, in Ober-Kanawar. III, 826 ff.
Kanvarpara, Pergunnah von Kaschmir. III, 1137.
Kanya koubdscha V, 493. (Kanodsch.)
Kanyakubja, sanskr. = Kanodge. V, 498. 501. 859.
Kanyeng, Waldbaum in Arracan. V, 320.
Kaojyzu, tübet. Tempel auf dem Ta Siue Schan. IV, 191.
Kao-lao-tchuang, Dorf bei H'Lassa. IV, 257.
Kaoli, einheimischer Name der Koreaner. IV, 631.
Kao-kioueï-saï = Si-tsching, d. h. Weststadt. II, 557.
Kaong m'hu d'hau (d. i. königverdienstliches Werk), großer Tempelbau bei Ava. V, 222.
Kaora, Kawra s. Puchum. VI, 1042.
Kao-tschang, älterer Name des Uigurenvolks. II, 342. 344. — Königreich K. II, 345.
Kao-tsche (chinesisch, d. h. Hohe Karren, Kibitken), Uigur. II, 440 ff.
Kap, Dörfchen an der Mündung des Li oder Spitisl. zum Ssetledsch. III, 703. 806.

Kapalam (Lamplung) s. Maha pala. V, 890.
Kapernaum, Weltstellung, Einfluß derselben für die Verbreitung der christlichen Religion. V, 512.
Ka Pesa, Felsklippe. V, 76.
Kapi, Tribus der Bhotiyas. IV, 166.
Kapilapur, Geburtsort des Sakyamuni. IV, 134.
Kapilavastu. V, 493.
Kapil Indra Deo, Raja von Orissa. VI, 564.
Kapini s. Subhany. VI, 279.
Kapitan, Klippe in der Ingoda. III, 271.
Kapitza, Berg. II, 821.
Kapjkin. II, 638.
Kapterowa, Dorf am Jenisei. II, 1020. 1102.
Kaptschak, Reich, Umfang desselben. II, 282.
Kara-Agatsch, d. i. Schwarzer Wald. II, 423.
Karabuga, Fl., Hoflager des Taischa-Ablaï der Kalmücken an demselben. II, 747.
Karabuga, Zubach zum Saisan. II, 644.
Karabugas, die beiden. II, 643.
Kara-bukruk, Theil der Altaiberge. II, 637.
Kara-chirai, Kirghisenstamm. II, 423.
Karabive-Insel bei Ceylon. VI, 21. 149.
Karadschali, hoher Berg. II, 789.
Karadschül, Bach zum Abakan. II, 1081.
Karaen s. Karian. V, 108. 116 ff. 152. 187 ff.
Karagai, Zufluß zum Koksun. II, 914.
Karagansk (ob Karakasch?), Nomaden-Tribus an der Uda. II, 1037.
Kara-Hotun, Vorderterrasse des daurischen Alpengebirgslandes. II, 100.
Karaila s. Momordica charantia. V, 719.
Karakar, verstoßene Brahmanenkaste bei den Buddagur. V, 1025.
Karakas, Geschlecht der Bergtartaren. II, 1036.
Kara-Kem, Seitenbach des Ulmon. II, 923.
Kara-Kirghiz, Burut, Ostkirghisen. II, 568. 582.
Kara-Khotö s. Ho-tscheou. II, 347.
Karakitai, d. i. Chinesen, bei Russen und Mongolen. II, 408.
Karakitat-Negonkun. II, 409.
Kara-Kogia. II, 361.
Karakolzi, Bergbewohner des Altai. II, 582.
Karakorum am Ute-kian, Lage. II, 498 ff. — Lage nach d'Anville. II, 491. — Residenz Dschingis-khans und seit 1371 auch der Mongolen. II, 451 f. — wahre Lage. II, 310 f. — s. Muztagh. III, 617.
Karakorum-Padischah, Gebirgskette. III, 414.
Karamichefsky, Silbergrube. II, 840.
Karan, Fl. IV, 27.
Karanali, Fl., s. Gogra. III, 493.
Karang, neutrale Grenzlinie in der Gobi. II, 269.
Karanj s. Galedupa arborea. VI, 536.
Karanja, Ort am Wurdaflusse. VI, 450.
Karanut, Tribus der zinspflichtigen Buriäten. II, 1037.
Karaputschur s. Aradschur. II, 464.
Karaoul s. Yümen. II, 211.
Karaschar, Stadt. II, 341.
Karasibi, Fl. (ob Kan-Tighir?) II, 1074.
Kara-su (d. i. Schwarzwasser), Seitenbach des Kekbuchti. II, 763.
Kara-su, kl. Fl. II, 642.
Karatall (d. i. Schwarze Weide), Fl. II, 400.
Karatschilik, Kanton. II, 637.
Kara-tsu, Hafen = Thang-tsin (chin.). IV, 614.
Karaturukkl. II, 426.
Karaulin Gora (d. h. Wachtberg). III, 278.
Karaulnaja-Sopka (d. h. die Wachtkoppe). II, 842. — nicht

Wasserkoppe, wie II, 838 gesagt worden ist.
Karaulnol-Kaman, hoher felsiger Bergzug. II, 730.
Karauls oder Grenzposten. III, 191—197.
Kara-ungur, Bach, Goldsand darin. II, 738. 785.
Kara-usun, Bach. II, 1074.
Karawan-Kull, kleiner See. II, 788.
Karawanen in Central-Indien, sichere Führer derselben sind die Charun. VI, 762.
Karawanenstraßen, über den Berg Sendjit nach China. II, 124. — von Sibirien nach dem Tieflande von China (zwei). II, 102 folgd. — zur chinesischen Grenze durch die Kirghisensteppe. II, 786 bis 790. — große, von Semipalatinsk nach Guldscha. II, 417. 658.
Karawanenverbindung mit China unter der Tsangdynastie regelmäßig organisirt. II, 209.
Karawanenwege von Nertschinsk nach Peking. II, 113 flgd. 628.
Karawe (d. i. Männer des Salzwassers), die Fischerkaste auf Ceylon. VI, 229. 231.
Kara-Yjus. II, 1091.
Karcha-Pira. II, 529.
Kardamomenhandel, vorzüglich Malabar angehörig. V, 825.
Karfunkel (Rubin?) von Kaschimilo. III, 1113.
Karga, Nebenfluß des Witim. II, 603. — Fluß zum Bargusin. III, 52.
Karghalik, Zufl. zum Yarkendfl. III, 638.
Karghinses. II, 1083.
Kargin, Stamm der Ostturk. II, 1083.
Kargin-Aimak der Birgusen. II, 1039.
Kargos s. Kurga. II, 405.
Kargu = Wachtthurm. II, 218.
Karian, wilde Stämme in Tanasserim. IV, 1130. V, 108. 116 f. 129. 152. 187 ff.
Kariang s. Karian. V, 116. 152. 154. 156. 187 f. 277 u. öft.
Karikol, französische Niederlassung bei Tranquebar. VI, 304.
Karimmi, Name der ungetauften Buräten. III, 127.
Karin, d. i. der Handbegabte, Sanskritname des Elephanten. V, 906.
Karinga s. Wassermelonen. VI, 958.
Karjang, Theil von Murang. III, 808.
Kar-Karaly, Vorberg des Altai, Höhe. II, 631. — Colonie. II, 399. — Kirghisensteppe von; dort auch Telenguten. II, 987.
Karkira-gol, Karkira-Pira, Fl. II, 489.
Karkis, eine der 8 geringeren Kriegerkasten in Nepal. IV, 119.
Karkulle s. Kurkul. V, 734.
Karla. VI, 347.
Karmelitermönche, ihr Seminar in Varapali. V, 785.
Karmi, Zimmerleute, Rangklasse derselben in Nepal. IV, 119.
Karmika, eines der vier Hauptsysteme der Buddhaphilosophie. IV, 135.
Karmsalifl. V, 410.
Karnali, Fl. III, 502.
Karnaphuli, Hauptquellenarm des Karmsalifl. V, 410.
Karnat, Stamm der Koibalen. II, 1108.
Karnata Desam, die Heimat der Pfefferrebe. V, 866. 891.
Karnataka, die Plateausprache von Coimbatore. VI, 288. — vergl. V, 651. 691. 767.
Karnâtaka s. Karnatik. V, 517.
Karnatik, Etym. V, 517.
Karneole in Jaspisbreccien. II, 885. — als regelmäßige Begleiter der Plateau-Erhebungen. III, 57.
Karneolgruben, die, der Rajpiplehberge. VI, 603.
Karoll, Bach. III, 266.
Karong, Land. II, 305. — Linie, ehemaliger neutraler Grenzstrich. II, 538. 542. III, 363.
Karotkha-Gol, Nebenfluß des Tula. II, 529.
Karon s. Karong.

Karowichabach, am Nordabhange des Buchtarmageb. II, 684. — Dorf. II, 684.
Karpaï=schahan=Kuteng. II, 306.
Karpas = Baumwolle (hebr. phön. gr. lat. sanskr.). V, 436.
Karphul, Myrica-Art. IV, 54.
Karpowa. II, 862.
Karrtkawady, Dorf in den Nilgherry. V, 1007.
Karsagan, Zufluß zum Koksun. II, 916.
Kartaschew (Bartan). II, 1070.
Karten der Birmanen. V, 286. — tübet. Original= zu H'Lassa. III, 466. IV, 244.
Kartenaufnahme von Tübet durch chines. Lama's unter Kaiser Kanghi. II, 456.
Kartenspiel an Kaiser Akbar's Hofe. V, 920.
Karthoa im Ngari=Jongar. IV, 180.
Kartik, Name des Oktobermonats in Bhutan. IV, 167. — in Kanawar. III, 818. VI, 914. — der trocknen Jahreszeit in Asam. IV, 326.
Kartisch = Kara=Irtysch. II, 639.
Kartoffeln, nicht unter 3000' üb. d. M. in den Tropengeg. V, 64. — nur auf dem centralen Berglande Ceylons. VI, 197. — von Hodgson im Himalaya angepflanzt. III, 887.
Karun s. Karaul. III, 191.
Karung, Dorf in Martaban. V, 155.
Karunja s. Karanja. VI, 450.
Karuvâ (malab. tamul.) s. Cassia lignea. V, 823.
Karwar, roher Bergtribus im Sonethal. VI, 487.
Karyen s. Karian. V, 116. 152. 154. 156. 187 f. 277 u. öft.
Karymki, Mischlingsvolk der Russen und Buräten. III, 149.
Κάρφια, τά (Herod.) s. Kerphat, Kirfah. VI, 125.
Kas, d. i. West=Nepal. III, 431. 1128. IV, 113.
Kasaktscha, Fluß zur Angara. III, 38.
Kasan, Dorf der Sluhpho in Asam. IV, 347. 353. 389.
Kasanskoi Bogomateri. II, 583.
Kaschauer Grund in Ungarn. II, 688.
Kaschghar, geogr. Lage. II, 324. — von den östl. Turk erobert. II, 247.
Kaschi s. Ho=st. II, 165.
Kaschimilo (chines.) s. Kaschmir. III, 1111.
Kaschimir=kura. II, 407.
Kaschina, Station. II, 828.
Kaschisches, d. i. Presbyter der Syrischen Christen in Malabar. V, 945.
Kaschkalar. II, 1093.
Kaschkalân, kl. Fl. II, 397.
Kaschkara, Name des Rhododendron chrysanthum bei den Koibalen. II, 1023. 1078.
Kaschkaref, Reise desselben an den Irtysch. II, 1086.
Kaschmir, das Alpenland. III, 1083 ff. — Buddhistencolonie. III, 1102. V, 493. Stadt in Ili. II, 407.
Kaschmir=Shawls in Tübet. IV, 236.
Kaschmirer, Handel derselben nach Kuti und H'Lassa. IV, 93. — überhaupt als Handelsleute in ganz Centralasien, als Reisende, Fabrikanten und Colonisten, von den ältesten Zeiten an bis jetzt. II, 407. III, 449. 648. 1090.
Kascholong (mong., d. h. schöner Stein). III, 295.
Kascholongkiesel im Onon. III, 281.
Kaschtak, Thal und Wasserfälle bei Irkutzk. III, 132.
Kaschtar. II, 1093.
Kaschu Nußbaum s. Anacardium orientale. VI, 117.
Kaschulyk s. Khasulak. III, 193.
Kase s. Khes. V, 376.
Kasi s. Ho=st. II, 165.
Kâsi (sanskr., d. h. die Glänzende) = Benares. V, 506. VI, 1154.

Kasids, d. i. Briefboten. VI, 870.
Kasi-Shan, Tribus der Shan-Race. IV, 1231.
Kaskaden am Tschokenda. III, 180.
Kasmala, Fluß. II, 822.
Κασπάπυρος, nicht *Κασπάτυρος*. III, 1087. Anm. 993.
Kaspatyren, indische Völkerschaft bei Herodot, Hecataeus. III, 419.
Kaspatyrisches Reich. (III, 420. 1086.) V, 445.
Κασπηρία, *Κασπιρία*, zuerst bei Ptolem. s. Kaschmir. III, 421. 1089.
Kaspisches Meer einst in Verbindung mit dem Polarmeere. II, 16 ff.
Κασσίδα s. Kâsî. V, 506.
Kassiterideninseln der Phönizier, d. h. Cornwales und die Scillyinseln. V, 438. VI, 883.
Kassiteros s. Zinn.
Kastanien (Castanea vesca) am NOrande von HA. II, 118.
Kastanienwälder am Kiangstrome. IV, 654. 659.
Kasten in Bissahir. III, 753 f. s. Casten.
Kasteneintheilung, Unsinn derselben sogar zu buddhistischen Völkern ausgedehnt. IV, 117.
Kastenunterschied durch literarischen Ruhm überboten in älteren Zeiten zu Madhura. VI, 422. s. Casten.
Kastira = Zinn (sanskr.). V, 438. bis 439. VI, 883.
Kasumba, Pfl. V, 128.
Kasun-Berge in Tanasserim. V, 112.
Kasiapa, erster Lehrer der Buddha-Doktrin nach der Legende in Kaschmir. III, 1091. IV, 69. 116. V, 747. — Sohn des Marichi, Enkel des Brahma. III, 1087. — s. Manushi. IV, 135.
Katak (sanskr. = Residenz) s. Kuttak. VI, 531.
Katak Biranasi (d. i. die Residenz Benares). VI, 541.
Katars, d. i. Karawanen. VI, 964.
Katau = Yak, asamef. IV, 294.
Katadupa, indische Stadt. V, 497.
Katadvipa (sanskr.), d. h. Regenfluß. V, 497.
Katchri, Cucurbitacee in Bikanir. VI, 995.
Katechismen der Kapuciner-Missionen in Tübet; Einfluß derselben. IV, 250.
Katerinina, Colonistendorf an der Uda. III, 142.
Katha, Dorf in Martaban. V, 154.
Kathäer, Völkerstamm. V, 461.
Kathai, Name im Mittelalter für das östl. Hochasien. II, 86.
Kathang. IV, 399.
Kathapa, älterer Buddha, sein Badegürtel. V, 172.
Katharer, Völkerstamm, s. Kathäer. V, 461.
Katharinenburg, Schleiffabrik zu, II, 837. — dortiges Oberbergamt. II, 579.
Kath Bhutias. IV, 71.
Kathe, Volk in Ava. V, 267.
Kathmandu s. Din-Daisa. IV, 114. — Hochthal von, Beschaffenheit desselben. IV, 67. — Höhe über dem Meere. IV, 50. — Volkszahl. IV, 72 f. — Zweig der alten Mal-Dynastie in Nepal. IV, 43.
Kathmaro s. auch Kathmandu. IV, 73.
Katholikos, Titel des Nestorianischen Patriarchen. II, 289.
Katholische Christen, Colonie derselben am Irawadi. V, 222.
Katholische Kapelle in Rangun. V, 170.
Katholische Kirchen in Hinterindien. V, 288. — in den bedeutenderen Städten der großen Handelsstraße im südlichen China. IV, 665.
Katla s. Cyprinus catla. V, 176.
Katon-karagoi. II, 642.
Katschar. II, 1093. s. Cachar.
Katschi, Name für die nordliche Landschaft Tübets. III, 410. IV, 178.
Katschinzen, die, II, 1093 bis

1098. — im Ssajansfigebirge. II, 590.
Katsi, südlicher Quellstrom des Gelben Fl. IV, 651.
Kattak s. Kuttak.
Katti, barbarische rohe Tribus in Guzerate. VI, 1069. 1073 f.
Kattia, kriegerisches Volk in den Wüsten von Delhi. V, 463.
Kattiana, Ort in Kattiwar. VI, 1066.
Kattiwar s. Guzurate. VI, 1064 ff. 1071 ff.
Kattywar, Sitz der Obern der Bhats und Charun. VI, 764.
Katual, Kutwal. V, 625.
Katuka, Schlangenart in Gondwana. VI, 513.
Katun-Eke (d. h. Damenfluß) = Hoangho. II, 163. 909.
Katunja, die, schon in der Alpenhöhe ein bedeutender Fluß. II, 698. — Nordufer. II, 928 bis 933. — Querthal der, II, 581. 813. — Zusammenfluß mit der Bija. II, 583. — Quellen, Schilderung derselben. II, 928.
Katun-Muren (d. h. Königinfluß) = Hoangho. II, 163. 909.
Katunskaja, Fest. II, 584.
Katunskijä Stolby (ruff., d. i. Katunja-Säulen). II, 699. 803.
Katy tscheroa, Bach in Tiperah. V, 409.
Katze, nebst dem Büffel das einzige Zuchtthier der Tudas in den Nilgherry. V, 987.
Katzenarten in Martaban. V, 146. — wilde, in Tübet mit trefflichem Pelzwerk. IV, 235. — in Ava. V, 258.
Katzenauge (der opalisirende Rubin) in Ava. V, 242. — auf Ceylon. VI, 109.
Κάθαροι, Völkerstamm. V, 461.
Kaufleute, Stand der, in Ava. V, 289.
Kaui-gol. II, 530.
Kaukasische Gesichtsbildung. II, 352. 597.
Kaukasus, indischer. V, 449. s. Hindu-Khu. — als Name für das Hochgebirge von Kaschmir. III, 1146.
Kaukkathan, älterer Buddha. V, 172.
Kaulbarsch s. Perca cernua. II, 795.
Kauldurga s. Bhavanidunga. V, 706.
Kaulgam, Pallast des Nadwari Tarupad. V, 781.
Kaulingo, Dhamilakönig. VI, 247.
Kaultray, Dorf in den Nilgherry. V, 1007.
Kaunday, Fl. V, 962.
Kaunguni s. Holcus Sorghum. IV, 75.
Kaunkurti. VI, 430.
Kaunluck, Dorf. II, 403.
Kauntel, Bergprovinz zwischen Bagur und Harowti. VI, 637.
Kaurava s. Kurava. III, 1094.
Kauricha, Zufluß der Buchtarma. II, 696.
Kauseya (d. h. aus einem Cocon gefertigt), sanskr. Name für die Seidenzeuge. V, 438.
Kausik (sanskr.) s. Sankosi. V, 506.
Kautcote am Nerbuda, Eisenschmelzen zu, VI, 592.
Kaw lung geum, Insel im Sanluenfl. V, 153.
Kawargun, Zufluß zum Karol. III, 195.
Kawariar s. Gualior, Gwalior. V, 548.
Kawel. VI, 13.
Kawiri, Bergstrom. VI, 604.
Kawlam s. Coulon, Quilon. V, 584.
Kawra s. Kaora, Puchum. VI, 1042.
Kayar s. Mimosa khadira. VI, 536.
Kayastha, Literatenkaste in Malwa. VI, 767.
Kayasthas s. Kolitas (die lesen können). IV, 330.
Kayeners s. Karian. V, 155.
Kayerel, Perlensorte. VI, 177.
Kaymelle-Oya, Küstenfluß auf Ceylon. VI, 101. 140.
Kayo, Name des Pisang auf Ternate. V, 877.
Kayraro, Schlacht bei, in den Bergen von Balmir. VI, 1025.

Kayten, Fl., s. Kehtwoh. V, 1007.
Kayti, Schreiberkaste, s. Kayastha. VI, 929.
Kayu-legi (mal.) s. Cassia lignea. V, 823.
Kazalung, Nebenfl. des Karnaphuli. V, 411.
Kazi, Fl., der sich in den Gumty ergießt. V, 409.
Kazike, Bedeutung seiner Stellung. III, 744.
Käktu-gerechon s. Kjachta. III, 185.
Käret s. Keraït. II, 254. III, 117.
Kä Tscholong s. Kascholong. III, 300.
Kebej, Gränzposten am Us. II, 1014. 1016. 1021.
Kebinitses. II, 1083.
Kedar Kanta. III, 888.
Kedar-kote, Pik. III, 859.
Kedar-Nath, Tempel an der Quelle des Mandacni-Ganga. III, 531.
Keddah s. Queda. V, 20.
Kedroroï Muis (d. das Cedernkap) am Baikalsee. III, 13. 32.
Kedrowa, russ., s. Pinus cembra. II, 1036. 1038.
Kedrowka (d. i. Cedernbach), Schneebach des Altai. II, 722. — zum Baikalsee. III, 32.
Kedrowkabach. II, 879.
Keelkonda, Ort in den Nilgherry. V, 1007.
Keeyphul, kleiner, noch nicht näher bestimmter Fruchtbaum in Sirmore. III, 858.
Kefterchanah (d. i. Taubenschlag), Station am Schayukfl. III, 634.
Kegoche, Bergstrom zum Taglafl. III, 695.
Kegwi, die, IV, 268.
Kegyr, Kesyr, Kezyr (d. h. der Schnelle), Zufl. zum Amul. II, 1023. 1030. 1042. 1043.
Kehrow, Dorf in Kaschmir. III, 1158.
Kehtwoh, Fl. in den Nilgherry V, 962. 1007.
Keilinschriften, angebliche, in Mundore. VI, 982.
Keilschrift, persepolitanische, ob in Tendsch. II, 251. — auf den Erztafeln der St. Thomaschristen in Indien. V, 612.
Keinah-Pik. III, 885.
Kejra (ob = Kheir, d. i. Mimosa catechu?), der heilige Baum der Vishnuri-Jats. VI, 990.
Keladyne s. Aracan-Str. V, 309. 361. — s. Koladyne. V, 361. (Druckfehler.)
Kelchend s. Kaldjend Radja. V, 543. 544.
Kelakihlih, Fl. II, 1063.
Kelaut, Gebirge von, V, 474.
Keli-Timur, Fürst von Hami (1404 ff.). II, 369.
Kella, indischer Name der Musa sapientum. V, 875 ff.
Kelu, Fl. zum Maund. VI, 354. — d. i. Pinuswälder des Himalaya. III, 768.
Kelukery, Pallast von, V, 562.
Kelumber. IV, 933. V, 823.
Kelu-Pinus s. Neoza. IV, 127. (Pinus deodara.)
Kelur-Paß in den Nilgherry. V, 1007.
Kelva kedun chlam tzcho. IV, 282.
Kem = Jenisei, Fl. II, 478. 487. — Ursprung des Namens. III, 404. — (chin.), d. i. der obere Jenisei. II, 255.
Kemi-tziki (chin.). II, 1005. 1049.
Kem-Kemdjut, d. i. Kirgisen am Kem- oder Jenisei-Fluß. II, 478.
Kem-Kemtschyk-Boktsie. II, 1011 f. 1121.
Kem-Kemtschyk-Bom. II, 1011 ff.
Kemtschik, chinesische Grenzstadt. 700. 806. 1010. 1049.
Kemtschick, Seitenfl. des Jenisei. II, 592.
Kemtschugische Gebirge. II, 1076. 1106.
Kemtschyk, Strom. II, 998. — Felshöhle am, II, 1075.
Ke-mu-tzik (chin., d. i. der kleine Kem) s. Kemtschyck. II, 806.
Kenar-Cataraften. IV, 28.
Kendjen-Madan, Grenzsäule am, II, 1030. — Quellberg des Us. II, 1015 f. 1025.

Kendrapari, Dorf in Orissa. VI, 541.
Keng-konei, chinesischer Feldherr (90 n. Chr.), verfolgt die Hiognu. II, 489.
Konkri lamar (s. Lama-Schan). IV, 198.
Kennery, Grottentempel von, auf Salsette. VI, 1098.
Kentaï, Geb. II, 474.
Kentaisse s. Gang-dis-ri. III, 414. 469.
Kenté, Gebirge, oder der Große Khingân. II, 494.
Kentei-Khan, Khin-gan, Khinggan = Ost-Altai. II, 502 ff. III, 4. 268.
Kente-Dola. II, 503.
Kenterung, Phänomen derselben im Hoogly. VI, 1212.
Kentrophyllum, sp. Verbindungsglied zwischen der Flora der Gangesländer und des südl. Europa. VI, 1111.
Kentuin-turu. II, 1074.
Keonjher s. Kondojurry. VI, 528.
Keora s. Pandanus odoratissimus. VI, 530. 540.
Keowälder (Swietenia) im Kubothale. V, 364.
Kepet, Fl. Quelle. III, 82.
Kephir (hebräisch) = Löwe. VI, 714.
Kepoliang, Bergrücken in Tübet. IV, 252.
Keptel-Ula. II, 168.
Keraba, eine der beiden Abtheilungen Dekans in der alten Hindugeographie. V, 751.
Keraen s. Karian. V, 116. 152. 154. 156. 187 ff. 277 u. öft.
Keraït, die, II, 254 f. 447.
Kerala-Ulpati, Chronik. V, 773.
Kerao s. Pisum arvense. IV, 75.
Kerbholzschrift in Mittelasien. II, 1131. III, 388.
Kerbhölzer, Rechnungen damit bei den Cossyah's. V, 390.
Kerbetschi s. Gorbitscha. III, 296.
Kere, mongol. = Antilope Hodgsonii. IV, 98. 255.
Keré-hosu, Land. II, 306.
Kerem (tung.), alte Schanzen am Argun. III, 303.
Keretu, Berg. III, 215.
Kerit s. Keraït. II, 256.
Kerive-davan, Kerive-la. IV, 210.
Kerih Nullah s. Khur Gadh. III, 931.
Kerit Ram Raja von Travancore. V, 754.
Kerkis s. Ost-Kirghisen. II, 568. 582.
Kerlik s. Kirlik, Kurluk. II, 860. 905.
Kerlon, Fl. II, 112. — Quelle des, geogr. Lage. II, 504.
Kerlonni - Cantchoukou-Alin. II, 534.
Kernbeißer s. Loccia coccinea. III, 100.
Kernlose Granaten. VI, 978.
Kernwah, Grenzfl. zwischen Cachar und Jyntea. V, 379.
Kerobari s. Kerowbari.
Kerowbari in Tübet. IV, 41.
Kerphat, arab. Name des Zimmtholzes. VI, 125.
Kertouma, Stadt, geogr. Lage. III, 475.
Kertschho, Pergunnah voll Dörfer in Ladakh. III, 631.
Kerulen = Kerlon. II, 504.
Kerung, Dorf in Nepal. III, 664. IV, 40.
Keruwah Nullah, nördlicher Zufluß zum Barakstrome. V, 377.
Kes (japan.) = Opium. VI, 780.
Kesar, Dynastie in Orissa (seit 473 n. Chr.). VI, 549. 554.
Kesbehs (d. i. Dorfschaften) in Orissa. VI, 541.
Kesenektu dabaga, Berg. III, 82.
Keshang, reißender Gebirgsstrom zum Setledsch in Ober-Kanawar. III, 829.
Kessel-Bach s. Kisil-basch. II, 383.
Ketaka s. Keora, Pandanus odoratissimus. VI, 540.
Ketch s. Cutch. V, 902.
Ketchee, Gummi-Waldbaum in Pegu. V, 183.
Keterku, Station in der Gobi. III, 361.
Ketis, Gebirgsaboriginer in Nepal. IV, 119.

Ketische Kosacken. II, 1112.
Ketoni s. Tariyani. IV, 44.
Kettenbrücke, eiserne, über den Dzangbofluß. IV, 222. 272. — über den Bhutia Kosi. III, 736. IV, 91.
Kettenerhebung (größte) der Erdrinde. I, 34. — freistehende. II, 38. — aufgesetzte. II, 39.
Kettenharnische in Barode. VI, 633.
Kettenrüstung der Miliz von Orissa. VI, 556.
Ketu, der absteigende Knoten. VI, 549.
Katulga, singhalesischer Name der Jagory-Palme. VI, 213.
Ketumâlas, Westländer in der indischen Erdansicht. II, 6.
Keubrang-Paß. III, 569. 692.
Keubrang-Keilasa-Kette. III, 799.
Keuhwa-Schan, chines. Götze, angebliches Grab desselben. IV, 680.
Keule, einzige Waffe der Tudas in den Nilgherry. V, 985.
Keuschheitsgelübde der lamaitischen Mönche und Nonnen; Strafe auf den Bruch desselben. III, 677.
Keuti-Cataract in Bundelkhund. VI, 835. 842.
Keün-Thal, Gebirgsgau in Sirmore. III, 839. 866.
Keyot, Volksstamm (Kaste?) in Asam. IV, 333.
Keyoung Nutyn, Berg in Ava. V, 282.
Keyri-Ghur s. Kherighar. IV, 26.
Kha, d. i. Fluß, Wasser, in der Sinhphospr. in Asam. IV, 354.
K'hababhs s. Thierberge. IV, 219.
Khaba-gol. Fl. II, 488.
Khabar-Kara-ul, chinesische Grenzwache. II, 789.
Khabria, auf der Kheru-Passage. IV, 39.
Khabtsagai, Bach zum Tschikoï. III, 192.
Khacht f. Chasch. II, 399.
Khack sin (d. i. Grünstein), Name des edlen Serpentins in Ava. V, 243.
Khadanza s. Chadanza.
Khadamâl, Bergzug. II, 513. III, 216.
Khadi, Baumwollengewebe in Gr. Nepal. IV, 76.
Khadir, Trockenland. VI, 1113.
Khadjar-Khochâ = In-Schan (mongol.). II, 240.
Khadjar-cola (mongol.) = In-Schan. II, 240.
Khadza s. Khabtsagai, Bach zum Tschikoï. III, 192.
Khaeka. IV, 399.
Khahan s. Kanhan. VI, 451.
Khaïa-See in der Gobi. III, 373.
Khaibunda-System, südliche Fortsetzung. IV, 908. V, 309. 407.
Khailarquellen (s. Kerlon). II, 113.
Khaïlarstr. II, 533.
Khallassutinskoi Majak (?). III, 303.
Khailassutü, Station in der Gobi. III, 371.
Khaï-Siyu = Westländer. II, 195.
Khaï-ynn-phu, Hafen von Korea. IV, 616.
Khajur s. Phoenix silvestris. VI, 540.
Khak, Berg in der Gobi. III, 369.
Khakru s. Lalkakru. VI, 362.
Khala, Bedeutung. VI, 1191.
Khaladies s. Khiljies. V, 533.
Khalaris, d. i. Bassins zur Bereitung des Salzes aus Seewasser zu Orissa. VI, 539.
Khaldzân, Berg in der Gobi. III, 349.
Khaldzun-burguttai, Geb. II, 495.
Khalgan, d. h. Pforte (russ.) s. Tschankia-Keou. II, 127.
Khalgatschi, d. h. Thürsteher am Hofe des Kutuchtu. III, 214.
Khaliar, Bergzug. II, 513.
Khalid Ben Abdallah, Statthalter von Kabul. V, 531.
Khalid Ibn Abu Bakaya. VI, 47.
Khalidge, Phasanenart in der Berglandschaft von Nepal. IV, 52.
Khalin, Khalo, hoher Berg. II, 523.

Khaliootugol, Fl. II, 488.
Khalidtu, Fl. II, 240. 488.
Khalisa, d. i. Finanzdistrikt. VI, 885.
Khaliseh s. Mogulbandi. VI, 530. — d. i. Kron-Domäne in Orissa. VI, 564.
Khalka, Fl. II, 536.
Khalka-Pira, Flüßchen, Zubach zum Buir-Nor. II, 444.
Khalkas. II, 446. III, 116.
Khalkas-Mongol von Kaiser Kanghi unterworfen. II, 267. III, 396 ff.
Khalsa, d. i. Gouvernementsdörfer, in Malwa. VI, 772.
Khaltar-usike-Noor. II, 427.
Khaludorin, Kap am Baikalsee. III, 13.
K'ham, alter Name für Tsiambo. IV, 205. — Ost-Tübet zunächst an China. III, 588. — Landschaft von Tübet. IV, 176. 177. 281.
Khamarup s. Khamrup. IV, 114.
Khambas, d. i. Säulen. VI, 554.
Khamnoyon, mongolischer Name der nördl. Tungusen. III, 404.
Khampti-Kolonie in Sodiya. IV, 376.
Khana, die weise, in der Hindumythe, mit der Königin von Saba verglichen. VI, 1195.
Khan-Balik, d. i. Residenzstadt (= Peking), daher der Name Cambalu bei M. Polo. s. d.
Khancha. IV, 78.
Khanda (d. i. Schwert in der Orissasprache). VI, 554.
Khandesa, d. i. Flachland. V, 656 f.
Khands, die fünf, der Racha Bhagavati. IV, 131.
Khane der Ostkirghisen, seit 1632. II, 568.
Khandait Zemindaren. IV, 533. 554.
Khandula, Ghats von, V, 672 f.
Khan-gai, Mittel-Altai. II, 494 bis 502. — Bedeutung des Namens. III, 344.
Khanghi-Kamar, äußerste Südgruppe des Khangaï, gegen die Wüste Gobi. II, 498.
Khanginskoi, Grenzsäule. II, 1031. III, 82.
Khangka, Fl., mündet zum Kossogolsee;. Quelle desselben. II, 1031.
Khanikpor (Surae) in Kaschmir. III, 1145.
Khankani, Ort am Luni. VI, 986.
Khan-Kiao, tübetischer Kutuchtu. IV, 204.
Khan Mobarek, Oberhaupt der Guebernvölker in den Vorketten des Himalayazuges zu Timur's Zeit. V, 577.
Khan-Dola. II, 515.
Kan-phu, Hafen von Korea. IV, 616.
Khanpur, Ort in Kaschmir. III, 1145.
Khans von Rohilkund. VI, 1142.
Khan-tengri, Theil der Kette des Thian-Schan. II, 335.
Khanuk Dunu, der wilde Wallnußbaum in Kaschmir. III, 1196.
Khanwah, in Bhurtpur. VI, 941.
Khara, Fl., mündet zum Orghon. II, 529.
Khara-Ertsis, d. h. die obere Quelle des Irtysch. II, 486.
Khara-gol, Khara-oussou. II, 530. — ob Kharatal? II, 488.
Kharagôl, Fl. II, 240.
Khara-Irtysch-gol, Fl. II, 488.
Kharanga, Makrelenort in Orissa. VI, 539.
Kharaschar, geogr. Lage. II, 324.
Khara-tal, Fl. II, 527.
Khara-Tarei-Nor, Steppe des, III, 275 f. — vergl. II, 522., wo bloß Terei Nor steht.
Kharatologdi (d. i. Schwarzhügel), Station in der Gobi. III, 357. 367.
Kharatorom, Bach. III, 145.
Khara-Ussu, Fl. II, 513. III, 217.
Kharbàtu (d. i. Berg des Schützen) in der Gobi. III, 358.
Kharesm, Mahmud's des Gazneviden Expedition gegen dasselbe. V, 543.
Kharesmier, machen dem Reich-

der Karakitan ein Ende (1207). II, 409.
Khargûl s. Karaul. III, 191.
Khari, Fl. bei Deorah. VI, 899.
Kharik, d. i. trockene Datteln. V, 833.
Kharitonowa, Dorf am Einfl. des Khilok zur Selenga. III, 167.
Kharkas, eine der 8 geringeren Kriegerkasten in Nepal. IV, 119.
Khas, Hofsprache in Yumila. IV, 29.
Khas-basha (d. h. Dialekt des Landes Khas). IV, 117.
Khaschàtu, Station in der Gobi. III, 373.
Khashant, Gebirgsland der Gurung. IV, 21.
Khasiya. IV, 78.
Khaski, Stadt; Tribus. IV, 78.
Khaspur, Residenz der Radjas von Cachar. V, 350. 378. 382.
Khassis, eigener Name der Bewohner von Jyntea. V, 388.
Khassoui, Zufl. der Selenga. II, 496. 528.
Khassoul-Pira. II, 527.
Khasulak, Bach zum Onon. III, 193.
Khat-Bhotiyas (d. i. wilde oder Wald-Bhotiyas). IV, 125. 128. [An einer von diesen Stellen findet ein offenbarer Irrthum Statt. S. Siyena Bhotiya's.]
Khatai, Kheta s. Asam. IV, 292.
Khatangtsa s. Chadanza. III, 173. 197.
Khati-Bach, als Bergstrom zum Tagla. III, 694.
Khatun-amu, Berg. II, 636.
Khatun-gol, ob Khassoui? II, 488.
Khatun-Karagai, chinesische Grenzwacht. II, 782.
Khatun-Ssu (d. i. Wasser der Königin), Nebenfl. des Uldschar. II, 772.
Khaurkhit. III, 740.
Khaverpareh s. Kanvarpara. III, 1137.
Khawa, Quellfl. des Irtysch. II, 638.
Khawa-Karpola (d. i. die Weißen Berge), Hochgebirge zwischen Sikim und H'Lassa. IV, 107.
Khawes (d. i. Sklaven) in Nepal, Haussklaven der aus Chittore dorthin eingewanderten Radjas. IV, 119. (s. 166. III, 1047.)
Khayri, Ort in Harowti. VI, 804.
Kheank pheo (d. i. der weiße Stein). V, 333.
Kheibunda-Kette, Naturgrenze zwischen Cachar und Munipur. V, 369.
Kheir s. Mimosa Catechu. VI, 509.
Khenau (?) s. Kheru. IV, 40.
Khenjar, rechtmäßiger Erbe von Kutch. VI, 1057.
Khenks. V, 322.
Kheran s. Kheru. IV, 93.
Kherighar. IV, 26.
Kherlon, Fl. II, 532—535. 547.
Kherpun, tübet. Titel. III, 631.
Khertschei, Zubach des Tschikoi. III, 172.
Kheru, ehemals bedeutende Stadt. IV, 40. — Gouvernement Kheru von den Tübetern an die Ghorka's abgetreten. IV, 93. Seit 1792 wieder Eigenthum der Chinesen. ebend.
Kheru-Passage. IV, 39 ff.
Kherulun, Fl., s. Kherlon.
Khes, Baumwollenzeug der Naga's. V, 373.
Khesimur (d. i. Kaschmir) bei M. Polo. III, 1116.
Kheter s. Kschetra. VI, 547 ff.
Khetr s. Kschetra. VI, 545.
Khetri. VI, 533.
Kheuks, Provinzialdistrikte in Aracan. V, 321.
Khiaen s. Birmanen, Mranmas.
Khiain, Tribus der Shan-Race. IV, 1231. — tributäres Gebiet der, Flächeninhalt. V, 159.
Khiang, Tübeter-Volk, den Chinesen unterworfen. III. Jahrhund. n. Chr. IV, 177. 209. 418. — Bedeutung des tübet. Völkernamens. II, 192.
Khiang-tschéon, Stadt. IV, 418.
Khian-Kette. IV, 908. V, 309. 407.

Khiantu s. Pe-Intu. III, 646.
Khiaome (?), officinelle Pflanze in Tübet. IV, 235.
Khiebunda-Kettensystem in Munipur. V, 361.
Khiei-lu-lian (mongol.), d. i. Kiulan, Kerlon, Kerulenfl. II, 507. 532.
Khien-lung, chinesischer Kaiser (1735 — 1796), Charakteristik desselben. II, 138 f. — Eroberungen. II, 205. 466. — läßt (1755) Opfer durch einen Mandarinen am Altai bringen. II, 487.
Khilalkher [Henker?]. VI, 519.
Khiljy-Dynastie, die, V, 561 ff.
Khi-lo, Berg, Sieg der Chinesen über die Hiongnu, 89 v. Chr. II, 492.
Khilok, Nebenfl. der Selenga. II, 521. 527.
Khi-lu-lun s. Kerlon. II, 1061.
Khin-gan, der, das chinesisch-sibirische Grenzgebirge. II, 520 bis 525. — der Große Khingan. II, 101. 485. 503. 521. III, 193. — bildet keine Wasser-, sondern eine Klimascheide. II, 114.
Khingan-Berge in Daurien. II, 101. 485.
Khingan-Paß. II, 516.
Khing-khan s. Khin-gan.
Khingkan-Tugurik. II, 474.
Khing-kan-tugutsk, Geb. II, 101.
Khin-scha s. Schu-le. II, 434. 1121.
Khiou-choui, Ort auf der Teshu-Lumbu-Route nach H'Lassa. IV, 272.
Khi-pu-tchhuan, d. i. Lo sa tchhuan, der Fluß von H'Lassa. IV, 275.
Khira, Rettig. IV, 76.
Khirgisengräber, alte. II, 644.
Khirgiz-Nor. II, 553.
Khirti Nissunka Wijeya Chako, Singhalesenkönig. VI, 208.
Khitanen, östliche, von Tungusischer Raçe. II, 252.
Khitsu, antiker Gesetzgeber für Korea. IV, 586. 634.
Khiu-li (?). II, 364.
Khiums (Buddhaklöster) im Sanluen. V, 152.
Khiu-sian, Fort bei So-tschéou. II, 347.
Khiutchi, Lamakloster zu, IV, 253.
Khiu-woe. II, 1114.
Khizr, Höhle auf dem Adamspik. VI, 54.
Khlong Mykout, Ort in Martaban. V, 138.
Khobdu, Nebenfluß des Dzabgân. II, 553. — Militärgouvernement, chines. desselben Namens. II, 650.
Khobok-Sari, Canton. II, 387. 427. 647. 652.
Khobok-See. II, 387. 427. 647.
Khobok, Fl. II, 387.
Khobtu-gol, Fl. II, 489.
Khobtu-Khoto. II, 476.
Khodaïba (mongol., d. i. Handelsort) s. Maimatschin. III, 190.
Khodakha, Fort in Bhutan. IV, 161. 171.
Khodan, Vicekönig in Bischbalik von Mangu-khan eingesetzt. II, 385.
Khodja Abdul Kherym aus Kaschmir, Günstling Nadir Schachs, Verfasser einer berühmten Pilgerreise nach Mekka. III, 1165 f.
Khodja Djihangir. II, 471.
Khodja Yusuf. III, 1202.
Khodja-Gaiats-Eddin. II, 216.
Kho-Ertsis, Fl. II, 488.
Kho-han, Quelle. II, 312.
Khohestan, einst Schutzort der Guebern. V, 617.
Khoi, Pergunnah von Kaschmir. III, 1137.
Khoi-boldok, Inselberg im See Tangnu. II, 495.
Khoin-Dawan s. Chonin-Dabagân. II, 1015.
Khoin-Taban s. Sajanskisches Gebirge. II, 999. 1022.
Khoiva s. Mimosen. IV, 47.
Kho-Irtysch-gol, Fl. II, 488.
Kholbodzin, Berg. III, 400.
Khole-Jalesur. V, 580.
Kholsun, Schneegebirge des, II, 683. 685 f. 695 — 700.
Khombo, einheimischer Prinz von Udeypur. VI, 888. 892.

Khonchook, Ceremonie des Haarabschneidens bei den Siamesen. IV, 1148.
Khonggor-adzirgan-oola, Gebirgskette. II, 491. 493.
Khonggor-Obo-Mayak. III, 80.
Khongor, Gebirge von, II, 402.
Khongor-olong, Landschaft. II, 310.
Khoni-mailakhu, chinesischer Grenzposten. II, 637. III, 17. — s. Baty. II, 662.
Khonin-Dabaga. II, 1014 ff.
Khonin-Dawaga. II, 1022.
Khonin-Tag (d. h. Widderstein). II, 1014.
Khoormu Puz, d. i. die Dattelreife (arab.). V, 833.
Khope, Bergwasser im Gebiete der Bhor-Hamti. IV, 397.
Khope-Nala. IV, 397.
Khopo-Daise, Rewari-Name von Bhatgang. IV, 114.
Kho-pu-to (chin.), d. i. Khobdo-Khoto. II, 694. 1008.
Khoputo-Khoto, chines. Gouvernement. II, 660.
Khorasan, nestorianische Bischöfe von, 430—1136. II, 287.
Khorgös, Nebenfluß des Ili. II, 402.
Khorgoin-Oola. II, 493.
Khorial Mata, bei den Bhils verehrt. VI, 613.
Khorimtu, die Steinfelsen. III, 220.
Khorin, Berge. II, 500.
Khorin Burjäd s. Chorinzen. III, 116.
Khor-Katschi, Name für die nördl. Landsch. Tübets. III, 410. 604. IV, 178. 181.
Khorkhum-Chang. III, 740.
Khorlo, Name der goldenen Gebeträder bei den Tübetern. III, 676. 822. IV, 233.
Khorroro s. Mayka-Naad. V, 990.
Khosa, ein wilder Räubertribus der Indus-Wüste. VI, 972. — s. auch Siracs, Sirais. VI, 1027.
Khoschun (mongol.) = Banner. II, 537. 1054. III, 399.
Khosrn Malek († 1186). V, 554.
Khosrn Parviz. V, 502.
Khotan, indische Kolonien. II, 335.
Khotan-su, Fluß. II, 788.
Kho-tun (chinesisch) Stadt. II, 229.
Khouei-thsú, Königreich. II, 335. = Kutsché. II, 385.
Khoute (ob ein Gothenzweig?) am Thsung-ling. II, 194.
Khov s. Karthea. IV, 180.
Khowas, d. i. Hausdiener. VI, 1056.
Khowaspur Tanda, Kapitale von Bengalen unter Kaiser Akbar. V, 633.
Khubilaï-Khan (1260—1297). II, 560.
Khubilgan Dayan. III, 357.
Khudakhaitu, Berg. III, 80.
Khudalda, Kap am Baikalsee. III, 46.
Khujur s. Phoenix silvestris. VI, 509.
Khuké-Khararong-Oola. II, 491.
Khu-khu-Khotun, Stadt. II, 145. 152. 229 ff.
Khulugûr, Station in der Gobi. III, 352.
Khu-lung-Schan (d. i. der Lochberg) in Tübet. IV, 205.
Khumbak, Kalmückenstamm. IV, 208.
Khumbo, Rana von Chittore. VI, 820.
Khumbaun, Gletscher, s. Chamban. III, 635.
Khummaullea s. Kamballia. VI, 1067.
Khunda-daver-Pik der Nilgherry. V, 960.
Khunda-Mulla. V, 960.
Khunda-Nuad der Nilgherry. V, 990 f.
Khundah-Gebirge. V, 958. 960.
Khundora s. Kandhar. V, 668.
Khung, Dorf im Tonse-Thale. III, 885.
Khung-Taidschi, Stifter des Dsungarenreichs (um 1750); ur-

sprünglicher Wohnsitz desselben. II, 427. 986. 993. 1065.
Khung-tsu-ting. IV, 202.
Khuntsal, Station. III, 220.
Khuragen-ulan-Nor, Steppensee. II, 555.
Khurbuza s. Cucumis melo. V, 719.
Khurda s. Khurdagur. VI, 529.
Khurdagur. VI, 529.
Khurd Mahal. VI, 1147.
Khur Gadh, Bergstr. im Himalaya. III, 931.
Khurik, die Regenernte im Duab Seheranpur. VI, 1117.
Khuril s. Khyr. VI, 1023.
Khuriyani, Stromschnelle im Ghandaki bei, IV, 80.
Khurmu s. Phoenix dactilifera. VI, 509.
Khurtsin-gol, Fl. II, 488. — s. Kurtschum. II, 659.
Khusa, Stadt. IV, 92.
Khushkash (arab.), d. i. flüssiges Opium. VI, 776.
Khussutu, d. i. der Birkenberg. III, 216. 220.
Khu-te (ob Gothen?). II, 434.
Khutrow, s. Pinusart in Sirmore.
Khu-tscha-tiao (chines.), große Adlerart. II, 341.
Khutugaitu, Berg. III, 80.
Khuvarak, Name für die Schüler der tübet. Lama's. III, 229.
Khyen Pi, Volk. V, 156. 188. (d. i. Rothe Karyan.)
Khyen-Tribus der Yumaberge. V, 279—282.
Khyet Khami, Pagode am Einfl. des Sanluenflusses in das Meer. V, 133.
Khyi, eigener Name der Bewohner von Jyntea. V, 388.
Khyr, der Capernstrauch. VI, 1023.
Khyroda, Ort in Udeypur. VI, 885.
Ki, d. i. Insel, siamesisch. IV, 1067. — s. auch Pin.
Kia, Fl. vom Thian-Schan. II, 347.
Kia-che-mi-lo (chinesisch), d. i. Kaschmir. III, 465.
Kiachtastraße. II, 102 ff.
Kiaeppur-taung, d. i. der Hahnenkampfsberg. V, 111. 123.
Kiagung, auf der H'Lassa-Route durch Tübet. IV, 254.
Kia-he-tsching (d. h. vom Kiafl. umflossene Stadt) = Si-tschéou. II, 347.
Kiaïchu, eigenthümliche Schriftgattung der Koreer. IV, 633.
Kiai-tschéou, Stadt. II, 171. — Lage. IV, 522. 655.
Kiakhing (i. e. laudabilis felicitas), Name der Regierungszeit des chinesischen Kaisers Joui-ti. III, 222.
Kia-kian-tscha-han, Pallast Oktai-Khan's. II, 559.
Kia-lan, buddhist. Klöster. II, 209.
Ki-alân-Schan s. Holang-Schan. II, 167. IV, 242.
Kia ling Kiang, Fl., s. Heschui. IV, 655.
Kia-lu, d. i. der Hirsch, Berg. II, 311. vergl. S. 212.
Kian, altchinesischer Name des Jenisei. II, 1111.
Kiang (chines. = Fluß): dann κατ' ἐξοχήν Name des Fl. Minkiang. IV, 648. — Wassersystem desselben. IV, 648 ff. — Normaldirektion vom Ausflusse bis zum Poyangsee aufwärts. IV, 678. — Quelle, auf dem Berge Paha in Tübet; geogr. Lage. III, 474.
Kiang s. Pferde, wilde. III, 559. IV, 98. (255.)
Kiang-ki-tao, Residenzstadt des Königs von Korea. IV, 624. 629.
Kiang nan s. An hoei. IV, 671.
Kiang-nang, älterer Name für Nan-king. IV, 681.
Kiang-ning-fu = Nan-king. IV, 681.
Kiangse, Stadt in Tübet. IV, 272.
Kiangsi, Prov., Nordgrenze derselben. IV, 659.
Kiang-tchin, chinesischer Name einer Holzart in Cochinchina. IV, 932.
Kiang tsa, chines. Wachtposten in Tübet. IV, 203.
Kian-hoang, chinesischer Name des Gummi-Gutt. IV, 932.
Kian-khang, älterer Name für Nan-king. IV, 681.
Kian-kuan, alte Völkerschaft. II,

434. 1121. — s. Hakas, Ostkirghisen. II, 1110.
Kian-kuen-fu. II, 1116.
Kianku-Schan, östlichster Schneeberg der Tapalingkette. IV, 656.
Kian-to-lo (chinesisch), d. i. Kandahar. III, 422.
Kiaong-saik s. Kiaungeik. V, 177.
Kiao-ho-hien. II, 353.
Kiaok taran, Vorgebirge. V, 191.
Kiao-tsching. II, 344.
Kiaungeik s. Kiaong-saik (d. i. Landungsplatz), Ort am Irawadi. V, 177.
Kiaya s. Buddha Gya. V, 510.
Kiaya Keou, westliches Thor der chinesischen Mauer. II, 187.
Kia-yu-khiao-Samba (d. i. Brücke der Tübeter). IV, 252. s. Sambha-Ghur. IV, 225.
Kia-yu-kouan (chinesisch = Juthor), das äußerste Westthor der chinesischen Mauer. II, 210 f. 213. 357. 459. — chines. Veste. II, 205.
Kibarat s. Kuriat. V, 547.
Kichak s. Kirata's. IV, 125 ff.
Kicklemane, Bergflecken auf Ceylon. VI, 205.
Kidisu = Wachtthurm. II, 218.
Kidripul-Kanal, verbindet die östlichen Gangesarme mit dem Hugly. VI, 1207.
Kied s. Kit. II, 745.
Kie-kheou s. Kian-kuen. II, 1111.
Kie-kia-sse s. Kian-kuen. II, 1111.
Kienlung, Ort am Ssatadru. III, 670. — Ort am Zusammenfl. der drei Quellarme des Ssatadru. III, 665.
Kieou Kiang, Stadt, geograph. Lage derselben. IV, 659.
Kieou-Kiang-fu, Stadt am Nordende des Poyangsees. IV, 670.
Kieselsecretionen in Pflanzen. VI, 366.
Kiesgrund, rother, in Bhundelkhund, dem Diamantstratum von Panna ähnlich. VI, 863.
Kie-young, chinesische Festung. II, 131.
Kighi, Fl. zum Telezkoisee. II, 983.
Kih-kih, Fl. zum Artai-See. II, 1011.
Kih-mo, Fl., s. Kem. II, 1061.
Kikinskoi-Kap am Baikalsee. III, 66.
Kila, Bach in den Khilofluß. II, 609. — Bach zum Khilok. III, 160.
Kilari, Bach. III, 307.
Kilbe s. Lepus alpinus. II, 1109.
Kileh s. Kella. V, 875.
Ki-lian, Berg. II, 225.
Kilian-Schan. II, 187.
Ki-lien, Name des Thian-Schan-Gebirgs bei den Hiongnu. II, 320.
Kiliki (chinesisch), d. i. Ost-Kirghisen. II, 568.
Kili-ki-sse s. Kian-kuen. II, 1111.
Kilime (burät.) s. Accipenser sturio. III, 106.
Kili-Taygek, Pik. II, 328.
Killah (d. i. Burgherren) in Orissa. VI, 534.
Killahdar. VI, 534.
Killedar, d. i. Festungskommandant. VI, 821.
Killekarre, Chankfischerei zu, VI, 41. 159.
Killutas, Insel im Indus zu Alex. d. Gr. Zeit. V, 477.
Ki-lo-man-Schan, antiker Name der östl. Ausdehnung des Thian-Schan. II, 354.
Ki-lo-man s. Ki-lian. II, 320.
Kilon-Tabahan. II, 504.
Kilorzi, Stamm der Aino's und Kurilen. II, 603.
Kiluken-Baghatur, mongolischer Sänger. II, 239.
Kilur-Paß. V, 962.
Ki-lu-Schan. II, 493.
Kima s. Kem (tungus.). III, 404.
Kim Chowkey, Karawanserai von Surate. VI, 631.
Kimin, Höhle, Dschingis-khans Grabstätte. II, 506. 599.
Kiming, chinesische Stadt. II, 130.
Kimlia-Paß. III, 783. 794 ff.
Kimtscha, Pagode bei Tschasirkong; geogr. Lage. III, 475.
Kimur-Ghat. VI, 485.
Kimu-tziki s. Kemtschik. II, 1011.

Kin, chines. Gewicht (2 Kin = 3 Pfd. russ.). II, 414. — Herrscher der Mongolen, Altunkhane. II, 481. — Fl. bei Tsching tu fu. IV, 417.
Kinar, König der Cingalesen (1340). VI, 52.
Kin-cha-Kiang, d. h. Goldsandfluß, chinesischer Name des Gelben Stromes. IV, 195. 199. 202. 227. 412 f. 648. 651. — Quellen dieses Fl. IV, 650.
Kinderdiebstahl in Malwa. VI, 770.
Kinderliebe in Korea. IV, 643.
Kindermord, grausamer, früher gewöhnlich durch ganz Guzurate. VI, 623. — ganz allgemein in Kutch. VI, 1054. (Ursprung dieser Sitte ist in dem Glauben zu suchen, daß es unkeusch sei, sich mit Mädchen eigenen Stammes ehelich zu verbinden.) — neugeborner Mädchen auch bei den Tudas in den Nilgherry. V, 1035.
Kindersley, einer der Entdecker der Nilgherry. V, 952.
Kinderverkauf in Indien von Seiten der Eltern selbst. III, 1047. IV, 139.
Kindrar, Fl. zum Ssetledsch. III, 760.
King f. Antilope Hodgsonii. IV, 98. (255.)
King, Fort auf Ceylon. VI, 199.
King-ki (korean.) = Residenzst. IV, 624. 629. (King ist engl.).
King schi taï tian, Mongolengeschichte. III, 393.
King-szu, älterer Name für Nanking. IV, 681.
King te sching, der ungeheuerste Fabrikort in der Welt, zur Stadt Ja-tscheoufu gehörig, mit einer Million Einwohnern. IV, 671.
Kingyan. IV, 245.
Kinipu. III, 737.
Kinkeou (chines. = Goldbach) in Tübet. IV, 254.
Kin-ki-kuan, chines. Barrière. IV, 418.
Kin-phu, Hafen an der Westküste von Korea. IV, 623.
Kin-Schan (chines., d. i. Goldberg) f. Altaï. II, 480. 482.
Kinsuka f. Dhak, Butea frondosa. IV, 382.
Kin-tscheou-fu, Stadt am Takiang. IV, 657.
Kin-wei, Berg: auf ihm entspringt der Irtysch. II, 489.
Kio-Biain, Kio-Dain. IV, 1234.
Kiokachin, d. i. Cochinchina. IV, 1233.
Kiokpie. V, 138.
Kio-tuan, mongol. = Antilope Hodgsonii. IV, 98 f. (255.)
Kiour-sou Pira. II, 530.
Kipez (russ. = Rietgras). II, 825.
Kipin, Königreich, f. Cophene, Kabul, Kandahar. III, 646.
Ki-pin (chinesisch), d. i. Kabul. III, 422.
Kiran-gol, Fl. II, 488.
Kiran-Pira, Fl. II, 488.
Kiranskoi Solän, Salzsee. III, 191.
Kirar, der wilde Westabhang von Harowti. VI, 821.
Kirata, Berglandschaft, südl. von Benares. V, 506.
Kirata's in Ost-Nepal. IV, 113. 125 ff. V, 506.
Kirche, christliche, erste in China zu Peking. II, 210. 259.
Kirchen, christliche, der Jesuiten in der Stadt Nan-tschang-fu. IV, 669. — protestantische, in Ramnad. VI, 10. — evangelische, zu Surate. VI, 631. — christliche zu Marco Polo's Zeit in Kan-tschéou. II, 224.
Kirfah f. Kerphat. VI, 125.
Kirganu, Hauptstadt von Asam, f. Ghergong, Rangpur. IV, 290.
Kirghisen, verschmolzen mit Turk-Uiguren. II, 344. — Schilderung ihres Wanderlebens. II, 772 bis 779. — Respektsbezeugung derselben, durch Abheben der Reisenden vom Pferde. II, 682. — Mittlere Horde, Seelenzahl. II, 760. — von den Delöth besiegt. II, 450. — Schwarze. II, 398. 768.
Kirghisen-Gesandschaften an den chines. Hof (755). II, 312.

Kirghisengräber in den Vorbergen des Altai. II, 656. — Name. II, 400.
Kirghisen-Mausoleen. II, 741. 784.
Kirghisensteppe, Dsungarische. II, 734 ff.
Kirghisen-Sultane, Karawanenführer. II, 673.
Kirghis-Kasacken, Abwehrungsmittel gegen deren Einfälle sind Steppenbrände. II, 709.
Kirghiz, Mischlingsvolk. II, 436. 960 f.
Kirghiz-Khan vertreibt die Hoeihu vom Obern Jenisei. II, 345.
Kirghiz-Nor. II, 444.
Kirgiski Mogoli, d. i. Kirghisen-Gräber. III, 330.
Kirin s. Girin-ula.
Kirinskoi am Onon. II, 521.
Kiripadeda-Holz auf Ceylon. VI, 122.
Kirit Naimar. V, 937.
Kirkdale, Knochenpetrefakten zu, V, 204.
Kirkhun, Fl. II, 523.
Kirkir See, See der Kirghisen, Khirgiz-Nor, ob noch vorhanden? II, 553.
Kirkir-Omo. II, 487.
Kirk-kiz s. Kirghis (chines. Etymologie des Namens). II, 1111.
Kirkpatrick, britischer Oberst. III, 487 f.
Kirlik, Fl. II, 860. — s. Kerlik, Kurluk. II, 904.
Kirmichtai, Fl. II, 762.
Kirpitschnoï-Tschaï (d. i. Ziegelthee). II, 240. III, 253.
Kirsa, Berg. II, 515.
Kirschbäume, wilde, am Ili, liefern Bauholz. II, 339.
Kirschen, wild auf dem Tapalinggeb. IV, 656. — in Sirmore. III, 880.
Kirtipur, Stadt in Gr. Nepal. IV, 65. 72.
Kirti-Rama, Gorkhachef. III, 521. 744.
Kirtissirie, König von Kandy; sein Bildniß. VI, 256. 257.
Kirüm Naimar. V, 937.
Kisalpu, kalmück. Name des Saisansees. II, 551. 573. 639.
Kischenghur, Rajputenstaat auf der nördlichen niederen Mewarstufe. VI, 915 ff.
Ki schi mi, d. i. Kaschmir. III, 1120.
Kischmisch, kernlose kleine Rosinen. II, 798. — auch Name für eine Art von Weintrauben, die aus Persien nach Kutch verpflanzt sind. VI, 1049.
Kischor Singh, jetziger Raja von Pannah. VI, 362.
Kischnbaba, Gondraja der, VI, 525.
Kishen Kant Bose, sein Bericht von Bhutan. IV, 155 ff.
Kishnyei, Subah in Bhutan. IV, 161. 171.
Kisilbasch, See. II, 383. 428. 489.
Kisilnick s. Spiraea alpina. II, 869.
Kising, russischer Stabschirurg. II, 587.
Kisnâ (siamesisch) s. Aloëholz. IV, 1097.
Kissago's, d. i. Rhapsoden, Mährchenerzähler. V, 561.
Kissam Das, Seyana. III, 738.
Kistna, Stromsystem desselben. VI, 369—391.
Kisu in Tübet. IV, 263. 268.
Kit = Lamakloster. II, 745.
Kitaiskaja Sloboda (russ., d. i. die Chinesenstadt) = Maimatschin. III, 200.
Kitaiskoe Step. II, 1000.
Kitaizil, Schimpfwort der Kosaken gegen die Chinesen. II, 86. 935. III, 200.
Kitaja (d. h. von einem Insekt erzeugt), sanskr. Name für die Seidenzeuge. V, 438.
Kitenen, Schneealpe. II, 333.
Kithan (plur. Kithat), mongol. tungusisches Volk, weitverbreitet in hohen Hinterasien seit dem X. Jahrhundert. II, 86. 1118.
Kitoi, Fl., Quellen desselben. III, 74.
Kitomit, linker Urbach des Witim. III, 56. — ein anderer gleichnamiger Bach. III, 67.

Kitschi-Kara-Kulak, Bach. II, 1099.
Kitschi-Kem. II, 1016.
Kitschi-Syr. II, 1093.
Kitschkenä-Kull. II, 789.
Ki-tse-li-pa-schi, See. II, 383.
Ki-tse-li-pa-sse, d. i. See der Rothköpfe, = Kisilbasch Noor. II, 428 f.
Kitsighene-Dola. II, 493.
Kitzi Kem. II, 1048.
Kiudeka, Bach zum Baikal. III, 73.
Kiu-Kih-mo, eine der Quellen des Kem. II, 1061.
Kiukuche, in der Ralding-Kailasa-Gruppe. III, 801. — Alpen-Sennwirthschaft in Ober-Kanawar. III, 810.
Kiu-lan f. Kherlon. II, 532.
Kiu-lun, See. II, 533.
Kiun (chinesisch), d. i. Kriegsstadt = Sitz eines Militärgouvernements. II, 225. 248.
Kiur. II, 256. 291.
Kiu-szu, alter Name des Uiguren-Stammes. II, 342. 344. 352.
Kiu-yan, Steppensee. II, 313.
Kiyars. V, 1042.
Kjachta, Bach. III, 185. — Stadt, das Grenzgebiet, Lage, Landschaft. III, 184—210.
Kjachtinskaja Krepost. III, 80.
Kjak (mongol.) = Triticum repens, Quecken. III, 185.
Kjäktu gerechon f. Kjachta. III, 185.
Kladowoi-Kamm (d. i. der Grabfels). III, 60.
Klagegesänge chinesischer an Hunnenkönige verheiratheter Prinzessinnen. II, 242. 433.
Kleidung der Siamesen. IV, 1146 ff. — der Dauren. III, 323.
Kletterpflanze, vorzugsweise im Sundagebiete. V, 413.
Kley (ruff.) = Hausenblase, vom Stör bereitet. III, 106.
Klima von Ceylon. VI, 84—87. 102 ff. — der Berglandschaft von Nepal. IV, 48. — von Hanyang. IV, 658. — des Hangerang-Plateaus. III, 711 ff. — von Munipur. V, 361. — von Rangun. V, 169. — von Singapore. V, 63 f. — von Sylhet. V, 406. — Tübets. IV, 229.
Klippdrosseln f. Turdus saxatilis. III, 289.
Klippenbiene, die, in Gherwal. III, 1196.
Klippenente f. Anas histrionica. III, 162.
Klippenhase, Steinhase f. Lepus alpinus.
Klutschewskaja, Dorf. III, 174.
Kljutschewskaja-Sopka. II, 816.
Kljutschewskoi-Karaul. III, 302.
Kljutschefskoi-Majak, alter Grenzposten. II, 818. 857.
Klokh. III, 737.
Kloster, buddhistisches auf dem Jhansu-Felsen in Tübet. IV, 263. — (ob buddhistisches?) in Kiaungeik. V, 177. — Erdeni-Tschao. II, 452. — Brahmanenkloster, einstiges, der Mahadevadiener in den Tempeloasen am Chumbulflusse in Harowti. VI, 809 ff.
Klöster in Bhutan. IV, 146. — in Korea. IV, 642. — Shakiamunische. IV, 97. — 100 buddhistische in Khotan. II, 209. — kalmückische. II, 405.
Klukwa, d. i. Moosbeere, ruff. III, 258.
Knochenröhren der getödteten Feinde zu Pfeifen benutzt bei den Bhutanern. IV, 163.
Knollgewächse, nahrreiche, Aroideae und Dioscoreas, einheimisch im Dschittagonggebiete in Hinterindien. V, 414.
Knotiger Wuchs der Wallnußbäume. III, 1197.
Knox, R., sein Aufenthalt auf Ceylon. VI, 71.
Knuzi, Dorf am Irawadi. V, 209.
Koang-sin-fu, Stadt in der Prov. Takiang. IV, 670.
Koan-tschin, Stadt. II, 118.
Koas, Fl., f. Kameh. III, 421.

Koau, Cocon der wilden Seidenwürmer in Gondwana. VI, 513.
Koawe, Name der wilden Mango auf Ternate. V, 889.
Kobbaraj, Gondraja der, VI, 525.
Kobi, falsche Schreibart statt Gobi. III, 343.
Kobin-Aimak der Birgusen. II, 1039. 1082.
Kobin, Ostturkischer Stamm. II, 1083.
Kobo s. Paspalum frumentaceum. IV, 28.
Kobolde, ähnliche Sagen wie von den, in Bhutan. IV, 152.
Kobragur, Zufluß zum Bain-Ganga. VI, 466.
Kobtagai, chinesischer Wachtposten. II, 424.
Kobu (?) in Tübet. IV, 284.
Kochsalz aus Salzseen am Vor-Altai. II, 648.
Kochun, d. i. Gauvorsteher der Mongolen. III, 353.
Koda (?), Getreideart in Subathu. III, 841.
Kodaharan, nährende Wurzelart auf Ceylon. VI, 115.
Kodi, Festung in Parkur. VI, 1025.
Kodmakal, im Alpenlande Curg. V, 728.
Kodo, Statiou in der Gobi. II, 305. III, 361.
Kodru, eine Art Hirse, 90jährige Erhaltung derselben in den Kornmagazinen von Delhi. V, 568.
Kodutzu, d. i. Schmiedearbeit, bei den Buräten. III, 122.
Koelaconda. VI, 307.
Koen s. Kouon hian. IV, 651.
Koen-to-lun s. Kuendulen. II, 305.
Koet (d. i. Caste) bei den Asamesen. IV, 388.
Koeulthang, Ort in Tübet. IV, 203.
Ko-éur-ko s. Khalkas. II, 444.
Kofa, Längenmaaß der Birmanen. V, 266.
Koga (kalmück.), d. i. Kalmus. II, 639.
Kogaly-Obaby, Berge. II, 787.
Kogun-Höhle des Buddha. V, 151. 191. 511.
Koh, ob = Kohestan? III, 1123.
Kohan, Insel im Golf von Siam. IV, 1071.
Kohata s. Cottars, Gohata, Kuhschlächter. V, 1020.
Kohata-Giri-Paß über die Nilgherry. V, 1004, bes. 993. — auch Kotagherry. V, 952.
Kohattri (d. h. Mischlinge). V, 462.
Koher s. Garbahar. III, 1137.
Kohl, nicht unter 3000′ üb. d. M. in den Tropengeg. V, 64.
Kohle, bituminöse, in den Cossyahbergen in Hinterindien. V, 397.
Kohlenbrenner-Kaste, die, im Innern von Salsette. VI, 1096 ff.
Kohlenflötze am Alei. II, 824. — zur Sandsteinformation gehörige am Baikalsee. III, 75.
Kohlenlager, die neuentdeckten, in Bengalen. VI, 1218.
Kohlensandsteinformation auf dem Tafellande Munipur. V, 364.
Kohlpalme s. Areca oleracea. V, 859.
Kohtahamum, Distrikt von Kaschmir. III, 652.
Kohunnia-burrtung, Berg. IV, 92.
Koia s. Koya. II, 1020.
Koibalen im Shajanskigeb. II, 590. 1107—1109. — Samojedenst., ihre Steppe. II, 1099 bis 1102.
Koi Chu. IV, 399.
Koigul, Dorf am oberen Indus. III, 607.
Koil bei Tuticorin. V, 516.
Koilasee, Fluß in Kamrup. IV, 321.
Koiram, Radja von, dem Herrscher von Jyntea unterworfen. IV, 320. V, 390.
Koises. II, 1083.
Koka, Teleutenfürst, unterwirft sich dem Delöth-Galdan. II, 992. 993. 1073.
Kokanien, Grenze von, bildet der Tschui. II, 397.
Kokatie-Holz auf Ceylon. VI, 122.

Kokbuchty (Bujutschick), Fl. II, 643. 762. 789.
Koke, de, VI, 132.
Kokeï-Dola. II, 487.
Koke Numley, Berg in der Langtau-Kette. IV, 391.
Ko-khu (chinesisch) = Austernloch, Insel an der Küste von China. IV, 616.
Kokiri = Elephant (koreisch). IV, 634.
Koknar (ob = Koko-Nor?). III, 637.
Kokoja. II, 1083.
Koko-kotel, Berg. II, 1074.
Ko-Kong, Insel. IV, 1067.
Koko-Nor. II, 173. 352.
Kokorgo, zwei Flüsse gleiches Namens. II, 978.
Kokorgobach, rechter Zufluß zur Tschuja. II, 959.
Kokosfaser und Kokosnußöl, Handelsartikel von Barbarin auf Ceylon. V, 844. 853. VI, 39.
Kokosinseln, die verschiedenen so benannten. V, 838.
Kokosmilch. V, 852.
Kokosnüsse, als Opfer dem Flußgotte des Bunaß vor den Muhammedanerzeiten dargebracht. VI, 891.
Kokosöl, zur Einsalbung der Haut benutzt. V, 846.
Kokospalme, die, nach ihrer Verbreitungssphäre, der Kokoszone, als Seeuferpalme durch das litorale und insulare Indien; wie nach ihrem Paradies-Klima in Ceylon und Malabar. V, 834 bis 854.
Kokospalme, die Freundin der Regen-Monsune. V, 840. VI, 631. — auf Ceylon. VI, 116. 844. — angeblich tausendjährige. V, 849.
Kokos-Region auf Ceylon. VI, 87. 116. 185.
Kokosstricke, Handel damit. V, 420.
Kokotam, Stadt, ob Khu-khu-Khotun? II, 552.
Kokran, d. i. die Indigo-Insel, im Golf von Siam. IV, 1071.
Koksa s. Koksun. II, 916.
Koksor, Dorf auf der Route von Leh nach Yarkend. III, 639.
Koksun-Fluß. II, 910—924.
Koksun-Plateau. II, 911 f. 915.
Koksun, kleiner, Quelle desselben. II, 913.
Koku-Bhils, Tribus. VI, 615.
Ko kud s. Kotschang. IV, 1067.
Kokungaha, silberglänzender Baum auf Ceylon. VI, 213.
Kokusun s. Koksun. II, 916.
Ko-ku-tam, Stadt. II, 551.
Kol (?), Kalmückenstadt. II, 551.
Kola, Zubach zum Dihong. IV, 364.
Kolabah, Insel am Eingange des Hafens von Bombay. VI, 1086.
Koladyne, Str. in Aracan. V, 309. 361. — s. Aracan-Str. V, 309.
Kolamas (asam.) s. Lathyrus sativus. IV, 325.
Kolambu (d. i. Colombo). VI, 56. 183.
Kolant-Des. VI, 528.
Kolba, Berg, s. Chalwa. II, 789.
Kolbonda, Name der Geschlechter bei den Buräten. III, 125.
Kolchi, Stadt Indiens (Peripl. M. E.). V, 516.
Kolchier, indische, (Peripl. M. Erythr.). V, 516. VI, 11.
Koleb s. Chanwan. IV, 255.
Kole's, die, VI, 526 ff.
Kolesnikowa Sloboda. III, 137.
Ko-le-ti-kin. II, 558.
Kolguta, Fl. II, 637.
Kolia, Rankengewächs in Asam. IV, 382.
Kolile (?), tübet. Handelsartikel. IV, 236.
Kolitas in Asam, Charakteristik. IV, 330. — die Sage von den, IV, 387 ff.
Kolitko, Insel im Baikalsee. III, 48.
Ko-liuan, See. II, 533.
Kolkhi, südliche Bucht in der Ceylonstr. (Ptolem.) V, 516.
Kolok, Dorf am oberen Indus. III, 607.
Kolong s. Kullung. IV, 315.

Kolonisten der Dsungaren am Ili u. s. w. II, 454. — indische in Khotan. II, 335.
Kolonki s. Mustela sibirica. II, 917.
Kolon s. Golon. II, 1126.
Koloun-nagour. II, 532.
Kolpino-Arm der Selenga. III, 72.
Kolskoi, Stamm der Koibalen. II, 1108.
Kolsun s. Canis primaevus. V, 728. 923. 986. VI, 510.
Kolu s. Kullu. III, 552. 571. 755.
Koluktei, Bach in der Bargusinsteppe. III, 61.
Kolyabar s. Kalliabar. V, 371.
Kolychen. III, 90.
Kolywan, See von, II, 833 ff. — Entdeckung des Silbergehaltes der dortigen Erze. II, 580. — Schleifhütte. II, 835.
Kolywanka, Fluß. II, 835.
Kolywano-Kusnezkische Grenzlinie. II, 583. 584. 814. 860. (s. Grenzlinie, Neue) 873. 1003.
Kolywano-Woskresensk. II, 836. 852.
Kolywano-Woskresenskoi-Sawód. II, 580.
Kolywanskaja, Dorf. II, 833.
Kolywanskoi-Gora (russ., d. i. das Kolywanskische Erzgebirge). II, 580. 834 f.
Kolywanskoi-Rudnik. II, 578.
Kolywanskoi-Sawod. II, 583.
Ko mak s. Kotschang. IV, 1067.
Komar (Peripl. Arr.), altindischer Wallfahrtsort. V, 516.
Komareï-Mnis, das Vetternkap, am Baikalsee. III, 13.
Komari (d. i. Jungfrau) s. Nuttungurh. VI, 804.
Komart Ud, eine Art Gerste. III, 688.
Ko-massi s. Kotschang. IV, 1067.
Komba, Bhotiyadorf. IV, 103.
Komberun, Dorf in Munipur. V, 370.
Kombo s. Gombo, Gungbo. IV, 212.
Komch s. Abrus praecatorius. VI, 510.
Komherfein, Burgherrschaft bei Kotgerh. III, 750.
Komila-Geb. V, 413. — s. Comillah. V, 408.
Komorin, Cap. VI, 4 ff.
Komorskaja-Gora. II, 822.
Komorulu, Bach. II, 978.
Komul s. Khombo.
Komulmer, Berg und Bergfeste in Udeypur. VI, 888. 893.
Komyga (d. i. ausgehöhlte Fichtenstämme). III, 213.
Kon (russ.) s. Cyprinus labio. III, 281.
Konabek. II, 371.
Konadi Mari, Steingötze der Cat' Chenst in den Nilgherry. V, 1016.
Konagong. IV, 100.
Koncha s. Mulm. IV, 67.
Konda, Nebenfl. des Witim. II, 621. III, 202.
Kondegatay, Berg. II, 787.
Kondakur. VI, 430.
Kondelen (?), Fl. II, 1074.
Kondinskoi Chrebet (d. i. die Kondahöhe). III, 145.
Kondojurry. VI, 528.
Kondratschicha. II, 723.
Kondrawawa-Tank auf Ceylon. VI, 94. 243.
Koneï-thang (d. h. dem Reiche unterthan), Grenzpalissade von Holz. II, 311.
Kong. II, 538. (Titel.)
Kong, richtiger als Ko-Kong. IV, 1067. — die Stadt. IV, 1067.
Kongatu, Fl. auf Ceylon. VI, 94.
Kongba, Plateaustrom in Munipur. V, 360.
Kongh-me, Kongh-tseu. IV, 212.
Kongkaben, Bai in Siam. IV, 1070.
Kongkisfl. = Ili. II, 405.
Kongö, Salzpfützen im Kulussutai-Thale. III, 284.
Konjen, Laos-Stamm. V, 277.
Konkair, Stadt am Mahanadi in Gondwana. VI, 1109.
Konkar, Kalkkonkretionen im Alluvialboden Indiens (eine Art von Tuffknollen. VI, 282.). III, 731. VI, 282. 841. 854. 874. 1109.

Konnyc Tungusi, d. i. Pferde-Tungusen. III, 278. 323.
Konoad Sirr, Salzsee in Jessulmer. VI, 1006.
Kon Theyn, Talayadorf am Sanlnaen. V, 153.
Κονδοχάτης (bei Megasthenes). IV, 15. V, 506.
Kooko Tscholon Chadda, d. i. Blauer Berg. III, 276.
Kookis s. Kukis.
Koorana s. Kairana. V, 890.
Kooryc s. Mimosa marginata. VI, 810.
Kopah, Dorf am Ken. VI, 838.
Kophenfl. = Kabulstrom. III, 420. V, 449.
Kophes s. Kophen. III, 420.
Kopili, Zufl. zum Kullung. IV, 315. V, 377.
Kopra, die getrockneten Kokoskerne. VI, 281.
Kopranowa, Dorf. II, 1023.
Kopurwunije, Stadt. VI, 605.
Ko-pu-to, d. i. Ghobdo, chinesischer Grenzpaß. II, 470.
Kor s. Karthoa. IV, 180.
Korà, Gebirge. III, 425.
Korükowskische Salzseen. II, 825.
Korai, Fl. zum Kawargun. III, 195.
Korall, geringer Uferort am Nerbuda. VI, 626.
Korallen, als Handelsartikel in Tübet. IV, 236.
Korallen-Marmor, grauer. II, 884. 887.
Korallenwaaren, Absatz derselben in Kaschmir, zur Zeit M. Polo's. III, 1117.
Koralliten. II, 842.
Koran, der, angeblich schon im zwölften Jahrhundert auf Sumatra gepredigt. V, 87.
Korba, Theil von Marang. III, 808.
Korbinskischer Fichtenwald. III, 141.
Korbolicha, Dorf, Bach. II, 821. — Zufl. zum Alei. II, 818. — Waschwerke am, II, 586.
Korbolicha-Thal, Erzrevier im, II, 835.
Korbolichinsk, Hütte. II, 853.
Korbolichinskische Berge. II, 842.
Kordadikol-Paß. V, 722. 736. VI, 372.
Korea, Sprache. IV, 635 ff. — — sein Gestadeland. IV, 602. — Ostküste. IV, 620. — Westküste. IV, 620 folgd. — Handel mit Japan und Tsu-Sima. IV, 645.
Korea-Alphabet. IV, 628.
Korea-Archipel. IV, 602. 621 f.
Koreastraße. IV, 602. — Breite derselben. IV, 613.
Koreanische Literatur. IV, 627. 635 ff.
Koreer, richtiger als Koreaner. IV, 631. — Charakterschilderung derselben. IV, 634 ff.
Κορέουρα (Ptol.) = Cananor. (?). V, 515.
Korga (russ.? kalmück.? = Schilf). II, 642.
Korghinskoi-Muis, Kap am Baikalsee. III, 14.
Korgon, Dorf. II, 882.
Korgon-Fluß. II, 860. 880 ff.
Korgon-Plateau. II, 805. 877 ff. — furchtbarer Absturz desselben. II, 723.
Korgon-Schlucht. II, 883 bis 888.
Korgonka, Bach. II, 882.
Korgos s. Kurga. II, 405.
Kori, Insel bei Taprobane nach Ptolem. VI, 26.
Korinthisches Erz s. Erz.
Korjäkowskoj, Salzsee im Semipalatinsker Kreise. II, 796.
Korji, die (d. i. Räthe) des Deb-Radja in Bhutan. IV, 158.
Korkho, Berg. III, 400.
Korkhotu, Zufluß des Tschui. II, 396.
Korles (die sieben und die drei). VI, 75.
Kormorane, zur Fischjagd abgerichtet in China. IV, 562. 669. 672. (Pelecanus carbo.)
Kornbau gedeiht nicht auf den Inselgruppen im West von Ceylon und Malabar. V, 846.
Kornbreiten (6 auf einen Zoll), Maaß. V, 631.

Kornhändler, Kornmagazine, indische. V, 687 ff.
Kornkammer, die Umgebungen von Surate. V, 666. — von China, Benennung der Ebene Hukuang. IV, 657. — s. auch Jumichiti, d. i. das Korn- und Reisland.
Kornland s. Kunwalla. VI, 814.
Kornmagazine, der Gonds. VI, 525.
Kornmangel in Malacca. V, 35.
Kornreichthum Bundelkhunds, sprichwörtlich. VI, 854.
Korobischenskaja, Jassakdorf. II, 703.
Korochiwa, Schneewasser des Altai. II, 722.
Korokol, Zubach des Ursul. II, 929.
Korotkofskoi, Dorf. III, 175.
Koroyivari, Radja von, IV, 320.
Korra s. Kuwur Raj. V, 543.
Korsu-gol, Nebenfluß des Onon. II, 530.
Kortschona s. Korotkofskoi. III, 175.
Kortschun, Tribus der zinspflichtigen Buriäten. II, 1037.
Koru-Baum. VI, 810.
Korund s. auch Sila Dhar. VI, 535. — in Nepal, Tübet. IV, 53. 234. — auf dem Adamspik. VI, 34. 110. — in Dekan. VI, 313.
Korunschof, Räuberhauptmann. II, 880.
Kory, Vorgeb. (Ptol.) jetzt Ramanan Kor. V, 517.
Kory, Insel, Ptolem. s. Ramisur. V, 517.
Korzana, russ. Name des Saisansees. II, 639.
Korzog. III, 612.
Kosa, Fl., s. San-Kosi. IV, 86. V, 506.
Kosaken an den Grenzmarken des russischen Reichs; ihre Bestimmung. III, 401. — im Semipalatinsker Kreise. II, 799.
Kosakenposten, bewegliche, an der russisch-chinesischen Grenze. II, 593.
Kosamet, kleine Insel, welche dem Cap Lyant an der Küste von Siam vorliegt. IV, 1070.
Koschi-Kul, See. II, 396.
Koschka (d. i. die Katze), Halbinsel am Baikalsee. III, 50.
Koschtoba, niedrige Vorberge des Tarbagatai. II, 417. — Bach. II, 417.
Koschtopje Chanimani Lehan. II, 660.
Koschtubä s. Baty. II, 662.
Kosila, Fl. bei Almora. III, 500.
Kosira, Hauptsüdarm der Stromspaltung des Sylhet. V, 405.
Koska, Station am Indianiflusse. IV, 90.
Koslenikof, Wasilei, Kosaken-Ataman (1644). II, 605.
Kosmographien, Kosmologien, buddhistischen Charakters bei den Birmanen. V, 285.
Ko Shanpri. IV, 397.
Kossa, Handelsmarkt für die Diamanten, bei Ptolem. VI, 344.
Kossogal, See. II, 474. 495. 526. 528. 1031.
Kossogolskoi-Ostrog. II, 1031.
Κοσσόαγος. V, 506.
Kota, Stadt auf Ceylon, der Sage nach von Kain erbaut. VI, 61. — Höhe. VI, 836.
Kotagherry. V, 952.
Kotah, die Residenz. VI, 812 ff.
Kotakit (Kotokel), Parallelsee des Baikal. III, 68.
Kotaklak, Zubach zum Schayuk. III, 634.
Kota Koddangul. VI, 430.
Kotakol. V, 727 ff.
Kotath, Marktort in Bikanir. VI, 996.
Kotchar s. Cathar. III, 1137.
Kotmalle Ganga, Seitenarm des Mahawelle-Ganga auf Ceylon. VI, 88. 205.
Kotamarpilly. VI, 431.
Kotapilly. VI, 307.
Kotari? Vierfüßer mit 4 Hörnern in Gondwana. VI, 513.
Kotatschin-Bach. III, 68.
Kotch-Tribus in Bhutan. IV, 139. 156. 288. V, 399.
Kotehar, ob Cathar? ob Kutaar? III, 1156.

Kote Khankara s. Nagrakote. V, 539.
Kotel, Berg. II, 788. — (d. i. Kessel, plur. Kotly), Name mehrerer Zubäche zum Tscharysch. II, 895.
Kotelnikowa, Fl. zum Baikalsee. III, 34.
Kotera, Fl. zur Angara. III, 37.
Koteri, Ort in Kutch. VI, 1053.
Kotgerh, Riesenpik des Himalaya. III, 541. 566. 743. 747.
Kotgun Rana, Gebirgsfürst im Hohen Sirmore. III, 866.
Kothabeddin, König von Kaschmir (1386—1396). III, 1121.
Kothara, Ort in Kutch. VI, 1053.
Kotheghur s. Kotgerh. III, 744.
Koth Tiruth in Kalinjer. VI, 862.
Kotjugina-Busen am Baikalsee. III, 36.
Kotkai, die Residenz des Kotgun-Rana, eines Gebirgsfürsten im Hohen Sirmore. III, 866.
Kot-Male s. Adam-Malle. IV, 23.
Kotmalle, Gebirgsgau auf Ceylon. VI, 205 f.
Kotogar (Kotogor), Gebirge. II, 918.
Kotogarka, rechter Zubach zum Basta-Kym. II, 923 f.
Kotogorka, Großer, Zufluß zum Argut. II, 931.
Koton-Purhusun. II, 306.
Kotra am Nerbudafl. VI, 601.
Kotrah, Stromschnellen des Chumbul. VI, 811.
Kotschang, Insel an der Ostküste des Golfs von Siam. IV, 1067.
Kotscheriga-Bach (Gorchon) zum Baikalsee. III, 31.
Kottayam, syrisches Collegium zu, V, 947.
Kotua (d. h. Festung) auf Ceylon. VI, 199.
Kotuguiafluß zum Baikal. II, 605.
Kotum s. Gautama. VI, 4.
Ko-tun (d. h. Stadt), Gouvernementsstadt, s. Ra-un. II, 116 ff. III, 306.
Kotyana, Ort in Kattiwar. VI, 1066.
Konai, chinesischer Name für das Sternbild des Krebses. IV, 414.
Kouan-kou, Paß. II, 131.
Koua-tschéou, Stadt. II, 213.
Koubdò-Sharà, eine der Abtheilungen der mongolischen Hirtenstämme. II, 124.
Kouei-fang, d. i. Region der Dämonen = Central-Asien. II, 192.
Koueï-hoa-tschin s. Khu-khu-Khotun.
Kouei-houa-tschhing = Khukhu-Khotun. II, 229. 230.
Kouei-kiun (d. h. Garnison der Gerechtigkeit) = Thiante. II, 249.
Koueï-tseu, d. i. Bischbalik. II, 383.
Kouenbulen, Ebene. II, 300.
Kouge, Bach. II, 523. III, 193.
Kougou-kerpech s. Kusu-Kurpatsch. II, 400.
Koui-Fl. III, 221.
Kouke, Stadt, geogr. Lage. III, 476.
Kouke-Sirke-Dola, Bergkette. II, 490.
Kou-kou-hotun Khu-khu-Khotun. II, 229.
Kou-louan. II, 532.
Koung-tschu (Stadt der Prinzessin), Stadt. II, 312.
Kounthang, auf der Nepalstraße nach Teshu-Lumbu. IV, 258.
Kouo-cheou-king, chines. Astronom (1279), seine Ortsbestimmungen. III, 465.
Kour-khan. II, 256. 291.
Kouschak, Mingatischer Knäs. II, 1071.
Kou-szu s. Kiu-szu. II, 344.
Koutho s. Rudok. III, 608.
Κουκλμηλον bei Theophrast. V, 835.
Kovillya Pahar, Bergkette in Hinterindien. V, 411.
Kowak, Fluß zur Bargusinbucht des Baikalsees. III, 107.
Kowdella-Tank auf Ceylon. VI, 96.
Kowlah, Bergstrom, Zufluß zum Godavery. VI, 434.
Kowries in Hinterindien als

Schmuck an Kleidungsstücken. V, 373.
Koya, Nebenfl. des Oi. II, 1019. 1024.
Κωνιακοί, Völkerschaft im heutigen Konkan. VI, 15.
Köche, hoher Stand derselben bei den Hindus. V, 937.
Kögler, Pat., Vorstand des mathematischen Tribunals in Peking. III, 474.
Kökö-Mongol (d. i. Blaue Mongolen). II, 275.
König der 10000 Inseln, Titel des Königs von Korea. IV, 602.
Königliche Würde, ausschließliches Zeichen derselben in Indien sind die Elephanten. V, 916.
Königsberg, der, II, 515.
Königsbuch, das persische, s. Schah Nameh. VI, 634.
Königs-Gänse s. Manasaucos. III, 661.
Königs-Gärten, die bei Munbore. VI, 983 ff.
Königs-Gräber, das Felsthal der, bei Jhudpur. VI, 980 f.
Königsmönche in Korea. IV, 643.
Königsschlösser Indiens. V, 503.
Königs-Schwester, Rang derselben bei den Cossyahs. V, 390.
Königstein, indischer (Daulatabad, Mandugurh). VI, 586. — ähnliche Bergveste in Korea. IV, 639.
Königthum, Zeichen desselben in Cachar. V, 383.
Köpkuchtn s. Kochbuchti. II, 762.
Krabe, Dorf in Kanawar. III, 766.
Krah, Landenge. V, 3. — Durchbruch des Isthmus zwischen Pakcham und Tsumphon. V, 108. — Isthmusfluß der Mal. Halbinsel. IV, 905. V, 82.
Krammetsvögel (Turdus pilaris). II, 874.
Kraniche, verschiedene Gattungen derselben in der Mongolei nach Marco Polo. II, 141.
Kranke, verzehrt von den Padyas. V, 446.
Krankheiten, sibirische Steppenkrankheiten. II, 712.
Krasnaja-Jarki, Winterstation des Baty-Postens. II, 641. 664.
Krasnaja Jarki Redout am Narym. II, 665. Andere gleichnamige am Irtysch.
Krasnaja Ryba (russ. = Rothfisch), d. i. Stör und Sterleb. II, 640. — s. Salmo erythrinus. III, 43.
Krasnoi-Jar, Dorf. II, 719.
Krasnojarka, Uferbach zum Irtysch. II, 718.
Krasnojarsk am Kem, Gründung der Stadt (1628). II, 565. — Höhe üb. d. M. II, 1040. — geogr. Lage. II, 997. — Dorf. II, 719.
Krasnojarskaja an der Uba. II, 727.
Krasnoperi (russ.), Fischart. II, 540. III, 301.
Kraw s. Krah. V, 82. (IV, 905.)
Krähen, folgen der menschlichen Ansiedelung. V, 66.
Krähenart, mit grünem Gefieder, in Ili. II, 404.
Krebs, Sternbild des, IV, 414. s. Konai.
Krebsotter (Lutreola). III, 259.
Kreidebänke, horizontale, mit Feuersteinlagern. II, 133.
Krekodai, Bucht und Kap am Baikal. III, 73.
Kremnitz, Bergwerk. II, 841.
Krepost (russ. = Festung). II, 581 und öfter.
Kresnopehr (russ., d. i. Rothfeder) s. Cyprinus leptocephalus. III, 281.
Krestowa Guba (d. i. die Kreuzbucht) am Baikalsee. III, 25.
Krestowka, Dorf im Buchtarmathal. II, 680.
Krestowoi Chrebet (russ.), d. i. der Kreuzberg. III, 197.
Kreuze, in den Buchten des Baikalsees. III, 95.
Kreuzberg, der, Koppe der Ulbinskischen Schneeberge. II, 713.
Krieger, gefallene, in hohen Ehren bei den Nagas. V, 374.
Kriegerkasten, in vielen Theilen Indiens gänzlich erloschen. VI, 558.

Kriegertribus, mohammedanische in Malwa. VI, 759.
Kriegselephanten der Indier zuerst von Ktesias erwähnt. V, 448. — der Seleuciden. V, 482. — im Perserheere. V, 445.
Kriegsgefangene müssen Heerden hüten. II, 241.
Kriegsmusik, rauschende der Inder. V, 450.
Kriegsspiel s. Schachspiel.
Kriegstänze der Garo's. V, 404.
Kriegstrommel, antike, tief unter der Erde in Multan gefunden. V, 470.
Krieckente s. Anas crecca. II, 917.
Krimuninseln. V, 12. 57.
Kripitschnoi-Tschai, d. i. Ziegelthee. III, 209.
Krischna-Giri s. Kistnagherry. VI, 312.
Krischna-Thor, das, VI, 822 f.
Krishen Tschandra, Beherrscher von Munipur (1773—1813). V, 351. — höchst bigott, führt den Vishnudienst ein. V, 386. — Radja von Cachar (1813). V, 382.
Krishna, Begriff dieser indischen Gottheit. II, 6. — in Munipur verehrt. V, 366. — sein Geburtsort s. Mathura, Methora, Muttra. VI, 1133.
Krishna Mandapam. VI, 325.
Krishnaram Nyayabush, gelehrter Brahmane. IV, 301.
Krokela, Sandinsel an der Indusmündung. V, 479.
Krokodile, besonders zahlreich im oberen Behut. V, 466. — im Bisil-Talab. VI, 910. — kleine, in den Stagnationen des Luni. VI, 1133.
Krokodilstadt s. Migheung Yat. V, 177.
Krokola s. Krokela.
Krokoninskoje Osero s. Irakan. III, 38.
Krol-Pik in Sirmore. III, 840. 857.
Kronbergwerksrevier, russisches in Sibirien, Umfang desselben. II, 851.
Krongüter, chinesische, bebaut, statt der Steuern und Abgaben. II, 412.
Kropfbildung, Region derselben am Fuße des Himalaya. III, 763. 847. IV, 139.
Kropfkrankheit, vorherrschend in Nepal, selbst da, wo kein Schneewasser getrunken wird. IV, 50. — in Gondwana. VI, 508. — im Tirhut. VI, 1184.
Kröpfe am Nordostrande von Hochasien. II, 135. — im Tieflande am Fuße der Gobi heimisch. II, 122.
Kruglaja Sopka, Berghöhe des Altai. II, 717.
Krukla s. Trugla. V, 134. 150.
Krukowsche Silbergrube, Höhe üb. d. M. II, 712. 851.
Krummholz, auf der Schlesischen Schneekoppe. II, 816.
Krummschnabel, der, s. Recurvirostra avocetta.
Kruta, Bach zum Tschita. III, 270.
Krutaja, Fl. II, 918.
Krutoigubi, Steile Bai, Kap am Baikalsee. III, 13. (Krutaja Guba. III, 95.)
Krutinska, Bach. II, 670.
Krutoi Kamen (d. i. der Steilfels), Kap am Baikalsee. III, 14.
Krutschinskoi Stanitz (Krutschina) an der Ingoda. III, 270.
Krüge, zur Aufnahme der Leichenasche, bei den Garo's. V, 404.
Kshatra (= Kriegerst.) Völkerst. V, 461.
Kschiroda (sanskr., d. h. Milchmeer), das nordische Eismeer. II, 10.
Ktesias, Leibarzt des Artax. Mnemon, seine Kenntniß von Indien. V, 447 f.
Ktes-Strom s. Tes. II, 1050.
Kuah. IV, 399.
Kuang-si, das Grenzland gegen Tunkin. IV, 927. V, 914.
Kuang-yu (d. i. die schützende Gottheit der Mandschu-Dynastie). IV, 418.
Kuan-ti. IV, 418.

Kuanti, chines. Götze. IV, 246. — Tempel des, in Lithang. IV, 197.
Kuan-yn. IV, 287.
Kuari Kund, Mineralquelle bei Jaffirabad. V, 419.
Kubbet el Hadj, Flur bei Damaskus. III, 189.
Kubbir Bur, der große Banianenbaum in der Nähe von Surate. VI, 656. 604. — der, am Nerbuda. VI, 626. — Insel im Nerbudafluß, heilig verehrt und durch ihren riesenhaften Banjanenbaum berühmt. VI, 604.
Kubindiah. IV, 90.
Kublaï-khan, Residenz desselben zu Tenduch. II, 232. — Feldzug gegen Ava (Mien). IV, 735.
Kubo's, muskulöse und kräftige Statur derselben, bewahrt sie vor dem Jungle-Fieber. V, 362.
Kubo-scharà. III, 367. 401.
Kubo-Thal. V, 347. — Munipurs östl. Vorstufe. V, 360.
Kucha, d. i. Holzhaus. VI, 1157.
Kuchar, das niedere Bhutan. IV, 57.
Kuchila s. Strychnos Nux vomica. VI, 510. 536.
Kuchilafresser s. Nashornvogel. VI, 537.
Kuchu. IV, 202. 203.
Kuckuck (Cuculus canorus). II, 874. — in Nepal. IV, 65. 144. — seine Fähigkeit, die äußersten Hitzgrade zu vertragen. VI, 814.
Kucksu, Fl. II, 400.
Kudalur, im Distrikte Nambulacotta. V, 783.
Kudang. II, 505.
Kudara, Steppe, Selengamündung. III, 69. — Festung mit merkwürdigen unterirdischen Befestigungswerken. III, 173.
Kudarinskoi Karaul. III, 169. 191.
Kuddanaad (?). V, 956.
Kudinskaja Sloboda. III, 23. 150.
Kudra s. Rudra. IV, 308.
Kudra mali, Ursprung der Niederlassung. VI, 37.
Kudrimalle, Perlfischerei. VI, 42.
Kudru Singha, Radja von Asam. IV, 301.
Kudschiltan, Bach. III, 266.
Kudunskaja, Dorf. III, 165.
Kuei tscheou fu, große Handelsstadt am Fl. Takiang. IV, 655.
Kuen s. Orghon. II, 528.
Kuendulen, Fl. (Etzina-Pira). II, 309.
Kuen-ho, alter Name des Orghon. II, 498.
Kuen-lun, Gebirgssystem. II, 188. — Paradiesland der Chinesen. II, 9. 188. 192. III, 409. — Vorketten. III, 634.
Kuen-mi, Kuen-mo, Titel des Königs der U-siun. II, 432.
Kuen-Nor s. Connor. III, 360.
Kuen-ti (engl. und schwed. queen), = Königin bei den indogerman. U-siun. II, 433.
Kue szu (vergl. Ti szu). IV, 283.
Kugelbasalt. VI, 459. 460.
Kugel-Trapp. VI, 583.
Kug hara (d. i. wenn Nachgras kommt), zwölfter Monat der Buräten. III, 128.
Kugziung, Ort am oberen Indus. III, 607.
Kuh, ihr Fleisch wird nie von einem Hindu gegessen, selbst nicht in Zeiten der Hungersnoth auf Schiffen. III, 495. 880. 987. V, 897. — noch in Sirmore allgemein verehrtes Hausthier. III, 851. — wilde, in Dschittagong. V, 420. — die Butter als Lampenöl auf Ceylon gebraucht. VI, 242. — die Schweife, Handelsartikel in Chinachin. IV, 27. in Asam. IV, 330. S. Chamor Choungri. — Schlachten der Kühe ist selbst bei den nichtbrahminischen Völkern des Dekans verboten. VI, 382. — ihre Beschaffenheit in Kaschmir. III, 1162.
Kuh aus Gold in Cachar. V, 385.
Kuhi-mir (d. i. Berg des Lichts), persischer Name des Diamanten. VI, 364.
Kuhistan, das Waldgebirge. V, 545.
Kuh-Soliman (d. h. Salomons-Berg) bei Serinagur. III, 1164.

Kuilen Buira, Schlacht am, (1203 n. Chr.). II, 257.
Kuinga, Bach. III, 295.
Kuipo s. Bhatgang, Bhatgao. IV, 74.
Kuitsil, Fl. II, 488. — (chines.) s. Kurtschum. II, 659.
Kuitun, Bach zur Schara. III, 167. 215.
Kuïtun (d. i. kalt), Quelle, Station in der Gobi. III, 368.
Kuitun Bulak, kalter Quell. III, 287.
Kuitunskaja, Dorf. III, 167.
Kuji s. Tsaikol, Garcinia pedunculata. IV, 325.
Kuka (Ibn-Batuta), Ort an der Maabarküste. V, 589.
Kuké-Khararong-Dola. II, 493.
Kukernag, Quelle in Kaschmir. III, 1149.
Kukinskaja Derewna. III, 161. 163.
Kukirghautt, Ort auf der Kheru-Passage. IV, 41.
Kukis s. Nagas. V, 368. 370 f.
Kukopalme bei Arrian = Cucifera thebaica. I, 723. V, 835.
Kukri, Cucurbitacee, in Bikanir. VI, 995.
Kuku-Daba. II, 496.
Kuku-dabahn, Fl. II, 494.
Kukuhur. III, 56.
Kuku niru (d. i. der Blaue Berg). III, 211.
Kuku nugure, Berg auf der chines. russ. Grenze. III, 80.
Kuku-Nor, der blaue See, in der Nähe des Ober-Amur, verschieden von dem Tübetischen. II, 531.
Kuku-Dola. II, 496.
Kukura-choya. IV, 317.
Kukuretti, Dorf bei Panna. VI, 856.
Kukurghat s. Kukirghautt. IV, 41.
Kuka-Tau, Berg. II, 339.
Kuku-tscholo (d. i. Blauer Stein), Berg. III, 217.
Kuku-tsilootu, Berg. II, 498.
Kul, Bach. II, 515. 516.
Kula, Name des Pisang auf Banda. V, 877.
Kula Deing s. Arakan Nor. V, 309.
Kulan, Ort am Yarkendfluß. III, 638. — s. Equus Onager. II, 771.
Kulapa s. Kokos. V, 837.
Kula pia (d. i. Westliche Fremdenbohne), birmanesischer Name für Cicer arietinum. V, 249. s. Gram.
Kula Sampa (birm. = westlicher Fremden-Reis), d. i. Weizen. V, 248.
Kuldeolan-Bajan. Fl. II, 400.
Kuldscha s. Guldscha. II, 402.
Ku-li-han, Volk im Norden der Scha-mo unterwirft sich den Chinesen (627 n. Chr.). II, 597. 1111. s. Chulihan.
Kulikan, Fluß. III, 41.
Kul Khuduk, Station in der Gobi. III, 358.
Kulkun, nordöstl. Verzw. des Kuen-lun. II, 188.
Kulladikode, Pik der Nilgherry. V, 960.
Kullai s. Phaseolus maximus. VI, 505.
Kullankote, Stadtruine im Indusdelta. V, 476.
Kullers s. Coliar. VI, 12.
Kullawud, Dorf. VI, 335.
Kullem. VI, 353.
Kulliani, Berge in Asam. IV, 315.
Kulling, Dorf am Spinofl. III, 721. 741.
Kullixi, Sultan d. Kirghisen. II, 66.
Kullu, Alpengau des Himalaya. III, 552. 571. 755.
Kullum, (Diamantgruben zu)? VI, 352.
Kullunder (d. h. der nichts für den anderen Morgen bewahrt), Beiname des Sultan Baber. V, 623.
Kullung, Arm des Brahmaputra. IV, 315.
Kulna, großer Marktort in der Nähe der Gangesmündungen. VI, 1206.
Kulonki (Mustela sibirica). II, 872.

Kulpu, Fluß zum Tirsul-Ganga. IV, 32.
Kulpubaisi, Thal in Nepal. IV, 32.
Kulscha s. Guldscha. II, 402.
Kultagoi, Insel im Baikalsee. III, 48.
Kultanier, Volksst. in Asam. IV, 295. 388.
Kultas s. Kolitas. IV, 387.
Kulti s. Glycine tomentosa. V, 716.
Kulto-bung, Berge. IV, 378.
Kultuk, Name des Westwinds auf dem Baikal. III, 93.
Kultukbusen des Baikalsees. III, 10.
Kultukschnaja-Bach (und ehemaliges Dorf) zum Baikalsee. III, 75.
Kultukschnoi-Muis, Kap am Baikal-See. III, 14. 75.
Kultukskaja, Station am Baikalsee. III, 78.
Kultuzin, ein Mongolenfürst. II, 609.
Kulum, Zugvogel der nördlicheren Gegenden Indiens. VI, 1012.
Kulu Nanda, Bergstrom in Bissahir. III, 755.
Kulu-Straße. III, 552.
Kulun, See (s. Dalaï-Nor). II, 532 f.
Kulung, Südarm des Brahmaputra. V, 377.
Kuma (tungus.) = Phoca vitulina. III, 111.
Kuma, Zufluß des Tscharysch. II, 893.
Kuma-Seen. III, 38.
Kumajei, Saisan. II, 1017.
Kumantschi, Fußangeln von Bambusrohr. V, 374.
Kumangda, Busen von der Angara gebildet. III, 41.
Kumarakhanda. V, 505.
Kumarasambhara (= Geburt Kumara's), sanskr. Gedicht. V, 505.
Kumâri (sanskr.) = Comorin. V, 426. 496.
Kumbar, d. i. Töpfer, in Orissa. VI, 559.
Kumbetarine-Pik. VI, 277.
Kumbhakara s. Kumbar. VI, 559.
Kumbhakerma, Beschützer der Jainas. V, 745.
Kumbhauri. VI, 428.
Kumbla Pathar. VI, 553.
Kumbutaroyen s. Camataraya. V, 1022.
Kumhara-Berg. IV, 32.
Kumir, Bach. III, 266.
Kummautarayen s. Sacli. V, 1022.
Kumpila (ob = Guzurate?). V, 566.
Kumtong, Palansengsdorf (?) im Bhor-Khampti Lande. IV, 393.
Kumtschagna, Seitenbach zum Witim. III, 57.
Kumun, Berg; Khingan-Kumur. II, 523. III, 193.
Kumurghi, Steinkohlengruben bei, II, 418. 786.
Kumurun-ula, Berg auf der russisch-chinesischen Grenze. III, 193.
Kumüß, Bereitung und Wirkung des Getränkes. II, 779.
Kumyrtschy s. Kumurghi. II, 786.
Kunairoh, Stadt in Harowti. VI, 804.
Kunalei-Fl. III, 177.
Kuna-gumbay. IV, 100.
Kunawur s. Kanawar. III, 542.
Kuna-Pakung-Kette in Aracan. V, 336.
Kundapura, Grenzfl. von Nord-Canara. V, 696.
Kundil-Mukh, Station am Einflusse des Kundil-Pani zum Lohit. IV, 348.
Kundilnagar in Ober-Asam. IV, 323.
Kundil-Nala, Fluß in Asam. IV, 375.
Kundil-Pani, Zufl. zum Lohit. IV, 348.
Kundi-Naad s. Khunda-Naad. V, 990.
Kundschegaberge. II, 338.
Kundu in Bhutan. IV, 162.
Kundu Gaon, Ort der Mismi in Asam. IV, 387.

Kundulenberg im In-Schan. II, 239. 305.
Kunero s. Kunairoh. VI, 804.
Kung. II, 1055 f. — (d. i. Graf) Akhai. III, 350. — Dorf am Spinosl. III, 721.
Kungchotu-Nor, kalmückischer Name des Saisansees, d. h. See der Glocken. II, 639.
Kungghe-gol, Fl. II, 488.
Kungirkui, Dorf. III, 150.
Kungiru gaom. IV, 369.
Kungki s. Kuki. V, 410.
Kung-ku, neue Stadt bei Urumtsi. II, 381.
Kung-kung, Fluth von, II, 158 ff.
Kunguni s. Panicum italicum. V, 716.
Kungri, Dorf am Spinosl. III, 721.
Kungsathang s. Theeuthang. IV, 197.
Kungum-La, Pik. III, 721.
Kungya, Station zwischen Shalkhar und Gertepe. III, 740.
Kunik, tungus. s. Felis onca. III, 112.
Kúnjom s. Spiti. III, 571. 726.
Kunkantschei. II, 1066.
Kunkhujurah s. Tausendfuß. VI, 513.
Kun kri s. Wun gyi. V, 292.
Kunku, Ort in Asam. IV, 390.
Kunkurai s. Cucumis sativus. V, 719.
Kunstarbeiten, chinesische, treue Nachbildung der Natur. IV, 679.
Kunstdämme, Behufs der Bodenbewässerung in Dekan. VI, 420.
Kunststraße, ehemalige, zwischen Munipur und Khaspur. V, 370.
Kunstwerke, kein Interesse dafür bei den Hindus, sondern nur für deren heilige Bedeutung. VI, 817.
Kuntu, die Gemahlin des Pandu, III, 1095.
Kunwalla (d. i. das Kornland), die Ebene von Harowti. VI, 814.
Kunwurri (Koni), Name der Schwester des Königs bei den Cossyahs. V, 390.
Kunyakagram (?), ehemalige Kapitale von Asam. IV, 299.
Kuooch, Ort am Ssatadru. III, 736.
Kuon-yn, d. h. der Dalaï-Lama. IV, 243.
Kupas s. Gossypium herbaceum. V, 717.
Ku-pe-Keou, das östliche Thor der großen Mauer. II, 99. 132. 542.
Kupelé, Defilé von, III, 429.
Kupfer bei den Mismis in Asam. IV, 387. — in der Provinz Kutsché. II, 336. — steht höher im Werth gegen das Silber in Nepal als in Europa. IV, 53. 74. — im Gebirge von Lao. V, 246. (vergl. IV, 1216.) — in Udeypur. VI, 882. — getriebenes, uralt bei den Indiern. V, 528.
Kupferne Geräthschaften in den Tschudengräbern. II, 649 f.
Kupfererze an der Schilka. II, 603. — im Nalla-Malla-Geb. VI, 342. — in Hornstein und Quarz in Nepal. IV, 53. 74. — im Basischen Gebirge. II, 1085. — reichlich in Ajimere. VI, 907. — in Kaschmir. III, 1187.
Kupfererzschürfe am Baikalsee. III, 27.
Kupferfarbe der Nagâs. V, 372.
Kupfergeld, in Indien zuerst von Mahmud Toghluk geschlagen. V, 567.
Kupfergruben, ehemalige zu Tschagirskoi. II, 863. — Mainskische. II, 1019. 1099. — zu Golzofskoi-Rudnik. II, 819. — an der Mursinka. II, 862. — zu Birumsir und Bidasir in Bikanir. VI, 994. — bei Calsi in Sirmore. III, 878. — zu Tamru Khani. IV, 64. — reiche, in Malebum. IV, 18.
Kupferhütte, Kurenselinskische. III, 286.
Kupferkessel, ungeheurer, zu H'Lassa. IV, 244.
Kupfermünzen (arabische) bei Udinagur. V, 454.
Kupfer-Politur. III, 22.
Kupferproduktion im Altai, Centrum derselben zu Susunsk. II, 853.

Kupferstücke, ungeprägte, als kleine Münze in Malwa. VI, 755.
Kupferwerk, Ssnegirewsches, an der Buchtarma. II, 681.
Kupili, Fl. in der Nordprovinz von Hirumbu. V, 379. — Ursprung des Namens. V, 383.
Kuppa (?). VI, 519.
Kupput-gud, Berge auf dem Darwar-Plateau. V, 709.
Kupu, Fl. in Aracan. V, 341.
Kur. II, 256. 291.
Kura s. Guldscha. II, 329.
Kura (Kuré), mongol. d. i. Lager des Khans. II, 405.
Kuragina, Dorf. II, 1023.
Kurai, Bach zur Tschuja. II, 948.
Kuraische Steppe. II, 948.
Kurait, Giftschlange in Gondwana. VI, 513.
Kurakin (Fürst J. S.), Woiwod von Tomsk 1619. II, 1067 f.
Kuran s. Corundum.
Kurawa-Könige von Kaschmir. III, 1094.
Kurba, Ort am Hustuflusse. VI, 354.
Kurban-tschikr, Berg am Dalai-Nor. II, 539.
Kurbat Iwanow, Kosakenanführer (1643). II, 604. III, 10. 29.
Kurbinskoi Bor. III, 141.
Kurburi-Kap am Baikalsee. III, 66.
Kurby, Ort in Gondwana. VI, 494.
Kurdan s. Khorlo. IV, 233.
Kurduzkoi, Poststation. III, 141.
Kurehum s. Kuwur. V, 546.
Kuren, d. i. das Lager des Kutuchtu. II, 529.
Kuren-beltschir, Quellrevier des Dzabgân. II, 553.
Kurenselinskische Kupferhütte, ehemalige am Onon. III, 286.
Kurga s. Kura.
Kurgammah, Stamm der Gonds. VI, 492.
Kurgane (Kurgantschi). III, 328.
Kurghe See, ob = Chara-Tal? II, 427.
Kurgos, ehemals Almaliy. II, 429.
Kuri, heiliger Baum auf Ongkar-Mandatta. VI, 597.
Kuriat, Gebirgsgau in Hindostan. V, 547.
Kurilen, haarige. IV, 477.
Kurilischer Völkerstamm (continentaler). II, 88.
Kurin. IV, 94.
Kuriya, kulturunfähiges Steilland. IV, 51.
Kurjat s. Kuriat. V, 547.
Kurjinsk an der Loktawka. II, 830.
Kur-kara-ussu, Kanton. II, 401.
Kurkeru, der wilde Waldhahn in Harowti. VI, 822.
Kurkira, Schneesturzbach zum Baikal. III, 34.
Kurkunchuro, Winterresidenz des Pumpo (Bhoteafürsten) von Chumrutti. III, 740.
Kurkuriya, Marktort in Kamrup. IV, 320.
Kurlitscha, Bach. III, 295.
Kurluk s. Kerlik. II, 905.
Kurma (sanskr.), d. i. Schildkröte. VI, 707.
Kurmultö, Fluß. II, 762.
Kurm-ful s. Karnaphuli. V, 410.
Kurnagalle, der Hauptort der sieben Kories auf Ceylon. VI, 182.
Kurnal, brittischer Posten. VI, 1230.
Kurnul. VI, 339.
Kurrans s. Karian. V, 116. 152. 154. 156. 187 f. 277 u. öft.
Kurrim s. Koiram. V, 390.
Kurrumfoli s. Karnaphuli. V, 410.
Kursang Myyung, Dorf der Mismi in Asam. IV, 387.
Kursow, Eichenart in Sirmore. III, 862.
Kurtakul, Annalen von, VI, 11 f.
Kurthi, Hülsenfrucht, in Nepal gebaut. IV, 51.
Kurtisch, Quellfl. des Irtysch. II, 638.
Kurtschum, Geb. Streichung. II, 664 f.
Kurtschum, erster rechter Zufluß des Irtysch. II, 637. 641. 664. 665. — Quelle desselben. II, 646. 683.
Kurtschum, Gebirge. II, 645. 655. 656—664. 683.

Kurtschum, Fl. II, 488.
Kurtu-Dabahn. II, 486.
Kurtujak-Tasch, d. i. der Alte Weiberstein (Tropfsteingrotte am Abakansk.). II, 1085.
Kurtul, Dorf in Bundelkhund. VI, 849.
Kuru (? Sibirien in der indischen Erdansicht). II, 6. — s. Kurava, Kaurava. III, 1094.
Kurudhu (spr. Kuru-udhu), Zimmtsorte auf Ceylon. VI, 129.
Kurukshetra. V, 498.
Kurulgu, zum Onon. III, 278.
Kurumbur, die zigeunerähnlichen, in den Nilgherry. V, 984.
Kurundu- (Zimmt-) Sorten der Singhalesen. VI, 129.
Kurundugalle, d. i. Zimmtstein auf Ceylon. VI, 111.
Kurus und Pandus, Kriege derselben. V, 491.
Kurusi, Ghats von, V, 671.
Kurutali, d. i. das gemeine Volk der Cat' Ghensi oder Eruler in den Nilgherry. V, 1016.
Kurudoya (?), Fluß in Asam. IV, 298.
Kurwel, Perlensorte. VI, 177.
Kurye s. Mimosa marginata. VI, 810.
Kusche, Bach. III, 193.
Kuschi-han. III, 452.
Kuschin, Bittersalz zur Theebereitung verwendet bei den Buräten. III, 24. 61.
Kuschinga, Bach zum Onon. III, 196.
Kusch-murun s. Chusi-Murren. II, 787 f.
Kuschtam s. Elephantiasis. VI, 508.
Kuschumbet-Berge. II, 755.
Kusebejefskoi-Krepost. II, 584.
Kushbir, Distrikt von Unter-Kanawar. III, 770.
Kusiarah s. Kosira. V, 405.
Kuskutsch (russ. = Lachs). II, 874.
Kuskutsch-Forellen. II, 894.
Kusma, Handelsmarkt am Zusammenfluß des Swetaghar und Ghandaki. IV, 18.
Kusnezi, d. i. die Schmiede. II, 1134.
Kusnezk, Stadt am Tom. II, 584. — 1618 erbaut. II, 565. 989.
Kusnezkische obere und untere Piketfischerei. II, 656.
Kussa-gambah, Stadt. IV, 92. s. Khusa.
Kussi, auf der Teshu-Lumbu-Route nach H'Lassa. IV, 271.
Kussukul, See. II, 495.
Kussumba, Name des Opiumtrankes bei den Sodas. VI, 1029.
Kussun s. Carthamus tinctorius. VI, 754.
Kusukull, See. II, 474.
Kusu-Kurpatsch. II, 400.
Kusul Gaon, Ort der Mismi in Asam. IV, 387.
Kusum s. Carthamus tinctorius, Saffler. V, 718.
Kusuma, Hafen. VI, 248.
Kusumapura (sanskr. = Blumenstadt), Name von Palibothra. V, 508.
Kusun s. Carthamus tinctorius. VI, 510.
Kusun-takai, Fl. II, 1070.
Kut (?). V, 332. 333.
Kuta, sanskr. = Gipfel. II, 13.
Kutaar s. Cathar. III, 1137.
Kutai (kalm., d. i. Khoda, Boda, Gott). II, 975.
Kuta-kya (d. i. der durch Barbaren entthronte) König von Pugan (c. 1150). V, 217.
Kutan. V, 1019.
Kutas, Abtheilung der Tudas in den Nilgherry. V, 1030.
Kutba, das Kirchengebet. V, 622.
Kutbeddin, d. h. Polarstern der Gläubigen, der Ghuride (1190 n. Chr.). V, 506. 556.
Kutbeddin-Eibuck. V, 555. VI, 1132.
Kutbinbanse, Bambusart, durch Kieselsecretionen ausgezeichnet. VI, 366.
Kutch, das Inselland. VI, 1037 ff.
Kutch-Behor, Landschaft. IV, 139. 156.
Kutchwa, Rajputenfamilie vom ersten Range in Malwa. VI, 761.
Kutemalde, kl. Fl. II, 398.

Kuth s. Catechu. VI, 509.
Kut'hagur s. Kotgerh. III, 744.
Kutho s. Rudok. III, 608.
Kuti, Stadt. IV, 92 f. 105. 176. V, 558. — nepales. Grenzfeste. III, 454. 485.
Kuti, Weilergruppe in Unter=Kanawar. III, 773.
Kutkurar, Schlange in Gondwana. VI, 513.
Kutomala, rechter Zufluß zum Witim. II, 602.
Kutomarskische Grube im Daurischen Erzgebirge, seit 1764. III, 313.
Kutsché, geogr. Lage. II, 324. 335.
Kutschin, Stamm der Tsakhar-Mongolen. II, 425.
Kutschugesch, Kalmücken=Saisan. II, 934.
Kut=schug=Tag, Name für kleine Gebirge im Gegensatz zu den Ulug=Tag. II, 355.
Kutschungstämme (der Naga's auf der Südseite des Barakfl.). V, 373.
Kutschurka, Fl. II, 932.
Kuttair s. Rohilkund. VI, 1141.
Kuttak, die Capitale von Orissa. VI, 531 ff. 541 f.
Kuttal Gunj, Mineralquellen von, V, 416.
Kuttra Ghat. VI, 841 f.
Kuttres, Name der eigentlichen Rajputs. V, 463.
Kuttun Khan Afghan, Beherrscher von Rabery. V, 580.
Kutubdea, Insel an der Küste von Dschittagong, Hafenplatz. V, 420.
Kutuchtus, die zehn, Vicarien des Dalai=Lama. II, 260. (s. auch IV, 204.)
Kutuchtu=Lama, einer der Großpriester der Mongolen. II, 260 ff. 452 ff. III, 156 ff.
Ku=tu=lu-Pi=kia, Khakan der Hoeihe (755). II, 557.
Kutumara, Bach zur Borsa. III, 300.
Kutul=narassu (d. i. Fichtenwald), Berg. III, 215.
Kutwal. V, 625.
Kuva, mongol. = Urga. II, 414.
Kuvera, Gott des Nordens und des Reichthums bei den Indern. II, 10.
Kuwara, Drachenkönig in der tüb. Göttersage. IV, 239.
Kuwari, ein Wasservogel in Asam. IV, 363.
Kuwe, Name des Büffels in Ava. V, 257.
Kuwi, roher Völkerstamm in Tavay. V, 129.
Kuwur, Raja von Kanoge (1017 n. Chr.). V, 502.
Kuwur, Raja von Kunowj (1000 n. Chr.). V, 535.
Küang=yüki. V, 914.
Külleng Nor (der Gänse=See) in der Nähe des Baikals. III, 97.
Külüm s. Mus socialis. II, 1090.
Külün=Nor. III, 159.
Künste, Zustand derselben bei den Singhalesen. VI, 234.
Küstenhochländer, als Sitze der Piraten. V, 668.
Küsteninseln, Siamesische im West. V, 74 ff.
Küsul=jayma am Tschui. II, 397.
Küsühn Schirehtu. IV, 193.
Küsülßu, Dorf. II, 330.
Kwakba, Theil von Marang. III, 808.
Kwale, Name der wilden Mango auf Tidore. V, 859.
Kwenapa (d. i. Büffelsnase), Dorf. V, 233.
Kwensah am Minesl. V, 209.
Kyai kami, Cap. V, 147.
Kyan, Völkerschaft, alte Sitze derselben. IV, 1231. V, 277. 347.
Kyang twang mit s. Kyen=duen. V, 219.
Kyankhani, einheimischer Hindustamm in Shekawutty. VI, 936.
Kyankfit (d. h. das Dorf der Steinmetzen) in Ava. V, 227.
Kyaong myo, Ort in Ava. V, 276.
Kya Pung, Dorf in Martaban. V, 154. 156.
Kyarda=Dun, Ebene im hohen Sirmore. III, 858.
Kyarda=Thal, auf der Westseite des Dschemna. III, 854 f.

Kyao-kra (Orientaler Rubin), in Ava. V, 242.
Kyat, Gewicht in Ava. V, 266.
Kyatpean in Ava. V, 242.
Kyauk ta long (d. i. Einzelfels), Ort am Irawadi. V, 221.
Kyen, Volk in Ava. V, 267.
Kyen duen, Kyen dwen, Fl. V, 163. — Westseite desselben. V, 348.
Κυλινδρίνη (Ptol.), indische Landschaft. III, 882. 1089.
Kymur s. Vindachalberge, Vindhyan-Gebirge. VI, 835.
Kyndyk (d. i. der Nebelberg) am Kurtschumfl. II, 659.
Kyouk Phu, Hafen auf der Insel Ramri. V, 318.
Kyouk Phyoo s. Keauk pheo. V, 333.
Kyra, Ort in Kutch. VI, 1053.
Kyraghur, Stadt am Mahanadi. VI, 482. — Fl. VI, 483.
Kyrangdze, Stadt in Tübet. IV, 272.
Kyranti (Kirates?), Tuma von, in Bhutan. IV, 161.
Kyrlik = Polygonum fagopyrum. II, 1078.
Kyrlyk, der sibirische Buchweizen. II, 1103.
Kyrö (tungus., d. i. die Krähe), Fels. III, 287.
Kyrssä, Bergrücken. II, 1002.
Kysaritala, kriechende Convolvulus-Arten. VI, 538.
Kyschanga, Bach. III, 165.
Kysil, Nebenbach der Ubinska. II, 760.
Kysti-Kem s. Pe-tsi-Kem. II, 1050.
Kystym, Kyschtum (sibir. turk. = Knecht). II, 1108.
Kysystamm der Kirgisen. II, 422. 423.
Kythi-Schrift der Puharris. VI, 1176.
Kyun, Insel im Sanluen. V, 155.
Kywan thi d'hau, Pagodensklaven in Ava. V, 290.

L.

La, das Moschusthier, in Bhutan, IV, 153. — (tübet.) = Paß. III, 664.
Labarem buche, Gottheit der Bhotiyas. IV, 165.
Labi (hebr.) = Löwe. VI, 714.
Lac de Chède. II, 834.
Lacerta agilis. III, 44.
Lachain Lachun, Berg in Tübet. IV, 273.
Lac Rupie, Werth derselben in Ava. V, 265.
Lachszüge. III, 106.
Lack, indischer, schon Ktesias bekannt. V, 448. — Insekt s. Coccus lacca. IV, 328. 1111. VI, 513.
Lactho, Laktho, Reich. IV, 1233.
Lada, Land (?). VI, 221.
Ladakh Gealbo, d. i. Radja von Leh. III, 614.
Ladas s. Pfefferinseln. V, 20.
Ladestöcke aus Spiraea altaica. II, 869.
Lady Jane Dundas, Schiffbruch des Schiffs (1809). VI, 45.
Laenzaen Shan. IV, 1232.
La-eu-thang. IV, 198.
Lafa, der, Name des Oberhauptes im Spiti-Distrikte. III, 571.
La Famosa, Festung auf Malaka von Albuquerque erbaut. V, 42.
Laffa-Bari. IV, 397.
Lagandhe s. Nagar dzong, Ort in Tübet. IV, 272.
Lagauschkabach. II, 820.
Lagerströmia flos reginae. VI, 540.
Lagerströmia insignis. V, 191.
Lagerströmia reginae. V, 175. (L. speciosa; gehört zu den Palicarien.)
Lagna, Name für die engen, eingeklemmten Thäler des Himalaya. IV, 20.
Lago di Zolfo in der Campagna di Roma. III, 667.
Lagostajewa. II, 1091.
Lagulunggu, auf der Nepalstraße nach Teshu-Lumbu. IV, 258.

Lagunen im adriatischen Golfe, mit dem Gangesdelta verglichen. VI, 1240.
Lagunenreihen in Süd-Dekan an der Ceylonsstraße. VI, 6.
Lagung, auf der H'Lassa-Route in Tübet. IV, 252.
Lahari, der westliche Hafen an der Indus-Mündung bei Ibn-Batuta. V, 588.
Lahia, Stadt im chines. Departement Kirin. IV, 443.
Lahitiya s. Lohit. IV, 341. 344.
Lahoche, Berg, Paß durch die Dangbo-Kette. III, 737. 740.
Lahon, Khuntaifamilie in Asam. IV, 331.
Lahore = Sangala. V, 462. — im J. 1524. von S. Baber erobert. V, 621.
Lahoub s. Lakul. III, 553.
Lahunji (?), Ort in Asam. IV, 300.
Lahuri-Nepal. IV, 60. 64 f.
Lahuri-pang. III, 822.
Laick-patti, Berg. IV, 90.
Laisch. VI, 714.
Laisti, Grenzort Nepals gegen Kuti. IV, 91.
Laitschi-long, Gebirgskette. III, 578.
Lak-Insekt auf Cytisus cajan in Asam. IV, 325.
Laka. VI, 64.
Lakba. III, 738.
Lakdiwa. VI, 64.
Lakdiwey. VI, 64.
Lake, englischer General. VI, 405. 939.
Lakediveninseln, ihr Reichthum an Kokos. V, 843. — den Bibi unterworfen. V, 776.
Lakh, Ort am Spiti. III, 730.
Lakha, Rao von Kutch (seit 1745). VI, 1058.
Lakha Phutani, Heros in den kriegerischen Romanzen der Rajputen. VI, 971.
Lakhi, Ort am Indus. III, 609.
Lakhipur, Cacharstadt. V, 369. — Subah von, in Bhutan. IV, 161.
Lakhomati Bhotiya Gaom. IV, 311.
Lakhsmipur s. Lakhipur.
Lakirte Waaren von Nyaeng-ngu. V, 218.
Lakka. VI, 64.
Laknawara Ghat. VI, 457.
Lakongma, Paß. III, 686.
Lakshana Sen, König von Gour, durch die Muhammedaner verjagt im J. 1204. VI, 1188.
Lakshmanavati, antike Stadt Indiens. V, 562. — = Luknowti. V, 505. VI, 1145.
Lakshmi Singha, Herrscher von Asam. IV, 302.
Lakul, Radja von, III, 553.
Lalang, Schlacht bei (1813), V, 353.
Lalat Indra Kesari, Radja von Orissa. VI, 552.
Lalchendan, Sandelholzart in Nepal. IV, 54.
Lalin, chines. Stadt. IV, 443.
Laling, Ort am Ssatadru. III, 737.
Lalitáditya, König von Kaschmir (seit 714 n. Chr.). III, 655. 1107. IV, 211.
Lalita Patam, Stadt in Gr. Nepal. IV, 72. 73.
Lalita-Patan s. Yulla-Dinse. IV, 114. — Radja von, ehemals auch Besitzer von Klein-Nepal. IV, 64. — Zweig der alten Maldynastie in Nepal. IV, 43.
Lalita Vistar, der achte Dharma. IV, 132.
Lalkakru, Benennung für das Muttergestein der Diamanten. VI, 359.
Lallari, Ort am Bhagirathi-Ufer. III, 915.
Lalli gaom. IV, 369.
Lal Mung s. Phaseolus racemosus. IV, 75.
Lam, Name des Weltmeers bei den Tungusen. II, 603.
Lama (Ursprung und Bedeutung des Namens). III, 625.
Lama-Dangra-Kette. IV, 60. 63 f. 81.
Lamaïsmus, erst von Kubhlaï-Khan als Staatsreligion festgestellt. II, 295.
Lamaische Hierarchie, Entstehung derselben. IV, 274 ff.

Lamakultus in China, zerstört durch die Ming, wieder eingeführt durch die Mandschu's. II, 234 f.
Lama-Magiker, Tsiokiong. IV, 248.
Lama Rimbochay. IV, 149.
Lama-Schan, Berg. IV, 198.
Lama's, als Hirten der kaiserlich chinesischen Heerden. II, 150. III, 367. — Legenden der, im reinsten Bhotiyadialekt. IV, 134.
Lamas-Eisenstraße. IV, 92.
Lamarc-Picquot, franz. Naturforscher. VI, 1206.
Lamayak, auf der Bathangroute in Tübet. IV, 197.
Lambi, Mergui-Insel. V, 120.
Lambrick, engl. Missionar, Uebersetzer der Bibel in das Singhalesische. VI, 185.
Lambton (Col. W.), seine indische Meridian-Messung. VI, 4. 437 ff.
Lamen, ihre Rangstufen nach chinesischem Ceremoniell. II, 265. 304 ff.
Lamena, Stadt am Irawadi. V, 166.
Lamina, Distrikt in Bassein, durch seine Teakwaldungen berühmt. V, 253.
Lamja, Marktort der Bhotiyas in Ost-Nepal. IV, 83. 102.
Lamkhem, Oberhaupt der Ghylongs in Bhutan. IV, 164.
Lammgötze der Buräten. III, 126.
Lamjun, Gorkhatribus. IV, 78.
Lam Omje, zweiter Würdenträger unter den Ghylongs oder der Geistlichkeit in Bhutan. IV, 164.
Lampe, die, des Deoga-Rangaswami. V, 1017.
Lamta, d. i. die Chronik der Dherma-Radjas von Bhutan. IV, 156.
Lamyarûf, Dorf im Industhale. III, 632.
Lam Zimpe. IV, 159.
Lan, Parfüm der Chinesen (ein Epidendron). IV, 234. — Längenmaaß der Birmanen. V, 266.
Lancasterschulen in Irkutzk. III, 134.
Landeidechsen, große, von 4 Fuß Länge, in Malabar. V, 924.
Landesvermessung, einheimische, von Orissa. VI, 564. — in Nepal. III, 523 ff.
Landjut (Groß), Berge. V, 34.
Landkarten, chinesische, der Handelsstraßen Innerasiens im neunten Jahrhundert. II, 366.
Landschaftliche Contoure, wodurch bedingt? VI, 460.
Landschaftscharakter. III, 83.
Landu, Chef einer Kukistribus. V, 376.
Langaeh, der wildeste Stamm der Naga's. V, 371.
Langburi, s. Lombray.
Lange (Lorenz), hat das Verdienst den russischen Theehandel in Gang gebracht zu haben. II, 105 bis 107. III, 209.
Langer, d. h. Post, Poststation auf der Route von Leh nach Yarkend. III, 639.
Langhur, Berg, angebliche ungeheure Höhe desselben. IV, 96.
Lang Jing s. Ssetledsch. III, 742.
Lang-Jing-Kampa s. Ssetledsch. III, 544.
Langka s. Rawan-hrad. III, 413.
Langkawi, Malaieninsel. V, 20.
Lang ky tsung, Ort auf der H'Lassa-Route durch Tübet. IV, 254.
Langora Narsing Deo, Radja von Orissa um 1250. VI, 553.
Langtan-Kette. IV, 389 ff.
Lang-thang-keou auf der H'Lassa-Route in Tübet. IV, 252.
Lang tsian (d. i. Elephantenrüssel), Berg in Tübet. IV, 221.
Lang tsien K'habhabh. IV, 219.
Langur, Station am Indianifl. IV, 90.
Langurphede, d. i. Paß Langur. IV, 81. [Ist das tübet. phede mit dem german. Pfad verwandt? = Fuß des Passes. IV, 84. 95.]
Langzhing Kampa s. Ssetledsch. III, 742.
Lan-ho, Fl. II, 116. III, 324. — Holzflößereien auf demselben. II, 120.
Lan-ho, Thal. II, 131.

Laninskische Eisenwerke am Baikal. III, 23.
Lanius phoenicurus. III, 289.
Lanjang. IV, 1232.
Lanka. VI, 64.
Lanka-Dhe. III, 514. 664. IV, 26.
Lanka-See s. Hrawan-hrad, geogr. Lage. III, 475. 477.
Lankavataram (d. i. Offenbarung Buddha's auf Lanka). VI, 236.
Lankadiwa. VI, 64.
Lanki. III, 43. 46. 64. s. Salmo salvelinus.
Lanleng, am Zusammenflusse des Tambu zum San Kosi. IV, 102.
Lanru kheon, Zollstätte in Aracan. V, 320.
Lantana, Genus, ob in Indien oder in Amerika heimisch? VI, 1117.
Lantana nivea. VI, 1117.
Lantana viburnoides. VI, 1117.
Lan thsan. IV, 1232.
Lan-tsang-kiang, d. i. der Strom von Kambodja. IV, 186. — d. i. der Strom von Tsiambo. IV, 213. — in Tübet. IV, 227.
Lan tsan Kiang, Fl. in Tübet. IV, 227. — Entstehung desselben. IV, 205. — Quelle desselben. III, 475. (geogr. Lage.)
Lantschang. IV, 1232.
Lanyu's, Heerzug gegen Yünnan (1381 n. Chr.). IV, 418.
Lanzenwerfen in Malwa. VI, 771.
Lanzenwerfer, sehr geschickte in Dekan. VI, 500.
Lao, Berg, ob Ergik Targak? oder Gurban? II, 1111.
Laoche s. Lahoche. III, 740.
Lao-mu-lang s. Labhrang, Lapranga. III, 466. IV, 243.
Laos. IV, 1130. 1228. V, 130.
Laos Jainas, Name der blutigen Jainas-Verfolgungen. V, 741.
Lao-tho, Lak-tho, Reich. IV, 1233.
Lao-Tseu, kontinentale Pilgerfahrten desselben durch Mittelasien. II, 189. 192. III, 409. V, 443.
Laour, Ort NW. von Sylhet. V, 389.
Lapama-See s. Manasarowera; geogr. Lage. III, 475.
Lapcha, Tribus in den Hochgebirgen Nepals. IV, 19.
Lapcha-Lalani, Paßhöhe. III, 731.
Lapchas, Völkerstamm der, in Sikim. IV, 105. 126.
Lapet, Lap'het, Name des Theestrauchs in Ava. V, 249.
Lapis lazuli, Handelsartikel zu H'Lorungdzong. IV, 235. — zwischen Granit und Marmor auf Kultuk. III, 77. — Indien fremd. VI, 1137.
Lapranga, La-sa-prahl-nang. IV, 243. — der, bei Sungnum in Ober-Kanawar. III, 823 f.
Lapssu, Fl. II, 400.
Lar, d. i. Indus. VI, 997. — Dynastie in Surate, Münzen derselben. V, 514. — Nordgau von Kaschmir. III, 651. — auf der Nepalstraße nach Teshu-Lumbu. IV, 258.
Lar-Berge in Kaschmir. III, 1154 f.
Lara, Dorf am Lidangfl. III, 721. 723.
Laranja (portugies.) s. Orangen. V, 649.
Largu, Ort zwischen Tschaprang und Gertope. III, 738.
Lari, Ladakhi-Dorf. III, 545. 720 f.
Larike (Ptolem.) V, 513.
Larinam Gouly. III, 1144.
Larionowa. II, 864.
Larkhanis, d. i. Ueberläufer vom Indus, Räuberhaufen in Bikanir. VI, 997.
Larkhenu, Stadt am Indus. V, 473.
Larkoje, Völkerst. IV, 444.
Larry Bunder s. Lahari. V, 588.
Larubunda, Baum in Asam. IV, 375.
La-sa-prahl-nang s. Lapranga. IV, 243.

Lasarewskische Geb. II, 820.
Lascaris, als indische Matrosen. VI, 1088.
La Schan, berühmter Granitberg auf dem Westufer des Poyangsees. IV, 670. s. Li Schan.
Laserpitium s. Tetras. II, 95.
Laserpitium ferulaceum. III, 562. (Wichtig als Futterkraut.)
Lasha bori, Khampti-Kolonie am Tenga-Pani. IV, 376.
Lasoi. IV, 373.
Lassa Chombo, angeblicher Arm des Dibong in Asam. IV, 373.
Lassur, Dorf. III, 576.
Lasten, wie sie getragen werden von den Naga's. V, 374.
Lastträger in Malwa. VI, 759. — Zunft derselben besonders zahlreich in Kaschmir. III, 1170.
Lasurskische Geb. s. Lasarewskische Geb. II, 820.
Lasurstein s. Lapis Lazuli.
Laswari, Dorf, Schlacht bei, VI, 406.
Lata s. Leh. III, 591.
Latac s. Ladak; geogr. Lage. III, 475.
Lata muka, Paß. V, 782.
La Tana am Asowschen Meere, Handelsweg von dort aus nach Innerasien. II, 404.
Latbarisa, Pflanze (ob Daphne-Art?) deren Wurzel zur Papierfabrikation gebraucht wird. III, 599. — in Gertope. III, 997.
Latcha, d. i. der Moschusbeutel, in Bhutan. IV, 153.
La tchou, Fl. in Tübet. IV, 227.
Laté, Titel der 4 Delöthkhane. II, 462.
Lateinisches Segel. VI, 628.
Laterites (Eisenthon), als deckende obere Erdrinde. V, 702. — (Ursprung und Ursache des Namens). 715. 758. VI, 5. 269. bes. V, 777.
Laternen aus jungen Kokosblättern auf Ceylon. V, 852.
Lathraea am Baikalsee. III, 23.
Laths, d. i. Säulen. VI, 1131.
Lathyrus sativus in Asam. IV, 325.
Latkan, Parakitspec. IV, 48.
Lato s. Phaseolus calcaratus. IV, 75.
Latsa s. H'Lassa. III, 736.
Lattao Gaum s. Lattora Gaum. IV, 377.
Lat Ti, Nebenfl. des Brahmaputra. IV, 343.
La tsu, Fl. in Tübet. IV, 227.
Lattora, Sinhpho-Kolonie in Asam. IV, 346.
Lattora Gaum in Asam. IV, 377.
Laubfutter in Kaschmir; größter Gegensatz in dieser Beziehung zwischen dem indischen und dem helvetischen Alpenlande. III, 1195.
Laubmoosvegetation auf Ceylon. VI, 204.
Lauffenburg, Wassersturz des Rheins bei, VI, 591.
Lauhit s. Lohit. IV, 341. 344.
Lauhitiya s. Lauhit, Lohit. IV, 341. 344. (d. i. der rothe Strom.)
Laurus, sp. in Asam, ernährt Seidenwürmer. IV, 326.
Laurus Burmanni. VI, 130.
Laurus camphora, am Poyangsee. IV, 676.
Laurus camphorifera. V, 415.
Laurus Cassia. V, 823 ff. — s. auch Tejput, Tauzput. III, 915.
Laurus cinnamomum, der Zimmtbaum. VI, 83. 123 ff. — als riesengroßes Holz in den Nilgherry. V, 983.
Laurus Culilawang. VI, 130.
Laurus glandulifera. V, 414.
Laurus malabathrum. VI, 130.
Laurus parthenoxylon auf Pulo-Penang. V, 415.
Laurus rubrum, Sintok, Xanthoneurum, nitidum. VI, 131.
Laurus Sassafras, in Nordamerika. V, 415.
Lava, König von Kaschmir. III, 1097.
Lava (?), im Ravin des Klippengebirgs des Jungulakfl. II, 1035. — Aehnliches am Baikalsee. III,

76. — Lavaboden in Kutch. VI, 1043.
Laven, auf dem Thian-Schan. II, 387.
Lavanga s. Cassia lignea. V, 824.
Lawa, hohes Gebirge der Kirghisensteppe. II, 780.
Lawa, wilde, Aboriginer des Tsiampalandes. IV, 1232.
Lawadong, Stockade der Birmanen. V, 311.
Lawhribinna, Gebirge. IV, 39.
Lawinen im Altai. II, 680. — bei Nilkantha. IV, 37. — im Himalaya. III, 730 f.
Lawkai, Name eines Daurischen Fürsten. II, 603. 614.
Laxman, Erich, Pastor am Schlangenberg, 1767. II, 808.
Laxmann, geognostisch merkwürdiger Uferort am Baikalsee. III, 77.
Lazdan-Khan. II, 455.
Längenerstreckungen der Gebirgsmassen am colossalsten in Amerika. II, 33.
Ldjoumtsa, Name des Rhabarbers bei den Tübet. II, 184.
Le, Leo s. Leh. III, 614.
Leang-tschéou s. Lingtschéou. II, 212.
Leao, Fl. II, 88. gefeiert bei chines. Dichtern.
Leao-ho, Name des Sira-Muren in seinem unteren Laufe. II, 117. III, 324.
Leao-tong, Vorgeb. im Westen von Korea, Segelgränze der Japaner. IV, 616.
Leba gaom, in Asam. IV, 389.
Lebed, Fl. zum Bij. II, 991.
Lebedew, seine Küstenfahrt von der Angara-Mündung bis Buguldeicha. III, 24 ff.
Lebensbaum, Legende vom, deren Ursprung. VI, 55.
Leber der getödteten Feinde von den Bhutanern gegessen. IV, 163. — Hauptgegenstand bei den Extispicien der Garo's. V, 404.
Lebija, die Löwin (hebräisch). VI, 714.
Lebsi (chin.) s. Lapssu.
Lebug-Paß an der Quelle des Kali-Ganga. III, 527.
Ledenaja, Schneebach zum Baikalsee. III, 32.
Ledenoi-Kap s. Ledianoï-Muis. III, 33.
Leder, Fluß in Kaschmir. III, 1153.
Leder, russisches, Handel damit nach Ili. II, 410.
Lederbereitung und Lederhandel der Cottars in den Nilgherry. V, 1021.
Ledergerben der Buräten. III, 123.
Ledianoï Muis (d. i. das Eiskap) am Baikalsee. III, 13. 33.
Ledum palustre s. Bagulnik. II, 1077. III, 72. — am Baikal. III, 23.
Legenden. III, 890 f.
Leghuya, Fl. IV, 103.
Leh, die Kapitale des Königreichs Ladakh. III, 615—628. — geogr. Lage. III, 546.
Le Hardy, englischer Officier. V, 1003.
Lehdine, Distrikt. V, 209. 281.
Lehnswesen, als Landesverfassung von Orissa. VI, 560.
Lei s. Leh. III, 615.
Leï, auf der Nepalstr. nach Teshu-Lumbu. IV, 255.
Leibesgestalt der Malaien. IV, 963. V, 19.
Leichen der Priester den Vögeln zum Fraß ausgesetzt in Kuti. IV, 94. — der Hindus in den Ganges geworfen. VI, 1160.
Leichenfeste, ceremoniöse der Garo's. V, 404.
Leichenhügel in Bhutan. IV, 152.
Leinpferde, zum Schiffsziehen in China. IV, 680.
Leitcheelong s. Laitschi-long. III, 578.
Lekhani, die Eisennadel zum Ritzen auf dem Palmyrablatt. VI, 1245.
Lembru. V, 332.
Lemonkrong. V, 332.
Lemsing-Spitze bei Chantaban. IV, 1008.
Lena, Fl., Quelle derselben. III, 23. — Shawlwolle. III, 602.

Lenja (?). IV, 157.
Lenoc s. Salmo salvelinus. II, 1035.
Lent, Fest in Ava. V, 292.
Lenzen, Volk in Ava. V, 267.
Lev s. Leh. III, 614.
Leontice altaica. II, 661.
Leonurus sibiricus. II, 1099.
Leopard, schwarzer. V, 24.
Leoparden (Felis leopardus?) in Asam. IV, 370. — auf Borneo. V, 915. — am NOrande von HA. Kaiserliche Jagden gegen sie. II, 118. — zur Jagd auf Hochwild abgerichtet in Kaschmir [wie in Iran]. III, 1162.
Leopardenart auf Ceylon. VI, 19. 143.
Leopardenkatzen in Martaban. V, 146.
Leou-lan, Land. II, 366.
Leoupan, Berg, jetzt Kay-yuen. II, 163.
Lepcha s. Lapcha. IV, 156.
Lepe s. Lidang. III, 572.
Lepidium alpinum, zur Alpenflor des Sara-Tau. II, 652.
Lepidium micranthum. II, 897.
Lepidium thlaspioides. III, 101.
Leprosis, bei den Birmanen. V, 269. 290.
Lepus alpinus am Altai. II, 839. 872. 1109. — am Baikal. III, 44. 113.
Lepus dauricus. III, 113.
Lepus minutus. II, 819.
Lerru s. Derru. Ob das antike Lolora? III, 1097.
Leschenault de la Tour, französischer Naturforscher; sein Aufenthalt in den Nilgherry. V, 952 ff.
Leshkers (?) in Bhutan. IV, 161.
Le sien Kian, Arm des Tongkingstroms. IV, 1234.
Leswari s. Laswari. VI, 406.
Letchmi Tackry, Berg in Chotisghur. VI, 495.
Lethakong (d. i. schöner Waldberg), Dorf. V, 176.
Leti s. Dauli Ganga. III, 499.
Letowje (d. i. Sommerhütte) s. Simowje. III, 182. — (d. i. Sommerherberge, russ.) Fischerdorf am Baikalsee. III, 68.
Leucäthiopische Ausartung vieler Mammalien. IV, 1105.
Leuchten der Malayischen See. V, 14.
Leuchtkäfer in den Nilgherry. V, 988.
Leuchtthurm zu Chitore. VI, 819.
Leuhpanch Gong, Ort im Gebirgslande Barrasah. III, 930.
Leulowari, Distrikt. III, 875.
Levanga-Putty, d. i. die Rinde von Laurus Cassia. V, 824.
Lewadjan, Grieche. II, 624.
Leways (richtiger Leawara, d. h. wo die Ostwinde wehen), natürliche Salzablagerungen an den Küsten von Ceylon. VI, 111. 191.
Lewinnaja-Sopka. II, 869.
Le-yan-Ling, Schneegipfel in der Alpenkette der Miao. IV, 661.
Lhata s. Ladakh. III, 1173.
Lhata yul s. Ladakh. III, 1173.
Lhauba s. Lhoba, H'Lokba. IV, 215.
Lhe s. Ladakh. III, 1173.
Lho-kaha-ptra (d. i. Völker mit eingeschnittenen Lippen). IV, 214.
Li, größere und kleinere. IV, 190. (a, 200 Li = 15 geogr. Meil., b, 250 Li = 15 geogr. M.). — Fluß s. Spiti. III, 570. 571. — Zufl. zum Ssetledsch. III, 544. — antike. II, 383.
Liang Silber, Metallgewicht der Chinesen = 8½ Russ. Solotnike. II, 406. 410.
Liang, Stadt an der chinesischen Mauer. II, 187. — nördliche. Dynastie derselben. II, 245.
Liang-fu, große chinesische Stadt. II, 206.
Liang-Schang, d. i. Proviantinspector. II, 419.
Liang-tschéou. II, 225 ff.
Liao, Fl. II, 88.
Lias, zum Kalkstein der Jura-Gruppe gehörig. VI, 843.
Liaur, Pinus-Art in Sirmore. III, 862.
Libertinage der Frauen in Hami

nach Marco Polo. II, 359. (vgl. III, 322.)
Licharew, Iwan Mich. Sim., russischer Generalmajor. II, 573.
Lichenen, von außerordentlicher Größe und Schönheit in den Sunderbunds. VI, 1210.
Lichen farinaceus. IV, 54.
Lichen nivalis. III, 145.
Lichen purpuraceus. IV, 54.
Lichen rhangiferinus. III, 44. (das Rennthiermoos.)
Lichi, Obstart auf Ceylon. VI, 117.
Lichter für die Götzen aus dem Blut und Fett getödteter Feinde bereitet bei den Bhutanern. IV, 163.
Lichtglanz verscheucht den Elephanten. V, 928.
Li-chu, eigenthümliche Schriftgattung der Koreer. IV, 653. — s. Richhot. IV, 203.
Lidang s. Lape. III, 572. 721. 726.
Lidsa (chines.), kleine Kastanien. III, 204.
Liegnitz, Schlacht auf der Wahlstatt bei, (9. April 1241). II, 280.
Lien wha, chinesisch = Lotus. II, 138. IV, 563. 672. (Nymphaea Nelumbo.)
Lieou-tchoung-hian, Stadt 3. Ranges. II, 346. 352. 378.
Lieu = 10 Li, chinesisches Wegemaaß. II, 203.
Li-fan-yuan. II, 1055.
Light, Capitän. V, 44.
Lignites-Schichten. V, 203.
Lik s. Otis auritus. VI, 1120.
Likehe, Ort am Indus. III, 609.
Li-khe-young, tapferer Fürst der Scha-to. II, 251 f. 255.
Li-Kiang, chinesischer Name des Gelben Fl. in seinem mittleren Laufe. IV, 651.
Lilcaunt Deo. VI, 490.
Li-ling, chines. Held. II, 1114.
Lilium bulbiferum. III, 290.
Lilium bulbosum. III, 165.
Lilium martagon. II, 598. 1034. 1136. III, 323. (Zwiebeln werden gegessen.)
Lilium pomponium. III, 290.
Limbu's, Bewohner von Sikim. IV, 105. 125.
Limbus, Tribus in den Hochgebirgen Nepals. IV, 19.
Limea, Bergstrom. III, 923.
Limnophila gratioloides. VI, 1115.
Limonenpflanzungen am Kiangstrome. IV, 655. 659.
Limonia crenulata (Roxb.). III, 855. V, 766.
Limonit (?) in der Kirghisensteppe. II, 781.
Limyrica. V, 518. — = Mangalore. V, 490. — Wilford's Etymologie dieses Namens. V, 515.
Linde nördliche Grenze in Hochasien. II, 115. — am Borotalaſſ. II, 339.
Ling, Berg. II, 352. 353.
Linga. V, 11.
Lingam. II, 7. — König des, VI, 549. — Lingamskulpturen in Bundelkhund. VI, 863.
Lingituah, Fl. V, 33.
Lingots (Bullion). V, 72.
Ling-Pe (d. i. Land im Norden der Berge). II, 561. = Mongolei.
Ling Raj (d. i. König des Lingam), Hauptpagode in Bhavaneswara. VI, 549.
Lingta s. Langach. V, 371.
Ling-tschéou, große chinesische Stadt. II, 206. 212. s. Liang-tschéou.
Lingur, d. i. Berg. VI, 860.
Ling-yeng (chines.) = Argali. II, 341.
Liniol, Berg (?). II, 423.
Linnaea borealis. III, 72. — am Baikal. III, 23.
Lim-Schan s. Ling.
Linschi (d. i. Waldteufel, Kobolde), russ. Schimpfname der Buräten. III, 118.
Linting, Felsinsel, als Schmuggelemporium für den Opiumhandel. IV, 854.
Lin-tschéou. II, 212.
Linum perenne. III, 214. [lies

dort Lein statt Hanf.] II, 1078. 1083.
Linum usitatissimum. V, 716.
Lio, Dorf am Spitifl. III, 731.
Lipack, Fl. zum Spiti. III, 731.
Lipcha Ghati s. Lapcha, Paß. III, 718.
Lipe, Dorf am Changtifluß. III, 828.
Li-phan-yuen (d. i. Hof zur Regierung der Fremden), Ministerium der auswärtigen Angelegenheiten in Peking. II, 1045. 1055. III, 396. IV, 284.
Lippen, eingeschnittene der H'lokba und Djukba. (ob ein etymologisches Mährchen?) IV, 214. 223. 224. 387. 1223. V, 271.
Li Schan, Gebirgskette am Poyangsee. IV, 674.
Li Schan la s. La Schan.
Lissuakowa, Dorf. II, 1023.
Lissur-djeleku-djugu, Berg des In-Schan. II, 239.
Listwäga-Gebirge, großes, kleines (d. h. russ. Lärchenwaldgebirge). II, 686. 690.
Listwiänischnoi, die Lärchenwaldinsel, im Baikal-See. III, 14.
Listwiänischnoi Muis, das Lärchenkap am Baikalsee. III, 13. 103. (vergl. II, 686.)
Listwiänischnoje Simowje. III, 16.
Litantala s. Lithang. IV, 196.
Litbarua-Papier (?). III, 677.
Litchi, chinesische kostbare Fruchtgattung. IV, 655. 1094. VI, 1118. — Ort bei Canton. IV, 664.
Literary Society of Bombay. VI, 1080.
Literatur, mongolische. III, 390 ff. — ostasiatische, zuerst in Europa unter Peter d. Gr. bekannt geworden. II, 745.
Lithang, bedeutender Ort auf der Bathang-Route in Tübet. IV, 196.
Lithographisches Seidenpapier (sogenanntes chinesisches) aus Daphne cannabina in Nepal bereitet. III, 997.
Litsaea myrrha, zeilanica. VI, 130.
Li-tschu-ku, Berg bei Jehol. II, 139.
Liu, Station am Spitifl. III, 730. — s. Lio. III, 731.
Liungao, chinesischer Name des Nepales. Hundes. III, 623.
Lirihat, Ort der Cossyah. V, 397.
Ljudan, Bach. III, 266.
Lo, Land des Kioro, das gefeierte Stammland der mandschurischen Herrscherfamilie China's. II, 91.
Lobch s. Dolichos. V, 716.
Lobelia excelsa in den Nilgherry. V, 980.
Locho, Fl., s. Lohan.
Lockams-Canal im Hugly. VI, 1200.
Lock-Elephanten. V, 256.
Lodh s. Quercy. VI, 536.
Lodi, Name einer fischreichen Regenlache in Tiperah. V, 409. — Ort in Sirmore. III, 878.
Lodok, Distrikt in West-Tübet, wegen der Shawlwolle berühmt. III, 602.
Lodorwa, das antike, im Jessulmerstaat. VI, 1004 f.
Lody, Afghanenstamm, Ursprung seiner Anführer. V, 531. — Dynastie der, V, 579 ff.
Logatharbu, Tempel in Ava. V, 298.
Loghiadzung, Station auf der Tsiambo-Route durch Tübet. IV, 203.
Logina Osaba. II, 1099.
Logo, Ort am Zusammenfluß des Dupha-Pani und Noh-Dihing in Asam. IV, 347. (geogr. Lage. IV, 389.)
Logta See, auf der Hochebene von Munipur. V, 360.
Lohaghur (d. i. Eisenschloß), Fort. V, 676.
Lohakara s. Lohar. VI, 559.
Lohan (d. i. die 100,000 Heiligen). II, 353. — Fl. II, 116 ff. III, 324.
Lohangga, mohammedan. Fürst, erobert Ost-Nepal (1306). IV, 87.
Lohar, d. i. Schmiede, in Orissa. VI, 559.

Lohargong, Terrasse von, VI, 572. — Höhe. VI, 836.
Lohari-Naig, Wasserfall des Ganges. III, 924.
Lohit s. Brahmaputra. IV, 341. 344.
Lohitiya s. Lauhit, Lohit. IV, 341. 344.
Lohoang, Fluß in China. IV, 661.
Lok. III, 601.
Lokha Mandal, Dorf auf der Grenze von Sirmore und Gherwal. III, 885 f.
Lokot (ruff. = Ellenbogen, Flußbiegung). II, 741.
Lokote, Bergfeste in Kasmira. III, 1111. V, 542. 547.
Lokoth (ruff. = Ellenbogen). II, 822.
Lokraman Upadhya, Nepalesischer Vakil. VI, 1131.
Loktaou-Inseln an der Westküste von Korea. IV, 625.
Loktewka-Bach. II, 578. 830. 835. 860.
Loktewsk, Hütte. II, 853.
Loktewskoi Rudnik. II, 822. 852.
Lolbang. VI, 274.
Lolium temulentum. VI, 1116.
Lolldong, Paß am obern Ganges. III, 435.
Lollhu, Chef einer Kukistribus. V, 376.
Lollpehar. IV, 101.
Loll Shah, Raja, Mahrattenhäuptling. VI, 521.
Loll-tyem, Chef einer Kukitribus. V, 876.
Lolmahat. VI, 274.
Lolo, auf der Nepalstr. nach Teshu-Lumbu. IV, 258.
Lo-lo-ko. II, 557.
Lolora, die große Stadt. III, 1097. 1150.
Lombardei, Aehnlichkeit derselben mit Pe-tscheli. II, 131.
Lombardies. VI, 473.
Lombok, Insel. V, 73.
Lombray, Dorf auf der Höhe des Gebirgs in Cachar. V, 396.
Lon-eul, d. i. Hirschohr, Berg. II, 311. — vergl. S. 212.
Longan, chinesische Frucht. VI, 1118.
Longbri s. Lombray.
Longi, Insel im Irawadi s. Lwan-k'hi. V, 197.
Long-men, Berg am Hoanghofl., Lage. II, 159.
Long shia tong, Fluß in der Provinz Ta Kiang, entspringt auf den Grenzgebirgen gegen Fukian, mündet in den Poyangsee. IV, 670.
Longyen, Ort bei Canton. IV, 664.
Lonjumel, Pater André de, am Hofe zu Karakorum (1249). II, 560.
Lonicera alpigena. II, 765.
Lonicera caerulea. III, 72. — im Altai Bjelki. II, 894.
Lonicera pyrenaica. III, 72.
Lonicera tartarica am Irtysch. II, 660. — an der Buchtarma. II, 679. 682. 717. 831. III, 217.
Lontanum s. Palmyrapalme. V, 855.
Lontar s. Borassus flabelliformis. V, 854 ff.
Loo s. Lava. III, 1097.
Loodzang, Mongolen-Khan. II, 1014. 1069. 1073. 1099.
Looee s. Lui. VI, 1012.
Loosan Khan s. Loodzang.
Loosan Kit. II, 1069.
Loo-yu, chines. Name einer Fischgattung. II, 516.
Lop, Wüste, nach Marco Polo's Beschreibung. II, 207 f.
Lop-See. II, 250.
Lopchak, Ort am Ssatadru. III, 738.
Loquat, chinesische Frucht. VI, 1118.
Loranthus bicolor. VI, 537.
Lorbeerpappel am Irtysch. II, 659. 679.
Losanobi-Palati. II, 1069.
Lo-sa-tchhuan s. Khi-pu-tchhuan. IV, 275.
Losicha, Nebenbach der Uba. II, 724. — an der Uba, Dorf und

Kosackenvorposten. II, 719. 723. 724.
Lossaghur, Berg in Chotisghur. VI, 496.
Lossev, seine Aufnahme des Baikalsees. III, 12.
Lo tchan, Fluß in Tübet. IV, 227.
Lo-tchu, Fluß in Tübet. IV, 225.
Lo-tscha (Locha) = Russen (chin.). II, 461. — tungusischer Name der Russen. III, 404. — die, am Helong-kian. II, 599.
Lo-tscha (d. i. Grüner Thee). III, 232.
Lo tsu, Fl. in Tübet. IV, 227.
Lot Garh, Schneestrom zum Ganges. III, 925.
Lotschawa-Rimbotschi. III, 825.
Lotterien. III, 1053. 1160.
Lotusblume (Nymphaea Nelumbo), hochgefeiert im ganzen Orient, in China. IV, 563. 672. — Pflanzungsart derselben in Kaschmir. III, 1190—1192. S. auch II, 5.
Lotuswäldchen der indischen Seen. VI, 625.
Louan chy kia. IV, 196.
Louan Ko Schan, Schneepik. IV, 409.
Lou-houa-tchu. III, 478. IV, 189.
Louk-schak s. Lung-thai. II, 384.
Loung-kou, d. i. Urung-gu. II, 501.
Loung-yéou, Gouvernement. II, 365.
Lousan s. Loodzang.
Lousan-Kit, der, am Tes. II, 1067 f.
Lowa, Volk in Ava. V, 267. — roher Völkerstamm in Tavay. V, 129. (Laos von Siam?)
Lowa-Shan, die, ihr Wohnsitz. IV, 1232.
Lowa Maha Paya (die Tausend Pfeiler) auf Ceylon. VI, 240. 251 ff.
Lowkoi s. Lawkai. II, 616. III, 321.
Loxia coccinea. III, 100.
Loxia sibirica. II, 1107. III, 100.
Loro. III, 737.
Löwe s. Felis leo. — in Gondwana. VI, 511. — (?) am Kisilbasch. II, 429. — (?) in der Wüste Gobi. II, 362. — obwol selten in Chitore. VI, 819. — gezähmte, Geschenk der Indier an Alexander. V, 471. — in Tübet (Ursprung der Sage). IV, 221. — nach Marco Polo bei Tsching tu fu. (Tiger sind gemeint.) IV, 416.
Löwen-ähnliche Monstra unter den Skulpturen auf den Tempelwänden zu Bhavaneswara. VI, 549.
Löwenberg. II, 869.
Löwenornamente in China. VI, 707.
Löwenskulpturen in chinesischen Tempeln. IV, 676.
Lu, Fische in China, Tübet. IV, 237.
Lua, Bergwasser im Gebiete der Bhor-Khamti. IV, 397.
Lubbaymar. V, 772.
Lubbies, Name der eingebornen Muhammedaner auf Ceylon. VI, 169.
Lub nagh tsin, d. i. der Strom des schwarzen Schlammes, tübet. Name für Dzangbo. IV, 213. — s. Nu kiang. IV, 224.
Lubrang, Tribus der Sinhphos. IV, 379. — Dorf in Ober-Kanawar. III, 826.
Lubschi-Gumbah, tübet. Kloster. IV, 261.
Luckei-gerch, Dorf am Einfluß des Dhonek in den Brahmaputra. IV, 292.
Lucknow, die Residenz von Oude. VI, 1145 ff.
Luckput, Feste in Kutch. VI, 1053.
Ludiana, britische Grenzstation, Entfernung von Delhi. V, 465. — nordwestlichste Militärstation der Briten in Indien. VI, 407.
Luftspiegelung. VI, 900.
Luftwurzeln der Ficus-Arten. VI, 659.
Luganer-See. VI, 879.

Lugowaja, Zubach zur Katunja. II, 930 f.
Luhai (d. i. die 6 Meere). IV, 220.
Luhbur, Raubzüge der Pindarri's. VI, 409.
Luheppa s. Shan-Völker. V, 365.
Luhit s. Brahmaputra. IV, 341. 344.
Luhkuth s. Lokote. III, 1111.
Luho (die 6 Seiten des Universums bei den Chinesen). IV, 286.
Lui, feines Wollgewebe der Schafe in Jessulmer. VI, 1012.
Lui Shin, der Iupiter-Pluvius der Chinesen. III, 540.
Luk. III, 738. (ob = Loro?)
Lukaskoi Sawod. II, 1104.
Lukesa, Bach zum Jenisei. II, 1104. — Hütten daselbst.
Lu Khang tchha mu, chinesisch = Dzundzio lu khang. IV, 245.
Lukhi-Gebirge im Insellande Kutch. VI, 1038 f.
Lu-khiu-ho (altchines.) = Kherlon. II, 532.
Lukhya, Gangeskanal. VI, 1224.
Luki, Residenz des Radja von Lukiduyan in Kamrup. IV, 321.
Lu-kiang (Nu-kiang), Fl. in Tübet. IV, 226. 253. V, 132.
Lukiduyar, Radja von, IV, 321.
Luklui s. Shan-Völker. V, 365.
Luknow s. Lakshmi. V, 562.
Luknowti, d. i. Gour oder Bengalen. V, 566. — Stadt am Ganges, von der zuvorgenannten zu unterscheiden. V, 556.
Lu-ku-Schan, höchster Gipfel des Schneegebirges von Sifan. II, 171.
Lu kung la, Berg in Tübet. IV, 254.
Lulu, Rinderart mit Schweifen, Bos grunniens verwandt. IV, 29.
Lu-ma-Schan s. Lum-ma-ri. IV, 256.
Lu-men (d. h. Ofenthüre), Berg. II, 312.
Lumlangtang, Station in Munipur, Thermometerbeobachtungen daselbst. V, 362.
Lum-ma-ri, Berg in Tübet. IV, 256.
Lumra (?). III, 825.
Lumsden, Thom., brit. ostind. Offic. VI, 1139.
Lumtsch hang, Fort in Martaban. V, 138.
Luna Schan, Schneepik. IV, 40 .
Lunawarra am Bagur. VI, 638. — am Mhaisl. VI, 643.
Lunchitakesas (d. i. Haarpflücker), Spottname der Jainas. V, 749.
Lung, Zufluß zum Brahmaputra. IV, 344.
Lungba s. Nungba. V, 370.
Lungcha, harter rother Thon in Gr. Nepal. IV, 68.
Lungdzan s. Strongdsam Gambo. IV, 238. 242.
Lunggan, Berg. IV, 417.
Lung-hing-chi, altes Bonzenkloster. IV, 418.
Lungki, Weiberorden in Siam. IV, 1173.
Lungku, Fl. II, 428., d. i. Urungu. s. S. 383.
Lung sin Schan, Schneeberg in Tübet. IV, 202.
Lungtchhuankiang, Fl. in Yünnan. IV, 225.
Lung-thai, Stadt. II, 384.
Lung tschi (chines., d. i. See des Drachen). III, 1113.
Luni s. Salzfluß. VI, 898. 945 ff.
Lunkhi-Jubberl. VI, 1038.
Lunzay s. Myan-ong. V, 178.
Lurru s. Zerru. III, 1150.
Lursa (d. h. Rastort in der Bhuteasprache = Thuglung. III, 613. 739.
Lushington, Vorstand des Madras-Gouvernements; seine Verdienste. V, 1009.
Lusit s. Lauhit, Lohit. IV, 341. 344.
Lussum s. Allium sativum. V, 718.
Lustdirnen in Ava, ihre Wiederaufnahme in die bürgerliche Gesellschaft. V, 291.
Lustgärten in Kaschmir. III, 1149.
Lutchmiah, verdienter Brahmane. VI, 121.
Lutd'hau. V, 289. 292.
Lutha's, dramatische Unterhaltungen der Inder. VI, 395.

Lutshmekul, Fl. in Sirinagur, der Capitale von Kaschmir. III, 1163.
Lutung gaom. IV, 369.
Luzerne s. Bookloof, Medicago lutea. III, 1195.
Luzula spicata. II, 878.
Lüge, den Garo's ganz fremd. V, 402.
Lyant, Cap. IV, 1070 f.
Lychnis alpina. III, 291.
Lycopodium-Arten, elegante, in den Wäldern der Sunderbunds. VI, 1210.
Lycopodium alpinum. II, 699.
Lycopodium sanguinolentum. III, 187.
Lycopsis vesicaria. III, 72.
Lydischer Stein. VI, 874.
Lyshy, Schneeschuhe der Jeniseiskischen Kosaken. III, 52.
Lysien Kiang, Arm des Tongkingstroms, IV, 1234.
Lysu, Dorf. II, 232.
Lyteng-Samba. IV, 198. (Grenze der Territorien von Lyteng und Bathang.)

M.

Maabar, El Maabar (arab. i. e. Traiectus), Ursprung des Namens. s. besonders V, 583. — keine Pferdezucht, schon zu M. Polo's Zeit. V, 900.
Maaden i Shir. VI, 712.
Maagrammum (Hauptstadt von Taprobane nach Ptolemäus) = Mahapura. VI, 24. 39. 96. 196.
Maa-tschieu-Pa-tschieu, Gebirgstrom in Bhutan. IV, 149.
Ma-a-tschung, Station. II, 1120.
Mabghia K'habhabh. IV, 219.
Mabum, Dorf in Asam. IV, 372.
Macacus silenus. V, 985.
Macasser auf Celebes. V, 72.
Macauley, brit. Generallieutenant in Indien. V, 611.
Macdonald, Fort auf Ceylon. VI, 73.
Macedonische Griechen. V, 441.
Ma-chao-yun, chines. Gelehrter. III, 479.
Macherry, Staat von, VI, 937 f.
Maci, Volk (?). II, 1066.
Mackenzie, der engl. Oberst, seine Verdienste. V, 955.
Mackenzie-Collection. VI, 417 ff. V, 523 ff.
Macmorine, britischer General in Indien. IV, 337.
Mac Murdy, James. VI, 1058 ff.
Maczek (slavisch) = Opium. VI, 776.
Madagaskar, Bedeutung der Insularlage. II, 27 f. — Stellung der Insel gegen Afrika. VI, 148.
Madame Company. VI, 1148.
Madanggori, Seidenart in Asam. IV, 326.
Madar s. Ak. VI, 995.
Madda, Name des Muttergesteins der Diamanten. VI, 359.
Madhadscha Scindiah. VI, 399.
Madhian s. Allahabad, Benares. VI, 1167.
Madhuka s. Bassia latifolia. VI, 530.
Madhura (sanskr. = die Liebliche), verschieden von Mathura. — die Stadt. VI, 7 f.
Madhyadesa (sanskr.) = das mittlere Indien. V, 495.
Madhyavâra (d. h. Mittelland) s. Mewar. VI, 864 f.
Madea, indischer Vogel. IV, 48.
Madinno, d. i. Weinabzieher, Theil der Kschudrakaste auf Ceylon. VI, 231.
Madonnenbild, von den Banianen adorirt. V, 448.
Madremaluco, einstiger Gestadeort in Maabar von Arabern bewohnt. V, 585.
Madras, Gründung, ältere Stadt. V, 518. 522. — Mittelpunkt des Perlhandels. VI, 179. — die Stadt, Präsidentschaft, Clima, Geschichte u. s. w. VI, 328 ff.
Madrid, sein Plateauklima. V, 973.

Madschar, See. II, 1024. III, 107.
Madura, Bergstr., berühmt durch die Klarheit seiner Gewässer, in Cachar. V, 379. 382.
Madura (Madura) bei Ptolem. V, 487.
Madugar, Stamm in den Nilgherry. V, 933.
Mackhaun, Fl. IV, 186.
Maenplam (Banda) s. Mahapala. V, 890.
Maesolus, Fluß (Ptolemäus). V, 518.
Mähri, die Ackergöttin der Cat' Chensi in den Nilgherry. V, 1016.
Magadha, das alte Königreich. V, 508.
Magad'ha. V, 285. 493. 610.
Magadhas (sanskr.) = reisende Waarenhändler. V, 442.
Magadsi-Sprache. V, 511.
Magali-Calangu, Wurzel einer Art Cynanchum, Lieblingsgewürz in Animalaya. V, 763.
Magalus (beng. Aussprache) = Meckley. V, 366.
Magan (d. i. Chef), syr. Titel bei den Thomaschristen in Indien. V, 612.
Magan-ad (d. i. Schimmel), göttliche Verehrung derselben bei den Katschinzen. II, 1096.
Magar, Gebirgsaberiginer in Nepal. III, 1045. IV, 19. 78. 122.
Maghada, Buddha's Heimath. V, 510. VI, 237.
Maghe in Tavay. V, 127.
Maghi, Mayhe, Station am oberen Indus. III, 609.
Magie der Kurumbur. V, 984. — der Bewohner von Kamrup. IV, 288. — erbliche Tradition bei den Tsiokiong in H'Lassa. IV, 248.
Magier, persische, in China. II, 209.
Maglenka, Bach. II, 670.
Magnesian silicious Clay. VI, 464.
Magnet, angeblich auf dem Mandal-Berge der Gobi. III, 351.
Magnet-Cap in Korea. IV, 617.
Magneteisen-Sand am Baikal. III, 72. 76. — in den Nilgherry. V, 968.
Magneteisenstein. V, 76.
Magnetstein, großer, auf der Spitze des Tempelthores von Padma-Khetr. VI, 553. — in Tsching tu fu. IV, 416.
Magnoliae, als Waldbäume in Dschittagong. V, 414.
Μάγοι s. Mugh. V, 617.
Mahabadde, Caste s. Chaliahs. VI, 133.
Mahabadde-Office (d. i. das Zimmtverwaltungs-Departement) auf Ceylon. VI, 137.
Mahabalipuram (d. h. die Stadt des Großen Bali) s. Mahamalaipur. VI, 322.
Mahabaliwar, Berge. V, 671. — Sanatarium daselbst. III, 978. IV, 108. V, 395.
Mahabillysir, Quellort des Kistnafl. VI, 369.
Maha Bundela. V, 305.
Maha Chin = China bei den Hindus. V, 413.
Mahadalia, singhalesischer König. VI, 242.
Mahadeo, an 12 Orten auf Erden gegenwärtig. VI, 593.
Mahadeo-Berg in Kaschmir. III, 1162.
Mahadeo-Berge in Cachar. V, 395.
Mahadeo-Cedar, Tempel des, III, 886.
Mahadeos Raubthiere, Name, welchen sich die Bhils selbst beilegen. VI, 620.
Mahadeo-ke-Ling. III, 507. 681.
Mahadeo-Phar. VI, 445.
Mahadeopur, Ort am Godavery. VI, 431.
Mahadeo-Quelle bei Hussingabad. VI, 452.
Mahadeva calinga, Berg. III, 916.
Mahadeva-diuriya. IV, 9.
Mahadevapatam (d. i. die Stadt des wahren Gottes), Stadt der Thomaschristen in Indien. V, 608.
Mahadiky, Getreideart auf Ceylon. VI, 114.

Mahadwesar. V, 1028.
Mahagony-Baum, asiat. Art (?). V, 364. — im Duab Seheranpur. VI, 1119.
Mahagony-Wälder in der Tropenzone Amerika's. V, 806.
Mahaise, Fl. s. Mahas. IV, 32.
Mahajons, Lehrer der Vishnu-Diener in Asam. IV, 333.
Mahakala, Drachenkönig in der tüb. Göttersage. IV, 239.
Mahakale Covercapel, der Schlangenkönig. VI, 145.
Maha-Kali-Tempel zu Udschayni. V, 557.
Mahakot (d. i. äußere Feste). VI, 436.
Mahal, d. i. Schloß. VI, 1165.
Mahalinga. V, 1028.
Mahalu Wijavaha, Singhalesenkönig. VI, 244.
Maha maha deva, Sanskritname der Insel Bombay. VI, 1076.
Mahamai, Schutzgöttin Nepal's. IV, 34.
Mahamalaipur (d. h. die Stadt des Großen Berges), die Felsenstadt, ihre Tempel-Ruinen. VI, 322—327.
Mahamandai, Berg bei Noyakote. IV, 34.
Mahamandal, Berg. IV, 32. 90.
Mahamari s. Muran. IV, 302. 309. 354.
Maha Maya. V, 539.
Mahameunah, Baumgarten bei Anurahdepura. VI, 237.
Maha-Modgalwani (Daedalus der Hinduzeit). V, 821.
Mahampalam (Telinga) s. Maha pala. V, 890.
Maha Myat Muni, Birmanentempel. V, 239.
Mahanada (sanskr. = großer Fluß), Name des Ganges. V, 519.
Mahânadi (sanskr. = der große Strom), Beiname des Indus im Ramayana. V, 495.
Mahanadi, der Plateaustrom von Omercuntuk. VI, 481 ff.
Mahanadi-Delta. VI, 530 f.
Maha nal (d. i. der große Spalt) s. Mynal. VI, 817.
Maha-nawma, König von Ceylon. VI, 243.
Maha-Neura (= die große Hauptstadt), d. i. Kandy. VI, 200.
Mahanuddy s. Maha Nadi (d. i. der große Strom). VI, 481 ff.
Maha nuni (d. i. der oberste der Muni = Buddha). IV, 1161. VI, 207.
Maha-Oya, Küstenfl. auf Ceylon. VI, 101. 140.
Mahapadma-Saras (d. i. das Bassin der großen Lotosblume) in Kaschmir. III, 1109.
Maha pala, sanskr., die Frucht der Mango mangifera. V, 888.
Maha Raja Krischna Udiaver. VI, 274.
Maharaja Wihare, Tempelgrotte auf Ceylon. VI, 256.
Maharale. VI, 137.
Mahasana, König von Ceylon (III. Jahrhundert n. Chr.). VI, 201. 242.
Mahasin Maha-Rajah, König von Ceylon, als Gott verehrt. VI, 25. 96. [Der Name bedeutet wol: der große Löwe, der große König, nicht, wie a. a. O. angegeben ist: der König mit den Goldwaffen.]
Mahastan, die ackerbauenden Brahminen in Orissa. VI, 558.
Mahatotta, d. i. Mantotte. VI, 248.
Mahavilla, falsche Schreibart statt Mahawelle. VI, 88.
Mahavira, Stifter der Jainas-Sekte. V, 747.
Mahavun, indisches Radschathum um 1000 n. Chr.). V, 535.
Mahavy-Mussan auf Ceylon. VI, 114.
Mahawelle Ganga, Fluß auf Ceylon. VI, 87—93.
Mahawelligam. VI, 222.
Maha-wimmala-Derma, tapferer Singhalesenkönig. VI, 200. 258.
Mahe, Hafen an der Küste von Malabar. V, 776.
Mahentele, der Bergtempel auf Ceylon. VI, 253.

Mahes, Zusl. zum Trisul. IV, 31.
Mahes Domohana, Dorf. IV, 31.
Mahesvara (sanskr. = Land des Siva). V, 514. VI, 325.
Mahi, d. i. Fisch. V, 776.
Mahi Muratib (d. i. der Fischorden) der Delhikaiser. VI, 1057.
Mahim, Stadt auf der Insel Bombay. VI, 1085.
Mahindu-Maha s. Mihindu-Kumara.
Ma-hing. II, 1113.
Mahipala, Buddhafürst in Benares (1027 n. Chr.). V, 512.
Mahi Prah, Pagode. V, 135.
Mahishâsura (sanskr. der Büffeldämon). V, 514. VI, 325.
Mahjan, Distrikt in West-Tübet wegen der Shawlwolle berühmt. III, 602. 603.
Mahmud I., Sultan, der Gaznevide (997—1030 n. Chr.) zerstört die indischen brahmanischen Denkmale. V, 523. 529 ff. 534. — erobert Mathura (1017 n. Chr.). V, 500. 544. — Sultan von Malwa († 1462). VI, 517.
Mahmud Begra, usurpatorischer Sultan von Ahmedabad. V, 616. (1450 n. Chr.)
Mahmud Ghazi, d. h. der Siegreiche s. Mahmud I. v. Ghazna. V, 534.
Mahmud Shah, Sultan von Malacca, von den Portugiesen verjagt (1511). V, 11. — Afghanenkönig von Kabul u. Kandahar (1800—1803). III, 1174.
Mahmud Toghluk (von 1325 bis 1351). V, 566.
Mahmud Toghluk II. von Timurleng besiegt. V, 573.
Mahobah s. Mhowa. VI, 853.
Mahomed Bukhtyar. V, 556.
Mahra s. Mirut. V, 535.
Mahratta-Brahmanen in Malwa. VI, 759 f.
Mahratta-Opium, Qualität desselben. VI, 790.
Mahratta-Reiterei. V, 902.
Muhrulla-Subras. VI, 760.
Mahratta-Volk. V, 662—664.
Mahratten, ob Maroher des Plinius? V, 488. — mit den Hiongnu verglichen. II, 241. — Piratenwesen derselben schon zu Ptolemäus Zeiten. V, 513 f. 656. — ihre Lockerheit. VI, 635.
Mahrattenstaaten, ihre Entstehung und Untergang. VI, 391 ff.
Mahruri. III, 1057.
Mahtin, Territorium von, VI, 493.
Mahtin Dey, pittoresker Kegelberg in Gondwana. VI, 494.
Maht Reva, d. i. Nerbuda, Ursprung und Bedeutung des Namens. VI, 571.
Mahwa s. Bassia latifolia. VI, 510.
Maigmo, Berg. IV, 56.
Mai-hoam. IV, 935.
Maik, Längenmaaß der Birmanen. V, 266.
Maila, Name der reinen Bhils. VI, 615.
Mailur (?). V, 956.
Maïlura, Götze der Cacharis. V, 380.
Maimaitschin, das Emporium. III, 200—210. 225. Die Bedeutung ist Handelsplatz; daher viele Orte an der Urga, Tula u. s. w. denselben Namen führen.
Maimatschin, Marktstadt der Urga. II, 1053.
Maimun (Al), Prinz von Bochara. III, 1107.
Main Ilmain Khiaun, Fl. IV, 1235.
Maingy. IV, 1241. V, 106.
Mainkaing, Papier aus, IV, 1221. V, 262.
Mainskische Kupfergrube. II, 1019. 1099.
Maintom, Stadt. V, 196.
Maira s. Mera. VI, 913.
Mairan, Opfergerüste der Kalmücken. II, 905.
Mairang, Dorf in Cachar. V, 396.
Mairapur, Rana von, IV, 321.
Mairta, Ort am Udey-Sagur-See. VI, 884. — Stadt in Marwar. VI, 987 f.
Mairwar s. Merwar. VI, 903.
Mairwarra-Kette in Udeypur. VI, 888.

Mais in Ava. V, 248.
Maisbau auf Ceylon. VI, 115.
Maiskoi-Ostrog. II, 1019.
Maisko-Rudnik, Kupfergrube. II, 1019.
Μαισωλία (Ptol.). V, 518.
Maissey Dumohuna, Dorf. IV, 31.
Maißure s. Mysore. V, 514. — Höhe. V, 779.
Maithila, Ort in Ava. V, 276.
Maiti s. Trigonella foenum graecum. V, 719.
Maitreja, Buddhabild. IV, 231.
Maiyeng-Abors, Volksst. in Asam. IV, 364.
Mai ye tschhu (d. i. Handelsort) s. Maimatschin. III, 190. 200.
Majaken, Name der Tschudengräber an der Ingoda. III, 274.
Majaki, Art der Tschudengräber. III, 328.
Majak-Nikolaefskoi. II, 584.
Majak-Sljudenskoi. II, 584.
Majak-Sosnofskoi. II, 584.
Majang, Ort in Bhutan. IV, 170.
Majapahit, Javanische Könige von, V, 59.
Majatasch, Bergkoppe. II, 787.
Majauli, Insel im Brahmaputra. IV, 353. 361. s. Mojauli.
Majgoha-Minen. VI, 360.
Majhis, eine der 8 geringeren Kriegerkasten in Nepal. IV, 119.
Majhoya, Marktort in Sikim. IV, 109.
Maj ji ma, Ort in Indien (?). V, 193.
Majoribanks-Hafen in Korea. IV, 624.
Majou, Reben von Hami. II, 365.
Majuli, Brahmaputra-Insel in Asam. IV, 313.
Mak (slav.) = Opium. VI, 776.
Maka s. Mayka-Naad. V, 990.
Maka Paka, Ort in Nepal. IV, 63.
Makarewa, Zufluß zur Ingoda. III, 271. — Dorf. III, 273.
Makarjew, an der Wolga, Messe zu, III, 133.
Makarofskoi. II, 733.
Makata s. Magad'ha. V, 285. 493. 510.
Makat Ray, Mughäuptling (1638). V, 422.
Makel, körperlicher, bedingt Unfähigkeit zum Throne. IV, 317.
Makha-thin (?), Thal im Thian-Schan. II, 461.
Makhud s. Mowug. III, 1162.
Ma-kian-dzong. IV, 196.
Makkiada, sagenhafte Königin von Tübet. IV, 192.
Μάκετα, Vorgebirge (Nearch). VI, 32.
Makrelen in Orissa. VI, 539.
Makru-Kette. V, 369.
Makry, Einwohnerklasse in Kaschmir. III, 1121.
Maksang (d. h. Strom) s. Sseiledsch. III, 742.
Makwe s. Mughway. V, 199. 208. 211.
Mal, Herrschertitel in Nepal. IV, 43. VI, 744.
Μάλα (Kosmas Ind.) = Malabar. V, 514.
Malabar, bei den Arabern die Pfefferküste genannt. V, 439. — Provinz. V, 755 ff. — Fauna. V, 894 ff.
Malabar-Paß. V, 962.
Malabar-Point, auf der Insel Bombay. VI, 1084 f.
Malabarische Usurpatoren in Ceylon. VI, 190.
Malabathrum, d. i. Betel. V, 507.
Malacca, der Küstenstaat von, V, 33—44. — Haupt-Goldmarkt in Hinterindien vor der Begründung des Freihafens von Singapore. V, 7.
Malachit. II, 1019.
Mala Deiva, die Göttin der Niadis. V, 931.
Malaga-Oola. II, 488.
Malakhah s. Malacca. V, 41.
Malampava s. Adansonia, Boabab. VI, 661.
Malaneta, Gebirgsgau in Nepal. IV, 21.
Malári, Marktdorf. III, 506. — am Dauliſſ. III, 1101. 1103.
Malaria, ihr angeblicher Einfluß

auf die geistigen Fähigkeiten der ihr unterworfenen Bevölkerung. VI, 876.
Malasdaha, Bedeutung. VI, 1191.
Malasir, Tribus. V, 768. 933. — der Bambusamen. V, 765.
Malassias. II, 298.
Malava, ceylonesischer Geschichtsschreiber. VI, 72.
Malaya-Desa. V, 514. VI, 245.
Malayagiri, indischer Waldbaum. IV, 54.
Malayalam, Malayal'ma, die Malabar-Sprache. VI, 377.
Malay Anacota, eine Art Eichhörnchen, der Verbreiter der Cardamomen. V, 826.
Malaya pudy, die Dörfer der Cadar. V, 761. 762.
Malayen, die, V, 85—104. — in Indien. V, 619. — Physiognomie. IV, 121.
Malayische Halbinsel. V, 3 ff.
Malayische Sprache wird am besten in Quedah gesprochen. V, 27.
Malayischer Sprachstamm, Erstreckung desselben von Madagaskar bis zur Osterinsel. V, 86.
Malayisches Inselgebirge. IV, 905 ff. V, 3 ff.
Malayo, Fl. in Sumatra. V, 88.
Malcolm, Sir John, als großer Staatsmann. VI, 410. 618. 1061.
Malda, Stadt am Ganges. VI, 1186.
Maldaha, Bedeutung. VI, 1191.
Maldew, Hindukönig in Kanoge. (600 n. Chr.). V, 502.
Μαλε (Cosmas Indicopl.) s. Caucamali. Cochin. V, 587.
Μαλεα (Berg auf Taprobane nach Ptolemäus), d. i. der Adamspik (cfr. Mala, sanskr. = Berg). VI, 22.
Malea-Berg auf Ceylon (Ptol.). V, 916.
Malcars, die vierte Kaste in Malabar. V, 925.
Malebum (Malebamba), der Handelsplatz. IV, 17 f.
Maledivische Inseln, ihre Ausfuhr zur Bengalischen Bay. V, 842. — ihr Reichthum an Kokos. V, 843.
Maleille-Kium s. Tavay. V, 122.
Malek Juhana. II, 283 ff.
Malerei an den Höf der indischen Radjageschlechter. VI, 297.
Maleyur, Dorf mit dem einzigen noch unentweihten Jainastempel. V, 742.
Malga, Berg. II, 488.
Malgun, Fl. zumSsetledsch. III, 771. 773.
Maliapur. V, 606. VI, 334. [Vergl. Humboldt, Examen critique etc., éd. en 8. V, p. 83.]
Maliarpha, indisches Emporium nach Ptolem. VI, 323.
Malivully s. Mallavilly. VI, 351.
Mal-kote, die Burg von Mairta. VI, 988.
Mallapenna betta, Hügel mit einer Pagode bei Tschin-Raja-Patam. V, 723.
Mallavilly, Diamantgruben. VI, 351.
Malli, indische Völkerschaft von Alex. gebändigt. V, 466. 467.
Malliabad. VI, 307.
Mallier. V, 458.
Malliga. VI, 431.
Mallinath, Tribus. VI, 975.
Malli than (sanskr. = Ort der Malli) = Multan. V, 470.
Malli tharun (sanskr. = Ort der Malli) = Multan. V, 470.
Malliwer Raja. VI, 501 ff.
Mallung, die Schutzgottheit der Malasir. V, 769.
Maloi-Altai, d. i. der Kleine Altai (russisch). II, 475. 806. 807.
Maloi Khilok (d. i. der Kleine Kh.), d. i. der Kuitun. III, 168.
Maloi-Narymsk, Jassakdorf. II, 645. 683. 703.
Malowe, Bergfeste der Gorkhas. III, 519.
Malpans. V, 948.
Malpurba, Zufluß zum Kistna. VI, 369.
Maltha s. Bergtheer. III, 65.

Maluks, Zweig der Khamptis in Asam. IV, 375.
Malusol, die Bergkette. V, 1024.
Malva rotundifolia, bei Seheranpur. VI, 1116.
Malvern, die Hügel von, an der Severn in Worcester. V, 954.
Malwa, Königreich. V, 513. — Eintheilung, Ortschaften. VI, 755 ff.
Malwa-Opium. VI, 784. 786 ff.
Malwa-Plateau, das, und seine Bewohner. VI, 582 f. 743 ff.
Malya Devam (d. i. Berggott), der Gott der Curumbalun in Vorder-Indien. V, 931.
Malzowa, Dorf. II, 1023.
Mama, d. i. Eva, auf Ceylon. VI, 51.
Mama-Devi (d. i. die Göttin-Mutter), ihr Tempel zu Udeypur. VI, 894.
Mamiron, kleine chines. Wurzel, treffliches Mittel gegen Augenübel. III, 628.
Mamjo Kampa s. östl. Goggra. IV, 25.
Mamjo-Kampa = Kenarfluß. IV, 27.
Mammont-Jahr der Buräten. III, 128.
Mamo. III, 601.
Mamplam (Malakka) s. Maha pala. V, 890.
Mamur, Fl. II, 602.
Mamu Tsitsirkhana, Quelle des Yar-lung. IV, 194.
Man, Mangut, Name der Russen bei den Buräten. III, 117.
Man, Berg in Kaschmir. III, 1153.
Mana (Ptolemäus) = Ganges. V, 519. — Cerealien-Art in Kamaun. III, 1036. — Bach zum Tistasl. IV, 153. (?)
Manà, Manah, Stadt. III, 443 f. 500.
Manaar-Insel. VI, 152 f.
Manaar-Kanal. VI, 151 f.
Manaar Mandali, Stadt auf Ceylon (1340). VI, 52.
Managhara (d. i. Reifmond), dreizehnter Monat der Buräten. III, 128.
Manah, Ort an der Nordgrenze von Sirinagur. III, 992.
Manak, Volksst. in Asam. IV, 293. s. Nanec.
Manal s. Meleagris satyra, Phasianus Impeyanus. IV, 28.
Manaliarpha, indisches Emporium nach Ptolem. VI, 323.
Manantawaddy s. Manantoddy. V, 778.
Manantoddy, Paßweg von Tellicherry nach Sermjapatam. V, 777 ff.
Manaong s. Tscheduba. V, 309.
Manas, Distrikt, Verbrecherkolonie. II, 381.
Manasarowara, Tübet-See. IV, 228.
Manasaucos (Bewohner des Manasa-Sees) s. Alpenschwäne. III, 512. 661. 1158.
Manasse, Stamm, angebliche Uebersiedelung desselben nach Malabar. V, 597.
Manav (tamul. = sandiger Strom). V, 516.
Manbery. III, 919.
Manda-Bach. III, 54.
Mandadun, Pergunnah von Kaschmir an der Grenze von Groß-Tübet. III, 1137.
Mandakei s. Kali-Ganga. III, 908.
Mandal s. Meleagris satyra, Phasianus Impeyanus. IV, 28.
Mandal-Berg in der Gobi. III, 218. 351.
Mandali Panji. VI, 562.
Mandalik, Station am Schayuk. III, 634.
Mandarâjya, altes Emporium, Madras. V, 518. 522. 593. VI, 328.
Mandarin, kein chinesischer Titel, sondern vom portug. mandar. V, 647. [S. die Bemerkung vom Prof. Schott im Magazin für die Literatur des Ausl., 1837, Nr. 123. — J. L. J.]
Mandarins-Camp. III, 528.
Mandarita (sanskr.), die Reine (d. i. die Perle). VI, 160.
Mandatta (d. i. Phallusinsel).

VI, 592. — Uralter Herrscher von Malwa. VI, 593. 886.
Mandavi, der Haupthafen von Kutch. VI, 1052 ff.
Mandelah s. Mundlah. VI, 571.
Mandelgurh, der Festungsberg. VI, 821 ff.
Mandelstein, zelliger, in Ostsibirien. II, 390.
Mandelsteinbildung; derselben sind Chalcedone, Halbopale, Zeolithe, Kascholong, Achate, Jaspis und Heliotrope eigen. VI, 575.
Mandelsteinfelsen am Godavery. VI, 468.
Mandeswar, Sivatempel in Udeypur. VI, 885.
Mandhar auf Celebes. V, 72.
Mandirraj s. Madras. VI, 328.
Mandis, d. i. Hauptmärkte. III, 1059.
Mandjusri (d. i. göttliche Inkarnation), tübet. IV, 277.
Mandorer-Holz auf Ceylon. VI, 122.
Mandow Rai. VI, 1028.
Mandrak, Knäs der Teleuten. II, 990.
Mandschu, ursprünglich tungusischer Völkerstamm. II, 88. III, 321 ff. — = Mahâ-tschuden, d. i. Groß-Tschuden (?). III, 341.
Mandschu-Dynastie in China seit 1642. II, 266. III, 403. IV, 265.
Mandschu-Sprache, Uebereinstimmungen derselben mit der germanischen. II, 436.
Mandschurencolonien am Ili. II, 402.
Mandschu-bulak, Quelle. II, 422.
Mandu am Taptiss. s. Mandowi. V, 632.
Mandua-Kern s. Cynosurus corocanus. III, 996.
Manduguth. VI, 585.
Mandun, Dorf in Gondwana. VI, 494.
Mandva, Centralgebirge Kattiwars. VI, 1066.
Mane, Lamagräber mit Steininscriptionen in Ober-Kanawar. III, 807. 809.
Manerang, Paß. III, 571. 574. 726 ff.
Manes, Dorf auf dem Manerang-Passe. III, 571. 728.
Mangalan, Ortschaft der Suriani in Malabar. V, 613.
Mangalore, Seestadt von Süd-Canara. V, 728 ff. — Hauptmarkt für die beste Qualität des Sandelholzes. V, 819. [Die Stadt ist im Jahre 1837 durch die dortigen Insurgenten-Haufen fast gänzlich in eine Trümmermasse verwandelt worden. S. das Magazin für die Literatur des Auslandes, 1839, Nr. 22, S. 87.]
Manganeisen auf Ceylon. VI, 108.
Μαγγαρουθ (Cosmas). V, 515.
Mangarak, Bergzug. II, 636. 646. 738.
Mangarberg. II, 644. 786.
Mangaruth (Cosmas) = Mangalore. VI, 30.
Mangatai (d. h. steil), Gebirge, s. Khadamal. II, 513. III, 216.
Mangate, Ortschaft der Suriani in Malabar. V, 613.
Manggam, mal. Name der Mango. V, 889.
Manghirtu, Thal. III, 214.
Manghut Gerechon, Flüßchen. III, 278.
Mangi, d. i. Steuermann, der Gangesboote. VI, 1139.
Mangifera indica auf Singapore. V, 64. — s. Mango mangifera. V, 888.
Mang-li. IV, 187.
Mangli (d. h. Mangling), tübet. Grenzgebirge. IV, 201. s. Ningtsing Schan.
Mangmoy, kl. Fl. IV, 103.
Mango, mal. Ursprung des Namens. V, 888 ff. — äußerste Seltenheit derselben in Bhutan. IV, 150. 167. — Grenze, obere, im Himalayageb. III, 849. 851. 856. V, 891. — aus Goa auf dem Malwa-Plateau eingeführt. V, 894. VI, 754. — auf Ceylon erst eingeführt. VI, 117.

Mangofisch s. Polynemus risua. V, 176. — in Orissa. VI, 539. — im Hugly. VI, 1205.
Mangopflanzungen Indiens. VI, 1145 f.
Mangrole, Seegestade von Guzerate. VI, 1069.
Mangrove=Waldungen charakterisiren die Mündungsgebiete der Flüsse in Hinterindien. IV, 1040. V, 47. 62. 136. VI, 1210.
Mangsa, Bergstrom zum Baspa. III, 797.
Mang Schan, Berge in Tübet. IV, 203. — s. Alobasang. IV, 197.
Manghu=Khan, Tod desselben. II, 560.
Mangulias, Raubtribus der Indus=Wüste. VI, 951.
Mangustane, Frucht in Hinterindien. V, 52. 64. — äußerste Nordgrenze in Tavoy. V, 128. — (Garcinia) auf Ceylon erst eingeführt. VI, 117.
Mangutskoi=Karaul. III, 276.
Mani, Gebetcylinder der Lamaïten. III, 822.
Maniati Danda, Maniati Ghati. III, 764. 781.
Manichäer auf Ceylon. V, 595.
Manigamba, Dorf in H'Lassa. IV, 83. 84.
Manik, grünliche Diamanten. VI, 362.
Manikam, Maniko, Manikyo, bengal. ceylones. Name des Rubins. VI, 52.
Manikiyala, Monument von, V, 451.
Manikya=Raja, der Gebieter von Sambhar und Ajimer (von 740 bis 695 v. Chr.). VI, 733.
Manim, Weib des Himmelsgottes bei den Garo's. V, 404.
Maning Cabou s. Menangkabao. V, 31.
Maning Chi. III, 772.
Manipur s. Munipur. V, 365.
Manitu, chines. Station. II, 416. 417. 421.
Manjarun (Ibn=Batuta) s. Mangalore. V, 590.
Manjarur (Ibn=Batuta) s. Manjarun, Mangalore. V, 590.
Manjerry, Dorf in den Nilgherry. V, 1012.
Manjit, eine rothe Farbe, Handelsartikel in Bhutan. IV, 51. 168.
Manju Nath s. Menju=Dev. IV, 116.
Manju=Pattan, antike, jetzt verschollene Stadt in Gr. Nepal. IV, 71.
Manjuta, Fluß auf Sumatra. V, 86.
Manna=Insekt in Aracan. V, 335.
Mannen surkä (tungus.) s. Manturikan. III, 96.
Manosarowara=Route nach Kathmandu. IV, 39.
Manpur, kleiner befestigter Ort in Jeypur. VI, 923 f.
Manrak s. Mangarak. II, 636. 646.
Manrua=Korn s. Mandua=Korn. III, 996.
Mansalipatan. V, 518.
Man Sing, Raja von Jhoudpur. VI, 969.
Mansursk, Station. III, 129.
Mantotte, Stadt auf Ceylon. VI, 26. — Ursprung der Niederlassung. VI, 37.
Mantra, die buddhistische Gebetsformel in Bhutan. IV, 165.
Mantsa (d. i. Barbarenlager). IV, 196.
Mantullaï=See, ob = Mana Dalaï? III, 607.
Manturikan, Kap am Baikalsee. III, 14. 73. — gleichn. Zufluß ebendas. 96.
Manuaphaut, Lamaresidenz (ob Melung?). IV, 39.
Manuka, Salicis Sp. in Martaban. V, 153.
Manûl (mongolisch), d. i. wilde Katzen. III, 216. 285.
Manund, Pik. III, 840.
Manus (lat.), d. i. Elephantenrüssel. V, 906.
Manus Gesetzbuch, Alter. V, 438. VI, 424.
Manusbi, die 7 des buddhistischen Pantheons. IV, 135.

Manuskripte, singhalesische. VI, 243. — tangutische. II, 743. 1069.
Manuti-Danda s. Maniati-Danda. III, 781. 785.
Manzora, Fluß, s. Manjera. VI, 429.
Mao-chi-pu, ein rauhes Zeug, welches die Koreaner verfertigen und worin sie den Chinesen ihren Tribut bezahlen. IV, 610.
Mao-tscha. III, 246.
Mapam s. Manas-Sarowara. III, 413.
Mapang-See s. Manas-Sarowara. III, 502. 510. IV, 228.
Mapang- und Lanka-See. III, 414. 469. 475. 510. 512. 529. 534. 577. 586. 660 ff. IV, 17. S. auch Manassarowara, Rawanhrad.
Maphar, Insel, Piratenstation der Malaien. V, 102.
Mapillas, die, V, 642.
Mapilli-Araber s. Moplay-Araber. VI, 49.
Mar, Fl. in Sirinagur, der Kapitale von Kaschmir. III, 1163.
Mar Abraham. V, 949.
Mar Ambrose, Syrischer Geistlicher. V, 609.
Mar Athanasius. V, 949.
Mar Basilius. V, 947.
Mar Dionysius. V, 948.
Mar Gregorius. V, 947.
Mar Johannes. V, 947.
Mar Philorenus. V, 948.
Mar Prodh. V, 610.
Mar Sul, Syrischer Geistlicher. V, 609.
Mar Thomas. V, 608.
Mar Xabra. V, 610.
Marabu s. Ciconia marabu. VI, 1207.
Mara-Bundela, birmanischer General. V, 408.
Marakerra s. Merkera. V, 726.
Marakkala, d. i. Moren auf Ceylon. VI, 229. 231.
Marali-Hirsche. II, 1006. — in den Tigherázkol-Bjelkl. II, 872. — Kronhirsche. II, 815. 884.
Maralicha, Fluß. II, 860. 1018 bis 1038.
Maralichinskoi-Vorposten. II, 862.
Maralji-Osero, Altaisee (russ. = Hirsch-See). II, 686. 698. 699.
Marama (eigent. Name für Birmanen). IV, 1224. V, 268. —
Marang, Ort am Tedangstr. III, 773. — Stadt am Ssetledsch in Kanawar. III, 807 ff.
Maranga s. Morang. III, 455. s. Mranma. V, 285.
Maratu, Chuncoa spec. V, 699.
Marbar, Ort der Sinhpho in Asam. IV, 377.
Marbo-ri, der Gipfel des Berges Botala bei H'Lassa. IV, 242.
Marcha s. Amaranthus gangeticus. III, 996.
Marcha-Gull, Gebirgssee im Vorgebirge des Altai. II, 653.
Marchal-Gol, Gebirgssee des Altai. II, 646.
Marchantia. III, 45. 67.
Marchas, Himalaya-Volk. III, 1012.
Marchman. V, 43.
Marco Polo auf Zeilan. VI, 48 f. — erwähnt den Thee nicht. III, 249. — seine Reiserouten. II, 140.
Marcus s. Mergus.
St. Marcus-Thurm, Fort von Almora. III, 1041.
Mardartalli, Ort in Cachar. V, 382.
Mardjit. V, 351.
Marehully, am Cavery. VI, 279.
Marfil (spanisch) s. Pilo. V, 907.
Marfim (portugiesisch) s. Pilu. V, 907.
Margana, Stadt auf Ceylon nach Ptolem., jetzt wol Aripo. VI, 21.
Margarita (gr. röm.) vom sanskr. Mandarita. VI, 160.
Margniu, Provinz von Amdoa. IV, 217.
Mari, Seitenfl. des Ajl in Kattiwar. VI, 1066.
Maricha s. Marcha, Mariha. V, 867.
Marichi, Sohn des Brahma, Vater des Kasyapa. III, 1088.
Marienglas, nesterweise im Spath

am Baikalsee. III, 68. 77. — Berg von, II, 1039. III, 35.
Marignola, Joannes de, (Minoritenpater, 1340) seine Ansicht von Ceylon. VI, 57--62.
Mariha, javanesisch, s. Mercha. V, 865.
Mariinkore (russ.) s. Paeonia officinalis. Wurzel eßbar. II, 1034.
Marik-Steppe. III, 53.
Marin, Fort am Yamuna, s. Muharun. V, 544.
Marina, Wurzeln der Paeonia officinalis. II, 1057.
Marine, koreanische. IV, 641. — fehlte von jeher den Arabern. V, 586.
Marine-Coder der Muhammedaner auf Ceylon. VI, 45.
Marionetten-Theater in Pegu. V, 183.
Mariti, die Schutzgöttin der Pariar. V, 930.
Markera, Gebirgsfeste am Cap Dilli. V, 591.
Markari s. Merkera. V, 726.
Marken, Grenzmarken, Wichtigkeit derselben zu allen Zeiten. II, 152. 195. — karolingische. II, 152. III, 401.
Markor s. Mergus.
Marktgewicht, eigenes, zu H'Lassa. IV, 247.
Markulioff (Iwan, Kalmück), sein Bericht über den Gebirgsgau Takimu. II, 1045 ff. 1049—1051.
Marley, englischer General. III, 516.
Marmor am Baikalsee. III, 74. — in Martaban. V, 143.
Marmorarten, die größte Mannigfaltigkeit derselben in Udeypur. VI, 881.
Marmor-Berge bei Sagaing. V, 227.
Marmorbreccie. II, 884.
Marmorbrüche, einstige, zu Mokrano in Jhoudpur. VI, 959.
Marmorfelsen, weiße, im Nerbuda. VI, 577.
Marmotten, braune, im Himalaya. III, 1003.
Marohae (Plinius), indische Völkerschaft, ob Mahratten? V, 488. 513. VI, 391.
Maroher. V, 488.
Marote, Ort in Bhutnair. VI, 1000.
Marquez (Manoel). III, 440.
Marra, Dorf mit vielen Mahadeokapellen. VI, 489.
Marshall, englischer General. VI, 410.
Marsilaea quadrifolia. VI, 1115.
Martaban, Provinz. V, 108 ff. 731.
Martewa Simowje. III, 185.
Martichoras (persisch, d. i. Menschenfresser). VI, 607.
Martindale, englischer General. III, 521.
Martinique, Zimmtpflanzungen auf, VI, 130.
Maru, d. i. Barden, Charuns in Malwa. VI, 762. — S. auch Marwar. VI, 945. 952.
Marudis, d. i. Marwar-Kaufleute. VI, 962.
Marupa s. Cynosurus corocanus. IV, 75. 104.
Marusthali, Marusthan s. Merwar. VI, 945. 952. d. i. Einöde, Gegend des Todes.
Marut, Ort in Bhutnair. VI, 1001.
Maruva s. Eleusine corocana. IV, 20.
Marva, nestor. Bischöfe, von 420 bis 1000. II, 287.
Marvallo (Cosmas), ob Manaar? VI, 30.
Marves (d. i. Ackerbauer) s. Budbagur. V, 1023.
Marwa s. Eleusine corocana. III, 879. — Branntweinbereitung aus, in Asam. IV, 386.
Marwara s. Mera. VI, 913.
Maryum, kleiner Ort in West-Tübet. III, 601.
Marz, d. i. Berg, bei den Tudas. V, 1038.
Masalia (bei Arrian und Ptolemäus) = Masulipatam. V, 518. VI, 27. 323.
Masalias, indische Stadt. V, 518.

Masan, die Geister junger Kinder in Kamaun. III, 1054.
Masar, See. II, 1024.
Mascaret, in der Garonne, s. Bore, Kenterung, Prororoca, Springfluthen. VI, 1212.
Mascha, d. i. Reviere der Fischer auf dem Baikalsee. III, 105.
Mash, Cerealienart in Asam. IV, 293.
Mashe's, Geldgewicht. III, 668 f.
Mashkalai, Hülsenfrucht in Nepal gebaut. IV, 51.
Masi, eine Art Weihrauch. III, 1058.
Maslac, Name für das weiße thebäische Opium. VI, 775.
Maslenoi, Fluß zur Angara. III, 37. 51.
Massas s. Mashe's. III, 668 f.
Massenbegleiter, isolirte. II, 38. 319. 804.
Massenerhebung (größte) der Erdrinde. II, 34 ff. — Inner-Asiens, Charakteristik des größten Systems derselben. II, 39 ff. — östliche, Figur derselben. II, 43. 173.
Mastan s. Mahestan. VI, 558.
Mastang, nicht unbedeutender Ort in Ober-Tübet. IV, 16.
Mastodon-Knochen (?). V, 571.
Mastodonten, fossile. V, 204.
Mastungen der Fische in China. IV, 672.
Masuli (von Muchli, d. i. Fisch), Boote bei Madras. VI, 328.
Masulipatam, einer der Circars der Präsidentschaft Madras. V, 518. VI, 471.
Matabanga, Ostarm des Ganges. VI, 1203.
Mataligat. IV, 82.
Matalis, der Wagenlenker Indras. V, 898.
Matan, Pergunnah von Kaschmir. III, 1137.
Matelle. VI, 75.
Math, Gewicht der Birmanen. V, 267.
Math's, kleine lamaitische Kapellen mit Nischen. III, 668.
Mathematik der alten Hindus. V, 528. VI, 422.
Matheon Schan, Schneepik. IV, 409.
Mathie-gumbah. IV, 95.
Mathura s. Surasena. V, 498.
Mathura-Diamanten (Zirkon-Edelsteine) auf Ceylon. VI, 1.
Mati s. Motoren. II, 1044. 1108.
Matimas (asam.) s. Phaseolus maximus. IV, 325.
Mathagari, alte Kapitale von Jayarkot. IV, 23.
Mathingumbah, Station. IV, 82.
Mathully. VI, 281.
Matirathas (d. i. wagenkundig). V, 898.
Matjantica Maha Terrunanse, Buddhalehrer in Himalaya. VI, 145.
Matlar, Stamm der chinesischen Sojoten. II, 1142.
Matorzi s. Motoren. II, 1044. 1108.
Matrigupta, Brahmane, Usurpator von Kaschmir. III, 1106.
Matschamu, Dorf am Ouller-See in Kaschmir. III, 1157.
Matschika. II, 1074.
Matschu, Quelle des Yar-lung. IV, 194.
Matsya, indische Landsch. IV, 113. V, 498. 506.
Matta, d. i. Brunst des Elephanten. V, 909.
Mattachery, die Judencolonie bei Cochin. V, 596.
Mattan s. Matan. III, 1137.
Mattancherry s. Mattachery. V, 601.
Mattar, Stamm der chinesischen Sojoten. II, 1017. 1052. 1142.
Matten von Aeschynome diffusa in Asam. IV, 327.
Matthäus, Apostel. II, 284.
St. Matthew, Mergui-Insel. V, 119.
Ma-tuan-lin, der chin. Strabo. III, 464.
Matur Ssamarganow. II, 962.
Matura, Mathura, Stadt, Fort und Hafen auf Ceylon. VI, 188.
Maturate auf Ceylon. VI, 73.
Maturatta, Militärposten im Alpengebirgslande von Ceylon. VI, 204.

Matwalese, Singhalesenkönig. VI, 244.
Maubad, Priester der Guebern. V, 618.
Mauer, der Stadt Aracan. V, 326. — chinesische, II, 125. IV, 647. — in Kan=su. II, 199 ff. — hat jetzt nur noch polizeilichen Werth. 201. 250. — Pforten derselben. II, 99 f. — größte Höhe derselben. II, 134. — der herkömmlichen Bewunderung nicht werth. II, 189. 226 f. — große bei Myßoore, zur Sicherung gegen Nomadenüberfälle. V, 514.
Maug, Name eines indischen Monats. VI, 1171.
Maulamyaing s. Moalmein. V, 140. 153.
Maulbeerbäume in Guzurate. VI, 636. — Plantationen derselben in Kaschmir. III, 1146.
Maulthiere, die besten von China, in Ninghia. II, 161. — wilde, frühere falsche Benennung für den Dschiggetai. III, 285.
Maunchi, Kapitale der Bhor Khampti. IV, 394.
Maund, Goldgewicht, sein wechselnder Werth. V, 563.
Maun Deo s. Manja Deo. IV, 71.
Maura=Mukh am Brahmaputra in Asam. IV, 361.
Mauritius=Insel, Handel mit Singapore. V, 71.
Maurusien, die Elephanten in, V, 904.
Mausalipatam, Capitale des gleichnamigen Circars in Dekan. VI, 473.
Mautama s. Martaban. V, 131.
Mauttama s. Martaban. V, 141.
Mauza (arabisch) s. Musa. V, 875 ff.
Mawar=el=Nahar (arab.), Land zwischen Orus und Jarartes. II, 85. V, 913.
Mavelicare, Ortschaft der Suriani in Malabar. V, 614.
Mavely=car, syrische Kirche in Travancore. V, 945.
Marimowa Muis, Uferklippe am Baikalsee. III, 65.
May s. Phaseolus Minimo. IV, 75.
Maya (d. h. Täuschung, sanskr.), Mutter des Buddha. V, 512.
Maya=houn s. Myan=ong. V, 178. 190.
Mayaks oder Grenzsäulen. II, 522 bis 999. s. III, 191—197.
Mayalavara (d. h. Bergland, sanskr.), Malabar. V, 514.
Mayang, Tribus der Sinhphos. IV, 379.
Mayangdi, Fl. goldhaltig. IV, 18.
Mayanphal s. Vangueria spinosa. VI, 536.
Mayaw, eines der drei antiken Hauptreiche auf Ceylon. VI, 237.
Mayea s. Gracula religiosa. IV, 48.
Mayhe s. Maghi. III, 609.
Mayka=Naad der Nilgherry. V, 990.
Maynasu=Cann, Name der wilden Pfefferrebe in Karnata=Desam. V, 700. 867.
Mazdiesnan, d. h. die den Ormuzd anrufen, Name, welchen sich die Guebern in der Pehlvisprache beilegen. V, 618.
Mazur. III, 1173.
Mäander s. Gomati, Gumty. VI, 1145.
Mächinka, Dorf an der Beresowska. II, 682. 923.
Mädchen, Töchter vornehmer Familien, als Tempeldienerinnen. V, 552. VI, 56.
Mäkler, indische, ihre Wechselgeschäfte. VI, 755.
Männer ziehen zu den Frauen in das Haus bei den Bhotiyas. IV, 165.
Mänsa, Zufluß vom Sawitschi=Gebirge zum Tschikoi. III, 173.
Märkte, selbst in der Wüste, in Tübet. IV, 247.
Mäuler, d. i. Seelen, t. t. in der Statistik der Chinesen. II, 1060.
Mäuse, in Heerden in Malabar. V, 924. — Leckerbissen der Bewohner von Gherwal. III, 1050.
Mea=tao=Straße. IV, 542. 621.
Mebar, Ort auf dem Harang=Paß. III, 805.
Mebu, Volksstamm in Asam. IV, 364.
Mech, Volksstamm in Sikim, den

Garo's verwandt. IV, 109. — (?) Kaste in Bhutan. IV, 169.
Mechi s. Mitchin, linker Nebenfl. zum untern Lauf des Kankaye. IV, 106.
Mechpara, wüster Distrikt am Nordfuß der Garoberge. V, 400.
Meckley, asamischer und cacharischer Name der Munipuritruppen. V, 366. — s. Cassay. V, 282.
Meder = Arier. V, 458.
Med'hya desa, das centrale Hindus'than. VI, 714 ff. 724 ff.
Mediatisirung der indischen Raja's. V, 917.
Medicago lutea. III, 1195.
Medien, christliche Bischöfe in, II, 285.
Medizin s. Arzneikunde. — von Indien aus. V, 528. 529.
Medju gung, Ort in Tübet. IV, 256.
Medpat, der classische Name für Medya, Mewar, Med'hya Desa. VI, 733.
Meer, Verbot dasselbe zu beschiffen, bei den Hindus. VI, 1172.
Meeresanfurth s. Maabar. VI, 1078.
Meerut s. Merut, Mirut. VI, 1123.
Megasthenes. VI, 15.
Megavahana, König von Kaschmir (von 135 n. Chr. an). III, 1106.
Megh Deota, der große Gott der Sinhphos. IV, 380.
Megisba, Teich (Tank) im Innern von Taprobane nach Plinius. VI, 18. 25.
Megna, Name des unteren Brahmaputra im Daccadistrikt. V, 380.
Mehagdi. IV, 17.
Mehewa, Höhe. VI, 836.
Mehira Bhils, ihre Legende. VI, 614.
Mehlteig s. Tsanpa. IV, 204.
Mehlthau in Indien. VI, 915.
Mehr, Monat in Kaschmir. III, 1151.
Mei-kian (d. h. rothe Salzzunge), Stadt. II, 312.
Mei-ling (chinesisch) = Gebirg der wilden Pflaumenbäume, Grenzscheide zwischen den Provinzen Kuangtung und Kiangsi. IV, 661. — Passage. IV, 665. — Höhe. III, 245. IV, 667.
Mein-daun (in der Sprache der Sakjah) = die blauen Berge in Dschittagong. V, 412.
Meinje s. Myaing. V, 155.
Mein Yogi (Yugi), Stockade der Laos. V, 134.
Méïren. III, 355.
Meißen, Porphyre daselbst. VI, 472.
Mekeri, kopt. = Opium (vergl. μήκων). VI, 776.
Mekhlong-Fluß. IV, 1079. V, 126. — Stadt. V, 139.
Me-ki-lian, Khan der Uigur, soll Karakorum gebaut haben. II, 556.
Mekka und Benares verglichen. VI, 1170.
Mekon, Fl. IV, 186.
Mekran, im Jahre 705 durch Hijay erobert und zum Islam bekehrt. V, 582.
Mekrit, Toto, König der, II, 346.
Μήκων s. Papaver somniferum. VI, 774.
Mela, d. i. Messen (der Brahmanen). III, 910. [Vergl. das griech. μέλος.]
Melandurte, Ortschaft der Suriani in Malabar. V, 613.
Melang, Zufluß zum Ssetledsch. III, 782. — Felskluft des Himalaya in Kanawar. III, 769. 789.
Melange, indisches Emporium nach Ptolem. VI, 323.
Melconda (?). VI, 461.
Melde s. Atriplex.
Meleagrina margaritifera, Lam. VI, 160 ff.
Meleagris satyra. IV, 28.
Meleda, Insel, Detonationsphänomen daselbst. II, 204. 718.
Melèze der Savoyarden = Pinus larix. II, 687.
Melia azidarachta, der Nimbaum. VI, 510. 546.
Meliae, als Waldbäume in Dschittagong. V, 414.
Mélin s. Mei-Ling. IV, 665.

Melinde, Vasco de Gama fand dort die Bancani. V, 443.
Melken der Büffelkühe bei den Tudas. V, 1034.
Mell, erste Klasse der Perlen. VI, 177.
Mellun, Ort am Irawadi. V, 198.
Melonen von Hami, berühmt. II, 359. — nach Paris verpflanzt. 360.
Melonenfelder, die luxuriösesten in Kaschmir. III, 1192.
Melonenpflanzungen an den Talkibergen. II, 340.
Mem (?), an der Grenze von Bhutan. IV, 156.
Membou, Ort mit einem Buddha-Prabat. V, 197.
Memespar. III, 646.
Memiabu. V, 198.
Memischna, Dorf. III, 64.
Menam, Sunderbunds des, VI, 1198.
Menam-noi, Ort in Martaban durch seine Baumwollenpflanzungen berühmt, V, 139. 145.
Menam Radja, Buddhistenpriester, Restauratoren des Buddhakultus auf Ceylon. IV, 1164.
Menander, König von Baktrien, Münzen desselben. V, 476. 485.
Menangkabao, malaiischer Urstaat von, auf Sumatra. V, 31.
Menbu s. Mebu. IV, 364.
Mendely, Parfüm. IV, 293. 933.
Mendj, das Brahmanenschloß. V, 545.
Menezes, portugiesischer Erzbischof der Kirche von Goa im sechszehnten Jahrhundert. V, 609.
Meng, Capitale von Tarout Shan, d. h. dem chinesischen Laos. IV, 1233.
Meng-ing-tscha (d. i. Wunderthee), ein Moos. III, 232.
Mengphu, Mengpu, Ort in Tübet. IV, 205.
Mengwan, Tempelort in Ava. V, 228. 229.
Menispermum verrucosum. III, 855.
Menju Dev, erster Lehrer der Buddha-Doktrin, nach der Legende in Gr. Nepal, und Entwässerer des Kathma du-Thales. IV, 69. 116.
Men-kin-ln, alter Name für den Fl. Dzangbo. IV, 176.
Menschenfresserei zu Zeiten der Hungersnoth bei den Sojoten. II, 1058. 1140.
Menschenopfer in Jyntea. V, 390. — in Jeypur, erst von Jey Singh Raja abgeschafft. VI, 933. — bei den Bewohnern von Kulu. III, 1066. — der Bhima Kali gebracht in Bissahir. III, 762. — (lebendiges Begraben) in Dubboi. VI, 623.
Mensia s. Mänsa, Zufluß zum Tschikoi. III, 192.
Mensores s. Baematisten. III, 467.
Mentike, allgemeiner Casualtag bei den Kanawaris. III, 825.
Menu Coder Damawilatha bei den Birmanen. V, 293.
Menu Coder Wandana bei den Birmanen. V, 293.
Meosugri. V, 322.
Meqdum Ssaheb, Kaschmirischer Sanctus. III, 1167.
Mera, die, d. i. die Bergleute, die Gebirgsstämme der Mewarkette. VI, 913 ff.
Mercha, sanskr. Name der Pfeffer-Gattung. V, 865.
Merdi Coura. VI, 607.
Mergem, Bach. II, 114.
Mergen, Fl. II, 116. — s. Mergenzi. III, 306.
Mergen Dega. II, 1073.
Mergenzi s. Dauren. III, 306. 322.
Mergui-Archipelagus. V, 84. 118—122. — unendlich reich an Kokosnüssen. V, 843.
Mergui, Provinz. V, 110 ff.
Mergus. II, 256. 291.
Mergus serrator, der Taucher-vogel. III, 65.
Meridian, erster, indischer, durch Udschayni. V, 557. — erster, der Hinduastronomen von der Insel Ramisseram aus. VI, 154.
Meridiangebirge von Tiperah. IV, 908. V, 309. 407.
Meridianketten, Parallelismus

derselben in Hinterindien. II, 49. 53. IV, 428. 895. 903. V, 360. — der West-Ghats. VI, 747.
Meridianmessung des Col. Lambton in Indien. VI, 4. — des Khalifen Al Mamun in den Ebenen von Sincar. VI, 564.
Merkara, Residenz des Raja von Curg. V, 726. 728 f.
Mer-la, Geb. (tüb.). IV, 178.
Merluschki, Lämmerfelle als Handelsartikel. II, 754.
Merops apiaster, der Bienenfresser. II, 658.
Merré, persisches Längenmaaß. II, 218.
Mertsel, Berg auf der chinesisch-russischen Grenze. III, 80.
Meru (das Strahlende. II, 7). V, 449. — das Hochland in der indischen Erdansicht. II, 6. — Bedeutung desselben bei den Budhisten. II, 9. — Bedeutung desselben bei den Birmanen. II, 9. (Form desselben nach den Erdansichten der verschiedenen Völker). II, 8.
Meru, Ort in Kanawar. III, 769. 770. — Dorf. III, 614.
Merugiri (d. h. Berg Meru). II, 7.
Merut, Feste. V, 543. 577. VI, 1122 ff.
Merv, arabischer Emir von, in Chorasan (664 n. Chr.) führt den Muhammedanismus in Kabul ein. V, 530.
Merwadun s. Mendadun. III, 1137.
Merwar s. Mairwarra. VI, 888.
Me-sing-zungh, Festung bei Kuti. IV, 96.
Messhaks, d. i. Wasserschläuche. VI, 1012.
Mespilus cotoneaster. II, 691. 714. 939. — an der Buchtarma. II, 680. 755.
Mespilus melanocarpa am Saisansee. II, 658. 662.
Mespilus uniflora. II, 714. 912. — obere Höhe auf dem Altai Bjelki. II, 906.
Messana-Insel (bei Pigafetta), die südöstlichste der Philippinen. V, 859.
Messe in Mittelasien, würde wichtig werden in Ili. II, 411.
Messen, ihr Schaden, ihr Nutzen. III, 910.
Messerschmidt, Dr. Daniel Gottlieb. S. II, 624. 1013.
Messing in Indien zu Alex. d. Gr. Zeiten. V, 528.
Mesna ferrea. VI, 540.
Metah (sanskr., d. i. Messe). III, 600.
Metalle, rohe, Ausführung derselben, Contrebande bei den Chinesen. V, 264. — Bearbeitung derselben in Indien uralt. V, 528.
Metallidole im alten Tempel zu Malwa. V, 528.
Metallspiegel, figurirte, der Buräten, Chinesen, alten Etrusker, Tschuden. III, 119 ff.
Metapolliam, Ort in den Nilgherry. V, 1002.
Metayin, Dorf in Klein-Tübet. III, 629 f. 643.
Μέταξα (d. i. rohe Seide). VI, 29.
Metellopolis, Bischof von, IV, 1070.
Metempsychose, durchgängiger Asiatischer Volksglaube. IV, 279. — indische. V, 908.
Meteoreisenmassen am Jenisei. II, 1135. — vergl. III, 350.
Meteorsteine der Hindus. VI, 473. 551.
Me-the, Hiegnukaiser. II, 194. 242.
Metoh, Strauchwerk. III, 700.
Μέθορα s. Mathura. V, 500.
Metropoliten, nestorianische, wo? II, 290.
Metroxylon Sagu, die Sagepalme, nicht in Vorder-Indien. V, 862.
Mettelhameh, Walddorf in Kaschmir. III, 1160.
Meva Linga s. Crateva tapia. V, 765.
Mewar, das Tafelland. VI, 864 ff.
Mewar-Annalen, erwähnen die Cholera seit dem Jahre 1681 in Harowti. VI, 814.
Mewar-Kette. VI, 729 ff.

Mewattles, Raubgesindel in Macherry, s. Macherry. VI, 728. 937.
Meya der Südsee, Varietät der Musa paradisiaca in Perú. V, 882.
Meyang. III, 737. 738.
Meyangma, Schneegebirge. IV, 83. 84. 86. 103.
Mey-shung, wollreiche Landschaft in West-Tübet. III, 601.
Meyu s. Myu. V, 310 f.
Mezentsow, seine Aufnahme des Baikalsees. III, 12.
Meziris, Wilford's Etymologie. V, 515.
Mhai, Fluß, sein hydrographisch merkwürdiges Stromgebiet. VI, 636 ff.
Mhai-Fluß s. Mhye. Sein Thal bildet die natürliche Westgrenze der Opiumkultur in Hindostan. VI, 785.
Mhair s. Mera. VI, 913.
Mhar, Mahrattenstadt. V, 669.
M'hassoos, einer der zahllosen Namen des Mahadeo. III, 887.
Mher ul Nissa (d. i. die Sonne der Frauen) s. Nurmahal. III, 1171.
Mheur-Berge (d. i. Regengebirge) s. Khundahgebirge. V, 960.
Mheur-norr (das Regengebirge), Tudadistrikt der Nilgherry. V, 991.
Mheysir, die Capitale der Provinz Nemaur. VI, 598 f.
Mhow. VI, 416.
Mhowa s. Bassia latifolia. VI, 803.
Mhowa, Ort in Bundelkhund. VI, 853.
Mhowahbaum (?), aus der Frucht wird ein berauschendes Getränk bereitet. VI, 643.
Mhur, Dorf in Kutch; Vulkan. VI, 1042.
Miaday, Ort am Irawadi. V, 197.
Mian, d. i. Awa. V, 913.
Miana, Distrikt von Kutch und die Mianas. VI, 1062 f.
Miang-dia-Kola, Fl. IV, 90. (ob Kitzhikfl.? Nirkhusfl.?)
Mianri ci gedh, Bergstraße zum Ganges. III, 938.
Miao-ling = Alpenkette der Miao, chinesisch. IV, 660.
Miao se, Aboriginervolk in China. II, 192. III, 177. IV, 274. 660.
Miao tse, räuberische Gebirgsbewohner an der chines. Grenze. IV, 654.
Miao tseu, Aboriginervolk in China. IV, 660. s. Miao se.
Miasmen, in Aracan. V, 330. — auf Ceylon. VI, 105. — der Gangesländer. VI, 1124 ff.
Michaël Theodorowitsch, Czaar. II, 750.
Michelia champaca. VI, 510.
Michelias, als Zimmerholz benutzt in Nepal. IV, 54.
Michislia champacca (?). VI, 291. [S. Michelia.]
Michmis, Volksst. in Asam. IV, 324. (s. Mismis.)
Midai, Midé, Handelsmarkt bei Ava. V, 263.
Midé, Messe zu, bei Ava. III, 239.
Midoumtch, Salzsee bei Koutho. III, 608.
Midu Arwa, in Asam. IV, 389.
Midydjita, Hoflager des Königs der Hakas. II, 1115.
Miedu, Stadt in Ava. V, 277.
Mie-lik-ho s. Miliko. II, 1136.
Mien-mo, birmanesisch, s. Meru. II, 8.
Mientien, d. h. das heutige Birmanenreich in Ava. IV, 735.
Mie Rekhia gaom. IV, 369.
Migheung Yac, Stadt am Irawadi. V, 177.
Mihidong, König von Ceylon. VI, 258.
Mihidu, Singhalesenkönig. VI, 244.
Mihidu Gehu. VI, 224.
Mihindi, Erfinder der Schreibkunst bei den Siamesen. IV, 1163.
Mihindu-Kumara, Mahindu Maha. IV, 1162. VI, 224.
Mihindutala, der Bergtempel auf Ceylon. VI, 253.
Mihintala (d. i. Pallast des Mihindu), Tempel in Siam. IV, 1163.
Mihira-Kula, König von Kaschmir (200 J. v. Chr.). III, 654. 1103.
Mihirapur, Stadt im Distrikt Holera von Kaschmir. III, 1104.

Mihireswara, Tempel in der Hauptstadt von Kaschmir. III, 1104.
Miko, Bergdorf in Malacca. V, 34.
Mi-kyaong-re, Dorf am Irawadi. V, 197.
Milan. V, 43.
Milch, verabscheut von den Garotribus und den Naga's. V, 373. 404.
Milchbranntwein der Kalmücken. II, 966.
Milchspeisen, werden nie genossen bei den Kohata in den Nilgherry. V, 1022.
Milchwirthschaft in Süd-Dekan. V, 895.
Miliko, Turkhorde. II, 1136.
Militäreinrichtung der Birmanen. V, 294.
Militär-Kolonien, ackerbauende, der Chinesen. II, 385. 406.
Militärmacht Central-Indiens. VI, 773.
Militärorganisation, chinesische. II, 1054.
Militärstraße, große, von Südchina nach H'Lassa. IV, 185.
Militärverfassung von Korea. IV, 641.
Milleporen. II, 842.
Miltchin, Kanawari-Dialekt. III, 826.
Milz, Vergrößerung derselben, lokale Krankheitsform in Indien. VI, 752.
Mimosa arabica s. Babul. VI, 886.
Mimosa catechu. III, 848. 850. 1047. 1059. IV, 48. V, 17. 62. 65. 254. 697. VI, 281.
Mimosa cinerea. V, 765.
Mimosa farnesina. VI, 1110.
Mimosa khadira. VI, 546.
Mimosa marginata. VI, 810.
Mimosa nilotica; das Gummi derselben ist den Wüstenreisenden in Afrika hinreichend zur Sättigung. V, 888.
Mimosa saponaria. V, 763.
Mimosa sirissa. III, 854. VI, 1110.
Mimosa speciosa. V, 765.
Mimosa sundra. V, 765.
Mimosa tuggula. V, 765.
Mimosa xylocarpon. V, 699.
Mimusops. VI, 1110.
Mimusops elengi. VI, 540.
Min, Name der Saken. V, 475.
Minagara, Emporium am Indus. V, 475. 485.
Minahs, die, VI, 608.
Minashatweh, Pagode am Irawadi. V, 208.
Mi na sy to (chinesisch), d. i. = Vitashta. III, 1113.
Mincha. IV, 78.
Min de ra ghi Prah. V, 236. (s. d. f.)
Min de ra ghi Praw (?), Birmanenkönig [1781—1819]. V, 180. 206.
Mine, Bergstrom zum Irawadi. V, 200. 208. — Fl. am Shoegiun. V, 187.
Minen, Regale in Udeypur. VI, 882.
Minengang, schon vom Alex. d. Gr. angewendet. V, 474.
Mineralien auf Ceylon. VI, 107 ff.
Mineralienkabinette in Irkutzk. III, 134.
Mineralquellen von Kuttal Gunj. V, 416. — heiße. II, 422. — am Iroft. III, 213.
Mineri, Tank von, VI, 39. 93. 243. (Minnere-Tank. p. 94.)
Ming, Reich derselben durch die Mandschu aufgelöst (1645). II, 596. — (japan.), d. i. Tscha (chin.) Thee. III, 233.
Mingadarà (d. h. über 1000 Fuß hoch), Berg. III, 214.
Mingan (d. h. 1000), Station in der Gobi. III, 370.
Mingara, Wachtposten von Panyani. V, 766.
Ming-a-tih s. Mankat. II, 1060.
Ming-bulak, kalte Mineralquelle. II, 422. — d. i. die Tausend Quellen. II, 423.
Ming-Dynastie (1341—1628). II, 215.
Ming tching. IV, 189.
Ming-tscha (d. i. Früh-Thee), Theesorte. III, 232.
Ming-yu-tchin, Usurpator von Nan-tchao. IV, 188.
Miniak thsona, tübet. Name des

Gebirges, auf welchem sich die Quellen des Gelben Stromes finden. IV, 650.
Minjussa, Bach zum Jenisei. II, 1103. — Dorf. 1105.
Min Kiang, chines. Gebirgsstrom. IV, 412. 648. 649.
Minkurti s. Mukurtu-Pik. V, 959.
Minnak, angeblich untergegangenes Volk in Tangut. II, 162.
Minotaurus, sein indisches Urbild. VI, 325.
Min-Schan, chines. Name des Gebirges, auf welchem sich die Quellen des Gelben Stromes finden. IV, 412. 650.
Min-schan-hian, chines. Stadt. IV, 418.
Minstrels der Rajputen. VI, 612.
Mintao, befestigter Hafen auf Banca. V, 102.
Min-tscheu, späterhin Ning-hia. II, 200.
Minussinsk, die Kreisstadt. II, 1102 ff. 1023.
Minussinsker Kreis. II, 1076 bis 1080.
Mingat s. Mankat. II, 1063.
Mir, Shah, aus Irak, Usurpator des Thrones von Kaschmir (1326). III, 1120.
Mirangberge, Gebirgsrand des Munipur-Plateaus. V, 357. 364.
Mirapolis (= Meliapur). VI, 57.
Mirbegka Gur. VI, 1193.
Mirch, hindi, s. Mercha. V, 865.
Mirdahs, Feldmesser. VI, 758.
Mirei. III, 925.
Mirgi s. Moose deer. VI, 143. 513.
Mirgim s. Mergui. V, 115.
Mirgu, Schneegebirge. IV, 56. 83. 84. 85. 103.
Mirigong, Ort in Ober-Asam. IV, 362.
Miri Michmi, Tribus in Asam. IV, 291.
Mirip, Tribus der Sinhphos. IV, 379.
Mir Junlah (Moazzim Khan), Feldherr des Aurengzeb, erobert Asam. IV, 290.
Miris in Ober-Asam, Charakteristik derselben. IV, 362. 382.
Mir Isset Ullah, seine Reiseroute von Kaschmir nach Leh u. s. w. III, 550 ff. 629—640.
Mirpur-Gau in Udeypur. VI, 887.
Mir Schamseddin. III, 1126.
Mirtha s. Mirut. V, 543.
Mirtu s. Meru, Miru. III, 770.
Miru s. Meru, Mirtu. III, 770. — Dorf am oberen Indus. III, 607.
Mirut s. Merut. VI, 1123.
Mir Wardun, Berglandschaft in der Provinz Lar Kaschmir's. III, 1153.
Mirza-Heidur-Doghlat (1548), König von Kaschmir. III, 651. 1118.
Mirzapur, die Capitale des Gorair-Raja. VI, 491 f. 1154.
Misa Gaon, Dorf der Mismi in Asam. IV, 387.
Misar, Ort an den Ssetledsch-Quellen. III, 511. — (d. h. Grabmal). III, 638.
Mischlingsvolk an den Grenzmarken China's. Ursprung desselben. II, 222.
Mismi, Mischmi, die, in Asam. IV, 386.
Mission s. Capuciner. — erste in Tübet. III, 440. — Brittisch-Evangelische in Selenginsk. Misbräuche und Auswüchse der christlichen Missionen im Allgemeinen. III, 125. 152—156. — christliche, in Nepal. III, 457. IV, 88. 124. — evangelisch-protestantische, in Malakka. V, 43. — der amerikanischen Baptisten, gänzlich gescheitert in Ava. V, 287. — amerikanische, auf Ceylon. VI, 193. — katholische, in Serampore bei Calcutta; Sprengel derselben. V, 417. — der Brahmanen und Buddhadiener von Indien aus. II, 260. 335. 354. 362. III, 657. 663. 940. 1098 f. IV, 69. 111. 115. 230. 936. 1024. 1132. V, 42. 87. 90. 444. — mohammedanische, bei den Malaien. V, 100.
Missionswesen, Unfug, der gestiftet wird; Segen, der gestiftet

werden könnte, s. besonders die beherzigungswerthen Worte V, 1000.
Missisippi, Mündungen desselben. VI, 1212.
Misn, Berg. II, 312.
Mit = Fluß (birman.). V, 220.
Mita, Pagode, geogr. Lage. III, 476.
Mita Muran, d. i. süßer Strom, Ueberschwemmungsgrenze des süßen Indusstromes. VI, 951.
Mitchin, Grenzfl. zwischen Nepal und Sikim. IV, 106.
Mitella nuda. III, 272.
Mithila, indische Landschaft. V, 506.
Mithridates, sechster König der Arsaciden (Parther). V, 485.
Miti, Fest. in Parkur. VI, 1025.
Mi-ti-chi-to s. Midydjita. II, 1115.
Mitleid des Elephanten. V, 909.
Mitre Deo Rajuruwo, zukünftiger Buddha. VI, 256.
Mitrei, Saisan der Kalmücken. II, 892. 964.
Mittagsruhe der ind. Götzen. III, 995.
Mittelalter in Hindostan. V, 523 ff.
Mittelasien, Gang der Geschichte von, bedingt durch die Einsenkung der Hauptlängenrichtung am Nordgehänge des Siue-Schan. II, 189. — Name. II, 87.
Mittunkote, Station Alex. des Gr. V, 471.
Mi-Vagn, König von Tübet. III, 460.
Mivun, Name der Landesgouverneure in Tavay. V, 130.
Mi wan. V, 118.
Mi Wun. V, 118.
Mizhu Mismi, die, IV, 343. 352.
Mletscha (d. h. die Unreinen), sanskr. Name der nicht dem Brahmathum huldigenden Völker. II, 11. III, 655. 1100. V, 441. 445. 459. 495.
Mnium fontanum. III, 45. 67.
Mnium pellucidum. III, 45.
Mo = Pferd (koreisch). IV, 634.
Moabiter. V, 460.
Moal = Mogholkhan. II, 276.
Moalmein, engl. Militär-Cantonnement in Martaban. V, 140.
Moamariya, die, in Ober-Asam. IV, 361 f. — s. Muran. IV, 302. 309. 354.
Moazzim Khan s. Mir Jumlah. IV, 290.
Mobarik, der letzte Herrscher der Khiljy-Dynastie (1317—1321). V, 565.
Mobed, Priester der Guebern. V, 618. — s. Mou-Houab. II, 209.
Mobedchum s. Mendj. V, 545.
Mochasteine. VI, 603. — in der Gobi. III, 352.
Mochu-Gruppe der Sherwahry-Berge. VI, 291.
Mocpo, Stadt auf Korea. IV, 605.
Modeliars, Häuptlinge der Eingebornen auf Ceylon. VI, 133.
Modilear. VI, 137.
Modiris s. Muziris.
Modo-barluk, chinesischer Posten. II, 423.
Modonkol (d. i. Holzfluß) zum Ering. III, 81.
Modonkolskoi Karaul. III, 82.
Modori s. Motoren. II, 1044. 1108.
Modud, Sultan von Hindostan (von 1042—1049). V, 553.
Modura s. Madhura. V, 516.
Μοδούτου Ἐμπόριον auf Taprobane nach Ptolem. VI, 25. — ob Moletivo? VI, 26.
Moens (Adr.), holländischer Gouverneur in Cochin im J. 1770. V, 611.
Moeris (wol = Maha râdscha), König von Patala zu Alex. des Gr. Zeit. V, 474.
Moflon, Ort auf der höchsten Paßhöhe des Gebirgsrückens zwischen Sylhet und Asam. V, 396. — Klima, ebendas.
Mog (chinesisch) = Magier. II, 251.
Moyaun, Ort an einem kleinen Zuflusse des Irawadi. V, 347.
Mogayer, Kaste der Gestadefischer bei Mangalore. V, 729.

Moggan s. Mocpo.
Moghi's, die, VI, 608.
Mogholpur (d. i. Mongolenstadt). III, 1079.
Moghul, persische Schreibart für Mongol. II, 278.
Moginund-Paß. III, 849.
Mogol, hoher Granitfels am Tschikoi. III, 174.
Mogoitu, See, Bach. III, 283.
Mogoituefskoi-Karaul. III, 283.
Mogovad (chines.) = Mobed, d. i. Mohammedaner. II, 251.
Mogra (?), Baumart in den Gärten von Mundore. VI, 984.
Mogulbandi, das Deltaland des Mahanadi. VI, 531.
Mogulpura, die Mongolenstadt in Delhi. V, 561.
Moh, Zufluß zum Irawadi. V, 209. 281.
Mohalib Ben Aby Suffra. V, 530.
Mohammed ben Kassim, Feldherr der Kaliphen. V, 473.
Mohammed Ghuri. V, 555 ff.
Mohammed Kasim, Invasion desselben in die Induslandschaften (711 n. Chr.). V, 530. 832.
Mohammed-Schah, Togluks Sohn (1358—1375), seine Expedition gegen Asam. IV, 288.
Mohammed Shah, Sultan von Malakka. V, 42. 96. (1276.)
Mohammed Toghluk, Kaiser von Delhi. (1325—1351). III, 425.
Mohammed Yuhya, Gründer des mohammedanischen Kollegiums zu Islam-abad. V, 417.
Mohammedaner, Yavanas häufig im Sanskrit genannt. V, 441. — die, in Central-Indien. VI, 757. — in Asam. IV, 299 ff. — in Cachar. V, 386. — ihr Einfluß auf den Hinduismus ist von jeher nur von sehr geringer Bedeutung gewesen. VI, 773.
Mohammedanische Geschichtsforscher, halten es für unwürdig, die Begebenheiten der Ungläubigen aufzuführen. III, 1114.
Mohammedanische Lehre, sehr früh auf Ceylon verbreitet. V, 581. VI, 33. — geduldet in Ava. V, 287.
Mohanderams. VI, 187.
Mohannadon (arab.), Schwert aus indischem Stahl. V, 528.
Moha Pani, Gebirgszufluß zum Dihing. IV, 391.
Moharbunge s. Moharbanj. VI, 528.
Moherbenj, Landschaft von Orissa. V, 920.
Mohi, Fl. goldhaltig. IV, 18.
Mohilla-Distrikt, Oasis von Bikanir. VI, 991.
Mohindra Mally (d. i. der Bergzug des großen Indra). VI, 476.
Mohiput Shah von Gherwal. III, 1024.
Mohnöl, Consumtion desselben. VI, 788.
Mohnpflanze, jetzt im Großen auch in England gebaut. VI, 777. — im Tirhut. VI, 1183.
Mo-ho, antike Völkerschaft. II, 98. 253. 351.
Mohonghat Boruya, Salzbeamter in Asam. IV, 325.
Mo-ho-Po-lo-mo-lung (ob = Maha-Parama? = Lanka, sanskr.), d. i. der große, herrliche See. III, 1114.
Mohora s. Mohru. III, 923.
Mohri (ob Arsenik?), zum Vergiften der Elephanten in Orissa gebraucht. V, 919.
Mohri or son, Gottheit der Cat' Chensi in den Nilgherry. V, 1016.
Mohru, immergrüne Quercus-Art in Sirmore. III, 857.
Mohu mas (asam.) s. Ervum lens. IV, 325.
Mohunpura, Dorf in Jeypur. VI, 925.
Moiplong s. Moflon.
Moira, das Fort von Almore. III, 1041.
Moira-Berg des Himalaya. III, 953.
Mo-kho s. Mo-ho.
Mokhtaur. III, 1176.
Mo-kia-to s. Mâgada. III, 464.
Mokjo-See. III, 37.
Mo-ko, d. i. Mongol oder östliche Tartaren. II, 557. — Geburts-

ort und Residenz Alompra's des Birma=Herrschers. V, 229.
Mokrano, Marmorbrüche zu, VI, 959.
Mokſobo (ſ. Montzabo), Stadt in Ava. V, 276.
Moktama, das Martabanthor in Ava. V, 225.
Mokundre=Kette, scheidet Malwa von der Berglandschaft Harowti. VI, 801. — ſ. Harowtikette. VI, 738.
Mokwanpur, Alpenstaat in Nepal. IV, 60—63.
Molbi Ches, linker Zufluß zum Indus. III, 562. 630.
Moldikitſchid (?), fester Ort der Dauren. II, 614.
Moles Hadriani, Vergleich mit Akbars Mausoleum zu Delhi. VI, 1134.
Molinia squarrosa. II, 693.
Molungins, die unglückliche Caste der Holzhauer in den Teakholzwäldern und der Salzbereiter in den Sunderbunds. VI, 1197.
Moluskeu von den merkwürdigsten Formen in der Malayischen See. V, 16. 62.
Μόλυβδος, μόλυβος (griech. = Blei), Etymologie. V, 528.
Mombat, mohammedanischer Bazar in den West=Ghats. V, 780.
Momeit, Rubinminen zu, V, 243.
Mommai, Ort am Irawadi. V, 253. (?)
Momordica charantia. V, 719.
Mon, Völkerſt. in Martaban. V, 154. 184 ff.
Mona, Berg am Hoangho. II, 170. Monna. II, 237. 305. — Nebenfl. des Rybno. II, 1043.
Monacabvas. V, 43.
Mona=hojo. II, 170. 237. 305.
Mona=Khan ſ. Mona. II, 239. 305. 308.
Monal, Fasanenart in Biſſahir. III, 764.
Monaſtirskaja Pad (d. i. das Kloſterthal). III, 185.
Monachowa, Station bei Selenginsk. II, 391. — Schwefelquellen. III, 76.
Monaſtirskji=Gori. II, 759.
Monaſtyrskaja Sopka (ruſſ., d. i. die Kloſterkoppe). II, 706. 759. (vergl. 677. 816.)
Monaſtyrskoi Kamen, Marmorfelſen. II, 863.
Monate der Siameſen. IV, 1154. — die dreizehn, der Buräten. III, 128. — in Aſam. IV, 335. — in Bhutan. IV, 162. 167.
Monatsnamen in Kanawar. III, 818.
Monchabo ſ. Mekſobo. V, 229. 276.
Mondawa ſ. Mundhra. VI, 964.
Mondberg (Chandragiri), Name vieler Himalayapiks. IV, 10.
Mondeliar, d. i. Judenhäuptling. V, 600.
Mondfluß ſ. Akesines, Chandara Baga, Dſchinab. III, 1064.
Mondſcheinnächte in den Nilgherry. V, 977.
Mone, Laosſtadt in Ava. IV, 1236. V, 276.
Monfoe, Ort auf dem Tafellande Munipur. V, 364.
Mong, eine grobe Art Seide in Cachar. V, 383. — Tagwachen der Siameſen. IV, 1154.
Monghir, Stadt. VI, 1161 f.
Mongkdo, Berg. III, 193.
Mong=ku = Mongol. II, 275.
Mongdïtu (d. i. Schlangenberg). III, 218.
Mongol, weite Ausdehnung des Namens. II, 274.
Mongolei, bei den Chineſen Ling=Pe genannt; d. h. Land im Norden der Berge. II, 561. — Hohe. II, 86.
Mongolen, die, II, 257—289. 443—472. 532. 556—563. 960 bis 977. 1065—1075. III, 115. 128. 156—159. 386—403. — die drei urſprünglichen Hauptſtämme dieſes Volkes: Mongolen (eigentliche, Moho), Delöth, Kalmücken. S. II, 253. 275. 446. 512. 599. III, 115. — Urſprung derſelben nach Abulghaſi. II, 438. — Flucht derſelben aus China. II, 493. 961.

Mongoleneinfälle in Indien. V, 558.
Mongolenstädte, alte, Trümmern derselben. II, 232.
Mongolenstraße, die, II, 229. 549. 674.
Mongolischer Thee. II, 863.
Mongul Mungu, d. i. Silber bei den Buräten. III, 122.
Mongus s. Mengol. II, 275.
Moni (chinesisch) = Manes, Tempel desselben in Si-tschéou. II, 347.
Monitor terrestris s. Inguan. VI, 230. — Tumpinambi, Warneidechse. VI, 1209.
Monolithische Brücke. V, 394.
Monolithischer Tempel zu Dhumnar. VI, 826. — in Mahamalaipur. VI, 326.
Monschabo, See. IV, 737. V, 229.
Monsune, Natur derselben von Hippalus entdeckt. V, 483. — auf Ceylon. VI, 84. — in Aracan. V, 330. — in Hinterindien als Ursache der wechselnden Flußbetten. VI, 1225. — Verbreitung derselben in Malabar. V, 791 ff.
Montagna Gate (portug.) s. Ghat. V, 654.
Montchu s. Mun-tchu. IV, 314.
Mont Haro, im Arvethal. II, 871.
Montant-Verd. II, 869.
Mon ta va kri s. Pa dun mang. V, 180. 303.
Monte-Corvino (Joan-de), Minoritenpater, bekehrt den Vangkhan. II, 258.
Monte-Moro-Paß am Mont-Rosa. III, 796.
Montmorency, engl. Lieutenant, Begleiter des Dr. Wallich. V, 232. 359.
Montpellier, indisches, V, 416.
Montreal, Berg auf der Thistleinsel des Koreaarchipels. IV, 622.
Montschabo s. Mokfobo. V, 229.
Montserrat, der, des Indischen Alterthums s. Arbuda. VI, 551. 733. — buddhistische Anachoreten. V, 548.
Mon-tsiu, Nebenfl. des Dzangbo. IV, 213.
Montstuart Elphinstone, Gouverneur von Bombay (1819). V, 658.
Montzabo s. Mokfobo. V, 229.
Moon, Engländer. VI, 203.
Moorcroft, sein ihm gebührendes Lob. III, 1196. — sein Tod. III, 547. — zweite Reise in das Himalayagebirge ($18\frac{12}{27}$). III, 549 ff.
Moos, Gewicht, in Pegu. V, 172.
Moose deer, zwergartige Hirschspecies auf Ceylon. VI, 144.
Moossteine. VI, 605.
Mooty Gautty s. Muticotta. VI, 467.
Mopeya, Ort auf der Vorkette von Bhutan. V, 398.
Mophi, Radja von Taxila zu Alex. d. Gr. Zeit. V, 451.
Moplay-Araber, als Soldtruppen auf Ceylon. VI, 49. 586. 642. 772.
Moplaymar. V, 772.
Mopuza s. Mopeya.
Mora, Sinhphoort in Asam. IV, 377.
Moradpor, Ort in Kaschmir. III, 1144.
Morakuro, Ruinenort in Harowti. VI, 816.
Moralische Eigenschaften der Singhalesen von der Insel Nedoentive. VI, 197 ff.
Moral Kekanda, Schneepik. III, 754 ff.
Moral ke Kanda. III, 785.
Mora Muar (d. i. Fl. Muar) in Hinterindien. V, 7.
Morang, Provinz von Ost-Nepal. IV, 86.
Morangaoy, Getreideart auf Ceylon. VI, 114.
Moraus s. Moamariya. IV, 361.
Mord, nach dem Hindu-Strafcoder. V, 928. — wie bei den Brahmanen bestraft? V, 928. — nicht entehrend in Kutch, selbst nicht zwischen Vater und Sohn. VI, 1055.
Mordi, Korb-Reusen. III, 105.
Mordulamne Portus auf Ta-

probane nach Ptolemäus, ob das heutige Baticalca? VI, 23.
Moregar (arab.). II, 7.
Mori, Morin (mongol. das Pferd; vergl. das deutsche Mär, Märe). III, 387.
Moriconda. VI, 339.
Morichow, Dorf in Bhutan. IV, 145.
Μοῖρις s. Moeris. V, 474.
Morinda, Pinus-Art in Sirmore. III, 862.
Morinda citrifolia. V, 51. VI, 537. 748.
Morinda umbellata — die Wurzeln werden zur Benutzung des Färbematerials ausgegraben in Harowti. VI, 829.
Moriyas, Volksst. (Kaste?) in Asam. IV, 333.
Moros, d. i. Araber, in Indien. V, 585.
Morottu, Schiffszimmerholz auf Ceylon. VI, 121.
Morphium-Gehalt am größten im türkischen Opium. VI, 795.
Morrison, engl. General. V, 311. s. auch V, 43.
Morrt, d. i. Dorf, Ortschaft, in der Tudaspr. V, 990.
Morskaja Guba (ruff.) s. Spongia baikalensis. III, 22.
Morskoi Sig (ruff.) s. Salmo oxyrrhynchus. III, 282.
Morskoi Wosk (ruff., d. i. Meerwachs) s. Bergtheer, Maltha. III, 66.
Moru, tübet. Kloster, wegen seiner Druckereien berühmt. IV, 248.
Moruni. V, 488.
Morus serrata. III, 856.
Morwun, antike Ansiedlung an der Grenze von Mewar. VI, 886.
Mosaik indischer Staatensysteme und Völkerschaften, wo am Glänzendsten zu finden? VI, 750. — aus kostbaren Steinen, von unermeßlichem Werthe, im Pallaste zu Jeypur. VI, 930. — in den Prachtbauten mongholischer Kaiser. VI, 1048.
Mosambik, Elephanten in, V, 916. — Plantationen der Mango daselbst. V, 894.
Moschkiplage, dringt nicht zu den Gebirgshöhen hinan. II, 661.
Moschkischwärme auf dem Altai. II, 770. 776. 920.
Moschnataja-Sopka. II, 678.
Moschus, allgemeines Heilmittel in Kamaun. III, 1051.
Moschus pygmaeus in Singapore. V, 65.
Moschus moschiferus s. Moschusthier.
Moschushirsch. III, 113.
Moschus-Insekten (Musk beetle) in Asam. IV, 363. 382. 386.
Moschus-Melonen, im See von Kaschmir. III, 1193.
Moschusthier, das, in Asam. IV, 294. — s. auch Custori. III, 763. — in Bhutan. IV, 153. — im Himalaya. III, 1003. — auf den westlichen Bergen am Fl. Ta Kiang. IV, 655. — am Südgehänge des Himalaya in Nepal. IV, 58. 104. 127. — am Uimen. II, 927.
Moshani, Steingottheit der Cat' Chensi in den Nilgherry. V, 1016.
Mosstone. VI, 605.
Mosu s. Ervum lens. IV, 75.
Mosuri s. Ervum lens. IV, 75.
Motacilla cyanurus (Bachstelze). II, 1107.
Motacilla daurica, leucomela. III, 100.
Motawakel, Chalif, unter ihm erste Christenverfolgung zu Bagdad. II, 285.
Motgaum, Dorf der Miris in Ober-Asam. IV, 362.
Mothara, Ort in Kutch. VI, 1053.
Motichul, erste Diamantsorte. VI, 362.
Motoren, Volksstamm, haben keine Rennthierzucht. II, 1025. 1044. — im Ssajanskigeb. II, 590. — Samojedenstamm am Amul. II, 1024.
Μουδούτιοι. VI, 21.
Moughal, armen. Schreibart für Mongol. II, 278.
Mou-Houab (chinesisch) = Magier. II, 209.

Mou-hon-fu (chinesisch) = die Lehre der Mog, Magier, Zoroasters. II, 251.
Moujghur, Ort in Bikanir. VI, 993.
Moukkhon, Waldbaum in Pegu. V, 183.
Moultes, Reisart auf Ceylon. VI, 115.
Mouna, westlichster Gipfel des In-Schan s. Mona. II, 170.
Mounaï s. Mouna, Mono-hojo. II, 305.
Mount of Avalanches in den Nilgherry. V, 1010.
Mount Moira, Riesenpik des Himalaya. III, 540.
Moussons s. Monsun. V, 791.
Moutigmtso, See in Tübet. IV, 222.
Mouttama s. Martaban. V, 111.
Mouza's, d. i. Dörfer in der Orissasprache. VI, 555.
Mowa s. Bassia latifolia. V, 685. VI, 485.
Mowah, befestigtes Grenzdorf in Jeypur. VI, 923.
Mowamarias s. Moamariya. IV, 361.
Mowng (?), Getreideart in Kaschmir. III, 1162.
Moy, Gebirgsvolk im östlichen Hinterindien.
Moyau, Längenmaaß der Birmanen. V, 266.
Moyeiy. V, 124.
Moythay, Name der neuen Munipurikapitale. V, 366.
Moyu-la, tübet. Gebirge. IV, 212.
Mozuffer-Abad. III, 630.
Mön, Bach zur Tschuja. II, 946.
Mönchswesen in Korea. IV, 642.
Möngan (türkisch), Silber. III, 388.
Möwenkap, das, am Baikalsee. III, 24.
Mranmas, d. i. Birmanen. IV, 1224 f. V, 116. 267. — Land der, Flächeninhalt. V, 159.
Mrasa, Zufl. zum Tom. II, 1081.
Mre, birm. Name des Esels. V, 258.
Mrenibra, Quellbach des Tavoy. V, 123.
Mri (sanskr., d. i. sterben). VI, 814.
Mring kan, Dorf in Aracan. V, 331.
Mrownn. V, 111.
Mu, Gewicht der Birmanen. V, 267.
Muaghten, Titel des Generalissimus in Ladakh. III, 625.
Muccai s. Holcus Sorghum. IV, 75.
Muchli s. Masuli. VI, 328.
Muchor Schibir, Zubach zum Tanguni, Slobode. III, 166. 167.
Muchorschibir, ruſſ. Slobode. III, 149.
Muchuli. II, 513.
Mucua, die Fischer-Kaste (jetzt größtentheils mohammedanisch) längs der Malabarküste. V, 771. 935.
Muda, Fl. in Quedah. V, 24.
Muda Bibbery (d. i. Ost-Bibbery) am Mangalorefl. V, 733.
Mudar s. Asclepias gigantea. VI, 510.
Mudivirum, Steingottheit der Cadar. V, 762.
Mudumutty, Kanalarm des Ganges. VI, 1206.
Muga (Lauri sp.) mit Seidenwürmern in Asam. IV, 326.
Mug-Sprache. V, 324.
Muggberge in Hinterindien nach Rennell. V, 409.
Muggendorf, Höhle von, II, 871.
Muggro, d. i. Felskette. VI, 953.
Mugra. III, 915.
Mugh, Name der persischen Guebern bei den Muhammedanern. V, 617.
Mugha (chinesisch), d. i. Quitten. III, 204.
Mughy Reis (d. i. Bengalischer). VI, 115.
Mugli, Station. VI, 337.
Mu-goto, Station in der Gobi. III, 349.
Mugmas (asam.) s. Phaseolus minimus. IV, 325.
Mugni, d. i. Chloritschieferfels.

VI, 554. — s. Topfstein. VI, 535.
Mugs in Arakan; Ueberfälle derselben nach Dschittagong. V, 421.
Muharun, Fort am Yamuna s. Marin.
Muhooa s. Mhowah, Ummowa, Bassia latifolia. VI, 858.
Muin-Mua, nördliches Grenzgebirge Arakans. V, 309. 348.
Muin-mura (l. Muin mua). V, 371.
Muin Murakette, Fortsetzung derselben im Süden des Surmah. V, 380.
Muja, Nebenfluß des Witim. II, 607.
Mujoi Singra Bhum, Berg in Asam. IV, 378.
Muk s. Dolichos mango. IV, 75.
Mukabba, Himalayadorf. III, 933.
Mukamulli-Pik der Nilgherry. V, 960. 991.
Mukba, Ort am Baspaß. III, 795. — s. Mukabba. III, 933.
Mukden, Alpenstadt im Shanalin, Lage. II, 90 f. 95 ff. — frühere Residenz der Mandschu. III, 396.
Muk Gaut, Ankerplatz am Karnaphuli bei Jsmalabad. V, 415.
Mukhi, ein indisches Trockenkorn. VI, 787.
Mukhs (d. i. Nachkömmlinge), Abtheilung der Tudas in den Nilgherry. V, 1030.
Mukhteri, persischer Dichter des elften Jahrhunderts. VI, 127.
Mukhung s. Mogaun. IV, 379.
Mukim, d. i. Gemeinde. V, 5.
Muk Juary s. Zea Mays. V, 718.
Mu-kotai-Nala, im Bhor-Khamtilande. IV, 397.
Muktinath, berühmter Wallfahrtsort am Ghandaki-Salagrami. IV, 13.
Mukund-Berg. VI, 597.
Mukurtu-Pik der Nilgherry. V, 959. — Höhe. V, 781.
Mulana Nasireddin Amor. V, 575.
Mulghat, am Tambarfluß. IV, 102.
Mulgira galle, Mulgira lenna, Quadersandsteinfelsen auf Ceylon. VI, 80. 191.
Mulgun-Strom s. Malgun. III, 773.
Mulhar Rom Holkar. VI, 400.
Mulkgiri, d. i. Raubfahrten. VI, 408.
Mulki (russisch = Elritzen). II, 894.
Mullaccormburs, die, (d. h. die eigenen Willen haben) s. Kurumber. V, 1017.
Mullai, Uferwälder am Indus daselbst. V, 451.
Mulla Naad, Distrikt in den Nilgherry. V, 989.
Mullaycota, Bergfeste der Maissoore-Sultane in den Nilgherry bei Shegur. V, 956. 1005.
Mulleshuer-Mulla-Pik der Nilgherry. V, 960.
Mullet, Makrelenart in Orissa. VI, 539.
Mulli s. Raphanus sativus. V, 719.
Mullik Assems Haut. VI, 1193.
Mullu (d. h. Dorn, Stachel). V, 1017.
Mullye, brit. Cantonnement in Tirhut. VI, 1180.
Mulm, Erde vegetabilischen Ursprungs, dem Torfe verwandt. IV, 67.
Mulnab, d. i. Reisboden. V, 714.
Mulyurba, Fl. zum Warda. V, 709.
Mulraoji, Rawul von Jessulmer. VI, 1017.
Mulsari s. Mimusops elengi. VI, 540.
Multan (Stadt), ob Kapitale der alten Malli? V, 468.
Multanies, d. i. Eingewanderte aus Multan, Muhammedanerklasse in Malwa. VI, 759.
Multuk, Name der Kalmückenflinte. II, 963.
Mulva (sanskr., d. h. Blei). V, 528.
Mulwagul, Station. VI, 337.
Munua (nepales. = Kornfülle). IV, 41.
Mun, wilde Tribus (ob Birmanen?) in H'Lokba. IV, 223. 224.

Munbai (arab. perf.) = Bombay. VI, 1076.
Munal s. Goldfasane. III, 692.
Mundar, Rastort am Buranda-Paß. III, 791.
Mundatta s. Mandatta. VI, 592.
Mundelah, Fest., 1818 den Briten übergeben. VI, 455.
Mundhra, Marktort in Jhoudpur. VI, 964.
Mundi, kleiner Himalayastaat. III, 1075.
Mundi, Mundingur, Ort am Beyah. III, 552. 1066.
Mundilla s. Mundlah. VI, 571.
Mundissur, Höhe. VI, 637.
Mundlah, alte Hindustadt am Nerbuda. VI, 571.
Mundleysir, Städtchen am Nerbuda. VI, 599.
Mundore, die antike Kapitale der Purihara. VI, 981 ff.
Mundra, Ort in Kutch. VI, 1053.
Mundues. VI, 175.
Mung, Dorf, auf einem Ruinenhügel. V, 454. — s. Phaseolus mung. VI, 753. — s. Dolichos mungo. IV, 75.
Mungbra, Zollstätte in Aracan. V, 320.
Mungeren s. Manjerry. V, 1012.
Mungge-sili s. Mongkò. III, 193.
Mung-ku = Mongolen. II, 253.
Mungo, Phaseoli sp. V, 716.
Mungora, Dorf in Gondwana. VI, 493.
Mungral-gerh. III, 889 f.
Mungurs s. Magars. III, 1045.
Mungus s. Mongolen. II, 253.
Mungut (d. i. der Silberbach). III, 142.
Muni, Dorf am Spitifl. III, 741.
Muni-Pahar (bengal.) = die blauen Berge, in Dschittagong. V, 412.
Munipur, Gebirgsland. V, 348 folgd. — Stadt. V, 359 f. — Kriegsgeschichte von, V, 352 bis 359. — Tafelland von, V, 359 bis 365.
Munipuris, höchst thätige und industriöse Arbeiter. V, 365.
Muni, Feste, s. Mendj.
Munjal, wilder Turmeric in Animalaya. V, 763.
Munjerun Kunao, Nagadorf in Munipur. V, 370.
Munkas, Tribus der Mianas in Kutch. VI, 1064.
Munkhung s. Mogaun.
Munn, indischer Gebirgstribus. V, 762.
Munsurk, Dorf der Corair. VI, 492.
Mun-tchu, Fluß in Tübet. IV, 225. 314. — s. Mon-tsiu. IV, 213.
Muntschu, Flüßchen in Tübet. IV, 194.
Munwarpiala (d. i. Credenztrunk). VI, 782.
Muran, Volksstamm in Asam. IV, 302. 309. 354.
Murdoch Brown. V, 776.
Murin, Fl. zum Baikalsee. III, 77.
Muringberge s. Mirangberge.
Murinskoi-Kap am Baikal. III, 73. 77. 82.
Murkully s. Mukurtu-Pik. V, 959.
Murlah, Stadt in Malwa von Charuns bewohnt. VI, 764.
Murlang, Bergdorf im Dschemnathale. III, 885.
Murli-manur. III, 918.
Murmelthiere. II, 815. — häufig im Altai. II, 727.
Murmelthierjagd auf dem Salkitú in der Gobi. III, 373.
Murmi's, von tartarischer Raçe, sprechen jedoch einen dem Nepalesischen verwandten Dialekt; im rauhsten Hochgebirge von Nepal proper. IV, 19. 121. 125.
Murray, englischer Kapitän. V, 1003.
Murraya exotica. III, 854.
Murray-Sund im Koreanischen Archipel. IV, 622.
Murri, Name der Cholera in Harowti. VI, 814.
Murriri, Busch der Indus-Wüste, welcher das Crystallisiren der Salztheile fördern soll. VI, 960.
Murschababad. VI, 1195.
Mursiangdi, Nebenfl. des Trisul-Ganga. IV, 34.

Mursinka, Bach. II, 862.
Mursinskoi-Kupfergruben. II, 862.
Mursinzowsches Silberbergwerk an der Buchtarma. II, 682.
Murt, Dorf am oberen Indus. III, 607.
Muruli s. Holcus Sorghum. IV, 75.
Muruta-Holz auf Ceylon. VI, 122.
Muru-ussu, tartarischer Name des oberen Quellarmes des Gelben Stroms. IV, 208. 228. 648.
Murvi, Capitale der Küsten-Provinz Mutchu-Kaunta von Guzerate. VI, 1071.
Murwa (?), Getreideart in Bhutan. IV, 167. — ob Paspalum scrobitulatum? III, 841.
Mus (turktartarisch) = Eis. II, 330.
Mus aspalax. III, 280.
Mus oeconomus. III, 273.
Mus socialis. II, 1090.
Mus typhlus. III, 788.
Mus vagus (?). II, 756.
Musa (arabisch) s. Pisang. V, 875 ff. — s. Dolichos soja. IV, 75.
Musa paradisiaca. V, 876.
Musa sapientum. V, 875 ff.
Musa troglodytarum der Molukken. V, 878.
Mus-ai (d. i. Eismonat), der Januar bei den Hakas. II, 1124.
Musale, Ort am Ssetledsch. III, 761.
Musauk I., Sultan von Hindostan. V, 553.
Muscatnußbaum, Cultur desselben auf Pulo-Penang. V, 52. — wild in den Waldungen von Nord-Canara. V, 700.
Muschel-Alluvium in Udeypur. VI, 875.
Muschelarten bei Punto Galle. VI, 187.
Muschelbänke des Himalaya s. Petrefacten. III, 582.
Muschelkaltstein mit Nummuliten in den Garobergen. V, 402.
Muschel-Marmor von Kutch. VI, 1047 f.
Muschelpetrefacten bei Ongkar Mandatta. VI, 597.
Muschi-ki, Zufl. des Gr. Kem. II, 1049.
Muschik Koren (d. h. Mannswurzel, russ.), die Wurzel von Stellera chamaejasme. III, 285.
Musculus, Ostracee. V, 22.
Museen, archäologische und naturhistorische zu Barnaul. II, 850. 902. — archäologisches in Amerapura. V, 239.
Museffer-Abad s. Mozuffer-Abad. III, 630.
Mushru. V, 438. VI, 513.
Musik der Siamesen. IV, 1153. — rauschende, der Garo's. V, 404. — wilde der Bhils. VI, 644. — der Sergurra in Marwar. VI, 973 f. — vorzugsweise von den Literaten in Korea betrieben. IV, 633.
Musikanten, die, der Nilgherry. V, 1020.
Musikerbanden der Bamalli in Malwa. VI, 771.
Musikanus, unterwirft sich Alex. d. Gr. V, 472. — Schicksal desselben. V, 474. — wol = Muzh Khan? III, 1095.
Musikot, Gebirgsgau in Nepal. IV, 21.
Musimon. II, 872. 926. 1006. — d. i. Argali (?). II, 403.
Muskitos, steigen nicht zu den Nilgherry hinauf. V, 988.
Muskitoschwärme, giftiger Natur am Irawadi. V, 177.
Musmye, Ort in Cachar, Bergkette daselbst von 3500′ H. V, 395.
Musnud, d. i. Thron. VI, 634. — der Thron der Delhikaiser. V, 622.
Mussaenda frondosa. V, 50.
Mussahr s. Mus. II, 330.
Mussari, d. i. Boden aus verwittertem Gestein. V, 714 f. — falscher Name. II, 325.
Mussart, kalmück. Name für Musgebirge. II, 333.
Musselin, feinster im Dekan gewebt. VI, 420. — Handel da-

mit von indischen Kaufleuten in ältesten Zeiten betrieben. V, 443.
Mussan. VI, 114.
Mussin-Puschkin, Woiwode zu Nertschinsk. II, 624.
Mussub s. Mussari. V, 714.
Mussuli. III, 1107.
Mussuni. III, 1107.
Mussur s. Ervum lens. V, 716. — (d. i. Schneeberg) = Muztagh. II, 325. III, 617.
Mussur-dabâhn, d. i. Gletscherpaß über den Muztagh. II, 331. 403.
Mussur-Gol, Gletscherstrom. II, 332.
Mussy, Zufluß zum Kistna. VI, 370. 469.
Mustela sibirica, Erminea. II, 872. 917.
Musterkarte der Indischen Rajputen-Tribus, -Raçen und -Kasten ist das Thalgebiet des Chumbul. VI, 750.
Müstig-Tag. II, 1036.
Mut s. Phaseolus aconitifolius. V, 716. VI, 1011.
Mutagul-Paß. IV, 337. V, 353.
Mutapali s. Mutapilly. VI, 470.
Mutayin, Station auf der Straße von Leh nach Kaschmir. III, 562.
Mutchu, Fluß in Kattiwar. VI, 1066.
Mutchu Kaunta, Provinz von Guzurate. VI, 1065. 1071 f.
Mutgar s. Muttteary. III, 455.
Muticotta. VI, 467.
Mutke s. Dolichos fabaeformis. V, 718.
Mu to py, König von Kaschmir nach den chines. Annalen; wahrscheinlich Lalitaditya. III, 1113.
Mutra s. Mathura. V, 500. — — Feldzug gegen dasselbe von Mahmud dem Gazneviden. V, 543.
Mutruva Pariar. V, 930.
Mu-tschu (d. h. hölzerner Leuchter), Berg. II, 312.
Muttefs s. Moamariya. IV, 361.
Muttan, Ortschaft der Suriani in Malabar. V, 613.
Mutten, Ort in Kaschmir. III, 1154. — s. Matan. III, 1137.
Mutti-Baum in Nord-Canara s. Chuncoa muttia. V, 700.
Muttipalu, der Gummisaft eines Baumes in Animalaya. V, 763.
Muttra-Dialekt, Theil der Puranas darin geschrieben. V, 521.
Mutu-Gruppe der Sherwahry-Berge. VI, 291.
Mutyul, Raja von, VI, 492.
Murtola, salzreicher Ort in Pumila. IV, 27.
Muz s. Musa paradisiaca. V, 719.
Muzabad, gr. Stadt in Jeypur. VI, 927.
Muzaris. V, 518.
Muziris = Mangalore. V, 490.
Muztagh, der, und sein Gletscherpaß. II, 325 folgd. III, 617.
Muzulia s. Musale. III, 761.
Muzum Khan, Nabob, s. Mir Jumlah. IV, 300.
Muzzorr s. Tuda-Naad. V, 989.
Mücken, Moskitos, durch den aufsteigenden Luftstrom zu den größten Gebirgshöhen hinaufgeweht. III, 787. — s. Moschki. II, 661. s. auch 677.
Mühle zum Drechseln in Bissahir. III, 755.
Müller, von, Sibirischer General. II, 866.
Mündungen der Flüsse. VI, 1212.
Münzen, griechische und baktrische zu Rawil Pindi gefunden. V, 452. — der römischen Kaiser in Nellore gefunden. VI, 343. (vergl. V, 483 f. 518. 760. VI, 26.) — (der Antonine) auf Ceylon gefunden. VI, 26. — chinesische, im Umlauf bei allen Indischen Nationen vor Annahme des Islams. V, 68. — haben ein Loch in der Mitte, um auf Faden gereiht zu werden. II, 430. — der indischen Larendynastie von Surate. V, 514. — der Lamas von H'Lassa und Teshu-Lumbu früher in der Münzstätte zu Kathmandu ausgeprägt. IV, 129. — koreanische, IV, 632. 645. — in Ladakh. III, 624. — eigene Silbermünze zu H'Lassa. IV, 247. — von Zinn bei den Malayen. V, 128. — fehlen im

Königreich Ava. V, 266. — Form derselben in den Rajputenstaaten. VI, 1016 ff.
Münzgerechtigkeiten einzelner Städte. VI, 648.
Müsün-Schan. II, 1046.
Mütter, verbrannten sich bei dem Tode ihrer einzigen Söhne zur Zeit der Rajputenherrschaft in Malwa. VI, 770.
Mütze, rothe und gelbe, Unterscheidungszeichen derselben bei den Lamas. IV, 206 f. 248. 283.
Mützenknopf der Chinesen, als Rangzeichen. II, 959. 1026. III, 366.
Mwe-ren, Stadt in Munipur (?). V, 300.
Myaing. V, 153.
Myan-ong, Stadt am Irawadi. V, 178. 190.
Myar, Fl. VI, 486.
Myede s. Miadey. V, 197.
Mygky Chadda, Gebirge. III, 276.
Myit nye, Zufluß zum Irawadi, bei Ava. V, 224. 231.
Myit tha, Zufluß zum Irawadi, bei Ava. V, 224.
Mykesath. V, 138.
Mykirtei, Bach. III, 166.
Mylitta, Dienst der babylonischen Göttin. VI, 321.
Mynal, Architekturengruppe von, VI, 817.
Myo, Bedeutung des Wortes in Ava. V, 292.
Myos, d. i. Städtebezirke (angeblich 4600) des Königreichs Ava. V, 275.
Myosotis rupestris. III, 273.
Myosugi (d. i. Dorfschulze) bei den Birmanen. V, 201.
Myra, Diamantengruben zu, VI, 359.
Myrica s. Kerphul. IV, 54.
Myricaria davurica. II, 945.
Myrobalanen s. Harra-bahara. IV, 104.
Myrobalanusbaum s. Malaka. V, 42.
Myrobalanus Taria. V, 701. 766.
Myrtus cumini. V, 699.
Myrtus tomentosa mit eßbarer Beere in den Nilgherry. V, 981.
Myrung s. Mairang. V, 396.
Mysore, Ursprung des Namens. V, 514. VI, 325.
Mytilus lacustris. II, 540.
Mytilus margaritiferus L. VI, 160 ff.
Myu, d. i. der Große, Fluß in Aracan. V, 310 f.

N.

Naads, die vier, der Nilgherry. V, 988 ff.
Naaf-Fl. zwischen Ava und Dschittagong. V, 304. 307.
Naag s. Brillenschlange. V, 924.
Naawadda-Holz auf Ceylon. VI, 122.
Na-Baty. II, 641.
Nab, Bhils der Satpura-Ketten. VI, 615.
Nabel des Vishnu zu Parvati Khetr. VI, 553.
Nabhi s. Nabel. VI, 553.
Nabob Nussir ed Dowlah, Name des Generals Ochterlony. VI, 905.
Naboinitsi, Gattung von Schiffen auf dem Baikalsee. III, 94.
Nacaduma, Stadt im Innern von Taprobane nach Ptolemäus. VI, 23.
Nachala, Bach. III, 142.
Nachengaon, Ort in Berar. VI, 450.
Nacheny, Reis auf Ceylon. VI, 115.
Nachoki, d. i. Pallast. VI, 816.
Nachtigal, die europäische, ob in den Nilgherry. V, 987. — ihre Verbreitung in der Kirghisensteppe. II, 762. — indische, s. Bulbul, Hazardastaun. V, 925.
Nackte Menschen in den noch un-

bekannten Vorketten im Norden von Maunchi. IV, 395.
Nacra, Pays de, III, 476.
Nacuecram (M. Polo) s. Nicobaren. V, 843.
Nadanwar, Ort in Tübet. IV, 272.
Nadaun, am Beyah, Residenz des Herrschers von Kangra. III, 1072. 1073.
Nadelholzarten, fehlen den Nilgherry.' V, 979 f.
Nadelholzwaldung s. auch Palmform. V, 864.
Nadeschda-Redout an der Buchtarma. II, 670.
Nadhisthan. IV, 24.
Nadily. III, 652.
Nadir Schah. V, 639. VI, 397. — bringt Elephantenzüge nach Herat, Khorasan, Bochara. V, 913.
Nadkhang, Paß. V, 782.
Nadolbi (d. i. Schutzwehr, russ.). III, 148.
Nadole, Rhatorestadt. VI, 984.
Nadone s. Nadaun. III, 1072.
Nador-Chadda, Gebirge. III, 276.
Nadun-Holz auf Ceylon. VI, 122.
Nadwari, Gebirgschef in den West-Ghats. V, 781.
Nadzu, auf der Nepalstraße nach Teshu-Lumbu. IV, 258.
Nan-lu (chinesisch = Südweg), Länder im Süden des Thian-Schan. II, 320.
Naes, d. i. Barbiere, in den Rajputenfamilien. VI, 999.
Nag-Argun-Berg in Gr. Nepal, Kalksteinbruch. IV, 68.
Naga s. Schlange. III, 1093. IV, 69. — (d. h. Bergerzeugter), Sanskritname des Elephanten, auch in Abyssinien. V, 906.
Nagacesera s. Mesua ferrea. VI, 540.
Nagadiva Civitas auf Taprobane nach Ptolem. VI, 25.
Naga-Dörfer auf den höchsten Bergspitzen belegen. V, 370.
Nagaier, große und kleine Horde der, II, 463. 466.
Nâgakhanda (d. h. Schlangenländer, sanskr.). III, 1093. V, 513.
Nagal, Ort zwischen dem Dschemna und dem Bhagirathi-Ganga. III, 915.
Nagama s. Nagao, Nagaum. III, 1137.
Nagame, Pergunnah von Kaschmir. III, 1160.
Nagang, Stadt in Asam s. Nowagong. IV, 306. 315.
Nagao, Pergunnah von Kaschmir. III, 1137. — s. Nagame. III, 1160. — s. Brillenschlange. V, 924.
Nagapura (sanskr., d. h. Schlangenstadt) s. Nagpur. VI, 454. — Einnahme von, VI, 411.
Νάγαρα μητρόπολις (Ptolem.) s. Najran. V, 604.
Nagaraschr. IV, 1160. V, 511.
Nagar dzong, auf der Teshu-Lumbu-Route nach H'Lassa. IV, 271.
Nagarguth s. Nagrakote. V, 538 f.
Nagarjun, Berg in Groß-Nepal. IV, 66.
Nagartze, Nagar dzong s. Laganche. IV, 272.
Nagarum, Insel im Godaverydelta. VI, 475.
Nagas s. Shan-Völker. V, 365. — Collektivname der rohen Gebirgsvölker von Munipur. V, 368. 370 ff.
Naga's oder Kuki's, Characteristik derselben. V, 370—376. — die nördlichen sind den Chinesen verwandt. V, 372.
Nagas (Gebirge der), Defilé-Eingang von dort nach Munipur. V, 365.
Naga's (Schlangengötter) der Aracanesen. III, 1093. V, 333. — selbst im Hindupantheon der Sivalehre. III, 1103.
Nagaum s. Nagao. III, 1137. — Nagame. III, 1160.
Nagaz, einst Hauptstadt von Kaschmir. III, 1124.
Nagda, Bach bei Mundore. VI, 983.
Nagelflue (aus Granit, Quarz,

Feldspathgeröll, durch feinen Sandstein zusammengehalten) am Baikalsee. III, 19. 22. 75. s. auch V, 968.
Nagelfluefels, ein, in China. II, 136.
Nag Nadi, Festung. VI, 451.
Nagne (d. i. Schlangenlauf), Fl. in Guzerate. VI, 1067.
Nagore, im Caverydelta. VI, 294.
Nagound, Höhe. VI, 836.
Nagpili, Ortschaft der Suriani in Malabar. V, 613.
Nagpur, die alte Capitale von Gondwana. VI, 450. — in Gherwal, Minen zu, III, 1035.
Nag-Nadjah, Pagode des Vishnu. III, 894.
Nagri, Ort am Kankaye in Sikim. IV, 108.
Nagrikot s. Sambung. IV, 108.
Nagrolah. III, 1080.
Nagurjana. III, 1101.
Nagwar. III, 891.
Nahan, Festung und Capitale von Sirmore. III, 518. 521. 849 ff.
Nahrungsstoffe, vegetabilische, Indiens Reichthum daran vor allen übrigen Ländern der Erde. V, 885.
Nahur-Rao, letzter der Parihara-Regenten in Jheudpur. VI, 982.
Nai, Barbiere, Rangklasse derselben in Nepal. IV, 119.
Nai-dzung, Stadt in Mittel-Tübet. IV, 223.
Naigues, Palast auf Ceylon. VI, 95.
Naikunairy. VI, 316. — machen dem Reiche der Kara-kitan ein Ende (1207). II, 409.
Naiman, Kirgisenstamm. II, 423.
Naiman-Kürä (d. i. die acht Umzäunungen). II, 505.
Naiman-Dola. II, 495.
Naïngan, auf der Nepalstr. nach Teshu-Lumbu. IV, 258.
Naini, Ort in Tübet. IV, 262.
Naipaliya Devata Kaliyana Pancharinsatika, buddhistisches Gebetbuch. IV, 69.
Nairen, die, in Malabar (Nair, plur. Naimer). V, 737.
Nai-tchou, Geb. Fl. = Dzangbo. IV, 213.
Naitears. V, 753.
Najibabad. III, 560.
Najran, arab. Stadt. V, 604.
Najuniga-See s. Irakan. III, 38.
Nak-cihu-kha in Tübet. IV, 208.
Nakhodas (d. i. Herrscher zur See). V, 96.
Nakhondo's. V, 322.
Nákó, Dorf am Li. III, 545. 760 ff. 710.
Nakrikul, die Pässe von, VI, 340.
Naktheit der Gonds von Rajaram. VI, 521.
Nal, Maaß in Orissa. VI, 564.
Nala, Bedeutung. V, 1191.
Nalakit, den Dämonen geweihter Baum bei den Tungusen. III, 55. 58. 67. 220.
Nalanda, Zufl. des Mahawelle. VI, 90. 93.
Nalapani, Gorkhafeste. III, 518. 915. s. Kalunga.
Nalas und Damayanti. V, 496.
Nalertscha, Bach zum Barguſinſl. III, 62.
Nalgun, Seitenarm des Raktastromes. III, 793.
Nalgun-Paß. III, 569. 783.
Nali, Maaß in Kamaun. III, 1057.
Nalikhà, Berg. II, 516. — Station in der Gobi. III, 345.
Nalim s. Gadus lota. III, 14.
Naliminka-Kap (d. h. der Quappen) am Baikalsee. III, 66.
Nalimoï, das Quappenkap, am Baikalsee. III, 14. 66.
Na-lin-gol (chines.) = Narym. II, 664.
Nalin Keou, Ebene. II, 150.
Nalir (hindi) s. Narikela. V, 836.
Nalla Malla s. Nila Malle. VI, 268. — Metallreichthum dieser Ketten, ihre Diamantenlager. VI, 337—343.
Nalopatana (Cosmas), Emporium auf Male (Malabar). VI, 30.
Nalym (ruſſ.) = Gadus lota (Quappe). II, 640.
Nam, d. i. Fluß, Waſſer, bei den Kampti in Aſam. IV, 354.
Namadus (Ptolem.) s. Nerbuda. VI, 568.

Namana-Alin. II, 495.
Namang, Bergwasser im Gebiete der Bhor-Khamti. IV, 397.
Namari, gr. Dorf. IV, 102.
Namät, Tungusenstamm. III, 272.
Nambirs, die, Vorsteher der Dorfschaften bei den Nairen. V, 938.
Nambulacotta, Distrikt. V, 783.
Namburies, d. i. die Brahmanen Malabars. V, 925. 927. — behaupten, Vishnu habe Malabar für sie ausschließlich geschaffen. V, 751. 927. 940.
Namana Culi Kandy, Berg auf Ceylon. VI, 74.
Nambuk, Muluk-Dorf im Bhor-Khampti-Lande. IV, 393.
Namburi Putties. V, 753.
Nam chao, Städtchen in Siam. IV, 1067.
Namenänderung bei den Chinesen, um ihnen Bedeutung zu geben. II, 561.
Namgia s. Namja. III, 703.
Namgua s. Namja. III, 703.
Namhiya, Zufl. zum Phungham. IV, 393.
Namhog, Paß in den Naja-Bergen. IV, 398.
Namina kuli Kandy, zweiter Pik auf Ceylon. VI, 203.
Namja, Dorf in Bissahir s. Namgia, Namgua. III, 703 f. 709. 815 f. — Station am Ssetledsch. III, 685.
Nam-kio und Nam-Dihang, hypothetische Quellen des Irawadifl. III, 395. V, 346. 347. — Gebirge. IV, 342. 378.
Namlong s. Namsiva. IV, 393.
Namnu Gaon, Ort der Mismi in Asam. IV, 387.
Nampai. IV, 399.
Namptu Sangho, Holzbrücke über den Ssetledsch. III, 813.
Namru. III, 600.
Namrup s. Kamrup. III, 428.
Namshung, Berge im Bhor-Khamptilande. IV, 397.
Namthabad, Dorf. VI, 442.
Nam-tsi-tu, nördlicher Quellstrom des Gelben Fl. IV, 651.
Nanaghat, Gruppe von Grottentempeln. VI, 384.
Nanak, Tribus in Asam. IV, 291.
Nanarken s. Gromotocha. III, 40.
Nana Sahib, Mahrattenherrscher. VI, 397.
Nanchan, Geb., s. Nomokhôn.
Nanda, Tank auf Ceylon. VI, 245.
Nanda-Deba, Tempel des, zu Lata. III, 1000.
Nandakini (Nandakni)-Ganga. III, 1017. 1019.
Nanda-Prayaga. III, 1019. 1020.
Nandeir, Ort am Godavery. VI, 420.
Nandi, Stier des Sivas, auf baktr. Münzen. V, 486.
Nandi-Durga. V, 694. VI, 306. 310. 337.
Nando Kando, See. V, 229.
Nandschik, Zufl. zum Askysch. II, 1085.
Nandy, Waldbaum in Nord-Canara. V, 701.
Nanec, Volksstamm in Asam. IV, 293. s. Manak.
Naneh Miu, befestigtes Dorf in Aracan. V, 338.
Nangalti, Fl. III, 800 ff.
Nanga Naad s. Tuda-Naad. V, 989.
Nanganee, Ort in Kanawar. III, 767. 768.
Nangan-fu, Stadt in Kiangsi. IV, 665. 666.
Nang breng bok. IV, 378.
Nangercha, Ort in Kutch. VI, 1053.
Nangi, Fl. III, 754.
Nangracurt s. Parvati. III, 461.
Nanguri, Fl., s. Nangi. III, 754.
Nan-haï-tao, Name von Quelparts in der chinesischen Reichsgeographie. IV, 609.
Nanigeris, Insel, wol Manaar? VI, 21.
Nanja Naad, Ort in den Nilgherry. V, 989.
Nan-kan-fu, Stadt am Westufer des Poyangsees. IV, 670. 674. (Molo daselbst.)
Nan-kan-hu (chines.), d. h. See von Nankun, ein Theil des Poyangsees. IV, 675.

Nan-keon, d. i. Südthor, Thor der inneren gr. Mauer. II, 99.
Nankiao s. Nangklow, Sanatarium daselbst. V, 397.
Nangklow, Ort der Cossyah. V, 397.
Nan-king (d. h. Süd-Residenz, chines.). IV, 681 folgd.
Nan ling, d. h. Südkette (chin.), eine der vier chines. Parallelgebirgsketten. III, 417. IV, 407. 660 ff.
Nan-Schan s. Siue Schan. II, 187. 188.
Nanso siak, Titel der chinesischen Oberrichter in Tübet. IV, 286.
Nant d'Arpenas bei Salanche im Arve-Thal. II, 871.
Nan-tchao, Reich. IV, 188.
Nan tschang fu, Kapitale der Provinz Kiangsi in China. IV, 659. 669.
Nantun, Marktort in Tübet. IV, 202.
Nanyang. IV, 625.
Nan yong fu, Ort am Fl. Pe Kiang, nördlichste Grenzstadt der Provinz Kuang-tung. IV, 663. 664 f.
Nan-yuan-fu, Insel im Westmeere von Korea. IV, 615. 666.
Nao Dewar, Distrikt von Asam. IV, 311.
Nao-scha (chin.) = Salmiak. II, 336. 342. 349.
Napadi, Vorgebirge am Irawadi. V, 196.
Napeh s. Naneh Miu. V, 338.
Naphthabälle aus Catapulten geschleudert als Feuerwaffe. V, 559.
Naphtha-Quellen im Irawadithale. V, 194. 200 ff.
Napi (?). V, 332.
Napier, Lord von Merchiston. VI, 422.
Naqua el Bahher (d. i. Kameel des Meeres, arabisch) = Halicore dugong. VI, 147.
Nara, d. i. die Sonne, Untergottheit der Buräten. III, 126.
Narada, Berg in der Gobi, s. Narat. III, 372.
Nárajani s. Gandaki Ganga. IV, 79. V, 500.
Narame, Ortschaft der Syriani in Malabar. V, 613.
Narancia (italiänisch) s. Orangen. V, 649.
Narandsch (arab.) s. Orangen. V, 649.
Nâranga (sanskr.) s. Orangen. V, 649.
Naranja (span.) s. Orangen. V, 649.
Nara pa tigan, König von Ava (1551—1554). V, 216.
Narasingha Angady, alter Name von Djemal-abad. V, 735.
Narasinghapura. VI, 279.
Nara-Sinha (d. i. Mann-Löwe), Verkörperung des Vishnu. III, 991. VI, 721. (hier Narasinhas geschrieben.)
Narassatu, d. i. Fichtensee, burät. III, 145.
Narat, Naratte, Station in der Wüste Gobi. II, 268. 302. 303. III, 366.
Naratû (d. i. Sonne), Berg in der Gobi. III, 370.
Narayan Das. III, 491.
Narayana. III, 668.
Narayani, Zufluß zum Kali. IV, 16.
Narayan-kul. III, 1118.
Naraynì Rupies in Bhutan. IV, 168.
Narcondon, Vulkan auf der Insel, V, 124.
Nardein, Gebirgsgau in Hindostan. V, 547.
Narden, japanische, Handelsartikel. V, 507.
Nardin s. Narin. V, 539.
Nardschyl (arab.) s. Narikela. V, 836.
Nardus-Arten im Basaltgrunde. VI, 460.
Narea, in Ober-Abyssinien (I, 174). V, 879.
Narendra-Dev (VII. Jahrh. n. Chr.). IV, 114.
Nargil, d. i. Kokos. VI, 28. 34. — (persisch) s. Narikela. V, 836.

Nargillus nux Indica s. Narikela. V, 836.
Nar=ho, Nar=ko, Quellstrom des Tschulyschman. II, 1009. 1011.
Nari Birari. III, 1145.
Narikela (d. i. die Saftige), Sanskritname der Kokosnuß. V, 834.
Narim s. Narün. II, 327. 397.
Narin, Maha Raja der Indier (1009 n. Chr.). V, 539.
Narin=Berge. III, 221.
Naringhö s. Citrus decumana. V, 720.
Narin=gol, Fl. II, 488.
Narinkharo, Fl., Quelle desselben. II, 1031.
Narin Kundu. III, 214.
Narissa, Bach. II, 1021.
Narissagoiskoi=Karaul. II, 1012. 1021.
Nariya s. Narya. V, 640.
Nar=ko, Quelle des, II, 697. 1010.
Narmadâ (sanskr. = die Liebliche) s. Nerbudafl. V, 426. 513.
Nar=Narayana, Berg. III, 1012.
Narrain Sirawar, ehemaliger Indus=See. VI, 1038.
Narsinga. VI, 475.
Narsinh Deo Langora, Raja von Orissa. VI, 564.
Narssagoiskoi, Grenzposten. II, 1021.
Narthang s. Natan.
Naruk dzangbo, Fl. in Tübet. IV, 221.
Narün, Zufluß des Sir Daria. II, 326.
Narya, d. i. Frauensöhne. V, 640.
Narym, Fl. II, 488. 588.
Narymka=Bach. II, 683.
Narymsche Gebirge. II, 645. — Koppen. II, 683.
Narymsi. II, 664—669.
Narymskische Postirungen. II, 588.
Naryn Schibbir, Meierei. III, 141.
Nasallaute in großer Anzahl in der Sacharisprache. V, 384.
Nasarath s. Nazareth.
Naschi, Zufluß zum Ganges bei Benares. VI, 1154.
Nase, die Heilige, Vorgebirge am Baikalsee. S. Swiätoi Nos. III, 9. 47 ff.
Nasei s. Niebuna. V, 542.
Nasen, hervorstehende, von wo an Charakteristik eines besonderen Menschenschlages. II, 350.
Nasenringe der Buddagur. V, 1024
Nashdak, chalcedonartige Kiesel. III, 148. — s. Buceros. VI, 280.
Nashorn, ungehörntes, in der Nähe der Gangesmündungen (den Sunderbunds). VI, 1206. 1209.
Nashornfleisch, delikater Braten den Bengalis. VI, 1209.
Nashornvogel, der, in Orissa. VI, 280. 537.
Nasireddin s. Sobokthegin, erster Gaznevide. V, 532. 582. (im Jahre 1214.)
Nasireddin=Mahmud, Statthalter von Behar. V, 557 f.
Nasot (russisch, d. i. Spieß). III, 111.
Nassack=Diamant. VI, 365.
Nassuck, Einwohnerzahl. V, 661.
Natan, Stadt in Tübet (ob Narthang?). IV, 259.
Natcheny, Bergkorn auf Ceylon. VI, 213.
Nateswar, Pilgerort. IV, 30.
Nathdwara=Berge und gleichnamiger Ort am Bunaßfluß. VI, 891.
Native Institution zu Singapore. V, 69.
Nativitätssteller, die Charun in Central=Indien. VI, 763.
Natkani, Volk an der Mündung des Amur. II, 602.
Natki, tungus. Uferanwohner am Ostmeer. III, 298.
Natrolith im Basalt. VI, 459.
Natron, schwefelsaures, in den Salzseen des Altai. II, 754. — Vergl. I, Afrika, Aufl. II, S. 860.
Natron=Seen, die, in Aegypten. (I, 860). VI, 1109.
Natronseife in Ava. V, 226.
Nats, d. i. Handelsinnungen der Banjanenkaste. VI, 627.
Na=tsche=sching. II, 377.

Natschitunskoi Karaul. III, 82.
Natunas-Inseln in der Chinesischen See. V, 7. 9.
Naturschönheiten, Harowti die Landschaft der, VI, 802.
Nauchara s. Caman Goscha. III, 1143.
Nauclea aculeata. V, 17. 62. 65. 254.
Nauclea daduga. V, 699. 765.
Nauclea gambir. V, 17. 62. 65. 254.
Nauclea purpurea. V, 699.
Nauder-Khan von Kaschmir. III, 1096.
Naukhra, Nasenkrankheit. VI, 508.
Na-un-Koten, Stadt am Nonni. II, 115. III, 306. 322.
Naun-Strom s. Nonni-Ula. II, 114. 611. 617.
Nau ra tha chau, König von Pugan (997—1030 n. Chr.). V, 216. 218.
Nausman. III, 1080.
Nava-Dwipa, Bedeutung. VI, 1191.
Nava Graha (d. h. die 9 Planeten). VI, 549.
Navekarre, Insel bei Ceylon. VI, 181.
Navigationsschule, japanische, in Irkutzk. III, 132 f.
Nawadir ul Akhbur. III, 1117.
Nawait s. Nabob. V, 559.
Nayaka, Name der Häuptlinge bei den Bergbhils. VI, 616.
Nayakot, Hauptstadt in Nepal. IV, 31.
Nay Dang, Paßhöhe. V, 125.
Nayndra valay s. Musa sapientum. V, 885.
Nazaren, d. i. Syrische Christen. V, 771.
Nazareth-Christen bei den Mohammedanern. II, 287.
Nazuk, Fürst von Kaschmir, unter Sultan Baber. III, 1127.
Nearch. V, 456.
Nebel über dem Baikalsee. III, 73. — in Sylhet. V, 406. — im chinesischen Küstenmeer. IV, 538. 607.
Nebel-Atmosphäre am oberen Tschikoi (den schottischen Nebelbergen vergleichbar). III, 177.
Necbal s. Nepal. III, 454.
Necpal s. Nepal. IV, 93.
Neddibedda, d. i. Gipfel der Berge, s. Gudalurpaß in den Nilgherry. V, 1006.
Neddibett, Ort in den Westghats. V, 783. [s. d. v.]
Nedoentive s. Delfft, Insel. VI, 197.
Neeble-Peak. III, 782.
Neemuch s. Nimutch. VI, 639.
Negaal, Jurtendörfchen der Buräten. III, 120.
Negapatam, im Caverydelta. VI, 294.
Negelabus s. Nicobarinseln. V, 587.
Negerartige Urbevölkerung Indiens. V, 446.
Negesar-Bäume (?) bei Ismalabad. V, 415.
Negombo, Hauptort auf Ceylon. VI, 181 f.
Negrais, Cap. V, 84.
Negrais-Insel. V, 166.
Negromantie der Charun. VI, 763.
Nehem-begni, pers. Name der Opiumpillen. VI, 778.
Neid der Welt, Ehrenname Delhis. V, 567.
Nei-tschhu-Schan, Berg. IV, 650.
Nejauntanug, Berg der Siamesischen Grenzkette. V, 134.
Nekeh. III, 740.
Nelcynda (Peripl. Arr.) = Nilakhanda (sanskr.) = blaues Land. V, 515. 518.
Nelligrin s. Nila Giri, Nilgherry. VI, 533. (Vergl. V, 951. VI, 339, verschiedene Umformungen des Namens.)
Nellumbur, alte Residenz des Nadwari, eines Gebirgschefs in den Westghats. V, 781.
Nelubskoi-Tunguskoi Ostrog, erster Name von Nertschinsk. II, 621.
Nelumbium. II, 5.
Nelnmbium speciosum. VI, 537.

Nemaur, Provinz Dekans. VI, 590.
Nemaurthal, das, VI, 601.
Nemawur s. Nemaur. VI, 590.
Nembo, auf der H'Lassa-Route durch Tübet. IV, 255.
Nemeh, Dorf im Industhale. III, 632.
Nena, Fl. zum Uybat. II, 1084. 1092.
Neooma, Feste des Königreichs Ladakh, am oberen Indus. III, 607 f.
Neoza-Pinus s. Keln. III, 832. IV, 127.
Nepal, Grenzen des jetzigen Gorkhakönigreiches. IV, 42. — Budhistencolonie. V, 493. — Sprache. IV, 111.
Nepala-Desa s. Nepal. IV, 30.
Nepalesischer Himalaya. IV, 3.
Neptunsbecher s. Alcyonium. V, 16. 62.
Nerach, Bach. II, 1039.
Neramun, alte Kirche der Thomaschristen in Malabar. V, 607.
Νεράντξιον (byzantin. gr.) s. Orangen. V, 649.
Nerba (d. i. Geschäftsführer). III, 668.
Nerbudastr. s. Narmadastr. Eigenthümlichkeit in der Richtung seines Laufes. V, 427. — s. besonders VI, 568—603. — unterer Lauf. VI, 621 ff.
Nere (?), Schlacht bei, III, 651.
Nerium odorum, liebt meist klippigen Uferboden. III, 855.
Nerium tinctorium. VI, 292.
Nerona, Dorf in Kutch. VI, 1044.
Nerpa (ruff.) = Phoca vitulina. III, 111.
Nerpschji Dyri. III, 111.
Nertscha, Fl. bei Nertschinsk zur Schilka. II, 545. III, 292 f.
Nertschinsk von Afanasei Paschkow erbaut (1654). II, 621. 627. (Band II, S. 566 steht die Jahreszahl 1658.) — Friedenstraktat daselbst zwischen Rußland und China geschlossen am 2. September 1689. II, 103. 542. 546. 567. 999. III, 292. 295. — liegt unter demselben Meridian mit Peking. II, 111. — s. auch Nipscha, Niptchou. II, 530. — das Bergamt, mit der Stadt nicht zu verwechseln. III, 293.
Nerung s. Chariusen. III, 43.
Neske-gol, Fl. II, 488.
Νῆσοι εὐδαίμονες (Diodor), in der Nähe der Sabäer. V, 603.
Nesseltuch von Tschu. IV, 599. 618.
Nesti, Stadt in Nepal. III, 454. — s. Laisti. IV, 91.
Nestorianer in China unter den Tang beschützt. II, 210. — begünstigen die Fabel vom Pr. Johannes. II, 258. — Kirche derselben zu Karakorum. II, 563. — ihre Ausbreitung in Ostasien. II, 283 ff. — zur Zeit Marco Polo's in Tangut. II, 207. — S. auch V, 607.
Nestorius, der Haeresiarch. II, 285.
Neubdong, in der chines. Provinz Wei. IV, 224.
Neue Grenze, Fluß der, = Gelber Strom. IV, 648. — Land der, d. i. Dschungarei. II, 324.
Neue Linie, die, in Sibirien. II, 583. 721.
Neugier, den Priestern verboten, in Ava. V, 223.
Neu-Guinea, Handel mit Singapore. V, 73.
Neu-Holland, Gewächse aus, im südlichen Indien. VI, 1117.
Neu-Irland, Teakbaum daselbst. V, 806.
Neumonds-Prozessionen in Ava. V, 287.
Neunfarbigen, die, II, 445.
Neura Ellya, wildester Gebirgsstrich auf Ceylon. VI, 73. 106. 204. (Sanatarium) 206.
Neura-Wava, See auf Ceylon. VI, 253.
Neu-Seeland. II, 56.
Neu-Süd-Wales, Handel mit Singapore. V, 71.
Neviad, Stadt. VI, 651.
Newar, Tribus in den Hochgebirgen Nepals. IV, 19.

Newari, Sprache der Nepalesen. IV, 111.
Newar-Priester, verspeisen Büffel. IV, 34.
Newars, Aboriginer Nepals. IV, 109. 120 ff.
Newaz, Fl. VI, 751.
Newierow (Stepan), seine Gesandtschaft zum Altyn-Khan im J. 1638. II, 1071 ff.
Newod, Art der Fischnetze im Baikalsee. III, 105.
Newuj s. Newaz. VI, 751.
Neyen (Groß und Klein), Küstenströme.
Nezzerana, Opfergaben an den Dev-Radja in Bhutan. IV, 159.
Ngaba, Provinz von Amdoa. IV, 217.
Nganchan. IV, 625.
Nganki, Chefs der 21 Delöthhorden. II, 462.
Nganlo, Khan der Thukiu. II, 481.
Ngan-pien-pu. II, 157.
Ngan-kin-fu, bedeutende Stadt am Ta-kiang. IV, 681.
Ngan-si-fu, chinesische Gouvernementsstadt ersten Ranges. II, 205.
Ngan-si-thing, Muhammedaner zu, Stammgenossen der Bewohner von Hami. II, 375.
Ngape, Stadt. V, 196.
Nga-pi, d. i. Plattfisch. V, 178. — s. Shrimps. V, 122. 146.
Nga-pi-saik, Dorf am Irawadi. V, 178.
Ngara (d. h. Hölle bei den Birmanen, vom Pali-Worte Naraka). V, 215.
Ngari, die drei, IV, 179. 280.
Nga-ri, Name für die nördliche Landsch. Tübets. IV, 178 f.
Ngari-Bourang s. Purang, Yumila. IV, 27. 179.
Ngari-Jongar. IV, 179. 180.
Nga-ri Sankar, das Plateauland von Una-Desa und Gertope. IV, 179.
Ngari-Tamo. IV, 179.
Ngazwan, Dorf in Birma mit einer Hindu-Kolonie von Coromandel. V, 222.
Nge-lu-tih s. Delöth. II, 1063.
Ngenda, Klein-Canton in Tübet. IV, 205.
Ngenda-tchaï, Fort auf der H'Lassa-Route durch Tübet. IV, 252.
Ngewamongsang s. Theuthang. IV, 197.
Ngialam s. Nialma, Kuti. IV, 176. — s. Kuti. IV, 81. 93.
Ngolo auf der Tatsianlu-Route. IV, 191.
Ngolo (das westliche). IV, 196.
Ngo-lo-khiao s. Goro. IV, 252.
Ngo-lo-te (chines.) Abtheilung der Delöth. II, 446.
Ngo lun do, auf der Tsiambo-Route durch Tübet. IV, 203.
N'han, birmes. Name für Sesamum indicum. V, 249.
N'hon, Längenmaaß der Birmanen. V, 266.
Nia, Name der Kokosnuß auf den Societätsinseln. V, 837.
Niadis s. Pariar. V, 929. 931.
Niagara, Zurückschreiten des Wasserfalls. VI, 840.
Niak-tso s. Yar-lung. IV, 194.
Niang-kiang-ho s. Lohoang.
Nibban s. Nirvan. V, 285.
Nibrang-Paß. III, 569. 781. 783.
Nicaea am Hydaspes, griechische Coloniestadt in Indien durch Alex. d. Gr. V, 454. 465.
Nicaea am Kabulstr. V, 454.
Nicholls, englischer Oberst. III, 519 f.
Nichar s. Nachar. III, 767.
Nicobareninseln, ihr Reichthum an Kokos. V, 843.
Nicolaïefsky, Silbergrube. II, 840.
Nicolaus IV., Pabst. II, 259.
Nicolo da Vicenza, Dominikanermönch, Begleiter Marco Polo's. III, 436.
Nidaong, Kalkstein-Gebirge. V, 136.
Nidiwultnu-Ghat s. Neddibedda. V, 1006.
Nidy Cavil. VI, 281 f.
Niederungen, sumpfige; schmaler Saum zwischen der hindostanischen Ebene und den ersten Vorketten des Berglandes. III,

482. 514. 847. 913. 1029. IV, 44 f.
Niekban s. Nirvana. V, 172.
Nielma s. Rgialam, Kuti. IV, 176.
Nien-tsin-tangla-gangri, ungemein hohe Gletschergruppe in Tübet. III, 415.
Nieou in Tübet. IV, 201.
Nieou thang Schan (chines.), Schneegipfel in der Alpenkette der Miao. IV, 661.
Niewody (russ.), Wurfnetze zum Fangen der Fische. II, 640.
Nigama (Ptol.), Hauptstadt der Bati in Indien. V, 516.
Nigam-Muni, Stammfürst der Nepalesen (33 n. Chr.). IV, 116.
Nihilismus, Absorbtion in Gott, in der Buddhalehre sowohl als im Brahmanismus. IV, 135.
Nikanez (Plur. Nikanzi). III, 200.
Nikanisch = Chinesisch (Sprache). II, 119.
Nika-pany. IV, 100.
Nikolaefskaja, Fest. II, 583.
Nikolskoe, polnische Kolonie am Balegabach. III, 166.
Nikolskaja-Sastawa an der Angara. III, 18. 19.
Nil s. Indigofera anil. V, 918.
Nil, Fl. Aehnlichkeit mit dem Irawadi. V, 207.
Nil-Delta, frühere Beschaffenheit desselben. III, 71. (zu vergl. mit I, 852.)
Nila (Orientaler Sapphir) in Ava. V, 242.
Nilab s. Indus. III, 644. V, 621. (Sultan Baber.)
Nilachal s. Nilgiri. VI, 545.
Nila-Giri, die, d. i. die Blauen Berge, in Koimbatore und Malabar. V, 951 ff.
Nila Giri, Pik. V, 959.
Nila-Giri-hills, nicht Nila-Giri-mounts. V, 966.
Nilah neg, Fluß in Kaschmir. III, 1160.
Nilajan, kleiner Zufluß des Ganges. V, 510.
Nilakanthas (d. i. der Blauhalsige), Beiwort des Mahadeo. III, 665.
Nilakhanda s. Nelcynda. V, 515.
Nila-Malle. VI, 268.
Nilang, Ort am Baspafluß. III, 795.
Nilang-Paß. III, 784. 794 f.
Nilas (sanskr. = der lasurblaue), einer der 7 Gebirgsgürtel in der syst. Geogr. der Inder. II, 12.
Nilover s. Nellore. VI, 343.
Nil-Cantha (d. i. blauer Nacken). VI, 1169.
Nilgau, vierf. Thier in Dschittagong. V, 420.
Nilgherry s. Nila-Giri. V, 951 ff. (spr. Neilgherry.)
Nilgherry-Peak. V, 774.
Nilima, Ort am oberen Indus. III, 607. s. Neooma.
Nilkantha (der Blaue, Vishnu), Höhlentempel in Bundelkhund. VI, 863. — die drei Pilgerwege dorthin. IV, 30. 36—38.
Nilkunda in Mangalore auf Malabar, ältester Markt für Pfeffer und Seidengewebe. V, 437.
Nillemakareya, die Schäferkaste auf Ceylon. VI, 229. 231.
Nilmut. III, 1160 f.
Nilquellen, glaubte Alexander d. Gr. in Indien gefunden zu haben. V, 466.
Nilthal, das, mit dem Gangesthale verglichen. VI, 1172.
Nim, Pflanze. VI, 803. — s. Melia azadirachta. VI, 510. 546.
Nimbaira. VI, 802 f. — Höhe. VI, 637. 640 f.
Nimbu s. Limone. V, 720.
Nimutch in Mewar. VI, 617.
Nina, Zufl. zum Uybat. II, 1092.
Nina Mungreal, Gealbo oder Radja von Leh. III, 622.
Nindneh s. Ninduna. V, 542.
Ninduna in den Gebirgen Balnath; Feldzug gegen dasselbe von Mahmud dem Gazneviden (1013 n. Chr.). V, 542. — Lage, geogr. II, 154.
Ning-hia (d. h. Residenz der Hia). II, 160 ff. 206. 246 f. 290. 494.
Ning-kheou (d. i. Beilegung der Raubüberfälle), chin. Lager. II, 313.

Ningma, Klasse der Lama-Novizen. III, 824.
Ningtisl. (oberer Lauf des Kyendsen). V, 245. 355. 357.
Ningtsing Schan s. Mangli. IV, 187. 201 f.
Ningnta (Nin-gunta), alte Residenz der tungusisch-mandschurischen Herrscher. II, 92. 94 ff. III, 321.
Ninkhepoh Gaon, Ort der Mismi in Asam. IV, 387.
Nintschukan, Fluß zur Angara. III, 37.
Niog s. Nyog.
Nior, malaischer Name der Kokosnuß. V, 837.
Niora s. Pinus Deodara. III, 770.
Nipa fruticans, die Nipa-Palme. V, 50. 115.
Ni-pho-lo (chin.), d. i. Nepal. III, 465.
Nipscha (chin.) = Nertschinsk. II, 530.
Niptchou (chin.) = Nertschinsk. II, 112. 530.
Niptschu, Fluß bei Nertschinsk. II, 545.
Nirmull, Uebergangsort am Godavery. VI, 431.
Nirt, Ort am Ssetledsch. III, 754.
Nirvalli, Bergthal von, VI, 601.
Nirvana. V, 746.
Nisa s. Nysa.
Nisang, Ort im Tagla-Thale. III, 693. 811.
Nisankei, singhalesischer König. VI, 257.
Nischada, d. i. verstoßene Kaste, Outcast. VI, 608.
Nischadhas (sanskr.) einer der 7 Gebirgsgürtel in der systemat. Geogr. der Inder. II, 12.
Nischnaja-Borsa, Fl. III, 308.
Nischnaja-Kolywanka, Bach; fließt durch den Kolywansee. II, 833.
Nischne-Udinsk, Stadt an der russ. chines. Grenze; geogr. Lage. III, 593. 1936.
Nischnei Uichunskoi Karaul. III, 278.
Nishneje Jsgolowje (d. i. die Untere Kopflehne). III, 49.
Nishneje Ustje, Selenga-Mündung. III, 72.
Nishne-Ssunskoi-Sawod, am Obi, Münzhof zu, II, 186.
Nitang, Ort in Tübet. IV, 273.
Niti, Dorf, Paß. III, 506. 551. 680.
Nitigat, Paß. II, 185.
Nitraria am Saisansee. II, 639.
Nitting bang gaom mismi, in Asam. IV, 389.
Niu, Name der Kokosnuß auf den Freundschaftsinseln der Marquesas und Tanna. V, 837.
Niuchu, Daore s. Dauren. III, 323 f.
Niudschi s. Jutschy. III, 404.
Niu gangri garburi, Schneegebirge in Tübet. IV, 223.
Niurus (mongol. = Schwadronen). II, 537.
Niu-tchi s. Ju-tschi. II, 1139.
Nivarro's s. Newari. III, 459. IV, 123.
Niyampal (von Niyam = Sanctus), ursprünglicher Name von Nepal. IV, 43.
Nizam al Muluk, pers. Herrscher von Golkonda (1719—1748). V, 559. VI, 396.
Nizamaluko, einstiger Gestadeort in Maabar von Arabern bewohnt. V, 585.
Njelma (russ.) = Salmo nilma. II, 640. 795.
Nma, der zahme Ochse in Ava. V, 257.
No, Land, der Tübetaner. II, 203.
Noakote s. Noyakot. IV, 33.
Noaparrah, Dorf in Gondwana. VI, 494.
Nodiyals s. Doms in Asam. IV, 330.
Noën, chines. = Grenzbeamter. II, 702.
Noghurreah, Stadt in Kamrup. IV, 32.
Nogon-nirù (d. i. Grüner Berg), heiliger Grenzberg der Sunnit und Tsakhar. III, 366.
Noh Dihing, Zufl. zum Brahmaputra. IV, 346.
Nohothafl. = Bhutia Kosi. IV, 91. 92.
Nokhun, Berg. III, 400.

Noki, Ort an der ersten Nilkatarakte bei der Residenz Chenow. (I, 278. 283.) VI, 662.
Nokoba, Name der freien Männer bei den Achhiks. V, 403.
Nokol, Name der Sklaven bei den Achhiks. V, 403.
Nokoti-Maruca, d. h. die 9 Festungen von Marwar. VI, 1004.
Noma, d. i. Bogen bei den Buräten. III, 122.
Nomkhon-Dola. II, 491.
Nomokhôn-Dola, Geb. II, 355.
Nomkhunubaschi, Schneeberg in Tübet. III, 410. 415.
Nomnu, Ort in Bhutan. IV, 146.
Nomochonoska, Dorf an der Selenga. III, 150.
Nomohon-Alin s. Nomokhôn-Dola. II, 491.
Nomokhôn-Dola. II, 490. 492.
Nomtscha, Kirghisenfürst. II, 1067.
Nonaputta, die Rinde einer Art Morinda zu rother Farbe in Animalaya. V, 763.
Non-dung s. Nan-teng, Nantun. IV, 213.
Nonnen, buddhistische, auf Ceylon hatten ähnliche Rechte, wie die römischen Vestalinnen. IV, 1173. VI, 237.
Nonnenklöster, buddhistische, in Korea. IV, 643.
Nonnenquartier der Stadt Daba. III, 675.
Nonni-Ula. II, 114. 611.
Nonojak, Sanghin Saisan. II, 1017.
Nora s. Nura. IV, 300. 307. 388.
Noradin. III, 1123.
Nord-China, ein wahres Eichenland. II, 115.
Noribunder, Lagunen von, in Kattiwar. VI, 1066.
Norin-Khoroiskoi. II, 1031. 1034.
Norr, d. i. Distrikt, Land, in der Tudaspr. V, 990.
Nor-Saisan s. Saisan. II, 636.
North (Lord), Gouverneur von Ceylon (1804). VI, 171.
Northwester, Orkane in Bhutan zur Zeit der Monsoonwechsel. IV, 138. — in Gondwana. VI, 506.
Northwich, in England, Excavationen in den dortigen Salzminen. VI, 1094.
Nortian, chinesisches Grenzdorf. II, 125.
Noschchra, Ort in Kaschmir. III, 1143.
Noschnaja Koksun. II, 913.
Notis (Tänzer und Musiker), Kaste in Asam. IV, 334.
Nouakat ?), nestorianischer Metropolit zu, II, 290.
Nougang s. Nogang. IV, 337.
Nou-kang, Quelle desselben, geogr. Lage. III, 475.
Nova Nuygur, Rajputenstaat. VI, 1057.
Novikow s. Nowikofskoi-Krepost. II, 1002.
Nowagong, Stadt in Asam. IV, 306. 315. s. Nagang.
Nowagurh, Gorkhafeste. III, 521. 744. — Pik. III, 745.
Nowanuggur, Capitale der Provinz Hallar auf Guzerate. VI, 1071.
Nowayits (die neue Raçe), fremde in Indien. V, 584.
Now Dehing s. Noh Dihing. IV, 346.
Nowf, Fl., s. Naaf. V, 310.
Nowikofskoi-Krepost. II, 584. 1002.
Now-Kuntia-Tal. III, 1030.
Nowo-Aleiskoi. II, 583. 585. — s. Werch-Aleiskoi. II, 817.
Nowo Pawlofskoi-Sawod. II, 731.
Nowo-Zuruchaitu. III, 308.
Nowshala, d. i. Alexanders Weib, Tempelidol zu Nagrakote. V, 572.
Noyakot, Stadt, Winterresidenz der Ghorka. IV, 33.
Nribhupal, Gorkhafürst. IV, 77.
Nu, Name der Kokosnuß in Neukaledonien. III, 737. 738. V, 837.
Nub kon la, hoher Berg in Tübet. IV, 254.
Nuda-Undur, an der Selenga. II, 506.
Nuddeah's. VI, 1213.

Nudea=Dwipa, Bedeutung. VI, 1191.
Nuga mai. IV, 935.
Nuggur, Ort in Parkur. VI, 1021.
Nuggur Tatta, Stadt, s. Tatta. V, 475.
Nugu. III, 737.
Nuh, Ort am Ssatadru. III, 736.
Nui, tübet. Barbaren. IV, 227.
Nujemkabach. II, 612.
Nukeht, Fl. III, 400.
Nuketu=Dabaga, Berg, Grenzsäule auf demselben. II, 1031. 1048.
Nu=kiang, Fl. in Tübet. IV, 212. [nicht mit dem östlicheren Flusse gleiches Namens zu verwechseln!] 223 f. 373.
Nu=kiang (Lu=kiang), Fluß in Tübet. IV, 226. 227. 253.
Nullah (asam.) = Gebirgswasser. V, 369.
Numa=Sansiang, Berg in Korea. IV, 639.
Numeri, Bach zum Kirkun. III, 195. 267.
Numidische Jungfrau s. Ardea Virgo. III, 285.
Nummuliten im Muschelkalkstein der Garoberge. V, 402.
Numpuro Nullah, Fl. auf dem Tafellande Munipur. V, 364.
Numroo. III, 600.
Numru, Dorf. III, 737.
Nunay, Nagadorf in Munipur. V, 370.
Nunda, Radscha von Kallindscher. V, 546.
Nundridug. VI, 277.
Nundydrug s. Nandi=durga. V, 694. VI, 306. 310 f. 337.
Nundymung, reizende Ebene in Kaschmir. III, 1152.
Nungba, Nagadorf in Munipur. V, 370.
Nungill, Station. VI, 337.
Nuygklow, auf der Grenze zwischen Asam und Jyntea. V, 387.
Nuniya=Garo's. IV, 321. V, 403.
Nunjinagodu (d. h. Giftverschlucker), Tempelort. VI, 279.
Nun=Nun. IV, 398.
Nunow, Berg des Lukhigeb. VI, 1039.
Nunyur, das, die Uferseiten des unteren Luni. VI, 971.
Nuoluddakund, Mineralquelle bei Jaffirabad. V, 419.
Nur, d. i. Pallast. VI, 552.
Nura, falsch statt Nora. IV, 300. 307. 388.
Nurbukhsh (d. i. die Erleuchteten), Illuminatenorden in Kaschmir. III, 1171. 1126.
Nur=eddin=Wali, Scheik. III, 1118.
Nureh, Ort zu Ladakh gehörig. III, 633.
Nurjehan (d. i. Licht der Welt). VI, 1136.
Nur Jehan Shahe s. Nur mahal. III, 1171.
Nurmahal, die Mutter Shah Jehan's. VI, 1136.
Nurpur, indischer Staat. III, 1077. V, 456. — Handelsstation zwischen den Beyah= und Ravi=Flüssen. III, 1069.
Nurput. VI, 561.
Nursapur. VI, 310 f.
Nuru=Bassa. III, 778.
Nuschader (pers.) = Salmiak. II, 336.
Nushirvan der Große. V, 524.
Nuschiwin. III, 131.
Nushuhan s. Caman Gescha. III, 1144.
Nushura s. Caman Gescha. III, 1143.
Nussirabad, brit. Cantonnement in Ajimer. VI, 904 f.
Nussir ed Dowlah, Nabob, Name des Generals Ochterlony. VI, 905.
Nußbaum (Juglans regia) am NOrande von HA. II, 118.
Nußheher s. Corvus glandarius. II, 884.
Nußöl in Kaschmir. III, 1197.
Nuta=Dendör, an der Selenga. II, 506.
Nutti, Aalähnlichschmeckende Fische, an der Mündung des Nerbuda in großen Haufen. VI, 628.
Nutche s. Niuchu. III, 324.
Nutwyn, Bergdorf in Gondwana. VI, 491.

Nuwera-Ellya s. Neura-Ellya. VI, 106.
Nuxo. III, 737.
Nyagrodha-Baum. VI, 673. (IV, 116.) — s. Ficus indica. VI, 667.
Nyaong ku s. Nyaung ngu. V, 217.
Nyaung ngu (d. i. Feigenbaum-Vorgebirge). V, 217.
Nyces, Wanderdörfer der mohammedanischen Sind-Tribus. VI, 1041.
Nymphaea lotus (?) im Tschingisköfl. II, 773.
Nymphaea lutea. II, 768.
Nymphaea Nelumbo. II, 5.
Nymphaea nilotica. IV, 151.
Nyctalopia. VI, 508.
Nyog, Tagaliname der Kokosnuß. V, 837.
Nyor, Name der Kokosnuß. V, 837.
Nypal s. Setgar. IV, 9.
Nypa-Wein. V, 115.
Nysa, alte indische Stadt. V, 449.
Nysäer, ob der Name einer asiatischen Völkerschaft zu Alex. d. Gr. Zeiten? V, 450.

O.

Oang-chan s. Vang-khan.
Oase Hami. II, 357.
Oasen, Sitten und Gebräuche in denselben überall gleich in Asien und Afrika, besonders in Bezug auf Frauenleben. II, 359. — vergl. I, 1013. III, 322.
Ob, Oby. II, 910.
Obak s. Abak. II, 988.
Obekonnyi, der günstige Wind auf dem Baikal. III, 93.
Obdor. II, 910.
Obednik, Name des SOwinds auf dem Baikal. III, 93.
Obe Neki. II, 910.
Ober-Alp-See-Paß. II, 811.
Oblak s. Abak, Obak. II, 989.
Oblast (russ., d. i. Gouvernementsprovinz). II, 586.
Obo, heilige Götterjurte der Buräten. III, 127.
Obo (mongol. mandsch. = Grenzsäulen), die 63. II, 522. 599 f. — heilige Holzhausen der Lamaiten. III, 166.
Obscöne Gestalten, verehrt bei den Sur. VI, 530.
Obscönitäten im Tempelceremoniell zu Orissa. VI, 555.
Observatorium von Delhi. VI, 1132.
Obstarten in Bhutan. IV, 167. — europäische, in Indien. VI, 452. — europäische und sundische auf Ceylon. VI, 117.
Obstbäume, europäische, wild in Cachar (Hinterindien, 5500′ H. üb. d. M.). V, 396.
Obstcultur in Malacca. V, 35. — europäische, von J. Tod am Udey-Sagur-See eingeführt. VI, 884.
Obstpflanzungen, außerordentlicher Reichthum an denselben in Guzurate. VI, 635. — europäische, im Himalayagebiet. III, 704. 709. 713. 731. 749. 768. 770. 817. 919. 858.
Obudu-Nor. II, 543.
Obulong, Lager in der Gobi. III, 363.
Oby-Quellen, geograph. Lage. II, 491. s. Ob.
Occidentalische und orientalische Weltansicht; Unterschied derselben. II, 4.
Oceanische Inseln. II, 27.
Ochi de Gati s. Katzenauge. V, 242. — auf Ceylon. VI, 119.
Ochna squarrosa. VI, 540.
Ochse, Thierbild des ostasiat. Zodiakus. II, 1125.
Ochsen, zum Austreten des Korns benutzt in Kotgerh. III, 750. — bei den Buddagur. V, 1027. — in Ava. V, 257. — wilde. V, 146. 257. — in Marwar. VI, 961. — auf Pulo Condor. IV, 1024.

Ochsenkaravanen der Laos. V, 232. 263.
Ochsen-Opfer, bei den Bhotiyas, vor der Gorkhazeit. III, 1010.
Ochterlony, Sir Dav., engl. General. III, 516. — sein indischer Name. VI, 905. — s. besonders VI, 925.
Ocimum pilosum. VI, 510.
Odaypur s. Udayapura. VI, 514.
Odiah s. Oria, Uria. VI, 515.
Odin-Scholo (?). III, 172.
Odji, Turkhorde. II, 1136.
Odoca civitas auf Taprobane nach Ptolem. wol das heutige Punto Galle. VI, 22.
Odra, das Volk der, VI, 556 ff.
Odscha s. Aktscha, zum Onon. III, 278.
Odschirka, zum Onon. III, 278.
Odun-Tala (mongol.), s. Hotun-Nor (chines.). IV, 498.
Odykari s. Wodiar. V, 1025.
Oea, die sechszeilige Gerste aus Kanawar und Sirmore in Hoch-Schottland eingeführt. III, 864. — ob = Awakorn? III, 817.
Oeburgun-Oola. II, 490.
Oegelen-Eke, Dschingiskhan's Gattin, von den Tartar geraubt (1161). II, 275. — Oegelen-Chatun. II, 508.
Oegelen-Katun, Dschingiskhan's Mutter. II, 255.
Oei-ai-oei s. Wei-hae-wei. IV, 543.
Oel, Vorurtheil dagegen bei den Kuki's von Tripura. V, 376. — statt der Butter bei den Garo's. V, 404.
Oel-Baum, der die Olive trägt, fehlt in ganz OA. IV, 779.
Oeldscheitu-Khagan (1312). II, 561.
Oelangoum. II, 487.
Oelöth. II, 443—447.
Oelöth von Kaiser Kanghi unterworfen. II, 231. 267. 304. 370. 518.
Oelöth-Königreich des Galdan und dessen Untergang (1696). II, 449 ff. — Vertilgungskrieg gegen dieselben (1757). II, 310. 442.
Oelöth-Tschoros. II, 310.
Oelpalme, die, in Guinea s. Elaeis guineensis. V, 830.
Oelpflanzen bei Nagpur. VI, 453.
Oerad s. Oelöth. II, 446.
Oergö (d. i. Lagerplatz) s. Urga. III, 227.
Oerteng-Tau, ausgebrannter Vulkan (?) in der Kirghisensteppe. II, 389. 781.
Oes s. Is. II, 1083.
Oestliches Hochasien, mittlere Plateauhöhe. II, 40.
Ogal s. Ogla. III, 713.
Ogaliba extrema. VI, 21.
Ogheled s. Oelöth. II, 445.
Ogirra. VI, 409.
Ogla, Getreideart auf den höchsten Himalayahöhen. III, 711. (Ogal, 713.)
Ogon, russisch = Feuer. II, 334.
Ogotoma (mong.) s. Lepus pusillus. III, 285.
Ogul s. Ugal. III, 817.
Oguna-Gau in Udeypur. VI, 887.
Ohlöth s. Oelöth. II, 445.
Ohnegleichen, das, III, 1166.
Ohren, durch ein Gewicht in die Länge gezogen bei den Naga's. V, 375.
Ohrlappendurchbohrung zur Aufnahme der Ohrgehänge, beschneidungsähnliche Ceremonie auf Ceylon. VI, 240. — bei allen Birmanen. V, 272.
Ohrringsfluß s. Karnaphuli. V, 410.
Oi, rechter Zufl. zum Jenisei. II, 1015. 1019 f.
Oia s. Oi.
Oiad s. Uth. II, 1017.
Oi-gou-nul (chinesisch) = Uiguren. II, 343.
Oi-Kebesch, Kosackenposten. II, 1016. (Oi-Kabeschkoi-Karaul. 1021.)
Oired, die vier, II, 445.
Oïr-tchou s. Om-tchu. IV, 226. 252 f.
Oisungin-Beghi s. Jasungin.
Oi-tchou s. Om-tchu. IV, 226. 252 f.

O-jé s. A-jé.
Ojemka, Zufluß ur Swetla. III, 38.
Oj' ha Gher. III, 593.
Oj' hirghur. III, 593.
Oka, Zufluß zur Angara. II, 590. 593.
Okamandala, Hügelgruppe in Guzerate. VI, 1068.
Oka Mundal, Provinz von Guzerate. VI, 1065.
Okar [der Paradiesvogel]. III, 1160.
Okaralyk, Bach zum Baikalsee. III, 19.
Okarle, Dorf. II, 403.
Okinskischer Wachtposten. II, 593. 1033. 1035. III, 83.
Okinskoi, Stadt im Gouvernem. Irkutzk. II, 593.
Oklaisir, Dorf am Nerbuda. VI, 627.
Okodil, der oberste der Teufel, bei den Buräten. III, 126.
Okrug (russ. = Kreis, Landbezirk). II, 708.
Okruschnoi (russ.), d. i. Kreishauptmann. III, 138.
Oktai-chan, Mongolenkaiser, seine ehemalige Residenz zu Taimingtschin nach den Chinesen. II, 117.
Ok tha pa, Längenmaaß der Birmanen. V, 266.
Oktorgon-Burchan, Hauptgott der Hakas, der Buräten. II, 1131. III, 126.
Okun (russ. = Barsch, Perca fluviatilis). II, 641.
Oküdilltui (d. i. Ort, wo der Teufel ist), Bach. III, 165.
Oküdilluga (d. i. Ort, wo der Teufel nicht ist), Bach. III, 165.
Ola (d. i. die Berge), Name eines Theils der Gobi. II, 354.
Olac, Berg. II, 306.
Olaki, chinesische Grenzwacht. II, 1069.
Olan-Muren s. Ulan-Muren. II, 187.
Olan-Schan s. Holang-Schan. II, 170.
Olcha, Zufl. zum Kultuk. III, 75.
Olchonod. II, 510.
Olchonskija Worota (d. h. der Olkhonsche Sund). III, 27 f.
Olczin, Berg am Dalai-Nor. II, 539.
Oldenlandia umbellata (die Choya-Wurzel). VI, 38. 117.
Old-Womens-Island s. Ecolabal. VI, 1081.
Oldzietu-Dulan-Khara-Dola, Berg. II, 498.
Ole, Tribus der Bhotiyas in Cherang. IV, 166.
Olea, sp., in Sirmore, aber ohne die saftige Olive, mit nutzloser Frucht. III, 857.
Olea fragrans, dem Thee beigemengt. III, 232.
Olekma, rechter Nebenfl. zur Lena. II, 615.
Olengui s. Ulengui. III, 271.
Olenguiskaja, Dorf. III, 271.
Olga, Bach, Dorf. III, 61.
Oliban-Gummi, von Boswelia thurifera. VI, 1211.
Oliven-Kultur, würde gedeihen in Sirmore. III, 857.
Oliven, wilde, s. Sazusa. III, 205.
Olivier, französ. Ingenieuroffizier im Dienste des Kaisers von Cochin China. IV, 918.
Olivin in Ostsibirien. II, 390.
Olkhon, Insel im Baikalsee. II, 604. III, 7 f.
Olkhon Oltruk. III, 27. 66.
Olla, Blatt von Corypha umbraculifera zu Manuskripten benutzt. V, 862.
Olla-Krankheit in Kuti s. Ayul, Owl. IV, 93.
Olognakcu, Zufluß zum Witim. III, 56.
Olok s. Kolok. III, 607.
O-lo-ki, See. II, 1062.
Olònabo, Station in der Gobi. III, 372.
Olon baïnsting, Station in der Gobi. III, 351. (s. Olon-Baïching. III, 368.)
Olòn-Khudùk in der Gobi. III, 352. 357.
Olopen, nestorianischer Priester (625) in den Tang-Annalen erwähnt. II, 286.

Olopen, erster christl. Missionsprediger in China. II, 210.
Olo-sse-Khiai (chin., d. i. Russengrenze). II, 1046.
O-lo-szu = Oros (chin.), d. i. Russen. II, 599.
Olsonsk, Station. III, 129.
O-lou-hoen (altchines.) = Orghon. II, 528.
Olun Schan, Schneepik der östlichen Fortsetzung des Himalayagebirges. IV, 402.
Olymp, der, von Rajputana. VI, 732.
Om s. Mahadeo. VI, 594.
Oman, See von, d. i. der Indische Ocean, so genannt wegen des Verkehrs mit Arabien. V, 566.
Omai-Tura (tatar.), Gebirgszug. II, 1019. 1098. 1099.
Omedpura, Chef von, VI, 805.
Omercuntuk, der berühmte Pilgerort. VI, 570 f. — Berghöhen von, VI, 165 f. 354.
Omer Khan. III, 545 f.
Omfio s. Opium. VI, 776.
Omil. III, 925.
Omina-Deutung der Charun. VI, 763.
Omkar-Mandatta, Stadt. VI, 593.
Omla, Zufluß zum Tonse und Dschemna. III, 884.
Om mani (etc.), buddhistische Glaubensformel. IV, 167. 364. [s. Lobeck, Aglaoph. Vol. I. in fine.]
Om-norr (d. i. das große Land), die Todtenheimat der Tubas. V, 1038.
Omphis s. Mophi.
Omsk, Sitz der Kriegskanzlei der Kosacken, II, 800.
Omskaja-Krepost. II, 572.
Om tchu, Om tsiu, einer der Hauptströme von Tübet. IV, 225 bis 227. — westl. Arm des Lan tsan Kiang. IV, 227. 252 f.
Omuli, russischer Name des Salmo migratorius. II, 608. 1024. III, 26. 63.
Omut, Küstenfluß zum Tungusen-Meer. II, 602. — Raubtribus in Omutwara. VI, 757.
Ona, Seitenfl. zur Uda. III, 139. — s. Birussa. II, 1038.
Onathalla (ob = Orasota?), Ort in den Nilgherry. V, 995.
Onchidium s. Wasserschnecke. V, 122.
Onchum, zum Onon. III, 278.
Oneonta s. Chouiking, Kuenlun, Kulkun. III, 409. — Schneeberg in Tübet. IV, 219.
Onesicritus. VI, 15. 456.
One-uta, See in Tübet. IV, 228.
Onga (tungusisch) s. Tschiwirkoi Busen. III, 47.
Ong-Chaghan s. Vang-khan.
Ongghi-Oola. II, 487.
Onggu-Oola. II, 487.
Onghin-Muren. II, 498.
Onghin-oola, mongol. Name für den In-Schan. II, 153. 237.
Onghin-Pira, Steppenfl., Fluß in den Khuragan-Ulen-Nor. II, 355. 496 f. 515.
Ongisch. II, 1128.
Ongkar-Mandatta, Stadt. VI, 593.
Ong-ku s. In-Schan. II, 237.
Ongdn-Berge in der Gobi. III, 367.
Ongon-alin, Mandschu-Name für den In-Schan. II, 237.
Ongons, Götzen der Buräten. III, 126.
Ongot, die Bösartigen, Verdammten (burät.). III, 8.
Ong-Shigulay bei den Newars, eine metallreiche Erde (erdig blau Eisenerz). IV, 67.
Ongtong, König von Kambodja († 1786). IV, 985.
Onguren-Bucht, an der Mündung des gleichnamigen Flusses in den Baikalsee. III, 29.
O-nie, letzter Herrscher der Hoeihe. II, 1117.
Onkar Madatta, am Nerbudda; Ammonitenkiesel daselbst. IV, 13.
Onnady, Fl. der Nilgherry. V, 962.
Onochoi, russ. chines. Grenzdorf. III, 307. 311.
Onobrychis. II, 891.
Onon, Fluß. II, 530—532. III, 274—292. — Sieg der Chine-

sen über die Mongolen am Onon (1410). II, 532.
Onon, der obere, tritt bei Kirinskoi auf russisches Gebiet. II, 521.
Onon-Borsa, Fluß zum Onon. III, 284.
Onon-Cherule (bei Rubruquis). II, 562.
Onore s. Hanavara, Hinaur. V, 589. — Vernichtung der Stadt durch Tippo-Saib. V, 697.
Onosma. II, 891.
Onyde, Windhöhle am See Alakkul. II, 389. vergl. 429.
Ooch, antike Stadt der Mallier. V, 470. 471.
Oodeenuggur s. Udinagur. V, 454.
Oogshe, Ort am Indus. III, 609.
Oollitanna, Berg in Guzerate. VI, 1069.
Oon-Des s. Un-Des. III, 505.
Oopshee, Ort am Indus. III, 600.
Oorixa s. Orissa. VI, 522.
Oota Dhoora, Paß. III, 546.
Opal im Basalt. VI, 459.
Opalisirender Rubin, in Ava. V, 242.
Opatchan (d. i. die 8 Stationen), Gegend in Tübet. IV, 203.
Opfer auf Scheidegebirgen. I, 79. (Afr.) II, 903. 978. 1086.
Opfer, von de Arabern dem Dattelbaume dargebracht. V, 832. — den Flüssen dargebracht in Jeypur. VI, 925.
Opfer, blutige, in Jaggernaut und Ongkar-Mandatta. VI, 595. 622. — zu Chitore. VI, 820 f.
Opfer der Buräten. III, 127.
Opferfels, der, am Nerbuda. VI, 595.
Opferfeste, furchtbare, zu Jaggernaut. VI, 546.
Ophir, Berg. V, 33. — Etymologie von Aparica. II, 10.
Ophirfahrt der Salomonischen Schiffer. V, 441. 442. VI, 65.
Ophiten, Schlangengötter. III, 1093.
Ophitendienst, bis auf den heutigen Tag ein Theil des Hindu-Rituals. III, 1103.
Opium, als indisches Produkt, schon Ktesias bekannt. V, 448. — Agriculturdistrikt desselben in Central-Indien. VI, 782 ff. Handel damit in der voralexandrin. Per. V, 440.
Opiumausfuhr aus Malwa. VI, 755.
Opiumbau in Asam. IV, 325.
Opiumconsumtion bei den Cottars in den Nilgherry. V, 1020.
Opiumcultur. VI, 773 ff. — von der Indigocultur im Gangesgebiete verdrängt. VI, 1141.
Opiumfeld, das nördlichste in Mewar. VI, 901.
Opiumhandel in China. IV, 853—855. — Einfuhr desselben daselbst bei Todesstrafe verboten. IV, 853.
Opiumrausch der Rajputen in Malwa. VI, 766.
Opiumtransito im Jhoudpurstaate. VI, 963 ff.
Opium-Verbrauch der chinesischen Arbeiter in Hinter-Indien. IV, 854. V, 6.
Opleyta, Ort in Kattiwar. VI, 1066.
Opossums in Martaban. V, 146.
Opu, chinesisch = Ob, Obi. II, 597.
Opurocarra, hoher Berg im nördlichen Asien bei Ammian. II, 10.
Or, das Volk der, VI, 556 ff.
Orakel, hindostanisch-brahmanische. III, 892. — der Durga in Kaschmir. III, 1155. — in Kamaun. III, 1055.
Orakel-Quelle in Kaschmir. III, 1133 f.
Orang Darat (d. i. Männer des Trocknen). V, 16.
Orange, wild (mit säuerlicher Frucht) in Asam. IV, 375. Citrus vulgaris, nicht C. Aurantium. — s. auch Santola. IV, 33. — trefflich in der Berglandschaft von Nepal. IV, 50. — die köstlichsten am Tongting-See. IV,

662. — Citrus aurantium. V, 720.
Orangen-Kultur. V, 649. (bei Nagpur.) VI, 453. — in der Oase Hami. II, 359.
Orangefarbe, als Nationalfarbe in Jessulmer. VI, 1016.
Orangefl., Elephantenheerden am, V, 916.
Orang-Hutan (d. i. = Waldmensch). V, 35.
Orang Lampung, Kannibalenvolk im Innern von Sumatra. V, 25.
Orang-laut, die, V, 17 f. — d. i. die Seeleute, Piraten. V, 12 ff. 57.
Orang Salat (d. i. Männer der Wasserstraße). V, 16. 79.
Orang Timor (d. i. Männer des Ostens). V, 16.
Orang Udei. V, 26.
Orankay, Name der Mandschutartaren bei den Koreern. IV, 646.
Orbeghi, Berge. II, 495. 527.
Orbekin-Alin. II, 495.
Or Chasa s. Mahastan. VI, 558.
Orchideen, in den Wäldern des Sundagebiets. V, 414. — in Sirmore. III, 852.
Orchis cucullata. II, 983.
Orchomenos, See von, in Böotien, Bestimmung desselben. VI, 24.
Ordal des Tauchens bei den Cossyah's. V, 392.
Ordalien in Ava. V, 293. — zur Entscheidung von Kriminalfällen in Kaschmir. III, 1058. 1155.
Ordensverbindungen, mystische, unter den Burätinnen. III, 127.
Or Desa s. Orissa. VI, 556.
Ordos, Land der, II, 146. 153 bis 158. gesch. Urspr. 505.
Ordu-Balik = Karakorum. II, 557.
Oreatong, Zollstätte in Aracan. V, 320.
Oreatung, westl. Arm des Aracanfl. V, 311.
Orenburg, Höhe = 0. II, 19.
Oresa s. Orissa. VI, 557.
Oressa s. Orissa. VI, 557.
Orgak-ai (beltir. = Erntemonat), September. II, 1068.
Organische Reste der Vorwelt in der Trappformation, der sie sonst fehlen, im Dekan. VI, 462.
Orgamun, Land (der Uigur?). II, 404. 430. 438.
Orghon, Fl. II, 528.
Orghon, am, Ursitz der Turk-Uigur. II, 344.
Orgono. V, 118.
Orgun (d. h. der Breite), Berg in der Gobi. III, 346.
Oria s. Or. VI, 557.
Oriboli (d. h. ich rufe Gott an). VI, 1203.
Orientaler Rubin (Pata-mra; Kynok-ri) in Ava. V, 242.
Orientaler Sapphir (Mila) in Ava. V, 242.
Orientalische und occidentalische Weltansicht; Unterschied derselben. II, 4.
Orientalischer Charakter, Gegensatz desselben zum occidentalischen. VI, 931.
Orientalische Regierungen, ihr Charakter. IV, 994.
Oring-See s. Cara-Nor. IV, 500.
Orintu tschabtaï, Berg. III, 400.
Oriolus galbula. II, 874.
Orissa. VI, 530 ff. — Bewohner von, nach Zahl, Menschenschlag und Kasten. VI, 554 ff. — Buddhas am dortigen Hofe im Jahr 1500 n. Chr. V, 512. — Sprache, Sanskritdialekt. VI, 379. — Geschichte. VI, 561. 566.
Oriten s. Arabiten. V, 441.
Orkan mit Regengüssen, furchtbare Wirkungen desselben am Nerbuda. VI, 625.
Orkane, in Sylhet. V, 406. — am Turuksee. III, 287. — s. auch Northwester. IV, 138. — Furchtbarkeit derselben im Tirhut. VI, 1181.
Orkhon, Quelle des, II, 494.
Orko-Schan. II, 1010.
Orlong, malaiisches Flächenmaaß. V, 50.
Orme, Robert, der Vater der ori-

entalischen Geschichte; sein Geburtsort. V, 788.
Ormuz, Feueranbeter in, V, 615.
Ornamenten-Styl. III, 869.
Orneon, Insel bei Ptolem. ob Karadiva? VI, 21.
Ορνέου ἄκρα auf Taprobane nach Ptolemäus wol das heutige Cap Dondera. VI, 22.
Ornithogalum angulosum. II, 725.
Ornithogalum minutum. III, 273. 279.
Orohota (mandschurisch) s. Ginsong.
Orok, See. II, 555.
Oronchoi, Völkerst. II, 638.
Orosata, Ort in den Nilgherry. V, 995.
Orotschan (d. i. Rennthier-Nomaden), die nördlichen Tungusen. III, 404.
Orr, d. i. Distrikt, Land, in der Tudasprache. V, 990.
Orrhota (Cosmas) = Surate. VI, 30.
Ortai (chin., d. i. Altai). II, 696.
Ortai-Ulianghai (d. i. Samojedenstämme des Altai; chines.). II, 1010. 1063.
Or-thai-See, Fl. II, 1008.
Orthokeratiten, auf den Himalayahöhen. III, 583.
Orthura regia bei Ptolem. V, 487.
Orthographie, Anomalien derselben bei den Mongolen, als Quelle der verschiedenen Schreibart asiatischer Namen. III, 389.
Ortolane s. Emberiza ortalana. berühmte, von Cawepur. VI, 1141.
Orud s. Phaseolus maximus. V, 716.
Osa, Zufluß vom Sawitschi-Gebirge zum Tschikoi. III, 173. 175.
Osas, Fluß zum Tut-si See. II, 1047. 1050. 1059.
Osawal-Tribus der Jainas. V, 747.
Osernoi. II, 583.
Osero (ruff., d. i. See). III, 7.
Osetr (ruff.) s. Accipenser sturio. III, 106.
Osnatschennoi (d. h. abgesteckter Platz), Ebene. II, 1099.
Ossa s. Osa. III, 176.
Osseten, indogermanische Sprache der, identisch mit den Alan. II, 439.
Ossetrini (russisch), der Stör. II, 640.
Ossinoi-Berge. III, 175.
Ossinowa, Berg. II, 868.
Ossinowaja-Sopka. II, 707.
Ossinowka (d. i. Espenbach). II, 931.
Ossotschicha, Jaffakdorf. II, 703.
Ossypofka, Altaibach. II, 732.
Ostasien, Scheidung desselben von Westasien. II, 43. 173. — Vermittelung einer Verbindung desselben mit Europa. II, 790.
Ost-Nepal. IV, 80—88. — Geschichte. IV, 87 folgd.
Ostsibirien. II, 1040.
Ost-Tübet. IV, 172—287.
Osten, links liegend den Völkern von Centralasien. II, 191.
Ostenburg, Fort von Trincomalli. VI, 195.
Osterinsel, kennt die Kokospalme nicht. V, 837.
Ostrog-Abakansk. II, 591.
Ostroja-Sopka (Mochnotaja? S.). II, 816.
Oswals, Handelskaste von der Jainasekte. VI, 987. — als Handelstribus am Luni. VI, 963.
Oesterreichische Faktorei in Canton. IV, 838.
Osypowych, Altaibach. II, 732.
Oterkol. IV, 291.
Othetbiligentia. II, 552.
Othman, Sheik, von Schiras; Moschee desselben auf Ceylon (1340). VI, 52.
Otis aurita. VI, 1120.
Otis bengalensis. VI, 1120.
Otis tarda s. Trappen. — auch Sachaltu. III, 285.
Otontala s. Odun Tala. IV, 498.
Otrar. II, 404.
Otschak, Ort in Kaschmir. III, 1144.
Otsol, Berg in der Gobi. III, 372.
Otsitoi, d. i. Ankerstellen auf dem Baikalsee. III, 95.

Ottakall=Karumba. V, 782.
Otter s. Cobra di Capello. V, 924. — ungemein graziös tanzende, in Malabar. V, 924. — in Nepal. IV, 104.
Otternhaut, Halsbinde von, Mittel gegen den Kropf im Beginn der Krankheit, in Kamaun üblich. III, 1051.
Ottomanische Pforte, erhält Elephanten als Geschenk von den Perserkönigen. V, 913.
Ottorocorrae, Name einer nord. Völkerschaft Asiens bei Plinius. II, 6.
Otwodnei Okinskoi, russischer Grenzposten. II, 1033.
Ouang kian thsan, Feldherr der Ming (1371). IV, 189.
Ouan san pao. IV, 859.
Ouardaru s. Simia silenus. V, 985.
Ouchi=Turfan. II, 328. 397.
Oude s. Audih, Ayodhya, Ayountho. VI, 1145. — Nabob von; sein Gebiet, VI, 1144 ff.
Ouei=ho s. Wei=ho. IV, 509.
Ouendur-Houpsoucoul-Alin. II, 496.
Ouentou, Fl. II, 545.
Ou etschu, Volkstribus. IV, 764.
Ougein s. Udschayni. V, 486. 493.
Ougoung=Dola s. Ugung.
Ougout s. Uth. II, 1015.
Ouhai, Fl. II, 488.
Oui s. U. V, 175.
Ouirtsiou, Fl. in Tübet. IV, 253.
Ouï=tsiu (tübet., d. i. Fluß der Mitte) s. Om=tchu. IV, 226. 252 f.
Oui=tsu, Zufluß des Dzangbo. IV, 222.
Oukek-tabahan. II, 496.
Oukhei=gol, Fl. II, 488.
Oul, das bösartige Sumpffieber in Indien; s. Owl, Ayul, Jungleficber, Miasmen. VI, 1125.
Oula=aighou, chines. Verbrecherstadt. III, 406. (s. Ninguta.)
Oulan=Erghi am oberen Kerlen. II, 303.
Oulancon-Alin. II, 487.
Ouleatai-Pira. II, 527.
Ouletai s. Uliastai. II, 498.
Ouljeitou-Tschahan-Ome. II, 495.
Ouller, See in Kaschmir. III, 1156.
Oulon-erghui s. Oulan=Erghi.
Ouman s. Karadjang. IV, 741.
Ounche, Name des Pisang auf Madagaskar. V, 876.
Oupeken-Alin. II, 491.
Oupsa Omo. II, 486.
Ourer, Zufluß zum Alak=Tugul (?). II, 416.
Ouriang=Khai, Samojedischer Völkerst. II, 593. — s. Uleanghai. II, 1139.
Ouroungu-Ouron-ou, Fl. II, 489.
Ous s. Us, Uß. II, 526. 1015.
Ou=siun s. U=sun. II, 434.
Out-casts in Ava. V, 290.
Ou=te=kian, Berg. II, 498.
Outsching s. U=tsching.
Ouva. VI, 75.
Ouyalga, Bach zum Tschikoï. III, 192.
Ovalumpally, Diamantminen zu, am Pennarfl. VI, 347.
Ovans, britischer Capitän. VI, 644.
Ovieda verticillata. III, 854.
Ovis ammon. II, 647. III, 669. 763. 962. IV, 52.
Ovis muflon. II, 872. 926. 1006.
Owanchu (?), oberster Gott der Bhotiyas. IV, 165.
Owguund s. Gonerda. III, 1096.
Owl s. Ayul. IV, 33. 93.
Owler s. Ouller. III, 1156.
Οὐίνδιον ὄρος. V, 496.
Ὀξεῖα ἄκρα auf Taprobane nach Ptolem. VI, 24.
Oxus s. auch Chacshu, Cocsha.
Oxyartes, Alexanders Satrap im Indusiande. V, 472.
Oxycanus, Gebirgsfürst am Indus zu Alex. d. Gr. Zeit. V, 473.
Oxydraken, ind. Völkersch. von Alex. gebändigt. V, 458. 466. 467.
Oxytropis. II, 957.
Oxytropis floribunda. II, 945.
Oxytropis glabra. II, 740.
Oxytropis sulphurea. II, 878.
Oya s. Oi.
Ozene regia Tiastani s. Udschayni. III, 1106. V, 486. 493. 512.

P.

Pa s. Ba, Bathang. IV, 199.
Paber, Zufl. zum Dschumna. III, 744. — s. Pabur. III, 871.
Pabi-Berge in Malacca. V, 34.
Pabu, der Schutzgott der Rhatore-Rajputen und der Mewar-Hirten. VI, 961.
Pabur, Fl., s. Paber. III, 871 ff.
Pachbaï, heiliges Grab, Pilgerwallfahrtsort am Pindarfl. III, 1021.
Pachmurri s. Puchmuni. VI, 452.
Pachydermen, fossile, in Ava. V, 204.
Packe (d. i. Herr, Gebieter). V, 1019.
Packnam. IV, 1177.
Padäer, indische Völkersch. bei Herodot. V, 445.
Padani, Stadt. V, 196.
Padaong, Paß. V, 192. 238.
Padaran, Cap. IV, 996.
Padda s. Padma, Name für den unteren Lauf des Ganges. VI, 1169.
Paddum. V, 757.
Paddy, d. i. Reis auf dem Halme. V, 981. VI, 114.
Padischah-Kette, Vorkette des Kuenlun. III, 634.
Padkeh, Maaß in Orissa. VI, 564.
Padma, sanskr. Lotosblume. II, 5. 6. IV, 896. V, 424. — Name der indischen Erdwelt.
Padma, Fl. (sanskr.) jetzt Ballisore. V, 507.
Padma-Kete. VI, 552 ff.
Padma Khetr zu Kanarac. VI, 548.
Padma-Pani. IV, 136.
Padmavati, die Helena des Orissaepos. VI, 565. — s. Patna. 1159. 1196.
Padnaburam, Gefecht bei, im Jahr 1794. VI, 500.
Padow, Volksstamm in Asam. IV, 364.
Padrics, Name der Schriftgelehrten bei den Malaien. V, 99.
Padscha, d. i. Padischah, Titel der Großmoghule aus dem Baberidenstamm. V, 623.
Padschah, d. i. Königstraßen. VI, 648 f.
Padscha Mahal, die Pallasttrümmer von, III, 847.
Paduas, d. i. die Tamtamschläger, Theil der Kschedra-Kaste auf Ceylon. VI, 232.
Padukasthan. IV, 24.
Padu Mismi, Dorf der Mismi in Asam. IV, 387.
Padun mang, Birmanenkönig. V, 236. 303.
Padyas, sanskr. = Schlechte, s. Padäer. V, 445.
Paeonia arborescens in Bathang. IV, 235. 236.
Paeonia laciniata. II, 651.
Paeonia officinalis. II, 1034.
Pagan, Engländer. III, 491.
Pagham Miu s. Pugan. V, 212 ff. 219.
Pago s. Pegu. V, 179.
Pagodespitze s. Cap Negrais. IV, 899.
Pagode, d. i. Bhagavati, heiliges Haus. VI, 302.
Pagode, die schönste in Indien zu Tanjore. VI, 296 f.
Pagode am Wasserfall des Poyangsees. IV, 675. 676.
Pagoden, nur außerhalb der Städte gebaut in Korea. IV, 635.
Pagoden, Paß der drei, in Tavay. V, 126. 131. 135. 138.
Pagodenstyl, buddhistischer in Aracan. V, 328.
P'agspa-Lama. II, 261. 266. von Kublai Khan zuerst eingesetzt im J. 1253.
Pagtur, Ort am Kistnafluß. VI, 370.
Pa-gul, erstes chinesisches Städtchen an der äußersten Wgrenze. II, 129.
Pa-ha-lo-kieï, Thal von, II, 509.
Pahang, Pahaung, Malaienstaat. V, 6.
Pahi ma pan, Waldgebirge von, IV, 1214. 1236. V, 231. 243.

Pahnis, Soldatenklasse in Orissa. VI, 556.
Paihongour-Alin. II, 493.
Paikara-Fluß in den Nilgherry. V, 784.
Paiks (persisch), die Landmiliz in Orissa. VI, 556.
Pain-Ganga-Fl. VI, 429.
Païnkhand, Landschaft zu Gherwal gehörig. III, 997 f. 1020.
Painom, Bach in Tübet. IV, 261. — Schloß. 263.
Painom-tschinu, Fl. zum Dzangbotsu in Tübet; Quellen. IV, 154. 260.
Painom-tsiu s. Painom-tschieu. IV, 222.
Pai-pun-tschang, die Elephanten-Dams. IV, 1075.
Paitna, Distrikt auf Borneo. V, 915.
Pajel, Sorte der Chankmuschel. VI, 158.
Pak s. Pahak. III, 1106.
Pakande s. Pekan. V, 858.
Pakbala, Großkutuchtu zu Tsiambo. IV, 206.
Pak cham, Fl. V, 109.
Pakerguri, Goldsandmine in Asam. IV, 324.
Pa k'hok ko, bedeutendes Emporium am Irawadi. V, 218. 220.
Pa kio leou. IV, 191.
Pakka (d. i. reif). VI, 359.
Pakkihagga. IV, 170.
Paktoi-Berge in Asam. IV, 379.
Πακτυϊκὴ χώρη des Herodot. III, 1087.
Pal. III, 601.
Pala (d. i. Feige) s. Bala, Musa sapientum. V, 876.
Palabanda s. Palabatula. VI, 210.
Palabatula, Ort auf Ceylon. VI, 210.
Palac s. Nerium tinctorium. V, 763.
Palachy, Stadt in der Provinz Coimbatore. V, 760.
Palaesimundu i. q. Taprobane. V, 516. — ob der Hafen von Trincomale. VI, 27.
Pa-la-ki, Zufluß des Gr. Kem. II, 1049.
Palakomatta, Brahmanenfamilie zum Thomaschristenthum bekehrt. V, 607.
Palamcottah, in Süd-Dekan. VI, 11.
Palankin-Postträger. V, 1002. VI, 1202.
Palamquim, Ursprung des Namens vom sanskrit. Paryanka, d. i. Ruhebett. V, 648.
Palas s. Butea frondosa. VI, 537. — s. Erythina monosperma. IV, 45.
Palaten, russ. = Ziegelsteingebäude. II, 572. S. besonders II, 749.
Palaten (Ablaiketkische). II, 741. (Palaten von palatium.)
Palaum, Völkersch. in Thaumpa. V, 188 f. 267.
Palaur, Fl. (d. h. Milchfl.) in Coromandel. VI, 305 ff. 315 ff.
Palcati-Nor (d'Anville). II, 399.
Paldu, Stadt. IV, 90.
Palhis, Silberstücke in Ober-Kanawar. III, 828.
Paliam am Besfely-Ghat. V, 737.
Pali, das Emporium in Marwar. VI, 963 f. — Dorf am Dschemna. III, 891.
Pali, buddhistische religiöse Schrift. IV, 1168. V, 67. 511.
Palia-Ghat, Felspaß. III, 892.
Pali-bhata = Patali putra. V, 522.
Palibothra, sanskr. = Pataliputra. V, 463. — dramatische Kunst daselbst. V, 493. — von Sandrakottus erobert. V, 481. s. auch 493. 508.
Παλίβοθρα. V, 558.
Pali-fen-Schan, vulkan. Berg auf Formosa. IV, 868.
Palighat am Payani, s. besond. V, 766 ff.
Palighatchery am oberen Panyanifl. V, 753.
Palika. V, 172.
Pali-kun, Hoflager des Amursunu, ob Bischbalig? II, 450. 463.
Palim s. Pa-ta-ling. II, 131.
Παλιμβοθρα. V, 508.
Paling, Dorf am Lidangfl. III, 721.

Pali=Sprache auf Ceylon. VI, 233 f.
Palksstraße. VI, 149.
Palladium des Hinduismus s. Sonnenschirm der Erde. VI, 803. — von Ceylon s. Buddhazahn. VI, 201.
Pallarti, Ortschaft der Suriani in Malabar. V, 613.
Pallas, irrige Ansicht desselben von den Centralgebirgen Hochasiens. II, 321.
Palli, Stadt in Jhoudpur. VI, 974.
Palli s. Pali. VI, 963.
Pallia, Grabsteine, eigenthümliche der Katties in Guzerate. VI, 281. 1074.
Palliva=Brahmanen. VI, 964.
Palliwas=Brahmanen (s. d. v.) in Jessulmer. VI, 1015.
Palludina sinensis, Muschelart am Poyangsee. IV, 687.
Pallur, Ortschaft der Suriani in Malabar. V, 614.
Pally s. Moscheen. V, 642.
Pally, Brahmanenfamilie zum Thomas=Christenthum bekehrt. V, 607.
Pally, Ort an der Vereinigung des Cali Sind und Parbutty. VI, 814.
Palma Christi, Anbau derselben in Orissa. VI, 540.
Palmen, größere Anzahl derselben in Amerika als in Indien. V, 864. — zu Kletterpflanzen ausgeartet im Sundagebiete. V, 415. — am Ganges. VI, 1150.
Palmen, die, Kaschmirischer Shawls. III, 1200.
Palmer, Berg auf Pulo=Penang. V, 53.
Palmeria (?), Lieblingsbaum der Anamesen. IV, 1060.
Palmerworms, schädliches Insekt in Singapore. V, 65.
Palmform und Form der Nadelwaldung begegnen sich an ihren äußersten Grenzen wie Teak und Eiche. V, 864.
Palmformen, fehlen fast gänzlich in Guzurate. VI, 635.
Palmhirn. V, 852.
Palmkohl. V, 852.
Palmwald, der schönste und umfangreichste der Welt, zwischen den Flüssen Wallewey und Kymel auf der Insel Ceylon. V, 844.
Palmwein, Abzapfung desselben schwächt die Frucht erzeugende Kraft der Dattel. V, 833. — aus dem Saft von Elate silvestris. V, 856.
Palmzucker, Handelsartikel der Birmanen. V, 263. — Hauptexport aus Siam. IV, 1079.
Palmyrapalme s. Borassus flabelliformis. V, 220. 249. 251. 854 ff.
Palmyra=Pflanzungen auf Ceylon. V, 841. 855. VI, 40. 116.
Palmyra=Region auf Ceylon. VI, 87. 116. 185.
Palmyrenisches Alphabet. V, 612.
Palo, Ort am Irawadi. V, 196.
Pa lo ve lo pu lo s. Parvapura. III, 1113.
Palpa=Geschlechter. IV, 77.
Palte, See in Tübet. IV, 222. 229. 271.
Palti's, Unterabtheilungen der Pergunnahs in Kaschmir. III, 876.
Pamachin, Station am Manerangpaß. III, 727. — s. Pumachin. III, 819. 820.
Pama=Strauch, Gefährte der Birkenwaldung. III, 820.
Pamar=Stamm, Sonnengeschlechter desselben. IV, 78.
Pambu. IV, 96.
Pamer-Ridge. III, 649.
Pami, Name der Reguli oder Provinzialgouverneure in China und der von ihnen beherrschten Vasallenstaaten. II, 198. 220. III, 647. — vergl. Pei=le, Vang.
Pamli, Dorf in Martaban. V, 154.
Pamohi, Ort in Kamrup. IV, 321. (Pamohi.)
Pampanassum, Wasserfall von, VI, 11.
Pan s. Pahang. V, 6. — d. i. Betelblatt. V, 502. 860.
Panaur, Fl. in Coromandel. VI, 305 ff. 310 f.
Panaurifl. zum Bagmati. IV, 60. — Thal. IV, 63.
Panax quinquefolia. IV, 895.

Pandam, Hauptstadt von Ramisseram. VI, 10.
Pancha Buddha Dhyani. IV, 135.
Panchala s. Kanyakubja. V, 498.
Panchanaden (von Panchanada = fünfflüssig, sanskr.), die Bewohner der Pentapotamie. V, 458.
Panchatantra (sanskr. = die fünf Sammlungen), ältestes Fabelwerk der Inder. V, 527.
Panchdravida. V, 735. VI, 380.
Panchesar, Station im Himalaya. III, 992.
Panchgaon, Ort an der Sylhetgrenze. V, 379.
Panch Pandu (d. h. die fünf Pandus), Grottentempel zu Bang. VI, 827 ff.
Panchshadra, Salzsee bei der Stadt Bhalotra in Jhoudpur. VI, 960.
Pandanus laevis. V, 52.
Pandanus odoratissimus. V, 83. VI, 530.
Pandarika-Baum, ob eine Art Bignonia? VI, 673.
Pandarum, erbliche Priesterfamilie auf Ramisseram. VI, 9.
Pandaragriha (sanskr.) = das weiße Haus. V, 504.
Pandava. III, 1094.
Panderras, Ort auf der Kaschmir-Route nach Leh. III, 630. 643.
Pandes s. Panths. III, 1049.
Pandio, König. III, 1091.
Pandions Reich. VI, 11 ff. 201.
Pandovi regia. III, 1091.
Pandscha Parbata. III, 947.
Pandu-Culies. V, 1038.
Pandua, Grenzdorf in Sylhet. V, 393.
Panduah Nulla, Bergbach in Cachar. V, 394.
Panduiden, die fünf, III, 886. IV, 115. V, 378. 674. 683. VI, 827. (ihr Asyl im Grottentempel zu Dhumnar.)
Panduka Abeye. VI, 222.
Pandu Lena, Grottentempelgruppe im Berglande Baglana. V, 677. VI, 322.
Pandus, Malabarenkönige auf Ceylon. VI, 243.
Pandus und Kurus, Kriege derselben. V, 491.
Panduwa Deve, König von Ceylon. VI, 222.
Pandus-Tempel am Nerbuda. VI, 597.
Pangdukodo s. Cynosurus corocanus. IV, 75. 104.
Pangi. III, 773.
Pangkur, Inselgruppe. V, 28.
Pangmo, Schneegebirge. IV, 102.
Pangmu. IV, 202.
Pangolin s. Bajurkit, Diamantthier, Schuppenthier. V, 65. VI, 511.
Pangpa s. Pangi. III, 773.
Pang Schan, Fl. IV, 709.
Pan hai, Station. III, 1017.
Panhal, Pergunnah von Kaschmir. III, 1137.
Panian, Sklavenkaste in Vorderindien. V, 931.
Paniany, Fl. in Dekan. V, 655. VI, 478.
Panico s. Panicum italicum. V, 716.
Panicum colonum. III, 996.
Panicum emarginatum. III, 841.
Panicum italicum s. Kanguni. IV, 20.
Panicum miliaceum. III, 1002.
Panicum spicatum. V, 104. 716. VI, 535. s. Bajera.
Panikam, Hafen bei Singapore, Ursprung und Bedeutung des Namens. V, 18.
Panjab (neupersisch) s. Pentepotamia.
Paniput, Schlacht bei, (1761). V, 899.
Panji, Tempelkalender in Orissa. VI, 560. [Ob zugleich Annalen? J. L. J.]
Pan jo to lo, Buddhapatriarch XXVII. IV, 1164.
Panjur, d. i. Aesculus Hippocastanum. III, 1017.
Pankhi. III, 1004.
Panki (?) = Buddhapriester. IV, 982.
Pankimath, Station. III, 1020.

Panlahang, Dorf am Irawadi. V, 208.
Panlamally. VI, 277.
Panlang, Dorf am Irawadi. V, 167.
Panmo s. Bhanmo. IV, 749.
Panmo Khianm, Fl. in Yünnan. IV, 749.
Panmun, das bewaldete hügliche Vorland von Malabar. V, 756.
Panna, das Tafelland von, VI, 855 ff.
Panna, orange-schimmernde Diamanten. VI, 362.
Panna-Gruppe der Diamantlager in Bundelkhund, zwischen den Sonar- und Sone-Fl. VI, 356.
Panna, die Residenz. VI, 360 f.
Pannago, d. i. Heumacher, Theil der Kschudra-Kaste auf Ceylon. VI, 232.
Pannamaram s. Borassus flabelliformis. V, 854 ff.
Pannawar Raja. VI, 501 f.
Pannipnt, Schlacht von, (14. Jun. 1761). VI, 398.
Pan-nu-thso (chines.) = Pendjab. III, 465. 1114.
Panpur, Ort am Behut in Kaschmir. III, 1150 f.
Pans (Stockmacher in der Orissasprache). VI, 556.
Pansch-Ganda, Nord-India-Abtheilung der Brahmanen. V, 668.
Pan sian Schan, Berg auf Formosa. IV, 868.
Pan Sile (d. i. die fünf Verbote Buddha's). VI, 215.
Pantaenus, alter christlicher Missionar in Indien. V, 601.
Pantam, Rana von, in Unter-Asam. IV, 321.
Pantaong. V, 192.
Pantheismus der Bhotiyas. IV, 165.
Pantheon, buddhistisches. IV, 135 f.
Panther in den Waldungen am Jalepaß. II, 48. 114.
Pantherarten in NWChina. II, 131. — s. auch Leoparden.
Panths, Brahmanenklasse in Kamaun. III, 1049.
Panti, chinesischer Großfeldherr. II, 459.
Pantoffel-Inseln. IV, 1028 f.
Pantun der Malaien. V, 93.
Panukka, die Winterresidenz des Radja von Bhutan. IV, 150. 156. 288. V, 399.
Panurwa-Gau in Udeypur. VI, 887.
Panwelly. V, 672.
Panyani, Stadt. V, 771. — der Strom von, V, 758.
Panz Bararah s. Punjberareh. III, 1152.
Pao bang, Kalkkette in Martaban. V, 136.
Pao-hing, d. i. Sicherheitskaufmann in Canton. IV, 840.
Pao-ho, Zufluß des Lan-ho. II, 118.
Pao-ki-hian. IV, 511. 520.
Paok to, Dorf bei Ava. V, 522.
Pao ling tsu s. Porcellanthurm. IV, 684.
Paongoza, Birmanen-Usurpator. V, 303.
Pao ning fu, Stadt am Takiangfluß. IV, 756. (in Szütschuan), von Marco Polo höchst wahrscheinlich. IV, 522.
Paopa-Berge. V, 211. 243. (199). 261.
Pao ße s. Tao ße. IV, 982.
Pao-te-tschén, Stadt am Gelb. Fl. Lage. II, 140. 419. IV, 508.
Pao ting fu. IV, 570.
Paotsching hian. IV, 520.
Paotun, Ort in Tübet auf der Tsiambo-Route. IV, 204.
Pao yng hian. IV, 685.
Papagaien in Malabar, ihre Verwüstungen. V, 924. — in den Wäldern am Kiangstr. IV, 655.
Papagaienfedern zum Durchwirken der Gewebe benutzt in Kueitschéon. IV, 757.
Papagaienschnabel, Fels in Tübet. IV, 254. — s. Yung ko tschui. IV, 882.
Papara, ehemals bedeutende Stadt. V, 80.
Papaver alpinum in den trockenen Bergriunen der Savoyer Hochalpen. II, 717. 767. III, 291.
Papaver candidum. VI, 775.
Papaver croceum. II, 717.

Papaver nigrum. VI, 775.
Papaver nudicaule. III, 281.
Papaver rhoeas. VI, 775.
Papaver somniferum L. VI, 773 ff.
Papaya=Feige in Ava. V, 250. — auf Ceylon. VI, 117.
Pape, die Grenzvölker zwischen China und Ava. IV, 764.
Papera s. Phapher, Polygonum. III, 1002.
Pa pe si fu, das Volk zwischen Yünnan und Bengal. IV, 762 ff.
Pa pe ta tian (d. i. Land der Pape). IV, 775.
Pa phai yao, Stamm der freien Miao. IV, 765. 771.
Paphyrek, Stadt in Martaban. V, 139.
Papier der Birmanen. V, 262. — aus Baumrinde in Bhutan. IV, 148. — koreanisches von Baumwolle und Daphne. II, 96. — aus der Pflanze Setbarua in Hindostan. III, 996.
Papierfabriken in Gertope. III, 599. — in Ning=hia. II, 261. — in Palli. VI, 964. — in Kaschmir. III, 1184.
Papiergeld, Versuch des Sultan Mahmud Toghluk, dasselbe in Indien einzuführen. V, 567.
Papierschaale der Kaghzi=Wallnuß. III, 1196. [Man vergl. die Knackmandeln von Amygdalus nana.]
Papierstaude s. Set=Barua. III, 997. IV, 54. 148.
Papilio Apollo, im Altai. II, 732.
Papilio Machaon, an der Buchtarma. II, 680.
Papilio parakekti, durch ganz Indien bis Java einheimisch. VI, 1120.
Papilio Podalirius, an der Buchtarma. II, 680.
Pap Mochni, Idol bei Ajimere. VI, 913.
Papra, Straße zwischen Junk=Ceylon und dem Continent. V, 76. 80. 109.
Papti=Gebirge s. Mirgu, Meyangma. IV, 84. 85.
Papua=Stamm in Indien. III, 1045 ff. V, 446.
Pa=pu=tschuan, tübet. Strom. IV, 178.
Papyrus s. Palmyra=Blätter. VI, 62. (V, 852. 854.)
Par s. Tir. VI, 951.
Para, der Fl. von Sukhlote. III, 611 ff.
Para's, die Hütten der Bergbhils. VI, 616. — Dorfschaften in Aracan. V, 321.
Parab, Tribus der Bhotiyas. IV, 166.
Parabasi, Gorkhaort mit einer Eisengießerei. IV, 91.
Parabrahma (das Urgroße), sanskrit. II, 6.
Paracels, die, Klippenarchipel an der Küste von Cochin China. IV, 922.
Parackrama Bahu I., König der Singhalesen (1137—1170 n. Chr.). VI, 190. 244.
Parackrama Bahu II., König von Ceylon (1270 n. Chr.). VI, 190. 201. 208.
Paradiesapfel s. Musa sapientum. V, 876.
Paradiesbaum s. Balsampappel. II, 921.
Paradiesfeige s. Musa sapientum. V, 876. VI, 60.
Paradiesland, mythisches der Inder. II, 8. — der Sinhphos. IV, 378.
Paradiesvogel s. Okar. III, 1160.
Parageng. IV, 144.
Para=Hotun (d. i. Tigerstadt), Stadt. II, 533 f.
Para=Khotun s. Bars=Khotun. II, 547.
Para La=ha, Paß. III, 553. 571. 1064.
Párálása=Kette. III, 553. 571.
Paralasa=Passage. III, 1068. V, 467.
Parallelismus der Meridianketten in Hinterindien. II, 49. 53. IV, 428. 895. 993. V, 300. — der Randgebirgsketten. II, 36. — und Convergenz der Gebirgsketten. II, 44 folgd. — der Ge=

birgsglieder in der Normaldirektion. III, 15.
Paramahans Bajjot, der Baumeister. VI, 563.
Paramara, die Beherrscher der Stadt Chandravati am Fuße des Berges Abu. VI, 734.
Parasangen, Längenmaaß. III, 1123.
Paraspur, Stadt in Kaschmir. III, 1152.
Parastan. III, 1138.
Parasuran, Tempel des, III, 886.
Parati, Zufluß zum Spiti. III, 570. 577.
Parawas, Chefs der Fischer- und Taucher-Kaste auf Ceylon. VI, 175.
Parbat (d. i. Bergland). IV, 18.
Parbatiya's in Nepal (d. i. die Eingewanderten oder Umgewandelten). IV, 117—120. — d. i. Gebirgshindus. IV, 109.
Parbatiya Basha (d. i. der Gebirgsdialekt), Sprache in Nepal. IV, 111. 117. — Charakter 120.
Parbutsir, Stadt in Jhudpur. VI, 975.
Parbutty, Fl. VI, 751.
Parcelar Hill. V, 29.
Parcul Omo s. Barkol.
Parduman Shah, Radjaprinzen von Gundiat. III, 888.
Parecah. VI, 512.
Pareil, der Landsitz des Gouverneurs von Bombay. VI, 1085 ff.
Parer-Holz auf Ceylon. VI, 122.
Pargheul s. Purkyul. III, 546. 566. 590. 686. 709.
Paria-See in Kaschmir. III, 1144.
Pariar, Plur. von Parian. V, 446. — in Malabar dunkelfarbig. V, 446.
Pariar-Hunde, herrenlos umherstreifende Schwärme der, in Indien. VI, 645. — Hausthier jeder Singhalesenfamilie. VI, 144.
Paridsong s. Phari. IV, 152 f. 161.
Parihasapura s. Paraspur. III, 1108. 1152.
Parin, Landschaft mongolischer Ansiedler in der südöstlichen Gobi. III, 365. — Grenze. II, 101.
Parinuggur s. Nuggur. VI, 1022. — Ruinen von, VI, 1029.
Pari-pari auf Celebes. V, 72.
Paripatra s. Satpura-Kette. VI, 568.
Pariwal-Tribus der Jainas. V, 747.
Pariyat, Geb. III, 1064.
Parka-dabahan. II, 503.
Parka-Pira. II, 503.
Parkina, Dorf am untern Khilok. III, 166.
Parkinsonien zu Alleepflanzungen benutzt. VI, 905.
Parkol s. Barkol.
Parkur, Rajputenstaat. VI, 1018 ff.
Parmgola s. Behramgala. III, 1144.
Parmitas, die fünf; s. Khands. IV, 131. 132.
Parnassien in Sirmore. III, 858.
Paro, am Pa-tschieu in Bhutan. Marktort, Pallast. IV, 142. 144.
Parochien der Suriani in Indien. V, 613.
Paropamisaden, altindisches Volk. III, 420.
Paropanisus, richtiger als Paropamisus. V, 449.
Paro-Pilo. IV, 144. 161.
Parrah, Getreidegewicht auf Ceylon. VI, 38. (1 P. = 44 Pfd. engl.)
Parrispur s. Barspor. III, 1137.
Parsen in Guzerate und Surate. V, 615 ff.
Parseram. III, 918.
Parsis auf Bombay. VI, 1086 ff.
Parsi-Mobeds und Parsi-laien in Surate. VI, 630 f.
Parswanatha, der Begründer der Jaina-Sekte. V, 741. — in einen weißen Elephan verwandelt. V, 909. — Tempel des, in den Kand-Giri. V, 741. VI, 551.
Parti (Cosmas), Emporium auf Male (Malabar). VI, 30.
Partsin, Fl., s. Tekes. II, 399.
Paru, Ortschaft der Suriani in Malabar. V, 614.
Parum, Name der Kokosgärten in Malabar. V, 849. — das ge-

rodete hüglige Vorland von Malabar. V, 756.
Parumba s. Parum, Mimosa tuggula. V, 756. 765.
Parunga-Naad der Nilgherry. V, 989.
Parur, Syrische christliche Gemeindekirche zu, V, 607.
Paruru, mexikanischer Name der Frucht von Platana Arton. V, 882.
Parus scythicus (Meise). II, 1107.
Parva (sanskr. = vorn), Name des Ostens bei den Indern. II, 9.
Parvada-Hale-Canada-Sprache. VI, 381.
Parvaim. VI, 65.
Parvat, die Berggöttin, Shiva's Gemahlin. IV, 18.
Parvati Khetr. VI, 548. 553 ff.
Parvutti, Shiva's Gemahlin. VI, 285. s. Parvat.
Parvattum-Pagode am Kistna. VI, 469.
Parwa, Stadt in Kaschmir. III, 1161.
Parwallah, Ort in Bhutnair. VI, 1001.
Paryanka (d. i. Ruhebett, im Sanskrit), daher die Benennung Palanquin. V, 648.
Pary, ob = Paridsong? IV, 215. (cfr. 152.)
Paryunuru, Grenzdorf des Cochingebiets. V, 770.
Pas aux Ponts, Steilwand im Chamouni-Thale. II, 923.
Pasak, Distrikt von Siam. IV, 1084.
Pasas, Pase s. Chalome. V, 120.
Pa-sa-tung-Lama-Schan, Name eines Berges in Ost-Tübet. IV, 651.
Pasbage, Ort auf Ceylon. VI, 88. 205. 213.
Pascharowa, Dorf am Bargusinfl. III, 64. — am Baikalsee. III, 50.
Pascher in Böhmen, Sachsen, Schweiz, Tyrol, Istrien, Tubetische, Chinesische, in den Nilgherry. V, 1011.
Paschkam im Industhale. III, 631 f.
Paschkow, Afanasei. II, 621. — Erbauer von Pertschinsk 1658. II, 566.
Pasch-schaili, Fl. zum Artaisee [Baschkaul?]. II, 1011.
Paschui, Zufl. zum Weiho. IV, 510. — Quelle. 511.
Pashi, Ort am Dihong von Abors bewohnt. IV, 350. 365.
Pashilal, Dorf am Zusammenfl. des Dupha und Dihing. IV, 390.
Pashin, Dorf am Irawadi. V, 179.
Pashin, Shawlwolle. III, 602. 604.
Pashminas, Gewebe von Shawlwolle. III, 733.
Pas'ho, Schenkelbekleidung der Birmanen. V, 272.
Pasial, Abor-Stamm und Ort am Dihong. IV, 349. 363.
Pasigraphische Fingersprache. III, 913.
Paspalum cora. IV, 75.
Paspalum frumentaceum s. Kobo. IV, 28.
Paspalum scrobitulatum. III, 841.
Passa-Geatong s. Bukadewar, Passaka. IV, 141. 160.
Passakha s. Bukadewar, Passa-Geatong. IV, 140. 160.
Passatwinde, ihre Ablenkung innerhalb der Tropenzone bedingt das Entstehen der Monsuns. V, 792.
Passaur s. Peschawer. III, 439.
Passeres, zahlreiche Arten in Singapore. V, 66.
Passine, das Cultus-Oberhaupt der Khyen. V, 281.
Pasupatinath. IV, 71.
Patagei. III, 939.
Patal-Ganga, kl. Fl. in Kaschmir. III, 1153. — Wasserfall. III, 1020.
Patâla, mythologische Sanskritbenennung für Unterwelt, Abendland. V, 475. — ihr Schornstein. V, 334.
Patala, König von, unterwirft sich Alexandern. V, 474.
Patalene, Insel an der Bifurkation des Indus. V, 478.

Patali, sanskrit. der Trompetenbaum. V, 508. — s. Bignonia suaveolens. VI, 536.
Pa-ta-ling, Berg. II, 131.
Pat' ali putra s. Palibothra. V, 495. 508. VI, 1150.
Patalpuri, der Lingam zu Allahabad. VI, 1150.
Patamra (Orientaler Rubin), in Ava. V, 242.
Pata mra kaong wen, Name des opalisirenden Rubins in Ava. V, 242.
Patan s. Pattan. III, 1137.
Patanago, Stadt am Irawadi. V, 198.
Patani, Königreich. V, 4 ff.
Pat-ar (sanskr.), d. i. Tafelberg, Tafelland. VI, 733.
Patarghat, Fähre über den Karnaphulifl. V, 410.
Patchely s. Dalbergia paniculata. V, 765.
Pateala (ob = Putala?), d. i. H'Lassa. III, 827.
Patel, Gemeindevorsteher in Dekan. VI, 416.
Patellen im indischen Meer. V, 83.
Patelputer am Sonefl., Ruinen von Palibothra. V, 508.
Patemar, Bote der Mucuas. V, 771.
Pater, Jharechef der Diamantgräber. VI, 356.
Pathankot, d. i. die Pathanenfeste. III, 1076.
Patha-Nulla-Paß. III, 873.
Pat'har, die XII. Castelle von, VI, 805.
Pathk-Morrt. V, 990.
Pati Sinus auf Taprobane nach Ptolem. VI, 25.
Patkoi. IV, 399.
Patlan (d. i. Fluß-Fähre) über den Beyah. III, 1075.
Patna (d. h. die Stadt, sanskr.), Stadt. V, 507 folgd. — die moderne Capitale von Behar. VI, 1159.
Patna-Opium. VI, 784.
Patna's, d. i. Dörfer in der Orissasprache. VI, 555.
Pato, d. i. pater, in Kambodja. IV, 983.
Paton (Charles), britischer Land-Commissär von Aracan. V, 321.
Pa-to-li-tseu (chin.) s. Patali-putra. III, 464.
Patra (bengal.), d. i. Palmyrablatt. VI, 1245.
Patri, Ort in Jhallawar (Guzurate). VI, 1065.
Patriarchen, buddhistische, Regierungsjahre derselben. III, 234. V, 492.
Patriarchalische Einfalt der Tudas in den Nilgherry. V, 1034 f.
Patrinia sibirica. II, 912. 940.
Patris, unreine Lehre der Cacharis vor Annahme des Brahmaismus. V, 385.
Patriyu, Ort in Siam. IV, 1072.
Patroba. VI, 580.
Patschai, chines. Schimpfname für die Pa phai yao. IV, 771.
Pa-tschieu, Gebirgsstrom in Bhutan. IV, 142.
Petschitschenskaja (von Petschi = Ofenloch), Dorf, Lage. II, 685.
Pattan, Pergunnah von Kaschmir. III, 1137.
Pattana s. Patna. III, 455.
Pattana, beste Qualität des Sandelholzes. V, 819.
Pattea-Volk auf Ceylon s. Nillemakareya. VI, 231.
Patteriah, Höhe. VI, 836.
Pattewelle, nährende Wurzelart auf Ceylon. VI, 115.
Pattia, Kaschmir-Shawl-Gewebe. III, 1173.
Patty, Sorte der Chankmuschel. VI, 158.
Patun, Stadt und Jaina-Kolonie in der Harowti-Ebene. VI, 814.
Paturu-Tschorom. II, 310.
Pa ty u, Ort im Siamgofl. IV, 1080.
Pauga, Ort in Bhutan. IV, 142. 146.
Pauphur. VI, 306. 337.
Paulie-Sprache s. Pali. IV, 1164.
Paumbum-Kanal. VI, 151. 154.
Paun (?), vegetabilisches Lebensmittel in Asam. IV, 370.

Paung-uya, Tempel am Irawadi. V, 230.
Paunleaf, Produkt der Naga's in Hinterindien. V, 374.
Paunti, Dorf am Dschemna. III, 887. 889.
Paurava = Porus. V, 453.
Paurusha (= Held, sanskr.) s. Porus. V, 453.
Paush, Monatsname in Asam. IV, 335.
Pavhk, Bergwasser vom Mukurtu-Pik zum Pykarifl. V, 959.
Paviane, in zahlreichen Heerden auf dem Himalaya-Gebirge. III, 1017.
Pavo bicalcaratus s. Deo Kukura. IV, 318. 332.
Pavo cristatus. IV, 1108.
Pavosken (Plattschiffe mit einem Mast) auf dem Baikalsee. III, 94.
Pavot-Pflanze s. Papaver. VI, 777.
Pawlowsk Silberhütte. II, 826. 853.
Pawnri-Paß. III, 782. 785.
Pawur, Distrikt von Kutch. VI, 1038.
Payen-Alin, Bergkette. II, 490.
Payen-Ghat. V, 655. VI, 271.
Payen-Oulon, Geb. II, 532.
Payen-tsiruké-Alin. II, 496.
Pay ho s. Pe ho. IV, 557.
Payik, Name des niederen Volks in Asam. IV, 316.
Payley, Holzart in Animalaya. V, 766.
Paynra s. Gardenia uliginosa. V, 699.
Pay-nuk-alnmi-khara-usun. Lager. II, 547.
Payoschin. V, 496.
Payypnouh, Dorf am Sanluaen. V, 153.
Paycotu, Göttin der Cadar. V, 762.
Pay-ta-liki s. Baitarik. II, 554. 1061.
Pe, d. i. das weiße Gebirge. II, 333.
Pé (chin.) = comes. II, 231.
Pe (chinesisch) = Larix, Lärchenbaum. II, 429.
Pe, Ackermaaß in Ava. V, 225.
Pe (siam.) = Ziege. IV, 102.
Peacock s. Pavo cristatus. IV, 1108.
Peaohukom, Berg in Bhutan. IV, 141.
Pecher (M. Polo), arab. Hafen, wol Sheher im Ost von Aden? V, 900.
Pechsiedereien in Cochin China. IV, 991.
Pedda Nainkang Durga. VI, 316.
Pedhal (Puggala?), Ort in den Nilgherry. V, 995.
Pedicularis elegans. II, 945.
Pedicularis incarnata. III, 281.
Pedicularis lapponica. III, 265.
Pedicularis microphylla. III, 267.
Pedicularis paniculata. III, 72.
Pedicularis proboscidea. II, 890.
Pedicularis rubicunda. II, 714.
Pedicularis spicata. III, 265.
Pedicularis tristis. III, 265.
Pedicularis versicolor. II, 912. 949.
Pedicularis verticillata. II, 698. III, 265.
Pedir auf Sumatra. V, 860.
Pednaburgam. VI, 316.
Pedro Branco (d. i. der weiße Fels), Klippe an der Osteinfahrt der Singaporestraße. V, 9.
Peema, Waldbaum in Pegu. V, 184.
Pegu, Plateauland von, IV, 908. V, 161. — wie bezeichnet in der indischen Erdansicht. II, 7. — Flächeninhalt. V, 159. — Flora, Charakter derselben. V, 413. — (die Stadt). V, 179 ff.
Peguanische Völker, ihre Heimath. V, 165.
Pegustrom, sogenannter, ältere Angaben hierüber. IV, 907.
Pe-hai (chinesisch = Nordmeer), d. i. der Baikalsee. II, 598. 599. III, 7.
Pehak, Pergunnah von Kaschmir. III, 1136.

Pehien, chines. Name der weißen Fasane. IV, 655.
Pehlunag, Wasserbecken in Kaschmir. III, 1160. — s. Orakelquelle. III, 1134.
Pe-i, siames. Volksstamm s. Loktaï, Laktho.
Pei (d. i. Stein mit Inschrift). III, 305.
Peidaen (koreanisch) = Seide. 634.
Peiho s. Peho. IV, 565. — chin. Küstenfl. IV, 536.
Peiki, Abtheilung der Tudas in den Nilgherry. V, 1030.
Pei-Kimu, eine der Ostquellen des oberen Kem. II, 1046. 1047. 1050.
Peile, Name der Reguli in der Mandschurei. II, 150. 168. 220. 310. 538.
Peing-ghe s. Pingyi. V, 191.
Peirai-Fl. in Sirmore. III, 868.
Peischwa (d. i. Erster Minister). V, 661. VI, 396.
Peïti, Stadt in Tübet. IV, 229. 271.
Pe-Intu, chines. = Nord-Indien. III, 646.
Pekan, einheimischer Name von Formosa. V, 858.
Pekiang (der weiße Fluß), an dem Westgestade von Korea. IV, 623.
Pe Kiang, schiffbarer Küstenfluß in der Provinz Kuantung. IV, 663.
Pe-kiang, d. i. der Nordhafen, auf Formosa. IV, 860. 870. — s. auch Tschu-kiang. IV, 836.
Peking. IV, 647. — russische Fremdenkolonie zu, Entstehung derselben. II, 108. 620 f. — erste christliche Kirche daselbst. II, 259. — Elephanten in, V, 914. — Gesandschaften nach, IV, 831 ff.
Pekingstraße, die Große, II, 338. 339. 400. 421. 426. 674. 694.
Pe-koe, Theeart. III, 232.
Pe-koen, mythische Person der chinesischen Sündfluthsage. II, 159.
Pelang, die, rühmen sich von einem Affengeschlechte herzustammen. IV, 766.
Pe la tschhung, wachsbildendes Insekt auf der Insel Hainan. IV, 883.
Peldong, Ort zwischen Tschaprang und Gertope. III, 738.
Pelecanus carbo. III, 9. 48. 162.
Pelembang-Fluß in Sumatra. V, 86.
Pelikane in Martaban. V, 146.
Pe-ling (chinesisch, das Nordgebirge). Ueber den Zusammenhang mit dem Himalayasystem. III, 417.
Pe-ling-Parallel. IV, 511. 659. 679.
Pella, Bodenart in Marwar. VI, 956.
Pelou, Waldbaum in Canara. V, 699.
Pe-lu (chinesisch = Nordweg, Nordprovinz), Länder im Norden des Thian-Schan. II, 320. — die Nordstraße. II, 363. — Gouvernement. II, 393. — Busch der Wüstenflora von Parkur. VI, 1023.
Pe-luk, See. II, 1047.
Pelusischer Nilarm. IV, 526. VI, 1223.
Pelzflatterer s. Galeopithecus rufus. V, 53.
Peman, d. i. Weiße Barbaren. IV, 742.
Pe ma tsching (chinesisch = Weißes Pferd), chinesischer Ort. IV, 519.
Pemberton, englischer Lieutenant. V, 245. 357.
Pen, Zufl. zum Irawadi. V, 205.
Penjong, Provinz von Kambodja. IV, 914.
Pengadoor, Waldbaum in Pegu? V, 184.
Pengtchaman. IV, 198.
Peni-Curundu. VI, 130.
Penjab = Fünfstromland (sanskr.). V, 431. — nicht dem baktrischen Reiche angehörig. V, 485.
Penjelam, Lama von Teshu-Lumbu. III, 483. 825. IV, 158.
Pennacondah. VI, 337.

Pennar, Fl. in Coromandel. VI, 305 ff. 337 ff.
Pennom, Stadt auf der Mal. Halbinsel. V, 81.
Penompeng, Capitale von Kambodja. IV, 1062. — königliche Gärten zu, in Cochin China. IV, 927.
Pentapolis der Uiguren. II, 384.
Pentapotamie. V, 452.
Pentaptera tomentosa. VI, 536.
Pentateuch, Handschrift desselben auf rothgefärbten Ziegenhäuten bei den weißen Juden in Malabar. V, 600.
Pentcoll, Buddagurdorf in den Nilgherry. V, 1005.
Πεντεδάκτυλος des Taygetus. III, 947.
Penth, Grottentempel zwischen Nassuk und Puna. V, 684.
Peon, Zimmerholz auf Ceylon. VI, 91.
Pepe (italiän.) s. Piper nigrum. V, 865.
Pepheng. IV, 871.
Pepiheh, d. h. Vogel der Liebe. VI, 636.
Pepulbäume. V, 417.
Πέπερι. V, 439.
Perak, Küstenstaat der mal. Halbinsel. V, 5. 27—29.
Peralu der Malabaren s. Ficus indica. VI, 679.
Perca cernua, fluviatilis. II, 795.
Perdix rufa s. auch Ghakor. III, 673. IV, 28.
Perebor (russisch = Furt). II, 874.
Perebori (russisch), d. i. Strudel. II, 891.
Perelog (russisch), Acker, der zum zweiten Male besäet wird. II, 794.
Perewosnaja-Gora, Schriftfels am, II, 1077.
Perez, Fern. und Simon. IV, 827. — Thom. IV, 831. [Muß nicht auch hier Simon gelesen werden?]
Perfiriew, Maxim., dessen Jeniseiskische Expedition (1640). II, 602.
Pergamentartige Baumblätter auf Ceylon. VI, 103. 214.
Pergularia odoratissima. VI, 1110.
Pergunnat-Caribari. V, 401.
Pergunnahs, Eintheilung in, in Kamrup. IV, 320.
Peria, Ort auf der Höhe der Westghats. V, 778.
Periapatan, Dorf. VI, 335.
Peribet s. Parvati. III, 461.
Perimal, König von Maabar (c. 800 v. Chr. Geb.). V, 584.
Peringa-Naad s. Parunga-Naad. V, 989.
Perinkara (Rumph. Hort. Mal.) in Asam. IV, 325.
Periotbach zum Nerbuda. VI, 573.
Perlauster. VI, 160 ff.
Perlen, Verbreitung bis zu den Schneefeldern Centralasiens. III, 597. VI, 178. — im Mergui-Archipel. V, 121. VI, 160 ff.
Perlenbänke bei Nowanuggur. VI, 1071.
Perlenfang. VI, 160 ff.
Perlenproduktion, künstliche. VI, 180.
Perlerzeugung. VI, 160 ff.
Perlfischerei. VI, 160 ff. — durch Verbrecher ausgeübt. V, 516. — an den Küsten von Ceylon. VI, 41. V, 516. — im Gebiet des Königs von Pandion. (Arrian). V, 516. — einstige an den Küsten der Hainanstraße. IV, 819.
Perlhandel. VI, 160 ff.
Perlkalk. VI, 166. 168. 242.
Perlmuscheln im Onon, Ili und anderen Zuflüssen des Onon. III, 282.
Perlmutter in Tongking. IV, 942.
Perl-Sago-Bereitung. V, 36. 66.
Perlen, die neun, der indischen Literatur. V, 487.
Permal Raja. V, 584. 598. — Inschriften zum Lobe desselben zu Nilkantha. VI, 863.
Permaul, Berg. VI, 4. 7.

Pernakans, chinesische Nachkömmlinge auf Java. IV, 800.
Permaul-malli. VI, 442.
Perozes s. Mar Prodh. V, 610.
Perron, französ. General in Indien. VI, 402.
Persepolis, Löwenskulpturen zu, VI, 712 ff.
Perser, Yavanas von den Indiern genannt. V, 441. — geographische Begriffe derselben und deren Quelle. II, 4.
Perserheer, indische Truppen darunter. V, 445.
Persien, bezeichnet in der indischen Erdansicht. II, 17.
Persisch, die Hofsprache der Großmoguldynastie. VI, 654. — früher in den Gerichtshöfen Guzurate's im Gebrauch. VI, 651.
Persische Metropoliten, ihr Sprengel. II, 286.
Persische Sitten und Tracht der Bhats und Charuns in Malwa. VI, 765.
Persische Wörter der Jessulmersprache in Masse beigemengt. VI, 1014.
Persisch-christliche Gemeinde auf Ceylon nach Cosmas Indicopl. V, 603.
Pertabghur. VI, 641 f. — Höhe. VI, 637.
Pertabghur-Ghonds. VI, 518 f.
Pertab Rudra Deo, Raja von Orissa. VI, 565.
Pertalle, Diamantlager. VI, 351.
Pertaubghur-Gonds. VI, 493.
Pertaub Singh Raja von Jeypur (bis 1803). VI, 920.
Peru-maram, d. h. großer Baum. V, 760.
Perum Pariar. V, 930.
Peruya, Wollzeuge. IV, 27.
Perwar (?). V, 571.
Perwuttum-Pagode am Kistnafl. VI, 339. (d. h. Parvatam-Berg.)
Pery Kehra, Dorf am Saggarfl. V, 570.
Pescadores, Inselgruppe, s. Ponghu. IV, 858.
Pesch, Zufluß zum Kanhan. VI, 453.
Pe-Schan, Vulkan im N. von Kutsché. II, 333—337. (Erdk. Aufl. I. Band I, 461. II, 560 bis 562.)
Peschasches (d. i. Teufel), Wirbelwinde in Dekan. VI, 371.
Peschawer, Stufenlandschaft von, Kämpfe daselbst zwischen Indiern und Afghanen. V, 531. — Dorf in Bhurtpur an der Grenze von Jeypur. VI, 943.
Peschole-See in Udeypur. VI, 884.
Peschterek, Poststation auf der Route von Leh nach Yarkend. III, 640.
Pessal, Dorf auf der Manaar-Insel. VI, 152.
Pesterew (J.), russischer Grenzkommissär und Geodät. II, 569. 591.
Pesterews Grenzkreuz. II, 1006.
Pest, Verhältniß derselben zum Faulfieber. VI, 507.
Peschanaja Guba (d. h. Sandbucht am Baikal-See). III, 20. 25. (Peschtsch....) andere Orthogr. II, 892.
Pestseuchen in Sibirien. II, 1042. 1043. — in Hami. II, 561.
Pe sui Schan, Schneegipfel in der Alpenkette der Miao, Lage desselben (geogr.). IV, 661.
Pesul, Perlensorte. VI, 177.
Pet s. Anas boschas. IV, 1109.
Peta, durch Ruinen merkwürdiger Lagerplatz am Hoangho. II, 169.
Pe-tchan, Stadt. IV, 418.
Peter der Große. V, 456.
Pe tha ho (d. i. Fluß des weißen Hasen) in Tübet. IV, 210.
Pe-thim s. Pe-thing. II, 348.
Pe-thing, d. i. Nordresidenz am Nordabhange des Himmelsgebirges. II, 348. = Bisch-balig. II, 251.
Pe-thing, Steppenbach in der Gobi. II, 212.
Pe-thing-tou-han-fu. II, 348. 384.
Pethoragerh. III, 1032.
Pe-ti (d. h. Nord-Hund) s. Tatsche. II, 277. — s. Baldhi. IV, 271.
Petiolen, schützende, der Banane, Behufs ihrer weiteren Verbreitung. VI, 1114.
Petlin (Iwan), Kosak, Gesand-

schaftsreise desselben zum Altyn-Khan im J. 1619. II, 1067 ff.
Pet-Manila s. Anas boschas. IV, 1109.
Petmarz s. Dodabetta. V, 964.
Petratja, siames. Oberfeldherr. IV, 1193.
Petrefacten, merkwürdige bei Pondichery. VI, 313.
Petrofsk, neu angelegte Eisenhütte im Daurischen Erzgebirge. III, 313.
Petrofsky, Silbergrube. II, 840.
Petroleum, durchdringt Kalksteinfelsmassen. V, 211.
Petrona (Pedro de la Serra), Capuciner-Pater. III, 459.
Petrora s. Patroda. VI, 580.
Petrow (W. P.), Landschaftsmaler. II, 875.
Petrow (Petrulin), russ. Major. II, 587. 865.
Petrowskoi Sawod am Khilok. III, 166.
Petrus, Bischof von Japan (1598), sein Grabmal in Malakka. II, 100. V, 40.
Petscha, Gebirgsabfall des, II, 116. 535.
Pe-tscha, höchster Theil der Khingankette. II, 112. — (angebliche Höhe 12000'.) II, 101.
Pe-tsche, Fl., Heiligkeit desselben. II, 132. 451. 537.
Pe-tscheli, Ausdehnung der Ebene. II, 131. — unter den Altunkhanen. II, 255. — der Golf von, IV, 565 ff.
Pe-tsi. IV, 584. 610. 637. s. Fiak-sai.
Petsi Kem (?). II, 1048.
Petta s. Bett. V, 783.
Pettah. VI, 183. 184. 186. 197.
Petung (chinesisch), d. i. Kupfer. IV, 754.
Peu = Bodh. IV, 175.
Peucedanum elatum, paniculatum, gigantische Doldengewächse. II, 653.
Peukelaitis, indische Provinz, welche Alexander der Große durchzog. V, 451. — Auch findet man die Leseart *Πευκολαΐτις* in den Handschriften des Ptolem. Es ist Pakholi zu verstehen. III, 1088.
Peulastya, Raja im Dekan (seit 1489). V, 522.
Peu-U-Tsang, Name des eigentlichen Tübets oder Ostübets. IV, 175. — s. Tzang. III, 587.
Pewa, Tribus der Bhotiyas. IV, 166.
Pe yan (d. i. die weiße Wand), Alpenstock des mittleren Siue Ling. IV, 411.
Peyue (chinesisch), d. i. Neujahr. III, 203.
Pe-yun (d. i. Weiße Wolke) s. Tshagan. III, 392.
Pfau, der, in Bundelkhund. VI, 848. — vier verschiedene Arten in Martaban. V, 146. — wild in Dschittagong. V, 420. — Wappenthier von Ava. V, 177. — Heiligkeit desselben in Bhurtpur. VI, 942.
Pfauen-Thron, der, in Delhi. VI, 1128.
Pfeffer, Kultur desselben in höchster Vollkommenheit auf Pulo-Penang. V, 51. — Besonders zeichnen sich die Chinesen in derselben aus. IV, 1068. 1095. — reiche Produktion desselben in Kalantan. V, 5. — Geschichte des Handels mit demselben. V, 439.
Pfefferinseln s. Labas. V, 20.
Pfefferküste = Malabar bei den Arabern. V, 439. — von Cottonara. V, 515.
Pfefferpflanze in Dschittagong. V, 419.
Pfefferplantagen in Siam. IV, 1068.
Pfefferrebe, die, s. besonders V, 864 ff. — in wiefern sie das Clima charakterisirt, in dem sie vorkommt. V, 866. — auf Ceylon von den Holländern eingeführt. VI, 119. (V, 865.)
Pfeffermünzöl, Eindruck desselben auf die Chinesen. III, 598.
Pfeile, vergiftete der Khyen. V, 282. — der Nagas. V, 372.
Pfeilschießen, musikalisches. IV, 886.
Pferd, das, in Hindostan. V, 898 ff.

— in Ava. V, 256. — auf Ceylon. VI, 143. — Name desselben auf koreisch. IV, 634.
Pferd, Bild im ostasiatischen Zodiakus. II, 1125.
Pferde, burätische. III, 27. — kleine tübetische Raçe in Nepal, Asam u. s. w. IV, 51. 140. 159. 294. — wilde, in der Gobi. III, 381. — in der Steppe zwi. Abakan und Jenisei. II, 1101. III, 559. IV, 98. — s. Gurkhaw. IV, 154. — ihre Klugheit. II, 934. — ziehen schwimmend die Kähne durch die Flüsse bei den Kirghisen. II, 647. — Berauschung derselben durch Gewürz und Opium bei den Pindarris üblich. VI, 409. — Prärogative des Königs auf Ceylon. VI, 200. — mit Holz beschlagen. II, 213. — in China eingeführt. II, 246. IV, 503. — von der Drachen-Raçe. III, 1113. — in Kaschmir. III, 1162. — treffliche in Guzerate. VI, 1072. — vorzügliche Raçe in Kutch. VI, 1049. S. auch Englisiren. IV, 742.
Pferdefleisch, früher von den Mongolen gegessen, jetzt verboten. III, 385. — zu essen, ist den Lamen verboten. III, 625.
Pferdegesichter. II, 351.
Pferdegestüte, britisch-indische. III, 549. 604. V, 903.
Pferdehaar-ähnliche Blätter der Saguerus Rumphii. VI, 1210.
Pferdehandel, bedeutender in Chinachin. IV, 27.
Pferdeheerden, früher in Munipur. V, 363. — der Silladars in Dekan. V, 661.
Pferdeköpfe (die fünf), Name einer Felsengruppe in der chines. Prov. Canton. IV, 664.
Pferdekultus bei den Katschinzen. II, 1096. III, 122.
Pferdemarkt der östlichen Turk. II, 246. III, 384. — für Central-Indien in Jeypur. VI, 929.
Pferdemästung, durch Melonen in Bochara. III, 1193.
Pferdeposten, durch das ganze indische Reich eingerichtet von Sekunders. V, 580.
Pferderennen in Malwa. VI, 771.
Pferdeseuchen in Sibirien. III, 318.
Pferdeweihe der Buräten. III, 30. (vergl. II, 1096.)
Pferdezaum, als Schutzgott der Palliwal-Brahmanen in Jessulmer. VI, 1015.
Pferdezucht, treffliche in Ninghia. II, 161. — gering, und zwar aus welchem Grunde, in Kaschmir. III, 1194.
Pfingstvogel (Oriolus galbula). II, 874.
Pfirsich, die platte. VI, 1118.
Pfirsichbaum, auf dem Plateaulande von Munipur. V, 363. — in der Berglandschaft von Nepal. IV, 50.
Pfirsichwälder (?) am Ughemylgeb. III, 220.
Pflanzen, Verbreitung derselben durch Beimischung des Samens unter dem Korn. II, 881. [Als fernere Beispiele: Agrostemma Githago, die Radel, eine ursprünglich südeuropäische Pflanze, und Galinsogia peruviensis, welche jetzt die Felder in der Umgegend Berlins bedeckt.] — nach geogr. Breiten und Längen. V, 829. VI, 703. — durch die Monsone bedingt. V, 84.
Pflanzencultivation auf Flössen im Poyangsee. IV, 672.
Pflanzenformen, europäische, auf den Gipfeln der Churgruppe in Sirmore. III, 863.
Pflanzen-Opal, Kieselsekretion in den Bambus-Arten. VI, 366. (s. Tabaschir.)
Pflanzenpapier, indisches, aus Daphne-Arten. III, 997. IV, 54. 148.
Pflaumenbaum, auf dem Hochlande Gondwana. VI, 502.
Pflug, Construction desselben in Ava. V, 225. 247.
Pflügen durch Elephanten. V, 917.
Pforte, die Hohe. IV, 517.
Phaca alpina. II, 1085.

Phag (d. i. Sau, tübet.). IV, 229.
P'hagh-ba. II, 261. IV, 283.
Phagun, d. i. Februar. III, 621.
Phainguya, Usurpator in Asam. IV, 299. Daher Phainguyas-Gur ebend.
Phajudi, Kloster in Bhutan. IV, 149.
Phak, Stadt in Kaschmir. III, 1164. — s. Pehak. III, 1136.
Phakali-Paß durch das Hochgebirge Karpola. IV, 107.
Phakphok, Gebirge. IV, 86. 109. (s. Phullak, Phaphok.)
Phalam s. Pala, Bala, Musa sapientum. V, 876.
Phalana s. Pulanoh. VI, 890 f.
Phalapura, Stadt in Kaschmir. III, 1109.
Phalas (sanskr. = phallus). VI, 664.
Phalchoak, Bhutyastadt. IV, 37.
Phaldu, Stadt. IV, 90.
Phalguna, ceylonesischer Monat. III, 898.
Phamori, einer der Gipfel des Botalaberges bei H'Lassa. IV, 242.
Phangwuro, einstiger Hafenort in Kutch. VI, 1044.
Phani s. Fènny. V, 410.
Phanon, Kariandorf am Sanluaen. V, 152.
Phaphar, Amaranthus-Art. IV, 20. 28.
Phaphok s. Phakphok, Phullak.
Pharao's Wagen, Räderspuren desselben im R. M. wollte Kosmas erkennen. V, 484.
Phari, Ort in Bhutan. IV, 152. 161.
Pharsah, Ort in Bhurtpur. VI, 942.
Phasane (nov. sp.) in den Wäldern von Ava. V, 259. — in den Wäldern am Kiangstr. IV, 655.
Phaseolus, in Hinter-Indien. V, 247.
Phaseolus aconitifolius. V, 716. VI, 1011.
Phaseolus calcaratus. IV, 75.
Phaseolus maximus, Hauptnahrung der Birmesen in Ava. IV, 325. V, 249.
Phaseolus Minimo. IV, 75. — in Asam. IV, 325.
Phaseolus mung. VI, 753.
Phaseolus occultatus. IV, 75.
Phaseolus racemosus. IV, 75.
Phasianus argos in China. II, 178. IV, 1108.
Phasianus gallus. IV, 1108. V, 259.
Phasianus ignitus. IV, 1108.
Phasianus Impeyanus. III, 1003 (?). IV, 28.
Phasianus leuconotus, Bewohner der Schneegebirge, verirrt sich vom Norden her bis zum Jungle des Dehra Dun. VI, 1122.
Phasis, der Sonnenfl. auf Taprobane nach Ptolem. VI, 26.
Phaspa. II, 261.
Phatang, indisches Gewicht (zum Goldstaub allein?). III, 1105.
Phatik s. Bergkrystalle. IV, 18.
Phaulkon, Constantin. IV, 1192.
Phaut (nepales. = Plaine). IV, 41.
Pheir. III, 896. (Antilope picta?)
Phengu s. Ponghu. IV, 858.
Pherozes s. Firuz.
Phi, Berg (?). III, 650. — (ob des Kuen-lun?). III, 648.
Philippinen, Handel mit Singapore. V, 72.
Philippowska, Fluß. II, 712. 713.
Philippus, Satrap der Malli unter Alexander. V, 470.
Philosophei, Erzbischof, seine Methode, die Telenguten zu bekehren. II, 987.
Philosophie, indische, Einfl. derselben auf die griech. V, 511.
Philsa gaom, in Asam. IV, 389.
Phing-hu-tao, Insel in der Koreastraße. IV, 615.
Phing-Ksiang, Fl. IV, 418.
Phing liang fu, chines. Departement. IV, 511.
Phing yang fu s. Pian-fu. IV, 516.
Phing y Schan, Schneeberg. IV, 757.
P'hins s. Steinkreise der Tudas. V, 1038.

Phipps, Mergui-Insel. V, 119.
Phirki s. Pomfret. VI, 539.
Phisons, der Paradiesstrom. IV, 494.
Phocarum insula, d. i. Gilize Tyran im Rothen Meere. VI, 147.
Phogong, Ort in Asam. IV, 390.
Phoke, ein noch nicht systematisch bestimmter Wüstenstrauch, fängt mit dem Rande der Wüste von Kanund an. VI, 935 f.
Pholaï-tchu, Fl. in Tübet. IV, 228. — s. Kincha Kiang. IV, 195.
Pho-lang-kung-Schan, Berg. IV, 196.
Pholaï-tchu (chines.) = Gelber Strom. IV, 648.
Pho lo tipa. IV, 980.
Phosphat, erdigblaues (Phosphoreisen) auf Ceylon. VI, 107.
Pho-szu (chinesisch) = Persien. II, 347.
Pho-tchaï (d. i. zerstörte Wohnung) auf der H'Lassa-Route durch Tübet. IV, 254.
Phoenix farinifera s. besonders V, 83. 862.
Phoenix humilis. V, 364.
Phoenix paludosa. VI, 538.
Phoenix silvestris [ob = Elate silvestris?]. V, 863. VI, 509. 540.
Phönizier, ihr Monopol des Zinnhandels. V, 438. — Ursitze derselben am erythräischen Meer. V, 440.
Phra (d. i. Herr, sanskr. = prah, der erste), Priestertitel in Siam. IV, 1173. — Königstitel daselbst. 1123.
Phra chedu sam ong. V, 138.
Phra klang (d. i. Minister) in Siam. IV, 804.
Phra-Phra, Götzenbild in Aracan. V, 329.
Phra Phu (d. i. die Weiße Pagode). V, 135.
Phrat, der Paradiesstr. IV, 494.
Phra tschaidi samong. V, 138.
Phria. IV, 1125.
Phrouh s. Phuru. IV, 233. 236.
Phru Chau ti, König der Pugandynastie. V, 214. (167—242 n. Chr.).
Phrughtsang s. Tuiba. IV, 256.
Phu (chin. = Festung). II, 127.
Phu chuan, Hauptstadt von Cochin China, s. Hué. IV, 919.
Phu kan (?). IV, 981.
Phukkan-Nala. IV, 397.
Phukok, cochinchines. Gestadeinsel s. Quadrol. IV, 987. 1034.
Phukül s. Pu-cul. IV, 754.
Phul, d. i. Glockenmetall in Nepal. IV, 74.
Phula in Tübet. IV, 203.
Phulguri in Bhutan. IV, 162.
Phuljer, d. i. blumenreich, Fl. in Guzurate. VI, 1067.
Phulmali s. Malakors, Verfertiger von künstlichen Blumen, in Asam. IV, 334.
Phu-lo (ob Boro?), Stadt. II, 429.
Phulra, Ort in Bhutnair. VI, 1000.
Phul-ra-Arrac. VI, 782.
Phului s. Barkol. II, 379.
Phum tsong Zzangbo, Plateaufluß in Tübet. IV, 258.
Phu nan my Schan, Vulkan auf Formosa. IV, 867.
Phunga, Halbinsel, Stadt. V, 80. — s. Ponga. IV, 1082.
Phungan-Bum (Phung-ganbum), Gebirgspaß. IV, 344. 346. 392.
Phungis, d. i. Buddhapriester. V, 151.
Phungpho Schan s. Ta Sine Schan. IV, 411.
Phung-tao, Inseln. IV, 229.
Phung Yun s. Phunghan. IV, 392.
Phun-tsang-dzangbo-tsu s. Tista. IV, 107.
Phurraun s. San kra.
Phuru, tübet. Sammt als Tribut an China. IV, 233. 236.
Phu sa. II, 557.
Phu-sa-schen, Insel im Westmeere von Korea. IV, 615.
Phut, Mittwoch der Siamesen. IV, 1154.
Phu tschang Hai s. Lop-Nor. IV, 495.

Phu-tschéou, chinesische Stadt. IV, 857.
Phu-tscheu-fu, chinesische Stadt. IV, 516.
Phu-tsin, chinesische Stadt am Hoangho. IV, 516.
Phu-tuan-tcha. II, 568.
Phu yen, Provinz von Cochin China. IV, 916. 918.
Phyllanthus emblica. VI, 550.
Phyllanthus longifolia. VI, 536.
Phyria, Ort am Laick-patti-Berg. IV, 90.
Physikalische Dimensionen Asiens. II, 31.
Physiognomie der Siamesen. IV, 1147. — der Mugs in Aracan. V, 324. — der Buräten. III, 118. — celtische der Puharas in Rajamahal. VI, 618.
Pian, Fische in China, Tübet. IV, 237.
Pian, Zufluß des Hoangho, auch früherer Name der Stadt Kai fong fu. IV, 524.
Pian fu (M. Polo), chin. Stadt. IV, 516.
Pianpa, in Tübet. IV, 253. — Tempel zu; der dortige Kutuchtu. IV, 206.
Piappi s. Phun-phin, Pipri, Pipli, Phriphri. V, 81. 111. 113.
Piarpi s. Piappi. IV, 1079. V, 111. 113.
Piaz s. Allium cepa. V, 718.
Piätidesätnik (russ., d. i. Befehlshaber über 50). III, 25.
Pic du Midi, Name vieler Piks in den Europäischen Alpen. IV, 10.
Pice, kleine Münze in Kaschmir. III, 1193.
Pi-chi-pa-li s. Bischbalik. II, 382. 383.
Pichta s. Pinus sibirica. II, 877. 880.
Pichtowa-Gora (d. h. der Kiefernberg). II, 819.
Pichtownaja-Sjedlo. II, 706.
Pichtowskoi, Gruben von, II, 578.
Picktha, Gewicht in Pegu. V, 172.
Picnomum, Sp., Verbindungsglied zwischen der Flora der Gangesländer und des südlichen Europa. VI, 1111.
Picul, Gewicht der Malaien (=133 Pfd.). IV, 949. V, 5. (133⅓ Pfd.) V, 18.
Picus bengalensis. VI, 1120.
Picus tridactylus (Specht). II, 1107.
Pidschan, geogr. Lage. II, 324. — Grenze. II, 401.
Piegoje Osero. II, 1072.
Pien-ling-pu, Stadt. II, 156.
Pier Mahmud, Timuride. V, 573.
Pignons (?), Baum auf Pulo Condor. IV, 1023.
Pigranier (?), Baum auf Pulo Condor. IV, 1023.
Piheon, Zollstätte in Aracan. V, 320.
Pihity-Rata (d. h. bepflanztes, nämlich mit Fic. religiosa bepflanztes Land), eines der drei antiken Hauptreiche auf Ceylon. VI, 237.
Pik St. George. III, 951.
Piketnaja Rybalka (russisch), d. i. Piketfischerei. II, 641. 653. 656 ff.
Pi-kia, Khan der Hoeihen (755 n. Chr.), gründet Karakorum. II, 556.
Pikulnik (Iris sibirica). II, 1077.
Pil (pers.) s. Pilu. V, 907.
Pilas s. Butea frondosa. VI, 510. 514.
Pildjoo-khaï, chines. Stadt. II, 247 f. 311.
Pilgerbad, entsühnendes, zu Dschemnotri. III, 905.
Pilgerfahrt der Malaien nach Menangcabao. V, 99.
Pilgerhospiz in Pu chao sao. III, 1053.
Pilibhit, Moschee von, geograph. Lage. III, 527.
Pil-jotai-hotun, chines. Stadt. II, 247 f. 311.
Pi lo ko. IV, 733.
Pilotenstation bei Kulna. VI, 1206.
Pi-lou-tai. II, 248. 311. — wahre Lage. 312.
Pilu (sanskr.), d. i. Elephant. V,

907. — wilde Traube, auch in Kutch. VI, 1049.
Pi-lu-tung-schu-yuen (chines.) = Collegium des weißen Hirsches, Bildungsanstalt am Poyangsee. IV, 676.
Piluya, Fl. IV, 103.
Pim rkun, heiße Quellen bei Ramghur. VI, 509.
Pimberah (d. i. Felsschlange) auf Ceylon. VI, 144.
Piming, Paß. III, 685.
Pimpilim (arab.) = Pfeffer. V, 439.
Pimpinella Anisum in Kambodje. IV, 928.
Pimpollo. V, 887.
Pin, Stammland der Mandschu. II, 91.
Pin, Berg bei Tsching tu fu. IV, 417.
Pina s. Beinam. IV, 272.
Pinalu s. Arum campanulatum. III, 842.
Pinang, Malaienname der Betelnuß. V, 858.
Pinator (?), See. IV, 1061.
Pind, d. i. Raub im Hindustani. VI, 409.
Pindara, Pergunnah und gleichnamige Hauptstadt. VI, 496.
Pindar-Ganga. III, 1017.
Pindarries, die, VI, 394 ff.
Pind Dadun Khan, Distriktstadt, V, 455.
Pinde Scheikh Musa s. Agalassa. V, 468.
Pindh Tarut, Seeort in Guzerate. VI, 1068.
Pindi, d. i. Heiligthum. VI, 595.
Pind Kujoor, d. i. frische Datteln. V, 833.
Pindrow, Pinus-Art in Sirmore. III, 862.
Pingeh, Stadt in Cochin China. IV, 1042. — Hafen. IV, 1046. — Festungsstadt von Saigun. IV, 1057.
Pingo, Zimmtgewicht. VI, 134.
Pinguicula villosa. III, 44.
Pingyi, Stadt am Irawadi. V, 191.
Pinien in Korea. IV, 618. — auf dem Gipfel der Berge am Tongting-See. IV, 662.
Pinienzapfen (von Pinus cembra). III, 137.
Pinjera, Pik. III, 883.
Pinlang-Kiang (d. i. Flu der Arekapalme), Fluß in Yünnan. IV, 223. 749.
Pinsa (chinesisch), d. i. Aepfel. III, 204.
Pin tsieou, Königin der tübet. Amazonen. IV, 211.
Pinú, Fluß zum Spiti. III, 571. 721. 729. 767.
Pinusarten s. Kelu, Neoza. IV, 127. — auf dem Plateaulande von Munipur. V, 363. — des niedrigsten Niveau's, wo zuerst im Himalaya? III, 854. — in Sirmore. III, 861.
Pinusgrenze, obere, in Kanawar. III, 773.
Pinus cembra. II, 691. 714. 877. — Baumgränze. II, 859. — obere Höhe auf dem Altai Bjelki. II, 906.
Pinus dammara in Cochinchina. IV, 1022 f. V, 388. in Jyntea.
Pinus deodara. III, 768. 780. 817. 832. 1196. IV, 127. — vergl. Kelu, Neoza.
Pinus lanceolata, am Poyangsee. IV, 664. 676.
Pinus larix, Hochwald auf den Vorbergen des Altai. II, 651. 686. 692. 714. 869. — russisch Listwága. II, 686. — größte Höhe im Altai. II, 714.
Pinus longifolia. III, 532. 854. 996. V, 864. — Wälder von, IV, 47.
Pinus Massoniana. IV, 664.
Pinus Pichta. II, 706.
Pinus sibirica. II, 684. 692. 713. 714.
Pinus strobus, Webbii. III, 532.
Pin yang fu s. Pian-fu. IV, 516.
Pipala s. Ficus indica. VI, 677.
Pipar, Stadt in Jhoudpur. VI, 975.
Piper. V, 439.
Piper Betle in Asam. IV, 293. — wild in Tavay. V, 127.

Piper nigrum, die Pfefferrebe, s. besonders V, 864 ff.
Piperijah-Ghat, Wasserfall des Ken in Bundelkhund. VI, 838.
Pipley, Dorf in Orissa. VI, 541.
Pipli s. Piappl. V, 113.
Pippalas, von außerordentlicher Größe in Bundelkhund. VI, 862.
Pippali (sanskr.) = Pfeffer. V, 439. 865.
Pipul s. Ficus religiosa. VI, 509.
Pir, d. i. Sanctus. III, 1143.
Pirang, Dorf im Industhale. III, 632.
Piran Pir, Sanctus aus Bagdad, in Kutch verehrt. VI, 1063.
Piran Wiseh, Fabelprinz von Asam. IV, 292.
Piraten, ihre Lieblingssitze in Küstenhochländern. V, 668.
Piratenüberfälle der Culies im Golf von Cambaya. V, 666.
Pireatory-Canal auf Ceylon. VI, 94.
Pirepenjal. III, 1139.
Piristan. III, 1138.
Piritpeu, geweihtes Wasser. VI, 224.
Piriwenea, der buddhistische Oberpriester der Singhalesen. VI, 237.
Pir Pangial s. Pirapenjal. III, 1143.
Pir punchal. III, 1139. 1145.
Pirrkarr s. Parunga-Naad. V, 989.
Pirthiraja, Ruinen von Chumbul. VI, 817.
Pir-tsin (?). II, 459.
Pirzadeh (d. i. der Heilige, der Patriarch) von Leh. III, 557.
Pisaluk, Stadt in Siam. IV, 1084.
Pisang, Insel. V, 10.
Pisang (malayisch) s. Musa sapientum. V, 875 ff.
Pisangrivier im Outeniqualande. V, 883.
Pisanoi-Kamen (Schriftfelsen am Jenisei). II, 1076. 1079.
Pishi, Dorf in Asam. IV, 389.
Pi si luk, Eisengruben zu, IV, 1091.
Pissemskoi (Gabriel), gründet Tomsk im J. 1605. II, 988.
Pistazien (?) auf dem Hochgebirge des Muztag. II, 333.
Pistazienwälder am Anasse. VI, 643.
Pistazit. VI, 347.
Pistschucha (russ., d. h. der Pfeifer) = Lepus alpinus. II, 872.
Pisuca (arab.) s. Pesoukai.
Pisum arvense, Erbse, s. Kerao, Caigo. IV, 75. — in Asam. IV, 325.
Pithow Ray s. Prithi Raja. V, 555.
Piti, Stadt, geographische Lage. III, 476.
Pi-ti, Quelle. II, 311.
Piti-tsuen, d. i. Quelle Pi-ti. II, 312. — weshalb ehemals berühmt? s. ebendas.
Pitland, Stadt in Guzurate. VI, 651.
Pitsia. V, 170.
Pitterugepal s. Dschipal II. V, 542.
Pittiarm des Indus. V, 479.
Pivoine s. Paeonia arborescens. IV, 235. 236.
Pi-ya-kwo (chinesisch = Hautölfrucht), Beere des Talgbaumes. IV, 679.
Piyasal s. Buchanania latifolia. VI, 536.
Pi-yeu-lu s. Tulischen. II, 465.
Piyu s. Peyiheh. VI, 636.
Pjalidessjatnik (d. i. Funfzigmann), Kosakenführer. II, 800.
Pjannaja Woda, d. i. Trunken Wasser. III, 143.
Pjanojarsk, Redoute. II, 732. 794.
Planorbis im Muschel-Alluvium von Udeypur. VI, 875.
Plantago salsa. II, 897.
Plantain (engl.) = Musa sapientum. IV, 76. V, 875.
Plantano (span.) = Musa sapientum. V, 875.
Plasma im Basalt. VI, 459.
Plassey, die berühmte Ebene von, VI, 1203.
Plastische Kunst der Griechen. V, 908.
Platana Arton. V, 881.

Platanares, d. i. Bananenpflanzungen in Südamerika. V, 881.
Platanen, dreihundertjährige, zu Chitore. VI, 821.
Platanenartiger, gummihaltender Baum im Baitulthale. VI, 581.
Platano s. Plantano. V, 875.
Platano de Taiti in Lima. V, 882.
Plateaubildung, Wirkung derselben auf verstärkte Hitze. VI, 433.
Plateaubildungen (räumliche), vorherrschend in Asien. II, 34 ff. — eigenthümliche. II, 944. 956. 1007. III, 37.
Plateaucharacter, zerrissener, des spanischen Terrassenlandes. VI, 853.
Plateaugebirge, Plateauketten, Defin. II, 32. III, 578. 590. IV, 57.
Plateauhöhe, mittlere, des östlichen und westlichen Hochasiens. II, 40.
Plateauketten. II, 32. III, 578. 590. IV, 57. — im engeren Sinne. II, 39. — aufgesetzte. II, 32. V, 964.
Plateau-Klima s. besonders III, 697.
Plateauland, im Gebirgsstaat Jyntea. V, 387.
Plateaulandschaften. II, 32. — Defin. III, 697 f.
Plateauländer, Definitien. II, 31 ff. — Terrassenabfälle derselben. II, 37.
Platina im Waschgolde in Ava. V, 244.
Plau, Völkerschaft in Thaumpe. V, 188 f. 267.
Play s. Plau.
Plek, Marktort in Ava. V, 263.
Pleschiwaja-Sopka (d. i. die kahle Koppe). II, 873.
Plitajaschnin-Gori, russischer t. techn. für die Aufschichtung der Berge in schiefrigen Fliesen u. s. w. II, 677. (759. 816. 887.)
Plitajaschnaja-Krepost (russ., d. h. die Fliesen-Festung). II, 677.
Πλίθανα. V, 513.
Plocamus, Amicus. VI, 18.
Ploska, Zubach zum Alei. II, 817.
Ploskaja-Gora (d. i. der Platte Berg). II, 817.
Ploskoi, Höhe. II, 817.
Plumbago micrantha, chinesisches Unkraut mit Gerstensamen verbreitet. II, 881.
Plumeria longifolia, der Blüthenopferbaum der Buddhisten. VI, 250.
Plünderfest der Mahratten s. Dessarah. VI, 405.
Plünderungssystem der Mahrattenherrschaft in Centralindien. VI, 404. 787.
Plüsch, tübetischer. IV, 233. 236.
Po, Mündungen desselben. VI, 1212. — sein Spiegel in der Lombardei steht höher als die Dächer der an seinen Ufern entlanggebauten Städte. IV, 524.
Poakhras, d. i. Seen. IV, 38.
Poa-Puo, die Patkoiberge der Asamesen. IV, 398.
Pobol, d. i. Prügelbach. III, 52.
Pobrang marbu (d. i. die rothe Stadt), Pallast des Dalaï-Lama bei H'Lassa. IV, 242.
Pochabow, Iwan, Syn-Bojarski. II, 605 f. 607.
Pochamagutt. VI, 430.
Pochana s. Peschana. III, 1144.
Pochkétou-han. II, 449.
Pocken, europäische, in Asien 1696. II, 453. — in dem Alpenlande von Kamaun. III, 1050.
Pocken-Hospital in H'Lassa. IV, 248.
Pockenseuche in Sibirien. II, 1037. 1042. 1043. 1089. — bei den Katschinzen. II, 1097. — auf Ceylon. VI, 193. — bei den Kurumbar in den Nilgherry. V, 970. 1019.
Pocsoui-Pira. II, 527.
Podgorednoi, Mongolenstamm. III, 159.
Pod-Ostrojintsi, die Tribus der zinspflichtigen Buriäten. II, 1037.

Ποδούκη (Ptolemäus, Arrian) = sanskr. Pudukeri, Neustadt. V, 517. VI, 23. 312.
Podwoden (russ. = Vorspann). II, 1050.
Po-el s. Pu-eul. IV, 754.
Poesie, Einträglichkeit derselben in Udeypur. VI, 892.
Pogromnaja, Poststation, Sauerquellen. III, 140. 143.
Poh, Name der wilden Mango auf Bali. V, 889.
Point Calymere. VI, 294.
Point de Galle, Elephantenjagden zu, V; 916.
Point Domel. V, 120.
Point Ramen auf Ceylon; s. Tannetory, Tonitorre. VI, 151. 155.
Pointy, Ortschaft am Ganges. VI, 1164.
Poïlowa, Dorf. II, 1023.
Poivre (französisch) s. Piper nigrum.
Pojorkow, Wasiljei, entdeckt das obere Amursystem. II, 102. 566.
Pokang. IV, 84.
Pokhur s. Poschkur. VI, 911.
Πoκλαις, Name für Puckely bei Ptolemäus. III, 1088.
Poklonaja-Gora (d. i. Bücklingsberg), Ursprung des Namens. II, 1086.
Pokoinoi-Muis (d. i. die Todten-Landspitze am Baikal-See). III, 13. 32.
Pokrofskaja Sloboda. III, 150.
Pokrofskoi Selo. III, 150.
Pockrun, Stadt in Jhoudpur. VI, 975.
Pok san lan, Birmanenkönig (324 n. Chr.). V, 207.
Pokso, Ort zwischen Lari und Kungri. III, 741.
Pokurna-Brahmanen. VI, 1015.
Polarbär, ihm ähnliche Sp. im Himalaya (?). III, 1003.
Polarmeer, einst in Verbindung mit dem kaspischen Meere. II, 16.
Pol-aul, Tudapriester. V, 1027.
Poludennik, Name des Swinds auf dem Baikal. III, 93.
Polemonium sibiricum. III, 261.
Polen, als Ackerbauer in Sibirien. III, 168.
Poliar (d. i. Hörige, Sklaven), die fünfte Kaste in Malabar. V, 925.
Poligunde, Ortschaft der Suriani in Malabar. V, 614.
Poliu s. Pholiu, Burut, Purut. II, 398. 401. 407. 722. 1121. III, 646—648. 1112.
Poliwinnaja-Sastawa, Ort an der Selenga. III, 70. 96.
Polipporan, Ortschaft der Suriani in Malabar. V, 613.
Polive (?), Handelsprodukt in Tsiambo. IV, 235.
Polizei, Schlechtigkeit derselben in Ava. V, 294. — vortreffliche auf der Insel Hainan. IV, 885. — geheime, der Portugiesen in Indien. V, 644.
Pollam (Telingawort, d. h. Lehngut); davon der Titel der Polygars. VI, 558.
Polnische Colonisten aus Podolien am Irtysch führen dort die Bienenzucht ein. II, 666. 680. 726. 845. 925. — im Dorfe Talowka an der Buchtarma. II, 666. 680. — zu Interinskaja. II, 726. 816. III, 151.
Polo (s. M. Polo), sein Bericht über Khesimur, d. i. Kaschmir. III, 1116 ff.
Polo, Stadt in Kuang-tung. IV, 813.
Po lo mi, Frucht von Artocarpus integrifolia. IV, 883.
Po lo min (s. d. v.). IV, 871.
Polonio. IV, 1059.
Polonkir s. Bou-lounghir.
Polonnara nuwara, einstige Stadt auf Ceylon. VI, 244. 245.
Polovinnoï, das halbe Kap, am Baikalsee. III, 13. 74. (Polowinnoje.)
Po-lu-lu (chines.), d. i. Belur Tagh. III, 422.
Polvereiva s. Pulo Varela. V, 90.
Polyandrie, allgemein herrschend bei den Tudas in den Nilgherry. V, 1036. — bei den Bhotiya's.

IV, 165. — in Khamil. II, 362. — in Kotgerh. III, 747. — bei den Ladakhis. III, 620. 623. — bei den Einwohnern von Bissahir. III, 752. — in Nepal. IV, 123. — in Sirmore. III, 880. — S. auch III, 1095.
Polygala sibirica. II, 940.
Polygamie der lamaitischen Kirata's. IV, 125. — der Buräten. III, 125. — in Korea. IV, 643. — der Dauren. III, 323. — der Sinhphos. IV, 380. — bei den Bhotiyas. IV, 165. — verboten in Ladakh. III, 625. — als Hinderniß für die Ausbreitung der christlichen Religion. IV, 961. — bei den Formosanern. IV, 879.
Polygar's (d. i. Räuber). VI, 8. 11. 558.
Polygonum angustifolium. III, 72.
Polygonum bistorta, Wurzel von den Buräten gegessen. III, 120.
Polygonum divaricatum. III, 72.
Polygonum hastatum. II, 954.
Polygonum sericeum. III, 72.
Polygonum tataricum s. auch Dikuscha. III, 317.
Polygonum viviparum, Wurzel von den Buräten gegessen. III, 120.
Polynemus risua. V, 176.
Polytrichum commune. III, 176.
Pomäla-Berg in Bhutan. IV, 149.
Pomeranzenwälder am Kiangstr. IV, 655. 659.
Pomfret, Fischart in Orissa. VI, 539. — auf Pulo-Penang. V, 53.
Pomi paradisi (Marco Polo). V, 876.
Pomologie der Chinesen. III, 204.
Pondichery, Etym. von Pudukeri. V, 517. VI, 312 ff.
Pondua s. Pandua. V, 393.
Ponga, Küstenort in Siam. IV, 1082.
Pongamia glabra. V, 979.
Pong hu, Inselgruppe bei Formosa. IV, 858.
Pong som, Küstenfl. in Kambodja. IV, 914.
Ponna s. Panassa (bei Ptolem.). VI, 345. — Pannum. V, 756.
Pontaipret. IV, 982.
Pon tea mas. IV, 915.
Pontiderias. V, 170.
Pontinische Sümpfe. III, 848. V, 963.
Pont Sama. IV, 226.
Poolyung, Insel, s. Baln. V, 140.
Popereschna, Bach. III, 140. 143. 165.
Popereschnaja, Fl. II, 918.
Poppy s. Papaver, Opium. VI, 457.
Population des Jeniseiskischen Gouvernements. II, 1105.
Populationsangaben, Fabrikstadt von einer Million Einwohner in China (King te sching). IV, 671.
Populationsverhältnisse in Central-Indien. VI, 771 f. — in Ostsibirien. III, 130. — der transbaikalischen Landschaft. II, 626. III, 150.
Populus alba. II, 719.
Populus laurifolia. II, 719. 831. III, 618. — an der Ulba. II, 717. — am Tscharysch. II, 893. — am Irtysch. II, 659. — an der Buchtarma. II, 679.
Populus nigra. II, 719.
Populus tremala an der Buchtarma. II, 679.
Poran, d. i. Vorstädte. VI, 585.
Pora-Naad s. Parunga-Naad. V, 989.
Porca, Ortschaft der Suriani in Malabar. V, 613.
Porcellana (M. Polo) s. Kowries. IV, 739.
Pore, Waage in Sungnum, ganz der römischen ähnlich. III, 822.
Poren twang, Minen in Ava, ob Bebuaen? V, 246.
Porji, Fl. II, 488.
Poro s. Bero, Fl. II, 530.
Porogi (ruff.), d. i. Cataracten, Stromschnellen. III, 16. 37.

Porona paniculata. V, 192.
Porphyr, von Granit überdeckt. II, 632. 662. 678. 705. 740. 885. III, 178. 270. — mit Kupferanflug in merkwürdiger Höhe. II, 768. — stets etwas niedriger als Jaspis. II, 886. — am Korgon im Altaï. II, 586. 857. — grüner. II, 883. — der schwarze, der eigentliche Metallbringer. II, 841.
Porphyrfelsen, schöne, am Tschikoi. III, 178.
Porphyrgebirge am Chumbul. VI, 811.
Porphyrgranit (nicht Porzellan) zur Bekleidung der chinesischen sogenannten Porzellanthürme gebraucht. IV, 559.
Porphyrschleifereien am Alei. II, 823.
Porto Nova im Caverydelta. VI, 294. 305. 312.
Portschi, Fluß. II, 544. (zum Onon.)
Portugalli (italiän.) s. Orangen. V, 649.
Portugiesen in Malacca. V, 39 f. — in Indien. V, 639 bis 644. — in China, ihr Benehmen. IV, 827. — aus Malacca verjagt im J. 1650. IV, 960. — blutige Verfolgung derselben in Japan. IV, 829. — ihre Sprache, überall die diplomatische in Hinterindien, Vorderindien, China, Mosambik, Congo, Guinea. IV, 1050.
Portugiesen-Mord in Pegu. V, 185.
Portugiesische Nachkommenschaft als Geschäftsführerklasse in Guzerate. VI, 651. — in Colombo. VI, 184.
Porun marbu s. Pobrang marbu.
Porus, indischer Herrscher am Behut zur Zeit Alex. d. Gr. V, 449. — seine Kriegskunst gegen Alexander. V, 911.
Porus II., Herrscher in Gandaritis zu Al. d. Gr. Zeit. V, 453.
Pory, Dorf in der Nähe von Omercuntuk. VI, 570. — Ort in Gondwana. VI, 494.
Porzellan von Fu-Kiang und Kan-ton weniger geschätzt als das von Jao-tscheou-fu. IV, 671. — angebliche Bekleidung der chinesischen Pagodenthürme mit demselben; es ist aber wol Porphyrgranit? IV, 559.
Porzellanerde, Fundort der chinesischen. IV, 671. — in den Nilgherry. V, 968. — geschwemmte, aus Flußspath im Indus. III, 618.
Porzellanfabrikation in China, hauptsächlich an der Ostseite des Poyangsees. IV, 669. 671.
Porzellanthurm in Nanking. IV, 684.
Poschana, Ort in Kaschmir. III, 1144.
Poschkur (d. i. Wasser) bei Ajimere, großer Wallfahrtsort Hindostans. VI, 911.
Poshun s. Poschana. III, 1144.
Posolskoi-Muis (d. i. das Gesandtenkap). II, 606. — Kloster desselben Namens ebendas. 608. III, 70.
Po-sse (chinesisch), d. i. Persien. V, 800.
Possielje, Ort am Zusammenfluß der Tschernaja und Schilka. III, 296.
Possolskoi Dwor, d. i. Gesandtenhaus. III, 147.
Possolskoi-Kloster am Baikal-See. III, 14.
Peßkotschi (d. h. Springüber! russ.), Fl. II, 686.
Post s. Opium. VI, 779. (bengal.)
Post, chinesische Pferdepost durch die Gobi, von Gertope nach H'Lassa u. s. w. III, 347. 603. IV, 98. 273. s. Dak.
Posteinrichtungen der Khilji von Delhi aus. V, 565. — in Sibirien. III, 141. — des Sultan Babur in Indien. V, 631.
Postreglement in Sibirien. III, 121.
Poststraße durch die Gobi. III, 347.
Potails, Dorfschulzen, s. Patel. VI, 416. 758.
Potai mat, ehemaliger Handels-

ort der Europäer in Kambodja. IV, 915.
Potamogeton lucens, natans, perfoliatum. II, 763.
Potcheou s. Phu tscheou. IV, 557.
Potedar, d. h. Goldschmidt. VI, 416.
Potentilla acaulis, Heerdenpflanze der Altaisteppen. II, 930.
Potentilla fragarioides. III, 281.
Potentilla fruticosa. III, 143. 177. 261. — am Baikal. III, 23.
Potentilla grandiflora. II, 878.
Potentilla leucophylla. III, 273.
Potentilla multifida. III, 273. 287.
Potentilla nivea. II, 714. 769.
Potentilla sericea. III, 287.
Potentilla subacaulis. III, 101.
Pothi (?). IV, 130.
Potocky-Archipel. IV, 572.
Potosi, Minen von, II, 843.
Poudda s. Padda. VI, 1169.
Pou-eul-tscha. III, 238.
Pouille, engl. Missionar in Sibirien. III, 152.
Pouir-Nor. II, 536.
Poukon-chara-Alin. II, 496.
Pourhassoutai-Hiamen. II, 306.
Pourhastai, Fl. II, 488.
Pourima, Stadt, geogr. Lage. III, 475.
Pourkan-Alin, Gebirgskette. II, 491.
Pouronghan-Alin. II, 496.
Poutaong, Vorgebirge am Irawadi. V, 196.
Pouyour-Omo. II, 533. — vgl. II, 253.
Powaghur, isolirter Tafelberg in der Ebene Guzurate's. VI, 624.
Powapir Ghat. VI, 625.
Powar-Raçe in Jessulmer. VI, 1004.
Powur, Tribus der Banjaras. V, 690.
Poya Mallo, Buddhagrotte auf Ceylon. VI, 241.
Poyang-See, das große Wasserbecken zum Abzug der Gewässer von Mittel-China. IV, 672. — Stürme auf demselben, ebendas. 656 ff. 671 ff. — Ausdehnung und Schilderung desselben. IV, 670.
Poyantou, Fl. II, 489.
Po yeou you la tschéou, König von Cochin-China. IV, 978.
Poyou, Berg in Ava. V, 281.
Pöe-za, die Mäkler und Geldwieger in Ava. V, 266.
Pra s. Bra, Mrenibra. V, 123.
Prabat, buddhistischer, ob an der Buchtarma? II, 678. V, 195. 337.
Prachidi s. Pagode. IV, 1076.
Prachinas s. Prasier. V, 460. 463. 498.
Prachya. V, 498. s. Prachinas.
Pracu s. Periotbach. VI, 573.
Pradgiyotich, d. i. Asam. III, 656.
Pradipe von Gherwal. III, 1072.
Pradyumnahrad. VI, 1194.
Pradyumna Shah. III, 1024.
Pragjyotihpur, Feste in Asam. IV, 302.
Prahat, Donnerstag der Siamesen. IV. 1154.
Prahklang, der Premierminister in Siam. IV, 1150.
Prahu pukat, chinesische Ruderbote. V, 60.
Prakritsprache. V, 511.
Pramata s. Powar. VI, 1004.
Pramtta Singha, Herrscher von Asam. IV, 301.
Prangos, Wunderpfl. der Tübetaner. II, 95.
Prangos pabularia. III, 562. 626.
Pranita, Hauptzufl. zum Godavery. VI, 451.
Prasem auf Ceylon. VI, 109.
Prasier (sanskr.) = Prachinas, d. h. Ostvölker. V, 460. 463. 498. — ihre Macht unter Chandragupta. V, 898.
Prasier-Land. V, 507. VI, 16.
Prasierreich. V, 511.

Prasong tschu. V, 138.
Prata, Ortschaft der Suriani in Malabar. V, 614.
Pratapasila, Sohn des Vicramaditya. III, 1090.
Pratima Cullu s. Bildstein, Sila, Topfstein. VI, 279.
Prati Nidhi Tiwani, Brahmane. III, 492.
Prâtsch (sanskr.) vorn, Osten. II, 10.
Pratyatsch (sanskr.), der Westen. II, 10.
Pravara Sena, Kashmirer König. III, 1090. 1110.
Praven (d. h. die Fliegenden) s. Proas. V, 102.
Prawns, stinkende, den Europäern anwidernde Speise der Mergui-Insulaner. V, 122. 146.
Prayâga's, die fünf. III, 1019 ff.
Prätorianer, mit Afghanenstämmen und Seldschucken verglichen. III, 1110.
Preste Giani. II, 283 ff.
Preußen, chines. Benennung derselben. IV, 839.
Pri s. Pyl, Prome. V, 193 f.
Priapidis portus, (wol das heutige Negombo?) auf Taprobane nach Ptol. VI, 22.
Price, Dr. V, 291.
Priester, fehlen bei den Kukis in Hinterindien. V, 376. — der Birmanen. V, 287. — hindostanische, Sinnengenuß derselben. III, 995.
Priester, Hoher, der Vorahs in Surate. VI, 758.
Priestercölibat im Königreiche Ava. V, 275.
Priester Johannes, Fabel vom, II, 256 ff. 283—299.
Priesterkleidung bei den Birmanen. V, 273.
Priesterschulen in Jaggernauth. VI, 545. — in Benares, Ramisseram. VI, 8. — zu Ongkar-Mandatta. VI, 593. — zu Chandode. VI, 622.
Prigonnaja Sopka. II, 705. 707. 842.
Prikas (russisch = Regierung). II, 621.
Primula auriculata. II, 947.
Primula farinosa. II, 884. III, 281.
Primula nivalis. II, 884. III, 265. 267. 273. 285.
Primula rotundifolia. III, 285.
Prince Regent's Sword, Kap. IV, 542.
Prinzen, durch die Seelenwanderung in Hanumans-Affen metamorphosirt. VI, 1203.
Prinzessinnengrab im Altai, Sage vom, II, 950.
Pripri, Küstenfl. in Siam, s. Piappi, Piarpi. IV, 1079. V, 111. 113.
Priskanaja Isba. III, 38. 39.
Pristan, oberer, unterer (d. i. Flußhafen) am Naym. II, 666. 670.
Pristis antiquorum s. Sägefisch. V, 312.
Prithenarrain-Sah s. Purthi-Neraïn. IV, 77.
Prithi Raja von Hindostan. V, 555.
Prithwi-Narayan. IV, 77. s. Purthi-Neraïn.
Prithwi-Narayan, Gorkhafürst. IV, 43. [ob Narayan? s. Purthi-Neraïn. IV, 34. 37. 77.]
Pritupowa, Station an der Ingoda. III, 260. — Pri Wun. 179.
Proa, Name der Malaienkanoes. V, 18. 102.
Proanch, Fürstenthum. III, 1078.
Prochodnya, wilder Gebirgsbach des Altai. II, 707.
Procuri, auf Taprobane nach Ptolem. VI, 24.
Prome s. Pri, Pyl. V, 193 f. — Aera von, V, 285.
Promontorium Aromatum. V, 443.
Promyschleni (russ., d. i. Freibeuter). II, 600.
Proroca, im Amazonenstrom. S. Bore, Kenterung, Springfluthen. VI, 1212.
Prorwa (Simowie, d. i. Winterquartier). II, 608. III, 70.
Prosopis spicigera. VI, 1111.

Prospect=rock. V, 397=
Prosternation, von den Chinesen vor dem Kaiserbilde verlangt; Folgen ihrer Verweigerung. IV, 570.
Protestantische Kirche in Ramnad. VI, 10.
Proviant=Verwaltung Tübets. IV, 285. 287.
Prunus paddum. III, 854.
Prunus padus an der Buchtarma. II, 679—706. III, 188.
Prunus sibirica. III, 131. 188.
Psidium piriferum. V, 720.
Psidium pomiferum (pyriferum), Custard=Aepfel, Guajavabaum (eine Myrtacee) in Prome. V, 195. 250.
Psittacus galgulus. IV, 48.
Psittacus gingianus. IV, 48.
Psittacus tortuosus s. Tetiya. IV, 48.
Psyllen, die indischen. V, 924.
Ptarmigan, Rebhühnerarten im Himalaya. III, 1003.
Pteris pedata, Farrnkraut. III, 271.
Pterocarpus bilobus. V, 765.
Pterocarpus sandalinus. V, 701. 822.
Pterocarpus sissoo. V, 699.
Pteromys petaurista in Singapore. V, 65.
Pteropus edulis, fliegender Hund, Vampyr. V, 83.
Pterospermum s. Geringa. VI, 536.
Ptolemäer, Handel derselben mit Indien. V, 483.
Ptolemäus, Einfluß desselben auf die geographischen Begriffe der westasiatischen Völker. II, 4.
Ptolemäisches Weltsystem noch immer von den Brahmanen und Arabern gebilligt. VI, 423.
Puah s. Buah.
Puar=Rajputen, Verdränger der Bhils in Malwa. VI, 761 ff.
Puari, Ort am Tedangstr. III, 773.
Puchail, Thalebene am Chumbul. VI, 808 ff.
Puchasao, Tempeldorf am Jawar=Paß in Sadawars. III, 1053.
Pucheli s. Pugly. III, 651.
Puchighat. IV, 82.
Puchmerry s. Pachmurry. VI, 453.
Puchmuni. VI, 452.
Pucka (d. i. Steingebände in Aracan). V, 328.
Pud = 35 Pfund preuß. Gew. II, 852.
Pudapatana (Cosmas), Emporium auf Male (Malabar)? V, 515. 590. VI, 30.
Puddingstein, Vorkommen desselben in China. IV, 680. — auf dem Niti=Paß des Himalaya. III, 1012. — =Massen in den lombardischen Ebenen. III, 853.
Pudmutty, Fluß zwischen dem Sind und dem Kischen=Ganga. III, 1155.
Puducheri (d. i. Neustadt) s. Pondichery. V, 517. VI, 312.
Puducotta, Residenz des Radja von Tondimana. VI, 298.
Pun=Koachim (d. i. nördliches Schneeland), Name Tübets. IV, 174.
Pu eul, Stadt in Süd=Yünnan. IV, 754.
Pugan. V, 212 ff. — einstige Residenzstadt des Birmanenreichs. V, 194.
Pugan s. Shaguda cussum. V, 765.
Pugan gyi (d. i. Groß=Pugan). V, 219.
Puggala, Ort in den Nilgherry. V, 995.
Puggul, früher zu Jessulmer gehörig, jetzt zu Daudputra. VI, 993.
Pugly. III, 651.
Puhalpittye, Militärposten auf Ceylon. VI, 205.
Puharri (Puharries), die Bergbewohner der Rajamahal=Gebirge. VI, 1162 ff. 1174 ff.
Pui, Dorf am Keubrang=Paß. III, 702.
Puikarafl. s. Pykari. V, 981.
Puja=Pflanze (?) zur Nahrung der Seidenwürmer benutzt in Thaumpe. V, 189.

Pujung, Zeug, Fabrikation desselben in Aracan. V, 320.
Pujut, Distrikt des Malayenstaats Patani. V, 5.
Pu=Khagon. II, 558.
Puk'han kri, d. i. Groß=Pugan. V, 212. 219.
Puk'han kri s. Pugan gyi. V,219.
Pukheli s. Peukelaitis.
Pu=khi=tu=la=mu, chinesisch = Buchtarma. II, 696. 697.
Pu kinh ya, chinesischer Name der Portugiesen. IV, 838.
Pukka, d. i. Steinhaus. VI, 1157.
Pul. III, 601.
Pulana, Dorf in Sirmore. III, 868.
Pulanoh, Station in Udeypur. VI, 890 f.
Puleeh s. Pariar. V, 929.
Puli s. Ingwer, Amomum zingiber. IV, 76. — s. Otschak. III, 1144.
Pulian Kadavette auf Ceylon. VI, 97.
Pulicate=Kanal bei Madras. VI, 335.
Pulihu=Berg in Gr. Nepal. IV, 66.
Pulinda, die, Aboriginer Indiens, schwarz. V, 446. — in den Grenzgebirgen von Orissa. VI, 526 ff.
Pulingana, syrisches Collegium daselbst. V, 947.
Pulinjal, Fort am Bannaser=Pik in den Westghats. V, 779.
Pulirate bei Madras. VI, 328.
Pulisangan=Brücke (M. Polo) bei Peking. IV, 514. VI, 706. — pers. = Pul i Sangkan, über den Sangkanfl.
Pulitanna=Berge auf Guzurate. VI, 1068.
Pullamauery, Station. VI, 337.
Pullanti, Stadt am Zusammenfl. des Bhutia Kosi und San Kosi. IV, 91.
Pulmonaria maculosa. III, 99.
Pulo Banela (d. i. Insel des Tempels). V, 90.
Pulo Canton, Insel an der Küste von Cochinchina. IV, 922.
Pulo Carnam, siames. Gestadeinsel. IV, 1081.
Pulo Cieeer de Mer, Klippe, durch die Menge der eßbaren Vogelnester berühmt. IV, 1029.
Pulo Condor (d. h. Insel der Kalebassen bei den Malaien) s. Kohnaong, Ile d'Orléans. IV, 1017.
Pulo Condore, Insel zu Cochin China gehörig. IV, 921 f.
Pulo Dinding, Hafen von, V, 29.
Pulodure, Inselgruppe, Piratenstation der Malaien. V, 102.
Pulo Kakab. V, 13.
Pulo=Panjang, Inselgruppe. IV, 921. 1033 f. V, 77.
Pulo=Penang (d. h. Betelnußinsel). V, 44 ff. — die Kokos auf, V, 843. — Fukianlang daselbst. IV, 792 f.
Pulo Sambilen (d. h. die Neun Inseln). V, 27.
Pulo Sancori s. Ko phan gan. IV, 1081.
Pulo Sapata, eine der Catwicks=Klippen. IV, 924.
Pulo=Sapata=Inseln, d. i. Pantoffelinseln (portugies.). IV, 1028 f.
Pulo Tingi, Insel. V, 1 .
Pulo=Ubi, Insel. IV, 1029 ff.
Pulo=We, Inselgruppe zu Cochin China gehörig. IV, 921.
Pulparrah, die heiligen Wälder zu, bei Surate am Taptifl. V, 666.
Pulsatilla. II, 957.
Pultanah s. *Πλιθανα*. V, 513.
Pulugonga, Station. III, 613.
Pulu=Mulla, Pik der Nilgherry. V, 960.
Pu=lu=öl (chin., d. i. Pu=ru=l, Burull). II, 696. 1009.
Pulver, eigenes, aber schlecht, bei den Birmanen. V, 294.
Pulverbereitung bei den Kalmücken. II, 963.
Pulwars, d. i. Flußboote. VI, 1139.
Pulycondah. VI, 307.
Pumachim, Ort am Darbung. III, 819.
Pumpkin s. Cucurbita lagenaria. V, 719. 234.
Pumpo. III, 739.
Pumring, Ort in Siam. IV, 1080.

Puna, einstige Bevölkerung. V, 661. — Schlacht bei, VI, 404.
Punab. IV, 159. 160.
Punagir (d. i. Berg der Tapferkeit), isolirter Berg in Jhondpur. VI, 986.
Puna Jimpe, Provinzial-Gouverneur in Bhutan. IV, 160.
Punany Wacul s. Puy Panyani. V, 771.
Punchaints, d. i. Jury, im britischen Indien. VI, 1086.
Punchbuddur s. Panchbhadra. VI, 960.
Punch-Chola-Gruppe des Himalaya. III, 1027 ff.
Puncheria, d. i. geschwänzte Ranas, auf Guzerate. VI, 1070.
Puncho-pandah-Kund. IV, 37.
Punchoutra, Art von Tüchern in Hinterindien. V, 416.
Punctirung der Haut bei den Tudas und Buddagur. V, 1023.
Punda s. Tarandi. III, 767.
Pundah's, d. i. Brahmanen. III, 945.
Pundra bisht, Distrikt von Kanawar. III, 769.
Pundwah s. Pandua. V, 393.
Punga s. Robinia mitis. V, 766.
Pungan, Volkstribus. IV, 764.
Pung gyis, Priester in Ava. V, 287.
Pungi, Ort in Unter-Kanawar. III, 771. — s. Pangi. III, 773.
Pung-Schang s. Chang-Schan.
Pungtac, Dorf in Cochin China. IV, 1038.
Pung-tsuk-dzangbo, Bach zum Tistasl. IV, 153. (?)
Punj berareh, Stadt in Kaschmir. III, 1152.
Punjebariah s. Punjberareh. III, 1152.
Punnah s. Panna. VI, 360.
Pu-ngan-tang-Tempel zu Tsiambo. IV, 206.
Pungrawah am Kensl. in Bundelkhund. VI, 849.
Punialeh (?), Landesfrucht in Asam. IV, 293.
Punkyputter Ghat. VI, 490.
Punmulla, Ort in Gondwana. VI, 525.
Punpin s. Ponga. IV, 1082.
Punpoor s. Panpur. III, 1151.
Pun te san kwei. IV, 773.
Punti, Name der Musa sapientum in Lampung. VI, 876.
Punting-Pahal-Berge in Malacca. V, 34.
Punto Galle auf Ceylon. VI, 186—188. — Ursprung der Niederlassung. VI, 37.
Puntschei-Rimbotschi. III, 825.
Punugga, Dorf in Bhutan. IV, 144. 149. (Panukka).
Punukur, Pik in Mewar. VI, 882.
Punz (?). III, 1143.
Pupa, isolirter Kegelberg. V, 200. (? cfr. S. 211.)
Puppachaurahan, König von Pegu; seine Aera (639 n. Chr.). V, 285.
Puppenspiel der Tanasserim. V, 117.
Puppyahbäume in Bundelkhund. VI, 862.
Pupugul-See. III, 60.
Purana's. II, 5. — d. i. exoterische Werke. IV, 131. — von Ktesias und Megasthenes gekannt und benutzt. V, 482. — der Jainas. V, 746.
Purana-Sagara. VI, 1173.
Purang = Yumila, Alpengau. IV, 27. 179.
Purb, d. i. das Land im Osten, im Gegensatze von Medhya-Desa, dem centralen Hindus'than. V, 460. 567. VI, 725.
Purbunder, bedeutender Hafenort in Guzerate. VI, 1068. 1070.
Purbuni, Dorf bei Püari am Ssetledsch in Kanawar. III, 603. 805.
Purbut s. Parwâti, Kali. III, 947.
Purbutty (Mahadeo, d. i. der große Berggott). IV, 38. — die indische Göttin. III, 947.
Purdumun Schah von Gherwal. III, 1024.
Purefoy, englischer Capitän. IV, 884.
Purgirsalz, sibirisches. III, 24.
Purgy. VI, 430.

Purh, Ort in Udeypur. VI, 901.
Purh-Berge, die, VI, 901.
Purhusun. II, 306.
Puria (Fischer und Korbflechter), eine der niedrigsten Kasten bei den Newari. IV, 124.
Puriharas von Mundore, Rajputentribus. VI, 911.
Purik-Schaaf in Ladakh. III, 602. 619 f.
Purkyul, Riesenpik des Himalaya. III, 541. 546. 686.
Purkyul-Kette. III, 546. 566. 686. — Piks, Höhe derselben. III, 746.
Purlehursa, Station. III, 613.
Purle Lursa. III, 739.
Purmar, Soda-Tribus in Kattiwar (Guzurate). VI, 1028.
Purna, südlicher Hauptarm des Tapti. VI, 567.
Purohits, Tempelvorsteher der Jainas. V, 745. — Priester des Chung (Lar) der Asamesen-Radjas. IV, 309.
Purrispor s. Paraspur. III, 1152.
Purozah. VI, 512.
Purru-mulla-Pik der Nilgherry. V, 960.
Purshk, Name des Rhododendron arboreum in den Nilgherry. V, 980.
Pursuttum, das Heiligthum von Jaggernaut. VI, 545.
Pursuttum Deo, Raja von Orissa. VI, 564.
Pur-tsien. II, 1063.
Puru = Porus. V, 453.
Purungis, Gosein, Gesandter des Lama nach Calcutta. III, 483.
Pûrva s. Parva.
Purryhut, Bergdorf in Gondwana. VI, 491.
Purwah, Dorf in Bundelkhund bei dem Tonse-Cataract. VI, 840.
Purtab Singh, Raja von Kampila und Pattialy. V, 580.
Purthi Neraïn. IV, 34. 37. 77.
Puru, asamesisches Flächenmaaß. IV, 319. (1 P. — 150 Quadr. Ellen.)
Purundur Singha, Radja von Asam. IV, 303.
Puruscha (sanskr.), d. i. der Geist. VI, 665.
Puruschotama Khetr. VI, 545.
Purut s. Burut.
Purut-Khotu, Station. III, 1020.
Pusa-Dewa, singhalesischer Herkules. VI, 160.
Pusan s. Fu-schan. IV, 617.
Puschkarew, Alex., seine Aufnahme des Baikal-Sees (17$\frac{12}{72}$). III, 10.
Puschkunda, Engthal von, in Jhoudpur. VI, 983.
Puschpakar (d. i. Blumenpriester). V, 745.
Puschtu-Sprache der Daradi in Groß-Tübet. III, 631.
Pushana s. Poschana. III, 1144.
Pusing, Paß. II, 534.
Pust s. Opium. VI, 779.
Pusund-Fest in Jeypur. VI, 925.
Putchapolliam. VI, 443. — Basis zu, VI, 442.
Putai-Alin, Bergkette. II, 491.
Putala, Berg, geogr. Lage. III, 474.
Putala, heil. Lamatempel zu Jehol. II, 137. — von den Dsungaren erstürmt (1717). II, 456.
Putal Ganga, Felshöhle bei Nilkantha. VI, 863.
Putchun, Distrikt von Kutch. VI, 1038.
Puteh Myhleh. VI, 1146.
Puteschinkina s. Jassutai. III, 184.
Put-gheda (pers. = Idolenhaus), ob Etymol. des Wortes Pagode? VI, 666.
Pu thyne, Fl. V, 122. 124.
Putlam, Küstenort auf Ceylon. VI, 50. 181. — Ursprung der Niederlassung. VI, 37.
Putnah, geringer Uferort am Nerbuda. VI, 626.
Putimstev, Reiseroute desselben. II, 399. 416. 636.
Puto, Ort am Irawadi. V, 196.
Putta, tübet. Kloster s. Botala. IV, 273.
Puttalam, Küstenort auf Ceylon. VI, 50. 181.
Puttowah s. Betwah. VI, 646.

Puttu, gröbere Art von Shawls. III, 1163.
Puttun. VI, 646.
Pu-urh fu s. Pu-eul. IV, 754.
Puari, traubenreiches Bergthal des Himalaya. III, 544. — Dorf am Harang-Paß. III, 805.
Pyan bya, König der Pugandynastie (846—864 n. Chr.). V, 214.
Pykarifl. in den Nilgherry. V, 959.
Pykurmu. VI, 596.
Pyl s. Pri, Prome. V, 193 f.
Pymeng Schan. IV, 253.
Πυραθεῖα. V, 617.
Pyramidal-Peak des Himalaya. III, 782. 953.
Pyramide, die; Riesenpik des Himalaya. III, 540.
Pyramiden, ägyptische; ihnen zunächst ähnliche Bauten in Pegu. V, 181.
Pyramidenbau auf Ceylon. VI, 96.
Pyramidenberg in Aracan. V, 309.
Pyrenäen, Streichen derselben in verwandtschaftlicher Beziehung mit den Alpen und dem Imaus. II, 47.
Pyrola rotundifolia. III, 72.
Pyrola uniflora. III, 72.
Pyrope auf Ceylon. VI, 109.
Pyrpandja-Sarai bei Kaschmir. III, 1144.
Pyrus baccata. III, 100. 131. 187. 258. 291. 769.
Pyrus communis auf den Tongtaong-Bergen. V, 234.
Pythagoräer, Einfluß der indischen Spekulationen auf deren Philosophie. V, 511. — nennt Vasco de Gama die Banyanen. V, 443.
Pytheas von Massilien, Reisen desselben. V, 438.
Pytho, Alexanders d. Gr. Satrap im untern Induslande. V, 472.
Pytu (nördliche Naga's von). V, 376.
Pyu, Volk in Ava. V, 267.

Q.

Quadrillen-ähnliche Tänze der Naga's. V, 375.
Quadrol, Insel im Golf von Siam. IV, 987.
Qualla muda. V, 23.
Quan-gai, Provinz von Cochin China. IV, 916. 919.
Quangnan, Provinz von Cochin China. IV, 916. 919.
Quan-tsching, Stadt. II, 118. 119.
Quan-tung s. Canton. IV, 568.
Quappe (Gadus lota). II, 795.
Quappenkap am Baikal-See. III, 66.
Quarz auf Ceylon. VI, 76. — in Dolomitmassen am Nerbuda. VI, 576. — im Sandstein, Beispiele. VI, 851 ff. — glasartig-geschmolzener in Udeypur. VI, 881.
Quarzfels, rosenrother. VI, 877. — am rechten Yamuna-Ufer; Beschreibung desselben in einer geognostisch-wichtigen Gegend: VI, 1107.
Quarzmassen der Satpuraketten. VI, 801.
Quatys (Richter auf Formosa), [ob = Kadi's?] IV, 880.
Quecksilber, nicht auf Ceylon. VI, 78. 107. — in Bathang. IV, 235.
Quecksilberbergwerke in der chines. Provinz Kuei-tschéou. IV, 756.
Queda, das Malaien-Königreich. V, 20 ff. 804. s. Keddah.
Quedouc s. Pensong. IV, 914.
Queissimir s. Kaschmir. III, 446.
Queizupulac in der Gobi. III, 360.
Quelldurchbrüche in Daurien. III, 284.
Quellen, — dem Mahadeo heilige, als Wallfahrtsort bei Hussingabad. VI, 452. — heiße, bei

Bhadrachalam, die einzigen auf der ganzen inneren Halbinsel Hindostans. VI, 467. — bei Ramghur. VI, 509. und in Sirguja, ebendas.; — am Renifluſſe. III, 998. — zu Dagazong. V, 670. — zwischen dem Spitifl. und dem Zangham. III, 717. — (Gorätschei Klutsch) am Baikalsee. III, 13. 33. 34. 45. 67. — zum Orghon mündend. II, 529. III, 229. — von Fykalka. II, 701. — mit Kalkabsätzen in außerordentlichen absoluten Höhen. III, 670. — vergl. 762. — am Alak-Kul. II, 389. — am Orghon. II, 498. — auf Queda. V, 23. — auf Tavoy. V, 125. — auf Ceylon. VI, 81. — heiße neben kalten im Dschemnathale. III, 593. — kochend heiße auf Schneebergen im Himalaya. III, 902. 905. 922. 1132. 1155. 1159. IV, 31. 150. — warme am Kunalei. III, 177. — an der Uda. II, 1037. — blutgefärbte, in Guzerate. VI, 1068. — Wunder- in Kaschmir. III, 1132.

Quellwasser, reichliche und gute, aus der der Vindhyakette vorgelagerten Sandsteinzone. VI, 746.

Quelong s. Ky lung. IV, 860.

Quelparts, Insel zu Korea gehörig. IV, 603 folgd. — Höhe des Piks auf derselben. IV, 609.

Quenzanfu (M. Polo), s. Singan-fu. IV, 517.

Query s. Lodh, Phyllanthus longifolius (?). VI, 536.

Quiam (M. Polo) s. Kiang. IV, 415.

Quilon, Seehafen von Travancore. V, 594. 609. 787.

Quinhan, Provinz von Cochin China. IV, 916. 918.

Quinquina, Surrogat dafür. VI, 1211.

Quinsay s. Hang tschu fu. IV, 697.

Quippo's, d. i. Knotenschrift der Peruaner. IV, 505.

Quirivan (?), Königreich. IV, 1061.

Quisan, Inselgruppe. IV, 700.

Quo, Namen wilder Hunde in Gondwana. S. Balia, Sata Rohini. VI, 510.

R.

R fehlt den Chinesen. II, 343. 445. 481 und öfter.

R und L, bei allen chinesischen und mongolischen Völkern fortwährend verwechselt. II, 557.

R in Y verwandelt von den Birmanen. V, 193.

Raath, die Landschaft. VI, 638 f.

Raba, Dorf am Ssetledsch. III, 806.

Raben, selten in Indien, mit Ausnahme einzelner wenigen Punkte. VI, 924.

Rabbanta Monachus. II, 296.

Rabbit und Coney, Westeinfahrt der Straße von Singapore. V, 59.

Rabgealing, Ort am Ssatadru, Chaprang gegenüber. III, 737.

Rabery. V, 580.

Rabi s. Cynosurus corocanus. V, 768.

Rabo, Ramo. III, 601.

Rabri, Mehlbrei, s. Kuskus. VI, 1005.

Rachado, Cap, s. Ratschado. V, 29.

Rachas, die fünf; s. Khands. IV, 131.

Rachia, i. e. Radja. VI, 18.

Rachlei, See. III, 162.

Rachscha. V, 749.

Radack, Inseln, eigene Speise daselbst. V, 853.

Radja-Bahadur-Sahi. III, 486. IV, 34.

Radja Gamon (?). III, 1146.

Radja Karna, Idol des, III, 1021.

Radjor s. Ravazar. III, 1144.

Radja Secander, epischer Held der Malaien. V, 93.

Radschas (sanskr., d. i. Irdischheit). VI, 665.

Rae Sing von Bikanir. VI, 989.

Raffles (Sir Thom.) gründet die Singapore Native Institution. V, 69.
Rafy eddin Mohammed, aus Balkh, Bearbeiter der Kaschmir-Annalen. III, 1117.
Ragerybergе, die, bei Madras. VI, 334 f.
Raghie s. Eleusine corocana. VI, 287.
Ragi s. Eleusine corocana. V, 716.
Ragoji Bhunsla, kriegerischer indischer Raja um die Mitte des achtzehnten Jahrhunderts. VI, 454.
Ragoji III., Raja von Berar. VI, 455.
Raguguгh, Ort in Chanderry. VI, 757.
Ragulki, Name der Früchte von Trapa natans. II, 833.
Ragur Abui, Ort in Kutch. VI, 1053.
Raha Chokey, Stadt in Jyntea. V, 387.
Rahans, Priester in Ava. V, 230. 287.
Raheng, Eisengruben in Siam. IV, 1091.
Rahtore, Tribus der Banjaras. V, 689. — s. Rawut. VI, 807.
Rahu, der aufsteigende Knoten. VI, 549.
Rahun, Berg auf Ceylon. VI, 33. 34. (der Adamspik.)
Rahuna, eines der drei antiken Hauptreiche auf Ceylon. VI, 237.
Rahunatotte, auf Ceylon. VI, 238. (Rahuna) 239.
Rai s. Realia, Thränen-Pinus. III, 991.
Rai dereno (d. h. Paradies-baum), ruff. Name der Balsam-pappel. II, 921.
Raigerh, Fort in Sirmore. III, 887 f.
Rais, indischer Gott. III, 931.
Raja's, indische, ihre Entsittlichung. VI, 640 f.
Raja cota s. Ryacotta (d. i. die Königsburg). VI, 310 f.
Rajadi Raja Singha, König von Ceylon. VI, 260.
Rajahmudry am Godaveryflusse. VI, 468.
Raja Jey Singh (1694—1743). VI, 919.
Raja Ishwara, der indische Liebesgott. III, 1022.
Raja mahal, Stadt am Ganges. VI, 1165.
Raja-mahal-Berge. VI, 1164 ff.
Raja mandiri s. Rajamundry. VI, 475.
Rajamundry, einer der Circars der Präsidentschaft Madras. VI, 471. — Stadt. VI, 475.
Rajapape, die Gebrüder, auf Ceylon. VI, 137.
Rajapipley-Berge im Turkasir-Distrikte, die Begleiter des Nerbuda. VI, 569.
Rajaram, Thal in Gondwana. VI, 521.
Raja Sinha der Große, König von Ceylon, vertreibt die Portugiesen. VI, 193. (1658.)
Rajasthan s. Rajputana. VI, 726 ff. — d. i. das Land der Könige; s. Mewar. VI, 864. — das Tiefland von, oder die westlichen Staaten der Rajputen in Merwar und Jessulmer bis zum Indus. VI, 943 ff. — große Trümmergruppe zu Buddha Gaya. V, 511.
Rajaswhara Singha, Radja von Asam. IV, 301.
Rajawara, Staat zu Delhi gehörig. III, 1072.
Rajbansi (d. i. Nepalesen) in Bhutan. IV, 167.
Rajbongsi, Titel in Asam. IV, 322.
Rajemal, Ort am Ganges. III, 485.
Rajepur s. Ratnapura, Ruttunpur. VI, 495.
Rajeswara Singha, Herrscher in Asam. IV, 376.
Rajgar, Capitale des Rana von Kottahar. III, 1076.
Rajgherryki baji s. Choulay, Amaranthus polygamus. V, 719.
Rajgurh, Hauptmarkt für die Karawanen in Bikanir. VI, 996.

Rajour, Fürstenthum. III, 1078. — s. Ravazar. III, 1144.
Rajputen, die, in Malwa. VI, 761 ff. — im Süden des Ganges. VI, 610.
Rajputs (= Rajaputtras, d. h. Königssöhne, sanskr.). V, 462.
Raj Rajeswari, Heiligthum zu Dewalgerh in Kamaun. III, 1053.
Raj Sue Bah. VI, 948.
Rajurs, Raubtribus der Induswüste. VI, 951.
Rajury. III, 651.
Rajwara. VI, 530 ff.
Rak, sanskr. = Arrak. V, 440.
Rakapilli, Ort in Gondwana. VI, 525.
Rakchan, — ein anderer Ort, verschieden von dem vorigen. III, 795. 797. (das Untere Rakchan.)
Raketen, riesenartige aus Baumstämmen, in Pegu. V, 182.
Rakh, Liqueur aus Weintrauben. III, 805.
Rakhaing s. Aracan. V, 307.
Rakor, Ort am Ssatadru. III, 694.
Rakshasa (d. i. böse Dämonen), Ravana ihr König. V, 697.
Rakta, Schneewasser zum Baspaß. III, 775. 779 f. 783.
Raktalus (?), Frucht in Aracan. V, 319.
Rala s. Panicum italicum. V, 716.
Ralay-Coulan, Thomaschristenkirche zu, V, 609.
Raldangkette, innere. III, 569. 692.
Ralding, Riesenpik des Himalaya. III, 540. 693. 803.
Ralding-Kailasa-Berggruppe. III, 798 ff.
Ralla, Ort in den Nilgherry. V, 995.
Ram, einer der 4 heiligen Distrikte von Asam. IV, 298.
Rama, der Wagenlenker und Rossebändiger. V, 898. — antiquirter Götze. VI, 10. — in Munipur verehrt. V, 366.
Rama's Zug nach Lanka. V, 491.
Rama-Brücke s. Adams-Brücke. VI, 153 f.
Ramagona, Stadt auf Ceylon. VI, 222.
Ramaisir s. Sungum Ramesvara. VI, 802.
Ramajai Batacharji, Brahmane. III, 490.
Ramaji gurum s. Rajaram (?). VI, 522.
Raman, Distrikt des Malaienstaats Patani. V, 5.
Ramanan Kor, Vorgeb. ehemals Kory. V, 517.
Ramanatha s. Ramnad. VI, 8.
Ramarhanda, Tempel des, III, 914.
Rama Seraï. III, 887 f.
Ramas waran s. Ramisseram. VI, 8. 64.
Ramathain, Stadt in Ava. V, 276.
Ramayâna, Scenen daraus im Tempel von Elora. V, 490.
Rambutan, Obstbaum. V, 68.
Ramchia, auf der Kheru-Passage. IV, 39.
Ramchur, d. i. Brettspiel. III, 1052.
Ram Comul Sem. VI, 1190.
Ram Diu, Radja von Dekan. V, 562.
Ramesvâra (indisch) s. Ramisur, Kory. V, 517.
Ram Ganga. III, 1019.
Ramger, Ramgurh, Bergfeste der Gorkhas. III, 519.
Ram Gurri Sing. VI, 491.
Ramhiv. VI, 137.
Ramisoran Kor s. Ramisur. V, 517.
Ramisseram, Insel. VI, 154 ff. (von hieraus der erste Meridian der Hindu-Astronomen.) — nördl. Bucht in der Ceylonstraße. V, 516.
Ramisseram (d. i. Ramas waran, Pfeiler des Rama), Tempel-Insel. VI, 8. 64. 154 ff.
Ramisseram Kor. VI, 11. — vergl. 8. 64.
Ramisur, Insel ind., V, 517. s. Kory, Ramesvâra.
Ramjannis, d. i. Bayaderen. VI, 622.

Ramkund (d. i. Rama's Bad). V, 685.
Ramlochum, Jaepur-Raja. VI, 500.
Rammelsberg am Harz, Alter und Einfluß des Bergwerks. II, 844.
Ramnad. VI, 8.
Ramnakporam, Dorfschaft im Alpenlande Curg. V, 726.
Ramna Rany, die Beherrscherin der Coands oder Gonds. VI, 476.
Ramnel, Kirche der syr. Christen in Malabar. V, 946.
Ramni, Ort im Himalaya. III, 1017.
Ramo Sami. VI, 331.
Ramosis, geborene Diebeskaste der Mahratten. VI, 409. 413. 416.
Ramotsche, Ramotsie, kl. Buddhatempel im Norden von Botala bei H'Lassa. IV, 232. 244.
Rampahar, nördl. Fortsetzung des Debta Mura in Tripurah. V, 411.
Rampur, die Residenz des Radja von Bissahir. III, 754 ff.
Rampura (d. i. Ramas Stadt) in Martaban. V, 140.
Ramree, Ramri, Insel zu Aracan gehörig. V, 309.
Ramschandschi, Feuerwaffe der Asamesen. IV, 296.
Ram Singh, Radja von Jyntea (1824). V, 390.
Ramsings Haus, Station in Cachar. V, 394.
Ram tsieu, See in Tübet. IV, 260.
Ramuberg in Aracan. V, 310.
Ramusis, Bergvolk der Ghats. V, 660.
Ran, d. i. Jungle, Wald. VI, 769.
Rana, Dorf am Dschemna. III, 894.
Rana-Bahadur, Herrscher der Gorka, erobert Yumilah. IV, 25.
Rana-Bahadur, Gorkha-Fürstin. III, 489.
Rana Jey Sing, Erbauer des Marmordammes am Dheypur-See. VI, 878.
Rana Paj, d. i. Königsberg. VI, 892.
Rand der Erdscheibe, enthält alles Trefflichste (alte Vorstellung). V, 447.
Randgebirge, Def. II, 32.
Randgebirge der Plateaubildungen. II, 35.
Randumgebungen der Gebirgssysteme haben einen sanfteren Südabfall. II, 339.
Raneah, am Verschwindungspunkte des Kaggar, Residenz des Rajputenfürsten von Bhatnair. VI, 1000.
Rang, Name des Himmelsgottes bei den Garo's. V, 404.
Rangamaty. IV, 139.
Ranga swami, d. i. Vishnu. V, 934.
Rangaswami-Heiligthümer der Erular in den Nilgherry. V, 1017.
Rangaswami-Kegel der Nilgherry, Höhe. V, 961.
Rangaswami-Koril (d. h. Tempelberg des Ranga). V, 1025.
Ranggapur Nagur (d. i. die Stadt der Freude), Hauptstadt von Asam, s. Rungpur. IV, 317.
Ranghaghar. IV, 317.
Rangpur, letzte Stadt des britischen Compagnielandes gegen Bhutan. IV, 138. — s. Kirganu. IV, 290.
Rangreb, Dorf am Lidangfl. III, 721.
Rangreek, Ort am Spitifl. III, 724.
Rangreh s. Rangreek. III, 724.
Rangri, d. i. Plebejer, rustici. VI, 761.
Rangrik s. Rangreek. III, 724.
Rangun, Haupthafen am östlichen Arm des Irawadi. V, 167. 168 bis 174. — Eroberung der Stadt. V, 170. 355.
Rangur, kleine Feste bei Sirmore. VI, 624.
Rani, Bach, ergießt sich in den Gomuti. V, 409.
Raniduyar Radja in Kamrup. IV, 321.

Rani-ural, Dorf. IV, 92.
Ranjit Mal, Herrscher in Nepal. IV, 43.
Rannie, die, von Ramnad. VI, 10.
Rankong (d. i. Friedensstadt) s. Rangun. V, 169.
Ranni Talab (d. i. Königinnen-See), bei Jhoudpur. VI, 979.
Ranos, eine der 8 geringeren Kriegerkasten in Nepal. IV, 119.
Ranphul s. Annona reticulata. V, 720.
Ranran s. Nha trang. IV, 934.
Ranrik s. Rangreek. III, 576.
Ran ta po s. Yan da bo am Irawadi. V, 220.
Ranum, falsche Leseart statt Kamun. III, 827.
Ranunculus aquatilis in Hindostan. VI, 1116.
Ranunculus frigidus. II, 714. 949.
Ranunculus fumariaefolia. II, 904.
Ranunculus isopyroides. II, 912.
Ranunculus lascocarpus. II, 698.
Ranunculus nivalis. II, 767.
Ranunculus plantaginifolius. II, 954.
Ranunculus salsuginosus. III, 60.
Ranunculus sceleratus, durch ganz Hindostan verbreitet. VI, 1116.
Rao Bharmulji von Kutch. VI, 1059.
Rao Bharra von Kutch. VI, 1059.
Rao Daisul von Kutch. VI, 1058.
Rao Dessul von Kutch. VI, 1060.
Rao Rahiden von Kutch (seit 1778). VI, 1058 f.
Raoli, Priester der Mugs, ob = Rabbi? V, 422.
Raos s. Raja. VI, 858.
Rapiä. III, 802.
Raputi, Fl., s. Rapti. IV, 60.
Rar s. Tir. VI, 951.
Raran s. Nha rang. IV, 918.
Rarang, Ort in Ober-Kanawar. III, 828.
Rarepur s. Ryepur. VI, 497.
Rarhi-Brahminen in Asam. IV, 332.
Raruna, Herrscher von Lanka. V, 517.
Rarungae. V, 488.
Ra-se-Miu (d. i. das Heiligenfeld). V, 194.
Rasgami-bisht, Distrikt von Kanawar. III, 769.
Rashkalang, bedeutender Bergstrom zum Ssetledsch. III, 819.
Rasikulia, Küstenfluß in Dekan. VI, 477.
Rasmy, Ort am Bunaßflusse in Udeypur. VI, 900.
Rasnotschinzi (russ., d. i. Bürgersleute). III, 150.
Rasse Coronde. VI, 130.
Rassypnoy-Kamen (d. h. Trümmerfels). II, 865.
Rata, Zollstätte in Aracan. V, 320.
Rataes-Stöcke, Ausfuhrartikel in Singapore. V, 71.
Ratakote, Ruinen von, in Udeypur. VI, 890.
Ratampundjat s. Rettinpinzar. III, 1144.
Ratanapura (Yatanapura, d. h. die Juwelenstadt = Ava). V, 297.
Ratanpenjal s. Ruttunpunchal. III, 1144.
Ratchico (d'Anville). IV, 403.
Rat'has (d. i. heiliger Wagen). VI, (155.) 326 f.
Rathe (birmanesisch, vergl. sanskr. Rasi = sanctus), Heiliger. V, 213.
Ratna (d. i. beliebt), sanskr. Name der Perle. VI, 179.
Ratnagat s. Rettenghar. III, 1137.
Ratnapura auf Ceylon. VI, 101. s. Ruttunpur. VI, 495 f. (d. h. die Stadt der Edelsteine.)
Ratnapura, Militärposten auf Ceylon. VI, 209.
Ratna thingha (d. i. Edelstein-Löwe), Name der Stadt Montzabo in Ava. V, 276.
Rato s. Phaseolus calcaratus. IV, 75.

Ratschabo, Cap, s. Rachabo. V, 29.
Ratte (d. i. Land im Singhales.) VI, 238. 303.
Ratte, Bild des ostasiat. Zodiakus. II, 1125.
Rattelle, nährende Wurzelart auf Ceylon. VI, 115.
Ratten, in Heerden in Malabar. V, 924. — in den Nilgherry. V, 987.
Rattenbraten bei den Plau. V, 190. — Leckerbissen der Bewohner von Gherwal. III, 1050.
Rattunpunchal s. Rettinpinzar. III, 1144.
Ratundha, Augenblendung. VI, 508.
Raubritter s. Haras. VI, 805.
Rauchschwalbe s. Hirundo rustica. III, 26.
Rauchtopase. III, 289.
Rauhe Alp in Schwaben. II, 871.
Rauhil s. Ráwal. III, 990.
Raumverhältniß der Geschichte zur Natur, integrirender Betrachtungsgegenstand für die vergleichende Erdkunde. II, 243.
Raunt s. Reni. III, 998.
Rausch, verursacht durch den Blätterthee von Rhododendron chrysanthum. II, 1023.
Ravazar, Ort in Kaschmir. III, 1144.
Ravennaja Adansonii. V, 878.
Ravey s. Ravi. V, 457.
Ravi s. Hydraotes, Airavati. III, 1077. V. 161.
Ravuna, Würgdämon in Cachar verehrt. V, 385.
Ravya, Dillenia spec. VI, 530.
Rawa, Stadt. IV, 102.
Ráwal, Name des Oberpriesters in Bhadrinat'h. III, 990.
Rawanhrad, See, (Etymologie). III, 510. 511. 664. IV, 26.
Rawen s. Ravanas, Ravuna. III, 948.
Rawennaja, Bach. II, 819.
Rawil Pindi, griechische und baktrische Münzen daselbst. V, 452.
Rawradam, Bergkränze des Meru. II, 8.
Rawul, Titel des Raja von Banswara. VI, 643.
Ray Afzay, Pallast zu Samarkand. III, 1134.
Raymond, französischer Offizier in Indien. VI, 402.
Raypur, Capitale des Rana von Kottahar. III, 1076.
Ray Singha, Radja von Chamba. III, 1077.
Rayung, Ort am Cap Lyant. IV, 1071.
Razeipnoi-Kamen (d. h. Trümmerfels). II, 865.
Räderboot. II, 893.
Räuberbanden in den Sunderbunds. VI, 1208.
Räuberland der Minas. VI, 608. 638. 822.
Re s. De. V, 130. — s. auch Realia, Thränenpinus. III, 991.
Reah, Ort in Marwar. VI, 988.
Realia, Pinusart am Alacananda-Ganga. III, 991.
Ream, Holzart auf Ceylon. VI, 122.
Reang, Tripuratribus, Ansiedelung derselben. V, 409.
Rebat (?), Königreich. III, 438. [ob Berat?]
Rebhuhn, ominöser Vogel bei den Mera. VI, 915. — s. auch Ptarmigan. III, 1003. — das indische. VI, 848 f.
Rebrov, seine Aufnahme des Baikalsees. III, 12.
Rechel, Indusarm, früher Hafen Barbarike (?). V, 475.
Rechenbrett, chinesisches, auch in Siam im Gebrauch. IV, 1155.
Rechnen durch Kerbhölzer bei den Cossyah's. V, 390.
Rechnenmethode in Korea. IV, 646.
Reconvalescentenstationen. V, 955.
Recurvirostra avocetta, der Krummschnabel. III, 60.
Rees, engl. Capitän. IV, 690.
Reet-Paß s. Timli-Paß. III, 851 f.
Regale der Elephantenjagd, der

Berg-Rajas in Nepal und Bhutan. V, 921.
Regen, Bedingung der Perlaustern-Erzeugung nach indischem Glauben. VI, 166. — in den Nila-giri. V, 974 ff. — in Ava. V, 226. — periodische, in Nepal. IV, 50. — in Orissa. VI, 544. — Flehen um, VI, 632. — fast unerhört in der Oase Hami. II, 358. — Gegend ohne allen Regen. (?). II, 342.
Regenbogen von sonderbarer Eigenthümlichkeit auf Schneewolken in Sibirien (balkenförmig). III, 319. — Sanskritname dafür. II, 13.
Regengüsse, bedecken bisweilen geschützte Meeresbaien mit einer Schicht süßen, trinkbaren Wassers. IV, 923.
Regenmasse in Aracan. V, 317. — auf Ceylon. VI, 85 f. — Vergleichung derselben an verschiedenen Punkten der Erdoberfläche. V, 792 ff.
Regenmonsun, Grenze seines nordwestlichen Vorkommens. V, 832. VI, 1049. 1052.
Regenschauer, tropische. VI, 487. 507.
Regenzeit, weniger anhaltend in Munipur als in Bengalen. V, 362. — in Baroach. VI, 629.
Regen-Insel, die, V, 333.
Regenpfeifer, der, s. Charadrius himantopus. III, 60.
Regur s. Cotton-Grund. V, 714.
Regyen, Dorf am Irawadi. V, 167.
Reh, das Indische, s. Cervus munjar. V, 65.
Rehbaris, die Schäfertribus in Jessulmer. VI, 1016.
Rehfang durch sinnreiche Fallgruben. II, 675 f.
Reichsgrenze, chinesische, erstreckte sich im VII—VIII. Jahrhundert bis zum kaspischen Meere. II, 366. 642.
Reichstage der Kalkhas-Prinzen. II, 1055. III, 399.
Reichsverweser, Würde desselben erblich in Sikim. IV, 105.
Reifeln. III, 25 f.
Reihen-Vulkane. V, 79.
Reili, Höhe. VI, 836.
Reis, zweierlei Arten (rother und gelber) in H'Lassa. IV, 236. (Ueber den rothen Bergreis s. III, 1003.) — fast göttlich verehrt von den Koles. VI, 529. — fehlt der Küste von Congo. V, 839. — Name bei den Nepalesen, Hindostanli, Tübetanern. IV, 91. — Mittel der Soldzahlung in Korea. IV, 633. — in Martaban. V, 144. — rother und weißer, Unterschied durch die Bewässerungsmethode bedingt. V, 223. 247.
Reisarten, zwei seither noch wenig bekannte in Kotgerh. III, 749.
Reisbau, früher in Munipur. V, 363. — in Malabar. V, 799 ff. — in Orissa. VI, 539. — dreifache Art desselben im Dekan. V, 716. — auf Ceylon, ehemals von weit größerer Bedeutung. VI, 27. — in Tübet. IV, 256. — trefflicher in Sirmore, am besten in der Nähe der Flußquellen. III, 870. — in Kaschmir. III, 1160.
Reisblüthe, eine Präparation derselben wird zum Bleichen der Kaschmirwolle gebraucht. III, 1200.
Reisbranntwein, Destillation desselben in NWchina. II, 130. — bei den Bhotiyas. III, 1011.
Reisende, Nothwendigkeit gründlicher Vorbereitung. IV, 556.
Reisetracht der Wanderer über das Himalayagebirge. III, 611.
Reisfelder, doppelte und dreifache Erndten derselben, in der Umgebung von Ava. V, 222. — in Nepal, geben bisweilen noch eine Winterernte von Weizen und Gerste. IV, 51. — in Hami, berühmt. II, 359.
Reisfelder-Wirthschaft in Asam. IV, 346.
Reiskultur in Ceylon. VI, 113 f. 115. — westlich vom Fl. Ta king. IV, 655.

Reisplantagen Sumatra's durch Elephanten verwüstet. V, 915.
Reital, Dorf. III, 920.
Reiterei, chinesische, woher rekrutirt. II, 246. — auf Kameelen in Xerxes Heere. V, 910.
Reiterschaaren der Mahratten. V, 488. 661. 899.
Reitochse, tübetischer; s. Bos grunniens, Yak. III, 1001.
Reiva, Zufl. zum Sutringa. VI, 1067.
Re=ka Berge in Ava. IV, 737. V, 229.
Rekschas, d. i. Lanka, Ceylon. III, 1104. IV, 143.
Rekuda Puda s. Katuka. VI, 513.
Religion, so gut als gar keine in Cochin China. IV, 970. — der Bhils. VI, 613 f. — in Ava. V, 283 ff. — der Tudas. V, 1038. — der Koreaner. IV, 632. 642.
Religionsgeschichte, indische. V, 491.
Religions=Kämpfe zwischen Brahmanen und Buddhisten. VI, 553.
Religionskriege in Tübet. IV, 177. 280.
Religionssystem der Nepalesischen Bhotiya's. IV, 134.
Rembang, Waldungen von, im Osten von Samarang auf Java. V, 806. — chines. Kolonisten daselbst. IV, 800.
Rembau s. Rumbo. V, 31.
Rempat ghi ang, See. V, 229.
Renank'hyaung, Renangyun (d. i. der Erdölbach). V, 200.
Reni, Zufl. zum Dauli. III, 998.
Rennthiere in Khan=Dola. II, 516. — bei den Sojoten. II, 1006.
Rennthierböcke als Jagdpferde gebraucht. II, 1038.
Rennthierzucht, Grenzen. II, 1038. 1109. III, 104.
Rennthiermoos s. Lichen rhangiferinus. III, 44.
Renny (Thom.), engl. Ingen. Lieutenant. VI, 446.
Ressa s. Russua. IV, 40.
Re thoa (?) in Tübet. IV, 180.
Retink (?), Landschaft. IV, 183.
Retja s. Tekkia. IV, 915.
Retra Pani. IV, 136.
Rettenghar, Pergunnah von Kaschmir. III, 1137.
Rettinpinzar, hoher Berg in Kaschmir. III, 1144.
Reubarbaro bei Marco Polo, Rhabarber. II, 180.
Reüni. III, 786.
Reva s. Nerbuda. VI, 568.
Revata s. Vindhyan. VI, 568.
Reverberations=Wärme auf den Höhen des Himalaya. III, 575. 719 f.
Rewarri=Station, die, auf der hydrographischen Westgrenze des Gangesgebietes; Boden, Klima, und Vegetation. VI, 1108 ff.
Rewennaja Sopka (d. h. die Rhabarberkoppen). II, 184. 820. 837. — Höhe. II, 802.
Rewtachul, Sanskritname der Junaghur=Berge auf Guzurate. VI, 1067.
Reyshi's, ob = Rishi. III, 1170.
Rhabarber s. Turkey Rhabarber. III, 550.
Rhabarber, wahrer, von Wachsmann vergeblich gesucht. II, 1033. — Heimath, Handelsgang, Sphäre der Verbreitung in Hochasien. II, 178 ff. III, 593. 1012. IV, 190. — in der Gobi. III, 373. — auf den Bergen westlich vom Fl. Tafiang. IV, 655. — aus China nach Korea verpflanzt. IV, 634. — Geruch desselben den Reisenden beschwerlich in Tübet. IV, 191. — südlichste Verbreitung auf dem Hochgebirge bei Tsching tu fu. IV, 190. 416. — Handel damit in der voralexandrinischen Periode. V, 440. — Ausfuhrartikel in Singapore. V, 71.
Rhabarberpflanze, Forschungen nach der Heimath der ächten, von russischer Seite. II, 575.
Rhacoma s. Rhabarber. II, 180.
Rhahaans, buddhistische Ordenspriester in Pegu. V, 181.
Rhair, Fl. VI, 486.

Rhamchachong, Bhutyadorf. IV, 37. 39.
Rhamnus catharcticus am Saisansee. — II, 658. — vergl. II, 660. — an der Buchtarma. II, 679.
Rhamnus Zizyphus s. Zizyphus vulgaris. V, 201.
Rhapsoden, Jonische. VI, 612.
Rhatore, Tribus der reinen Bhils. VI, 615.
Rhattories, Rajputenfamilie vom ersten Range in Malwa. VI, 761.
Rhayabji. VI, 1057.
Rhein, Wassermasse desselben. IV, 368.
Rheinmesser, der, bei Basel. III, 92.
Rheum australe. II, 185.
Rheum compactum. II, 183. III, 173.
Rheum cruentum. II, 770. 772.
Rheum Emodi. II, 185.
Rheum nanum auf den Schiefergebirgen des Vor-Altai. II, 648.
Rheum Rhabarbarum, undulatum, palmatum. II, 182.
Rheum sibiricum. II, 651. III, 178.
Rheum undulatum am Baikal. III, 59. 177. s. auch III, 271.
Rhinoceros, dem Aristoteles unbekannt. V, 451. — auf Borneo. V, 915. — gezähmtes. VI, 633. — früher in großer Anzahl in Peschawer. V, 630. — noch in den Sunderbunds. VI, 1198. — auf der Insel Hainan. IV, 883.
Rhinoceros, fossile. V, 204.
Rhinoceroshörner, als tübet. Tribut an China. IV, 233.
Rhinocerosjagd, Schilderung einer, in den Sunderbunds. VI, 1208 ff.
Rhinoceros indicus. IV, 1106.
Rhinocerosschilder, durchsichtige. VI, 633.
Rhio. V, 11. 12. 57.
Rhizola Portus, auf Taprobane nach Ptolem. VI, 24.
Rhizophora s. Mangrove.
Rhizophora-Wälder in Kambodja. IV, 1041. V, 14.
Rhodes, Alexander de, Jesuitenpater. IV, 928.
Rhodis, ausgestoßene Kaste auf Ceylon. VI, 229. — s. Gasmundo. VI, 232.
Rhodiola rosea. III, 272.
Rhododendron-Grenze, obere, in Kanawar. III, 773. 777.
Rhododendron arboreum. V, 980. VI, 54. 203.
Rhododendron aureum, chrysanthum. III, 44. 55. 77.
Rhododendron chrysanthum. II, 1022. 1078. III, 43. 179.
Rhododendron dauricum. II, 935. 937. 1022. — die Blätter als Thee benutzt. III, 68. — s. besonders. III, 175.
Rhododendron ferrugineum, europ. Spec. auch auf dem Witim-Plateau. III, 56. s. auch IV, 59.
Rhododendron linearifolium. IV, 59.
Rhododendron puniceum. III, 856. 862.
Rhonebiegung im Wallisthale. II, 997.
Rhonemesser, der, bei Genf und Lyon. III, 92.
Rhus, dreiblättrige Art in Sirmore. III, 856.
Rhus paniculata. V, 201.
Rhus vernicifera s. Firnißbaum. V, 251.
Rhygur s. Ranghur. VI, 354.
Ri s. Pinus Deodara. III, 770. 803. 817. (die Pinus mit der Neoza-Frucht.) — s. auch Ró, Christa Ruru. III, 1196.
Riah, Ort am Ssatadru. III, 739.
Ribe, Ort am Ssetledsch. III, 806.
Ribes alpinum. II, 651.
Ribes grossularia, Heimath der wilden im Altai. II, 894.
Ribes nigrum. II, 651. III, 165.
Ribes petraeum. II, 820.
Ribes philostylum. II, 901.
Ribes rubrum. III, 217.

Ricci, Jesuitenpater. III, 437.
Richard, britischer Oberst in Indien. IV, 338.
Richhot in Tübet auf der Tsiambo-Route. IV, 203.
Ricinus communis s. besonders V, 718. VI, 540. [Wird Hanf genannt. IV, 547. (?)]
Ricinus palma Christi. V, 769.
Ricinusöl, gewonnen in Gondwana. VI, 498.
Ricnor, Zufluß zum Dschemna. III, 887.
Ridang s. Ribe. III, 806.
Ridder, russischer Bergbeamter. II, 711.
Riddersk, Erzgrube, abs. Höhe. II, 711. 716. 802. 851.
Ridderski, Gebirgsstadt des Altai. II, 475. — glockenförmiger Trachythügel bei, II, 390.
Ridderski-Rudnik, Silbergrube an der Ulba seit 1786. II, 586. 711.
Ridderskoi, Hüttenbezirk an der Ulba. II, 669.
Ridmuljin, Rhatore-Herrscher. VI, 977.
Rieds-rock. IV, 542.
Riesen, Sage von denselben bei den Kalmücken. II, 938 f. (Ist dort ein Anklang an den Prâbat des Buddha?) — der Ceylonesensage. VI, 94. 243.
Riesenkegel der Erdoberfläche, merkwürdige Analogie ihrer relativen Höhen. III, 807.
Riesen-Sage. V, 373.
Riesengebirge, Schlesisches, Großer und Kleiner Teich auf demselben. II, 895.
Rietgrasungen im Gangesdelta. VI, 1211.
Rif-Buoy im Hoogly. VI, 1200.
Rigide Vegetation, ihre Domäne in Hindostan. V, 710. 801. VI, 837.
Riham s. Ocimum pilosum. VI, 510.
Rika s. Urtica nivea. IV, 326.
Rikschwan, Berg, V, 496.
Rillu, Territorium. III, 1077.
Rimbotschi. III, 825.
Rimola, tübet. Name der Rimolakette. IV, 137.
Rin, Zufl. zum Luni. VI, 946.
Rinde, Mäntel daraus bei den Garo's. V, 404.
Rindela s. Chuncoa haliva. V, 699.
Rinderarten Indiens. V, 895 ff.
Rinderpest, sibirische, erstreckt sich nicht zur Buchtarma. II, 677.
Rindvieh, Raçe desselben im Alpenlande Sirmore. III, 878.
Ringe, massive silberne, an den Knochengelenken getragen von den Bewohnern Jessulmer's. VI, 1015.
Rinjipo. IV, 144.
Rinu-Fl. (identisch mit Arun). IV, 96.
Rishi-Gangtang-Kette. III, 799. 810 ff.
Rishi Irvu, Station. III, 701.
Rishi Talam, Station. III, 701.
Rishis, Diener im Götterhofe des Brahma. II, 8. — (d. i. Heilige, Weise). III, 906. VI, 551.
Rispa s. Ribe. III, 806.
Risu, Fl. in Ost-Nepal, Quelle desselben. IV, 82.
Ritti, malaiisches Raubnest auf Sumatra. V, 101.
Ritual, syro-chaldäisches, bei den Thomaschristen in Indien. V, 608.
Rô, Pinusart in Sirmore und Kanawar. III, 861.
Roba, Dorf am Darbung. III, 819. 821.
Robagiri, Garodorf. V, 401.
Roberts, M. IV, 992.
Robertus de Nobilibus, Jesuitenpater. VI, 422.
Robinia caragana. II, 691. 728. 826. 939. III, 187. — an der Buchtarma. II, 680.
Robinia frutescens. II, 654. 655. 826. 1080.
Robinia halodendron. II, 654. 655. 729. 1080. — am Saisansee. II, 639.
Robinia mitis. V, 699. 766.
Robinia pygmaea. II, 939. III, 214. 349. 358.
Robinia tragacanthoides. II, 648.

Roc de Chatel, im Arvethal. II, 871.
Rodek, Rudok, Rudukh, Ruduk, berühmter Marktort in Ladakh am oberen Indus. III, 608 f. 616. 672.
Rodpsheo s. Roopshoo. III, 580.
Roghu, mythischer indischer König von der Sonnenraçe. VI, 1194.
Rogi, Dorf in Unter-Kanawar. III, 770 f.
Roha, Ort in Kutch. VI, 1053.
Rohenna. VI, 222.
Rohi s. Rooe; der brunnenlose Theil der Wüste Sind. VI, 945.
Rohilkund, Ebene von, absolute Höhe derselben. III, 527. — das Land der Rohillas oder Kuttair. VI, 1141. [Der Name ist ein Pendjabwort, welches Bergland bedeutet. VI, 1142.]
Rohrwälder am Kiangstr. IV, 655. s. Arundo phragmites.
Rohu s. Cyprinus rohita. V, 176.
Rohun s. Swietenia febrifuga. VI, 510.
Rojas (bengal.), Name der Priester bei den Garo's. V, 404.
Rol, kleiner Distrikt des Pergunnah Chuara, zu Bissahir gehörig. III, 786. Fl. Dorf, ebendas.
Rollblöcke, primitive, in Udeypur. VI, 874.
Roll-Paß s. Shatul-Paß. III, 569. 782. 785.
Rollsteine, in Sirmore, ähnlich den Breccien und Nagelfluebildungen oder Puddingsteinmassen am Südsaume der Alpen gegen die Lombardische Ebene hin. III, 853.
Rolz, das Männchen des Moschusthiers in Kanawar. III, 774.
Rom verglichen mit der Urga. III, 223.
Rom (portugiesisch) s. Rong. IV, 1097.
Roma = Wasser in Sanskr. V, 440.
Romania, Cap. IV, 890. 899. V, 8.
Romanze (Lied), Land derselben in Indien. V, 684.
Rombou s. Rumbo. V, 31.
Romulus und die Wölfin, auch bei den U-siun. II, 433.
Rong (siames.) s. Gutti-Baum. IV, 1097.
Roopshoo, Tableland. III, 578. 589. 609.
Roour, Baum in Bikanir. VI, 995.
Rora, ein Charun. VI, 807.
Rore s. T'hul. VI, 945.
Rori, Stadt im Gebiet von Khyrpur. V, 472.
Rori's, gewälzte und gerundete Felsblöcke der Chumbul-Cataracten. VI, 811.
Rosa altaica, laxa an der Buchtarma. II, 662. 679. 755.
Rosa berberifolia. II, 755.
Rosa canina im Altai. II, 648. — als Baum in den Nilgherry. V, 980.
Rosah, Dorf und Sanatarium bei Aurungabad. VI, 435.
Roscoea purpurea. III, 858.
Rosenapfel s. Eugenia Jambos. V, 720.
Rosenfeste in Kaschmir. III, 1197.
Rosengebüsch, wildes, auf dem Plateaulande von Munipur. V, 363.
Rosenholz in Siam. IV, 931.
Rosenöl, Handel damit in der voralexandrin. Per. V, 440.
Rosinen, wichtiger Ausfuhrartikel aus Kanawar nach dem Plateaulande. III, 806.
Rossypnaja, Zubach zur Katunja. II, 930.
Roß-Bai. IV, 571.
Roß-Berg, der, im Goldauthal des Kanton Schwyz. III, 829.
Roß-Kastanie (Aesculus Hippocastanum), ihre größte Vollkommenheit in den Alpenwäldern von Sirmore. III, 879. — in Kaschmir. III, 1197. — größte Höhe im Himalaya. III, 998. — Benutzung des Mehls derselben in Kanawar. III, 884.
Roßkolschtschiken. II, 578.
Roßtrappe in Bhutan. IV, 145. — ähnliche Sage an der Buchtarma. II, 678.

Rotang-Paß des Kulu-Kaschmir-Himalaya. III, 553. 1066 ff.
Rotas Ghur, Feste am Soneſl. VI, 353. 357.
Rothen Berge, die, Vorgebirge, II, 381.
Rothe Farben der Tübetaner. IV, 263. 267. 272. 364.
Rothfeder ſ. Cyprinus idus. III, 38. — ſ. Cyprinus leptocephalus. III, 28.
Rothköpfe ſ. Hungtu. IV, 785.
Rothstein, in Ava. V, 242.
Rothwolf. II, 1018.
Rotilla, Bedeutung. III, 890.
Rotin, Baum auf Pulo Condor. IV, 1023.
Rott-Feſt in der Stadt Hugly. VI, 1202.
Rottleria tinctoria. III, 855. V, 760.
Rotu in Bhutan. IV, 162.
Rotunda, Ghats von, V, 671.
Rougah, Ort am oberen Indus. III, 607.
Row ſ. Bhats. VI, 611.
Rowan-Marra, Ort in Gondwana. VI, 489.
Rowe (Sir Thom.), 1676. VI, 903.
Rowels ſ. Bhats. VI, 611.
Row-Holkar, der gewaltige Mahrattenfürſt, ein Sudra, vom Schäfertribus abſtammend. VI, 766.
Rowatt, Berg, II, 327. 397.
Royl, d. i. reißende Güſſe. VI, 947.
Römerkolonie in Hindeſtan, angebliche, V, 1031. — angebliche alte in den Nilgherry. V, 954.
Römiſch-katholiſche Kirche in Islam-abad. V, 417.
Röſcher-Graben (Rasnos) von den Tſchuden angelegt. II, 823.
Rualſir (?). III, 1069.
Ruanwelle auf Ceylon. VI, 98.
Rubbi, zweite Ernte im Duab Seheranpur. VI, 1117.
Rubia n. spec. (Hamilton). IV, 51.
Rubia cordata. IV, 51.
Rubia munjit. III, 856.
Rubine von Martaban. IV, 1216. V, 143. — in Siam. IV, 1091. — von ungeheurer Größe. V, 540. — die beſten im Hafen von Syrian ausgeführt. V, 168. — gigantiſcher, auf Ceylon. VI, 29. — (ob Karfunkel?) von Kaschi mi lo. III, 1113.
Rubinaugen der indiſchen Götzenbilder. V, 551. VI, 56.
Rubruquis, Guillaume de, am Hofe zu Karakorum (1252). II, 560.
Rubus arcticus. III, 72.
Rubus idaeus am Irtyſch. II, 660.
Rubus Vitis Idaea auf den Vorketten in Bhutan, Höhe. IV, 141.
Ruderbote auf dem Nerbuda. VI, 628.
Rudnik (ruſſ. = Grube, Schacht). II, 578.
Rudok ſ. Rodek. III, 608. 616. 672.
Rudra ſ. Kudru Singha. IV, 301. — mythiſche Weſen der Shivalehre. IV, 308. — Name Mahadeva's als Schickſalsvollſtrecker Siva's. III, 742.
Rudra-Prayâga. III, 1019.
Rudru Himaleh, Rieſenpik des Himalaya. III, 540. 930 u. öft.
Ruellia, sp. V, 191.
Ruemah, Ort am Einfluß des Taluding zum Taluka. IV, 342.
Rugum, Gebirgsgau in Nepal. IV, 21.
Rugzhuk, Bhoteadorf. III, 737.
Ruhr in den Nilgherry. V, 976. — Mittel dagegen. V, 760.
Rukkma Radja, Herrſcher in Sodiya. IV, 323.
Rukum. III, 737.
Rum von Roma = Waſſer, ſanſkr. V, 440.
Rumbo, der Malaienſtaat von, V, 31.
Rumex vesicarius. V, 719.
Rumis, d. i. Araber in Indien. V, 585.
Rumſan (ob = Damaskus?). VI, 1030.
Rumuabad, Ort in Kaschmir. III, 1145.

Run, das, im Tieflande Rajasthans. VI, 949 f.
Run, d. i. Schlacht. VI, 769.
Runang=Paß in Ober=Kanawar. III, 820. — am Ssetledsch. III, 826.
Runen. II, 1131 f.
Runenkalender. II, 1131 f.
Rungagora, Residenz des Moamariyachefs in Ober=Asam. IV, 361.
Rung d'hau. V, 293.
Rung=gu, Fl., s. Lung=ku. II, 428.
Rung mahal (d. i. gemalter Pallast). VI, 989. 1147.
Runia, einer der Deos (Kobolde) in Kamaun. III, 1054.
Runjit Deva, Fürst von Jumnoo († 1770). III, 1079.
Runjit Sing, politische Stellung desselben. III, 1070 f. V, 453.
Runjore Sing Thappah. III, 515.
Runjun, Radja von Kaschmir. III, 1120.
Runtschudi, der Schutzgott von Hirumba. V, 385.
Rupa, Dorfschaft am Darbung. III, 821.
Rupa Rebe (d. i. Silberwelle), Fl. in Guzurate. VI, 1067.
Rupin, Fl. III, 775 ff.
Rupin=Paß. III, 569. 783. 793.
Rupnaghur, Raubburg in Udeypur. VI, 896.
Rupnarian, Arm des Hugly. VI, 1200.
Rupshu, Dorf am oberen Indus. III, 607. s. Roopshoo.
Ruri Chitr, altes Sonnenheiligthum s. Kalinjer. VI, 861.
Ruru, Ort am Pabur=Flusse. III, 785. 872.
Ruschmalei, Bach. III, 162.
Rushkalang s. Darbung. III, 735.
Rusis, d. i. die Weisen. VI, 733.
Russel, Harry. VI, 443.
Russel, Mergui=Insel. V, 119.
Russen, zuerst bei den Persern so genannt von rus = roth, Fuchs. II, 1115. — handeln persönlich mit Korallen, Juchten u. s. w. nach Gertope. III, 509. 604. — Haß gegen dieselben an der Buchtarma. II, 679.
Russies, Volk. III, 652.
Russische Czaren, erhalten Elephanten als Geschenke von den Perserkönigen. V, 913.
Russua, Bhotyadorf. IV, 40.
Rusu, Westarme des Baspaflusses. III, 794. 796.
Rusua s. Russua. IV, 40.
Ruta mas s. Phaseolus calcaratus. IV, 75.
Ruthingi=Gangtam=Kette. III, 799. 812 ff.
Ruthingi=Paß. III, 694. — Bach. 695.
Rutnal, Fasanenarten in Sirmore. III, 880. s. d. f.
Rutnell, Fasanenart in Bissahir. III, 764.
Rutoh (ob = Rudok?). III, 736.
Rutti=Gewicht der Juweliere von Abrus praecatorius. VI, 510.
Ruttun, die Felsburg, s. Ruttungurh. VI, 804 f.
Ruttungurh in Harowti. VI, 804 f.
Ruttun=Punchal. III, 1145.
Ruttunpur, die Capitale von Chotisghur. VI, 483. 486 u. ö. 494 ff.
Rutnu, eine der 4 heiligen Distrikte von Asam. IV, 298.
Rutylaw s. Tarantel. VI, 513.
Ruwanvelle, ceylones. Dagoba. VI, 199. 239.
Rüben, vortreffliche am Indus bei Leh. III, 616.
Rübezahl, Sage vom, ähnliche Sagen in Bhutan. IV, 152.
Rüssel des Elephanten, von den Römern manus genannt. V, 906.
Rüsselvieh, wildes, in den Rohrwaldungen des Saisan=Sees. II, 657.
Rwe (kl. und gr.), Gewicht der Birmanen. V, 267.
Ryacotta, die Bergfeste am Panaurfl. VI, 310 f.
Rybno, Fl. II, 1042. 1043. (zum Jenisei.)
Ryepur am Mahanadi, verschieden von dem gleichnamigen Orte in

Chotisghur. VI, 482. — Hauptstadt von Gondwana. VI, 497 ff. — Stadt in Jhoudpur. VI, 975.
Ryot (d. i. Pirat, westmalaisch). V, 17.
Rytoïpadi-Kap d. i. Tiefer Abgrund am Baikalsee. III, 13.
Rytoi Step, am Baikal-See. III, 31.
Rytschkow, von, russischer Obrist-Lieutenant. II, 737.
Rywudze, Canton auf der Grenze zwischen China und Tübet. IV, 206.

S.

Sa, d. i. Thee (arabisch). III, 231.
Saabet Ali, Nabob von Lucknow. VI, 1148.
Saa Gud, Fest. in Parkur. VI, 1025.
Saa-Kol, Zufluß zum Kem. II, 1071.
Saal, Name eines Waldbaumes in Cachar. V, 381. [Shorea robusta?]
Saank, ind. Fl., s. Braumi, Diamantenfl. V, 519.
Saar, Fl. III, 921.
Saatperlen. VI, 166.
Saatzeiten, dreierlei, auf dem Darwarplateau. V, 715 f.
Sabaio, arabischer Usurpator in Goa zu Vasco de Gama's Zeit. V, 585.
Sabarrae (Ptolem.) s. Savaras, Sur. VI, 527.
Sabuthu, das Cantonnement. III, 839 ff.
Sabatschla Dira (d. i. das Hundeloch). III, 18.
Sabbe (arabisch) = Löwe. VI, 714.
Sabe, Binsenart, s. Ischoenum. IV, 46.
Sabermatifl. VI, 646 ff.
Sabier, den Nestorianern verwandte Secte, verehren Johannes den Täufer. II, 290. 296.
Sabin-Trawa s. Rhododendron chrysanthum. II, 1023.
Sable s. Clupanodon ilisha, Fisch. V, 176.
Sabracas. V, 471. (Kschatrastribus?)
Sabyn-Taban s. Sajanskisches Gebirge. II, 593. 999. 1004. — s. Chabina-Dabagan. II, 1000.
Säbelhandel. II, 1134.
Sacca, Buddha's Oheim. VI, 222.
Sachain-Borsa, Fl. III, 308.
Sacharewskoi, Dorf. III, 175.
Sacharum s. Jagori. V, 439. 853. VI, 19. — Ursprung des Namens. V, 439. — von ungeheurer Höhe im Dschittagonggebiete. V, 414.
Sacharum spontaneum als Rohrgebüsch. V, 190. 197. 221. 249. 252.
Sachion (Marco Polo) = Schatschéou. II, 205. 206. 290.
Sachaltu (mongol.), die Trappe, Otis tarda. III, 285.
Sachatuschka, Zufl. der Buchtarma. II, 696.
Sachore s. Sanchore-Brahmanen. VI, 972.
Sa-Chrebtom. III, 257.
Sächsische Bergleute im Ural und in Sibirien. II, 576.
Sacli, Göttin der Kohata in den Nilgherry. V, 1022.
Sadabandaka, mythischer Berg in der singhalesischen Buddhasage. VI, 208.
Sadak, d. i. Köcher bei den Buräten. III, 122.
Sadat-Dynastie, die, V, 579 f.
Sa dek s. Fo nan. IV, 914.
Sadhu Ram Upadhyaya, Brahmane. III, 492.
Sadi, Sheikh, von Schiras. V, 561.
Sadiji (Malabathrum) in Asam. IV, 293.
Sadjarah Malayu. V, 93.
Sadkawan, unbekannter Hafen an der Küste Bengalens. III, 427.
Sadras, holländ. Colonieſtadt in Dekan. VI, 321.

Saekhon-Khamur, Gebirgszug. II, 646.
Saeseng, chinesische Stadt. IV, 443.
Safed, Fl. in Cachar. V, 396.
Safflor s. Carthamus tinctorius. V, 718. — tübetischer. IV, 236.
Saffragam, die Gebirgsprovinz Ceylons. VI, 75. 202.
Saffranbau in Kaschmir. III, 1151.
Saffrangelb, Bestreichen der Stirne mit demselben Zeichen feierlichen Willkommens bei den Hindu. III, 899.
Saffranstrom s. Hoangho. IV, 519.
Sagai (kirgisisch) = Sperlingsbäume (Sorbus aucuparia). II, 339. 1089.
Sagaier. II, 1088—1091.
Sagaing, ehemalige Residenz in Ava. V, 226. 298.
Sagar, Sitz eines Gebirgsrajas in Nord-Canara. V, 704. — Bedeutung. VI, 1190.
Sagargium (? Shikar-gumbah?). IV, 97.
[Sage von Agamemnon und Iphigenia, oder von Jephtha und seiner Tochter auf Ceylon. VI, 238.] — von der Abstammung der Himalayabewohner von den Macedoniern. V, 450. [Hiermit zu vergl. die Sage von der Abstammung der Franken von den Trojanern. Vergl. meinen Einhard, Bd. II. S. 287 ff.]
Sagen, wandernde. IV, 643. V, 902.
Sagengeschichte des Königreichs Hirumba. V, 378.
Saghalien-Ula = Amur (chin.) II, 112. 531. 535. (Schilka) 545. III, 298.
Saghana terigün, d. i. Sandelholz. V, 822.
Sagistan, östliche Hauptfestung China's. II, 782.
Sagittaria alpina. II, 984.
Sagittaria natans. III, 162.
Sagla-Paß. III, 783. 794 ff.
Sago, aus der Krone von Corypha umbraculifera, der Schirmpalme. V, 862. — aus Saguerus Rumphii. VI, 1210. — von einer Nymphaea-Art. IV, 1012. — Surrogat für, V, 862.
Sagopalme s. Metoxylon Sagu. V, 862.
Sagoutier s. Mauritiapalme. V, 831.
Sagpeh, Distrikt des Malaienstaats Patani. V, 5.
Sagtad, Distrikt in West-Tübet, berühmt durch Erzeugung der Shawlwolle. III, 603. — Dorf zwischen Shalkhar und Gertope. III, 740.
Saguerus Rumphii von den Sunderbunds nach der Insel Bourbon verpflanzt. VI, 1210.
Sagun s. Tectonia grandis. VI, 509.
Sahadschi, Mahrattenherrscher. VI, 395.
Sahajna s. Hyperanthera morunga. VI, 529.
Sa ha la (s. Sohala), chines. III, 1199.
Sahara, westliche, hat keine Steppenfl. I. 1022. (Aufl. 2.), II, 555. — Wüste, Specialbenennungen (I, 961.). — vergl. III, 344.
Saha Raja s. Sahadschi. VI, 395.
Sahatabad. III, 1143.
Sahispur s. Senspur. III, 854.
Sahraes, bigotte Mohammedaner, die Beduinen der Sindwüste. VI, 1005. — falsche Schreibart statt Sirais. VI, 997.
Sai, Distrikt des Malaienstaats Patani. V, 5.
Saï, unbekanntes Volk. II, 432.
Saiga, Hauptfest. der Buräten. III, 127.
Saiga-Gazellen (Antilope saiga). II, 647.
Saigun. IV, 1037 ff. — Chinesen daselbst. IV, 807.
Saigun-Strom, der, in Kambodja. IV, 916.
Saihia Parwata s. Siddhesware. VI, 272.
Saikhan-Dola, Gebirge. II, 496.

Saila=maya, Fels, Legende von ihm. IV, 14.
Sailan s. Junk Ceylon. VI, 1083.
Saimißtsche (d. i. eine Ebene mit Bäumen besetzt). II, 1072.
Saimkipilli (sanskr.), Varietät von Dolichos lablab im Dekan. V, 716.
Saing, der wilde Büffel in Ava. V, 257.
Sainkette, südliche Grenze des Giri=Ganga. III, 857. — Kalksteingebirge in Sirmore. III, 867.
Saïn khung (d. i. der Schöne Schwan), Mongolen=Taidscha (circa 1400 n. Chr.). III, 351.
Saïn=Noïn, Khan der Mongolen. III, 397.
Saïn=Ussu (d. i. guter Brunnen), Station in der Gobi. III, 357.
Sairam=Kul, d. i. See der Einigkeit. II, 425.
Sairamkul, Salzsee. II, 339.
Sairim=Nor s. Sairam=Kul.
Sair=ussu, Poststation in der Gobi. III, 347.
Saisan, d. i. die Edlen bei den Dsungaren. II, 448.
Saisan Monghol in der Tschujasteppe. II, 955—960.
Saisan=See. II, 634. 635—644. — auch irrthümlicher Weise Kisilbasch genannt. II, 430. 551.
Saisanki, Name der sibirischen Kähne mit plattem Boden. II, 573.
Saishker. III, 623.
Saissan Mongol. II, 805.
Saita=gumbah. IV, 101.
Saitschji Ostrowi (ruff., d. i. die Hasen=Inseln). III, 27.
Sajat. II, 1089.
Sajansk, sibirische Stadt, Ursachen ihres langsamen Emporblühens. II, 568. — Umgegend. II, 1018. — Hochthal von, II, 526.
Sajanskisches Gebirge. II, 589. 990—1044. — Gebirgsland. II, 568.
Sajanskoi=Ostrog. II, 1004. 1021. 1101. III, 101.
Saka=Dvipa=Brahmanen. VI, 557.
Sa=Kamennaja (d. i. die Landschaft jenseits des Gebirges) = Daurien. III, 159. 257.
Sakana, Zinnminen von, in Tanasserim. V, 111.
Sakanna, Insel, Piratenstation der Malaien. V, 102.
Sakarat, Epochen der Siamesen. IV, 1155.
Sakarkandh s. Convolvulus batates. IV, 76.
Saken, alter Name der Turk. II, 478. — stürzen das gr. baktrische Reich. V, 485. s. auch V, 441.
Saket, Druckfehler statt Suket. III, 1075.
Sakh=amberi = Prinzen von Jeypur, eroberten im Jahre 1108 n. Chr. Delhi. VI, 931.
Sa=kih=li=scha=li, Fluß. II, 1063.
Sakisowka, Flüßchen. II, 719. — Dorf ebend. 724.
Sakjamuni. VI, 672.
Sakli=Khara=Gol, westlicher Zufluß des Ubsa=Nor. II, 554.
Sakma (d. i. Bahn, russisch). III, 103.
Sakmara, Zufluß zum Koksun. II, 916. — s. Karsagan. II, 907.
Sakti, d. i. Ortsgötter in Canara, die mit jedem Dorfe wechseln. V, 698.
Saktur, Zufl. zur Jngoda. III, 269.
Saku, noch unbekannte Baumart in Harowti. VI, 812.
Sakuntala, Drama des Kalidâsas, Epoche. V, 493.
Sakur, Ort am Zusammmenflusse des Jlim und Nerbuda. VI, 573.
Sakya Sinha, Doktrin des Buddhalehrers. III, 1101. IV, 123. — s. Mannshi. IV, 131. 135.
Sakyey, IV, 399.
Sakyim, Steinbrüche bei, in Ava. V, 227.
Sakyl=bulak, Quelle. II, 421.
Sakyn s. Sechia. IV, 259.
Sakyu, Stadt. IV, 101.
Σακχάρι. V, 439.
Sal, Salia, Fischart in Orissa. VI, 539.

Salagrami, Schiefersteine mit Ammoniten-Petrefacten. III, 527. 531. 583. IV, 12. VI, 597.
Salair, Zufluß zum Godavery. VI, 467.
Salairische Gruben. II, 852.
Salamber-Kette. VI, 877 ff.
Salamewen, Singhalesenkönig. VI, 244.
Salang, einheimischer Name für Junk-Ceylon. IV, 1083. V, 76.
Salanga, Insel, s. Junk-Ceylon. V, 81.
Salanganes, eßbare Vogelnester. IV, 1108. V, 75. 121.
Salangore, Territorium von, V, 29 f.
Salangut, Insel an der Küste von Linga. V, 101.
Salar-Strom zum Giri-Ganga. III, 866.
Salat, d. i. die Wasserstraße. V 16.
Salat-Panikam, d. i. der Neue Hafen auf Singapore. V, 64.
Salawat, Hafenstadt auf Ceylon (1340). VI, 52. Ob Chilaw, Chilao?
Salâ, d. i. Ceylonesen nach Ptol. VI, 27.
Salbaum in Bhutan. IV, 168.
Salben mit Sandelholz bereitet. V, 821.
Sale, Birmanenstadt. V, 206. 333. — s. Chalain Miu. V, 332.
Salem. VI, 290 f.
Salen, Zufluß zum Irawadi. V, 205.
Saleve, rechter Tonse-Zufl. III, 873.
Sali, einer der Quellflüsse des Onon. II, 509.
Salicornia caspica. II, 647.
Salicornia foliata. II, 954.
Salicornia herbacea. II, 755.
Salibham, d. i. Winter-Reis in Asam. IV, 325.
Saligráma. III, 572.
Salike (Ptol.) = Ceylon. V, 517. — wol falsche Leseart statt Σαλική. VI, 19.
Salimschahi, Rupiengewicht in Malwa. VI, 789.
Salinen, Regal in Cachar. V, 383.
Salivahana, Rebell, tödtet Vicramadityas. V, 487.
Salivahana-Aera. VI, 297.
Salix, sp. in Martaban. V, 153.
Salix alba von außerordentlicher Höhe am Uldscherfl. II, 770.
Salix alnoides. II, 651.
Salix arbuscula. III, 195.
Salix berberifolia. II, 957. III, 195. 265.
Salix fragilis. IV, 571.
Salix fusca. III, 263.
Salix lanata. III, 195.
Salix myrtilloïdes. III, 195.
Salix pentandra, baumartig auf dem Kurtschumplateau. II, 662.
Salix tetrasperma. (Roxb.). III, 1013.
Saliyana, Gebirgsgau in Nepal. IV, 22.
Saljung, oberster Gott der Garos. V, 404.
Salkitù (d. i. Gewitterberg) in der Gobi. III, 373.
Salla, d. i. Pinus longifolia. IV, 47.
Sallati s. Salat. V, 16.
Salleiters s. Salat. V, 16.
Salling, Dorf am Spinofl. III, 721.
Sally Rajah, Herrscher von Ceylon. VI, 228. 233. 240.
Salmiak von Pé-Schan. II, 336. — feste Sublimation desselben in der Solfatara von Urumtsi. II, 387. — von Turfan. II, 342.
Salmo Coregonoides. II, 913.
Salmo erythrinus. III, 43.
Salmo hucho (Taimen). II, 766. 1024. 1035. III, 106.
Salmo lavaretus (Sighis). II, 1024. 1035. III, 64.
Salmo migratorius in ungeheuren Schwärmen in der Selenga. II, 608. — im See Madscheo. II, 1024. — im Baikalsee. III, 26. 37.
Salmo oxyrrhynchus. II, 540. III, 109.
Salmo salvelinus in der Oka. II, 1035. III, 46. 67.
Salmo thymallus. II, 725. 874. 913. 1035. III, 46.

Salog (russisch), Acker, der zum ersten Male aufgerissen wird. II, 794.
Salomonische Schiffer fahren nach Ophir. V, 441. 442.
Salomons Brunnen bei Jerusalem. VI, 860.
Salomonstein (?) in Kaschmir. III, 1162.
Salopatana (Cosmas), Emporium auf Male (Malabar). VI, 30.
Salpa-pahar, Schneepik. IV, 86.
Salpeter-Bereitnng im Tarutdistrikt von Birma. V, 221. — in Bengalen. IV, 1167.
Salpeterberg im Gebiet der Bergkalmücken. II, 964.
Salpeterfabriken in Cochinchina. IV, 990.
Salpeterhöhlen von Hanwelle auf Ceylon im Dolomitgestein. VI, 77 ff. 202.
Salpeterreichthum in Dekan. VI, 473. — des Bodens in Tirhut. VI, 1180.
Salpu-Gebirge. IV, 7.
Salsette, Insel, VI, 1095 ff. — Zerstörungen auf derselben durch die Portugiesen. V, 646.
Saluaen, Fl. V, 108. — s. Sanluaen. V, 132.
Salumbar, Stadt in Udeypur. VI, 877.
Salumber-Kette s. Salamberkette. VI, 877 ff.
Salundeng, Dorf in Aracan. V, 333.
Salvadora persica. VI, 1111.
Salvia lanata. III, 856.
Salwälder (Shorea robusta) im Kubothale. V, 364. — ihre rechte Heimath. III, 853. IV, 47.
Salz, fehlt gänzlich in den Nilgherry und ist daher den Tudas völlig unbekannt geblieben. V, 969. — überhaupt fehlt es im ganzen Himalaya-Alpenlande. III, 917. — als Abgabe der russischen Fischer an die mandschurischen Grenzposten. II, 642. — ist der Kokospalme zum Gedeihen unentbehrlich. V, 845. — mit Silber aufgewogen in Gondwana. VI, 498. — aus dem Pisangbaume (?) in Asam. IV, 293. — auf Ceylon. VI, 107. — schwarzes in Yünnan. IV, 741. — Fabrikation des schönsten Salzes in Indien zu Orissa. VI, 539. —
Salzablagerungen und Salzquellen, Bearbeitung derselben in den Landschaften am Hoangho. II, 156.
Salzbereitung in Asam. IV, 325.
Salzbrunnen im Tapaling-Gebirge. IV, 656.
Salzefflorescenzen in Ava. V, 246.
Salzfluß, der, in Marwar. VI, 898.
Salzgruben von Yumila. IV, 27.
Salzhandel, vorzüglich lebhaft in China. IV, 653. — in Asam. IV, 320.
Salz-Inkrustate, als Seife benutzt in Tübet. IV, 260.
Salzlager auf der Hochebene von Tingri-Meïdan. IV, 100.
Salz-Pflanzen in den Ländern des Gangessystems übereinstimmend mit denen in Aegypten. VI, 1111. — s. Salsola, Atriplex, Schoberia, Statice, Robinia halodendron etc. II, 755. — am Saisansee. II, 639.
Salzreichthum der Ceylongestade. VI, 111. 191. — in Dekan. VI, 473.
Salzseen in Hinter-Tübet. IV, 236. — in dem Tieflande an der Westseite der Mewarkette. VI, 908. — in Birma. V, 229. — am Vor-Altai, liefern Kochsalz. II, 648. 655. — mehren angeblich die Kälte des Klima. III, 358.
Salzstraße, die Sibirische. III, 287.
Salzstratum am Nerbuda. VI, 600,
Salztafeln, gestempelte in Afrika als Münze. I. (Afr.), 199 f. 1037 f. III, 250. — auch in Yünnan. IV, 766.
Salztheile, Crystallisation dersel-

den durch Pflanzen gefördert. VI, 960.
Salzwerk am Tonsesl. VI, 841.
Salzach, Oefen der, VI, 811.
Sama, Bucht und Landspitze am Baikalsee. III, 29.
Samackom, Ort am Irawadi. V, 221.
Samadiem, Perlensorte. VI, 177.
Samalang auf der H'Lassa-Route in Tübet. IV, 253.
Samana, ein Gott der indischen Unterwelt. III, 882.
Samanäer (sanskr. Samanas) = die Gleichbleibenden. V, 491.
Samangka, Gegend im Innern von Sumatra. V, 25.
Samangs. IV, 1130–1131. V, 25. 32.
Samaniden-Herrschaft in Bochara. V, 531.
Samanta-B ddhanana s. Tuomi-Sambuoda. IV, 277.
Samanto Kute (d. i. Burg des Wächters), der Adamspik auf Ceylon. V, 917. VI, 190. 207. 248.
Samanthabadra. IV, 135.
Samarang, Chinesen daselbst. IV, 799.
Sa ma rayat, kleine Insel im Hafen von Tschantaban mit Goldprodukten. IV, 1069.
Samar Bahadur. III, 492.
Samarkand, christl. Kirche daselbst unter Tschingis-Khan. II, 290. — nestorianischer Metropolit von, II, 287.
Samarsi, Ruinen von, VI, 817.
Samba, Sohn Krishna's. VI, 552.
Samba-Brücke über den Omtchu. IV, 252.
Samba-Ghur (d. h. die östliche Brücke), eiserne Brücke in Tübet. IV, 222. 225. 271.
Sambas, Radja von, auf Borneo. IV, 801.
Sambhu-Nath, der Tempelort. IV, 36.
Sambhu-Purana. IV, 132.
Sambhunath, ältester Tempel in Nepal. III, 427. IV, 70. 243.
Sambilan, Inselgruppe, Piratenstation der Malaien. V, 102.
Sambo, Provinz von Amboa. IV, 217.
Sambre, Antilopenart. VI, 754. — Benutzung derselben ebendas. — in Gondwana. VI, 492.
Sambre-Haut, schönster Schmuck des Malwa-Kriegers. VI, 754.
Sambucus racemosa. II, 820. — am Baikalsee. III, 33.
Sambur, Fürst der Sogder zur Zeit Alex. d. Gr. V, 472.
Sambur, Stadt in Ajimere. VI, 907 f.
Sambur-See, periodischer Salzsee. VI, 907.
Sambung, ehemalige Residenz des Lapcha-Oberhaupts. IV, 108.
Samhal, buddhistischer Tempel. III, 425.
Sami, Ort in Martaban. V, 137.
Samie, tübet. Tempel. IV, 250. — erstes Kloster daselbst. IV, 237. 280.
Sa-Minagur, Rajputenstadt am Indus. V, 475.
Samiry s. Zamorin. V, 583.
Sammenella (d. i. Wächtergott) s. Adamspik auf Ceylon. VI, 74.
Sam me san, siames. Name des Cap Liant. IV, 1071.
Sammet, tübetischer, s. Phrouh, Phuru. IV, 233. 236.
Samojed, d. i. Selbstesser (russ.). II, 1058. 1140. (nach Lehrberg = Lachsesser.)
Samojedische Völkerstämme, Ueberreste derselben an der Uda. II, 1037. — früher am Baikalsee. III, 104. — im Ssajanskigeb. II, 590.
Samokhtura. IV, 379.
Samonl-fu, Buddha-Idol. II, 225.
Samorin s. Samudrija Raja, Zamorin. V, 640.
Sampacao, Klippeninsel bei Canton. IV, 828.
Sampany, Waldbaum in den Nilgherry. V, 983.
Sampre, Stadt in Kaschmir. III, 1179.
Sampuris, die Schlangenzauberer in Madras. VI, 331.
Samroipot, d. i. die 300 Piks (ob Vulkankegel?), Gipfelspitzen

an der Westküste des Siamgolfes. IV, 1078 f.
Samsans. V, 25.
Samsay, Gott zu Yuthia. IV, 1139. V, 185.
Samsing, Militärposten in Martaban. V, 139.
Samsonow, Andrej. II, 1070.
Samsui. IV, 825.
Samtangandza, tübet. Gebirge. III, 415.
Samtan-Poutre s. Tuoml-Sambuoda. IV, 277.
Samudaraj (ob = Samudra Raja?), Herrscher von Pugan. V, 213. 285.
Samudriya Râja (sanskr., d. i. der König am Ocean), s. Samiry, Zamorin. V, 583.
Samuel, Rabbi. V, 597.
Samukkel, Hinduprinz (1005 n. Chr.). V, 537.
Samukol, chinesische Grenzwacht. II, 1069.
Samuna, einheimische Regenten am unteren Indus. V, 582.
Samunang, Paß von, III, 485.
Samyasi (d. i. der Allem entsagt). V, 669. 941.
Samyei s. Samie. IV, 250.
San, Sonnabend der Siamesen. IV, 1154.
San, chines. = Pinus larix. II, 516.
Sana, Grenzdorf zwischen Bhutan und Tübet. IV, 142.
Sana kodo s. Paspalum cora. IV, 75.
Sanatarien s. Genesungsanstalten. — der Nilgherry. V, 953. — zu Nangklow. V, 397. — auf dem Ellya-Gebirge in Ceylon. VI, 73. 106. 204. — indische. V, 671. 972. VI, 436.
Sanatarium Dorgiling. III, 978. IV, 105. V, 393.
Sanathygota s. Sannyasikata. IV, 108.
San-Bhera, Schaafart in Nepal; wandert nicht. IV, 52.
San-caw-ho, chinesischer Strom. II, 147.
Sancara s. Siva. VI, 1168.
Sancha, die Muschel. III, 670.
Sanchoan, chines. Gestadeinsel bei Canton. IV, 827.
Sanchore-Brahmanen. VI, 972.
Sancian, d. i. St. John, Sanchoan, Chang tchuen. IV, 827.
Sancone, Sohn des Vang-khan Togrul. II, 295.
Sancrant. III, 1007.
Sancriguli, Sancrigully, d. i. der Engpaß. VI, 1104. — s. Siciligully. VI, 1164.
Sanctuarium des Sultan Bajazed in Dschittagong. V, 417.
Sand, tönender, in China. II, 204. — im Altai. 718. 720.
Sandan s. Sandel. V, 821.
Sandapuri in Lao s. Zandapuri in Lantschang. IV, 1206. V, 255.
Σανδαροφάγος s. Chandara baga. III, 1065.
San dau (d. i. königliches Haar), Pagode bei Prome. V, 195.
Sandbarren, stets wechselnde, an der Mündung des Nerbudda. VI, 628.
Sandberge am Indus s. Tibas. VI, 1007.
Sanddünenpflanzen, Beschaffenheit derselben. II, 658.
Sandelbosch, Insel. V, 73.
Sandelholz. IV, 883. V, 815 ff. — fast ausschließlich im Alpengau von Curg. V, 726.
Sandelöl. V, 820 f.
Sandelwood s. Sandelbosch. V, 73.
Sandel-Wurzel. V, 820.
Sandernaz (Marco Polo) s. Chandra nas. III, 986. 1065. 1071. V, 480. VI, 49.
Sandfisch, der, in Orissa. VI, 539.
Sandhan, Ort in Kutch. VI, 1053.
Sand' haumuni, Tempel bei Ava. V, 238.
Sandhimati, König von Kaschmir. III, 1105.
Sandi, Ort in Kaschmir. III, 1143.
Sandjan s. Seyjan. V, 617.
Sandoway, Provinz, Ort. V, 309. 334 f.

Sand-Rippen. IV, 538.
Sandrophagos, Fl. = Acesines. V, 456.
Sandschurren, dröhnende. II, 204. 718. 720. — in den Cossyahbergen in Hinterindien. V, 397.
Sandstein, Vorkommen desselben begünstigte die Grottenarchitekturen in Dekan. VI, 588. — Eigenthümlichkeiten des Ueberganges vom, zum Trappgestein. VI, 844.
Sandsteinbänke, jüngere, über den Kreidebänken in England und Frankreich und in den Garobergen in Hinterindien. V, 401.
Sandsteinberge von Bang; ihr Charakter. VI, 589.
Sandsteinformation, bunte (Werners). VI, 747. — auf Ceylon. VI, 80.
Sandsteinlager der Bandair-Berge am Nerbuda. VI, 576. — den Vindhyaketten vorgelagerte. VI, 746.
Sandsteinschichten, senkrecht empor gehobene. VI, 577.
Sandwüsten von Kia-yu-kouan. II, 205.
Sandück, Kalmücken-Sultan. II, 648.
Sandüpskoi, Fest. am Bija. II, 584.
Sanga, Dorf am Ssetledsch. III, 804.
Sanga-Fischerei, die, an den Küsten von Ceylon. VI, 157 ff.
Sanga gaom, in Asam. IV, 389.
Sangala, Stadt. V, 461. (Lahore?)
Sang kan ho, Hoenho, chines. Fl. IV, 514.
Sang kiang, chines. Küstenflüsse dieses N. IV, 703.
Sangla, Dorf am Baspaß. III, 780. 783. 793. 797.
San-goei, Geb. II, 204.
Sanga-Haara (d. i. Weißer Mond), das Neujahrsfest der Buräten. III, 127.
Sangghin-Dalaï, See. II, 495. 1050. 1059.
Sangho's, geflochtene Holzbrücken in Nepal. IV, 17.
Sangin-Dalai (d. h. Stürmisches Meer) = Upsa-See. II, 1068.
Sangitasala (sanskr.) = Sangsaal, Concertsaal. V, 504.
Sango (nepales. = Brücke). IV, 40.
Sangri, Stadt in Mittel-Tübet. IV, 223.
Sangsar Chandra, Herrscher von Kangra. III, 1072. 1077.
Sangsoi, Provinz von Tongking. IV, 921.
Sangtsen sum do ri, Berg in Tübet. IV, 224.
Sanguin-Talguin-Nor. II, 495. 1050. 1059.
Sangum, d. i. Zusammenfluß. VI, 911.
Sang yuan s. Samie. IV, 250.
San ho hwuj, reformirende chinesische Sekte. IV, 847.
Saniassys, Bettelorden, s. Gosaings. VI, 646.
Sanka, altsinghales. statt Chank. VI, 160. — auch als musikal. Instrument. VI, 16 . 240.
Sankara, indischer Philosoph des achten Jahrhunderts, Hauptfeind der Buddhisten. IV, 132.
Sankara Verma, König von Kaschmir. III, 652. 657. (904 bis 922.)
Sankara Verna, d. i. Mischlinge. VI, 559.
Sankarachári, indischer Lehrer. III, 993.
Sankia Lama. IV, 101.
Sankin-Dalai s. Sangghin-Dalai. II, 1050.
Sanklath s. Suklath. III, 821.
San-Kosi, Hauptstrom in Ost-Nepal. IV, 81 ff. — Thal desselben, Routen vo dort aus zum Plateaulande von Teshu-Lumbu. IV, 88—104.
Sankra, Mündung des östlichsten Indusarmes. VI, 950.
Sanku, Stadt. IV, 90.
Sanku, d. i. Seilbrücke. IV, 390.
Sankuni s. Boa fasciata. VI, 513.
Sankups in Bhutan. IV, 158.
San-kio-Schan, Berg in Korea. IV, 639.

San kwei kew kow, die Ceremonie der neunmal wiederholten Prosternation am chines. Kaiserhofe. IV, 836.
Sanla Wadi, Sanskritname des Kyne-duen. V, 220.
Sanluaen-Strom. V, 132.
San-men, Berg in Schensi. II, 160. — Ort am Hoangho. IV, 508.
San-Miao (d. h. die drei Miao) chinesisch s. Miao se, II, 192. III, 177. IV, 274. 660. — Insel im Hoanghofl. IV, 497.
Sannajassi. V, 746.
Sanme s. Elenn. VI, 512.
Sannyasikata, Stadt am Mahanada. IV, 108.
Sanpati, Rhododendron-Art. IV, 59.
Sanpigy s. Michelia champa. V, 701.
Sanpul, Dorf im Industhale. III, 632.
Sansadarah, Catarakte des Nerbuda bei, VI, 591.
Sansar, Gebirgskette in der Gobi. III, 372.
Sanschui, falsch statt Lan-schui. IV, 510.
San-siang s. Tschhang-hing. IV, 638.
Sanskrit, zuerst vom P. Robertus de Nobilibus genauer gekannt und gelehrt. VI, 422. — durch den Vishnuismus verbreitet. V, 384.
Sanskrit-ähnliche Sprache der Minas in Jeypur. VI, 935.
Sanskrit-Inscriptionen auf dem hohen Abu bei Serowe. VI, 734.
Sanskritliteratur, geographische, V, 520 ff.
Sanskritnamen von Ptolemäus treu wiedergegeben. V, 483.
Sanskritstudien, zuerst von Abu Fazl gehoben. V, 626.
Sanskritische Namen von Waaren in den asiatischen und europäischen Sprachen. IV, 436.
Santa, Ort in Yünnan. IV, 749.
Santarabary. IV, 140.
Santalum album s. Sandelholz.
San Thomé, kleine Stadt bei Madras. V, 606.
Santola s. Orangen. IV, 33.
Santulpur, auf der Insel Charar im Run. VI, 1042.
San-wei s. San-goei. II, 204.
San yeou hua s. Jasmin. IV, 872.
San-yin-no-yen, Mongolenhorde. II, 1061.
Sanzip. II, 454.
Sao s. Chao. IV, 931.
Sao-Holz. IV, 932. 1049.
Saong, chines. Aussprache statt Saigun. IV, 1047.
Saoo-Baum in Asam (?). IV, 370.
Sapata, Insel. V, 10.
Σαπάτμα (Supatna, sanskr. = schöne Stadt). V, 519.
Sapek, Sapequa, Name des Geldes in Cochin China. IV, 948.
Sapia s. Samba-Ghur. IV, 225.
Sapina Angady, Stadt mit 8 Jain-Tempeln. V, 733.
Sapindi-Pflanze. V, 233.
Sapindus saponaria. VI, 536.
Saponaria vaccaria. VI, 1116.
Sapores s. Mar Xabra. V, 610.
Sapotae, als Waldbäume in Dschittagong. V, 414.
Sappan s. Caesalpinia Sappan. V, 145.
Sappanholz. IV, 1090. V, 115. VI, 39. — Ausfuhrartikel in Singapore. IV, 1099. V, 71. 115.
Sapphire in Ava. V, 242. — in Siam. IV, 1091. — auf Ceylon. VI, 110. — die schönsten rothen und blauen als Ausfuhrartikel in Siam. IV, 1069. — blaue, in Syrien. V, 168.
Sapta Heando = Penjab. (Zend). V, 459.
Saptamukhi (sanskr. = siebenmündig), Beiname des Ganges. V, 498.
Saptasati, die (d. i. die Siebenhundert). VI, 1244.
Sare, sanskr. = Wasser, Ocean. II, 10. V, 494.

Sara-agatsch (kalm. = Gelbholz)? II, 339. (Taxus baccata? Juniperus communis?)
Sara-bulak, chines. Posten. II, 421.
Saracenische Architektur christlicher Kirchen, Charakteristik derselben. V, 608.
Saragana = Lilium martagon. II, 1038.
Saraisacta (Saraisochta), Ort in Kaschmir. III, 1144.
Sara-jagatsch (d. i. Gelbholz), uigurischer Name des Rhabarbers. II, 184.
Sarama Perimal. V, 585.
Sarandiv (Edrisi) = Ceylon. VI, 34.
Saranna (sibir.), d. i. Lilium martagon. II, 598. 1034. 1036. 1057. 1136. III, 323.
Sarao, Hirschart in Kamaun. III, 1037.
Sarasan, Insel der Anambasgruppe. V, 9. 11.
Sarasvati s. Sursuti. V, 497. 499.
Saraswati, Nebenfl. des Alacananda-Ganga. III, 992.
Sarata, Bergbach. II, 979.
Sara-Tau, bestiegen von Sievers (1793). II, 636. 638. 645. 651.
Saratow, Höhe. II, 19.
Sarâvati s. Sursuti. V, 497. 499.
Saraynsl. (sanskr.) s. Goggrah. V, 501.
Sarazenenstraße in Karakorum. II, 563.
Saragot (d. i. junges Holz), Station am Karakorumpasse des Khuenlun. III, 636.
Sarbodschi, Maha Raja von Tanjore. VI, 297.
Sarde s. Kalinudda. III, 1027.
Sardellen von Tellicherry, berühmt. V, 775. — Reichthum daran bei Pulo-Condor. IV, 1023.
Sarder, faustgroße, auf dem Witim-Plateau. III, 57.
Sardjou s. östl. Goggra. III, 478. IV, 25.
Sardschu (d. i. Strom). VI, 1170.
Sarduma, Zufl. zur Tschuja. II, 946.
Sa re k'het ta ra (d. i. Ochsenhaut?), Name der Capitale Pugan. V, 194.
Saresuati, die indische Göttin. VI, 1169.
Saresvati, kl. Fl. in Ajimere. V, 498. VI, 911.
Sarembet, Kirghisen-Aeltester. II, 765. 773 f.
Sargutschei. III, 202. 397.
Sari Gari ci Gadh. III, 887.
Sari Muhamad Kuli in Kaschmir. III, 1144.
S'arira, d. i. Buddhareliquien, als tübet. Tribut an China. IV, 233.
Sarisang, Götze der Formosaner. IV, 879.
Sarishi, Sinapis sp. IV, 75.
Sarie s. Sarde. III, 1027.
Sarjonsl. s. Goggrah. V, 501.
Sarju, Fl. III, 500.
Sarkara (sanskr.) = Zucker (der verarbeitete) s. Gur. V, 439. 505.
Sarki, Gerber und Schuster, Rangklasse derselben in Nepal. IV, 119.
Sarli, Pinus-Art in Sirmore. III, 862.
Sarmentosax convolutus, Schlingstaude in Aracan. V, 335.
Sarsote-Brahmanen, die, VI, 999.
Sarsoti s. Saresuati. VI, 1169.
Sarten, bucharische und turkestanische Großhändler. II, 673.
Sarwa, Ort am Irawadi. V, 165.
Sar wadi, Provinz. V, 178.
Sary-bäsi, d. i. Bäsi bester Sorte. II, 411.
Sary-bulak, d. i. Gelbe Quelle in Ili. II, 340. 408. (auch Zollwacht.)
Sas, Pflanzenfarbe (rothe) in Ava. V, 260.
Sassabji. VI, 1057.
Sassotui, Fl. III, 184.
Sastschit-Moralisch-rog. II, 584.

Sastschit Terskoi. II, 584.
Sata, Ostarm des Indus. V, 478.
Satadru s. Ssatadru. III, 666.
Satagħni, das hunderttödtende Geschütz der Inder. V, 563.
Satahrada s. Ssatadru. III, 667.
Satala, die 7; Gebirgsgau in Nepal. IV, 22.
Sata Mati, weißer Sand in Gr. Nepal. IV, 68.
Satamukhi (sanskr. = hundertmündig), Beiname des Ganges. V, 498.
Satananas, Vishnu-Sekte. V, 933.
Satang, Feste und Marktort in Sikim. IV, 108.
Satao Gaom. IV, 397.
Sata Rohini s. Osyo. VI, 510.
Satbhai. IV, 78.
Sateagala, Fort. VI, 279.
Satghur, Satghadam s. Sautghur. VI, 317.
Sathang (chin. korean.) = Zucker. IV, 634.
Satinholz auf Ceylon. VI, 91.
Satiren der Bhats in Malwa. VI, 764.
Sati saras, d. i. See der Sati, der Wahrheit. III, 1091.
Satiya, d. i. das goldene Zeitalter. III, 1104.
Satlay s. Ssetledsch, Ssatadru. III, 505.
Satmuchi-Ganga. VI, 1174.
Satora Gaom. IV, 397.
Satparra, d. h. 7 Ketten s. Satpura. VI, 801.
Satpura-Kette. V, 659. VI, 431.
Satschu s. Dza' tchu. IV, 227.
Sattigul s. Sateagala. VI, 283.
Sattwa (sanskr., d. i. Wesenheit). VI, 665.
Satu, d. i. Gerstenmehl. III, 1036.
Satudra s. Ssetledsch. III, 507. 508.
Satu Gaum, die, in Asam. IV, 377.
Saturan, eigenthümlich bereiteter Thee bei den Buräten. II, 974. III, 253.
Satya-Yug, das goldene Zeitalter der Hindus. IV, 43.
Satyr-Masken auf tübetischen Drechslerarbeiten. III, 680.
Satyr-Tänze der Tubas. V, 1045.
Sättigung durch Zucker in heißen Climaten erfolgt sehr schnell. V, 887.
Sau, göttliche, der Tübeter. IV, 229.
Saubwas. V, 288.
Sauerquellen bei Nertschinsk. III, 293.
Saugor, Stadt, Höhe. VI, 836. — s. Sagar. VI, 574.
Saugwara am Mhai in der Landschaft Bagur. VI, 639.
Sauku, Berg, II, 328. 395.
Saul s. Salbaum, Shorea robusta. VI, 485.
Saul's Sage. VI, 75.
Sau-lu s. Chau-lu. V, 199.
Sauschka, Dorf an der Quelle der Sekissowka. II, 827. 830.
Saussurea glomerata, salsa. II, 755.
Saumroßführer der St. Gotthard- und Splügenstraße der Alpen. V, 668.
Saun, Monat in Kanawar. III, 818.
Saune s. Soang. III, 537.
Saur s. Sur. VI, 529.
Sauraschtra s. Soruth. VI, 1069.
Saussar, Zufluß zum Koksun. II, 914.
Sautghur, Ort am Palaur (d. h. die sieben Schlösser). VI, 312. 315.
Säugen der Bären von Weibern auf Tarakai, wol nur Sage. IV, 478.
Säulen, völlig abweichende Form derselben in Elephanta. VI, 1094.
Savannen in Martaban. V, 144.
Savaras s. Sur. VI, 527.
Saven s. Saun. III, 818.
Savendrug. VI, 306.
Sawa Wladislawitsch, illyrisch. Graf, schließt den russ. chines. Grenztraktat 1727. III, 130. 186.
Sawa-Korn s. Panicum colonum. III, 976.
Sawande-Küll, See. II, 787.

Saway Jyn Sinh, Feldherr Akbars. VI, 566.
Sawers, S., seine Ersteigung des Adampiks. VI, 212—217.
Sawi s. Panicum miliaceum. V, 716.
Sawitschi, Dorf. III, 174.
Sawmye, der Götze von Ramisseram. VI, 155.
Sawód (russ., d. i. Hüttenwerk). II, 580.
Sawodskaja Sopka, Name des Schlangenbergs. II, 842.
Sawototnaja Bucht des Baikalsees. III, 32.
Sawöde (russ. = Schmelzhütten). II, 578.
Sawra, ausgebrannter Vulkan. II, 389. 652.
Sawrum, Monat. IV, 38.
Sawutry, Küstenfl. in Dekan. V, 667.
Sawutty s. Sawutry. V, 667. — s. Bancut. V, 668.
Saxaul, Tamariskenart. II, 423. 657 f. [Anabasis ammodendron nach Meyer] 771. 903.
Saxifraga crassifolia. II, 714. III, 265. — gewährt ein Theesurrogat. II, 863.
Saxifraga glandulosa. II, 949.
Saxifraga nivalis (?). III, 265.
Saxifraga oppositifolia, im Eise blühend am Baikal-See. III, 33.
Saxifraga punctata. III, 265.
Saxifraga sibirica. II, 714.
Saxones des baltischen Nordens und Centralasiens. VI, 529. [Füge dort hinzu: J. L. Ideler's Ausgabe des Einhard. I, S. 152. II, S. 361.]
Sayanskisches Gebirge s. Altai. II, 474.
Sayar (Shaiar, arab.), malaische Romanzen. V, 93.
Sayer-Inseln, die, V, 82—85. 119.
Sayn, Volkstribus in der Nähe von Kathmandu, auch Name der Bhotiyas bei den Newars. IV, 127.
Sayrumkull s. Sairamkul.
Sazusa (chines.) s. Oliven, wilde. III, 205.
Sägefisch, an der Mündung des Myu häufig in Aracan. Pristis antiquorum. V, 312.
Sängercasten, ritterliche, in Malwa. VI, 762. — an den Rajputenhöfen. VI, 612.
Säntis, der hohe Berg im Appenzeller-Land. V, 966.
Säulenbasalt. VI, 459. — im Flußbette des Chumbul. VI, 746.
Säulenbildungen von Hornstein und porphyrartigem Gestein. VI, 878.
Säulen-Capitale zu Barolli. VI, 809.
Sborschtschiki (russ. = Tributeintreiber), Beamten, welche den Jassak einzufordern haben. II, 1040.
Sbu, Thierart in Kanawar. III, 774. (Alpengemse.)
Scaevola inophyllum, als Waldbaum in Hinterindien. V, 8.
Scammowoi-Uba. II, 723. 894.
Scenbatsy der Hindus, ob Spik-Narde? IV, 97.
Scensi = Schensi. II, 219.
Scepter aus Ju (Jade). II, 138.
Schaafe, tübetische, schon Ktesias bekannt. V, 448. — in Ava. V, 258. — den kirghisischen ähnlich in der Urga. III, 213. — lasttragende in Kaschmir. III, 1153.
Schaafheerden in der Gobi. III, 385.
Schabarkui-Kap (Schabartai) am Baikalsee. III, 74.
Schabina-Dabagan s. Chabina-Dabagan. II, 1004.
Schachel (hebr. = der Brüllende), d. i. Löwe. VI, 714.
Schacherhandel der westasiatischen Pilger. VI, 628.
Schachowski, Fürst, russ. Ingenieurlieutn. III, 41 ff.
Schachspiel, indische Erfindung. V, 525. in Kamaun. III, 1052.
Schabat, Bach. II, 1023.
Schabatskoi-Karaul, Kosacken-

posten am Amul oder Tube. II, 1021. 1023. 1044.
Schadi-Khodscha. II, 216.
Schadrinsk, Station. II, 828.
Schafi-Secte der Mohammedaner. V, 589.
Schagan-Ali (mandschur.) Geb. Grenzterrasse des chines. Reichs gegen Korea. II, 90. Von den Chinesen für den höchsten Berg der Erde gehalten.
Schah (von Seah = Raub, deutsch)? V, 526.
Schahabeddin, König von Kaschmir (13$\frac{4}{6}\frac{1}{6}$). III, 650.
Schah Baugh, d. i. Königsgarten, bei Ahmedabad. VI, 649.
Schah Nameh, Copie desselben. VI, 634.
Schahpur, Station am Nerbuda. VI, 581.
Schahu, Thor der chines. Mauer. II, 228.
Schaitan, Name des Satans oder bösen Dämons bei den Kalmücken. II, 975.
Schajuk, Zufluß zum Indus. III, 618.
Schakals in großen Heerden am Iren-Gebirge. II, 341.
Schakalart in Tübet. III, 630.
Schakia-muni-foe = Buddha. II, 225.
Schakin, Banner der Uliang-hai. II, 1010.
Schakscha, See. III, 162.
Schall, Intensität desselben. V, 977.
Schaltmonat der Siamesen. IV, 1154.
Schaltucha, Bach zur Schilka. III, 297.
Schamanen, gemeiniglich auf Berggipfeln begraben. II, 652.
Schamanaicha, Dorf an der Uba, Höhe. II, 725. 852.
Schamanendienst, alter, der Buräten. III, 127 ff.
Schamanenfels, der, am Baikalsee. III, 9. 64.
Schamanicha, Zufl. zum Bargusin. III, 54.
Schamanismus tritt bei den Mongolen wieder an die Stelle des Muhammedanismus. II, 443.
Schamanskoi Muis, das Schamanenkap, am Baikal-See. III, 9. 44.
Schambu, Schneeberg in Tübet. IV, 193.
Schamir (hebr.) = Diamant.
Scha-mo = Gobi, d. i. Sandmeer (chinesisch). II, 112. 208. III, 343.
Schanars s. Tiars. V, 850.
Schangalla in Abyssinien, Pendants dazu. VI, 642.
Schang hai. IV, 701 ff. 705.
Schangin, ruff. Oberhüttenverwalter. II, 857.
Schang-tu, Jagdschloß Kublaï-Khans, von Marco Polo besucht. II, 137. 142 f. 560. Auch Steppenfl. s. ebendas. — seine Uebersteigung des Altaischen Alpen-Stocks. II, 919 folgd.
Schan-si, unter den Altun-khanen. II, 255.
Schanskiya, Baumwollenzeug bester Sorte. II, 411.
Schan-tan, chines. Städtchen. II, 225. 313.
Schantung, die isolirte Gebirgshalbinsel. IV, 540 ff.
Schaho s. Sahadschi. VI, 395.
Schar (mongolisch, der Ochse). III, 388.
Schar-Gebirge, Zweig des Altai. II, 482.
Schara, Fl. II, 240. III, 214.
Schara, Bach zur Borsa. III, 309.
Scharagolez, Bach zum Tschikoï. III, 192.
Scharagolschinskoi Karaul. III, 192.
Schara-kutul-Berge. III, 217.
Schara-Muren s. Sira-M.
Scharanai, Seen am Onon. III, 282. — Dorf. III, 290.
Scharandai, Bach zum Khilok, Dorf. III, 166.
Schara-pen (?). II, 467.
Scharatschamagun, Fluß. II, 918. 921 ff.
Scharaus s. Kubara. III, 150.

Scharazki-Stamm der Buräten. III, 143.
Schargilly s. Swietenia febrifuga. V, 765.
Schari yuritun (d. i. Ort, wo Brennholz ist), Lagerplatz in der Gobi. III, 364.
Scharrmans, sibirische. III, 280.
Scharu, Baum (?) in Sirmore. III, 856.
Schask, Stamm der Ostturk. II, 1083.
Schaskin-Aimak der Birjusen. II, 1039.
Schastris, d. i. Gelehrte, Priester in Malwa. VI, 769.
Scha-suy, Nebenfl. der Selenga. II, 1061.
Scha-tho, Turkstamm. II, 212.
Scha-to, die, II, 250 ff.
Scha-tschéou, d. h. Sandstadt. II, 202. 205. s. Than-hoang.
Schatten-Meteore. III, 1054.
Schatu, chines. Wachtposten. II, 329. — Berg. II, 333.
Schatun. II, 1010. 1061.
Schatzgräber im Altai. II, 720. 733. 897.
Schauspiele und Belustigungen in chinesischen Tempeln. II, 408.
Schauspiele, dramatische, in Pegu. V, 182.
Schauspieler-Truppen in Cochin China. IV, 951.
Schawin-dawag s. Chabina-Dabagan. II, 1000.
Schawls aus Umritsir. III, 910.
Schaycana s. Cani. V, 935.
Schayuk, Zufl. zum Indus. III, 632. — Quelle. 633.
Schazemark, Ort in Kaschmir. III, 1145.
Schäbi, die Unterthanen der Kutuchtu. III, 226.
Schädelbau der Siamesen. IV, 1146. — vergl. IV, 964.
Schebasch, Bach zum Abakan. II, 1004. 1074. 1081.
Schobbenucha, Pik. II, 690 f.
Scheelsehen, Aberglaube gegen dasselbe, beim Malzbrennen, in Europa wie in Indien. III, 725.
Schehid-üllah-Chodscha's Grab. III, 637.
Scheidecke, zwischen den Systemen der hinterindischen und vorderindischen Gewässer. V, 410.
Scheidegebirge, Name des Ost-Altai (Khin-gan) bei den Russen. II, 521.
Scheidegebirge als Opferstätten. I, 79. (Afr.) II, 903. 978. 1086.
Scheidemünze, koreanische. IV, 632.
Scheiterhaufen der portugiesischen Inquisition in Indien. V, 642.
Scheï-Tha-tha-lo (chines.) = Provinz der Wasser-Tataren. II, 253.
Sche kiang, Fl. IV, 698.
Schelantschy, Dorf, II, 330.
Schelesenka, Bach zur Buchtarma. II, 670.
Sche-li-ven-yo-ta-Schan s. Dürben-Puta. II, 506.
Schelma, Bach. II, 1039.
Schelobolina, Dorf. II, 1023.
Schemanaefka, Bach, fließt in den Irtysch. II, 583.
Schemanaicha am Ubaflusse. II, 666. — Ort am Irtysch. II, 583.
Schember s. Pinus cembra. III, 862.
Schemnitz, Bergwerke. II, 841. 844 f.
Schemseddin Altmisch, Ghuridensultan Hindostans (1210 bis 1236). V, 556.
Schen (korean.), Bedeutung. IV, 616. 622.
Schen-Schen, Königreich. II, 378. — Prinzen von, am Lop-See. II, 363.
Sche-pu-tsching, ehemalige Stadt. II, 174.
Scheresch, Dorf am Tschulym. II, 1094.
Scherif-eddin. III, 429.
Scherpe, seidene, Bedeutung derselben in Bhutan. IV, 159.
Sche-schui (chines. = Schwarzwasser), der Nordarm des Amur. III, 298.
Schetsiei, die Heldenkönigin der Miao tseu. IV, 764.

Scheputsum-Tamnupa, Sitz des Kutuchtu oder Hohenpriesters. II, 529.
Schetuwai, Insel an der Mündung des Panyani. V, 771. 849.
Schéu-kiang-tsching = Pi-loutaï. II, 247. 311.
Schibétu (d. i. Festung), Station in der Gobi. III, 350.
Schicagai, Frucht von Mimosa saponaria. V, 763.
Schichtensenkung gegen S. in Daurien. III, 295.
Schidurgho-Khaghan, mythischer König. II, 162.
Schiefer, streichen im Sinne der Längenaxe des Gebirgszuges. II, 483. 801. 866.
Schiefer, mergelartiger, mit Jaspisbreccien. II, 886.
Schieferberge, höher als Granitberge. II, 740.
Schieferbrüche in Gunsar. III, 878.
Schiefer-Gebirge im Altaibereich. II, 648. — an der Mursinka. II, 862. — Fichtenwald auf, II, 731.
Schiefergerölle. III, 178.
Schiefergestein, treppenartiges. II, 693.
Schießgewehr, Einfuhr desselben in Cochin China. IV, 943. — Folgen von dem Gebrauche desselben in Gebirgsgegenden. III, 1009.
Schießkunst der Frauen bei den Samojeden. II, 1038.
Schießpulver-Fabrikation in Leh. III, 624.
Schiffbaukunst der Guebern. V, 615.
Schiffbrüche, Sagen davon, in Beziehung auf Veredlung der Thierraçen. V, 902.
Schiffbrücke, alte, über den Hoangho. IV, 507.
Schifferstadt von Canton. IV, 838.
Schifferzunft, besonders angesehen in Kaschmir. III, 1170.
Schiffswerfte, chinesische auf der Insel Borneo. IV, 801. V, 806.
— zu Cochin, Wichtigkeit derselben. V, 786.
Schi-hoangti, der größte erobernde Kaiser China's aus der Thsindynastie. II, 195. (237 bis 177 v. Chr.).
Schihpo, chinesischer Hafen. IV, 774.
Schilapilly. VI, 431.
Schilbyntui s. Schilburgu, Zufl. zum Onon. III, 283.
Schildkröten am Ta-Kiangfl. IV, 658. — von außerordentlicher Größe im Nerbuda. VI, 580. — von mehreren Centnern Gewicht. IV, 1024. — zum Kultus des Fo gehörig. II, 117. — fossile. V, 204.
Schildkröteneier am Cap Lyant, Regale für Siam. IV, 1071.
Schildkrötenfang, berühmter auf dem Klippenarchipel der Paracels. IV, 922.
Schildkrötenschalen, Handel damit von indischen Kaufleuten in ältesten Zeiten betrieben. V, 443.
Schildpatt (Χελῶναι) von Taprobane. V, 516. — Ausfuhrartikel in Singapore. V, 71.
Schilfsprossen, eßbare, Handelsartikel im Ghiamdho (Tübet). IV, 236.
Schilgan, Quellarm des Kokfun. II, 913.
Schilka (ruff.) s. Amur. II, 531. III, 292—300.
Schilkar s. Schilka. III, 292.
Schilkinskische Grube im Daurischen Erzgebirge, seit 1767. III, 313.
Schilkir s. Schilka. III, 292.
Schilkisches Hüttenwerk; Silberhütte. III, 296.
Schilkotschan, Zufl. zum Khilok. III, 161. 164.
Schimnu. VI, 672.
Schinden, lebendiges. V, 577.
Schingal, Zufluß des Amur. II, 89.
Schinkalan. IV, 1061.
Schinkengeruch der gedörrten Bananenfrucht. V, 888.
Schin-mu-hien, Stadt. II, 156.

Schi-öl, Grenzpforte des Birmanenreichs. III, 239.
Schi pa ni ya (chinesisch), d. i. Spanien. IV, 845.
Schipunicha, Bach zum Alei. II, 820. — s. Songari, Amur. III, 297.
Schiras. III, 1108. — mit Jehol verglichen. II, 137.
Schirasrosen, ihre Benutzung in Cambay. VI, 655.
Schirigli-Fluß. III, 45.
Schischkit, Fl. II, 1049. 1052.
Schischkow (B.), russischer Geodät. II, 742.
Schirmpalme s. Corypha umbraculifera. V, 862 f.
Schirokaja, Fl. (d. h. der Breite) zum Baikal. III, 29.
Schischam (d. i. Seth, der Sohn Adams), seine Höhle auf dem Adamspik. VI, 55.
Schit (d. i. das Jahr) der Burätten. III, 127.
Schi-wei (chinesisch) = Tungusen. II, 598. — Land der Tungus. II, 557.
Schiwera (d. i. das Riff). III, 18. — (russ. = Furt). II, 874.
Schjusalann, Bach, Dorf. III, 164. 269.
Schlachtenfeld, das, von Mairta. VI, 987.
Schlachtfeld am Rawennaja. II, 819. (vergl. 577. 590.)
Schlackenhalden, alte, am Baikal. III, 59.
Schlaf, den Ghylongs in Bhutan gänzlich untersagt (?). IV, 164.
Schlamm-Massen des Hugly, ihre Analyse. VI, 1216.
Schlamm-Muscheln von bedeutender Größe im Onon. III, 282.
Schlammvulkane, die, auf den Inseln Ramri und Tscheduba, an der Küste von Aracan. V, 331 ff.
Schlange, Bild des ostasiatischen Zodiakus. II, 1125. — große, als Genius der Seen s. Naga. III, 1093. IV, 69. — in der indischen Mythologie. II, 6.
Schlangen, an 40 verschiedene Arten auf Singapore. V, 66. — ob in Kaschmir? III, 1153. — giftige im Himalaya. III, 998. — (Coluber aquaticus) gegessen auf der Insel Hainan. IV, 885. — in den Reis-Morast-Ländern am Poyang-See. IV, 687. — (Schlangen)-Nester von Fakirs angelegt. III, 1067. — vergl. auch Seeschlange. — (?) im Altai-Bjelki. II, 892. — am Sentelek. II, 875. (Sicherungsmittel dagegen, durch Umziehen des Lagers mit härenen Stricken.) — am Irtysch. II, 763. — am Alei. II, 823. — unzählige, in den Steppenumgebungen des Baikalsees. III, 23. 53. — in den Nilgherrys. V, 968. — Indiens. V, 924. — auf Ceylon. VI, 144. — als Skulpturornamente auf Ceylon. VI, 95. — fehlen in der Gobi. III, 353. — angeblich hörbares Geräusch derselben. II, 718. 819.
Schlangenbach. II, 842. — Erzgruben im, II, 580.
Schlangenberg. II, 840—844. 852. — Bienenzucht am, II, 665. 726. 845. — Bergkomtoir. II, 712.
Schlangengurke s. Trichosanthes anguinea. V, 719.
Schlangenhäute, pulverisirte, als Arzneimittel auf der Insel Hainan. IV, 886.
Schlangenkultus. III, 1086. 1093. IV, 69. — in Kaschmir. III, 1162.
Schlangenkönig, Legende vom, auf Ceylon. VI, 144.
Schlangenzauberer s. Sampuris. VI, 331.
Schlächter fehlen in Asam. IV, 328.
Schläuche von Ochsenhäuten zum Schwimmen benutzt in Tübet. IV, 191. — aufgeblasene, Mittel zum Uebersetzen über Flüsse. II, 376.
Schleiffabrik, die, d. i. Kolywan. II, 830. 881.
Schleifsteine, berühmte, am oberen Tom. II, 1125.
Schlesische Tücher (in Rußland

gefertigt), als Handelsartikel für Kjachta. III, 207.
Schleuder, Hauptwaffe der Kaschmirer. III, 1176.
Schleudermaschine, catapultenähnliche der Bissahir-Truppen. III, 872.
Schleusen, wo unanwendbar. VI, 1213.
Schlingbäume, vorzugsweise im Sundagebiet. V, 413.
Schlossen auf den Himalayahöhen. III, 796.
Schmähinschriften auf die Russen, in einer Höhle bei Buchtarminsk. II, 679.
Schmetterlinge, fehlen (?) in den Nilgherry. V, 988.
Schmiedekunst bei den Hakas. II, 1134. — vergl. III, 61. 117. 122. — der Kohata in den Nilgherry. V, 1021. — in Selenginsk, ihr dortiger Ursprung. III, 168.
Schmieden, durch Chinesen, in Singapore. V, 66.
Schmiede-Einrichtungen in Kaschmir, des Holzersparnisses halber nachahmungswerth. III, 1187.
Schmuckfedern der Vögel, Handelsartikel in Ava. V, 265.
Schmuckschaalen aus polirter Kokosschaale in China. V, 853.
Schmucksteinhandel, der, zu Baroach (Barygaza) seit den Zeiten des Ptolemäus und Arrian. VI, 603.
Schmutz-Lenz in Kaschmir. III, 1188.
Schnarcher, die, bei Schierecke am deutschen Brocken. II, 706.
Schnecken, gegessen auf der Insel Hainan. IV, 886.
Schnee im Himalaya. IV, 38. — röthlicher, in der Ralding-Kailasa-Gruppe [ob von dem Eisenoxyd der Gebirgsart gefärbt?]. III, 800.
Schneebetten des Himalaya als Vertreter für die Gletscher in den europ. Alpen. III, 950.
Schneeflocken, große. III, 748.
Schneegrenze, ewige, in 19000′ Höhe. III, 580. — Höhe derselben auf dem Charang-Paß. III, 800. 804. — unter 42° nördl. Breite am Weißen Berge. II, 93. — am oberen Tschikoi. III, 179.
Schneehuhn s. Tetrao lagopus. II, 884.
Schneelawinen in Tübet. IV, 252.
Schneelerche s. Alauda alpestris. III, 98. 100.
Schneemangel im Daurischen Erzgebirge. III, 186. 318.
Schneemassen des Winters in Kaschmir. III, 1188.
Schneeschmelze des Himalaya; die wahre Erzeugerin des Ganges. VI, 1215.
Schneestürme in der Buchtarma, welche Reisende verschütten. II, 680.
Schneewasser, Trinken desselben, ob es den Kropf erzeugt. IV, 50. — als Getränk auf Tarakai. IV, 478.
Schneider, fehlen in Asam. IV, 328.
Schneidervogel, der, in Malabar s. Baya. V, 925.
Schnepfen in den Nilgherry; ihre Wanderungen. V, 987 f.
Schnupftaback, Lieblingsgenuß der Kalmücken. II, 963.
Schnurrbart fehlt bei den Naga's. V, 375.
Schoberia. II, 729.
Schoe-Ku (d. i. die Gold-Kalebasse) Tempel in Pugan. V, 216.
Schoe Mandu, Pagode in Pegu. V, 171.
Scholtschicha-Bach. II, 822.
Schorsk, Stamm der Ostturk. II, 1083 f.
Schosk, Stamm der Ostturk. II, 1083.
Schotenbaum s. Robinia Caragana. III, 178.
Schotengewächse, baumartige. V, 979.
Scho-tschéou, Stadt. II, 213.
Schotten (ihr Jagdspiel). V, 368.
Schoudry in Marwar, d. i. Zemindare. VI, 970.
Schoutens, Jak. IV, 1102.
Schöne Ungeheuer. V, 908.
Schörl, auf Ceylon. VI, 109. — kalkschüssiger (?). III, 77.

Schörlberg, der, III, 289.
Schreibkunst, allgemein verbreitet bei den Araucanesen, trotz der im Uebrigen niedrigen Civilisation. V, 324. — bei den Bhotiyas. IV, 130. — Erfinder derselben bei Siamesen. IV, 1163.
Schrift der Birmanen. V, 283. — der Kaschmirer. III, 1169. — tübet. Alter derselben. IV, 274. — in Korea. IV, 646. — mongolische. III, 388. — der Puharris s. Kylhi-Schrift. VI, 1176.
Schriftfelsen am Jenisei. II, 655.
Schriftgranit auf den Garobergen. V, 400.
Schriftrollen, heilige in tübetischer Sprache im Tempel von Sambhunath. IV, 70.
Schriftstein s. Sungi Hursi. VI, 606.
Schriftzeichen, noch unentzifferte, auf den sogenannten Denkmälern der Panduiden. VI, 827. — unbekannte, im Buchtarminsk. II, 679.
Schtschebenjucha, Pik. II, 690.
Schtscheltschicha, Bach. II, 823.
Schtschuki (russisch) = Hechte. II, 640.
Schubinsk, Schiffswerft. II, 731.
Schuckelputch, Monatsname in Kaschmir. III, 1155.
Schuhe, nur mit besonderer Bewilligung des Königs zu tragen verstattet in Asam. IV, 328.
Schuhéde, chinesischer General. II, 467.
Schuï-Tatsche = Wassertartaren. II, 279.
Schukokit s. Ledenaja. III, 32.
Schula's, Seilbrücken in Nepal. IV, 17.
Schulba, Nebenfluß des Irtysch. II, 708. 728. 730. — Nebenfl. des Ob. II, 581.
Schulbinskische Hütte am Irtysch. II, 578.
Schulbinskischer Wald. II, 730. 815. 824.
Schuldabtragungsweise in Ava. V, 289.
Schuldner verkaufen ihre Freiheit in Tanasserim. V, 118.
Schu-le (chinesisch), indo-germanische Völkerschaft in Khaschgar. II, 434.
Schulen der Charun. VI, 763.
Schulenga, Name der Geschlechtshäuptlinge bei den Kalmücken, Burjäten. II, 947. 965. III, 125.
Schuleong, nährende Wurzelart in Cochinchina s. Nao. IV, 930.
Schulwesen auf Ceylon. VI, 185.
Schulz, der ermordete Prof. aus Gießen. V, 619.
Schumichi, 3 Bäche dieses Namens zum Baikalsee. III, 74.
Schumithin, das Brausende Kap am Baikalsee. III, 13.
Schumschanas, d. i. Diakonen der Syr. Christen in Malabar. V, 945.
Schumseddin, König von Kaschmir (1326—49). III, 1121.
Schungis, Zufl. des Tekes. II, 399.
Schu-pi-schan-tschuang, Name der kais. chines. Sommerresidenz Jehol. II, 139.
Schuppenpanzer der Bewohner von Guzurate. VI, 651.
Schuppenthier s. Bajurkit, Diamantthier, Pangolin. VI, 511.
Schuptuga, Pflaumenart. III, 205.
Schurawlina, Dorf. III, 64.
Schurawlinoi, Bach zum Bargusinsk. III, 64.
Schurto, Tribus der zinspflichtigen Burjäten. II, 1037.
Schusch, Bach. II, 1020.
Schu schan hu. IV, 554.
Schuschkaja, Dorf. II, 1020.
Schu schu hu, See. IV, 561.
Schuster, fehlen in Asam. IV, 328.
Schürfe, alte, am Baikal. III, 59.
Schürfexpeditionen, russische im Altai. II, 587 f.
Schürmeg, Kalmücken-Saisan. II, 976. 979.
Schwanenjagd des Kaisers Akbar in Kaschmir. III, 1158.
Schwarz, Fr., der Missionar. VI, 298 ff.

Schwarze Ader s. Schwarzer Weg. II, 212.
Schwarze Juden in Malabar. V, 598 ff.
Schwarzer Pik der Purkyulkette. III, 746.
Schwarze Weg, der, Theil der Gobi. II, 212.
Schwarzbirke s. Betula fruticosa, Tschernaja Beresa.
Schwarzmalen der Augen, Weihsymbol der Götteridole auf Ceylon. VI, 245.
Schwarzwald, Kuznezkischer (Tschere Kusnezkoi). II, 585.
Schwarzweiden s. Salix fusca. III, 263.
Schwäne in Schwärmen auf den Steppenseen am NOrande von HA. II, 123. — auf dem Baikalsee. III, 100. — in Tübet. IV, 236.
Schwänze, Menschen mit solchen versehen, in Cochin China. IV, 766.
Schwe Dagon s. Schoe Dagon. V, 171.
Schweden, kriegsgefangene, bringen den sibirischen Bergbau auf. II, 576. 624.
Schwefel, am obern Indus. III, 608.
Schwefelbad bei Churker. IV, 91.
Schwefelminen in Nepal. IV, 53.
Schwefelquellen an der Urga. II, 529. III, 229. — heiße, auf Formosa. IV, 868.
Schwefelwasserstoffhaltige Quelle (so ist zu lesen statt schwefelhaltige). III, 53.
Schwein, Bild des ostasiatischen Zodiakus. II, 1125.
Schweine, frei umherlaufend in den indischen Straßen. VI, 633. — bei den Birmanen nur zum Gassenfegen benutzt. V, 258. — sehr kleine, in Tübet. IV, 236. — vorzügliche Raçe in Cochin China. IV, 938.
Schweiz, indische, der Nilgherry. V, 953.
Schweiz, die Indische, VI, 838 f. — Sächsische. VI, 839.
Schweizerische Hochseen. II, 634.
Schweizerlandschaft, Singhalesische. VI, 107.
Schwerter, zweihändige, der Birmanen. V, 294.
Schwestersöhne erben bei den Achhiks. V, 403. s. auch V, 589.
Schy-goei, Tungusenvolk. II, 1118.
Schy san hang, d. i. Faktoreien, in Canton. IV, 838.
Sciachha-Tobpa (ob = Lama von Tübet?). IV, 90.
Scial s. Schawl-Gewebe. III, 1173.
Sciam s. Shan. V, 277.
Sciarchiu-naka, Gebiet in Tübet. III, 460.
Scillyinseln = Kassiteridenínseln der Phönizier. V, 438.
Scimitarra, ital. = Dolch, Etymol. V, 545.
Scindia, sein Staat. VI, 755 ff.
Scirpus tuberosus, als Gemüse am Poyangsee gebaut. IV, 687.
Sciurus, viele neue Arten in Hinterindien. IV, 1034. 1051.
Sciurus striatus. III, 178.
Sciurus volucella in Singapore. V, 65.
Sciurus vulgaris in ungeheuren Schaaren verbreitet durch das Baikalland und das Sajanskische Gebirge. III, 113.
Sciuscha s. Chosiong. IV, 92.
Sclavinnen, nur, keine Sclaven in Malwa. VI, 770.
Scolopendrium, sp. von kolossaler Größe. IV, 1033.
Scongart = Dsungar. II, 447.
Scorpione. III, 1142.
Scorpionen-Höhle, die, in Tübet. IV, 272.
Scorzonera humilis. III, 281.
Scott (D.), Gouvernementskommissarius in Cachar. V, 387.
Scra, Minen zu, in Kamaun. III, 1035.
Scrophularia scorodonia. III, 72.
Sculptur, rohe Anfänge derselben bei den Kalmücken. II, 897. — der Tübeter. IV, 246.

Sculpturen auf Schieferplatten an den Tschudengräbern. II, 740. — der Gueberntempel. VI, 765.
Sculpturschule von Udeypur. VI, 874.
Scutellaria. II, 891.
Scythen (nordische) s. Saken. — ob Tschuden? III, 339.
Scythia extra Imaum. II, 85.
Seaou Ku Schan, seltsame Felsinsel im Kiangstrome. IV, 673.
Sea Slug s. Holothurien, Biche de mer. V, 122. 146.
Seba, Fort im Gebiete von Kangra. III, 1075.
Sebu, Dorf zu Ladakh gehörig. III, 633.
Sebyn, d. i. Pfeil bei den Buräten. III, 122.
Sechang-Inseln, Yamsbau daselbst. IV, 1032.
Sechia, Stadt. III, 461.
Second range of Vindhyan. VI, 749.
Secten, religiöse, in Malwa. VI, 768.
Secundärgeb. merkwürd. Ansteigen der Schichtungen gegen die primitiven II, 134.
Secundra bei Agra, das dortige Mausoleum Kaisers Akbar. VI, 1134.
Sed, Art der Fischnetze im Baikalsee. III, 105.
Sedascheghur s. Sedasiva Ghur. VI, 377.
Sedasiva Ghur, Grenzfluß von Nord-Canara. V, 697.
Sedd-marib, das Paradies von Arabia felix. VI, 24.
Sediya (mongol. Schreibart) = Ober-Asam. IV, 323.
Sednaja Morda, Reusen. III, 105.
Sedum Aizoon, Ewersii, populifolium. II, 983.
Sedum elongatum. II, 715. 954.
Sedum populifolium. II, 983. 1099.
Seearsenal zu Bombay. VI, 1082.
Seebad zu Ismalabad sogar von den Bengalesen besucht. V, 415.
Seebecken, rundliche, dem Südostende Mewars eigenthümliche, von pittoresker Schönheit. VI, 748.
Seebiberfelle, Kamtschatkische nur nach China verkauft. III, 208.
Seebildung, dem Himalaya-Gebirge nur sehr sparsam zugetheilt. III, 1030.
Seegrund, Untersuchungen über denselben. III, 84.
Seen, von Göttern trocken gelegt, Sagen in Kaschmir, Nepal, Asam. III, 1091. IV, 69. 116. 383.
Seehund s. Phoca vitulina. III, 111. — im Baikalsee. III, 28.
Seelenwanderung, Glaubensdogma der Gonds. VI, 517. — Dogma, der, in Indien. V, 896. — Glaube daran bei den Garo's. V, 404. — bei den Puharris. VI, 1177. — bei den Bewohnern von Pulo Condor. IV, 1026.
Seepferde, Benennung für die Teakholzflösser auf dem Godavery. VI, 468.
Seeraben (Pelecanus carbo). III, 9. 48. 162.
Seeräuber s. Piraten.
Seeräuberei der Malaien. V, 100 f. — der Japaner. IV, 616. — von ganzen Flotten getrieben in der chines. See. IV, 891 ff.
Seereisen, von den Brahmanen für Sünde gehalten. VI, 655.
Seeschildkröten an den Küsten von Ceylon. VI, 147.
Seeschlangen bei Bombay. VI, 1082.
Seeschwamm (Coda) auf den Perlaustern. VI, 170.
Seevögel in tropischen Meeren nicht sehr zahlreich. IV, 1036.
Seewinde in Orissa. VI, 544.
Sée-hu, See bei Hangtschufu. IV, 699.
Segargium, Ort in Tübet. IV, 259.
Segel, breites lateinisches der Nerbudaschiffe. VI, 628.
Segelschnelligkeit der Schiffe auf dem Nerbuda zur Zeit der

Ebbe und Fluth an seiner Mündung. VI, 628.
Segelstange, Papilio podalirius, an der Buchtarma. II, 680.
Segun-Khaldjan-Dola. II, 493.
Seheranpur. III, 537. VI, 1112 ff.
Seheranpur-Duab. VI, 1112.
Seherpunna, d. i. Umwallung. VI, 1017.
Se-he-sure, einheimischer Name der zu Korea gehörigen Insel Quelpaerts. IV, 606. 609.
Sehora, Flecken am Einfl. des Sakur in den Nerbuda. VI, 573.
Sehowah, Ort an der Mahanadi-Quelle. VI, 483. 499.
Sehraies, Raubtribus der Induswüste. VI, 951.
Sehwun, altes Kastell am Indus. V, 474. — gigantische Grasart. VI, 1024.
Seide, Handelsartikel auf dem Malwaplateau. VI, 755. — koreanischer Name f. Szir. — verschiedene Namen für dieselbe bei den verschiedenen Völkern aus einem gemeinschaftlichen Stammworte abgeleitet. V, 437. — aus China nach Korea verpflanzt. IV, 634. — in Ava. V, 260. — gelbe, von einer eigenthümlichen Raupenart, in Hinterindien. V, 394.
Seidenbau, älteste Verbreitung desselben. V, 437. — Ob mit dem Buddhaismus in China eingewandert? V, 438. — in Asam. IV, 293. — westlich vom Fl. Takiang. IV, 655. — zu Melinde von Vasco de Gama gefunden. V, 443. — in Korea. IV, 633. — früher in Munipur. V, 363. 383. — in Cochinchina. IV, 935 f. — in Kaschmir. III, 1146. — der berühmteste Hindostans zu Muschirabad im Gangesdelta. VI, 1204.
Seidenpapier aus Daphne cannabina in Nepal bereitet. III, 997. IV, 54. 148.
Seidenraupe, verschiedene Arten im mittleren Indien. V, 437. — wilde auf Schantung. IV, 545.
Seidenweberei der Khyen. V, 279. — tübetische. IV, 236.
Seidenwurm in Asam. IV, 326. — spec. in Asam. IV, 326. — von Justinian besorgt. V, 443. (f. Ritter, Erdk. 1. Aufl. Th. II, S. 627.)
Seidenwürmer, wilde, in Gondwana. VI, 513.
Seidenzucht in den Nilgherry eingeführt. V, 983. — auf Waldbäumen in Hinterindien. V, 394. — auf Ceylon gänzlich mißlungen. VI, 146.
Seids, Sheiks, mohammedanisch Missionare bei den Malaien. V, 100.
v. Seiffert, ruff. Major. II, 737. 762.
Seigh, Titel der Raubchefs in Shekawutty. VI, 936.
Seikhs, ihre Cavallerie. V, 899. VI, 398.
Seilan (portug.) = Ceylon. V, 517.
Seilan, tübet. Parfüm. IV, 236. f. Lan. — Seilbrücken. II, 938. IV, 143. 151.
Seiltänzer bei den Hakas. II, 1133. — in Kamaun. III, 1055.
Seja Tschi = Tschikiri, Zufluß des Amur. II, 89. 612. III, 297.
Sekelon, arab. Name für Ceylon. VI, 34.
Sekgion = So-tschéou. II, 214. 215.
Sekissowka, Quelle. II, 830 f.
Sekouen-haldchan-Alin. II, 493.
Seksula, Seksura, Bhotiyadorf am Arun. IV, 103.
Sekunder Rumi, d. i. Alexander der Gr. VI, 989.
Sekunders, zweiter Regent der Lody-Afghanen-Dynastie. V, 580. (von 1488—1517.)
Selagereh, Dorf in Asam. IV, 293.
Σηλάμπουρα (Ptolem.). IV, 15.
Selasnaja-Gora, d. h. der Eisenberg. III, 310.
Selbi, drei Quellen. II, 514.
Selbi-dabâ. II, 514.
Selbstmord aus Kinderliebe ge-

wöhnlich in Kamann. III, 1052. — wird ebendaselbst von den Verwandten durch Geldstrafen gebüßt. III, 1056.
Selbstverbrennung der Pilger in den heiligen Pulparrahwäldern bei Surate. V, 442. 462. 488. 666.
Seldschucken, mit Prätorianern und Afghanenstämmen verglichen; [weshalb nicht auch mit den Tscherkessischen Mamlucks, und mit der französ. Schweizergarde?]. III, 1110.
Sele diva (Kosm.) = Ceylon. V, 517. VI, 28.
Selenga, an der, Ursitz der Turk-Uigur. II, 344. — entspringt auf dem Tannu. II, 487. — Stromsystem. II, 527—530. — Mittlerer Lauf. III, 134—137. — Mündungsland derselben. III, 69 ff.
Selengha s. Selenga.
Selenginsk. II, 623. III, 146 bis 152. — ob identisch mit Fonkoneï? II, 499.
Selenginskoi-Muis, Vorgebirge am Baikalsee. III, 14.
Selesnaffkajabach. II, 678.
Seleucia, Erzbischof von, Primas oder Catholicos der Nestorianer. II, 285.
Seleuciden, politischer Verkehr derselben mit indischen Fürsten. V, 482.
Seleucus Nicator's Zug gegen Sandracottus. V, 481.
Selikeh (arab.) s. Cassia lignea. V, 823.
Selimba, Nebenfluß der Seja. II, 614.
Selinga-Pira (mandsch., d. h. Eisenfluß) = Selenga. II, 527.
Se-ling-ka s. Selenga.
Sembegheun, Dorf am Irawadi. V, 205. 210. 279.
Sembuen, Sohn des Alompra, Birmanenkönig. V, 236. 302.
Semenofka, Zufl. zum Alei. II, 818.
Semenofsky, Silbergrub. II, 818. 840.
Semicarpus Anacardium s. Anacardium orientale. III, 854. VI, 117. 510.
Semin, Stadt. IV, 757.
Seminar für Karmelitermönche in Varapali. V, 785. — der Charun. VI, 763.
Semipalatinsk. II, 790—801. — am Irtysch, 1718 erbaut. II, 567.
Semipalatinskaja-Okrug (d. h. Kreis). II, 794 ff.
Semi-Tau, Vorberg des Altaï, Höhe. II, 631.
Semla, falsch statt Serola. V, 956.
Semljanie Kurganin (d. i. Todtenhügel aus Erde), Art der Tschudengräber. III, 329 ff.
Semnopithecus entellus. VI, 864.
Sempalatnaja (d. i. die 7 Ziegelsteingebäude), sibirische Festung, 1718 angelegt. II, 572. 749. 792.
Sem-Pestscher, d. h. die sieben Höhlen. II, 864.
Semsi, mongolischer Taidscha. II, 552.
Semul, der Baumwollenbaum. VI, 811.
Semyreck, Kirgisen von, II, 398.
Senapati s. Barsenapti. IV, 361.
Senassi s. Sannyasi. V, 669.
Sencour-Pira s. Sunghir. II, 532.
Send brary. III, 1132.
Senecillis glauca. II, 954.
Senegal-Gegenden, Vergleichungspunkt in China. II, 158.
Senensis, Vincenz Maria a St. Catharina, reisender Carmelitermönch in Indien. V, 613.
Senf, zur Oelbereitung benutzt in Aracan. V, 319.
Senfsaamenkultur bei den Kohata in den Nilgherry. V, 1021.
Senfsaamenöl, fast göttlich verehrt von den Koles. VI, 529.
Senga, Sengul. II, 449.
Senghe-dzong (?). IV, 213.
Senghe K'habhabh. IV, 210.
Sengka, Fl. IV, 903.
Sengkili, d. i. Ceylon. IV, 782.
Seng Li, chinesischer Name der

wilden Aboriginer von Hainan. IV, 891.
Seng Miao. IV, 768.
Senkrechte Felsen, wie von Menschenhand gemeißelt, von außerordentlicher Höhe am Chumbul. VI, 750 ff.
Senksefyd (d. h. der weiße Stein) in Kaschmir. III, 1161.
Sen ku sa, Birmanenkönig. V, 303.
Senoi, Dorf an einem Zubache der Beresowka. II, 682.
Sen-p'hyu-kywan (d. h. weißer Elephant), Dorf am Irawadi. V, 205.
Sen-p'hyu-schen (d. i. der König der weißen Elephanten). V, 203. 236. (Sen p'hya s'han.)
Sensitiv-Pflanze. VI, 1112.
Senteleck, Zufluß des Tscharysch. II, 722. 860. — (Quelle. II, 873 ff.) — treppenartiges Schiefergestein am, II, 693.
Sentsa, Bach zur Uda. II, 1037.
Sen Wun, Titel des Elephantenstallmeisters in Ava. V, 256.
Sen ywa (d. i. Elephantendorf) am Irawadi. V, 191.
Seo s. Apfelbaum. VI, 884.
Seon, gigantische Grasart. VI, 1024.
Seoni, Ort am Wyn-Ganga. VI, 451.
Se-ow-chong, Theesorte. III, 232.
Septenpartshur. II, 371.
Septospermum (?), Pflanzenart. VI, 291.
Sera, gr. Buddhistenkloster bei H'Lassa. IV, 237. 249.
Serab (persisch) = Sitakote, Sikote, Fata Morgana, Mirage. VI, 993.
Serae des Plinius, Ptolemaeus. II, 85.
Seramugai, Dorf am Bhovani. V, 1001.
Seramurgai, Gebirgspaß nach, s. Koimbetorestraße. V, 963. — zu den Nilgherry. V, 1001 f.
Seran, Residenz des Radscha von Bissahir am oberen Indus. III, 522. 610. 761 ff.
Serandib Shah. VI, 65.
Serandiv = Ceylon (arabisch). V, 517.
Seranpore, die dänische Colonie am Hugly. VI, 1202.
Sera pun dze s. Dzordzi. IV, 249.
Sera siar s. Teshu Lumbu. IV, 264.
Seraswadi s. Sarwedi. V, 200.
Serednaja-Borsa, Fluß. III, 308.
Serednje Ustje (d. i. die mittlere Mündung) der Selenga. III, 72.
Serenbaum. II, 714.
Serendiv, bei Amm. Marcellin. VI, 33.
Serenkui, Zufluß zur Nischnaja-Borsa. III, 309. — Dorf gleichnam., ebend.
Serenstraße. V, 443.
Serga Ruen'r, Pik des Himalaya. III, 952.
Sergurra-Tribus in Marwar. VI, 973 f.
Seringapatam. VI, 273 ff.
Seringas (Kanoes?) in Asam. IV, 359.
Seringham, Insel im Caveryfl. VI, 294.
Sèrkul s. Sarikol, Surik-kol. III, 635. 637 f.
Sernaja Gora, Schwefelberg an der Borsa. III, 309.
Seroi, Berg in Guzerate. VI, 1069.
Serola. V, 1001 f.
Seronje in Chanderry. VI, 445. 757. — Basis. 431.
Serpentin, altaischer, mit Feldspathkörnern. II, 886. — auf Marmor bei Saganig. V, 227. — edler, in Ava. V, 243.
Serpentinsteinfelsen. V, 398.
Serro de Frio, Diamantdistrikt Brasiliens. VI, 365.
Serschal, Bach zur Katunja. II, 941.
Serschalischer Bergrücken. II, 941.
Sersi, Ort in Nord-Canara. V, 704.

Ser-Soumbon (Ser-tsin), d. i. Goldfluß in Tübet. IV, 226.
Sersutti-kund. IV, 37.
Seru, tübet. = Antilope Hodgsonii. IV, 98. 255.
Seru-dziong, Gebirgsgau in der Provinz Kham. Ursprung und Bedeutung des Namens. IV, 98.
Service aus Diamanten s. Betelservice. V, 861.
Σησαμίνα ξύλα, Sesamholz (bei Cosmas), wol Sandelholz? V, 815—823. VI, 29.
Sesamum s. Til, Hamo. IV, 75.
Sesamum indicum in Ava. V, 249.
Sesamum orientale in Asam. IV, 325.
Sesamum s. Tul, Sesamum orientale. V, 716. — zur Oelbereitung vorzugsweise gebaut in Mewar. VI, 886. — in Tenasserim gebaut. V, 117.
Sesatenstraße. V, 443.
Seschahella, Berghöhe. VI, 336.
Seshant, Gebirgsland der Gurung. IV, 21.
Sesodias, Rajputenfamilie vom ersten Range in Malwa. VI, 761.
Sesostris Zug nach dem Morgenlande. V, 441. 442.
Seste kem, Fl. II, 1026. 1045. 1051.
Setabgar, Rana von, III, 1076.
Seta Bhot mas s. Dolichos soja. IV, 75.
Seta Mas s. Phaseolus occultatus. IV, 75.
Setang, Fl., s. Zittaun Chetang. V, 164.
Set-barua, Daphne-Art, aus der Pflanzenpapier bereitet wird. III, 996 f. IV, 54. 148.
Sete bocas (portug.), d. i. die 7 Mündungen s. Ngabay. IV, 1042.
Setgar, Pik. IV, 9.
Set-ghar (d. h. Weißer Thurm) s. Swetaghar. IV, 10.
Setiganga (d. h. Weißwasser). IV, 23.
Setso, chines. Feigen. IV, 345.
Sett Bund Rameswar. V, 564.
Setu s. Talsan. III, 622.
Setupati. VI, 13.
Seuni s. Seoni. VI, 451.
Se-ur-pû. II, 514.
Sevananda Majumder. VI, 1190.
Sewad s. auch Snastene. III, 654.
Sewadschi, Stifter des Mahrattenreichs. V, 638. VI, 394.
Sewalik, d. i. alles Vorgebirge des hohen Himalaya. V, 577. 636.
Sewanchi, die einheimischen Bewohner von Siwannu. VI, 976.
Sewel-Coronde. VI, 130.
Sewenstrauch s. Iuniperu sabina. II, 680. 1022. auch Iuniperus lycia.
Sewistan s. Sehwun. V, 474.
Sewlaul Chokey, Dorf in Asam. IV, 293. 329. s. Selagereh.
Sewernaja-Redout. II, 706.
Sewmarja-Chauntal, Himalayapik. III, 931.
Sewrjuga, Fisch, Accipenser stellatus. II, 418.
Sewun, wilde Traubenart in Bikanir. VI, 995.
Seragul, kirgisischer Name von Anabasis ammodendron. II, 658.
Seyena (chines.), d. i. Dorfschulze. III, 545 u. öft.
Seyjan, ehemalige Stadt in Guzerate. V, 615.
Seywanoh s. Siwannu. VI, 975.
Sfartagol, d. i. die kleine Bucharei. II, 417.
Sgin s. Capra ibex. III, 1037.
Shabeng, Theil von Marang. III, 808.
Sha-Tribus der Bhotiyas. IV, 168.
Shaddak, Obstbaum. V, 68.
Shaduroypputur, Dorf. VI, 442.
Shafissekte auf Ceylon. V, 584. VI, 46.
Shaguda cussum. V, 699. 765.
Shahabad, die Provinz. VI, 835 ff. — s. Shahdara. III, 1137.
Shahabeddin, König von Kaschmir (1363—1386). III, 1121.
Shahdara, Pergunnah von Kaschmir. III, 1137.

Shahjehani=Maaß in Malwa. VI, 789.
Shahlimar, die Kaiserlichen Gärten zu Delhi. VI, 1131.
Shah Mir, Usurpator von Kaschmir seit dem Jahre 1326, aus einem Tschagatai= oder Turkstamme. III, 1115.
Shah=pur in Kaschmir mit Jehol verglichen. II, 137. III, 1145.
Shahung, Dorf. III, 737.
Shai, Dorf an einem linken Zufl. des Girl=Ganga. III, 869.
Shaista Khan, Subadar von Bengalen (1666). V, 423.
S'hait, birm. Name des Schaafs in Ava. V, 258.
Shakespeare (C.), der brittische Erfinder der Strickbrücken. VI, 1152.
Shakiamunische Klöster. IV, 97.
Shakou Schah Ahmed, König von Bolor (1749), unterwirft sich den Chinesen. III, 645.
Shakunpu, Station. III, 737.
Shakya=Muni. V, 285. 493.
Shalamar, überraschend schöner Wasserfall in Kaschmir. III, 1165.
Shalkhar, die Festung. III, 545. 716—718.
Shalli=Pik. III, 840.
Shalpia, Ort in der Nalding=Kailasa=Gruppe. III, 800.
Shamie (d. i. Hirse) in den Nilgherry. V, 994.
Shamrock, Insel des Koreaarchipels. IV, 622.
Shams, Kriegerstamm. V, 209.
Shan, d. i. Reis in Ava. V, 247.
Shan=Alin s. Schagan=Alin.
Shan=Völker, Ursitze derselben am Ningtisl. IV, 1231. V, 365. 277. — (Lao), die, Volk in Ava. V, 267. — der Birmanen, s. auch IV, 376.
Shang, Station zwischen Shalkhar und Gertope. III, 740.
Shangsi. III, 737.
Shang Ti, d. i. der himmlische Herrscher. IV, 493.
Shangukо=beisi. IV, 101.
Shangze, Station am Ssetledsch. III, 605. 738.
Shan=Hay (d. h. Berg=Meer), Fest. II, 96.
Shan=hai=Koan, Thor der Gr. Mauer. II, 100.
Shan=hen=Alin s. Shagan=Ali.
Shan=yan=tsu (d. i. der Berg Schwalbe), Brunnen. II, 312.
Shaou, cochinchin. s. Tectonia theca. V, 804.
Shapuri=Insel in der Mündung des Nanffl. V, 304. 313.
Shara=modon (d. i. Gelbholz), mongolischer Name des Rhabarbers. II, 184.
Shasheb, Tribut der Bhotiyas. IV, 166.
Shasta, Shaster s. Salsette. VI, 1095.
Shat (birman.), d. i. wilde Kühe. V, 235.
Shatrenj (pers. arab.) = Schachspiel. V, 526.
Shawerh s. Shahdara. III, 1137.
Shawls von Surate, berühmt. VI, 631. — indische, schon Ktesias bekannt. V, 448.
Shawlweberei in Kaschmir. III, 1198 ff.
Shawlwolle, Handel damit in der voralexandrin. Periode. V, 440. — von keiner eigenen Raçe; die Feinheit der Wolle ist von der Höhe des Wohnorts und der Kälte des Klima's abhängig. III, 689.
Shawlziege, pflanzt sich auf der Südseite des Himalaya nicht fort. IV, 52. 127.
Shaway Wlotde (d. i. Justizhof des Königlichen Rathes) in Aracan. V, 322.
Shawpur, Residenz des Raja von Singrowla. VI, 486. 488.
Shealkhour, Shealkhur s. Shalkhar. III, 716.
Shealkur s. Shalkar. III, 566. 575.
Sheangpo. III, 740.
Sheargal=Paß. III, 789.
Sheen=tan (birmes.) = Platin. V, 245.
Shegar, Stadt in Dzang. IV, 258.
Shegur, Ort in den Nilgherry;

-dort zu schlafen soll tödtlich sein. V, 1005.
Sheh, Ort am Indus. III, 609.
Shehabeddinpur in Kaschmir. III, 1153. — s. Phalapura. III, 1109.
Shehesstambhla (d. i. die Tausend-Säulen-Halle) in Jhondpur. VI, 979.
Sheikh Koja Mownd Din, mohammedanischer Heiliger; sein Mausoleum in Ajimere. VI, 911.
Sheiks s. Seids. V, 100.
Shekanwuty, der Staat, die nördlichste der drei niederen Vor-Terrassen der Mewarstufe. VI, 935 ff.
Shekarwuty s. Chekarwut. VI, 918.
Shekerdu s. Eskerdu. III, 644.
Shekury-Raja, der mediatisirte. V, 768 ff.
Shelli-ke-Brücke. III, 890.
She po tan, chinesisch, d. i. die Felsen mit den 18 Catarrakten. III, 245. IV, 668.
Sherangla. III, 737.
Sheregh ur, Hauptfestung von Kaschmir. III, 1177.
Shero Nulla, Bunaßthal. VI, 892.
Sherwahri-Berge. VI, 290.
Shialkhar s. Shalkhar. III, 716.
Shibartu-kholai (kalmück.), d. i. Schlammbusen. II, 389. 416.
Shibe, Kupfergrube in Ober-Kanawar. III, 819.
Shigadze s. Diggercheh, Digurche, Teshu-Lumbu. IV, 101.
Shikar-dubhan. IV, 101.
Shikargong, Fort. IV, 96.
Shiker gumbah s. Shegar. IV, 96. 101. 258.
Shikaries (d. i. Jäger). V, 1003.
Shiku, Zubach zum Dihong. IV, 364.
Shilba, kleiner Zufl. zum Dschemna. III, 890.
Shilkhana. III, 1057.
Shinbin-Planker s. Teakholz. V, 333.
Shin-chung, chines. Kaiser. IV, 703. V, 68.
Shindava, sanskr. = Indier. V, 458.
Shing-king, Provinz des chines. Reichs, Stammland der mandschur. Kaiserdynastie. II, 92.
Sing Lapcha, Ort zwischen Tschaprang und Gertope. III, 738.
Shinlik, Nadelholzart in Ladakh und Kaschmir. III, 1196.
Shin Tseun, Seestadt in der Provinz Kuangtung. IV, 815.
Shinty, Jagdspiel, Nationalspiel der M nipuris. V, 368.
Shinyang (chinesisch = Mukden. s. d.)
Shipcha. IV, 160.
Shipke, der chinesische Grenzort. III, 544. 684 ff.
Shipki-La (La bedeutet Paß). III, 686.
Shirang, Berg, Höhe. III, 692.
Shir Bubber, d. i. Löwe. VI, 511.
Shir-Gunge, d. i. Feste des Shir Schah, s. Seronje. VI, 751.
Shir i Khuda. VI, 712.
Shirkhan, Rebell gegen Sultan Humayun. V, 624.
Shir u Khurschid Irani. VI, 712.
Shish Mahal. VI, 1147.
Shivaberg, der, in Groß-Nepal. IV, 66.
Shivadiener tragen Keulen als Symbol des Gottes. V, 467.
Shiva Samudra s. Sivana Samudra.
Shiva Singha, Radja von Asam. IV, 301.
Shocaruba, Pergunnah v. Kaschmir. III, 1137. — s. Shukroah. III, 1160.
Shoe chetoh-Pagode am Irawadi. V, 210. 282.
Shoe Dagong (d. i. golden Dagong), Pagode. V, 169. 171.
Shoe-Kyen (d. h. Goldseifen), Ort am Irawadi. V, 178.
Shoe-kyet-ret, Vorgebirge. V, 227.
Shoe-kywan (d. i. die Goldne Insel). V, 192.
Shoe Madu, großer Tempel in Pegu. V, 133.
Shoe mea (d. i. goldner Prinz), Gesetzbuch der Birmanen. V, 293.

Shoe segum (d. i. der Goldene Tempel) in Pugan. V, 218.
Shoe-taong (d. i. Goldflügel). V, 192.
Shoezi, Dorf. V, 232.
Sholur, Buddagurdorf in den Nilgherry. V, 1005.
Shoo kro'ah s. Shocarnda. III, 1137.
Shorea robusta (?), Waldbaum in Cachar. III, 853. IV, 47. 317. — in Asam zur Cocuszucht benutzt. IV, 328. s. auch VI, 509. 535 f.
Shorkote (d. h. Feste Shor), Ruinen von, ob die Kapitale der alten Malwa? V, 468.
Shorut, d. i. Sandschollen bei den Guzuraten. VI, 569.
Show vin Shan, Laosfürst. IV, 1238.
Shrawuk-Tempel (d. i. der Jainas) auf den Pulitanna-Bergen in Guzerate. VI, 1069.
Shrimps s. Prawns. V, 122.
Shrirunghit, Ort am Ssatadru. III, 737.
Shroffs, d. i. Geldwechsler, in Malwa. VI, 767.
Shuhu, Ort auf der Teshu-Lumbu-Route durch Tübet. IV, 262.
Shui ken, Dorf in Martaban. V, 156.
Shujah ul Mulk, Shah, Afghanenkönig von Kabul und Kandahar (1803—1809). III, 1174.
Shukboul, Chef einer Kukitribus. V, 376.
Shukkurkundu s. Convolvulus batatas. V, 718.
Shuklud s. Souflot. III, 611.
Shukroah, Quelle zu, in Kaschmir. III, 1160.
Shula s. Jhula. III, 756. (Verschieden von der Sangho. 757.) 877.
Shuldham, englischer General. V, 356.
Shun Budhar s. Bate. VI, 1068.
Shun Kodar s. Bate. VI, 1068.
Shunas Sango, Ort am Indus. III, 609.
Shurayets, d. i. Omrahs von Geblüt. V, 559. VI, 966 f.
Shuti, Bergstrom zum Baspa. III, 797.
Shyang. III, 737.
Siac, Staat von, Gesetze. V, 95.
Sia Chunder, Schlangenart in Gondwana. VI, 513.
Siahri s. Bauhinia racemosa. VI, 537.
Siakfl. a f Sumatra. V, 86.
Siamartjaba, Kutuchtus von der rothen Sekte. IV, 206.
Siam, das Königreich. IV, 1063 ff.
Siamesen, Charakter. IV, 1153 ff. 1176.
Siamesisches Scheidegebirge. IV, 905. V, 107.
Siamuk s. Shahabeddin. III, 1121.
Sian, Fruchtbaum auf Formosa. IV, 871 f. [Ob Anacardium-Art? J. L. J.]
Siang, Dorf auf der Höhe des Gebirgs in Cachar. V, 396.
Siang Kiang, Fl., entspringt auf der Taykette, mündet in den Tongting-See. IV, 661.
Sian'o, altchin. = Selengaft. II, 499. 598.
Sian-pi, koreanische Eroberungshorde vom Amur. II, 244. 351. — verdrängen die U-fiun. II, 434.
Siantan, Insel der Anambasgruppe. V, 9.
Siapri. IV, 40.
Siao Bathang (d. i. Klein B.). IV, 198.
Siao kuan, Berg in China. IV, 418.
Siao-sche-tschen. II, 377.
Siao-tchao s. Ra mo tsie. IV, 244.
Siapusch in Hindu Khu. III, 420. V, 450.
Siaput s. Siapusch. III, 420.
Σίβαι. V, 467.
Sibak, Höhle des Königs, auf Ceylon. VI, 53.
Sibartaï, Sibarton, Ebene in der Gobi. III, 362.
Sibas, indische Völkerschaft, von Alexander gebändigt. V, 466. 467.
Sibbaldia. II, 891.

Sibbaldia grandiflora. II, 945.
Sibé-Alin. II, 537.
Siberikoff's Villa bei Kjachta. III, 199.
Sibé-Soldaten. II, 403. 406.
Sibho s. Ziben. V, 233.
Sibilduiskaja, Dorf am Chilok. III, 160. 164.
Sibir, alte zerstörte Residenz. II, 565.
Sibirákow. III, 34.
Sibirien, Eintheilung in Ostsibirien und Westsibirien, worauf sie beruht. II, 1040.
Sibirisch-chinesische Grenzgebirge, das, II, 520. III, 193.
Σιβώϱ (Cosmas), indisches Emporium. VI, 30.
Sicha-ajirhan-Alin. II, 497.
Sichang-Inseln. IV, 1070.
Sichel-ente s. Anas falcata. II, 917. III, 102.
Sicherheitskaufleute in Canton. IV, 840.
Sicligully (Siclygulli) s. Sancrigulli. VI, 1104. 1164 ff.
Sicri, Vorstadt von Benares. VI, 1156.
Sicrigulli s. Sancrigulli, Sicligully. VI, 1104. 1164.
Sidabaum in Bhutan. IV, 168. (Sida Abutilon.)
Sida rhombifolia. VI, 510.
Sidashurkette s. Bancakette. V, 380.
Siddha. V, 748.
Siddhanta (d. i. Heilige Schrift), der Gesetzcoder der Jainas. V, 746. 748.
Siddheswara, Berg. VI, 272.
Siddy Mola, Derwisch, seine fromme Stiftung. V, 562.
Sidhu, sanskr. = Rum aus Zucker bereitet. V, 440.
Sidh-barna s. Set-barua. III, 997. IV, 54. 148.
Sidiya s. Sadiya, Sediya, Sudiya. IV, 310. 323.
Sieben der Perlen. VI, 177.
Siebengebirge bei Bonn, Basalt- und Trachytgänge daselbst. VI, 472.
Siebenmeer, persisches Wörterbuch des Radja von Luknow. V, 562.
Sieben weisen Meister, Buch der, V, 527.
Siebenzahl, persische, indische. V, 504. — Heiligkeit der Zahl, auch bei den Tubas. V, 1040.
Siebroskoi Schurf. II, 733.
Siekar s. Shegar. IV, 101. 258.
Sie-kiang, Fl. IV, 418.
Σιελεδίβα. VI, 28.
Sielinga, Fl., d. h. Selenga. II, 500.
Sie-ling-ko, Fl., d. i. Selenga. II, 558.
Sieou (korean.) = Stickereikunst. IV, 634.
Sierra Parime oder das Hochland Guianas mit dem Plateau von Dekan verglichen. V, 651.
Sie-yan-tho. II, 557.
Sifan, d. i. Völker des Westens (chinesisch) s. Tufan. II, 171. 176. III, 416. IV, 501 ff. — ihr Charakter zu Anfange des achtzehnten Jahrhunderts nach chinesischen Quellen. IV, 504.
Sifan, Schneekette in China. II, 171.
Sighis s. Salmo lavaretus. II, 1024. 1035.
Sigi (Teufelsmuränen, Salmo oxyrrhynchus). II, 540.
Sigur-Paß über die Nilgherry, s. Shegur. V, 1004 f.
Si-hai (d. i. Westsee, uigur.) = Balkaschsee. II, 345. — ob Aralsee oder Bhalkhasch. II, 437. 452. 478.
Sih-leng-ki = Selenga. II, 1061.
Sihrá, Nebenbach zum Askysch. II, 1084.
Sihu, See. IV, 693. 699. s. Sée-hu.
Si-joung, d. i. Land der westlichen Barbaren. II, 192.
Si-kao-Schan, Berg geogr. L. II, 148.
Sikhi s. Mannshi. IV, 135.
Sikh's, d. i. Schüler. VI, 980.
Si kiang, d. h. Süd-Fluß. IV, 836.
Sikim, Alpenland. III, 490.

Sikim Radja, Territorium des, IV, 104 ff.
Siklan, arab. Name für Ceylon. VI, 34.
Siklik, Hauptstadt der Lamjun. IV, 78. — Paß. IV, 79.
Si-kote (d. h. Winter-Schlösser) s. Fata Morgana, Luftspiegelung. VI, 900.
Sikpo s. Schihpo. IV, 774.
Sikra. VI, 894.
Si-ku, Berg bei Jehol. II, 139. — Dorf am Golf von Petscheli. IV, 566.
Sikunder Butschikun, König von Kaschmir ($\frac{1396}{1416}$). III, 651. 1122.
Sikunder Shah. V, 624.
Sikundra-Gras, Matten von, ihre Benutzung. VI, 960.
Siku-tching, Stadt. II, 171.
Sikyuet Gaon, Ort der Mismi in Asam. IV, 387.
Sil, Berg. III, 611.
Sila-Thal. III, 612.
Silacdiwe. VI, 64.
Sila Dhar s. Korund. VI, 535.
Silajit, Bitumen-Art in Nepal. IV, 53. — in Kamaun. III, 1034.
Si-lang-Shan (chinesisch) = der Westpfeiler, Fels am Ta-kiang. IV, 678.
Silani mukh in Ober-Asam. IV, 362.
Silapahar, südl. Fortsetzung des Debta Mura in Triperah. V, 411. — s. Sweta-pahar. IV, 28.
Silatt, Zufluß zum Askysch. II, 1085.
Silbenschrift der Mongolen. III, 388.
Silbenzahl der verschiedenen Titel bei den Birmanen. V, 221.
Silber, Gold, Blei, gegenseitiges Verhältniß derselben in Ava. V, 266.
Silber aus Sandwäschen in Asam. IV, 294. — in den Bleiminen um Ramghur und Hazaribagh. VI, 508. — bei den Khumungs in Asam. IV, 396. — Ausfuhr bei Todesstrafe in China verboten. II, 797. IV, 853. — Reichthum der Sojoten an, II, 1057. — in den Bleibergwerken des Daurischen Erzgebirges. III, 312. (vergl. II, 626.) — Ausfuhr desselben aus China bei Todesstrafe verboten. IV, 844. 853.
Silber-Arbeiten von Kutch berühmt. VI, 1055. — der Buräten. III, 122.
Silberbarren, Ausfuhrartikel in Singapore. V, 71.
Silberberg s. Yin-Schan. IV, 688.
Silberbergwerk, Mursinzowsches. II, 682.
Silberblech, als Tempelpalladium bei den Nilgherry. V, 1022.
Silbererz in Daurien gegraben, am Argunsk. II, 603.
Silbererze um Nertschinsk. II, 623.
Silbergruben bei Serentui. III, 309. — in Tardzong (tübetische Provinz). IV, 236. — Krukowsche. II, 712. — zu Golzofskoi-Rudrik. II, 819. — in Ava. V, 245. — von Idisu. II, 235. — ehemalige auf der Insel Hainan. IV, 883. — in Tonking. IV, 926.
Silberhaltige Bleierze in Udeypur. VI, 882. — Glimmertafeln (?). III, 1000.
Silbermünzen, tschudische, mit dem Gepräge der Rose. III, 340. — römische, in Coimbetore gefunden. V, 760.
Silber-Politur. III, 22.
Silberstraße, die große, vom Altaï nach St. Petersburg, Richtung derselben. II, 586. 849.
Sila s. Topfstein. VI, 279.
Silene conoidea. VI, 1116.
Silgad, Bach zum Dschemna. III, 885.
Silificirung der Holzstämme. V, 203. 205.
Si-ling-ko s. Selenga.
Silka, Fl., d. i. Schilka. II, 602.
Silkauli, Lorbeersp. als Waldbaum in Nepal. IV, 54.
Silladars, die Raubritter in

Dekan und ihre Pferdeheerden. V, 661.
Sillah-Min s. Sale. V, 210. 281.
Sillarna s. Sylani. VI, 598.
Silli, Sillu, Volksstamm in Asam. IV, 364.
Silphium der cyrenäischen Alpenweiden. II, 95.
Silpigursk, Nomadentribus an der Uda. II, 1037.
Silt, der Huglyschlamm. VI, 1216.
Siltura, Fluß zur Dzida. III, 80. 81.
Silturinskoi Karaul. III, 81.
Silurus asotus. II, 540. III, 281.
Simeon, syrischer Doktor, predigt das Christenthum. II, 297.
Simeriah, Ort am Tonse-Cataract in Bundelkhund. VI, 835.
Simia entellus. VI, 1120.
Simia nemoris, eine der schönfarbigsten Affenarten. IV, 939.
Simia rhesus. VI, 1120.
Simia silenus. V, 985.
Simlya in Asam. IV, 329.
Simlyavari in Asam. IV, 329.
Simowie (russ.), d. i. Balkenhütte. II, 605. — (Winterquartier). II, 608.
Simowje Tallanskoi, russische Ackerbaukolonie. III, 191.
Simowna, Zubach zum Bargusin. III, 52.
Simongs, Tribus in Asam. IV, 365.
Simplocos racemosa [Symplocos?]. III, 857.
Simplonstraße, Pendant zu derselben auf Ceylon. VI, 100. — vergl. IV, 520 ff.
Simul, indischer Baum, s. Bombax heptaphylla. IV, 45. VI, 509.
Simum Gaom. IV, 397.
Simundu bei Ptolemäus wol nur falsche Leseart statt des ursprüngl. Silaundu, d. i. Silandiv. VI, 19.
Sina-Wurzel. IV, 655.
Sinae (Σῖναι) seit Ptolemäus genannt. II, 85. bes. IV, 954.
Sinah, Seitenfluß des Bhima. VI, 370.
Sinaja Gora (d. i. der Blaue Berg). III, 168.
Sinaja-Kraska (russ.), ob Eisenblau? III, 56.
Sinaja Sopka, d. i. die Blaue Koppe. II, 577. 820. 838 f.
Sinam. IV, 825.
Sinapis ramosa s. Ika. IV, 75.
Sinawurzel, ächte, in den Bergwäldern westlich vom Fl. Takiang. IV, 655.
Sinäwina, russisches Dörfchen. II, 1093.
Sind, die Wüste. VI, 945 ff.
Sindabur (Ibn Batuta), Ort an der Maabarküste. V, 589.
Sind Brary. III, 1133.
Sinde = Scythia mediterranea (zwei Jahrhundert v. Chr. Geb.). V, 475.
Sindhu Ghandar. III, 1087.
Sindhus (sanskr.) = Indus. II, 11. V, 451. 495.
Sindichin, Stadt. II, 235.
Sindinfu (bei Marco Polo) s. Tschhing-tu-fu. IV, 187.
Sindocanda, Stadt auf Taprobane nach Ptolem. VI, 22.
Sindomana, Kapitale der Sogder zur Zeit Alexand. d. Gr. V, 472.
Sind's, ihrer vier auf dem Malwaplateau. VI, 750.
Sindwara. VI, 452.
Sindwund s. Sindwara. VI, 452.
Sindy s. Henda. V, 857.
Sin dy fu (M. Polo) s. Tsching tu fu. IV, 519.
Sin el Sin (?). V; 593.
Singada Galle, d. i. Königreich Kandy. VI, 258.
Singajis Chattrie. VI, 598.
Si-ngan-fu, ehemalige Kaiserresidenz in China. II, 209. — christliche Inscription daselbst gefunden. II, 286.
Singapore, die britische Kolonie. V, 57 ff. — Fukianlang daselbst. IV, 793 f. — chinesischer Handel dorthin. IV, 857.

Singareddi, Gondraja der, VI, 525.
Singay s. Tchingay.
Singgoi Aho, Fl. in Yünnan. IV, 749.
Singha (sanskr.) s. Löwe. VI, 703.
Singha=Chefs, d. i. Sikhs. III, 1071.
Singhalesen, die, eine Hindu=Colonie (seit 500 v. Chr.), die Beherrscher der Insel Ceylon. VI, 221 ff. — Körperbau. VI, 227 f.
Singha=Pratap, Radja. IV, 61.
Singhapura (d. i. die Löwenstadt) s. Singapore. V, 57 ff.
Singhara, d. i. Wassernuß, gewöhnliches Lebensmittel in Kaschmir. III, 1189.
Sing=he, Sing=ke, Sing=ke=choo, Sing=ke=Tschu, d. i. Indus. III, 606.
Sing=he=tschu s. Indus. III, 493.
Singhghian Khial, Defilé in Mittel=Tübet. III, 416. IV, 223. V, 163.
Sing ho pu lo, d. i. Singhapura. III, 1114.
Sing=hu, See. IV, 499.
Sing=Jing, Zufl. zum Indus. III, 607.
Sing=ke=Kampo, Sing=ke=Tschu, d. i. Indusstrom. III, 607.
Singkel, Fl. auf Sumatra. V, 86.
Sing=khon=tha=pe. V, 112.
Singkwank, Provinz von Tongking. IV, 921.
Sing=Miaosse, d. h. wilde Miao. IV, 770 ff.
Singni bei Marco Polo, d. i. Sinnig. II, 174. 290.
Singolli, Ort in Harowti. VI, 804 f.
Singone, Sohn des Vang=khan Togrul. II, 295.
Singrowla, Raja von, VI, 486.
Singsing, Affenart. IV, 939.
Singsu, d. i. (Fluß) der Gestirne. IV, 498.
Singsu=Hay s. Stern=Meer, Seen. IV, 495. 497.
Sing=te, Fl. III, 618.
Singuerah s. Singhara. III, 1190.
Singui mata (M. Polo): es ist Finguimati zu lesen. IV, 555.
Singzhing=Kampo s. Sing=Jing. III, 607.
Sinhabahu. VI, 221.
Sinha=ka=bal (d. i. Fluß aus dem Löwenmaul), Zufl. zum Indus bei Leh. III, 615.
Sinhala, Sinhalam s. Ceylon. V, 59.
Sinhala dvipa, sanskr. = Löweninsel, Ceylon. V, 517.
Sinhalanka = Ceylon. V, 517. VI, 64.
Sinhapura (d. i. Löwenburg). V, 58. VI, 221.
Sinhawally. VI, 221.
Sinhobati. IV, 735.
Sinhphos, die, Usurpatoren von Ober=Asam. IV, 376—381.
Sining, Fl. II, 173.
Si= ing, Stadt, Lage. II, 172 ff. IV, 182.
Sining fu, große Route nach, II, 172. IV, 183. 208.
Si=ning=tschéou s. Si=ning.
Sinkaé, Sinkaou, Stadt auf der Insel Tsung=ming. IV, 691.
Sinkamé, Stadt (?). II, 552.
Sinkauri, Lorbeersp. als Waldbaum in Nepal. IV, 54.
Sin Kilan (?). V, 593.
Sinnore am Nerbuda. VI, 569. 624.
Sinowjew. II, 619.
Sin=Tasch, d. i. Hirschfels. II, 1085.
Sinte s. Zigeuner. III, 660.
Sintra s. Suntra. VI, 884.
Sin tsin (Sin tchin), Stadt. IV, 418.
Sin=tsin=hian, Vereinigungspunkt der 10 Arme des Gelben Stromes. IV, 418. 651.
Sin=tsin=li, Lamakloster in Tübet. IV, 256.
Sinus Argari (Ptolem.) s. Artingari. V, 516.
Sinus Colchicus s. Colchicus S. auch VI, 11.
Sioji, der erste Rhatore=Usurpator (1212). VI, 971.
Siolki, Geb. II, 533.

Siom, Zubach zum Dihong. IV, 364.
Sior, Residenzstadt des Königs von Korea im siebzehnten Jahrhundert. IV, 638.
Siouan-Wei-sse. II, 561.
Siourkoukitay-Biky. II, 297.
Sipa. IV, 90.
Sipahi Zemindari. VI, 556.
Siphonanthus. III, 854.
Sipi (chinesisch), d. i. Westgrenze. IV, 496.
Sipon, Fl., s. Yusu. III, 788.
Sipra, Nebenfluß zum Chumbul. VI, 750.
Sipri Kolarus. V, 919.
Sir, Gewichtsmaaß in Malwa, Kanawar. III, 822. VI, 789 f.
Sira, Ort in Dekan. VI, 372. — in Kanawar. III, 777. — Arekagärten zu, V, 861.
Siraf im Persischen Golfe; Chinesen treiben Handel dorthin. V, 587.
Sirais. VI, 997.
Sira-houlo-soutai (?). II, 306.
Sira-Muren, d. h. Gelber Fl. II, 116. — Steppenfluß, Lauf. II, 88. 493.
Sira-Ordu, das Gelbe Kaiserzelt Gayuk-Khans (1246.). II, 298. 558.
Sirach, Dorf in Aracan. V, 338.
Sira-poritu s. Sira-Suritu. III, 360.
Sira-Suritu, Station in der Gobi. III, 360. 361.
Sirasthan. IV, 24.
Sirdar Kote, die Grenzfeste von Bikanir. VI, 1101.
Sirdhar, Ort in Kattiwar. VI, 1066.
Siredaon, der Pabst der buddhistischen Priesterschaft in Pegu. V, 181.
Sirgha, Fl. II, 116.
Sirgoojah, Sirguja. VI, 482.
Sirgujah. VI, 354.
Sirhind, Fest., Erbauung derselben. V, 559.
Siri Ghakur, Torachef der Diamantgräber. VI, 356.
Sirinagur (d. i. die Stadt des Heils), Hauptstadt der Landschaft Gerwhal, geogr. Lage. III, 499. 1021 ff. — die Capitale von Kaschmir und ihre nächste Umgebung. III, 1090. 1163 ff. — das Thal von, III, 1084.
Sirinskoi-Rudnik. II, 1092.
Siripada. VI, 75.
Siripadaye, Idol auf Ceylon. VI, 208.
Siri Serhit (Sri Serhit? d. i. der heilige Strom) in Asam. IV, 342.
Sirisha s. Acacia serisha. VI, 673.
Sirka-abzir-gan (d. h. Hengstberg). II, 499.
Sirkegoum, Berg des Mittelaltaï. II, 496.
Sirma. III, 814.
Sirmore, das hohe innere Alpengebirgsland zwischen Giri-Ganga, Pabur- und Tonsequellen. III, 858 ff. — der Alpenstaat. III, 843 ff.
Sirmori's, Charakter derselben. III, 880 ff.
Sirpugma. III, 612.
Sirr (d. i. Salzsee) in Jessulmer. VI, 1006.
Sirsha, d. i. Maha Chin. IV, 71.
Sirtanpur s. Sultanpur. III, 552. 571. 755.
Siru, d. i. der Kleine s. Bhovani. V, 961.
Sirwi-Tribus. VI, 766.
Sisa-baisi, Thal des Trisul-Ganga. IV, 34.
Sisadias, antike Dynastie der, zu Chitore. VI, 819.
Sisan s. Dalbergia. IV, 47.
Si-seng-phu, Hafen von Korea. IV, 616.
Sisi-Distrikt in Asam. IV, 361. 367.
Sisikyptos, indischer Raja zur Zeit Alex. d. Gr. V, 449.
Sisnia-kola, Zufl. zum Trisul-Ganga. IV, 39.
Sisnia-ural, auf der Kheru-Passage. IV, 39.
Sison crinitum. II, 651.
Sissa s. Pterocarpus sissoo. V, 699.

Sisse (d. i. feine Seide, Silber). IV, 844.
Sisu s. Dalbergia Sisu. VI, 510. — in Bhutan. IV, 168.
Sisymbrium sophia. II, 899 f.
Sita (sanskr.), Strom der vom Meru herabfließt (ein chinesischer Fluß?). II, 11.
Sitabaldiberg, Bedeutung desselben durch seine geognostische Stellung. VI, 452. 463 f.
Sita-Dwipa. VI, 546.
Sitaka Ghat (= Thor, Landungsstelle der Sita) s. Karaphulyfl. V, 411.
Sitakund, Quelle, Lage derselben. V, 419. — zu Nilkantha. VI, 863. — Feuerquelle bei Chittagong. IV, 17. — die heißen Quellen bei Monghir. VI, 1161.
Sita-mura (l. Sita mua). V, 371. — s. Sitapahar. V, 411.
Sitang Nadi, Seitenarm des Bhanga Nadi in Asam. IV, 374.
Sitawack, Ort auf Ceylon. VI, 100. 258.
Si thsao ho, Kanal. IV, 694.
Sitidru s. Ssatadru. III, 666.
Sitophulbaum s. Annona tripetala, Custardapfel. V, 720. VI, 862.
Sitsal (ob Shorea-Art?). VI, 485.
Si-tschang, d. i. alle tartarischen Länder zwischen China und Moskowien. II, 456. — Gestadeinseln im Siam-Golfe. IV, 1071 ff.
Si-tschéou (d. h. Weststadt), chinesischer Name des Uigurenreichs, als chinesische Provinz. II, 345. 365.
Si-tsching, d. h. Weststadt. II, 557.
Sittawakka, Bergresidenz eines Gebirgskönigs auf Ceylon. VI, 199.
Sittenverderbniß in Nertschinsk. III, 293.
Situ (d. i. West-Residenz), s. Si ngan fu. IV, 517. 976.
Siu (chinesisch), Bedeutung. IV, 616.
Siuanfuşu. IV, 200.
Siuan-hua-fu, gr. chin. Stadt. II, 129.
Siue fung Schan, Schneeberg in der chines. Provinz Nan ling. IV, 665.
Siue lan Schan, Schneepik des mittleren Siue Ling. IV, 411.
Siue-ling (großes Meridiangebirge in Ostasien). Durchbruch des Flusses Kiang durch dasselbe. IV, 405. 410. 648 folgd.
Siuen tscheou s. Tsiuen-tschufu. IV, 775.
Siue phan tan, Schneepik. IV, 409.
Siue-Schan, chinesischer Name für viele verschiedene Schneegebirge. II, 171. 240. 320. IV, 408 ff. — Gipfel der Miaokette. IV, 660. — Riesenberg in der östl. Fortsetzung des Himalayageb. IV, 409. 649.
Sin-féu-hian, Stadt in China. IV, 516.
Siumali s. Dimali. IV, 108.
Siva, natürliche Abbilder des, s. Salagrami. VI, 624.
Siva-Tempel zu Chumbul. VI, 809. — von Chitore. VI, 820.
Siva, Rana von, III, 1076.
Siva Dem Bhut, Vezir des Königs Sikunder Butschikun von Kaschmir. III, 1125.
Siva-Ganga, Zufl. zum Lanka-See. III, 665.
Sivaiyai Sinh, Feldherr Sultan Baber's. VI, 548.
Sivana Samudra, Cataracten von, VI, 281. 283 f.
Sivarra. III, 785.
Siva St'hala. VI, 327.
Siver, Name des Nordwinds auf dem Baikal. III, 93.
Sivo, Ort am Bori-Dihing in Asam. IV, 353.
Siwan, Stamm der Kirgisen. II, 423.
Siwannu, Feste in Jhoudpur. VI, 975 f.
Siwapuri, Berg in Gr. Nepal. IV, 66.
Siyena Bhotiyas (d. i. aaessende Bhotiyas), Spottnamen der Murmis. IV, 125. 128.

Si-yu (chinesisch) = der Occident. II, 196. 203. 206. IV, 176 rc.
Siyustan s. Sehwan. V, 582.
Sizmann s. Sandi. III, 1143.
Si-Zzang. IV, 176.
Sjedlo (d. i. der Sattel), Altaikoppe. II, 717.
Skalkhar s. Shalkhar. III, 716.
Skander (neupers.) = Alexander d. Gr. V, 481.
Skay-jung, das Land der Khian (Equus Khian). III, 560 ff.
Skin, Thierart in Kanawar. III, 774. s. Sgin, Capra Ibex (?). III, 1037.
Sklaven. — Chinesensklaven mongolischer Herrscher. II, 150. — der Achhiks. V, 403. — der Sinhyho's. IV, 377. — in Aracan. V, 325. — weibliche, den Tempeln gehörige in Hindostan. III, 991.
Sklavenfang. V, 422.
Sklavenhandel in Asam. IV, 328. — von Bissahir nach Hindostan. III, 754.
Sklavenstand, erblicher, in Nepal, Kamaun, Bhutan. III, 1047. IV, 119. 166. — in Korea. IV, 641. — in Ava. V, 289.
Sklavenwesen in Nepal. IV, 124.
Sklaverei, erbliche, der Aborigines in Kamaun. III, 1044. — freiwillige, aus Mangel an Lebensunterhalt. III, 999.
Skorpione, in Kamaun. III, 1039.
Skulpturen zu Kalingera, den persepolitanischen verglichen. VI, 643.
Skythen, Collektivname bei den Griechen. II, 274.
Slantsovoi-Muis, d. i. das Schiefrige Cap, am Baikalsee. III, 13.
Slanzi, Art der Tschudengräber. III, 329.
Slessaricha, Zufluß zur obern Uba. II, 818.
Slimy matter. IV, 568.
Sludenka-Bach zum Baikalsee. III, 35.
Sludianka (nicht Studianka, wie einigemale gedruckt ist), Bucht des Baikalsees. III, 73.
Smätanskische Quelle. II, 913.
Smee (Walter), engl. Capitän. VI, 710.
Smeinogorsk, Altai-Gebirgsstadt. II, 475. 840 ff. — Hütte. II, 853.
Smeïnogorskaja-Krepost. II, 840 ff.
Smejinogorsk (d. i. Schlangenberg), Erzgruben im, II, 580 ff. 581. (Smejinogorskaja-Krepost.)
Smejinogorskaja, Festung. II, 843.
Smejof. II, 840.
Smeo-gora. II, 581.
Smilax ovalifolia. III, 855.
Σμιρις, Edelst., s. Συρίς, Sumbadej, Smery. VI, 34. 35.
Smola [russ. = Theer; vergl. das deutsche schwelen, schmolen]. III, 46.
Smolenka, Ort an der Angara. III, 75.
Smolianka, Flüßchen. II, 706.
Smolicha, Fl. III, 46.
Smyrna, Hauptstapelort für das türkische Opium. VI, 796.
Snastene bei Ptolem. jetzt Sewod. III, 654.
Snegirew, russ. Berghauer, Exkursion desselben. II, 738. 784.
Soana, Fl. auf Taprobane nach Ptolem. VI, 22.
Soang, Fl. im Längenthale Dehra Dun. III, 537.
Soan Gadh, Bergstrom des Himalaya. III, 930.
Soang-Fl., Name für den oberen Lauf des Brahmini. VI, 504.
Soan-Kusi s. San-Kosi. IV, 81.
Soathdowk-Schaafheerden in den Nilgherry. V, 999.
Sob, Bach. II, 1039.
Sobban-Saht, letzter Herrscher von Yumila. IV, 25.
Sobo, Steppensee. II, 355.
Sobokthegin, Turksultan. V, 913. — (977 n. Chr.). V, 532.
Sobol (russisch) s. Zobel. III, 113.

Sobolinoi Utjas, das Zobelkap, am Baikalsee. III, 13. 25.
Sobunshiri, Fl. in Asam. IV, 369.
Sochaty (russ.) = Elenns (Cervus alcar). II, 710.
Sochondo (tungusisch) s. Tschokondo. III, 263.
So-cien = So-tschéou. II, 214. 219.
Sodas, Raubtribus der Induswüste. VI, 951. — die, in Parkur. VI, 1025 f.
Sodiya-Distrikt. IV, 375. — Ebene von, IV, 313. 352.
Sodiya Khaoya Gohaing, Gouvernement von Asam (Ober-Asam). IV, 323. — asamesischer Titel, auch bei den Sinhpho's. IV, 375.
Sodom und Gomorrha, Sage von dem Zorngerichte Gottes: eine ähnliche bei den Lamaïten am Tarbagataï. III, 338.
Sodra bei Wnzirabad. V, 537.
Sodras. V, 471. (Kschatrastribus?)
Sodschi, Fl. II, 81.
Sofala, Elephanten in, V, 537.
Sogat taung, d. i. Sogatfelsen. V, 134. 150.
Sogder, Land derselben zur Zeit Alex. d. Gr. V, 472.
Sogeya, linker Zufl. zum Arun. IV, 85. — Ort, ebendas.
Sogh bo s. Sok, Sok-bo, So-po. III, 562. IV, 180.
Soghdiana, Urspr. des Namens. IV, 181.
Sogh-youl (d. i. Steppe). IV, 181.
Sogok, Steppensee. II, 355.
Sogpo, d. i. Kalmücken. II, 456.
Sogra, Dorf an der Ulba. II, 718. 719. — Höhe. II, 716.
Sohajepur. VI, 496.
Sohawil, Höhe. VI, 836.
Socoltgi, Geb. II, 533.
Soirap, Stromarm des Kambodja. IV, 1045.
Soït, Samojedenfürst. II, 1141.
Sojoltsi, Geb. s. Soyelki.
Sojoten, Characteristik derselben. II, 1058. — chinesische. II, 1025. 1089. — Art ihres Jassaks. II, 1057.
Sojön-Tau = Sajanskisches Geb. II, 1089.
Sojut, Stadt in Jhoudpur. VI, 975.
Söjon. II, 1089.
Sok s. Sogh-bo, So-po, Sok-bo, Mongolenstämme. III, 395. 562. IV, 180.
Sokbo, d. i. Bewohner von Weideländern) s. Sok, Sogh-bo, So-po. III, 562. 624. IV, 181.
Sokgu = So-tschéou. II, 214.
Sokotora. V, 443.
Soktuiskoi-Karaul. III, 301.
Sola (asames.) s. Aeschynome diffusa. IV, 317.
Solal Pal in Ober-Asam. IV, 361.
Solalphat in Asam. IV, 329. s. Sewlaul Chokey.
Solanum melongaena. IV, 76. V, 719.
Solanum pubescens. III, 855.
Solanum tuberosum. V, 64. — giebt schlechten Ertrag in Gr. Nepal. IV, 76.
Solänoi-Osero, Salzsee bei Selenginsk. III, 159.
Sole, Fischart in Orissa. VI, 539.
Soleanna-Baum in Asam (?). IV, 370.
Solenoi-Bor. II, 731.
Soley, Soleyratte (d. i. Coromandel). VI, 238. 303.
Solfataren von Urumtsi. II, 386 f. — auf Formosa. IV, 868.
Soligarn, Soligas. V, 934 f.
Solimangebirge, Naturbeschaffenheit und Weltstellung derselben. III, 1150. V, 430.
Soliman Gurzani, Afghanenkönig von Bengalen. VI, 566.
Solimanisteine (?). III, 634 f.
So-ling, d. i. Selenga. II, 557.
Solis insula (Plin.). VI, 11. — s. Ramisur. V, 517.
Solis Portus, auf Taprobane nach Ptolem. VI, 24.
Solom, tübet., s. Orontale. IV, 500.

Solon, der, des Orients, Epitheton Kaisers Akbar. VI, 1134.
Solonen am Khorgösfl. II, 402. 406. — Selbe. II, 935.
Solontzy, d. i. Salzblumenplätze. III, 60.
Solonze See am Baikal. III, 32.
Solonzoi Muis, d. i. das Salzblumen=Vorland, Cap am Baikalsee. III, 13. 32.
Solonzewa, Quellbach des Tschikoi. III, 180.
Solotar, Hügel, s. Bugor=Salatarskoi. II, 733. 821. 901. III, 332.
Solotoi=Czar. II, 1066.
Solotoi=Prikol (d. i. der Goldne Pfahl). II, 1072.
Solotucha, Hügel. II, 740.
Solutschakot, hohe Bergspitze. II, 789.
Som (russ.) s. Silurus asotus. III, 281.
Sôma (i. e. dea Luna, sanskr.). V, 540.
Somawurpett, Ort im Alpenlande Curg. V, 727.
Sombarany, Weihrauch der Kurumbars. V, 1018.
Sommerfest, eigenthümliches, in Harowti. VI, 810.
Somnath, Tempel und Hafenort in Guzerate, von Mahmud I., den Gaznewiden, erobert. V, 549 ff. — Tempeldienst der Fürstentöchter. V, 525.
Samnor-Pira. II, 530.
Somow, Lieutenant. II, 573.
Sompal, Herrscher von Asam. IV, 299.
Somtou Atchan. III, 476.
Somûn, d. i. Escadrons, der Mongolen. II, 1054. III, 399.
Somvolpot, die Gebirgskette der, oder der 300 Piks. IV, 1078. V, 107.
Sonabhadra s. Kenarfl. IV, 27.
Sonaka, Insel vor dem Vorgebirge Concana. V, 697.
SonÅmerg, Dorf bei Kaschmir. III, 629.
Sonan, Weilergruppe in Unter-Kanawar. III, 773.
Sonapur, Fort am Brahmaputra. IV, 345.
Sonar, d. i. Goldschmiede, in Orissa. VI, 559.
Sonas (Soane), Nebenfluß des Ganges. V, 482.
Sonchus oleraceus, bei Seheranpur. VI, 1116.
Sondhani. IV, 324.
Sondike, Khuntaifamilie in Asam. IV, 331.
Sondis, Bastardtribus der Rajputen in Malwa. VI, 766. — Raubtribus in Sondwara. VI, 757.
Sone (der Flußgott), Geliebter der Narmada (d. i. Nerbuda). VI, 571.
Sang, chines. Kaiserfamilie, ihre Schicksale. IV, 682.
Song (?), Landschaft. IV, 932.
Songarei, Erdbeben in der, II, 387.
Songari s. Schingal. Vgl. Songari=Ula. II, 93.
Songari=ula (d. i. der Milchstraßenfluß). III, 298.
Songhin, Gebirge. II, 514.
Songi. V, 118.
Songka, der Fl. von Tongking. IV, 919 f.
Songolscher Stamm der Mongolen. III, 116. 156.
Sonigura (d. i. goldenes Haus), daher die Sonigura von Jalore. VI, 975.
Sonne, die Kinder der, VI, 731.
Sonnencultus, alter, in Indien; ein Sitz desselben war Kalinjer. VI, 861.
Sonnengeschlechter des Pamarstammes. IV, 78.
Sonnen=Heiligthum in Ramisseram. VI, 11.
Sonnenschirm, weißer, Zeichen des Königthums in Cachar. V, 383.
Sonnenschirm der Erde, antiker Name für Chitores Felsruinen und Architecturen. VI, 803.
Sonnentempel zu Kanarak. VI, 552.
Sonneratia apetala. V, 175.
Sonneratia impatiens. V, 981.

Sontra, Ruinenstadt in Harowti. VI, 812.
Soon=Davan, hoher Berg in Ili. II, 403.
Soongoren = Dsungar (ruff.). II, 447. 638.
Soorui=Baja (d. i. der Sonnenfluß). III, 553. 571. 1058. — Quelle. 577.
Sopater, Reisegefährte des Cosmas Indicopl. VI, 28.
Sophagasenes, indischer Fürst, V, 485.
Sophisten s. Yogis. V, 443. — gr. Name für die Brahmanen. V, 474.
Sophiten (Kathäer), altes Volk im Pendjab. V, 455. 461. VI, 707.
Sophora lupinoides. III, 285.
So=po s. Sogh=bo, Sok. III, 562. IV, 180.
Sora (bei Puna) bei Ptolemäus. V, 487.
Sorbus aucuparia zunächst der Schneegrenze. III, 862.
Sorgolskoi=Karaul. III, 308.
Soro, Dorf in Orissa. VI, 541.
Soroggen (ruff. = Rothaugen) s. Cyprinus rutilus. III, 65.
Sorogi, Fischart. III, 43.
Sorok, d. i. 40 Stück (russisch). II, 601.
Soruth, Provinz von Guzurate. VI, 1065. 1067.
Sosnowa=Fluß. III, 46.
Sosnowi, d. i. Fichtensee, ruff. III, 145.
Sosnowoi, Kap am Baikalsee (K. der Fichten). III, 13.
Sotal=Paat in Ober=Asam. IV, 361.
So=tschéou, chinesische Mauerstadt. II, 148. 212. 215. 362.
So tu, chinesischer General. IV, 978.
Soucars, d. i. Banquiers, in Malwa. VI, 767.
Sou=hou=ing=kia, Pallast Oktaï=Khans in der Nähe von Karakorum. II, 559. Sou=hou, Stadt, ebendas.
Soui, chinesische Dynastie. IV, 551.
Soul=tsing=tsching, d. i. Tarbagataï. II, 419. 790.
Souklot, Fabrikort am Paratlsk. III, 611.
Soumelpur, Diamantrevier von, VI, 353.
Soung=Dynastie in China. III, 324.
Soung=hoa Kiang, Fluß im Stammlande der Mandschu's. II, 93.
Sour s. Sur. VI, 529. — Sour Saïs. VI, 530.
Sourva vansha, das Sonnengeschlecht auf Ceylon. IV, 1163.
Soutsien. IV, 562.
Souveraine, indische, Prärogative derselben ist der Elephant. V, 916.
Sowar, d. i. Silberschmidt. VI, 416.
Sow yun, Bergpaß in der Pergunnah Kamraj von Kaschmir. III, 1155.
Soya, Japanische, Ausfuhrartikel in Singapore. V, 71.
Soyelki=Geb. II, 114. 533. III, 365.
Soyet s. Sojoten. II, 1141.
Soyot (mongol.), Samojedischer Völkerst. II, 593.
Soyuten im Ssajanskigeb. II, 590.
v. Sömmering. II, 855 f.
Spaltenrichtungen der Erdrinde vorherrschend im Occident. II, 51.
Spara=Wodar, Ort in Kanawar. III, 769. 789.
Sparfarij, Nicolaus. II, 622.
Spargel (Asparagus officinalis) wild am Irtysch. II, 660.
Spartium, einzige Spec., die sich bis jetzt nach Indien verirrt hat. VI, 1110.
Spaskabach zur Uba. II, 815.
Spaskaja=Sopka. II, 815.
Spatana Portus auf Taprobane, nach Ptolem., das heutige Trincomale. VI, 23. 24.
Spath (Spar, ob Marienglas?), heilsame Eigenschaften desselben auf den Himalayahöhen zur Abhülfe des schweren Athmens. III, 1008. [s. Aul, Owl u. s. w.]
Speck=Malayer, die, V, 16.

Speckstein, massig, bei Kathmandu. IV, 53.
Speen Caufirs (d. i. weiße Kafern), in Kaschmir. III, 1179.
Speere, Gewandheit der Nairen in Travancore in Behandlung dieser Waffe. V, 790.
Speichelfluß, immerwährender, der Kurumbar in den Nilgherry. V, 1018.
Speirs, englischer Capitän und politischer Agent in Sirohi. VI, 734.
Sperling, der schwarze, Fringilla flavirostris. III, 98.
Spermophilus cytillus s. Zieselmaus.
Spenoclea Zeylanica. VI, 1115.
Sperwer, Schiffbruch der holländischen Jacht dieses Namens. IV, 603.
Sphaerococcus cartilagineus, Fucus-Art, aus welcher die Salenganen ihre eßbaren Nester bereiten. [Dies ist hinzuzufügen. V, 120.]
Sphinx, ägyptische. VI, 721.
Sphinxartige Gestalten in Aracan. V, 329.
Spieldosen. VI, 634.
Spiele in Kamaun. III, 1052.
Spielhäuser, öffentliche, in Ili. II, 410.
Spießglanzoxyd, zum Bestreichen der Augenlieder seit den ält. Zeiten in Indien angewendet. V, 440.
Spiknarde der Alten. [Valeriana Jatamansi?] IV, 59. VI, 1124.
Spinacia saxatilis. II, 540.
Spinat, rother. III, 922.
Spinell, auf Ceylon. VI, 110.
Spinell-Rubine, in Ava. V, 242.
Spino s. Spitifl. III, 741.
Spinu, Pergunnah. III, 721.
Spionenwesen der altindischen Herrscher. V, 482. — in Cochin China. IV, 969.
Spiraea alpina. II, 648.
Spiraea altaica. II, 869.
Spiraea chamaedrifolia. II, 642. 713. III, 272.
Spiraea chamaedrys [ob mit der vor. identisch?]. II, 680. 717.
Spiraea crenata. II, 920. III, 355.
Spiraea hypericifolia. II, 654. 655. 662. 680. 713. 717.
Spiraea laevigata. II, 713.
Spiraea triloba. II, 662. 680.
Spirituöse Getränke, Destillation derselben, von Indien ausgegangen. V, 529.
Spiti Makfang, Zufluß zum Ssetledsch bei Dabling. III, 544. 702 ff.
Spondias amara in Asam. IV, 325.
Spondias mangifera. V, 699. VI, 536.
Spongia baikalensis (Pallas). III, 22.
Spottlieder der Bhats. VI, 612.
Sprache der Bhils. VI, 618. — der Birmanen. V, 283 f. — der Anamesen. IV, 971 f. — der Cacharis, monosyllabisch, wie es scheint mit einzelnen chinesischen Provinzialdialekten verwandt. V, 384. — der Karyen und Burmesen. V, 187 f. — der Kaschmirer. III, 1169. — koreanische. IV, 635 ff. — der Kurumbars. V, 1018. — der Magar. IV, 19. — der Minas in Jeypur, dem Sanskrit verwandt. VI, 935. — der Moythay. V, 366. — der Singhalesen. VI, 233 ff.
Sprachen, ihre Identität führt nicht immer auf Identität des Ursprungs der Völker hin. VI, 380. — tartarische, vier selbstständige. II, 280.
Sprachenverhältnisse in Hindostan. VI, 299.
Sprachgränzen in Dekan. VI, 288. 311. 375 ff.
Sprachmengungen; englische Wörter im Chinesischen. IV, 664.
Sprachtalent der Kosaken. II, 799.
Sprichwörter, der Birmanen. V, 213. — chinesische. IV, 657. 658. bis 677. — der Bewohner Sumatras. V, 844. — malabarisches. V, 848.

Springbrunnen, künstlicher, zu Karakorum, beschrieben von Rubruquis. II, 563.
Springfluthen, leicht mit Wasserbeben zu verwechseln. V, 416. — im Ganges. VI, 1212.
Squolante (?), Baum auf Pulo-Condor. IV, 1023.
Sramânas s. Germanen. V, 491.
Srava as (d. i. die Hörenden), Abtheilung der Jainas. V, 745.
Sravana Belgula, Jainidol zu, V, 735.
Sri, nicht = heiliges Wasser, wie IV, 388 gesagt ist, sondern = heilig.
Sri Sri Sri (= heilig) fünfmal wiederholt. Anfang der königlichen Titulatur in Munipur. V, 383.
Srihatta, d. h. Sylhet. V, 389. 405. 507.
Sri Jeo, das Idol von Jaggarnaut. VI, 545. 674.
Sri Iskander Shah, König der Malaien (1250). V, 41.
Sri-Kanta, Riesenpik des Himalaya. III, 540.
Sri Lohit, Fl. in Asam, ob der Irawadi? V, 346. — Sage vom, und der großen Fluth. IV, 367 f.
Sriman Hersha Vikra maditya, Herrscher in Kaschmir. III, 1106.
Soimonof, Statthalter von Irkutzk. III, 156.
Srimanta. VI, 1195.
Srinagara (die heilige Stadt, sanskr.), Beiname von Patna. V, 507. — Kaschmir. III, 1084.
Sringavân (sanskrit. Sringa-Gipfel) einer der 7 Gebirgsgürtel in der syst. Geogr. der Inder. II, 12.
Srintra (hindostan. Name der Orange), ob vom port. Cintra? VI, 453.
Sripada (Buddha-Fußtapfen). IV, 1173. V, 195. 197. 492.
Sripada lanjaneya, der heilige Buddhafußtapfe auf dem Adamspik. VI, 190.
Sri-pujya. V, 746.
Sri Ringa Patana s. Seringapatam. VI, 273.
Sri Sailam, Name der Pagode zu Perivuttum. VI, 340.
Sri Turi Buwana. V, 58.
Sri Wikrime Raja Singha, letzter König von Kandy. VI, 263.
Srongbzan-Gambo, Tübeter-König. IV, 114. 192.
Srong bzan sgam buo s. Srong bzan Gambo. IV, 275.
Ssagri (hind.) s. Sarkera, Dschaggery, Jagory. V, 853.
Ssalu, der wilde Reis. V, 799.
Ssara-cholli, Klippenzug aus losen Granittafeln bestehend in der Kirghisensteppe. II, 781.
Ssasan (russisch) = Barbe. III, 281.
Ssatadru (sanskr. = Hundertquell), sanskr. Name des Ssetledsch. III, 666 f. V, 464.
Sseger Ssandalitu Khagan Tul Esen. IV, 194.
Sse i kouan, der Uebersetzungshof in Peking. III, 393.
Ssemen Mozalskij. II, 991.
Ssennaja, Jaffakdorf. II, 703.
Sserebujanik, Timofei, russischer Freibeuter (1676). II, 962.
Ssetledsch, Entdeckung der wahren Quellen. III, 493 ff.
Ssetsen-Khan der Khalkas, Hoflager desselben. II, 541. III, 397.
Ssisaja, Bach. II, 1099.
Ssisö s. Ssisaja. II, 1099.
Ssnegirewsches Kupferwerk (seit 1792) an der Buchtarma. II, 681.
Ssolanski (Peter) entdeckt den Telezkol-See im Jahr 1633. II, 987. 990.
Ssolon Daghur, die, II, 512.
Ssolongos-Merged, die, II, 512.
Ssoori (d. i. Ueberschwemmungen). III, 100.
Ssotnik (d. i. Centurio), Kosakenfähnrich. II, 800.
Ssulta, das Feldzeichen der Mongolen. II, 511. 512.
Ssück, Kalmückensultan. II, 767.

Ssün-Taß, Flüßchen in der Kirghisensteppe. II, 741.
Staatsgefängniß der indischen Prinzen im Fort Allahabad. VI, 1150.
Stachelschweine in Kamaun. III, 1037.
Stachelschweinstacheln als Gabeln gebraucht. IV, 1055.
Stadtruinen bei Khu-khu-Khotun. II, 234.
Staffordshire, Porcellanerde in, V, 968.
Stahlbereitung, schlecht in Ava. V, 243.
Stahlgruben, berühmte zu Kempeng-pet. IV, 1091.
Stahlquellen auf Ceylon. VI, 106.
Stalactiten auf der Teangklippe in Hinterindien. V, 75. 80.
Stalactitenbildung auf der Insel Gunon Giriyan. V, 22.
Stalactiten-Höhle. II, 1085. — merkwürdige bei Pandua. V, 393.
Stalactitenkugeln, merkwürdige Bildung derselben. V, 394.
Stallybraß, engl. Missionar in Sibirien. III, 152.
Stammowoi-Uba. II, 723.
Stang, Dorf am Ssatadru (?). III, 738.
Stangenbrücke, großartige, über den Boga-Pani in Cachar. V, 396.
Staniz-Beschtemirskoi. II, 584.
Staniz-Talleczkoi. II, 730.
Stannowoi Chrebet. III, 171. 257.
Starkow (Wasilej), seine Gesandschaft zum Altyn Khan im J. 1638. II, 1071 ff.
Staro Aleisk, Dorf. II, 821.
Staro-Schulbinskaja. II, 732.
Staroi Bargusin. III, 52.
Starowierzki, d. i. Altgläubige. II, 689. — durch das ganze Kolywansche Erzgebirge verbreitet. II, 838. — (Raskolniken), nichts weniger als gastfrei. II, 835.
Starschina, d. i. Dorfältester (ruff.). II, 690.
Statice argentea. II, 766.
Statice aurea. III, 305.
Statice reticulata. II, 766.
Statice speciosa. II, 693. 930.
Stationen, chinesische, wie groß? II, 313.
Statistik der Chinesen. II, 1060.
Statuenmarmor (Dolomit) auf Ceylon. VI, 77.
Staubbach im Altai. II, 981.
Staunton, G. IV, 835 f.
Staunton-Insel. IV, 540.
Städte, den Parbatiyas verhaßt, wie den alten Germanen. IV, 73. — fehlen im ganzen Lande der Mongolen. II, 375. — orientalische, ihr Inneres. VI, 873.
Städtereichthum des mittleren Gangesgebietes. VI, 1152 ff.
Stände in Ava. V, 288.
Steatit in Udeypur. VI, 881. — in Jheudpur. VI, 956.
Steatitstift zum Schreiben auf Bambuspapier. V, 262.
Stechpalme s. Ilex aquifolinm, Furze. III, 695. 699. IV, 143. — in Bhutan.
Stehlen, Hang zum, bei den Aracanesen. V, 325.
Steinbau, den Privaten in Aracan verboten. V, 319.
Steinbock. II, 927. 1018. — im Himalaya. III, 774. 1037.
Steinbockhörner, altaische. II, 926. — vergl. III, 289. IV, 234.
Steinbrücken, ungeheure, aus Quadersteinen in Jyntea. V, 391. — merkwürdige, aus einem einzigen Steine, in Cachar. V, 394.
Steinbutter am Baikal-See. III, 48.
Steinchen, selbst das kleinste, fehlt in Bengalen. VI, 1217.
Steinhügel, kirghisische. II, 663. 903. 1005.
Steinhütten, alte, der Tschuden. II, 819.
Steininschrift, unlesbare, am Irawadi. V, 211. 215 f. — zu H'Lassa. IV, 242.
Steinkegel, pyramidalische, von den Gangesquellen. III, 942.

Stein=Kirgisen. II, 398.
Steinkohlen in Perak. V, 27. — Reichthum daran im Gebirge von Khongor. III, 402. — am Yang=ho. II, 130.
Steinkohlenfeuer in Kaminen in Ostchina. II, 122.
Steinkohlengruben bei Kumurghi. II, 418. 786. — am Ta Kiang. IV, 664.
Steinkohlen=Lager im Gondwana. VI, 508. — in Indien. VI, 1218 ff.
Steinkohlenschichten in den Kalksteingeb. der Prov. Canton. IV, 664.
Steinkreise, künstliche, ungewissen Zweckes bei Nagpur. VI, 453. — der Tudas. V, 1038.
Stein=Nachtigal. III, 289.
Steinsalzgruben, einträgliche, in Mundu. III, 1075.
Steinschleifereien, berühmte, am Korgon im Altai. II, 586.
Steinschnitt, eine den Doms bekannte Operation. III, 1047.
Steinwerfen, Nationalspiel der Munipuris. V, 368.
Steinwidder. II, 872. — Geräusch durch dieselben. II, 926.
Stellera chamaejasme. III, 165. 261. 285.
Stepni Barani (ruſſ.) = Antilope Saiga. II, 710. (ſ. d.)
Stepnoi, Station an der Selenga. III, 71.
Steppe Ablai. II, 749.
Steppenbrände als Abwehrungsmittel gegen die Kirghis=Kosaken in Anwendung gebracht. II, 709.
Steppenflora steigt in Folge der Winde die Bergrücken hinan. II, 655.
Steppen=Kamaschen, Nomadenstamm. II, 1043.
Sterculia-Arten. V, 765. — ſ. Sundari. VI, 538.
Sterledi (ruſſ.) der Sterled. II, 640.
Sterna solida. IV, 1036.
Sternhimmel, der Mongolen. III, 391.
Stern=Meer, das, ſ. Hotun=Nor. IV, 497.
Stern=Rubin in Ava. V, 242.
Sternwarten, von Raja Jey Singh erbaut. VI, 920.
Stevenia cheiranthoides. II, 945.
Sthan Puran, Tempellegenden in Oriſſa. VI, 560.
Stia. III, 737.
Sticken, ungemeine Fertigkeit im, bei den Tudas. V, 1034. — einheimische Benennung dafür im Koreaniſchen. IV, 634.
Stick=Lack in Thaumpe. V, 189. — aus Aſam ausgeführt. IV, 328.
Stiere, heilige, um die Tempel Indiens. V, 896.
Stilbit im Basalt. VI, 459.
Stillingia sebifera ſ. Talgbaum.
Stipa capillata. III, 156.
Stipa capitata. II, 753.
Stipa pinnata. III, 367.
Stirling, A., V, 548 u. öft.
Stirnriemen, verbunden mit Schulterriemen, zum Tragen von Laſten bei den Nagâ's. V, 374.
Stockaden der Birmanen. IV, 336. V, 294.
Stojo ſ. Stia. III, 737.
Stolba, Bach. III, 46.
Stolbovoi, Kap der Säulen, am Baikalſee. III, 13. 74. (Stolbowyje Muisky.)
Stolbowskoi Oſtrow (d. i. Säuleninſel) im Baikalſee. III, 25.
Storch, der Klapperſtorch mit dem Kinde im Schnabel, ſchon bei den Chineſen im zwölften Jahrh. II, 217.
Störche von bleigrauer Farbe in Hinterindien. V, 83. (ob Ciconia Marabu?) — als Altarbilder in Cochin China. IV, 1012.
Stör ſ. Accipenser sturio. III, 106.
Störe (Seefiſche), im Takiangfl. IV, 659.
Störe (Bielugen oder Hauſen) im Amur. II, 617.
Strachey, Mr. III, 1201.

Strafen, gesetzliche, in Ava. V, 293.
Strategische Linie von China nach dem innern Hochasien. II, 189.
Strath, schottischer Name für die Tiefthäler, welche die Hochgebirge von den Vorbergen scheiden. S. Dun. IV, 48.
Strauchgötzen der Tungusen. III, 42.
Strauchkirsche am Jalopaß, fehlt dem ganzen Sibirien, wie dem warmen Daurien. II, 115.
Streitaxt, noch jetzt Hauptwaffe der Bewohner von Bissahir. III, 752.
Streithammer aus Kupfer in Tschuden-Gräbern gefunden. II, 650.
Stretinskoi Ostrog. III, 295. 296. — gesegnete Agricultur daselbst. III, 317.
Stricke, treffliche, aus den Pferdehaar-ähnlichen Blättern der Saguerus Rumphii. VI, 1210.
Strickbrücken von C. Shakespeare erfunden. VI, 1152.
Stroh, Ringe von, als Zierrathen bei den Cat' Chensi in den Nilgherry. V, 1016.
Stromsysteme, merkwürd. Querverbindung mehrerer. V, 135. — Indiens, mit denen von Nordamerika zusammengestellt. VI, 1232 f. — Vergleichung mehrerer. VI, 426.
Ströme, die 27 heiligen, in Hindostan. VI, 1168.
Strömung, Meeresströmung im Siamgolfe. V, 9.
Strongdsam Gambo, König von Tübet (629—698), führt den Buddha-Kultus ein. IV, 230. 238. 242.
Strychnos Nux vomica (macht das Wasser, an dem es in Menge wächst, zum Trinken nicht untauglich, wie so oft gefabelt worden). VI, 510. 536. — s. auch Cajeru. V, 699.
Strychnos potatorum. V, 765.
Stschoki, Gebirgsenge des Angara-Thales. III, 38.
Studenaja Guba (d. i. Frauenglasbucht) am Baikalsee. III, 35.
Stunde (= 24′ = $\frac{1}{60}$ Tag) in Karnatak durch alle Landschaften der Tamulen. VI, 282.
Stupin, Proc. Oberst. II, 572.
Sturnus roseus. II, 753.
Sturzbäche während des Sturzes gefroren in rarifizirten Luftschichten bei + 9° R. III, 581.
Stuten schützen ihre Füllen gegen die Wölfe. II, 876.
Stutereien, unzählige, der chines. Kaiser. II, 150. — der chines. Regierung gehörige in Ili. II, 410. — auf Ceylon. VI, 143.
Stürme auf dem Poyangsee in China. IV, 672. — gewaltige, um den Lop-Nor. III, 379. — regelmäßig zu gewissen Tagesstunden wüthende. III, 715. — sibirische, ihre Beschaffenheit. III, 180.
Stürzen von Felsen als Opfertod. VI, 596.
Styrax Benzoin. IV, 1097.
Su, Stadt an der chines. Mauer. II, 187.
Su-Meru (d. h. schöner Meru, sanskr.) der indischen Götterberge. II, 8. — s. Meru. III, 355. (in der Gobi.)
Suabrong-gombah. IV, 95. —
Suandahill (der duftige Reisregen der singhalesischen Mythe). VI, 240.
Suang, Distrikt des Pergunnah Süa in Ober-Kanawar. III, 821.
Subanrekha, Küstenfl. bei Jellasore. VI, 504.
Subarhan, achteckige, pyramidenartige Thürme. II, 117. 169. 230. III, 224. 352.
Subathu. III, 521. 743.
Subhadra. VI, 546.
Sublas-Dust (d. i. die mittlere Messe) in Leh. III, 621.
Subri-Baum bei den Khyens in Ava göttlich verehrt. V, 281.
Subunshiri, Fl. in Asam. IV, 314. 366.

Suburgan s. Subarhan.
Suburgan, d. i. Sündenkapelle. III, 215.
Succuir (Marco Polo) = So-tschéou. II, 178. 214. 290.
Sucksung, Stadt. IV, 821.
Sudawurt, d. i. Werke der Gunst, Tempelgüter, die zurückgenommen werden können. VI, 969.
Suddiligenia, Mongolen-Taidschi. II, 552.
Suddragherry, Berg; Höhe. VI, 5.
Sudersan. VI, 546.
Sudetu, Lagerort in der Wüste Gobi an der ehemaligen chinesischen Grenze. II, 305. III, 361.
Sudharma. V, 748.
Sudhapura s. Sunda. V, 704.
Sudhodanos, König von Magadha, Vater des Buddha. V, 510.
Sudjiya, Baumeister in Kaschmir. III, 1109.
Sudjiyapur. III, 1110.
Sudjin ussu, Station in der Gobi. III, 352.
Sudra, Diamantenart. VI, 347.
Sudracae s. Sudras. III, 1100.
Sudra-Kaste, ihre Erhebung in Orissa. VI, 558.
Sudraka sanskr. Deminutiv von Sudri. V, 469.
Sudraken. s. Oxydraken. V, 467.
Sudras, die, in Malwa. VI, 767 ff. — s. auch Mahratta-Sudras. VI, 760.
Sudur, Distrikt in West-Tübet, berühmt durch Erzeugung der Shawlwolle. III, 603.
Suentseng, chinesischer Kaiser. IV, 813.
Su fa la niu ko tchu lo (= Weiberland im Osten), das Amazonenland in Tübet. IV, 211.
Suffed, Bodenart in Marwar. VI, 956.
Suffolk, Stadt auf Pulo Penang. V, 55.
Suffry = Kohlengruben. VI, 1220 ff.
Sugasch s. Sujasch.
Sugi s. Psittacus gingianus. IV, 48.
Su hung. IV, 825.
Suja Shah, der Bruder Aurengzebs. V, 315. VI, 1161.
Sui chin, heilige Opferhöhle auf Korea. IV, 632.
Sui-fan-niu, schiffbarer Fl. in China. IV, 823.
Suiki, chines. Stadt. IV, 821.
Sui ki hien s. Suiki. IV, 821.
Suiqn-es, ob U-siun? II, 432.
Suissima s. Tsu-Sima. IV, 607.
Suitcholm am Milch-See (?). II, 450.
Sujah, Sultan, Bruder des Kaisers Aurengzeb. V, 315.
Sujanpur, Stadt in Kangra. III, 1073.
Sujasch, Zufl. zum Koksun. II, 914. 921. 935.
Sujefska, Ort an der Selenga. III, 148.
Suk, Freitag der Siamesen. IV, 1154.
Suka Bhadur, Fl. in Kattiwar. VI, 1066.
Sukariuh, Dorf bei Panna. VI, 362.
Sukato, Hauptarm des Brahmaputra. IV, 345. — Insel im Brahmaputra. IV, 382.
Suket, d. i. der untere Ssetledsch. III, 1069. — kleiner Himalayastaat. III, 1075.
Sukhara, Zufl. zum Khilok. III, 164.
Sukhdeo (d. i. der Gott, der alles leicht macht), Sanktuarium desselben in Harowti. VI, 803.
Sukhi, Pik, Dorf. III, 925 f.
Sukhica-Mandur. III, 918.
Sukhlote s. Souklot. III, 611.
Sukhoi-Kap am Baikal-See. III, 68.
Sukkur, Stadt im Gebiet von Khyrpur. V, 472.
Suklath, Wollenzeug in Ober-Kanawar. III, 821.
Su-ko-ki s. Chobdu, Fl. II, 554. 1061.
Suk Sagar. VI, 1190.
Suksagar Djil in Tiperah. V, 409.
Sul, gefährliche Dysenterie in Orissa. VI, 538.

Sulani, Tribus der reinen Bhils. VI, 615.
Sulbundu, Hirtengott der Buräten. III, 127.
Sule (chinesisch), d. i. Kaschghar. III, 647.
Suleiman, Großsultan von Constantinopel, seine verunglückte Expedition über Aden nach Diu. V, 643.
Suli, ährenreiche Grasart in der Gobi. III, 370.
Sulima s. Khampurki. V, 571.
Sullivan, Obersteuerbeamter zu Koimbatore. V, 952.
Sullivans-Insel des Mergui-Archipelagus. V, 120.
Sullumfl. (ob Muru-ussu?) IV, 209.
Sulnarassu, Bach. III, 165.
Sulphur (latein.), Etymol. V, 528.
Sultan, Titel der Oberhäupter der Kirgisenstämme. II, 417.
Sultanabad. VI, 601.
Sultanchampa s. Calophyllum indicum. VI, 540.
Sultanpett, Dorf in Dekan. V, 736.
Sultanpura (d. h. Sultansstadt), Zwittername. V, 514. — Hauptstadt des Alpengau's Kolo. III, 552. 571. 755. — am Beyah. III, 1066.
Sulumbur-Kette. VI, 748.
Sulung, Radja von, dem Herrscher von Jyntea unterworfen. V, 390.
Sulus, Stamm der Bewohner von Magindanao. V, 101.
Sulvâri (sanskr., d. i. Feind des Kupfers) = Schwefel. V, 528.
Sumaicha, Ort in Udeypur. VI, 892.
Sumar, einer der 4 heiligen Distrikte von Asam. IV, 298.
Sumatra, continentales Glied von Malacca. V, 915. — Elephantenheerden auf, V, 915. — Teakbaum dorthin nur verpflanzt. V, 805. — Goldplattirung der Zähne bei den dortigen Malayenstämmen. IV, 746.
Sumbawa, Insel. V, 73.
Sumbhulpur. VI, 353. 514.
Sumbu Nath, Berg bei Jaffirabad. V, 419.
Sumdo, Station am Manerangpaß. III, 727. — Dorf am Darbung. III, 819.
Sumdo, linker Zufl. zum Ssatadru. III, 698.
Sumdtu, tübet. Dorf. IV, 261.
Sumé, Station in der Gobi. III, 353.
Sumenna. IV, 782.
Sumerkote in Balti oder Klein-Tübet. III, 652.
Sumeru Parbat. III, 947.
Sumgiul, Dorf. III, 739.
Sum Lakhar, Station zwischen Shalkhar und Gertope. III, 740.
Sumleh, Dorf am Brahmaputra. IV, 343.
Sumpf-Eisenerz auf Ceylon. VI, 78.
Sumpffieber s. Ayul, Olla-Krankheit, Owl. IV, 93.
Sumpfluft in Indien den Europäern verderblich, nicht den Eingebornen. VI, 506.
Sumpfwaldungen, die Fieberzone der, in Hindostan. V, 963.
Sumpur, ob Mallerstadt? V, 468.
Sumra, Grenzdorf bei Lari. III, 575. 719 f.
Sumrasir, Dorf am Südufer des Run in Kutch, genau unter dem Wendekreise. VI, 1050.
Sumudrung (d. i. Fluß) = Ssetledsch. III, 742.
Sumunan, Hochpaß in Bhutan. IV, 142. 152.
Sumuni s. Sandi. III, 1143.
Sumutu (d. i. Sumatra). IV, 782.
Sumyïn Tscholù (d. i. Stein des Tempels), Berghöhen in der Gobi. III, 357.
Sumyn Khada. III, 400.
Sun s. Crotolaria iuncea. V, 716.
Sunarim, Dorf in Cachar. V, 306.
Suna-gumbah. IV, 95.
Sunargaum s. Sunergong. V, 631.

Sundadej, Edelst. VI, 34. 35.
Sunda, Ort in Nord-Canara. V, 704.
Sunda-Inseln, Varietäten des Pfeffers daselbst. V, 866.
Sundaban, chines. Posten. II, 424.
Sundabetta-Paß. V, 962.
Sundahberary. III, 1132.
Sundal, Nebenfluß des Gomuti. V, 409.
Sundaputty, Ort und Paß am Bhavanifl. in den Nilgherry. V, 1007.
Sundari s. Heritiera litoralis. VI, 538.
Sundé, Parallelfl. des Portschi. II, 544.
Sunderbunds, Etymologie, von Satamukhi (d. h. die hundert Mündungen oder Häfen). VI, 166. 498. VI, 1196 ff.
Sundip, Insel. V, 410.
Sundries s. Sunderbunds. VI, 1198.
Sundrybaum in Ava s. Heritiera robusta. V, 252.
Sunegyul, Dorf zwischen Shalkhar und Gertope. III, 740.
Sunergong am Brahmaputra, seit dem J. 1340 Residenzstadt der ersten Mohammedanischen Regenten von Bengalen. V, 631.
Sung, Name für die Dörfer der Achhiks. V, 403.
Sung-chao-Dynastie. IV, 793. V, 68.
Sung-Dalaum. VI, 1147.
Sung dsii = Wachholderbaum (chines.). IV, 655.
Sung-Dynastie (seit dem Jahre 977). IV, 502.
Sungervilla auf Ceylon. VI, 94.
Sungga-la, tübet. Gebirge. IV, 212.
Sunggiu, Provinz von Amdoa. IV, 217.
Sunghir, Nebenfl. des Kherlon. II, 532.
Sunghs, d. i. Pilgerzüge zum Jainasidol in Parkur. VI, 1028.
Sungi Hursi, d. i. Schriftstein, Marmorart. VI, 606.
Sungit, noch nicht beschriebene Traubenart in Kaschmir. III, 1189.
Sungkla s. Sungora. IV, 1082.
Sung-ku-na, Gebirge. II, 514.
Sung-ling-ku, Berg bei Jehol. II, 139.
Sung lin ju. IV, 520.
Sunglocha, d. i. Sing-lo Tscha. III, 236.
Sung lo khiao (d. i. Brücke der Fichten) auf der H'Lassa-Route in Tübet. IV, 252.
Sungnar, Nebenfl. des Kharagol. II, 530.
Sungnum, Ort am Einfl. des Darbung in den Ssetledsch. III, 571 f. 726. 816 f. 821 ff.
Sungora, südlichster Distrikt von Siam. IV, 1082. V, 24. — Küstenstadt. IV, 803. 1081.
Sung pan ouei s. Sung phan thing. IV, 411.
Sung-phan-kouan, chinesische Grenzveste. IV, 650.
Sung phan thing, chines. Fort. IV, 411. 412.
Sungrikanda, Bergkette. III, 755.
Sung Shan, Berg in der chinesischen Provinz Ho, einer der 5 Yo oder heiligen Opferberge. IV, 513.
Sung ta jin, chines. Minister. IV, 835.
Sungum Ramesvara. VI, 802.
Sun hung. IV, 825.
Sunk, Panicum-Art. III, 841.
Sunn, d. i. Hanf. VI, 787.
Sunnit-barûn (d. i. westliche Sunnit). III, 400.
Sunnit-dzun (d. i. östliche Sunnit). III, 400.
Sunnit-Mongolen. III, 399 ff. — Gebiet der, III, 356—359.
Sunniten, die Anhänger der Sekte Schafis in Indien. V, 584. VI, 641.
Sunnong, chinesische Stadt. IV, 822.
Sunsse-khé, chinesischer Feldherr. II, 306.
Suntra, d. i. Orangen. VI, 884.
Sun wha s. Hné. Phuchnan. IV, 919.

Suor s. Cachaura. III, 931.
Supari, Sanskrit und Hindiname der Betelnuß. V, 858.
Suparga, Himalayadorf. III, 933.
Supar-Pandji, Ort in Cachar. V, 395.
Supatna s. *Σαπάτμα*.
Supersuman s. Sursamen. III, 1137.
Sur, Afghanenstamm, Ursprung seiner Anführer. V, 531. — die, in den Grenzgebirgen von Orissa. VI, 526 ff.
Surab, Name der Luftspiegelung im Run. VI, 949.
Suradewas, Weingott der Siva- und Brahmadiener. V, 469.
Suragoi s. Yak, Bos grunniens. III, 613.
Surahu, Herrscher in Asam. IV, 298.
Surajah Dowlah, Nabob von Bengal, im J. 1757 von Lord Clive besiegt in der Ebene von Plassey. VI, 1203.
Surajbans s. Suryabangsi. III, 677.
Surapura, alte Stadt im Lande der Surasenen. V, 501.
Surasena s. Mathura. V, 498. 501.
Surashtra (d. h. schönes Reich, sanskr.). V, 514.
Surate, Banianen von, V, 443. — das Emporium am Tapti-Strome. V, 666. VI, 629.
Surate-Cotton, Ausfuhrname der Darwar-Baumwolle. V, 717.
Surch, Zufl. zum Wangpo in Kanawar. III, 766.
Sur-Deota-Pik. III, 840.
Surdhaur s. Sirdhar. VI, 1066.
Surdj-Pani, Fl. V, 398.
Sureekeea, Surikia, in den Gebirgen von Khotan mit Jaspis- und Agatbrüchen. III, 561.
Surey-mutti s. Syria-Kund.
Surf, the, VI, 544.
Surgu (Swargu), d. i. der Himmlische. IV, 289.
Surhind, Land von, V, 533.
Suriani, die Syrischen Christen in Indien. V, 601 ff.
Surifa s. Sitophul, Custardapfel. VI, 885. (V, 720.)
Surikia. III, 561.
Surik-kol, See an der Badachschan-Grenze. III, 649.
Surinarain, Ort am Einflusse des Hustu in den Mahanadi. VI, 482.
Surinawasa Swami. VI, 336.
Suriyabangsi (d. h. Abkömmlinge der Sonne). IV, 23. 25.
Surkanda, Berg. III, 538.
Surkol (?). III, 558.
Surkowaja Sopka (d. i. Murmelthier-Koppe). II, 727.
Surmah, Fl., besonders V, 361. 379. — unterer Lauf, V, 405. — Aufnahme des Laufs durch Lieutenant Pemberton. V, 358.
Surmahthäler (Stromlinie der). V, 349.
Surna, Sandgras- (d. i. Carex-) Art in Ladakh und Kaschmir. III, 1195.
Sursaman, Pergunnah von Kaschmir. III, 1137.
Sursuti s. Saresvatifl. V, 570.
Surubaya (auf Java), Chinesen daselbst. IV, 799.
Suruj (d. i. Sonne), Tempel derselben zu Thann in Kattywar. VI, 1030.
Suruj Deo, Localgott zu Kanarak. VI, 552.
Suruktakon. II, 551. (Suratekon.)
Suruskund, sehr heiße Salzquelle bei Jaffirabad. V, 419.
Surut (d. i. Schönheit) s. Surate. VI, 629.
Surutghur, befestigte Stadt in Bhutnair. VI, 1001.
Suruting, Fluß in Malacca. V, 35.
Surya s. Suruj Deo. VI, 552.
Suryakanda, Quelle. IV, 31.
Surya Bansi, indischer Patriarch. III, 992.
Susa mit Je-hol verglichen. II, 137.
Susarma, alter Häuptling der Mond-Dynastie. III, 1071.
Sushia s. Jushka. III, 1101.
Susi. V, 437. VI, 513.

Sufika. VI, 279.
Susimani (M. Polo), Sesam, die Oelpflanze. VI, 29.
Suska Sagar. VI, 1190.
Susohdar, militärischer Titel in Asam. IV, 318.
Sussaid Lobch s. Dolichos catiang. V, 716.
Susu Dhara, Heiligthum bei Jafsirabad. V, 419.
Susumsk, Hütte. II, 853. (Centrum der Kupferproduktion in den Altaibergwerken.)
Sut. III, 913.
Sutar s. Visvacarma, der Baumeister der Götter, auch Grottentempel von Nassuk. V, 683.
Suthreyshy. III, 1132.
Su thsian hian. IV, 562.
Su tili. III, 913.
Sutludsch s. Ssetledsch. II, 806.
Sutormin, seine Aufnahme des Baikalsees. III, 12.
Sutra s. Buddha vachana. IV, 131.
Sutringa, Südfl. in Kattiwar. VI, 1066.
Sutrudra s. Ssetledsch. III, 742.
Su-tschéu, Stadt an der gr. Mauer. II, 202. 206.
Su-tschi s. Ju-tschin, Ju-tschy, Niuchu, Nutche. III, 324.
Su-tscheng, Theesorte. III, 232.
Su tschu fu. IV, 695.
Suttis. VI, 622. — in Jaggernaut. VI, 547. — Gebrauch derselben in Nepal häufiger als in Bengalen. IV, 120. — besonders häufig am Hugly. VI, 1202.
Sutudru s. Ssatadru. III, 666.
Suty, Stadt am Jellinghy-Arm des Ganges. VI, 1202.
Suvarna Grama (d. i. Goldner Ort) s. Sunergong. V, 631.
Suvarna Rekha (d. i. Goldsandfluß) s. Subanrekha. VI, 504.
Suwa, Zufluß zum Barguſin. III, 59.
Suwarnakara s. Senar. VI, 559.
Suwur Ghanti (d. i. Schweinepaß). VI, 861.
Suwusagà, musikalisches Instrument der Kirghisen. II, 772.
Suv, Fl., s. Toni. II, 555. 1061.
Süd, die Himmelsgegenden, nach welcher alle Thüren und Pforten der Mongolen geöffnet sind. III, 353.
Süddeutschland, seine Configuration, verglichen mit der von Central-Indien. VI, 741 f.
Südeuropäische Fruchtarten als wilde Gewächse am Rande der Tropenzone, an der Grenze der schwülen Sandwüste von Sind auf dem Abu-Berge. VI, 735.
Süd-Natuna s. Sarasan. V, 10.
Südrand, der, von Hochasien. III, 407 ff.
Südsee, empergehobene basaltische Inselgruppen der. VI, 459.
Südseite, Eingänge an der, bei den Kalmücken und Mongolen, seit ältester Zeit hergebracht. II, 746.
Südspalten von Hinterindien. IV, 909. V, 361.
Südwind, heißer am Ober-Amur. II, 548.
Südwinde, kalt und regenbringend in Sibirien. III, 319.
Sügan s. Wagasügan. III, 630.
Sügge (Weissagerohr). II, 1090.
Süldura (burät.) s. Worofka. III, 169.
Sümpfe, Lieblingsaufenthalt der Büffel. V, 897.
Sünde, die größte bei den Formosanern. IV, 880.
Sündenabwaschung, Feste der, in Pegu. V, 183.
Sündenbock der Tudas in den Nilgherry (das Büffelkalb). V, 986 f.
Sündfluth-Chronologie. III, 1092.
Süßwassermeer, das größte der alten Veste. VI, 1196.
Svernna Banija, d. i. Geldwechsler. VI, 559.
Svetambaras (d. i. die weißgekleideten), Partei der Jainas-Sekte. V, 745.
Svêtas (sanskr. = der weiße), einer der 7 Gebirgsgürtel in der systemat. Geographie der Inder. II, 12.

Sviätoi s. Swiätoi=Nos. III, 19. 47 ff.
Swabharika, eines der 4 Hauptsysteme der Budda=Philosophie. IV, 131. 135. — streitet gegen den Materialismus. IV, 116.
Swad. V, 621.
Swallows. IV, 1036.
Swami, d. i. Steintempel, Fels. V, 1024.
Swami Dewandudru. VI, 473.
Swami=Narain, Hindureformator. VI, 652.
Swan, englischer Missionar unter den Buräten in Sibirien. III, 152.
Swargabhumi, irdisches Paradiesland der Inder. II, 8.
Swarga Dwara (d. i. Eingang zum Himmel), Suttiehstelle zu Jaggernaut. VI, 547.
Swargam, das Paradies der indischen Untergötter. V, 747. (IV, 135.)
Swarga=ro=hini, der heilige Quellberg der Ganga. III, 939. 952.
Swargu s. Surgu. IV, 289.
Swayam=bhunath s. Sambhunath. III, 427. IV, 70.
Swerinagolowski. II, 632. 633.
Swertia corniculata. II, 984.
Swertia dichotoma, rotata. III, 267. [Gentianeae.]
Swertia perennis. III, 267.
Swetaghar (d. h. weißer Thurm), Himalayapik. IV, 9.
Swetla, Fl. zur Angara. III, 38.
Swiätoi=Nos (d. i. die heilige Nase), Promontorium Sacrum am Baikalsee. III, 9. 47 ff.
Swiätoje=More (d. i. das Heilige Meer), russ. Name des Baikalsees. III, 7.
Swietenia Chukrassa. V, 419.
Swietenia febrifuga, Surrogat für die Quinquina. VI, 510. 765. 1211.
Swithelem, Bischof von Sherburn, unter König Alfred dem Großen. V, 606.
Swurnu, einer der 4 heiligen Distrikte von Asam. IV, 298.
Syamphelang, Schneekette am Arun. IV, 86.
Sydraken s. Sudraken. V, 469. 471.
Sydy (arab. = Herr). V, 620.
Syenit, selten auf Ceylon. VI, 76.
Syenitgebirge im Dekan. VI, 463. — bei Jubbulpur. VI, 576.
Syenitgestein, schwarzes basaltähnliches, von den Indern sehr häufig zur Sculptur verwendet. VI, 311. 313 f.
Syepoor, Pergunnah von Kaschmir. III, 1137.
Sylani, Ort am Nerbuda. VI, 598.
Sylaur, Fluß in Süd=Dekan. VI, 10.
Sylhet, Stadt. V, 405. 507. — Territorium. V, 405.
Sylvia luscinia s. Nachtigal.
Symes' (des Colonel) Besuch in Ava im J. 1795. V, 363.
Symnaea palustris, im Muschel-Alluvium von Udeypur. VI, 875.
Synrastrema. V, 514.
Syphilis, Entvölkerung Coromandels in Folge der Syphilis. VI, 314. — bei den Katschinzen. II, 1097. — allgemein im Hochthale von Kathmandu. IV, 50.
Syr s. Sihrä. II, 1084.
Συράςρη. V, 514.
Syrä s. Sihrä. II, 1084.
Syr=Daria, Fl. II, 396.
Syria=Kund, Quelle des Tadisl. IV, 37.
Syrian, Arm des Irawadi. V, 167.
Syrianowski, Gebirgsstadt des Altaï. II, 475.
Syriänow, reiche Silbergrube. II, 670. 680. 784. — Erzgruben am Südufer der Buchtarma. II, 666. 851.
Συρις, Edelst., s. Σμιρις, Sunbadej, Emery. VI, 34. 35.
Syrische Christen in Indien. V, 601 ff. — in Malabar und Travancore, neuester Zustand. V, 601—615. 945 ff.

Syriam myrtifolium f. Santalum album. V, 815. 818.
Syro-chaldäisches Ritual bei den Thomaschristen in Indien eingeführt. V, 608.
Syrojed, d. i. Rohesser, älterer Name der Samojeden bei den Russen. II, 1058. 1140.
Syrym = riesenmäßiger schwarzer Adler. II, 341.
Syskowa, Stamm der Koibalen. II, 1108.
Systyghem, Fl. II, 1025. 1045. 1051.
Syud-Khan, König von Kaschghar. III, 651.
Syud Yusuf Khan Mushed, Feldherr Akbar's und Gouverneur von Kaschmir. III, 1129.
Sywana, zweiter Kutuchtu zu Tsiambo. IV, 206.
Syyud-Abad, ehemaliges Bergfort in den Nilgherry. V, 1008.
Szigatse, Stadt. III, 461.
Szir (koreanisch) = Seide. IV, 634.
Szu, die, stoßen die macedonischen Herrscher vom baktrischen Throne. II, 432.
Szu (chin. korean. = Seide) IV, 634.
Szu ho, chinesischer Fluß. IV, 561.
Szu nan fu, Stadt in China. IV, 661. (Lage.)
Szu-tatse f. Schuï-Tatsche. II, 279.
Szu-tchhouan-khiao f. Szutschüan. IV, 205.

T.

Ta, Längenmaaß der Birmanen. V, 266.
Taal-Nor, Steppensee des mongolischen Hochlandes. II, 112. 141. III, 363.
Taan-tschieu, Gebirgsstrom in Bhutan. IV, 150.
Taas in Yemen, Plantationen der Mango daselbst. V, 894.
Taback, Hauptkultur zu Jaffnapatam. VI, 197. — sehr feine Sorte desselben in Sirmore. III, 870. — in Kamaun. III, 1037.
Tabacksbau in Ava. V, 249. — in Tavay. V, 126. — auf Ceylon. VI, 120.
Tabackskauen- und Tabacksrauchen der Siamesen. IV, 1149. — der Birmanen. V, 272.
Tabackskultur, vortreffliche, auf dem Wege zwischen Peking und dem Paß gegen Hi-fong-Keou. II, 120. — beides allgemein bei den Anamesen. IV, 967.
Tabackspfeife, Anbieten derselben, als Freundschaftszeichen auch bei den Kalmücken. II, 943. 964.
Tabackspflanzungen an den Talkibergen. II, 340. — auf dem Darwarplateau. V, 718.
Tabacksrauchen, frühes der Kinder in Tavay. V, 126.
Tabagui, mongol. Grenzwacht an der Kuschinga. III, 196.
Tabai-Mayak, chinesische Grenzsäule. III, 78.
Tabari, der Livius der Araber. VI, 34.
Taba Sandza f. Dheba Sanghin. IV, 229.
Tabaschir f. Pflanzen-Opal. VI, 366.
Tabin, Name der Geschlechter bei den Buräten. III, 125.
Table Mount auf Korea. IV, 625.
Tabo, Weiler in Ladakh. III, 720.
Tabo, Ort zwischen Lari und Kungri. III, 741.
Tabraca, Bischof von Siam (1791). V, 113.
Tabri-Chronik. V, 604.
Tabugar, Thee mit Bittersalz bei den Buräten. III, 24.
Tabul, Pergunnah auf dem Tafellande Munipur. V, 364.
Tabune, kirghisische. II, 709.
Tabunen-Hengst, der Buräten, geweihter. III, 30. — vergl. II, 1096.

Tabut gaom. IV, 369.
Tachtara, kirg. = Tschugutschak. II, 419.
Tac wan fu s. Thay wan fu. IV, 874.
Taddianda-Molla-Berg, Paß über denselben. V, 722 ff.
Tadi, Fl. IV, 33.
Tadionc, Städtchen auf Korea. IV, 606.
Tadschik. II, 673.
Taeen (Taïn), das Land der Mismi. IV, 343.
Tae-han-Schan, Berg. II, 352.
Taenanseri s. Tanasserim. V, 110.
Tac tschu fu, chines. Hafen. IV, 774.
Tafelbasalt im Flußbette des Chumbul. VI, 746.
Tafelberg, der, in Aracan. V, 310.
Tafelländer, Definition. II, 31 ff.
Tafeln, astronomische, der alten Indier. IV, 1132. 1154. V, 425.
Tafeln von Erz, als königliche Diplome in Indien. V, 596.
Taffet, tübetischer. IV, 236.
Tafung, Berg. IV, 417.
Tagali-Soldaten von den Manillas. IV, 1054.
Τάγαρα s. Deoghir. V, 513. 562.
Tagara. V, 513. 562. VI, 625.
Tagas-Kirghisen. II, 636.
Tage-La, Paß. III, 664. IV, 40.
Tagemarsch, wie groß? nach mongolischer Angabe. II, 501.
Tagesrechnung der Siamesen. IV, 1154.
Taghtch (tübet., d. i. Kupfermine), Ort am Yarkendfl. III, 637.
Tagla, Fl. zum Ssetledsch. III, 693.
Taglakhar s. Tagla. III, 693.
Tagna-Pilo in Bhutan. IV, 162.
Tagni-Tal. III, 1030.
Ta-Gobi (= die Große Wüste). II, 594. III, 343. [Die Benennung ist jedoch falsch, da es entweder: Ta-Scha-mo (chinesisch) oder Jeke-Gobi (mongol.) heißen müßte.]
Tagrin-og-gukfen-Temudschin. II, 508.
Tagouri s. Dauren. III, 323.
Tag-Tau, erreicht die Schneegrenze. II, 645.
Taguri s. Dauren. III, 320 ff. — kultivirter Tungusenzweig. II, 116. 613.
Ta-hae s. Tahea. IV, 703.
Ta-han s. Ye-tha, Geten. II, 405.
Tahan-Nor s. Taal-Nor. III, 363.
Ta-hang-ho, chinesischer Name des Gelben Fl. in seinem unteren Laufe. IV, 651 f.
Tahea, Fl. IV, 703.
Tahera s. Bhatia. V, 537.
Tahnesur s. Thanusar. V, 540.
Ta Hoppo, die chinesische General-Intendenz über den Seehandel in Canton. IV, 843.
Ta-huang (chines.) = Rhabarber. II, 181.
Taibin-Mursa. II, 1066.
Taï-Buka, König der Naiman, Timurs Zeitgenosse. II, 511.
Taicheri-Alin, Berg. II, 490.
Taichiri-Dola, Berg. II, 490.
Taichong s. Ta-huang.
Tai-Chunu s. Ta-huang.
Taidang, Fl., s. Tidung. III, 693.
Taidschi. II, 448. 449. 505.
Taidschigod. II, 275. s. Taitschud.
Taigoch s. Kandat. II, 1028.
Taihu-See s. Thaihu. IV, 696.
Taiki. II, 538. (Titel.)
Tailingana s. Telingana. VI, 432.
Tailun s. Nora. IV, 307. 310. V, 283.
Taimen (russisch = Forellen). II, 874.
Tai-ming-fu, chines. Landschaft. IV, 552.
Taiming-tschin, Stadtruinen am Lohanfl. II, 117.
Tain, Ort in der Nähe der Brahmaputraquellen. IV, 385.
Taindu s. Ebenholzbaum. VI, 812.
Tain fu (M. Polo), s. Tai yuan fu. IV, 515.

Taing, Längenmaaß der Birmanen. V, 266. (10 = 1 Tagereise). V, 198.
Taing tah, Stadt. V, 196.
Taipa, Name der wilden Mango auf Macassar. V, 889.
Tai-ping, Stadt. IV, 757.
Tai-ping-fu, Stadt am Südufer des unteren Ta-kiang. IV, 678.
Taischa (d. i. Erbfürst) der Chorinzischen Buräten. III, 124.
Taisoschnye Tatari. II, 1036.
Ταισσαν, Titel des chinesischen Kaisers bei Theoph. Simoc. II, 213.
Taissong-Khagan (erschlagen 1452). II, 503.
Tai-tong-ho, Fl., s. Ulan Muren. II, 187.
Tai tsching, chinesisches Fort in der Provinz Yünnan. IV, 651.
Taitschud, eine der vier Hauptborden der Ta-ta. II, 254.
Taïtson, chines. Titel des Dschingis-khan. II, 531.
Taitsong, chinesischer Kaiser. IV, 496.
Tai yuan fu. IV, 515.
Tajarro, Opiuminfusion. VI, 782.
Taje Mahal, das Mausoleum, welches Schah Jehanghir in Agra erbaute. VI, 932.
Ta-jin (chines.) s. Amban.
Ta Kai Siue Schan, Alpenstock des mittleren Siue Ling. IV, 411.
Takal Khera, Basis zu, VI, 445.
Takbang gaom. IV, 369.
Takht-Soliman-Berg in Kaschmir. III, 1092.
Tak i Kesra, Pallast bei Bagdad aus Chosroë's Zeit. V, 813.
Ta Kiang, Wassersystem desselben. IV, 648 ff.
Takja (mongol.) = Steinbock. II, 1018.
Ta-Kimu (chinesisch = der Große Kem) s. Kem. II, 998. — Gebirgsgau des, II, 1044—1059.
Takka, Takkah s. Thikitaon. IV, 398. 399.
Takke s. Gekko, Tokai. IV, 1110.
Taklakhar-Bhotiyas. IV, 25.
Taklakotepaß (15665 F. Höhe). III, 527. 531. 1029. IV, 14. 25. (gr. chines. Faktorei.)
Takmao, d. i. Schlammfl., s. Camao. IV, 1031.
Takmaro, Reisart, in der alpinen Region des nepalesischen Hochgebirges. IV, 55.
Takpo, Provinz von Tübet. IV, 214. — allgemeiner Name für das südliche Tübet. IV, 137.
Takpo Cini, ehemaliges Capucinerhospiz in Tübet. IV, 214.
Takpo knier s. Gombo, Kombo. IV, 212.
Tak-pou-y s. Takbo. IV, 216.
Takrum gaom. IV, 369.
Taksha, d. i. Jaina- oder Buddha-Architekten. VI, 982.
Takty-Gutschuck. II, 637.
Taku, d. i. die große Mündung. IV, 507. 566.
Takur. VI, 14.
Ta Ku Schan (chinesisch), der große Berg der Waisen, am Poyangsee. IV, 674.
Tal s. Borassus flabelliformis. V, 854 ff.
Tala s. Borassus flabelliformis. V, 854 ff. — s. Chaimukan. III, 309.
Talagay, Hügelzug. II, 789.
Talah-Bach zum Baikal-See. III, 75.
Talaï-Batur-Khung-Taidschi, Ahnherr der Oelöth. II, 449. 986.
Talai-Han. II, 455. III, 452.
Talain, die, in Pegu (s. Mon). V, 184 ff. 267. 277.
Talak in Aracan. V, 207.
Tala-kir s. Tagla. III, 693.
Ταλάκωρι Ἐμπόριον auf Taprobane nach Ptolem. VI, 25.
Ta la ma (chines.) = Khambu (tübet.). IV, 255.
Talapat. IV, 1173.
Talapoine, Priester in Siam. IV, 1172. 1203. V, 854. (Ursprung des Namens.)
Talapoinen-Klöster. V, 237.
Talarho-kara-balgassun. II, 499.
Talas, Steppenfl. II, 401.

Talatchilla, Hafen in Pandu's Reich. VI, 246.
Talbacha, Fl., s. Baschkaus. II, 985.
Talbacha (?), angeblicher Fl. II, 1008.
Talfan, die Hauptspeise der Ladakhis. III, 622.
Talgbaum am Takiangflusse. IV, 679.
Tali, Reich. IV, 188. 743. s. Nan tchao. — nördl. Grenze desselben in China. IV, 659.
Tali Chari s. Tellichery. V, 591.
Taliczа, Fl. II, 860. 891.
Taliczа-Bach. II, 730.
Taliczer Alpen. II, 891.
Ta li fu, Stadt in Yünnan. IV, 733.
Talimu-Strom. IV, 495.
Taling, Dorfschaft am Darbung. III, 821.
Talipol-Palme auf Ceylon. V, 862. VI, 193.
Talismane in Bhutan. IV, 159.
Talk, am Südgehänge des Himalaya. IV, 58.
Talkgestein. VI, 576.
Talkhügel. II, 766.
Talki, Gebirgsstrom. II, 340.
Talki-Berge. II, 398.
Tallah-Mukhi (falsche Lesart statt Jwala-Mukhi). III, 1073.
Tallamir-Ghat s. Yallanir-Ghat. V, 722. 729.
Tallchy = Talki. II, 340.
Talldu, Flüßchen. II, 328.
Talling. III, 741.
Tallipoy s. Talapoine. IV, 1203.
Talmanaar, das Westende der Insel Manaar. VI, 152.
Talmen (russ.) = Salmo fluviatilis. II, 640.
Talofkabach zum Obi. II, 815.
Talowka, Zufl. der Buchtarma. II, 696. — Gr. und Kl. II, 713. — Dorf bei Buchtarminsk. II, 673. 679 f.
Talowkaja Sopka, Höhe. II, 713.
Taloyn, Stockade der Birmanen daselbst. V, 355. 379.
Talpatr, die zum Schreiben benutzten Blätter der Palmyra-Palme. VI, 559.
Talpuris, die, ein tapferes Beludschengeschl., jetzige Tyrannen von Sind. V, 476. — als Herren von Sinde. VI, 1033.
Talsar, Rhododendron-Art in Kanawar. III, 786. 793. 833.
Talu, Feldherrntitel der U-siun. II, 432.
Talu, Ort auf der Teshu-Lumbu-Route nach H'Lassa. IV, 271.
Taluding und Taluka, äußerste Nordostquellen des Asamesischen Brahmaputra-Lohit. III, 343. 385. IV, 342. V, 346.
Taluka, Quellarm des Lohit. IV, 342.
Taluk Sub Huzar, Gebirgsgau im Alpenlande Curg. V, 727.
Talung, Distrikt von Siam. IV, 1082.
Talung-lem s. Tantalem. IV, 1081.
Talygomma, Ort auf Ceylon. VI, 100.
Tama, Tartaric Furze. III, 695. 699.
Tamaki (Taback mit Fichtenrinde gemengt), wird von den Burätten von Kindheit an geraucht. III, 121.
Tamang, Insel vor Canton. IV, 827.
Tamangisangan, Götze der Formosaner. IV, 879.
Tamar, Hochgebirge. IV, 224.
Tamarinde, physiognomischer Charakter derselben. V, 893.
Tamarinden, versteinerte. V, 203.
Tamarix elongata. II, 654.
Tamarix gallica im Altai. II, 648.
Tamarix germanica im Altai. II, 930.
Tamarix indica in Ava. V, 212. 719. VI, 538.
Tamarix ramosissima am Saisansee. II, 639.
Tamas (sanskr., d. i. Dämmerung). VI, 665.
Tamba-Kosi. IV, 82.
Tambar, Seitenfluß des Arun. IV, 85.

Tambaraburmi, Zufl. zum Sylaur in Süd-Dekan. VI, 11.
Tambelle, nährende Wurzelart auf Ceylon. VI, 115.
Tambilan, Inselgruppe der, V, 11.
Tamburan. V, 752.
Tamburette. V, 752 ff.
Tamagar, Dorf der Mismi in Asam. IV, 387.
Tamga-Tasch, chinesischer Vorposten. II, 329.
Tamgut, Fl. im Bhor-Khamtilande. IV, 397.
Tamiang, Insel, Piratenstation der Malaien. V, 102.
Tamiao (d. i. großer Tempel) in Bathang. IV, 199.
Tamil-, Tamulsprache, ihre Ausdehnung. VI, 377.
Tamir, südl. Zufl. der Selenga. II, 488. 494. 496.
Tamir, Nebenfl des Orghon. II, 528.
Tamja Kampa s. Dzangbo. IV, 219.
Tamlingtar, Stadt und Thal von, in Ost-Nepal. IV, 85. 103.
Tammanah, die Wildniß auf Ceylon. VI, 221.
Tâmpabarna (sanskr. = Betelblatt), Etymol. von Taprobane. V, 517.
Tampa dipa (d. i. Kupferland). V, 297.
Tampuda, Fluß, s, Smolicha. III, 46.
Tamru Khani, Dorf, Kupfermine. IV, 64.
Tamtschin-talà, Ebene in der Gobi. III, 370.
Tam tsiogh K'habbhabh. IV, 219.
Tamu s. Tamang. IV, 827.
Tamul, die Sprache. VI, 327.
Tamulische Sprache bei den Cat' Chensu oder Crular. V, 1016. — zuerst vom P. Robertus de Nobilibus genauer gekannt und gelehrt. VI, 422.
Tamuri-Rajas s. Samudrija-Raja, Zamorin. V, 752.
Tan, d. i. das Frühlingsfest der Katschinzen. II, 1096. — chinesischer Name der Dänen. IV, 838.
Tana, Ort in Siam. IV, 1082.
Tanachy, Fels und Ansiedlung in Tübet. IV, 191.
Tanacu s. Sterculia. V, 765.
Tanagra, See. III, 40.
Tanah (Abulfeda) s. Guzurate. V, 901.
Tanahung, Berg-Radjas der Gorkhali von. IV, 79.
Tanasserim, Provinz. V, 110 ff.
Tanasserim, Fl. V, 108.
Tanda, Berg auf der H'Lassa-Route durch Tübet. IV, 253 ff.
Tanda-Ghat. VI, 587.
Tandas, Ochsen-Karawanen der Banjarra. VI, 762. 806. 901.
Tanden s. Tundi. III, 553.
Tandi, Capitale von Cabul. III, 1068.
Tandjong Burus s. Bures. IV, 900.
Tang (Fucus Saccharinus) in Japan Eßwaare. IV, 599. 618.
Tang, Bhoteadorf. III, 737.
Tanga, Burg im Gebirgsgau des Ta-Kimu. II, 1056.
Tangdynastie, chinesische von 618—907. II, 162. 222. 240. 246. 248. 251. (gestürzt 90 n. Chr.) 197. 222. 311. 618 bis 907. — chinesischer Ursprung des Namens. IV, 517.
Tangga (d. h. Leitern, mal., auch in weiterer Bedeutung = Häuser). V, 25.
Tang-hiang, Turkreich der, II, 162. — s. Tangut. IV, 182. — San Miao. IV, 766.
Tangi (Art), die Hauptwaffe der Koles. VI, 529.
Tangku. IV, 566.
Tangkul s. Shan-Völker. V, 365.
Tanglu. II, 487.
Tangmo, Distrikt, Dorf. III, 790.
Tangnu s. Altai. II, 474. 476. 495.
Tangnu-Dola. II, 487. 528. 590. 803. 997. 1059.
Tangnu-Uleanghai, Banner derselben. II, 1059.
Tangri-kutu. II, 1133.

Tang-shung, wollreiche Landschaft in West-Tübet. III, 601.
Tangso, Regenerationsort des Dherma-Radja von Bhutan. IV, 158. 162.
Tangso-Pilo in Bhutan. IV, 162.
Tangti, Dorf am Spinost. III, 721.
Tangtikonj, Ort zwischen Lari und Kungri. III, 741.
Tang-tsuen, See von, II, 377.
Tangul, Oberpriester der Moplays in Malabar. V, 771.
Tanguns, tübetische Raçe kleiner Pferde. IV, 51. 140. 159. 294. V, 898.
Tangusipang gaom. IV, 369.
Tangustan (d. i. das Bergland). IV, 140.
Tangut, Ursprung des Namens. IV, 182.
Tani cai maram s. Myrobalanus taria. V, 766.
Tanigaom, Ober-Häuptling. IV, 369.
Taning kiang, Fl. = Thsing-tschuankiang.
Tanjore, Land, Stadt. VI, 296 ff. — noch heute Sitz des antiken Indertthums. V, 518.
Tanjore-Pillen, arsenikalisches Antidoton gegen Schlangenvergiftung. VI, 332.
Tanjung Bulus. V, 12.
Tank, prachtvoller, von Gangeswara Deo, Raja von Orissa, erbaut bei Pipley. VI, 563.
Tankas, d. i. große Cisternen, in Bikanir. VI, 994.
Tanks auf Ceylon. s. bes. VI, 39. 93 ff.
Tankia-ling, Feste in Nepal. IV, 96.
Tan lang, das Gebirge von Formosa, als äußerste östliche Verlängerung des Himalayasystemes. IV, 866.
Tanle-Sap. IV, 1062.
Tanlo (chines.) s. Quelpaerts, St. IV, 609.
Tanna (tungus.) s. Accipenser sturio. III, 106.
Tanna (Vulkan von). Vergl. II, 56. — Ort auf Salsette. VI, 1096.
Tannah (M. Polo) s. Guzurate. V, 901.
Tannathare, Stadt, s. Tanasserim. V, 111.
Tanne, einheimisch in Hinterindien (Höhe 4200′. 25° n. Br. 89° östl. L.). V, 395.
Tannenbäume, Handel mit denselben vom Eulaflusse aus nach China. II, 123.
Tannetory s. Point Namee.
Tannu. II, 487.
Tanny-Cudy-Passage. VI, 154.
Tanouis (Juden) auf Ceylon. V, 595.
Tan schuy Khy (d. i. Süßwasser), Fluß auf Formosa. IV, 869.
Tan schuy Kiang, Bai auf Formosa. IV, 869 f.
Tantabain, Birmanengrenze in Aracan. V, 332.
Tantabeo (?), Capitale der Schato. II, 250.
Tan ta lem, siames. Gestade-Insel. IV, 1081.
Tan ta miao, großer Tempel bei H'Lari. IV, 255.
Tanti, d. i. Weber, in Orissa. VI, 559.
Tantra, d. i. esoterische Werke. IV, 131.
Tantras s. auch Tantrika Rituale. IV, 115. 117.
Tantravaya s. Tanti. VI, 559.
Tantrika Rituale. IV, 115. s. Tantras.
Tan tschéou, Distrikt der Insel Hainan. IV, 883.
Tan-yang, älterer Name für Nan-king. IV, 681.
Tanyans s. Tanguns. IV, 51. 140. 159. 294.
Tanying (d. i. das einfache Adler-Königreich), chinesischer Name von Preußen in Canton. IV, 839.
Tanz bei Leichenbegängnissen. II, 278. — der Garo's. V, 404. — in den Nilgherry. V, 1020. — der Cobra di Capello. V, 924. — des Elephanten. V, 913. —

der Bewohner von Shipke. III, 705.
Tänzerinnen, Klasse der, erhält den ausgezeichnetsten Unterricht in Malwa. VI, 769.
Tao (chines.) s. Reis. V, 800.
Tao hing ting Schan, Schneegipfel in der Alpenkette der Miao. IV, 661.
Taolakhar, die, IV, 25.
Taong s. Dong. V, 308.
Taong, Längenmaaß der Birmanen. V, 266.
Taongsu, Volk in Ava. V, 267. — in Thaumpe. V, 188 f.
Ta-osse, die primitive philosophische Religionssekte in China. III, 247.
Tao-to-Pu, See. II, 1046. 1048.
Tao tschéou. IV, 503.
Ta-oua-tsi s. Davatsi. II, 457.
Ta pao fe Bang. IV, 283.
Tapaktha. V, 172.
Tapa ling, Kieselgebirge im Norden des Fl. Ta kiang. IV, 407. 655.
Ta pan Khiao (d. i. die große Bretterbrücke). IV, 254.
Tapa Rama, Name der Steintreppen, die zu den Dagobahs führen. VI, 252.
Tapas, d. i. Bußübungen der Jainas. V, 749.
Tapasa (Pali = Eremit). V, 213.
Tapati s. Tapti. VI, 567.
Tape, Landesdistrikt bei Ava. V, 223.
Tapha Kampua s. Daffa Gaum, Dupha. IV, 398.
Tapire in Yünnan. IV, 754. — fossile. V, 204.
Tapoban, verlassenes Dorf am Daulisl. III, 996.
Tapo Ravuna (Taprobane?). V, 517.
Tappan, Fl. im Bhor-Kamptilande. IV, 397.
Taprobane, ob Tapo Ravuna (= Insel Ravuna's). V, 517. — Etymologien des Namens. VI, 63. — Gesandschaft von dort an Kaiser Claudius. V, 489.
Tapsiya, der Mangofisch in Orissa. VI, 539.
Tapta-Kund, warme Quellen auf den Himalayahöhen bei Gangotri. III, 500. — bei Bhadrinat'h. III, 993.
Tapti-Strom, der, VI, 567 ff.
Tar s. Baisi. IV, 32.
Tar s. Borassus flabelliformis. V, 854 ff. VI, 509.
Tara, Gründung der Stadt (1594). II, 565.
Tarabann, Bach. II, 1016.
Tarabargatai, niedere Gebirgsgruppe des, II, 338. — Kanton. II, 403.
Taragak, Stamm der Koibalen. II, 1108.
Taragon (d. i. Weber). V, 937.
Tarah-Ghat bei Mirzapur. VI, 841.
Tarai s. Tariyani. IV, 44.
Tara kaï. IV, 445 ff.
Tarakanofskaja, Ort an der Selenga. III, 70.
Tarakow, d. i. Selbstopfer, bei den Charuns. VI, 763.
Tarandi s. Trandeh, Trandi. III, 767.
Tarantel in Gondwana. VI, 513.
Tara-Palme s. Borassus flabelliformis. VI, 644.
Tarazuka Dip, Ordal in Kamaun. III, 1056.
Tarbaga, das Murmelthier (mongol.). II, 418.
Tarbaganataï. II, 630. 417.
Tarbagantei, Slobode. III, 149. 167. Bach (d. h. der Murmelthierbach.).
Tarbagataï, auch Name für die Stadt Tschugutschek. II, 789.
Tarbagatskoi, Colonistendorf an der Uda. III, 142.
Tarba-khatai s. Tar-Bagatai. II, 403.
Tarbaldschei, Zufl. zum Onon. III, 277.
Tarbiki, d. i. Murmelthiere. II, 543.
Tarchanskoi, Dorf an der Ulba. II, 716. 718.
Tardas s. Kutas. V, 1030.

Tardzong s. Dorung dzong. IV, 236.
Tarei=Nor, weitläufiger Salzgrund in der Steppe am Ober-Amur. II, 541. — das wahre Nordende der Gobi. III, 283 f. — See. III, 164.
Targasins. III, 322.
Targutschini. III, 322.
Tarhan=cajan, Dorf. II, 232.
Tari s. Myrobalanus Taria. V, 701.
Tari=Paß. III, 571. 726.
Tarikh=Kaschmir. III, 1118.
Tarim=Strom. IV, 495.
Taringini, Radja, seine Chronik von Kaschmir, vollständig zuerst von Moorcroft aufgefunden. III, 565.
Tariyani (d. i. das Niederland, das schiffbare Land) von Nepal. IV, 44. — von Bhutan. IV, 138—140.
Tarjong, Provinz von Amboa. IV, 217.
Tarkamma=bek. II, 371.
Tarkila s. Torghil Penzé. III, 361.
Tarkildchi-Pira s. Tereldzi. II, 532.
Tarkok=Schan. II, 1016. 1047. s. Ergik=targak=taiga.
Tarku Dzangbo (d. i. tübet. Großer Fluß). III, 415.
Tarma, tübet. König (902—925), Verfolger des Lama=Wesens. IV, 280.
Tarokman (d. i. Chinesenspitze). V, 179.
Tarou Pri, Name des chinesischen Reiches bei den Birmanen. IV, 1233.
Tarout Shan. IV, 1233.
Tarpani (russ.), wilde Pferde, in der Gobi. III, 384.
Tarraghur, Kastell über der Stadt Ajimer. VI, 906.
Tarrai, Name des Landstrichs ungesunder Sumpfwaldungen an der äußersten Linken der Vorketten des Himalaya. III, 514. 848. 1029.
Tartar, Collectivname bei den Abendländern. II, 274 ff. — Ursprung dieser falschen Benennung. II, 280.
Tartarei, Chinesische, Name. II, 86.
Tartarei, westliche, Kartenaufnahme derselben. II, 373.
Tartaren, Ursprung. II, 252.
Tartaren=Physiognomie der Bhotiya's. IV, 119.
Tartarenstädte in China, vor den Mauern großer Städte, als Garnisonplätze für die Mandschusoldaten. IV, 657. — in Canton. IV, 837.
Tartarische Raçe, zu ihr gehören die Newaris und die benachbarten Gebirgstribus in Nepal. IV, 121.
Tartarisches Salz. II, 337.
Tartasch=Dabân, turkest., d. i. Zwiebelgebirge; s. Thsung=ling. III, 411. 631.
Tarug s. Tarut. V, 221.
Taruk s. Tarut. V, 221.
Taruk Man, d. i. chines. Landzunge. V, 301.
Ta rung dzong in Tübet. IV, 253.
Tarup=myo s. Tarut. V, 221.
Tarut, Chinesendistrikt in Birma. V, 221.
Tarwi, Name der Häuptlinge bei den Bergbhils. VI, 616.
Tary s. Toddy. V, 853.
Taryans, kleine asiatische Pferderaçe. V, 363.
Tasa Ling s. Pe=ling. IV, 510.
Tasar, Seidenwurm in Bengalen s. Muga. IV, 326.
Tashigang, Lage. III, 543.
Ta=schin (mandsch. = Generallieutenant). II, 642. — (= kaiserlicher Gesandte). II, 537.
Taschi=richa=Fluß. III, 45. 46.
Taschkenter, Handel derselben nach Semipalatinsk. II, 796. — ehemals Steinhändler. II, 648.
Taschkyl, See. II, 423.
Taschty, Fl., wird trocken gelegt Behufs der Felderbewässerung. II, 423.
Taschtyp, Zufl. des Abakan. II, 593. 1081. — Quellen der südlichen Zuflüsse des, II, 1001.

Taschtypskaja-Derewna, Kosakendorf. II, 1001. 1002. 1081.
Taschtypskoi-Karaul, russischer Vorposten an der chines. Grenze. II, 593. 1001. 1021.
Ta Seay Shan, chinesische Küsteninsel. IV, 778.
Taseng, chinesische Stadt. IV, 443.
Taseng-Ula, Stadt im chinesischen Departement Kyrin. IV, 443.
Tashyat. IV, 399. — s. Thekki-Mala. IV, 398.
Tasiding, Bergveste in Sikim. III, 978. IV, 108. (?)
Ta Si Kiang, der Strom von Kanton, chinesischer Fluß. IV, 406. 661.
Tasi Tibang gaom, in Asam. IV, 389.
Tasi Taringaom. IV, 369.
Tasiue Shan (d. i. der große Schneeberg), Alpenstock des mittleren Siue Ling. II, 187. IV, 411.
Tasmanien. VI, 620.
Ta so thang. IV, 198.
Tassisudon. IV, 138. — Sommerresidenz des Regenten von Bhutan, Beschreibung. IV, 145 bis 148. 160.
Tassuwo, See. III, 162.
Taßkyl, Schneegebirge. II, 1109.
Ta-ta, Ta-tar, Stammname. II, 274 ff. — Schwarze, Weiße. II, 255.
Ta-tan, Lagune. II, 312.
Ta-tang-ho, chinesischer Kanal. IV, 552.
Ta-t'a-Oel s. Tata. II, 253. 275.
Tâtâr, pers. arab. II, 275.
Tatar-assaran (?), Gebirgsbach. II, 786.
Tatarka, Bach (d. h. Tatarenweib). II, 859. — Große, Kleine. II, 879. 916.
Ta-tchao-szu. IV, 243.
Ta-tche. = Ta-ta. II, 252.
Ta-Tein-ho, Küstenfl. auf Schantung. IV, 545.
Ta-thoung-lu, chines. Provinz. II, 249.
Tatitschew. II, 742.
Tatra, Berg in Ungarn. II, 688.
Ta-tsche, östlicher Völkercollectivname bei den Chinesen. II, 274 ff. 277.
Ta-tsching-kouan, chinesisches Fort in der Provinz Yünnan. IV, 651.
Tatschiranskije Osero (Bitterseen). III, 24.
Ta-thsing-schan (chin.) d. i. großer grüner Berg, Benennung des In-Schan. II, 240.
Ta Thsung-ling. III, 411.
Tatowirung bei den Hakas. II, 1115. — bei den Kyen. V, 278. bei den Aboriginern von Formosa. IV, 876. — in Yünnan (M. Polo). IV, 744. — vergl. V, 332. — bei den Birmanen, den Laos und den Plaus in Thaumpe. V, 189. — der Schenkel bei den Birmanen. IV, 1225. V, 271.
Tatri, in Kaschmir, ob Afghanenstamm? III, 1110.
Ta tschen, chinesischer Name der Deutschen. IV, 839.
Ta-tsching-kouan, chines. Fort. IV, 651.
Ta-tsian-lu, Hauptort auf der alten Grenze von Tübet. IV, 186. 187 f. 189 f.
Ta-tsu, Fl. II, 1061.
Tatta (Alexandria) an der Bifuenz des Indus. V, 475. — antike Stadt der Mallier. V, 470. — befestigter Tempel in, zerstört von Mohammed Kasime (71 n. Chr.). V, 531. — s. auch Dibul. V, 582.
Tattanur (d. i. die untere), Bergprovinz auf Ceylon. VI, 75.
Tatties, Geflechte aus Bambus und fibrösen Wurzeln duftender Grasarten. VI, 1124.
Tattu s. Tangun. VI, 498. (V, 661. 898.)
Ta-tu, früherer Name für Peking. IV, 551.
Tatur-Uda. III, 142.
Tatus, kleine asiatische Pferderaçe. V, 363.
Taty, Bergstrom in Gondwana. VI, 494.
Taubal s. Tabul.

Taube, die grüne, s. Columba javanica. VI, 1120. IV, 1027. (auf Pulo=Condor.)
Tauben, als Lieblingsvögel der Orientalen. VI, 901. — verschiedene Arten im Himalaya. III, 1003.
Taubenhäuser auf allen Pallastdächern in Lucknow. VI, 1148.
Taubstumme im Himalaya. III, 933.
Tauchen, als Ordal, in Jyntea. V, 392.
Taucherapparat der Singhalesen. VI, 172.
Tauchercaste auf Ceylon. VI, 41.
Tauchervogel (Colymbus, rubricollis?). II, 874.
Taudmunnur. VI, 431.
Tauja Mahal, das Wunder der Welt, der Diamant der Seraglio's, das Grabmal der Nurmahal zu Agra. VI, 1136.
Taulai Khan, der Nachfolger Dschingis=Khan's. III, 380.
Taulia, Goldgewicht. III, 1005.
Taunboup, Ruinen der Stadt, in Taway. V, 123.
Taung ba, Insel im Sanluaen. V, 155.
Taung tschin s. Taunboup. V, 123.
Taunu am Setang s. Tonge. V, 184. 198.
Ta=urh=pa=ha=tan, d. i. Tarbagataï. II, 470.
Ta=ur=pa=scha=taï (= Tabargataï?). II, 1061.
Tauschhandel, allein gestattet in Canton. IV, 844.
Tausend und eine Nacht, Buch der, V, 527.
Ta=Utschi=Schan, Centralgebirge auf Formosa. IV, 882.
Tauwerk aus Kokosfaser. V, 853. — von Seide auf den Schiffen in Cochin China. IV, 936.
Tauzput, d. i. Laurus cassia. III, 915.
Tavoy, Fl. V, 108. — Provinz. V, 122—130.
Tawara=Paß. III, 784.
Tawara=Pik. III, 783.
Tawarra, Dorf. III, 921.
Tawi, Fl. bei der Hauptstadt von Dummoo, linker Zufl. zum Dschinab. III, 1078.
Tawo thang (d. h. die große Höhle). IV, 254.
Taxila, Fürst von, am Indus in Bactrien, unterwirft sich Alex. d. Gr. V, 449. 451.
Taxile s. Attock. III, 421.
Taxus macrophylla in Jyntea. V, 388.
Tayang, Küstenfl. in Siam. IV, 1081.
Tayca (tamul.), d. i. Teakholz. V, 765.
Taygetus, sein Πεντεδάκτυλος. III, 947.
Tay ho tsching, alte Stadt in Yünnan. IV, 733.
Ta ying kwojin. IV, 704.
Tayk s. Teakbaum. V, 803.
Tayko = Asam (in der Sprache der Meythay). V, 367.
Taymen=Forellen. II, 894.
Taymutto s. Tsu=Sima. IV, 607.
Tayrell s. Toli. II, 256.
Taysong's, die, IV, 986.
Tayta maram s. Strychnos potatorum. V, 765.
Tay tschu lang. IV, 817.
Taytsoung ven houang ti, i. e. Fundator magnus Augustus Imperator, der Mandschuren (1627—1644). II, 266.
Ta yuan Kiang, der Hafen von Formosa. IV, 864. 870.
Tayu Ling, Name des Ostarmes der Miaoalpenkette. IV, 661.
Taz=higang s. Tuzhigang. III, 709.
Tazin, Name der Justizbeamten in H'Lassa. IV, 273.
Täghe (tartar.) = Steinbock. II, 1018.
Tänze in Korea. IV, 635. — der Naga's. V, 375. — pantomimische, der Karian. V, 155.
Tchacdan. II, 518.
Tcha=chu=ting, d. h. der Hügel mit den Theebäumen auf der Grenze zwischen Yünnan und Tübet. III, 237. IV, 201.
Tchagirskoi=Grube. II, 857.

Tchakdzo, Name der Steuerdirektoren in Tübet. IV, 286.
Tchakravarti (d. i. König des Rades), tübet. IV, 277.
Tchaktchaka, Salzsee bei Koutho. III, 608.
Tchalatou-Alin. II, 493.
Tchalletchaka, Salzsee bei Koutho. III, 608.
Tchamar, d. i. Gerber, in Orissa. VI, 559.
Tchambah s. Chamba. III, 1077 ff.
Tchamnakara s. Tchamar. VI, 559.
Tchamour-Alin. II, 513.
Tchang Colac. IV, 768.
Tchangdo, auf der H'Lassa-Route durch Tübet. IV, 255.
Tchang si lao. IV, 828.
Tchan la s. Tchin la. Weshalb die Veränderung des Namens. IV, 981.
Tchanpu, chinesischer General. IV, 974.
Tchatoul s. Djakdur. II, 530.
Tchatu Sind s. Chota Sind. III, 1153.
Tchayamiao s. Djaya. IV, 204.
Tchempe-zun-tamba-Kutuchtu, Lamatempel am Tulafl. II, 518.
Tchha nan, Küstenprov. von Kambodja. IV, 982.
Tchhang dzedzylie, Oberhaupt einer Horde der Fan, d. i. Tübeter (c. 1700 n. Chr.). IV, 189.
Tchhangtu (chines.) = Tsiambo (tübet.). IV, 205 ff.
Tchhi thu (d. i. rothe Erde) = Siam. IV, 980.
Tchhundui, auf der Teshu-Lumbu-Route nach H'Lassa. IV, 271.
Tchiktaï, Bach zum Tschikoï. III, 192.
Tchilotu-Pira, Fl. II, 495. 527.
Tchin, Dynastie in Tongking. IV, 973.
Tchinâr s. Platanus orientalis. III, 1183.
Tchin chan oei, Vorgebirge. IV, 541.
Tchingay, Nebenfl. des Karnaphuli. V, 411.
Tchin ge hiven, König von Tong king (1279—1290). IV, 973.
Tchingry s. Tchingay.
Tchin koua hing, König von Tongking (1277). IV, 973.
Tchin li (?). IV, 981.
Tchot deng tchou (?), Zufluß zum Gakbo-tchu. IV, 225.
Tchouche, chinesischer Geograph. IV, 975.
Tchoucou-Pira. II, 504.
Tchoukou s. Tschikoi. III, 169.
Tchoumourti, Stadt, geographische Lage. III, 476.
Tchoung tou. IV, 191.
Tchou young s. Thsu hiung fu. IV, 740.
Tchuangkingko (d. i. Tempel der heiligen Schriften) in Djaya. IV, 204.
Tchula gang dzianla, Felsburg auf der H'Lassa-Route durch Tübet. IV, 255.
Tchung-i-keou, d. i. Thal der Gleichheit, in Tübet. IV, 253.
Tchu pa lung, Lager in Tübet. IV, 201.
Tchu-tung-tha. IV, 198.
Te s. Te theou. IV, 557.
Teakbaum, Verbreitungssphäre. IV, 1100. V, 199 f. 233. 252. 803—815. — Afrikanischer. V, 812. — riesenmäßiger in Cochin. V, 786. — auf Ceylon. V, 803 bis 815. VI, 121. — in Cachar (?). V, 387. — auf den Tong-taongbergen. V, 233. — zwergartig und isolirt in Bundelkhund. VI, 850 f.
Teak cutting Concern. VI, 512.
Teak-Wälder in Martaban. V, 145. (zeigen sich vom Ufer aus erst da, wo die Region der Mongrove-Waldungen aufhört.) — Südgrenze derselben im Irawadithale. V, 191. — höchster Schmuck der Meeresküste bei Surate. V, 666. — in Aracan. V, 320. — im Kubothale. V, 364.
Tear s. Tavarra. III, 921 f.

Tebo, Provinz von Amboa. IV, 217.
Tecancute, Ortschaft der Suriani. in Malabar. V, 613.
Tecaroepoda, weibl. Götze der Formosaner. IV, 879.
Tectonia robusta. V, 803.
Tectonia theca. V, 803.
Teereedo, Ort am Indus. III, 609.
Teet'hs, die vier, heiligen Distrikte des Asamlandes. IV, 298.
Teezpont, das Zimmtblatt, in Bengalen verbraucht. IV, 145.
Tegagom, Flüßchen in der Tschujasteppe. II, 805. 955. 958. 1010.
Tegherri in der Sahara. V, 835.
Teghes s. Tekes. II, 399.
Tegouric, Steppenfl. II, 491.
Tegri (mongol. = Deva sanskr.), himmlischer Geist. II, 9.
Tehahantemur-Pira. II, 554.
Tehukku, Ort in Tübet. IV, 262. 263.
Teich, merkwürdiger mit einer Backsteinpagode, auf der zahlreiche Inschriften alter Charaktere. V, 385. (südl. von Cachar.)
Teinbaung, Kariandorf in Martaban. V, 155.
Tej, Tej-pat. VI, 125.
Teji-Kamrup, Berg in Asam. IV, 317.
Tejpat, aromatische Rinde und Blatt des Sinkaurilorbeer in Nepal. IV, 54. V, 823 f.
Tejput s. Laurus cassia, Tanzput. III, 915.
Tekes, Berge. II, 398.
Tekesfl., Stammfl. des Ili. II, 329. 398.
Te-ki-su (chines.) s. Tekes. II, 399.
Tekka, Teakbaum auf Java. V, 805.
Tekkari, Bergketten zu, VI, 581.
Tekmao, Fl. Mündungsarm des Kambodja. IV, 915. — auch gleichnamige Stadt, ebendas.
Teksia, Fl. Mündungsarm des Kambodja. IV, 915. — s. Feng chong. IV, 914.
Tektonia theka. IV, 932.
Telbegetey, hoher Berg (ob Nordwestende des Tarbagataï?). II, 789.
Tele di Cascmir. III, 1173.
Telegraphenlinien, Anfänge derselben in China. II, 120. — von der Mongolei nach der Gr. Mauer. II, 129. 218. — in Ostindien. VI, 1154.
Telemba, Seen. II, 621.
Telembinsk, Ostrog. II, 621.
Telengon, Bach. II, 545.
Telenguten, von den Oelöth besiegt. II, 450. 992. — s. Telessen. II, 987. — auch Weiße Kalmücken genannt. II, 962.
Teleskoje-Osero = Altyn-Nor. II, 990.
Telessen, Teleuten, Telenguten. II, 987.
Teleß, Tatarisches Geschlecht vom Turkstamme. II, 990.
Teleuten s. Telessen. II, 987.
Telezkoi-See. II, 589 f. 977 f. — aus ihm entspringt der Ob. II, 592.
Telgaom s. Tilgam. III, 1137.
Telinga-Kolonisten in Malakka. V, 36.
Telinga Mukund Deo, Radja von Orissa. VI, 565.
Telinga-Sprache. VI, 379 f.
Tella Bendu. VI, 347.
Telliagully s. Terria. VI, 1165.
Tellicherry, Hauptmarkt für die beste Qualität des Sandelholzes. V, 819. — s. auch über die Lage. V, 775 f.
Tel Nadi, Zufl. zum Mahanadi. VI, 355.
Telugu-Sprache s. Telinga. VI, 379.
Telwara. III, 1075.
Tema, Name des Pisang auf Ceram. V, 877.
Te-ma-la. IV, 196.
Temchung. III, 740.
Temga-tach, chinesische Poststation. II, 330. 332. (d. h. Siegelfels, mongol.)
Temir-aksak = Tamerlan. II, 409.
Temourtchen, Stadt, s. Timourkeng, geogr. Lage. III, 475.

Tempel, prächtiger, an der Bavanda bei Ili. II, 408. — der Telengutischen Kalmücken. II, 637. — der Birmanen. V, 287. — kalmückischer. II, 422. — fehlen bei den Garo's. V, 404. — kegelartige. III, 993. — kleine octogone in Kamaun. III, 1043.
Tempelanlagen der Mongolen. II, 117. 230. 741. 1075. III, 156. 228. 354 f.
Tempel-Architectur, buddhistische, in Hinterindien. V, 171. 181.
Tempelbesitzthum, ungeheures in Hindostan. III, 994.
Tempelbibliotheken, reiche in Bhatgang. IV, 73. — in Ablaikit. II, 744. 1069.
Tempel-Oasen am Chumbulfl. in Harowti. VI, 809 ff.
Tempelwerke, die ausgezeichnetsten Indiens durch Kostbarkeit des Materials und Schönheit des Stils auf dem Berge Abu. VI, 732.
Temperatur der Gebirgsflüsse im oberen Sibirien. III, 181. — ungemein wechselnd in Sylhet. V, 406. — milde, von Malwa, berühmt. VI, 752.
Temperaturverhältnisse auf dem Hochlande Gondwana. VI, 506 ff. — auf den Himalayahöhen. III, 1009.
Temudschin, früherer Name des Dschingiskhan. II, 257.
Temuria s. Tiburia. IV, 40.
Temurtu-Nor (kalmück., d. h. der eisenhaltige See) am Thian-Schan. II, 388. 392. — s. Issikul. II, 333.
Tenasserim-Archipel. V, 84.
Tendek = Thian-te-kiun. II, 248.
Tenduch des Marco Polo. II, 232. 248.
Tenduk s. Diospyrus ebenum. VI, 510.
Tenkudajrah, Höhe. VI, 836.
Tendukaira, nahe dem Baranasfl. VI, 574.
Teneriffa, Pik von, Vergleichungspunkt in der Himalayakette. IV, 38.
Tenga, Ort der Sinhpho in Asam. IV, 377.
Tengalla, Hafenstadt auf Ceylon. VI, 191.
Tenga-Nadi s. Tenga Pani. IV, 346.
Tenga Pani, Zufl. zum Brahmaputra. IV, 346.
Tengdi, Ort am Spitifl. III, 571. 717. 726. 729 f. 766.
Tenggeri-chura (d. h. Regen vom Himmel). II, 508.
Tenggis oder Bhalkhaschsee. II, 398 ff.
Tengi Pah gaom. IV, 369.
Tengis-See, ob auch Name für den Koke-Nor? II, 439.
Teng jue tschu in Yünnan. IV, 748.
Teng-kor-oitur-Schan, Theil des Ektag-Altai. II, 1010.
Teng lieou mei (?). IV, 981.
Teng long, Provinz von Tongking. IV, 921.
Teng lung kang, am Dzangtsieu. IV, 272.
Tengri Nor (d. i. Götter-See). III, 414. IV, 228.
Tengri-Tag (alttürk. = Götterberg), d. i. Thian-Schan. II, 320. 337.
Teng-tschéou-fu, bedeutende Stadt auf der Halbinsel Schantung. IV, 541 ff.
Teng ye s. Teng jue tschu. IV, 748.
Tengyun, Zufl. zum Irawadi. IV, 749.
Tenikilita, Berg, s. Kuenlun. IV, 497.
Tenkudairah. VI, 574. 756. 838.
Teor, Dorf, am Nerbuda. VI, 576.
Teou-hian, chinesischer General, besiegt die Hiongnu 89 v. Chr. II, 492.
Teva, russisch, Vogelwild. II, 1035.
Teplaja-Bach (d. h. der warme). II, 873.
Tepokh gaom. IV, 369.

Teppiche aus Kameelhaaren in Tenduch. II, 259.
Teppichfabriken in Ning=hia. II, 161.
Teppichwebereien zu Yarkend. III, 555. 604.
Teralecare, Ortschaft der Suriani in Malabar. V, 613.
Teralli, Abtheilung der Tudas in den Nilgherry. V, 1030. s. Peiki.
Terat, Arm des Sfetledsch. III, 511.
Terebinthiacae, Waldbäume in Dschittagong. V, 414.
Teredo navalis, die Bohrmuschel, der einzige Feind des Teakholzes. V, 815.
Terek lak vayin, Ort auf der Route von Leh nach Yarkend. III, 638.
Tere=Kul s. Pe=luk. II, 1047.
Terekete, Berg. II, 329.
Terekta, Bach. II, 417. 929.
Terektinskische Alpen. II, 924.
Tereldzi, Fl. II, 532.
Téreldzi=dabâ. II, 504. 515.
Terelgi am Tulafluß, Schlacht zu (Juni 1696). II, 270. 307. 453.
Terelki-Tabahan. II 504.
Terepanthi (d. i. die 13 Wege). V, 747.
Terin, Bach zum Onon. III, 276.
Ter=ir=i, die heiligen Haine der Tudas in den Nilgherry. V, 956. 1038 ff.
Terkiri, falsch st. Tengri=Nor bei d'Anville. IV, 228.
Term=khada, chinesische Poststation. II, 330. — (mongol. = Filzjurtenfels), Paß. II, 332.
Terminalia alata, tomentosa. VI, 513.
Terminalia belerica. VI, 536.
Terminalia chebula. VI, 536.
Termiten, furchtbare Verwüstungen von ihnen angerichtet in Malabar. V, 924. — fehlen in den Nilgherry. V, 958.
Teroa, Hauptort auf Pulo=Panjang. V, 77.
Terpaling, Kloster in Tübet. IV, 263.
Terpentin, am Kulpusl. gesammelt. IV, 32.
Terpentinartiger Geruch in dem Schatten der Mangowälder. V, 892.
Terra Bhae, Heldin der Rajputen=Romanzen. VI, 895.
Terra Cottas, antike auf Singapore. V, 68. — zu Udinagur. V, 454.
Terra Japonica. V, 697. VI, 281.
Terrassenabfälle der Plateauländer. II, 37.
Terrassenkultur, Anfang derselben in HA. II, 118. — System derselben. IV, 680. — in Sirmore. III, 870.
Terrenos, d. i. Landwinde. V, 793.
Terria, Paß von. VI, 1165.
Territorial=Namen, üblich in Ober=Kanawar wie bei den Lairds in Schottland. III, 822.
Tertian=Fieber in Harowti. VI, 813.
Teruped. V, 781.
Tes, Fl. II, 486. 554.
Tesholie. III, 108.
Teshu=Lama s. Penjelam. IV, 158.
Teshu Lumbu, Capitale von Hinter=Tübet (Dzang). IV, 257. — Beschreibung. IV, 264—271.
Tesser s. Tussur, wilde Seide. VI, 513. 537.
Testudo Mydas. IV, 1110.
Teß, Dorf. II, 1092.
Tethcou, chinesische Stadt. IV, 557.
Tetiya s. Psittacus tortuosus. IV, 48.
Tetrao cinereus. IV, 1109.
Tetraó coturnix. IV, 1109.
Tetrao lagopus, Schneehuhn. II, 715. 884.
Tetrao parodoxa. II, 756. 757.
Tetras (Laserpitium), Wunderpfl. der Savoyarden. II, 95.
Tetuh. IV, 786.

Teufelsbaum s. Ficus indica. VI, 666.
Teufelsbrücke von Bhairog'hati. III, 935.
Teufelsglaube der Kukis. V, 376.
Teufels-Muräne s. Salmo oxyrhynchos. III, 109.
Teu-hien. II, 492.
Teuna, Dorf auf dem Tschamalari in Bhutan. IV, 154.
Teurkung. III, 740.
Teuthie, Dorf am Pabur-Strome. III, 785.
Teva, König von Nepal. III, 456.
Teya, d. i. Berg in der Miemisprache in Asam. IV, 354.
Teygunnum s. Mukurtu-Pik. V, 959.
Thabi, der Weiberrock der Birmaninnen. V, 272.
Thac, Kuh, (oder ob Nilghau?) bei den Avanesen. V, 245.
Thacca-koti, Ort am Ghandaki. IV, 14.
Thadin deng, Gebirgswasser in Martaban. V, 138.
Thae-man. II, 487.
Thagsi, Stamm der Gurung. IV, 20.
T'hai s. Siam. IV, 1063.
Thaïgin (M. Polo) s. Phu-tsin. IV, 516.
Thaï Gonne s. Saigun. IV, 1048.
Thaihu, See. IV, 693.
Thai-hua, Berg. IV, 512.
Thaipe-Shan. IV, 510.
Thai tsu, Begründer der Mingdynastie in China. IV, 553.
Thaï-tsung, chinesischer Kaiser. II, 313.
Thak-Geb. II, 114.
Thaka-Koti, am Zusammenfluß des Kali und Narayani, Hauptmarkt zwischen Tübet und Mastang. IV, 17.
Tha-kham, Fl. V, 81.
Thakkeh Thikitaon-Berge. V, 164.
Thakur, Tafel des. VI, 810.
Thakur, Culie-Häuptlinge. VI, 619.
Thalictrum alpinum. II, 949. III, 272.
Thalictrum aquilegifolium. II, 631.
Thalspalten. II, 32. Begr.
Tha-mas s. Boddhi-Darma. III, 1120.
Tham Pagu, Pegu-Provinz. V, 132.
Thampe s. Thaumpe. V, 188.
Than. IV, 1024.
Thána, Ort in Kaschmir. III, 1144.
Thandanaad s. Tuda Naad (?). V, 956.
Thandu-Bawani, Berg. III, 857.
Than-dwa, das Gebiet, s. Sandoway. V, 309.
Thanes, Polizeidistrikte Orissa's. VI, 555.
Thangi, Ort am Tidungfl. III, 802.
Thang itschen, chines. Marktort. IV, 693.
Thangtschang, die, rühmen sich von einem Affengeschlechte herzustammen. IV, 766.
Thankot, Stadt in Groß-Nepal. IV, 65.
Than la wati, Sanskritname des Kyen duen. V, 220.
Than lwen s. San-luaen. V, 141.
Than-muan, Gebirge, s. Tangnu. II, 1115.
Thannah Gandragam, Ort in Bhutan. IV, 169.
Thanno, Ort am Dschemna. III, 859 f.
Thanusar s. Thanesur. V, 498. 499. — Untergang des Heiligthums durch Mahmud den Gazneviden (1011 n. Chr.). V, 498. 499. 540 ff.
Thao-ho (?), Fluß. II, 249.
Thar, gemsenartiges Thier in Kamaun. III, 1037.
Thaoris, Räuberkaste in Bikanir aus den Kutchgegenden. VI, 999.
Thapas, eine der 8 geringeren Kriegerkasten in Nepal. IV, 119.
Thapin nyu (d. i. der Allwissende), Tempel des Buddha in Pugan. V, 214.

Thappah, Majordomenfamilie der Gorkha's. III, 515.
Tharet myo, Ort am Irawadi. V, 196. 197.
Thata s. T'ata. II, 275.
Tha-thaa, falsche Orthographie. II, 277.
Tha-thsin (= die östlichen Thsin), d. h. das byzantische Reich. II, 210. IV, 519. 798. 813. 979.
Thatuko, Militärposten in Martaban. V, 139.
Thau auf den Himalayahöhen. III, 1008.
Thaubwes. V, 288.
Thay, die Siamesischen. IV, 1139. 1230. — erobern Asam. IV, 307. V, 367.
Thay-Loun s. Kasi-Shan. IV, 377. 1231.
Thaywan, Hafen auf Formosa. IV, 861. — auch Name der ganzen Insel bei den Chinesen. IV, 858.
Thea bohea. III, 232.
Thea viridis. III, 232.
Theater, chinesisches, in Maimatschin. III, 203.
Thebais, birmanische zu Pugan. V, 212. VI, 671.
The-bou. III, 232.
Thé Boui. III, 209.
T-hed, Dorf in Kaschmir. III, 1165.
Thee, erster in Moskau. II, 550.
Thee, Kultur, Verkehr, Verbrauch, historisch-geographische Verbreitung desselben, zumal auf dem Landwege aus dem Süden China's durch Tübet, die Mongolei nach Westasien und Europa, über die Urga und Kjachta. III, 229 bis 256. — vom Pu-cul-Berge in Yünnan. III, 238. IV, 754. — aus China nach Korea verpflanzt. IV, 634. — Hauptmarkt für, zu Ta-tsian-lu in Tübet. IV, 190. — Tschagirskischer (Surrogat). II, 863. — grüner von Formosa, in China als Medikament gebraucht. IV, 872. — schwarzer, der beste in Fu kian. IV, 774.
Thee-Ausfuhr aus China. IV, 855 ff.
Theebereitung bei den Kalmücken und Buräten. II, 974. 1072.
Thee-Boe. II, 863.
Theehandel. IV, 851 ff.
Thee-Koppe. II, 863.
Thee-Obossen. III, 133.
Theepflanze, nördlichste Grenze ihrer Cultur in China. III, 236. 244. IV, 511.
Theepflanzungen, die südlichsten, III, 245. IV, 670. — am Poyangsee. IV, 676. — am Ta Kiang. IV, 658.
Theeprovinz (chines.) des südwestlichen Tsche Kiang. III, 245. IV, 662.
Thee-Schenken, chinesische, wo zuerst von W. her? II, 119.
Theestrauch in Aracan. V, 335. 419. — Anpflanzung desselben in den Nilgherry. V, 983. — in Ava. III, 239. IV, 1229. V, 249. — wild in den Wäldern am Fl. Takiang. IV, 655. 658. — in Thaumpe. V, 189. — duftende gelbe Blüthen desselben. IV, 680. (Novbr.)
Theetrinken als Mittel gegen die Kröpfe in Ladakh. III, 622.
Theerbaum in Cochinchina. IV, 1022 f. — in Jyntea. V, 388. s. Goudron.
Theinga s. Tenga Pani. IV, 346. 397.
Theismus der Chinesen. IV, 970.
Theiß- und Hernadthal im Kaschauer Grunde, Heimath der Tokaierrebe. II, 688.
Tekki-Nala. IV, 398. s. Tashyiat.
Thempi, Dorf in Ober-Kanawar. III, 830.
Thengal, Tribus der Sinhphos. IV, 379.
Thengan s. Canoëbaum, V, 153.
Then gyo, das Buch der Metaphysik bei den Birmanen. V, 286.
Theogonie der Inder. II, 7.
Theog-Pik in Sirmore. III, 840. 866.
Theophilus, christlicher Missio-

nar aus Diu (Sokotora) unter Kaiser Constantinus. V, 602.
Theouthang, auf der Buthang-Route in Tübet. IV, 197.
Theönar, Pinus-Art in Sirmore. III, 862.
Thep, Tribus der, zu Punakha. IV, 156.
Ther, Thierart in Kanawar. III, 774.
Thera, Ort in Kutch. VI, 1053.
Theriaki (pers.), flüssiges Opium. VI, 776.
Thermometerbeobachtungen zu Lumlangtong. V, 362. — zu Moslen. V, 396.
Thermopris alpina. II, 714.
Thespesia papulnea, baumartige Malvacee. V, 979.
Theutscha, Arm der Angara. III, 38.
They wan hian, Distrikt von Formosa. IV, 864.
Thian, das nordwestliche Yünnan. IV, 205.
Thianhi Schan, Schneepik der östlichen Fortsetzung des Himalayagebirges. IV, 402.
Thian-mu (chinesisch), d. i. Holz vom Himmel, aus Kaschmir. III, 1113.
Thian-Schan-Geb. (d. h. Himmels-Geb.) II, 315. 320 ff. 493.
Thian-ko-li-ju-tha-ha (turk. i. e. mons Dei). II, 558.
Thian-men-Schan, Schneeberg. II, 171.
Thian-Schan-Nan-lu, chines. Prov. II, 325.
Thian-Schan-Pe-lu, chinesische Prov. II, 325.
Thian-tchhi (chinesisch, d. i. Himmels-See) s. Tengri-Nor. IV, 228.
Thian-te s. Ten-duch, Stadt am Hoang-ho. II, 248.
Thiante-kiun. II, 248.
Thianthankouan, Fort in Yünnan. IV, 225.
Thian tsin, chinesische Stadt. IV, 569.
Thian-tsu, d. i. Sohn des Himmels, Titel des chines. Kaisers. II, 213. 267.
Thiantu s. Pe-Intu. III, 648.
Thi-a-Tsong-l-Te-b Dsan, tübet. König, Sieger gegen China, im zehnten Jahrhundert n. Chr. IV, 240.
Thieï-le. II, 441.
Thiei-li-wen-pan-tho. II, 507. (Thieï-li-wen-pho-tho.)
Thieï-mu-tschin s. Temudschi, Timur. II, 507.
Thie khi yng, chines. Militärlager. IV, 411.
Thiele s. Tschhyle. II, 345.
Thielï-mu-tschau-tscha, Paß. II, 429.
Thien chou, wilde Katzen in Tübet. IV, 235.
Thierberge, die vier, in Tübet. IV, 219.
Thiercyklus, ostasiatischer, von den Hakas erfunden. II, 1125. bei den Siamesen. IV, 1155.
Thiere, Wahrsagen aus den Schulterblättern der, bei den Kalmücken. II, 975.
Thierfiguren, in den Fels gehauene, auf dem Dolen-Kara. II, 655.
Thiergefechte bei den Hakas. II, 1133. — in Lucknow. VI, 1149.
Thierhospitäler in Baroach und Surate. VI, 629. — Indiens. V, 895. — der Jainas. V, 749.
Thierknochen, fossile, kolossale, am Irawadi. V, 203 f.
Thierkörper, Elektrizität derselben während der heißen Winde in den Ländern des Gangessystems. VI, 1110.
Thierkreis. V, 528.
Thierkreisbilder in Aracan. V, 329.
Thierplagen in Malabar. V, 924.
Thierreste, organische, in den Garobergen. V, 401.
Thierverbreitung, antediluvianische. V, 204.
Thiha (d. i. Löwe). VI, 721.
Thikitàon (d. i. Hoher Berg). IV, 398.

Thi la ſhen, Nonnen in Ava. V, 288.
Thimpoab. IV, 159.
Thimpu=Zimpe. IV, 160.
Thinganbaum in Ava (ſ. Hopoea odorata). V, 252.
Thing ngan hian ſ. Thung=ung. IV, 890.
Thing nyi, Laosſtadt in Ava. IV, 1236. V, 276.
Thing=tſchéou, Stadt. II, 348. 384.
Thin=tſou-thaan ſ. Tien=ſan=tan. IV, 668.
Thipong (?), chineſiſche Stadt. IV, 824.
Thiſrong l The b Dſan, König von Tübet (von 790—845 n. Chr.). IV, 240. 278.
Thiſtle, Inſel des Koreaarchipels. IV, 622.
Thit, Längenmaaß der Birmanen. V, 266.
Tho, birm. Name des Schaafs. V, 258.
Tho, Baſtard zwiſchen dem Yak und der gemeinen Kuh. III, 617.
Tho=burskid, Name der Sprache in Sungmun. III, 826.
Thoda ſ. Tuda=Naad. V, 989.
Thodawan ſ. Tuda=Naad. V, 989.
Thodawur ſ. Tuda=Naad. V, 989.
Thoggia Chunmo, Station. III, 613.
Tho=hou=la, Fl., d. i. Tula. II, 558.
Thoka ſ. Amherstia nobilis (birman.). V, 151.
Tho=lai=ho, Steppenfl., Quellen deſſelben. II, 187.
Thomas, der Manichäer. V, 608.
Thomas, der Apoſtel. II, 284. V, 601 ff.
Thomas, St., Zimmtpflanzung daſelbſt. VI, 130.
Thomas Cama. V, 608.
Thomaschriſten, für ſolche wurden irrthümlich die Banianen gehalten. V, 443.
Thome Cananeo. V, 608.
Thon, Wichtigkeit deſſelben in Bezug auf den Waſſerbau. VI, 1213.
Thoneiſenerz, zelliges; großes Lager deſſelben durch die Mitte des Plateaulandes im Oſt des Chumbulthales. VI, 746.
Thoneiſenſtein, zur Politur marmorner Statuen gebraucht. V, 228. — im Quarzfeld. V, 29. 30. 61.
Thonflächen, harte, wie ein Brett klingend unter dem Huftritt der Pferde. VI, 991.
Thonſchiefer. VI, 465. 576. — den Grauwackenbildungen ähnliche mit ſenkrecht emporgerichteten Schichten. VI, 590.
Thonſchieferberge von bedeutender Höhe am Irtyſch. II, 677.
Thor ſ. Thour. III, 867.
Thor=po ſ. Hor, Khor. IV, 181.
Thoſan ſ. Fu=ſchan. IV, 617.
Thou=khou=hoen, kleinerer Hiongnuſtaat von 312—663 n. Chr. II, 202.
Thou=khoula, Fl., d. i. Tula. II, 500.
Thour, Dorf in Sirmore. III, 867.
Thow Zeb, Tribus der Bhotiyas. IV, 166.
Thranbereitung aus dem Callionymus baccalensis. III, 110.
Thron Aurengzeb's. VI, 646.
Thränen=Pinus ſ. Rai, Re, Realia. III, 991.
Thränen=Weide, die, auf dem Kulu=Kaſchmir=Himalaya angepflanzt als höchſter Baum daſelbſt. III, 1068.
Thſan, Fl., Schlacht zwiſchen den Uiguren und den Mekrit. II, 346.
Thſan=pan, Königreich; ob Tſiampa? IV, 980.
Thſao=ho ſ. Kaiſerkanal. IV, 550.
Thſian, chineſ. Kupfermünze. II, 125.
Thſiang thang kiang ſ. Tſche kiang. IV, 702.
Thſilada ſ. Thſiuan=lo. IV, 638.
Thſinghu, See. IV, 693.
Thſing hua, graue Gerſte der Chineſen. IV, 235.
Thſing khi hian, Stadt in China. IV, 418.
Thſingtſchhuankiang, Fluß am Weſtade von Korea. IV, 623.

Thſin-Ling ſ. Pe-ling. IV, 510.
Thſiuan-tſcheou ſ. Chentio. IV, 638.
Thſouanman ſ. Karaïn. IV, 741.
Thſu cheou, Pelze von, IV, 233.
Thſu hiung fu, Stadt in Yünnan. IV, 740.
Thſu-kia, Berg. II, 312.
Thſung-ling (ſ. Zung-ling), d. i. Gebirge der Zwiebeln. III, 411, — als Meru der Chineſen. IV, 501.
Thſung ming, Inſel vor der Mündung des Ta-Kiang. IV, 537.
Thſung-thſeu, d. i. Tübeter (chin.). III, 465.
Thſy ſchan tao, Inſel im Weſtmeere von Korea. IV, 615.
Thſy-tſung, Fl. in China. IV, 418.
Thuaring, Theil von Marang. III, 808.
Thucydides, der britiſche für Indien ſ. R. Orme. V, 788.
Thufan, tübetiſches Reich, Entſtehen und Wachſen desſelben ſeit dem Anfange des achten Jahrhunderts. II, 367.
Thuglung Nullah, Zufl. zum Indus. III, 609.
T'hui-Pik. III, 935.
Thuja orientalis. IV, 546 f.
Thu-khu-la, chin. = Tula, Fl. II, 529.
Thu-kiu. II, 197. 245. 437. 478. — ihr Urſprung. II, 437—440. — Reich der (552—703 n. Chr.). II, 478.
Thu-kiu-Dizabul. II, 489.
Thuku, Fl. II, 504.
T'hul (d. i. die Wüſte). VI, 945 ff. — das Tiefland an der Weſtſeite der Mewarkette. VI, 908.
Thu-la, chineſ. = Tula, Fl. II, 529.
Thulatum, eine Art haariger Stachelbeeren in den Nilgherry. V, 984.
T'hul ca Tiba (d. i. die Wüſte der Sandhügel). VI, 945.
Thum, Nachtwachen der Siameſen. IV, 1154.
Thu-men, Khakhan, Gründer des Reiches der Thu-khiu (552 n. Chr.). II, 478.
Thumuriya-Dhupi, Iuniperus-Art in Nepal. IV, 59.
Thung, d. i. Hunde, Sklaven in Kambodja. IV, 983.
Thung-kuan, Paß von, berühmt in der chineſ. Kriegsgeſchichte. II, 164. IV, 512.
Thunp-la, Gebirgskette in Südtübet. IV, 178. 219.
Thungthang, chineſiſcher General im Kriege gegen Nepal. IV, 39.
Thung-ung, Stadt auf der Inſel Hainan. IV, 890.
Thun-hoang, Territorium an der Wgrenze China's. II, 202.
Thunná-a ſ. Thána. III, 1144.
Thunſilao. IV, 828.
Thu-po, urſprünglicher Name für Tübet. IV, 178.
Thurmkrähe [ſo iſt zu leſen, ſtatt Thurmſchwalbe, Corvus monedula]. III, 26.
Thurmſäule zu Chitore, nächſt dem Kutub Minar in Delhi die gewaltigſte in Hindoſtan. VI, 820.
Thurr ſ. Thul. VI, 908. — ſ. Rooe. VI, 945.
Thu-ſzu, Hordenhäuptlinge mit dem Range eines Mandarins. IV, 189.
Thu-tu (chineſ. = Provinzgouverneur). II, 1116.
Thu-wo-la, chin. = Tula, Fl. II, 529.
Thu-yuan-ſchui, Fl. III, 400.
Thyam Pago ſ. Tham Pagu. V, 132.
Thylacites, gebauter Mohn. VI, 775.
Thy-wa-thang (d. i. der Eiſenweg). IV, 253.
Thy wone. IV, 825.
T'hwa, Längenmaaß der Birmanen. V, 266.
Ti, Schirme der ſiameſiſchen Architektur. IV, 1114. V, 171. — ſ. Di. IV, 354. — d. i. Souverän. IV, 976.
Tia ſ. Stia. III, 737. 738.

Τιαγοῦρα (Ptolem.) s. Deoghir. V, 487. 562.
Tiä (Thee) statt Tscha, Tschaï. III, 231.
Tian-sa s. Thian-tsu.
Tian thsang Schan, im Westen der Stadt Tali. IV, 408 f.
Tiar s. Tir.
Tiar, Tir, die Kaste der Landleute in Malabar. V, 850. 925. 936.
Tiba, Name für die Sandstreifen und Dünenreihen in der Wüste Sind. VI, 945.
Tibareihen am Indus. VI, 951. 1007 f.
Tibang gaom. IV, 369.
Tibbe, Ort an der Grenze des Rajputenstaates Bhutnair und des Gebiets der ostind. Comp. VI, 1001.
Tibrikot, Grenzfeste Yumila's. IV, 29.
Tibrisundari, Göttin, Tempel derselben in der Grenzfeste Tibrikot. IV, 29.
Tiburia, Fl. zum Trisul-Ganga und Ort. IV, 40.
Ticay s. Laurus Cassia. V, 699. 824.
Tichaja, Altaïalpenstr., Quellfluß der Ulba. II, 711.
Tickal, Gewicht in Pegu. V, 172.
Tiding, Zufl. zum Brahmaputra. IV, 344.
Tidung, Fl. im Ralding-Kailas. III, 693. 801 ff.
Tiefländer, gesonderte, Asiens, ihre Formen und gegenseitigen Stellungen. II, 67 ff. (Charakteristik derselben.)
Tiefthäler. II, 32. Begr.
Tiekse, Name der Mandschutartaren bei den Koreanern. IV, 646.
Tien-san-tan (chin.), d. h. Himmelspfeiler, eine der Katarrakten des Ta-kiangsi. IV, 668.
Tien sing s. Thien tsin fu. IV, 566 ff.
Tien tschu, chines. Name der Inder. IV, 845.
Tien-tse s. Thian-tsu.
Tien tsin oei, das Meer von. IV, 552. 557.
Tien tsuen. IV, 503.
Tilats in Kutch. VI, 1061.
Tiger, dem Aristoteles unbekannt. V, 481. — bengalischer, von Megasthenes beschrieben. V, 482. — fällt in den Nilgherry nie den Menschen an. V, 985. — in Sibirien einheimisch. II, 1125. — am NOrande von HA. II, 118. — bei Henzadasi. V, 178. — in der chines. Provinz Kiangsi. IV, 659. — in NWchina. II, 131. — bei Ninguta am NOrande von HA. II, 95. 512. — im Altai. II, 653. — in Martaban. V, 146. — um Seran. III, 763. — Verwüstungen derselben in Malwa. VI, 772. — Beschreibung derselben in den Sunderbunds und der durch sie angerichteten Verheerungen. VI, 1198. — ihre Dreistigkeit an den cochinchinesischen Küsten. IV, 1040. — in Kamaun. III, 1018. — auf der Insel Hainan. IV. 883. — angebliche rothe mit einer Mähne im Himalaya (ob Löwen?). III, 1020. — angeblich auf der Wküste von Korea. IV, 629. — vermehren sich in den Zeiten der Menschenwirren. V, 729. — s. auch Löwen. IV, 416. — fehlt auf Ceylon. VI, 19. 143. — nicht auf Borneo. V, 915. — der schwarze, seine Heimat. VI, 594. — gezähmte. VI, 633. — von den Erilligern. V, 934. — Bild des ostasiatischen Zodiakus. II, 1125. — Kampf derselben mit gezähmten Elephanten als Schauspiel in Cochinchina. IV, 938.
Tigeräkbach zur Bjelaja. II, 584.
Tigheräzki-Bjelki. II, 583. 585. 802. 866—872.
Tigheräzkoi, Festung (eigentlich Dorf). II, 869 f.
Tighir-Kul. II, 1024.
Tigra, Höhe. VI, 836.
Tigris, Fl., Bedeutung des Namens. III, 666. IV, 836. — s. Tschu-kiang.
Tiharu am Ssetledsch, ehemalige angebliche, Ruinen das. V, 465.

Ti=hoa, das alte Urumtsi der Uiguren. II, 197.
Tih=sze, Fl., s. Tes. II, 554. 1061.
Tijaru, Name des Opiums in Jhoudpur. VI, 958.
Tika s. Blutmarke; auch bei den Minas in Jeypur. VI, 933. — der Bhils. VI, 610. — Königstitel. IV, 24.
Tikar, Berg. III, 857.
Tikhur s. Curcuma angustifolia. VI, 505.
Ti=kiang, Stadt am Ta=kiangfl. IV, 679.
Tikker, Bergfort. III, 865.
Tiklipotar Mukh, Ort in Asam. IV, 313.
Tikliya Nagas, Kannibalenstamm in Asam. V, 371.
Til, ölgebende Pflanze in Aracan. V, 319. — s. Sesamumöl. IV, 75. VI, 885.
Tilahmulah, Gegend in Kaschmir. III, 1157.
Tilaknath, Tempelort im Dschinabthale des Kulu=Kaschmir=Himalaya. III, 553. 1068.
Tilaoyn s. Taloyn. V, 379.
Tilgam, Pergunnah von Kaschmir. III, 1137.
Til Ghar, Bergstr. III, 931.
Tilgong s. Tilgam. III, 1137.
Tilibon, Stadt von den Birmanen zerstört. V, 75.
Tilly Ghat. VI, 483.
Tilogrammum bei Ptolem., das jetzige Calcutta. V, 507.
Tiltil, linker Zufl. des Ssatadru. III, 674. 683.
Tilung, Dorf am Brahmaputra. IV, 343.
Tilvara=Ghat, Nerbuda=Uebergang im Süden von Jubbulpur. VI, 576.
Tilyn s. Taloyn.
Timashis, Silberstücke in Ober=Kanawar. III, 828.
Timbu Dewar, Subah von, in Bhutan. IV, 161.
Timeracota. VI, 469.
Timi, Stadt in Gr. Nepal. IV, 72.
Tim=ko, Berg. II, 352.
Timley s. Timli=Paß. III, 852.
Timli=Ghat in Gherwar. III, 1031.
Timli=Paß. III, 517. 743. 851 ff.
Timoan, Timun, Insel. V, 10.
Timor, Handel mit Singapore. V, 73.
Timpock, große Handelsstadt in China. IV, 824.
Timur, Ort seiner Kaiserwahl. II, 144. — verpflanzt die Kriegselephanten nach Samarkand. V, 575. 912. — desgleichen das gelehrte und poetische Arabische Schiras. III, 1108. — sein Eroberungszug nach Indien. III, 429.
Timur Shah, Afghanenkönig von Kabul und Kandahar (1773 bis 1793). III, 1174.
Timur=tcháncha, Paß. II, 429.
Timur=usu, Zufl. des Gr. Kem. II, 1049.
Tin=bulak, Morast. II, 423.
Tindal, d. i. der Steuermann, auf indischen Schiffen. VI, 169.
Ting, Usurpatorenfamilie in Tongking. IV, 972.
Tingalo, Festung in Parkur. VI, 1025.
Ting=hac, Hafen in Fukian. IV, 775.
Ting=har. IV, 782.
Tingiri (d. i. Himmel), Hauptgott der Hakas, Buräten. II, 1130. III, 126.
Ting=ling (d. i. respektable Alte). II, 1113. — indogerman. Völkerschaft ehemals am Westende des Baikal. II, 434. — s. Kashghar. IV, 496.
Ting=ngan, Fort bei Si=tschéou. II, 347.
Tingri=Myboun (d. i. Thal von Tingri) am Arun. IV, 41. 84.
Tingri=sanna, Kastell. IV, 97.
Tingri Tubet. IV, 97.
Tin=khi, d. i. Eisenfluß. IV, 418.
Tinmuc, Fagaraart, als Waldbaum in Nepal. IV, 54.
Tinneuelly, Distrikt in Süd=Dekan. VI, 10.
Tioja s. Tiö. II, 1083.
Tiong=slando s. Tchung=tsing. IV, 638.

Tiongbet, Fl., II, 1024.
Tiö, Zufl. zum Abakan. II, 1083.
Tiva s. Dhéba.
Tiperah, Stufenland. V, 406 bis 423. 507.
Tiperahketten, Fortsetzung derselben im Süden des Surmah. V, 380.
Tiperah-Wildnisse. V, 377.
Tippura, Berge von, in Hinterindien. V, 371.
Tipukow, See. III, 39.
Tir, die freien Landbesitzer in Malabar. V, 799.
Tir, Oasen der Induswüste. VI, 951.
Tirgutui, Bach zum Khilok. III, 167.
Tirhut, das Norduferland der Ganges-Mittelstufe bis zu den Vorketten des Nepal-Himalaya. VI, 1178 ff.
Tirhut-Birne. VI, 291.
Tirinaney (d. i. der Oberpriester von Kandy). VI, 217.
Tir-ir-is, die heiligen Tempelbezirke der Tudas. V, 1023.
Tiris s. Vaisya. V, 936.
Tirispun, im Industhale. III, 631.
Tir ka Dip, Ordal in Kamaun. III, 1056.
Tir-lik-Po s. Tirlikfee. II, 1047.
Tirma Shala. III, 1199.
Tirsula-Gebirge. III, 998.
Tirtapuri, Arm von, des Setledsch. III, 511. 660. 667.
Tirt'h, d. i. Wallfahrtsort (sanskr.). VI, 547.
Tirthakaras (d. i. Reinmacher, Reformatoren), die XXIV älteren Lehrer der Jainas. V, 745.
Tirthani, d. i. Tanks. VI, 93.
Tirudschipal, Raja von Penjab. V, 547.
Tiruvaluver, tamul. Schriftsteller. VI, 422.
Tiruvancodu s. Travancore. V, 786.
Tisäho, Fl., s. Tes. II, 1054.
Tisee, Stadt auf der Insel Hainan. IV, 889.
Tislootou, Fl. II, 495. 527.
Tissa, Prinz, in der singhalesischen Mythologie. VI, 160.
Tissa mehâ rihâra, großer Buddhatempel in Siam. IV, 1162.
Tissa-Tank auf Ceylon. VI, 238.
Tissik, Zufl. zum Lohit. IV, 383.
Tista-Bifurkationen im Dinajepur. VI, 1226.
Tiszu, d. i. Lehrer des Kaisers. IV, 281. s. Teshu-Lama.
Titanenkämpfe in Indien. VI, 473. — mit den Göttern des Olymp s. Daitnas. VI, 733.
Titch Bangsa, Pik. V, 22.
Titel der Birmanen. V, 221.
Titelsucht, als Zeichen moralischer Verderbniß eines Volkes. VI, 935.
Ti-theou-pou-li s. Dizabul. II, 479.
Titi, Fl., s. Changti. III, 828.
Titicaca-See in den Anden. III, 413.
Titug, Ort in Birma. V, 229.
Tizing, Ih., holländischer Gesandter in Peking (1795). IV, 832.
Tiuguriuk, Fl. II, 924.
Tiur, d. i. Fischer, in Orissa. VI, 559.
Tiurr-Baum, der heilige, der Tudas in den Nilgherry. V, 1039.
Tivara s. Tiur. VI, 559.
Ti wang ki niou, Abriß der Mongolen-Geschichte. III, 393.
Tjaakbaum (d. i. der Große Milchbaum) in Siam. IV, 1105.
Tjatoryschkoi, Redoute. II, 794.
Tjumen, alte Stadt, Archiv derselben untersucht von Müller. II, 750. — in NW. von Tobolsk. II, 675.
To, Fl., ob Tu kiang? IV, 416. (413).
Tobbat, Name Tübet's bei Edrisi, ob persischen Ursprungs? IV, 127. 177. III, 424.
Tobolsk, Sitz des chinesisch-moskowitischen Handelsverkehrs. II, 551. — Gründung (1587). II, 565.
Tocherikon s. Schirigli. III, 45.
Tochtorskoi Karaul. III, 275. 283.

Tockraw, Fl. II, 399.
Tocm Ghati. III, 887.
Tod, James, engl. Oberst und politischer Agent an den Höfen der Rajputenstaaten. VI, 730. 869 f.
Todamale, Ortschaft der Suriani in Malabar. V, 614.
Todat, Fl., ob = Osas? II, 1057.
Todawur s. Tudas. V, 1030.
Toddy, Palmwein der Kokos. V, 853.
Todeas, Stamm in den Nilgherry. V, 933.
Todesstrafe, Arten derselben in Asam. IV, 334. — aufgehoben in Rußland, seit 1769. II, 627. — in China in Zwangsarbeit in den Verbrecherkolonien verwandelt. II, 408. — äußerst selten in Jyntea. V, 392. — Beschränkung derselben auf Christen, Mohammedaner und die Khawes in Nepal. IV, 119. — bei den Römern auf die Ausfuhr des Eisens gesetzt. IV, 844.
Todesthal, das, von Mahanal. VI, 817.
Todevies s. Tudas. V, 1030.
Tod-gunge. VI, 900.
Todsche-See. II, 1047. (Todschi-Kul). 1050.
Todschlag, wie bei den Brahmanen bestraft. V, 928.
Todte, auferstandene. VI, 1203.
Todte, Behandlung derselben und Ceremonien bei den Bhotiya's. IV, 166.
Todten, die, den wilden Thieren überlassen von den Dsungaren. II, 448.
Todtenbestattung der Tudas. V, 1042. — auf Bäumen bei den Teleuten und Beltiren. II, 975. 1089. — bei den Buräten. III, 126. — der Dauren. III, 322
Todtenbestattungen und Todtenfeste der Bhils. VI, 616.
Todtenfeier der Buddagur. V, 1029.
Todtenfeld, das, von Mairta. VI, 987.
Todtenfeste, Freudenfeiern bei den Khyen. V, 282. — der Bhotiyas. III, 1011.
Todtenkultus der Brahmanen und Buddhisten; Verbrauch des Sandelholzes bei demselben. V, 821. — der Tübeter. IV, 286. — der Mugs in Aracan. V, 325. — der Sinhphos. IV, 380. — verhindert Emigration. IV, 944. [Man vergl. die schöne von Nodier in seinen Souvenirs mitgetheilte Stelle aus einer Rede von Vergniaud; auch im Franz. Handb. III, 528, Ausg. II. J. L. J.]
Todtenopfer, den Rajas von Jhoudpur dargebracht. VI, 981.
Todtenregister bei den Mongolen. III, 402.
Todtenurnen (mit der Leichenasche) bei den Garo's. V, 404.
Todtenverbrennung bei den Newars. IV, 124.
Tofans (d. i. Wirbelwinde) in der Sindwüste. VI, 994.
Togab, Tribus der Bhotiyas. IV, 166.
Toghluk, die Dynastie der, in Delhi. V, 566 ff.
Toghlukpur, Stadt. V, 577.
Toghon-Timur, Khagan der Mongolen. II, 533.
Togötu, Brunnen in der Gobi. III, 359.
Togrul s. Toli. II, 256. 291.
Tohfut ul Mujahidin, historisches Werk. V, 583.
Tojan, Fürst der Jeuschtalar (1605), unterwirft sich freiwillig dem russischen Scepter. II, 988.
Tojin, Name eines chinesischen Sojotentribus. II, 1025. 1052. 1142.
Toka, Ort am Godavery. VI, 429.
Tokai s. Gekko. IV, 1110.
Tokaierrebe, Lokalität ihrer Heimath. II, 688.
Tokansesepi s. Tokansse. IV, 496.
Tokansse, das Land. IV, 496.
Tokbo, Name des Hirtenlandes von Gertope. III, 603.

Tokta=Kandschig, Berge. II, 425.
Toktamüß, mythische Person der Kalmücken. III, 338.
Toktonai, mittlerer Quellstrom des Gelben Fl. IV, 651.
Toktokai, Land. IV, 183. Fluß ebendas.
Toktonai, Quellstr. des Ulan=Muren. IV, 651.
Tokty=Berge. II, 338. 400. 420. u. s. w.
Tola s. Tula.
Tola, asamesisches Goldgewicht (80 Gran). IV, 294.
Tola, d. i. Irrlichter, als Geister der jungen unverheiratheten Männer angesehen in Kamaun. III, 1054.
Tolai (ruff.) s. Lepus dauricus. III, 113.
Toleranz der Ladakhi's. III, 623.
Toli, erster Bang=khan. II, 256.
To=ling s. Tu=ling. III, 448. 605. (Nicht unbedeutender Marktplatz auf dem Hochlande von Undes, seit Andrada's Zeit nicht wieder von Europäern besucht.)
Tolinowoi Osero, Inseln in der Mündung der Untern Angara. III, 40.
Tolma, Ort am Daulifluffe. III, 1000.
Tolo (altchin.) = Tula, Fl. II, 529.
Toloi=Sumai, Dorf in der Nähe der chines. Mauer. II, 122.
Tolo=Nor s. Dolon=Nor.
To=lo=sse=ling (chines., d. i. Bergpaß Toloße). II, 1046.
Tolowkaja Sopka (Höhe üb. d. M.). II, 723.
Tolpura, Pik. III, 892.
Tolstaja Sopka. II, 816.
Tolstoï, das Große Kap, am Baikalsee. III, 13. 25. 65. 104.
Tolumbo, Stadt am Ravisl. V, 452. 466. 572.
Tom=Bascha, Gebirge. II, 1084.
Tomback. IV, 1090.
Tomba=Wodar. III, 812 f.
Tomlin, engl. Missionär, Gützlaff's Gefährte. IV, 803.
Tomo keü=Paß in Ober=Kanawar. III, 819.
Tomsk am Obi, Gründung der Stadt (1604). II, 565. 988. — Civilgouverneur von, wohnt in Barnaul. II, 849.
Tonay's, leichte Küstencanoes in Travancore. V, 789.
Tonda s. Ricinus palma Christi. V, 769.
Tondimana, Gebirgsgebiet in Dekan. VI, 295.
Tongho=Paß in Aracan. V, 341 ff.
Tonghoei=ho, chines. Kanal. IV, 552.
Tong=khwen, das Gebiet, s. Sandoway. V, 309.
Tongking, das Gouvernement, die Nordprovinz des Cochin Chinesischen Reiches. IV, 919 ff. — Geschichte von, nach den chines. Annalen. IV, 972 ff. — Grenzgebirge von, IV, 903. — Chinesen daselbst. IV, 807.
Tongla, Berghöhe in Bhutan. IV, 154.
Tongmi=Sambhoda s. Tuomi=Sambuoda. IV, 277.
Tong ngoai s. Tongking. IV, 953.
Tongo s. Taunu. V, 184. 198. 276.
Tongor, Provinz von Amboa. IV, 217.
Tong ping s. Tungphietschéou. IV, 551.
Tongri=cula, Kastell. IV, 97.
Tongsa s. Tangso.
Tongsigang in Bhutan. IV, 162.
Tong sse, chines. Name der Linguisten in Canton. IV, 843.
Tong su s. Thampe, Thaumpe. V, 146. — s. Taong=su. V, 188.
Tong taong, Ort in Ava. V, 250. — Gebirgskette. V, 250 ff.
Tong ting, See. IV, 662.
Tong traoing s. Cochin China. IV, 953.
Tong tschang fu, Stadt auf Schantung. IV, 545 ff.
Tong tschuen, Volkstribus. IV, 764.
Tongtu (d. i. Ost=Residenz).

IV, 976. — s. Kecho, Tongking. IV, 973.
Tonitorre s. Point Namen.
Tonkele s. Tungla. II, 530.
Tonkili-hulu. II, 508.
Tonkoe More, Sund des Baikalsees. III, 29.
Tonkoi-Kap am Baikalsee. III, 68.
Tonkoi-Utjos, Kap am Baikalsee. III, 13. 24. 25. 33.
Tòno, Berg in der Gobi. III, 349. — Sage darüber. III, 350.
Tond-Dola, Gebirgsgruppe. II, 524. 547.
Ton-ouang. II, 246. zerstört im J. 426 n. Chr.
Tonquin s. Tongking. IV, 953.
Tonse, Zufl. zum Dschumna. III, 744. 874 ff.
Tonse-Cataract, der, bei dem Dorfe Purwah in Bundelkhund. VI, 838 ff.
Tonsur, als Priesterweihe in Siam. IV, 1172.
Toon s. Cedrela. III, 1035 f. IV, 47. (in Kamaun.) — asiat. Mahagoniart. V, 420.
Toos-ai (d. i. Birkenmonat), Name des Julius bei den Katschinzen. II, 1095.
Toosham s. Tuham. VI, 727.
To ou an (chines. s. Ferghana). II, 203. III, 430. IV, 493.
Topa, Marktort bei Sinnig. II, 177.
Topary, Ort auf Ceylon. VI, 95.
Topas, dem Feldspath innig beigemengt. III, 289. — (Wasser-Saphire) auf Ceylon. VI, 109.
Topecondah. VI, 431.
Topes, Name der Mangowälder bei den Indischen Briten. V, 889. s. Stupâ's.
Topfstein. VI, 535.
Topfsteinbrüche bei Marnhully. VI, 279.
Topfsteinlager in den West-Ghats. V, 779.
Topol, d. i. die Balsampappel. III, 58.
Toptschugan s. Kotel. II, 895.
Tora, Kaste der Diamantgräber. VI, 355.
Torai s. Cucumis acutangulus. V, 719.
Torayen s. Toriahs. V, 1025.
Torci Odhcos, asiat. Volk bei Ctesias. II, 1127.
Toreas s. Vesta. V, 934. 935.
Torfartiges Erdreich in Ceylon. VI, 206.
Torgât, Reste der Keraït. II, 257.
Torgaut s. Turgut. II, 447.
Torghil Penzé, Station in der Gobi. III, 361.
Torgod s. Turgut. II, 446.
Torgui s. Derdji. II, 457.
Torgut, Stammverwandte der Olöth, treiben Handel. II, 420. s. Torgât.
Toriahs, die Webertribus der Buddagur. V, 1025.
Toring-chéri s. Tuirin. III, 363.
Torna, die Bergfeste. VI, 395.
Torom (d. i. der runde), See. III, 163.
Toro-Pira, Nebenfl. des Nonni-Ula. II, 114.
Toros-Dabaga, sechste Grenzsäule am, II, 1025. 1030.
Toroſſen, d. i. Eisklippen. III, 99.
Tortur in Cochin China (1799) abgeschafft. IV, 991.
Torun, d. i. Triumphbogen in Mundere. VI, 982.
Toruwar, d. i. Hirten s. Tudas. V, 1030.
Tosla, Zufl. des Kan-Tighir. II, 1005.
Tostu-jull (d. i. Salzbach). II, 1050.
Totea-Kaste. VI, 12.
To to, chinesischer Mandarin. IV, 553.
Tototribus der Bhotiyas. IV, 166. — ihr König Mekrit. II, 346.
To-to-fu, Fürst von Hami (†1404). II, 369.
Tote-sching (chin.) s. Houtanhejo. II, 232.
Totschenlka, Kalmückenfürst. II, 962.
Totters s. Tuca's. V, 1030.
To tung, auf der H'Lassa-Route durch Tübet. IV, 254.
Touchi s. Tuschi. IV, 496.

Tower, der, chines. Küsteninsel. IV, 778.
Töchter, den Burätenvätern verkäuflich. III, 118.
Töleß s. Teleß. II, 990.
Tönender Thonboden. VI, 1001. — Tönendes Lehmlager bei Seheranrur. VI, 1113.
Töpferei, Meister in derselben sind die Birmanen. V, 261.
Töpfereien, treffliche in Nepal. IV, 68.
Töpfererde in den Nilgherry. V, 968.
Törgöt s. Turgut. II, 446.
Törrö, Ehrentitel bei den Kirghisen. II, 777.
Tou-eulh-fan Turpân, d. i. Stadt der Turkfremdlinge. II, 347.
Toui, Steppenfl. vom Mittel-Altai. II, 496.
Toui-gol, Steppenfl. II, 555.
Toulai s. Tho-lai-ho.
Tou-lai-ho, ob identisch mit dem Goldfl.? II, 213.
Toulan-cara-Alin. II, 517.
Toun (Franziska Maria de), Capuciner-Pater. III, 458.
Toung s. Dong. V, 308.
Toung-houang-hiang, chinesische Stadt vom dritten Range. II, 205.
Toupo s. Doubo. II, 1136.
Turghé-Pira. II, 544.
Tou-ßu, Gouvernement von Bischbalik. II, 384.
Toute Tabahan, Bergkette. II, 490.
Tou-wei-kian, Berg. II, 499.
Tou-you-kian, Berg. II, 499.
Touy-Pira, Steppenfl. II, 555.
Towa, Zufluß zum Nerbuda. VI, 579.
Trabanten, Defin. (bei Gebirgsmassen). II, 33.
Trabar s. Mönche. IV, 94.
Trachytbildungen, ob an der Dschemnaquelle? III, 903.
Trachytinseln des südlichen Oceans. IV, 622.
Tradescantia, nov. spec. IV, 1038.
Traga, Name für die Blutopfer der Charun und Bhat auf Guzerate. VI, 1074.
Tragopyrum buxifolium. II, 655.
Tragopyrum pungens. II, 954.
Traill, G. W. III, 530 ff.
Trai locya dervana (sanskr. = Spiegel der drei Welten), geogr. Theil der Puranas. V, 521.
Trajamcall, sogenannter, in Podolien. II, 227.
Trang, Fl., Hafen. IV, 1082. V, 24. 75.
Tranquebar, im Caverydelta. VI, 294. 304 f.
Trapa bicornus, Cultur dieser Wasserpflanze am Poyang-See. IV, 687.
Trapa bispinosa. VI, 1116.
Trapa natans. II, 833. III, 114. 1190.
Trappen (Otis tarda) am Altai. II, 755. — indische. VI, 1120.
Trappboden, Trappformationen in Dekan. VI, 453.
Trappfels, isolirter, mit Gipfelbildung von Basaltsäulen. VI, 575.
Trappformation, Natur derselben. V, 673. — von Nimutch. VI, 746. — der indischen Halbinsel. VI, 844 ff. — zertrümmerte. V, 709. 714. VI, 269. 460. 505. 745. 854. vergl. Cotongrund. — schwarze. VI, 744.
Trauben, köstlich in der Oase Hami. II, 359. III, 205.
Traubenfrüchte des Himalaya. III, 1009.
Traubenhollunder s. Sambucus racemosa. III, 33.
Trauer, dreijährige in Korea. IV, 635. 644.
Trauerfarbe (weiß) der Siamesen. IV, 1148.
Trauerjahr bei den Kirghisen. II, 775.
Trauerkleider, buntgestickt bei den Kossyah's. V, 392.
Travancore, das Königreich. V, 786 ff. — auf den Bergen wächst der Pfeffer wild, ist aber von schlechter Qualität. V, 867.

Travertinbildungen um Tivoli. III, 667.
Trebeck, Gefährte Moorcroft's. III, 551.
Trendive-Inseln bei Ceylon. VI, 149.
Trepang, gallertartiges Seethier auf Ceylon (Biche de mer). IV, 1035. V, 122. VI, 146. — s. Holothurien. V, 10.
Treten des Ackerlandes in Martaban durch Büffelheerden. V, 144. [Vergl. Herodot. II, 44.]
Trichosanthes anguina. V, 719.
Trionyx, fossile. V, 204.
Trias, pantheistische, der Lamaïten. IV, 277.
Tribeni (d. h. die drei sich kräuselnden Locken). VI, 1169.
Trichina-vali. V, 522.
Trichter-Seen, Karpatische. II, 895.
Tricuta, der heilige Berg von, in Jessulmer. VI, 1004.
Trifolium cytisoides. III, 187.
Trifolium melilotus (Melilotus alba). II, 647.
Triglochin palustre. II, 740.
Trigonella foenum graecum. V, 719.
Trigonella ruthenica, Futterkraut. II, 647.
Trihuta s. Tirhut. VI, 1178.
Trimbuk Nassuck. VI, 427 ff.
Trimo, Fähre am Behut. V, 467.
Trimurti, die Indische. VI, 1093.
Trina-Druma, d. i. Grasbaum, sanskrit. Name der Palmen. V, 854. 864.
Trina Raja, d. i. König der Gräser. s. Borassus flabelliformis. V, 854 ff. — Ursprung der Niederlassung. VI, 37.
Trincomalli auf Ceylon. VI, 193 bis 196. — Vernichtung der dort. Kokosplantagen. V, 845. — Bedeutsamkeit des Hafens. VI, 1082.
Tringa alpina. II, 715.
Tringano, Tringanu, Malaienstaat. V, 5.
Tripang, s. Holothurien. IV, 794.
Tripatagâ Ganga, d. h. die dreipfadige Ganga. V, 497. Vergl. III, 498. 937. 940. 965. 990. 1014.
Tripati, Tripatly, berühmter Hindutempel. VI, 335 ff.
Tripura (Kukis von). V, 376. 409. — Bestandtheile des alten ehemaligen Königreichs. V, 413.
Tripurah, s. Tipe ah.
Tripurapuri, Ruinen von, am Nerbuda. VI, 576.
Trisul, der symbolische Dreizack Mahadeo's. III, 675. — Dorf. III, 918.
Trisul Ganga. IV, 15. 79. V. 506.
Tritalay, wichtiger Passageort in Malabar. V, 773.
Triticum aestivum. V, 718.
Triticum litorale. III, 72.
Triticum polonicum. II, 706.
Triticum tricorcon, kalmanka, vulgare. II, 794.
Tritonen, auch in der singhalesischen Mythologie. VI, 160.
Triumphbogen in Ahmedabad. VI, 648. — prachtvoller, zu Mundore. VI, 982. — in Canton. IV, 837.
Trivalur, Dorf am untern Panaur. VI. 313.
Trivanderam, Sommerresidenz der Rajas von Travancore. V, 787. 790.
Triveny, der heilige, d. i. der Verein der drei Flüsse Jamuna, Chumbul, Sind. VI, 750. — s. Tribani. VI, 1169.
Trividaratne, die buddhistische Trias, d. i. Buddha, sein Gesetz, seine Priesterschaft. VI, 236. 239.
Tri Retschki (d. i. die drei Bäche). III, 147.
Troglodyten in Tübet. IV, 262. — III, 575. 670. — s. Unterirdische Wohnungen.
Troglodytenstadt zu Dhumnar. VI, 826.
Trogne s. Takpo-Cini. IV, 214.
Trogne-gne, Missien zu, III, 459.
Troitsko Sawsk (Troitskaja Krepost), russ. Festung an der Kjachta. III, 185.
Troizkoi-Monastyr (d. i. Drei-

faltigkeits-Kloster). III, 65. 71. 105.
Trojanischer Krieg, ähnliche Sage in Indien. V, 499. III, 664.
Trollius asiaticus. III, 261. 272. II. 714. — Spielart von Tr. europaeus. III, 165. — nur durch die Nectarien unterschieden. II, 870. 878. — zur Alpenflor des Sore-Tau. II, 652.
Trompetenbaum, s. Bignonia suaveolens. V, 508.
Tropenlicht auf Ceylon. VI, 104. (?)
Tropfsteinhöhlen im Adon-Schelon. III, 288.
Trotto, Insel, s. Trutao. V, 21.
Troubadours der Rajputen. VI, 612.
Trugla, Trukla, Dorf in Martaban. V, 134. 150. 151.
Trumoa, Ort an der Vereinigung des Behut und Jelum. V, 573. — s. Trimo.
Trunkenheit, Laster der, bei den Katschinzen. II, 1097.
Trunksucht der Kalmücken. II, 934.
Truars, Melonenart. VI, 1024.
Trutao, Malaieninsel. V, 20.
Trüffeln, Reichthum daran auf Formosa. IV, 871.
Tsachar s. Tsakha. II, 444.
Tsagân-Balgassu d. h. weiße Stadt. II, 121. 124. III, 345.
Tsaganbotok, Berg. III, 400.
Tsagân-Nor s. Anguli-Nor.
Tsagan Saran (d. i. der weiße Monat), mongol. Neujahr. III, 204.
Tsagan-Temur, Nebenfluß des Baitarik. II, 554.
Tsagan-Tologoin-Daba (d. h. zu den weißen Koppen), Geb. am SOrande der Gobi. II, 121.
Tsagàn-tugurik (d. i. das weiße Rund), Salzsee in der Gobi. III, 352.
Tsahan-Araptan. II, 452.
Tsahan-Nor, Sommerresidenz des Kaisers Kublaï-khan. II, 140 ff.
Tsahan-olar, Zufl. des Gr. Kem. II, 1049.
Tsàhan-Suborhan, die weiße Pyramide. II, 230.
Tsaikol s. Bara, Kuji in Asam. IV, 325.
Tsaïli, Kloster in der Nähe von H'Lassa. IV, 257.
Tsakhar (d. i. Grenztruppen), mongolische den Chinesen unterworfene Fürsten oder Khane. II, 124. 127. 152. 266. III, 346. 396.
Tsakildek, Station in der Gobi. III, 359.
Tsal, einheimischer Name des Conocarpus. III, 855.
Tsang (d. i. Hinter-Tübet). IV, 208. — = Dzang, Jang, Jung. III, 735. IV. 175.
Tsangdjuba's in den Kutuchtu-Tempeln. IV, 206.
Tsang gan hien, Stadt im District Kian ning fu. III, 248.
Tsang-kiun. IV, 837.
Tsanpa (Mehlteig) wird bei den Tübetanern in das Haar der Braut gekleistert, als Zeichen geschlossener Ehe. IV. 204.
Tsan pu, Fl. in Tübet, ob identisch mit dem Irawadi? V, 345. — Häuptlinge der Sifan. IV, 504 f.
Tsanta s. Santa. IV, 749.
Tsardam, Salzebene. III, 216.
Tsa tsiu ka, heiße Bäder bei H'Lari in Tübet. IV, 255.
Tscha (chin. = Schleuse). IV, 552.
Tschabakan-Pira. II, 489.
Tschabakan, Fl. s. Dzabgân. II, 553.
Tschabina-Dabagan. II, 593. s. Sabyn-Taban.
Tschabit, Bach zur Tschuga. II, 946.
Tschadak, Fürst der Uleanghi. II, 1142.
Tschagankafluß zum Irtysch, mündend bei Dolonskaja. II, 757.
Tschaganka-Bach, Mündung in den Irtysch. II, 758.
Tschaganka, Fluß. II, 399.
Tschajan-togoi, Fluß. II, 421.
Tschaga tschag, Dorf und chin. Poststation auf der Route von Leh nach Yarkend. III, 640.

Tschaghandjang, s. Peman. IV, 742.
Tschaghgut, Titel des Finanzministers und Oberrichters in Ladakh. III, 625.
Tschagirka, Bach. II, 862.
Tschagirskoi. II, 583.
Tschagirskoi-Rudnik. II, 860. 862.
Tschagirskischer Thee. II, 863.
Tschahan-Pulac, Station in der Gobi. III, 362.
Tschaho, d. i. Schleusenfluß. IV, 560.
Tschai s. auch Rhododendron chrysanthum. II, 1023.
Tschaitschey Utjos, Möwenbai, Kap am Baikalsee. III, 13.
Tschaiya, Ort in Siam. IV, 1080.
Tschaiyak, Siamesischer Militärposten. V, 126.
Tschak-Baitarik, Fl. II, 554.
Tschakè-Pira, Fl. II, 554.
Tschakhan-khada, Berg des In-Schan. II, 239.
Tschakhan-Obo, Berg des In-Schan. II, 239.
Tschakhar s. Tso khar. III, 401.
Tschakilak, am Fl. von Misar. III, 638.
Tschaladala s. Ficus indica. VI, 667.
Tschalbutscha-Bach. III, 309.
Tschalkutschinskoi Karaul. III, 310.
Tschalinskische Festung. II, 895.
Tscha lo sumdo, Ort auf der H'Lassaroute durch Tübet. IV, 254.
Tschamalari, Pik. III, 485. IV, 153. — Höhe. IV, 137. 139. 142.
Tschama-see. VI, 503.
Tschamba s. Chamba. III, 1077 f.
Tschampa, Aboriginervölkchen an der Ostküste des Siamgolfes. IV, 1070.
Tschampon, Distrikt von Siam. IV, 1080.
Tschamtschar, Ort am Schayuk. III, 634.
Tscham-vou-Alin. II, 498.
Tschandra-pira (d. h. Monddiadem), König von Kaschmir. III, 1112.
Tschan drå pitha, König von Kaschmir. III, 1112.
Tschang, chin. Maaß (= 6 Fuß). IV, 531.
Tschangasta s. Sagistan. II, 782.
Tschanges, Karawanserai in Kaschmir. III, 1144.
Tschan-gan s. Si-ngan-fu. IV, 517.
Tschan-hua-hian, Distrikt von Formosa. IV. 864. Stadt das. IV. 868.
Tschang-i = Kan-tschèou. II, 225.
Tschang-i, Steppenfl. II, 225. 313.
Tschang-ki, Distrikt, Verbrecherkolonie. II, 381.
Tschang-kia-Keou, Thor der gr. Mauer. II, 100. 122. Stadt gl. Namens. II, 122. III, 368.
Tschang-kian, chin., Entdecker von Sogdiana und dem kaspischen Meere. II, 201 f.
Tschang ko tao, Alpenvölker in Kuangsi und an der Grenze von Kuangtong. IV, 766.
Tschang-koue, einstmalige Hptstdt. des Hia-reichs. II, 246.
Tschang-ngan s. Si-ngan-fu. II, 209. 286. — einstige Hptstdt. des Hia-reichs. II, 246.
Tschang-pe-Schan (chin.) s. Shagan-Ali. II, 89. 614. III, 321.
Tschang-tang, die Umgegend von Gertope. III, 550.
Tschangtefu, bedeutende Stadt am Tongting-See. IV, 662.
Tschang-tsche-fu, Hptstdt. der Provinz Honan am Siang-Kiang und Tongting-See. IV. 662.
Tschang tschun (d. i. ewiger Frühling), chin. Stdt. IV, 443.
Tschan-yan, d. i. Verbrecherkolonien der Chinesen. II, 408.
Tschantaban, nordöstlichste Pfefferplantage der Chinesen daselbst. V, 867. IV, 1068. — Provinz und Stadt in Siam. IV, 1067 ff.
Tschao-hoa, Stadt. IV, 522.
Tschao-Hoeï, Oberfeldherr der

Chinesen im Kriege gegen die Oelöth. II, 460. III, 252.
Tschao-modò (Tschao-mon) s. II, 518.
Tschao's, unabhängige Gebirgsfürsten von Yünnan in früherer Zeit. IV, 733.
Tschaou-tschéou, chines. Markt. IV, 503.
Tschaprang s. besonders auch III, 447 f. 605. 735 f. IV, 95.
Tschaptu-Nor, kleiner Salzsee. II, 536.
Tscha-pu-go s. Dzabgân. II, 553. 1061.
Tschar-Gurban, Nebenfl. des Irtysch. II, 645. 730. 760.
Tscharok. VI, 1202.
Tschartschi Kebur. II, 543.
Tschâr-Tschinar, d. h. die vier Platanen, Lustinsel im Dal-See bei Kaschmir. III, 1183.
Tscharysch, Fl. II, 578. — Quellen des, II, 859. 914. — Lauf desselben. II, 855 — 865. — Querthal des, II, 813. — Fl. II, 581.
Tscharyschkoi-Krepost. II, 864.
Tscharyschkoi-Krepost s. Werch-Tscharyskoy-Krepost.
Tschasa s. Opium. VI, 779.
Tschasak-Tarkan, chines. Ehrentitel. II, 372.
Tscha-saktu-Han, das westl. Departement der Khalkas. II, 1063.
Tscha-schan-jin, d. i. die Bewohner des Theeberges, in Ava. III, 239.
Tschasir kaong, Stadt am Latcheflusz, dem nordl. Arme des Ganges; geographische Lage. III, 475.
Tschassac-tu-Khan. II, 269. 1047. 1059. III, 397.
Tschassac-tu-Lama. II, 268.
Tschasti Brooi. II, 1011.
Tschasti-cola, mongol., s. Siue-Schan. II, 240.
Tschatak, Ort, eine Tagereise von Sylhet. V. 393.
Tscha-tschan-sin. II, 1060.
Tscha-tschighi, große Fischart in den Seen der Mongolei. II, 538.
Tschatschulicha am Tscharysch. II, 881.
Tschauar = Tsakhar Mongolen. II, 425.
Tschausk, alter Name von Kolywan. II, 836.
Tschay (Tschagirskoi). II, 863.
Tscha-yin-Thang s. Tschangtang. III, 550.
Tschaynaja-Sopka. II, 863.
Tschay-tübé, Berg. s. Dschai-Tubé. II, 788.
Tschebacken s. Cyprinus lacustris. II. 641. 761. 795. 833.
Tscheduba, Insel zu Aracan gehörig. V. 309.
Tschegar, Nebenfl. der Tschuja. II, 399. 944. 951.
Tschegan-Alpe, Höhe. II, 944.
Tscheganische Inseln. II, 951.
Tschegedyk, Fl. II, 762. — s. Kochbuchti. II, 789.
Tschegna s. Paeonia sibirica. II, 1090.
Tscheja-Steppe, hohe. II, 700. 1009.
Tsche-kiang, die Theeprovinz. III, 245. IV, 670.
Tschelafluß mündet in den Karnaphuli. V, 411.
Tschela-Bach zum Tscharysch. II, 895.
Tscheli, d. i. Gebiet. IV, 764.
Tschemurtai, Bach, Dorf. III, 150.
Tschen, Seehafen von Cochin China. IV, 954.
Tschenkwo, chines. Name der Schweden. IV, 838.
Tschenna, ein Berggetreide. s. III, 688. 622. — s. Panicum miliaceum. III, 1002 ff.
Tschéou, chines. Provinz zweiter Kl. II, 367.
Tscheou-hiang-tsching, Stadt im Lande der Ordos. II, 246.
Tscheragh-saldi. III, 638.
Tscheremcha (russ.). s. Prunus Padus. III, 47.
Tscheremoschnoi Muis (d. i. das Lauchkap) am Baikalsee. III, 13. 33.
Tscheremschanka, Dorf. II, 716. — das Ulba-Thal von, II, 717.
Tscheremschanskoi, russische Redoute am Narym. II, 666.
Tscherkessen, Pendants. VI, 642.

Tschernaja, Gebirgswasser des Khelsun. II, 686. — Zufl. zur Schilka. III, 296.
Tschernaja Beresa (russisch) s. Betula fruticosa. III, 286.
Tschernigowski. II, 622.
Tschernoi Muis, das Schwarze Vorgebirge, am Baikalsee. III, 10.
Tschernoschlif (d. i. wilde Pflaume, russ.) s. Prunus sibirica. III, 280.
Tschernowa, Zufluß der Buchtarma. II, 692. 693. 696. 923. s. Tschernaja.
Tschesnakolka (russ. d. i. Lauchberg). II, 712.
Tschesnakowa. II, 723.
Tschesnokofka, Colonistenwohnung. II, 866.
Tschesnokowaja-Sopka (d. i. Knoblauchsberg) II, 817.
Tschestie Brovi s. Zaghan Machan. II, 1067.
Tschétanga, Name der Laute bei den Katschinzen. II, 1097.
Tschetscha-Berg. II, 890. — Dorf, ebend. — Kalmückenkhan, ebend.
Tsche-tsche, Berg. II, 352.
Tsche-Tsching-Khan. s. Tsetsee Khan. II, 524.
Tschetschulicha, Nebenfluß des Tscharysch. II, 888 ff. — Dorf, ebendas.
Tschetschulichische Alpen. II, 888 f.
Tschha-keou, eine Staar-Art. II, 331. (Corv. graculus.) III, 228.
Tschhang-khuang-ye, Itinerar des, (940. p. Xr.) II, 203. 376.
Tschang-tu s. Tsiambo. III, 415. IV, 182.
Tschhang-ye, Territorium an der Westgrenze Chinas. II, 202.
Tschaohe, Fl. Einmündung desselben in den Takiang. IV, 679.
Tschhao-hu, See im N.O. von Nanking. IV, 511.
Tschhao-thian-Ling, Passageberg in China. IV, 522.
Tschha-tao, chin. Fort. II, 131.
Tschhatendrudsch, Radja von Ladakh. III, 625.
Tschenyu, Titel der Hiognukaiser. II, 194. 240.
Tsching, (chin.), d. i. Inspektor. III, 210.
Tsching kiang s. Pe-kiang. IV, 836.
Tschhing-tu-fu, Hptstdt. der Provinz Szü-tschuan in Süd-China. IV, 183.
Tschhyle, Uigurenstamm. II, 345. 441.
Tschi-Ukas (chin.). II, 537.
Tschi, Fl., d. i. Saja. II, 602.
Tschichkisch-Werschina. II, 1050.
Tschigatschek s. Tschugutschak.
Tschigue-Muren, älterer Seitenarm des Hoangho. II, 170.
Tschika, d. i. Seilbrücke, s. Tschinka. III, 1081.
Tschikir, Fl. in der Gobi. III, 363.
Tschikiri, Zufluß des Amur. II, 89. 614.
Tschikir-Sekien, Station in der Gobi. III, 364.
Tschikoi, Fl. s. besonders III, 169 ff. II, 504. — Quelle des, II, 503. — Lauf desselben, III, 172—184. — s. Tschuku. II, 527.
Tschikokan (d. i. der kleine Tschikan). III, 172.
Tschikta, Waldberg. III, 266.
Tschilkaïr, Tungusenstamm. III, 272.
Tschin, Landesfürsten in Hami. II, 368. — (die vier), chinesische Militairgouvernements. II, 197.
Tschindalan, chines. Wachtposten. II, 424.
Tschindan-Turuchuejskoi-Krepost. III, 284.
Tschindun-Turuk, russ. Grenzwacht. III, 287.
Tschin-fun, chines. Mandarin. II, 662.
Tsching (chines.), d. h. Ort ohne Mauern. — Dorf, selbst wenn es eine Mill. Einw. hat. IV, 671.
Tschinggis, Berg. II, 399. 631.
Tschinghel, Landstrich. II, 637.
Thingis-khan s. Dschingis-khan. — wird „der Schmidt“ genannt. II, 438. III, 122.
Tschingiskö, Flüßchen. II, 706.

Tschingis-Tau s. Tschinggis. II, 399. 631.
Tschin-gis-tei, chinesisches Grenzpiket an der Buchtarma. II, 588. 669. 694. 782.
Tsching-Kiang s. Pe-Kiang. IV, 665.
Tsching-kiang-fu, am Südufer des Kiang, der „Schlüssel des chinesischen Reiches von der Südseite" genannt. IV, 689.
Tsching-kie. II, 364.
Tschingri, Fluß in Hinterindien nach Rennell. V, 409.
Tsching-te-fu, chin. Departement. II, 139. — die alte Capitale von Szütschuan. IV, 413 ff.
Tschingti, chinesischer Kaiser. III, 648.
Tsching tien fu s. Thay wan fu. IV, 862.
Tsching tsching kung s. Koringa. IV, 832. 862.
Tschinguerate. III, 1144.
Tschin-kiang-fu, Stadt. II, 156.
Tschinlo (japan.) s. Quelpaarts, Stadt. IV, 609.
Tschinnany s. Chunduni. III, 1078. — Territorium des Radja von, III, 1080.
Tschino s. Tsena. II, 439. 927.
Tschin Raja Patam, Stadt. s. Chunroypatau. V, 723.
Tschin-Schihoangti. II, 199. (wo 210 v. Chr. Geb. zu lesen.) III, 519. 715. 761.
Tschin-si-fu, 14. Depart. der Provinz Kan-su. II, 380. — Gebiet von (d. i. Barkol), II, 486.
Tschin-su-ku, Berg bei Jehol. II, 139.
Tschin tho lo pili, König von Kaschmir, nach den chines. Annalen. III, 1112.
Tschin tscheo s. Zaitun. IV, 783.
Tschin-tschéou, Distrikt der Insel Hainan. IV, 883.
Tschin-tschieu, Fl. in Bhutan. IV, 138. s. auch Gaddada.
Tschin tschi kong, chines. Seeheld. IV, 682.
Tschintschin Stuchai, Zufl. zur Angara. III, 39.
Tschin-tschu Chincheu, s. Tsiuentschu-fu. IV, 775.
Tschin-tschu-Pu-kia, Khakan der Hoeihe. II, 557.
Tschi ping ho, d. i. der Fluß mit den rothen Ufern. IV, 497.
Tschir, Gebirge. III, 303.
Tschira Pundji (d. h. das Dorf der Wasserfälle), auf dem Plateaulande Jyntea, Sanatarium für die Bengal-Truppen. V, 393. 395.
Tschiranka, die Fischgabel der Tungusen. III, 43.
Tschiri, Fl. bei Lalung, in Cachar. V, 379.
Tschirirkoï-Osero. III, 47. 107.
Tschirirskoï-Golf im Baikalsee. III, 14. 47.
Tschirkan, Bach in der Bargusinsteppe. III, 61.
Tschiru s. Seru. IV, 99.
Tschischkisch, Fl. II, 1048.
Tschita, Zufluß zur Ingoda. III, 260.
Tschitinska, Station. II, 829.
Tschitinskoi, Station. III, 261. 269.
Tschitscheou-fu, Stadt am Ta kiang. IV, 681.
Tschoka s. Tarakaï. IV, 445 ff.
Tschokady, in Mangalore. V, 728.
Tschokihathi s. Saudi. III, 1143.
Tschokondo, Berg, 7670′ Höhe. II, 521. III. 4. 179. 263 ff.
Tscholoter, Fl. II, 495. 527.
Tschomuk (?). III, 1143.
Tschong, Volksstamm in Tschantaban. IV, 1070.
Tschong-kar = Dsungar. II, 447.
Tschong-kar, Reich, chines. d. i. Songarei. II, 453.
Tschonk-dschangal (d. i. der große Wald), Ort am Schayuk. III, 634.
Tschonk-Ulang, Ort am Schayuk. III, 634.
Tschono, Steppenflüßchen in der Gobi. III, 364. II. 542.
Tschorga, Ostarm des Bujas. II, 643.
Tschorna, am Saghalin-Ula. III, 297.
Tschortschai, Banner der Uliangchai. II, 1010.

Tscho tschéou. IV, 515.
Tschouang-lan (chinesisch d. i. Scheideweg), kl. Stadt und Fest. an der chines. Mauer. II, 176.
Tschou-ku. IV, 982.
Tschualan, d. i. grüner Thee in Büchsen. II, 420.
Tschuand-Thee. III, 253.
Tschud, Tschudi, Tschudaki, Tschutski, Tschuden, die verschwundene Nation. III, 338—342. — antike Schmelzöfen derselben in der Nähe von Minussinsk. II, 1103. — trieben den Bergbau nur mit Werkzeugen von Stein und Kupfer. II, 841.
Tschuden-Gräber. II, 649. 652. 669. 670. 686. 720 f. 733. 740. 758. 760. 761. 764. 783. 821. 823. 835. 896. 897. 901. 1020. 1075. 1103. 1133. 1135. III, 60. 61. 142. 271. 272. 274. 296. 325—333. — bei Ust-Kamenogorsk, geöffnet von Müller. II, 708. 720 f. — sehr alte, am Sentelek. II, 875. — an der Selenga. III, 159. — am Oisluß II, 1020. — alte, in den Granitbergen um Buchtarminsk. II, 679. — mit mächtigen Pfeilern am Irtysch. II, 783. — am Alei. II, 823. — Inhalt derselben. II, 649 f. — auf dem Sara-Tau. II. 652. — zum Theil wol eigentlich Hakasgräber? II, 1134. (Vergleiche III, 61.)
Tschuden-Schürfe und Schmelzwerke. II, 670. 725. 733. 819. 823. 841. 1079. 1085. 1092. 1103. III, 333—338.
Tschudskye-Kopy. III, 333.
Tschugutschak, auch Tabargataï genannt. II, 338. 674. 789. — Generalquartier, chin., II, 419. 650. — Marktort an der chines. sibirisch. Grenze. II, 382. 387. 419. — geograph. Lage.
Tschui, Fl. II, 395. 735.
Tschuischen s. Tschuja-Steppe. II, 953.
Tschuja-Alpen s. Altai Bjelkoi. II, 669.
Tschuja-Fluß. II, 941—953.
Tschuj-da. II, 807.
Tschu kiang, nördlicher Hauptarm des Si kiang bei Canton (d. h. Tigerfluß, Bocca Tigris). IV, 836.
Tschuku, Nebenfluß der Selenga. II, 527.
Tschuku-pai-schin s. Selenginsk. III, 146.
Tschulak-karagai, chin. Posten. II, 424.
Tschulkow, russ. Oberberghauptmann. II, 786.
Tschu lo hian, Distrikt von Formosa. IV, 864.
Tschultries (d. i. Pilgerherbergen). VI, 8. und öfter.
Tschulyschman, Quellstr. des Telezkoisees. II, 592. 980 ff. 1080 ff.
Tschumeh, Nonnen, buddhistische. III, 625.
Tschung king fu (chin. d. h. doppelte Freude), große Stadt am Ta Kiang. IV, 655.
Tschung-scheou-tsching, d. i. die Wächterstadt der Grenzen der Mitte, Lage. II, 248.
Tschung-thsin, Provinz, Kleidung der Küstenbewohner. IV, 621.
Tschung-tschy (1641—1661), erster Mandschurenkaiser. II, 266.
Tschura, Zufl. zur Angara. III, 39.
Tschu Sae-Inseln, die, vor Ningpo. IV, 700 ff.
Tschu-Schan, chin., Küsteninselgruppe. IV, 537.
Tschu tao (chin.), d. i. Bambusinsel. IV, 612. 615.
Tschuwaschewa, Dorf. III, 175.
Tschu-yue am Lop-See. II, 250.
Tschu-yüng s. Thsin hiung fu. IV, 740.
Tschüan, angeblicher Name des Flusses Dza'tchu. IV, 227.
Tschüpanowa, Station. II, 829.
Tschwasch, Salzniederlage am Irtysch. II, 795.
Tschy kang, d. i. der Rothe Berg auf Formosa. IV, 867.
Tschy-ku-tsching, d. i. die Stadt des Rothen Thales, Lager des Herrschers der U-siun. II, 432.
Tsedzi s. Sodschi. III, 81.
Tsena. II, 438.
Tsenta s. Santa.

Tseouang=Rabdau. II, 452.
Tseou yana, König von Cochin China (1166—1170 n. Chr.). IV, 977.
Tseprong s. Tschaprang, geogr. Lage. III, 476.
Tséreng, die drei, II, 458. 467.
Tsetsen=Khan, erster Khan der Khalkas, welcher sich an China unterwarf. II, 524.
Tseu, Name der Musa paradisiaca an den Ostküsten von China. V, 883.
Tseu thung s. Thsiouan tcheou fu Zaitun. IV, 780.
Tse=vang Arab=vang, Dsungarenkhan (1750). II, 405. II, 452. 464. 566. auch IV, 197.
Tsé=vang=Rabdan (1682). II, 370.
Tsevangraptan s. Tsevan=Arab=vang. III, 469.
Tshagan, mongolischer Weise. s. III, 392.
Tshang=kia=Keou = Thor der Familie Tshang in der Gr. Mauer. II, 99. 127. III, 396.
Tshil Minar, vergleiche Scheheßstambhle. VI, 979.
Tshin Schihoangti, chines. Kaiser († 210 v. Chr.). IV, 519.
Tshokhi (mongol.), chin. Kupfermünze. II, 125.
Tshouradjit. V, 351.
Tshumphoe, Fl. V, 109.
Tsi, Fl. IV, 693.
Tsiambo, Passageort in Tübet. III, 415. IV, 182. bes. 205.
Tsiang=kinu, d. i. General=Statthalter. II, 381. 406. 412. 1053. III, 397..
Tsiangkon (chin. korean.) Rhabarber. IV, 634.
Tsian=tsu=wang. IV, 196.
Tsiao (chin.), Bdtg. IV, 616. 622.
Tsi=efu. III, 369.
Tsieï=khiu. IV, 980.
Tsiela s. Ficus indica. VI, 680.
Tsien=hu=fu, chin. Titel. IV, 503.
Tsieou=tsiouan, Territorium an der Westgrenze Chinas. II, 202. — = So=tschéou. II, 214.
Tsi=ho, Fl. (ob Tsin oder Ta tsin ho?) IV, 551 f.
Tsi=la=tu, Hauptarm der Selenga. II, 528. 1061.
Tsilung=dabâ. II, 504.
Tsimaratai-Pira. II, 498.
Tsinae (Ptolem.), Ursprung der Berühmtheit des Namens. IV, 519.
Tsi=nan=fu, die Capitale von Schantung. IV, 545.
Tsing, chinesische Constellation der Zwillinge. IV, 414.
Tsingghil, Fl. II, 489.
Tsing=hai, d. i. Ko=ko=Nor. II, 270.
Tsing=hai=tze, Tempel bei Nanking. IV, 684.
Tsing=hoa=fu. IV, 972.
Tsingkiang, Fl. an der Westküste von Korea. IV, 623.
Tsing=ki=fu, Fl. II, 1063.
Tsing=kya=chin, Dorf am Takiang=fluß. IV, 679.
Tsing=schui=ho, Bergstraße bei Khalgàn. II, 127.
Tsing tu (d. i. Grünköpfe), Name der den Kaufleuten von Amoy gehörigen Dschonken. IV, 785.
Tsing yuen, Stadt in der Provinz Canton am Pe=Kiang. IV, 664.
Tsi=ning=fu, Stadt auf Schantung. IV, 545.
Tsinmoura (japan.) s. Quelpaerts. St. IV, 609.
Tsinra (japan.) s. Quelpaerts. St. IV, 609.
Tsin tang kiang, Fl. IV, 698.
Tsin=Vang. II, 537.
Tsin=wang=Tsebek=dordzi, Kalmuck=Turguttribus. II, 427.
Tsio kiong tsio k'ang, tübet. Tempel. IV, 248.
Tsiou=choul=dzung (d. i. Kanal=Stadt) in Tübet. IV, 272.
Tsir=ko=hu s. Kemtschyk. II, 1049.
Tsirle, chin. Grenzwacht. II, 1069.
Tsi schy Shan (japan.), d. h. Berge von Felsblöcken. IV, 495.
Tsitscheou (korean.) s. Quelpaerts. IV, 610.
Tsi=tscheou=tsching, Stadt auf der Insel Quelpaerts. IV, 609.
Tsitsicar, Dorf am Nonni. II, 115.
Tsitsicat, Gebirgspaß in Daurien. V, 102. (russ.)

Tsitsikhan, Nebenfl. des Ili. II, 402.
Tsiu (tübet. = Fluß). s. Tschieu. IV, 140.
Tsi-uen-tschu-fu, Emporium von Fukian. IV, 775.
Tsi-yün-Schan, Scheidegebirge am Amur, mit den Gräbern der Vorfahren der jetzigen chin. Kaiser. II, 91.
Tsjaa (d. i. Thee), japan., portug. III, 231.
Tsóan-tschu s. Tsiuen-tschu-fu. IV, 775.
Tsochen, = religiöse Contemplation der Lamas. II, 272.
Tsochondo, Berg, Besteigung desselben durch Sievers (1791). II, 629.
Tso-ling. II, 1046.
Tsondue, Ort auf der Teshu-Lumbu Route durch Tübet. IV, 263.
Tsong ming, Insel am Ausfl. des Kiang. IV, 682. — s. Thsung ming. IV, 537.
Tsoui, Fl., s. Tschui. II, 395.
Tsou-tschéou = So-tschéou. II, 215.
Tsua-Kimu, Fl. II, 1048.
Tsumdze K'hang. IV, 245.
Tsung-ming, Insel im Ta Kiang. IV, 690 ff. 706.
Tsung-tu (chines.), d. i. General-Gouverneur, Deichaufseher. IV, 533. 835.
Tsun-hoa, St. zwischen Peking und der Gr. Mauer. II, 119.
Tsus, Insel nordwärts von Japan. IV, 613.
Tsu-Sima, Insel zu Korea gehörig. IV, 602. 611 f.
Tsu-yan tao (chines.), = Insel der rothen Schwalben am Südgestade von Korea. IV, 615.
Tsy-schy-Kouan, chines. Grenzfort in Kansu. II, 172. 187. IV, 498. 500.
Tuba, Fl. II, 1023 ff. — rechter Zufl. zum Jenisei. II, 1015.
Tubet anterior. s. IV, 175.
Tubet-Bang. II, 272. III, 466. IV, 244.
Tubinische Kirghisen. II, 1073.
Tubinskoi-Gorodok, Dorf. II, 1023.
Tubut kund. III, 906.
Tuch, russisches, Handel damit nach Ili. II, 410. — englisches, Einfuhr desselben in Cochin China. IV, 945.
Tuchfabriken in Irkutzk. III, 134.
Tudan, Ort in Munipur. V, 365.
Tuda-Naad der Nilgherry. V, 989.
Tuda's, die, in den Nilgherry. V, 1030 ff.
Tuda-Sprache. V, 1036 f. VI, 380.
Tu din fu (M. Polo) s. Tsi nan fu. IV, 545.
Tu-el. V, 1033. 1034.
Tufan, d. i. tübetische Völker (bei M. Polo). II, 174. 176. 193. 203. 213. 240. IV, 177.
Tuffbildungen zu Terni, Tivoli. III, 671.
Tuffkalke, Tuffknollen, maulbeerenartig gestaltete am Nerbuda. VI, 574.
Tugean, d. i. Chinesen. II, 409. ob = Tadschi?
Tuggong, Dorf der Corair. VI, 492.
Tughizang. III, 567. 708 f.
Tugir, rechter Zufluß zum Olekma. II, 616.
Tugirskoi Ostrog. II, 621.
Tugra-Tubusluk. II, 477.
Tugurik, Station in der Gobi. III, 371.
Tugurik-Gol, Steppenfl. II, 491.
Tuham, Ort in Hurriana. VI, 727.
Tuholo (chines.), d. i. Turkestan. VI, 705.
Tuida, Ort in Tübet auf der H'Lassa-Route. IV, 256.
Tuigol, Steppenbach, fließt in den Orok-Nor. II, 253.
Tuimatao, d. h. die Doppelinsel, (chin.) s. Tsu-Sima. IV, 611 f.
Tui-münack (d. i. der Kameelhals), Altaipaß. II, 644. 766.
Tuirin, Station in der Gobi. III, 363.
Tuji (hindi) s. Cassia lignea. V, 823.
Tukayi, chin., Poststation auf der Route von Leh nach Yarkend. III, 640.

Tukba, Distrikt von Kanawar. III, 710.
Tukin, staatskluger Chinese. III, 647.
Tu-kin, Berg. II, 480. s. auch Trukin. II, 500.
Tu kio cheou, chin., = Antilope Hogdsonii. IV, 255. (98 f.)
Tuktag, Ort zw. Tschaprang und Gertope. III, 738.
Tul s. Sesamum orientale. V, 716.
Tul, d. i. Saatperlen. VI, 177. — Wage in Kanawar. III, 822.
Tula, Fl. II, 480. 497 f. 529. besonders II, 518.
Tulagan, Zubach zum Kl. Chairkumin. II, 919.
Tulaiti, der untere Stadttheil von Chitore. VI, 820.
Tu-lan, Zufl. des Gr. Kem. II, 1049.
Tulan-Pulac, Station in der Gobi. III, 363.
Tulasi Bhawani, Tempel in Kathmandu. IV, 72 f.
Tulasipur. IV, 28.
Tulatafluß, Quellen. II, 860. 873.
Tulatinsk, am oberen Tulafl. II, 584.
Tulatinskoi-Krepost. II, 873.
Tulawa-Sprache (Dialekt des Malayalam). V, 692. VI, 377.
Tulayeram-Bank bei Ceylon. VI, 166.
Tulerghi-golo-be-dassara-Dschurgan. II, 1055.
Tulga, Station in der Gobi. III, 368.
Tu-ling s. auch III, 447 f. 605. 736.
Tulischen. II, 110. 464.
Tuli-Wang-Khan der Karaït, residirt in Karakorum. II, 254. 557.
Tull-Point auf Bombay. VI, 1081.
Tulluckwarra am Nerbuda. VI, 569.
Tully, Sandelholzwaldungen. V, 817.
Tulon, Feste in Nepal. IV, 96.
Tulsey, Ort auf Salsette. VI, 1098.
Tu-lu-san = Turpan. II, 347.
Tuma, d. i. Einnehmer, in Bhutan. IV, 161.
Tuman s. Nebel. III, 102.
Tumanhutty, Ort i. d. Nilgherry. V, 995.
Tumback in Dekan, s. Nicotiana tabacum. V, 718.
Tumbaghai Setsen. II, 509.
Tumbi s. Chirangia sapida. V, 766.
Tumbudra (eigentl. Tunga-Bhadra), Zufl. zum Kistna. VI, 369 ff.
Tumen, Küstenstrom am Nordostrande Hochasiens. II, 90.
Tumenez (Wasili), Kosakenhetman, seine Reise zum Altyn-Khan im J. 1616. II, 1066 f.
Tumet, Ansiedelungen derselben. II, 231 f.
Tumir, d. i. Eisen bei den Buräten. III, 122.
Tumku, d. i. runde Berggipfel (Doms) im Gegensatz der Chuli oder Piks. IV, 57.
Tumling Tar s. Tamlingtar. IV, 85.
Tummu, Stadt am Ostfuße des Plateaurandes von Munipur. V, 358. 364.
Tumukéi (d. h. der von Stürmen empörte), Berg. III, 216.
Tumuk Nala, Bergfl. zum Noh-Dihing. IV, 397.
Tum-van-tsching, d. h. Herrscherin über zehntausend, Residenz des ersten Hia-kaisers. II, 246. — Ruinen dieser alten Stadt. II, 233.
Tun s. Cedrela tuna. VI, 510. — Waldbaum in Arracan. V, 320.
Tunal ke Dhar, Berg. III, 891.
Tunar (d. i. Schneider). V, 937.
Tundi s. Tandee. III, 553. 1068.
Tuné-Nor. II, 541.
Tuner s. Eibenbäume. III, 1020.
Tung (chines.) = Kupfer (?). IV, 680. = Osten IV, 545.
Tunga, Münze in Kaschmir. III, 1193.
Tungali, chines. Zollstation. III, 638.
Tungd s. Cedrela. IV, 47.
Tung fan (d. i. östliche Fremde), Name der Bewohner von Formosa bei den Chinesen. IV, 860.
Tung Hai Wang, d. i. König des Ostoceans, chin. Meergott. IV, 566.

Tung hua la, die Manuskript-Historie der jetzigen Mandschu-Dynastie in China. IV, 499.
Tungkhungiya. IV, 317.
Tungku, chines. Fort. IV, 566.
Tungla, Nebenfl. des Khara-gol. II, 530.
Tung lan shan, (chin.) = der Ostpfeiler, Fels am Ta-kiang. IV, 678.
Tung-ling-hien, Stadt in China. IV, 680.
Tungna, Dorf am Indus. III, 614.
Tungnui, Zufl. zum Khilok. III, 164 ff.
Tungone Nullah, Zufluß des Dihing. IV, 389.
Tungorefluß im Bhor-Kamtilande (?). IV, 393.
Tung phing tschéou. IV, 551.
Tung-ping, s. Tung phing tschéou. IV, 551.
Tungrang-Paß. III, 694.
Tungru, Berg der Chur-Gruppe. III, 865.
Tung-ting = See. IV, 653. 657 ff.
Tung-tscheou-tschhing. II, 249.
Tung tschhang fu, chin. Stadt. IV, 557.
Tungusen, ihr Nationalcharakter. III, 183.
Tungut Nullah, Zufluß zum Dihing. IV, 389.
Tung yai (d. i. große Niederung), Distrikt und Stadt in Siam. IV, 1067.
Tunka, Zufl. zum Irkut. III, 75.
Tunkaria Bunde, Barre an der Mündung des Nerbuda. VI, 627.
Tunkin s. Tongking. IV, 953.
Tunkinskaja Ostrog. II, 1031. 1035.
Tunkinskisches Gebiet, alter Name für das Gurbi-Geb. II, 1031.
Tunkinskoi Ostrog. III, 75. 78.
Tunna s. Thána. III, 1144.
Tunnel, Gebirgs-, natürlicher in Asam. IV, 388.
Tun-Towar (kirghis. = Kameelfuß). s. Cnicus esculentus. II, 784.
Tunul, Pik. III, 892.
Tun yai, Stadt in Siam. IV, 1067.
Tuomi Sambuoda. IV, 275.
Tupgan, d. i. Gastwirthe, Krämer. II, 408. 410.
Tupinambi s. Monitor. Warneidere. IV, 1209.
Tupp, Flüßchen, II, 395.
Tur. IV, 1024.
Tura, Bach zur Ingoda. III, 271. 290. 291. Turinskoi Staniz, ebendas.
Turakeina-Khatun, Regentin des Mongolenreichs (1241—43). II, 297.
Turaki, Tribut der zinspflichtigen Buriäten. II, 1037.
Turan (pers.), Bedtg. II, 85.
Turandot, Geschichte der, IV, 232.
Turangiburi s. Tranquebar. VI, 304.
Turanj, Varietät der Citrone auf dem Darwarplateau. V, 720.
Turanskoi Karaul. III, 83.
Turbane, rothe, der Rajputenhäuptlinge in Malwa. VI, 766.
Turbet, Mongolenstamm. II, 445.
Turbo, Muschelgattung. VI, 462.
Turbuza s. Cucurbita citrillus. V, 719.
Turdus pilaris. II, 874.
Turdus roseus. II, 753.
Turdus saxatilis. III, 289.
Ture, eine Art Senf in Nepal. IV, 51.
Turfan, geogr. Lage. II, 324. — Vulkan von, II, 341 ff. Stdt. 342.
Turguen, Nebenfl. des Hoangho. II, 153. 154. 544.
Turguli, Ortschaft der Suriani in Malabar. V, 613.
Turgut, die, ziehen auf Russisches Gebiet an das Kaspische Meer. II, 455. — wandern von der Wolga zum Ili zurück (1771). II, 442. 446.
Turgut-Olöth wandern von der Wolga in die Weideländer am Ili zurück. (1771). II, 463 ff. 737.
Turi, Sinapis sp. IV, 75.

Turk vom Altai, weiße Tartaren genannt. II, 278.
Turka, Name der Kalmückenflinte. II, 963.
Turka=Bach zum Baikalsee. III, 66. 138.
Turka=Bad, sibirischer Badeort. III, 66. 138f.
Turka-Kap am Baikalsee. III, 66.
Turk=Dschagatai in den Schriften Sultan Babur's. II, 283. III, 430.
Turkeli. III, 894.
Turkestan, Stadt. II, 396.
Turkestanen, ackerbauende, am Ili. II, 403. 406.
Turkey Rhabarber. III, 550.
Turkikil, See. III, 40.
Tur=kue Völker, westliche, II, 351.
Turkutschan (tung.), der Wanderlachs. s. Salmo migratorius. III, 106.
Turk=Völker, östliche, Macht derselben. II, 245—248.
Turmalin, auf Ceylon. VI, 109.
Turmechirin Chan. V, 558.
Turmegei, Stadt, erobert von Dschingiskhan. II, 162.
Turmeric (s. Gelbwurzel), Ausfuhrartikel in Singapore. V, 71. — in Asam. IV, 325. — s. Curcuma longa. V, 127. — das Holz von Artocarpus integrifolia. V, 260.
Turnoul, Volksstamm in Balti. III, 643.
Turoasir, das Bergrevier. VI, 603.
Turon, Bai von. IV, 919.
Turpa=Gad, chines. Wachtposten. II, 330.
Turpân (mongol. d. i. Residenz) = Turfan. II, 342.
Turrehgong in Kaschmir. III, 1156.
Turruck (=12 Pfund). III, 1201.
Turs, Beerenart in der Sindwüste. VI, 1005.
Turssuk, lederne Schläuche. II, 959. 966.
Tursun (? ob Turfan). II, 460.
Turtschannow, seine Aufnahme des Baikalsees. III, 12.
Turuchka=Stämme III, 655. 1099. (als Feinde von Kaschmir; ob Turk?)
Turuk s. Turki. II, 283.
Turuktscha, Zufl. zur Ina. III, 54.
Turuktschaiskoi Chrebet (Paß). III, 57.
Turuludy, Pallast von Samarkand. III, 1134.
Turunga, Nebenbach des Irtysch. II, 753.
Turung=Pani, Fl. zum Irawadi (ob = Nam Khio?). IV, 379.
Turuni s. Simia silenus. V, 985.
Turuschka in Kaschmir, wol die ältesten Turkstämme des Nordens. III, 1100. [Vergl. II, 241. 281. 431. 439. 1100. III, 655.]
Tu schan hu, chines. See. IV, 561.
Tusche, chinesische, ihr Hauptmarkt in Nanking. IV, 683.
Tuschi, chines. Mathematiker vom K. Khublai zur Erforschung der Hoangho=Quellen ausgesendet (1280). IV, 496.
Tuschi=Kéou, Thor der chines. Mauer. II, 315. 396. III, 368.
Tuschi=Khan, Sohn Dschingis=Khans. II, 282.
Tushetu=Khan, Wanderstämme des, der Khalkas. II, 529. III, 396.
Tushigang s. Tuzhigang. III, 709.
Tussilago farfara. III, 99.
Tussulakhtschi, mongol. Grenzsteppen=General. III, 222. 371.
Tussur, Art grober Seide. VI, 513.
Tusze, Name der Grenzstationen in Yünnan. IV, 755.
Tutagom, Parallelbach des Kuraï, zur Tschuja. II, 949. (950.)
Tutaneg, schlechtes, aber sehr gesuchtes Zinnerz in Hinterindien. V, 29.
Tutenaque, Zinnlegirung. IV, 1089.
Tuti, Taubenart. III, 682.
Tuticorin, Hafen von, in Süd=Dekan. VI, 11.
Tutina, Orte zur Verbrennung der Todten bei den Bhotiyas. IV, 166.
Tu=tsi=See. II, 1047. 1050.

Tutta Pani (d. i. heißes Wasser), heiße Quellen in Sirguja. VI, 509.
Tu-tu, Berg, Tartarisches Lager. II, 377.
Tu-tu-fu = Vicekönige (chines.). II, 198.
Tutugöm, kl. Fluß zur Tschuja. II, 950.
Tuur s. Cytisus cajan. V, 716.
Tu-ur-pah-tih s. Türbet. II, 445. 1060.
Tuwar s. Cytisus cajan. VI, 753.
Tu-wei-kian, Berg. II, 557.
Tuz, Baumrinde, zum Schreiben benutzt in Kaschmir. III, 1169.
Tuzhigang s. Teshigang. III, 607.
Tuz-kul (kirgis. d. h. der Salzige See) im Thian-Schan. II, 388. 392.
Tübe, chines. Posten. II, 423.
Tübet und Bhutan, Vergleichung und Gegensatz. IV, 261.
Tübet = J.A. im Süd. II, 87. — Schneegebirge, Fernsicht auf dieselben. V, 397 f. — Buddhistenkolonie. V, 444. 493. IV, 69. 238. — Verbindungen desselben mit dem innern Hindostan seit Dschingis-Chans Zuge. II, 209. IV, 98. 275. V, 496. — Klima, Produkte. IV, 230—237.
Tübetaner, Wallfahrten derselben zur Mündung des Ganges und Burremputer VI, 1172.
Tübetische Schaafe und Ziegen, schon Ktesias bekannt. V, 448.
Tübetische Völker. s. Yue-tschi, Miao, Tangut.
Tübets, die drei, IV, 175.
Tümed, die 2 Fahnen der, von Khu-Khu-Khotun. III, 396.
Türbet, die östlich vom Hoangho. II, 447.
Türkise in Djaya. IV, 235. — persische, organischen Ursprungs (S. dagegen Kalaït). III, 411.
Tüt-Wolle. III, 602.
Tvacha (d. i. Rinde) s. Tvak. IV, 125.
Tvak, Sanskrit-Name für Laurus Cassia. VI, 125.
Twatta paung, König, Reformator der Buddha-Doktrin (443 n. Chr.) V, 300. (193.) — Enkel des Gautama. V, 193.
Two brothers, zwei Inseln bei Ceylon. VI, 149.
Tworitnie Kurganie, Art der Tschudengräber. III, 330.
Ty-hua-tschéu, chines. Ehrenname der Stadt Urumtsi. II, 381. 383.
Ty-li-wen-Phu-ta s. Durben-Phuta. II, 506.
Tylos, phöniz. Insel im persischen Golf. V, 436. 440. (jetzt Barani.)
Tymi, Name der Kameele bei den Buräten. III. 121.
Tynnberg in Aracan. V, 309.
Tyntis cula devat rat'Kan (d. i. die Wohnug der 36 Königsgeschlechter), Säulenhalle zu Mundore. VI, 983.
Tyo-Fluß zum Jenisei. (?) II, 1003.
Typhon, indisches Wort (?). IV, 138.
Typhone, in der Formosa-See. IV, 871.
Tyre d. i. sauere Milch. V, 863. [Vergl. das griechische τύρον, βούτυρον.]
Tyrol, Dolomitgruppen. II, 885. VI, 462.
Tyrus und andere Emporien vom Meere überfluthet. V, 593. — mit Surate verglichen. [Weshalb nicht auch die Namen?] V, 666.
Tyrylghin, seine Aufnahme des Baikalsees. III, 12.
Tyshame, Stadt in der Provinz Kuangtung. IV, 815.
Tzalisch, Stadt, ob Bischbalig? II, 455.
Tzandana (bei Cosmas), wahrscheinlich das Agila-Holz. IV, 933—935. VI, 29.
Tzator, Provinz von Amboa. IV, 217.
Tzhang-ciu s. Dzang-bo. IV, 215. (cfr. 366. III, 485.)
Tz-hon-ka-pa. s. Dzong-khaba. IV, 218.
Tzima s. Tsu-Sima. IV, 612.
Tzingiskhan, Fürst der Delöth in Tangut (1703). II, 455.

Tzogor, Kastell. IV, 47.
Tzonz-tu s. Ngialam. IV, 98.
Tzuenga, Ort in Tübet. IV, 259.
Tzypa s. Zipa, Zypir. III, 52.

U.

U Out, Woui, Wei = 'Hlassa. IV, 175.
Uä (Oea), Hordeum caeleste, Awa-Korn. III, 786.
Uba, Nebenfl. des Ob. II, 581. — Quellen. II, 722. 802. 879.
Ubasché, Turgutkhan. II, 466. 467.
Ubeghen-Dola. II, 491.
Uber-Kydscha (d. i. der südl. Kidscha). III, 166.
Ubi, d. i. Yams. s. Dioscorea alata. IV, 1032.
Ubinsk. II, 724.
Ubinska, Fl. II, 644.
Ubinskoi Bjelkoi. II, 722.
Ubrassa, Distrikt von Kutch. VI, 1038.
Ubur Jassutai. III, 184.
Ubur-Kaschulyk. III, 195.
Uber Khulada, Zufl. zur Dzida. III, 80.
Ubùr-udè (d. i. das Südthor) Station in der Gobi. III, 348. 356.
Ubutui, Zufl. zur Tula. III, 224.
Ucherida, Titel des Generals der Oelöth-Truppen, überhaupt ein Befehlshaber oder Aufseher nomadischer Völker. II, 419. 425. 1051.
Uda s. Udé.
Udajana, König von Maghda. V, 821.
Udanur (d. i. die obere), Bergprovinz auf Ceylon. VI, 75.
Uddal-Baum in Amas. IV, 364.
Uddinga, Fl. III, 96.
Udé, Nebenfluß der Selenga. II, 527.
Udè (d. i. Pforte), Station in der Gobi. III, 355. 371.
Uderpidrug. VI, 337.
Udeypur (d. i. Stadt des Ostens), der Rajputenstaat von Mewar. VI, 868 ff. 872 ff.
Udeypur, Rana von. VI, 640.
Udeypur-See, der, in Mewar. VI, 748.
Udey-Sagur, See in Udeypur. VI, 883 ff.
Udgari Kantha. III, 952.
Udgegur, Dorf im Lande der Karwar. VI, 487.
Udiamper, Synode zu, im J. 1599. V, 613.
Udichyadesa (sanskr.) = das nördliche Indien. V, 494.
Udinagur, große Ruinen einer uralten Stadt V, 454.
Udinsk, Nomadentribus an der Uda. II, 1037. — Werchnei-Udinsk. III, 135. — Nishnei-Udinsk. II, 1039.
Udinsk. II, 623. III, 137.
Udinskyn Werschiny, Station. III, 145.
Udi-Sing, Zeitgenosse Akbars, erster Raja von Marwar. VI, 977.
Udjain-Nadi, der südliche Theil von Cachar. V, 378.
Udra s. Utkala, die Bewohner von Orissa. VI, 548.
Udradesa (sanskr. = Wasserland), s. Orissa V, 519.
Udruk s. Amomum Zingiber. V, 719.
Udrunga, Ort in Gondwana. VI, 525.
Udschayini, Stadt, Mittelpunkt vieler Traditionen. V, 486. 493. 512. III, 1106. — dramatische Kunst daselbst. V, 493.
Udskoi, am Küstenfl. Ud, 1639 erbaut. II, 601.
Udumkaefskoi-Krepost. III, 284.
Udya (d. i. Aufgang). VI, 872.
Udyana, die alten Gärten von Delhi. V, 503.
Udyn-ama (d. h. offenes Thor), Felsen in der Gobi. III, 346.
Udypura, am Djamdjuni, Haus des Radja von Tiperah. V, 409.
U-dziêu-Thu, Herrscher der U-siun. II, 433.

Überschwemmungen des Tapti und Nerbuda. VI, 624.
Überschwemmungsperiode des Sirmahfl. V, 380.
Ueggetu, Bach, s. Popereschna. III, 142.
Uemukei Nor, Bittersalzsee. III, 141.
Uentu, Fl. II, 545.
Ufim (hindustan. = Opium). VI, 780.
Ufsa s. Upsa, Tuba. II, 1023.
Ugal, Getreideart. III, 817.
Ugetai-Khaghan s. Oktai-Khan. II, 296.
Ughemyl, Gebirge. III, 220.
Ughestschiu, Station in der Gobi. III, 304.
Ugla s. Ogla. Panicum emarginatum. III, 841.
Ugun, Feste. III, 755.
Ugundui, Berg in der Gobi. III, 369.
Ugung, Berg des In-Schan, Lage. II, 239.
Uhden dzong s. Eguden schoo. III, 80.
Uhk, Fl. s. Ut. II, 1025.
Ui, Zufl. zum Askysch. II, 1085.
Uigur, Mythen aus der Bergeschichte der. II, 500. — Turkvolk. II, 245.
Uiguren, spätere engere Bedeutung des Namens. II, 345. 346. 1118. — ob Urheber der Tschudengräber? III, 340. — Geschichte der. II, 342 ff.
Uigur-muran, Name des Jenisei (d. i. Uigurenstrom). II, 255. 1121 f.
Uiman, Uimon. II, 909.
Uimnan s. Uimon. II, 924.
Uimon. II, 701. — Fl., Dorf. II, 924 ff. 929. 936. — am Koksunfl., kein Getreidebau. II, 687.
Ujana, Längenmaaß der Birmanen. V, 266.
Ujjwala, d. i. reine Bhils. VI, 615.
Ujung Solang V, 76.
Ujung Tanah V, 41. 58.
Ukar, in Tübet. IV, 259.
Ukche, Ukte, Dorf am Indus. III, 611.
Uker-dziruge-oola, Berg. III, 400.
Ukhal, Fl. II, 488.
Ukher, Quelle des Tougol. II, 555.
Ukher-daba (d. i. Ochsenpaß), Gebirgsgruppe II, 496. 555.
Uki, Fl. III, 80.
Ukiai. II, 1117.
Ukiang, Fl. in China. IV, 660. 661. s. Lohoang. IV, 661.
Ukir, d. i. Hornvieh bei den Buräten. III, 121.
Ukir-Nor (d. i. Kuhsee), Salzsee. III, 145.
Ukirtscholon, Dorf. III, 150.
Ukkalaba, Stadt, Ruinen der, bei Rangun. V, 172.
Ukschaka, See. III, 41.
Ulack-koll, Berg. II, 327. 398.
Ulacul-Ketten der Nilgherry. V, 1003.
Ulahs, Wegweiser auf der Bathang Route in Tübet. IV, 196.
Ulanbatack (d. i. Fischfluß). II, 758.
Ulan-Bulack, Bach. II, 537.
Ulan-gom Oola. II, 487. 1059.
Ulangum-Oola. II, 808.
Ulan Khadà (mongol. = rother Fels). III, 371.
Ulan Kuchutu (mongol. d. i. Rothschnabel), = Corvus graculus. III, 228.
Ulan-Muren, Zufluß des Turguen. II, 154. 233. s. Olan-Muren.
Ulan-muren, mongol. Namen der drei Quellströme des Gelben Flusses. IV, 651.
Ulan obo (d. i. rother Steinhaufen), Berg in der Gobi. III, 353.
Ulan-palassan, zerstörte Stadt. II, 234.
Ulan-usu, Zufl. des Gr. Kem. II, 1049.
Ulasodom Hara (d. i. wenn das Eis bricht), sechster Monat der Buräten. III, 128.
Ulaßlu s. Ulasly.
Ulatai-Bach zur Ingoda (nicht zu verwechseln mit dem Zufluß zum Khilok.) III, 163. — Dorf, gleichnamiges, ebend.

Ulataï, Stadt. II, 1051 folgd. s. Uliassutai.
U=la=thè (chin.) Abtheilung der Oelöth. II, 446.
Ulät, Tungusenstamm. III, 272.
Ulba, Fl., Ursprung und Lauf. II, 711.
Ulba=Thal, das, von Tscherem=schanka. II, 717.
Ulbinskaja=Redout. II, 707.
Ulbinski Bjelki. II, 706.
Ulbinskische Schneealpen. II, 802.
Ulcan=ghaï s. Ulet. II, 1011.
Uldjeitou=tsagan=Nor. II, 495.
Uldsa, Steppenfl. zum Khara=Tarei=Nor. II, 541. III, 275.
Uldschar=Fluß zum Alak=Kul. II, 769.
Uleanghai, die, in der chinesischen Grenzprovinz Ulijassutai. II, 1138.
Uledischa, Bach. III, 295.
Ulegumen, Kleiner, Großer, Nebenfl. des Ursul und der Katunja. II, 936 f.
Ulek, Ulet, Stamm der chin. Sojoten. II, 1052. 1143.
Ulenny=Syn, Bergpassage am, II, 1086.
Ulesly, Fl. II, 636. 644.
Ulet, Nomadentribus der, Chinesische Sojoten am Jykinfluß. II, 1005. 1007.
Uliang=hai. II, 1007. 1063.
Uliassutai, Stadt (chinesisch = Pappelhain). II, 1053. s. auch Uliatai. — chinesischer Gerichtshof für die Kalmücken, Kirghisen und die übrigen Nomadenvölker. II, 594. 977.
Uliastai, südlicher Quellstrom des Orghon. II, 498. 528.
Uliatai, Fl. II, 527.
Ulileï, Ulolei, Bach zum Khatangtsa. III, 192.
Ulispada, Stadt im Innern von Taprobane nach Ptol. VI, 23.
Ulkhut, Ort, am Einfl. des Terin in den Onon. II, 523.
Ulkung=Oola, Gebirge. III, 277.
Ullapama, Dorf auf Ceylon. VI, 208.
Ulman, am Beyah. III, 1066.
Ulon=erghi, Paß. II, 524. 548.
U=long=ku, Fl., s. Urunghu. II, 428. 1063.
U=loui. II, 364.
Ulsi s. Linum usitatissimum. V, 716.
Ulsin hara (d. i. Melkmond), 11. Monat der Buräten. III, 128.
Ulsutuewa, Dorf, s. Chara mangut. III, 271.
Ulug=Bei. II, 216.
Ulug=Tag, Name für große Gebirge im Gegensatz zu den Kutschug=Tag. II, 355.
Ulu=ho. II, 1046.
Ulu=Khudai, der gute Geist der Katschinzen. II, 1096.
Ulu=Kem s. Ili=Kem. II, 1049. 1050.
Ululai, Bach. III, 266.
Ulun, Zufl. zum Bargusin. III, 52.
Uluna, Zufluß zum Bargusin. III, 54.
Ulung=Salang s. Junk=Ceylon. IV, 1083.
Ulundaba, Berg in der Gobi. III, 369.
Ulura hara (d. i. wenn die Bäche frieren), erster Monat der Buräten. III, 128.
Ulu=Schilkar=ai, Name des Monats Junius bei den Katschinzen. II, 1097.
Uluß, d. i. ambulante Ortschaften der Mongolen. III, 368.
Umbari s. Hibiscus cannabinus. V, 716.
Umbda, Auszug aus dem Koran, Religionsbuch der mohammedanischen Schafiesekte auf Ceylon. VI, 46.
Umlekane, Zubach zur Seja. II, 613.
Umbrella, eiserne, der hinterindischen Tempel. V, 214.
Umherwandernden, die, indische Völkerschaft bei Herodot. V, 445.
Umir s. Amber. VI, 918.
Umku, Bergrücken in Bhutan. IV, 141.
Umli s. Tamarindus indica. V, 719.
Umlspani, d. i. Opiumtrank. VI, 1015.

Umma, tübet. gedruckte Bücher. III, 814.
Ummere pore s. Amarapura. V, 236.
Ummerghur, Ummirghur am Bunaßfluß, Fischertribus der Bhils daselbst. VI, 617. 899 ff.
U mong (ob U moang? d. i. schwarze Moang?), Volkstribus. IV, 764.
Umritsir, die Capitale der Sikhs. III, 552. 621.
Ummowa, ob Bassia latifolia? VI, 858.
Umultas s. Cassia fistula. VI, 509.
Umur, Dorf in Harowti. VI, 804 f.
Umwallungen, technischer Ausdruck bei Charakterisirung der Gebirgsmassen. II, 33. 319. 811.
Uncarra s. Nauclea aculeata, gambir. V, 17. 62. 65. 254.
Unciam (M, Polo). IV, 744.
Unda, oberer Lauf des Dschidaflusses. III, 291.
Unda muraga, Waldbaum in Nord-Canara. V, 701.
Undang Undeng, Gesetze der Malaien. V, 95.
Un-Des s. Una-desa (d. i. Wolle-Land). III, 505.
Undinskaja Sloboda. III, 291.
Undur, Gebirgsgruppe. II, 496.
Undur Sudun, Schneeberg am Baikalsee. III, 30.
Undur-ulan, d. i. der rothe, hohe Berg. III, 216.
Unegut, Station in der Gobi. III, 364.
Ung-chan s. Bang-khan.
Ungeheuer, selbst schöne zu bilden, verstand nur die plastische Kunst der Griechen. V, 908.
Ungeziefer, Tödtung desselben den Bhotiyas erlaubt. IV, 165. — aller Art wird gegessen von den Anamesen. IV, 967.
Ungghin-Muren, Steppenfl. II, 494.
Unginda, Pik der Nilgherry. V, 960.
Ungkar-Mandatta s. Unka Mundatta. VI, 592.
Ungsang, Distrikt auf Borneo. V, 915.
Ungur s. Vitis vinifera. V, 720.
Ungurtasch, Steinhöhle. II, 328.
Ungut = Weiße Tata. II, 255.
Unle-ïin-ussu, d. h. Wasser der Kuh, mongol. Name des Bergs, auf welchem die Quelle des Gelben Stroms oder des Ta-Kiang. IV, 651.
Unio pictorum, Süßwasserbivalve, von welcher bei den Chinesen Perlenproduktion erzwungen wird. VI, 180.
Uniya-Schrift. III, 505. 677.
Unjar s. Ficus carica. V, 720.
Unka Mundatta, Pilgerort im Gebiete der Gonds. VI, 592.
Unogatscha-Bucht des Baikalsees. III, 47.
Unreinlichkeit der Bergbewohner von Kanawar und im Dauligebiete des Himalaya. III, 1004.
Unsing, kleiner Zufl. zum unteren Nerbuda. VI, 621.
Unsterblichkeitstrank in China. III, 249.
Unterirdische Flußläufe, als Legenden. III, 890.
Unterirdischer Tempel in Cambay. VI, 654.
Unterirdische Wohnungen zu Daba. III, 675. — Dankhar. III, 722. — Phula. IV, 203.
Unterleibskrankheiten bei den Eingebornen in den Nilgherry. V, 1019.
Unterwürfigkeit, knechtische, der Siamesen. IV, 1149.
Unti, Name der Musa sapientum in Unti. VI, 876.
Untie-Baug, d. i. Kameel-Tiger s. Löwe. VI, 709.
Untsching, Tochter des gr. chines. Kaisers Taitsong der Thang (626 bis 649 n. Chr.), Königin von Tübet. IV, 239. 275.
Uo-non s. Onon. II, 530. 1061.
Upadrung, Berg am Zusammenfl. des Trisul-Ganga in den Ghandaki. IV, 34.
Upa-Puranas. VI, 547.

Uparaja, Sohn des Alompra, Birmanenkönig. V, 302.
Uparanga, die niedere Landschaft, am Hoogley. V, 507. — s. Anga, Banga, Gour. VI, 1189.
Upermal, d. i. das Oberland, oder die Berglandschaft Harowti (Haravati). VI, 738. 801 ff.
Uperunguri, am Zusammenflusse des Natravati und Comardari. V, 738.
Upesanpada (d. i. die monatliche Versammlung der buddhistischen Oberpriester auf Ceylon). VI, 241.
Upetissa, singhalesischer König. VI, 222.
Uprawitel (russ. = Festungskommandant, Oberweitel). II, 1106.
Upsa, See. II, 486. (Ubsa-Nor.)
Upshi, Dorf am Indus. III, 609. 614.
Upulvan, der Schutzgott in der Ceylonesenmythe. VI, 221.
Uputair, Salzfluß. VI, 474.
Ur, Zubach zur Seja. II, 613.
Ura, Fl., s. Urka, Urga. II, 603.
Urabetta, Pik der Nilgherry. V, 965.
Uracondah. VI, 337.
Ura hara (d. i. wenn man den Wintervorrath besorgt), zweiter Monat der Buräten. III, 128.
Urai din cajhopra (d. h. der Schößling von drittehalb Tagen), Prachtbau bei Ajimere. VI, 910.
Ural s. Guha = Höhle bei den Nepalesen. IV, 36. 92. u. öft.
Uralgebirge, Grenzwall zwischen Asien und Europa, erst seit einem Jahrhunderte näher erforscht. II, 19. — Diamanten am, VI, 363.
Urali, d. i. Häuptlinge der Cat' Chensu oder Erular in den Nilgherry. V, 1016. 1040.
Urasa, Uruss, Aurasa; Volk. III, 652 f.
Urassow, Capitän. II, 573.
Urcha, Dorf am Tagla-Fluß. III, 694.
Urd, Cerealienart in Kamaun. III, 1036.
Urdwara, das Land der Guebernerrettung. V, 616.
Ureas, d. i. Orissa-Bewohner. VI, 499.
Urevangelium in syr. Sprache. V, 612.
Urga. II, 529. vergl. 452. 519. III, 210 ff.
Urga, Mongolenlager, term. techn. II, 414. — die Grenzcapitale. III, 224—229.
Urgebirgsarten in den Cossyahbergen in Hinterindien. V, 397.
Urgebirgsblöcke, isolirte, am Ganges. VI, 1163.
Urgen, Stamm der Koibalen. II, 1108.
Urhen (?) = Schrift in Ober-Kanawar. III, 823.
Uri, Fl. III, 82.
Uri, Name des Pisang auf Amboyna. V, 877.
Uriang-hai, Völkerst. II, 638.
Uriangkhai s. Soyoten. II, 590. — s. Phaseolus Minimo. IV, 75.
Uriangkhotai, chines. Feldherr. IV, 743.
Urid (?), Pflanze. IV, 28.
Uri-dhan, Winterreis des Niederlands in Asam. IV, 325. (Ob = Herbstreis?)
Urijänchan. II, 505. 1139.
Urjädnik, Kosakenkorporal. II, 800.
Urjück, süße Aprikosen. II, 798.
Urkalk s. Dolomitgestein. VI, 77.
Urkien, Ober-Lama in Tübet aus Hindostan berufen. IV, 230.
Urkienisten, Anhänger des Urkien, Ober-Lamas und Stifters eines magisch-dämonischen Buddha-Kultus. IV, 259.
Urkil-Scholon, Berg, Karaul. III, 81.
Urluck, Dorf. III, 174. 175. — Bedeutung. III, 174.
Urluk, Bach zum Tschikoï. III, 192. — russ. Slobode. III, 149.
Urluzkoi Chrebet. III, 174.
Urmuchaika, Flüßchen. II, 678.
Urmukhtu, Berg. III, 215.
Urner Loch, natürliche Felsgallerie am, II, 982.
U'rin, Dorf in Unter-Kanawar. III, 769.

Uro, See, Bach, Dorf. III, 61.
Urow, Zufl. zum Argun. III, 302. 310.
Urowella. VI, 222.
Urravain, Ort in den Nilgherry. V, 1002. — Scheidegebirge des, s. Terektinskische Alpen. II, 924.
Urructa-Gebirge, Seitenzweig des Chur. III, 873.
Ursul, linker Zufluß zur Katunja. II, 933—938. — Längenthal des, II, 812.
Ursun, Fl., fließt zum Dalai-Nor. II, 536. 539.
Ursus arctos (?) im Himalaya. III, 1003.
Ursus gulo (der Vielfraß). III, 112.
Ursus malayanus. IV, 1106.
Urtica-Arten zum Flechtwerk benutzt auf Pulo-Penang. V, 52 f. — als Waldbäume in Dschittagong. V, 414.
Urtica cannabina. II, 1078.
Urtica nivea W. in Asam. IV, 326.
Urtica tenacissima; die Rinde giebt ein weit festeres Gewebe, als der Hanf. VI, 1211.
Urticeen, baumartige, in Sirmore. III, 856.
Urtou-Uya, Gebirge. II, 495.
Urtschuck-Basch, isolirter Steppenberg, ob Vulkan? II, 643. 782.
Urtu, Fl., s. Tschang-schui. III, 400.
Urud s. Phaseolus maximus. VI, 753.
Urudanava, Land in der Budhasage der Singhalesen. VI, 207.
Urudengä-Bach. III, 144.
Urulbi, d. i. Zangen bei den Buräten. III, 122.
Urulgu, linker Zufl. zur Ingoda. III, 273.
Urulskaja, Dorf. III, 274.
Urulungai, Zufl. zum Argun. III, 302.
Urum s. Tschorna. III, 297.
Urumchaika s. Urmuchaika. II, 678.
Urum-tsi; ehemals lag dort Pething, die Uigurenstadt. II, 348. — später Bischbalig; geogr. Lage. II, 325. 381. 652.
Urungai-Kalmücken. II, 582.
Urunggu, Fl. II, 489. s. Ti-hoa. — Mündung desselben in den See Kisilbasch. II, 383.
Urunsk, Salzsee. III, 60.
Urutschu, See. II, 1072.
Urük (?), ein Baum. II, 340.
Urvolk Hindostans. V, 1030.
Urwara, Dorf am Rapti. IV, 9.
Urwälder in Siam. IV, 1070. — undurchdringliche Sibiriens. II, 93. III, 176. — in den Garobergen V, 399. — von Palmen auf Formosa. IV, 869.
Ury, Dorf. VI, 488.
Us, rechter Zufl. des Jenisei oberhalb Sajansk. II, 526. 1051.
Usan, Volkstribus. IV, 764.
Usbeken, liefern Pferde nach Hindostan (1650). V, 903.
Uscotta am Panaurfl. VI, 310. — Dorf am Hamavutty. V, 724.
Usch. II, 324. 328. (Uschi) 397.
Uschakowka, Zufl. zur Angara bei Irkutzk. III, 128.
Uschi-Turpân. II, 328. 397.
Uschikta s. Stschoki. III, 38.
Uschkinskoi Karaul. III, 80. 169.
Usch-Turpan s. Uschi.
Usenei, Kalmückenfürst. II, 989.
Ushy, Dorf in Kaschmir. III, 1154.
U-siun, blonde, blauäugige, indogermanischen Stammes. II, 352.
Uskutschi, Fisch. II, 917.
Ussur, am Panaurfl. VI, 310.
Ussuwan. III, 646.
Ustapilly, Diamantlager. VI, 351.
Ustaud. III, 1201.
Ustjanka-Bach zum Alei. II, 823.
Ustjänzowa-Berge. II, 823.
Ust-Kalmanka. II, 829.
Ust-Kamenogorsk (d. h. Oeffnung des Felsengebirgs), Fest., 1720 erbaut. II, 567. 574 f. 585. 631. 707—710.
Ust-Khilotskaja-Derewna, Dorf. III, 167.
Ustkuffschowska-Bach, zur Bjelaja. II, 866.
Ust-Kut an der oberen Lena, Salz-

fiederei 1639 von Jerofei Chabarow angelegt. II, 615.
Ust-Oiskaja-Derewna. II, 1021.
Ust-Prorwa. II, 609.
Ust-Tulatinsk, Dorf. II, 873.
Ust-Ubinskoi, russischer Vorposten am Irtysch. II, 573. 583. 585. 721. 728.
Ust-Urluzkoi Karaul. III, 174. 192.
Ust-Yanaka am Einfluß der Birussa in die Tschuna. II, 1038.
Usu Kiang, Fl. in Tübet. IV, 256.
Usumu, d. i. Oberhaupt (davon der Name Asam statt Kamrup). IV, 300.
U-sun. II, 193. 363. — am Ili. 431—437.
Usun-Arga, Gebirgsrücken. II, 1016. 1019.
Usun-bulak (kirg.), d. i. die lange Quelle. II, 424.
Usuri, Fl. II, 94.
Usurwas, Ort am Bunaßfl. in Udeypur. VI, 891.
Ut, rechter Zufl. zum Jenisei. II, 1015.
Uta-Dhura-Paß in Kamaun. III, 546. 1029. (16685' P. H.)
Utakamund-Strom. V, 962.
Utakamund, eine der beiden Central-Ansiedlungen in den Nilgherry. V, 992 f. 996 ff.
Utang Kyun, Insel im Sanluaen. V, 155.
Utan-Kandy, Ort auf Ceylon. VI, 198.
Utarkul (d. i. die Nordprovinz von Asam s. Oterkol. IV, 291. 294.
Utchewal s. Atcheval. III, 1148.
U-te-kian, Berg. II, 498. 499.
Utessovoi-Kap am Baikalsee. III, 13. 27.
Uthara-bieht, Distrikt von Kanawar. III, 768 f.
Uting, Volkstribus. IV, 764.
Utjos (d. i. Steinfels, Vorgebirge). III, 12.
Utkala Dhesa. VI, 547.
Utkala Khand, der heilige Boden von Orissa. VI, 547.
Utna, Bergdorf in Gondwana. VI, 490. — Utna Ghat. 491.
Utopischer Hofstaat von Lucknow, seine Narrheiten. VI, 1148.
U tschéou fu, Stadt in der Provinz Kuei tschéou. IV, 756.
Utschha (?), Land. III, 645.
Utschi-Gebirge auf Formosa. IV, 881.
U-tsching, d. h. die fünf Städte. II, 384. 385.
Utschirka, Zufluß zum Onon. III, 283.
Utschkaschta, Bach. II, 417.
Utschu-Mutschin, Prov., Grenze. II, 101.
Utschur, rechter Zufluß zum oberen Aldan. II, 612.
Utschurtu-Taischa (Utschurtu Khan-Kit), Kalmückenkhan im J. 1672. II, 751.
Uttamukta, tungus. Name der Untern Angara. III, 40.
Uttara Kuru, der Norden im Sanskr. II, 10. III, 656.
Uttara Pinakan (d. i. der nordlaufende Strom), Sanskritname des Pennarfl. VI, 337.
Utug, Zufluß zur Swetla. III, 38.
Utulyk. III, 77.
Uturgen s. Ketel. II, 895.
Uva, Hauptmilitärposten im centralen Gebirgslande von Ceylon. VI, 203.
Uwalista, Fl. zum Tschikokan. III, 177.
Uya (? ob eine Art Reis?). IV, 20. 28. (wird S. 55. Avakorn genannt.)
Uybat, Fl. II, 1091 f.
Uzbeken, verschmolzen mit Turk-Uiguren. II, 344.
Übergangskalkstein Griechenlands, ob auch in Sirmore? III, 857.

V.

V und W, gehen bei den Chinesen oft in M über. III, 1113.
Vaccinium Myrtillus. II, 714. 922.
Vaccinium uliginosum. III, 148.
Vadamozhi (corrumpirt aus Vedam-Ukti, d. i. Sprache der Vedas). VI, 381.
Vaddakar s. Buddagur. V, 1022.
Vadivu, zweite Klasse der Perlen. VI, 177.
Vagabuyar, Rana von, in Unter-Asam. IV, 321.
Vagy (tamul.) s. Mimosa speciosa. V, 765.
Vahารares V., parthischer König (421—442). V, 525.
Vahara-Swami-Pagode zu Mahamalaipur. VI, 326 f.
Vajra Pani. IV, 135.
Vaijayanta (sanskr. = das Unbesiegbare), Thor von Delhi. V, 503.
Vaipin, Ortschaft der Suriani in Indien. V, 613.
Vaisyakaste. V, 938.
Vajin (sanskr. = Pferd). V, 898.
Val Tremola am St. Gotthardt. II, 981.
Valambery s. Helicteres isora indica. V, 765.
Valeriana alpestris. II, 878.
Valeriana Jatamansi. IV, 59. VI, 291.
Valeriana rupestris. III, 187.
Valeriana sibirica. III, 265.
Vallencodu s. Billiancotta. V, 771.
Valley of denudation. VI, 575.
Vâltâl, Grenzort in Kaschmir. III, 629. 643. (Dâltâl.)
Vam-Yen-te, seine Gesandschaftsreise. II, 347 ff.
Vananes, ind. Name der Musa sapientum. V, 875.
Vanara-puchha (sanskr.), d. i. der Affenschweif; s. Bun-dur-puch, Bander-puchh. III, 883.
Van-Diemensland, reift zu einem erneuten Irland heran. IV, 805.
Vandipur s. Andipur. IV, 140. 161.
Vane-Ganga (d. i. Bogen-ganges), Zufluß zur Wurda. VI, 450.
Vang = König (regulo), Titel der Ta-ta-Beherrscher. II, 150. 256. 262. 291. III, 206. 226. IV, 283.
Vanga s. Anga, Upavanga, Gour. VI, 1189.
Vanga s. Banga. V, 507. 510.
Vang-Khan-Togrul. II, 256. 291. 295.
Vangueria spinosa. VI, 536.
Van-li, Erbauer der Stadt Nankur, am Poyangsee. IV, 676.
Vannier, Franzose, Großmandarin in Cochinchina. IV, 947.
Vansavali. VI, 562.
Vara, Zufl. zum Ganges bei Benares. VI, 1154.
Varada (sanskr., d. i. Erhörer der Gebete) s. Wurda. VI, 449.
Varânasi, d. h. Benares. V, 506. VI, 1154.
Varanda. V, 648 f.
Varapali, Stadt in Cochin. V, 785.
Varasha Kshetra, berühmter Wallfahrtsort in Ost-Nepal. IV, 86.
Varcam, Regulus. III, 456.
Varinga latifolia in Asam. IV, 328. (zur Coccuszucht benutzt.)
Varinga latifolia (Rumphii) s. Ficus indica. VI, 658.
Varna (d. i. Farbe), einheimischer indischer Name für Caste. V, 648.
Varsha (sanskr.), die neun Hauptregionen der Erde. II, 10.
Vasco de Gama, entdeckte den Weg nach Indien durch Vermittelung der Banjanenkaste. V, 443. VI, 627.
Vasen, singhalesische, von ausgezeichneter Schönheit. VI, 152.
Vasishtha, indischer Weise. III, 666.

Vata s. Baniane. IV, 680. — s. Bati. V, 517. 522.

Vatae (Ptolem.). VI, 674.

Vataranya. VI, 674.

Vatermörder; Aurengzeb, Shah Jehan. VI, 1138.

Vatikan, der buddhistische, zu H'Lassa. IV, 243.

Vayda Talla s. Mimosa cinerea. V, 765.

Vaygaru, Fl. in Süd-Dekan. VI, 4.

Vaynga s. Pterocarpus bilobus. V, 765.

Vedahratte. VI, 75. 90.

Vedâs, Anhören und Lesen derselben den Sudris verboten. II, 5. V, 470.

Vedhakâs, d. i. Perlenbohrer. VI, 180.

Vedro-Thal der Simplonpassage in Wallis. II, 981.

Vegetabilische Erzeugung der Diamanten, ob wahrscheinlich. VI, 366 folgd.

Vegetation, Charakter derselben in Dschittagong. V, 413. — in Malabar. V, 802. — in Sirmore. III, 854 ff.

Vegetationsscheiden. V, 8.

Vehy-Distrikt von Kaschmir. III, 1151.

Veidyugur, Festnng in Kamrup (Asam). IV, 299.

Veisyas s. Bysa, die Caste der Kaufleute; in Orissa. VI, 559.

Velalas, Kaste auf Ceylon. VI, 135.

Velangahena, Paß und Militärposten auf Ceylon. VI, 203. 204.

Velanti Mung s. Arachis hypogaea. V, 719.

Velaur, Küstenflüßchen in Dekan. VI, 314.

Vele-Rete, Klippe an der S-Küste von Formosa. IV, 865.

Vellajadah, der indische Jagdgott. VI, 4.

Vellalash's, Kaste auf Ceylon. VI, 135. 220.

Vellam, Ort bei Tanjore. VI, 303.

Vellodi, Waldbaum in den Nilgherry. V, 983.

Vellore, die antike Hindufeste. VI, 317 ff.

Vellymadara s. Chuncoa haliva. V, 765.

Velur s. Vellore. VI, 318.

Vencatagherry. VI, 316.

Venedig in China. IV, 695.

Vengala ramana Swami. VI, 336.

Verbascum Thapsus am Abakan. II, 1082.

Verbena officinalis. VI, 1116.

Verbrecher zur Perlenfischerei gebraucht. V, 516.

Verbrecher-Colonie in Sibirien, ihr moralischer Zustand. III, 135 f. (II, 681. 701.) — Chinesische außerhalb der Mauer und am Ili. II, 118. 149. 408. — an der Ostküste Afrika's. II, 155. — der Chinesen. II, 149. 408. 463. 628.

Verbrecher-Höhle in Tübet. IV, 272.

Verbrecher-See in Tübet. IV, 251.

Verbrennung der Todten bei den Bhotiyas und besondere Orte dazu. IV, 166.

Verelst (britischer Gouverneur von Bengalen), Reise desselben von Sylhet bis Khaspur im J. 1763. V, 351.

Vergiftung durch Diamantpulver in Indien. VI, 364. — neugeborner Töchter, brahmanische Hindusitte. VI, 623. — der Elephanten in Orissa. V, 919. — der Flüsse, auch in Asien gewöhnliche Beschuldigung. II, 455. — der Pfeile bei den Puharris. VI, 1176.

Vernak s. Ver, Virnag. III, 1137.

Veronica densiflora. II, 949.

Veronica hederifolia, bei Seheranpur. VI, 1116.

Veronica incana. III, 101.

Verschanzungslinie China's zur Vertheidigung der Eingangspässe zum Tieflande gegen die Mongolen einst angelegt. II, 123. — der Chinesen gegen die Mongolen. II, 123. — tschudische. II, 785. 1020. 1099. III, 303. 341.

— alte, in der Gobi. III, 368.
— uralte, am Argunsk. III, 303.
Versova, Ort auf Salsette. VI, 1096.
Versteinerungen durch Flußwasser, als Sage im Irawadithale. V, 205.
Verstoßung der Frauen, dem Manne freigestellt in Korea. IV, 643.
Vertikale Dimensionen, senkrechte Gliederung Asiens. II, 30.
Verträge, als Symbol derselben das Kauen eingemachter Theeblätter in Ava. V, 293.
Vertzina s. Sappan. V, 115.
Verzino, Sappanholz. V, 115. VI, 49.
Vesakh s. Beysakh. III, 818.
Vespertilio Galeopithecus s. Galeopithecus. V, 65.
Vesuv, erster Feuerauswurf, Synchronistik. II, 335.
Vetustah, Vitasta. II, 1082. 1109.
Vezier-Nabob von Oude. VI, 1144.
Vheit s. Behut, Hydaspes.
Via Mala, Schlucht des Hinterrheins. VI, 811.
Viburnum opulus. II, 650. (Schneeball) am Irtysch. II, 660. 706.
Vicramadityas schlägt die Saken aus dem Penjab. V, 486. 527. — seine Residenz. III, 1090. V, 486. 512. 557. 567. VI, 600. 756.
Vicramaditya II. (191 n. Chr.) V, 492.
Vicramaditya III. (441 n. Chr.) V, 493.
Vicrampur, Gebirgspaß in Cachar. V, 381.
Victoria, Fort. V, 668. VI, 460.
Vidiâpriya (sanskr. = Freund der Wissenschaft) s. Bidpai. V, 526.
Viehhandel der Buräten, freier mit China. III, 54. 123. — in Malwa. VI, 759.
Viehmarkt an dem heiligen See zu Pokhur. VI, 913.
Viehzucht in Süd-Dekan. V, 895.
Vierfarbigen, die, II, 445.
Vierwaldstätter See. II, 809.
Vierzig, als runde Summe. II, 309.
Viga gud, einstiger Hafenort in Kutch. VI, 1044.
Vihâra, sanskr., s. Behar. V, 507.
Vihar, der eigenthümliche Name zur Bezeichnung der Wohnung eines Buddha-Dieners. III, 1103. IV, 136.
Vihar, Senfart, giebt Oel, in Asam. IV, 325.
Vihari, d. i. Tempel auf Ceylon. VI, 96.
Vijaya-Nagara-Reich. VI, 420.
Vijaya-Pura (d. i. Siegesstadt) s. Bejapur. V, 634. 638. VI, 374.
Vijayaseni Bhavani, die Kriegsgöttin der Rajputen. VI, 805.
Vijayavalli s. Vijolli. VI, 816.
Vijayi, die heilige Pagode. VI, 548.
Vijaypur, Fort am Arun in Ost-Nepal. IV, 85. 86.
Vijeyantha, singhalesischer Königspallast. VI, 245.
Vikra maditya, Herrscher in Kaschmir. III, 1106. IV, 298.
Villeneuve, de, Gouverneur von Kusnezk. II, 866.
Villigaan, Fischerdorf auf Ceylon s. Bellegaum. V, 188.
Vina, indisches Instrument. V, 504.
Vinas'ana, Stelle, wo sich der Thanesur in der Sandsteppe verliert. V, 498.
Vinca rosea, als Heerdenpflanze auf Pulo-Condor. IV, 1027.
Vindhyachala. V, 495. 513. VI, 458.
Vindhyagebirge. V, 495. — Ostende in Bundelkhund. VI, 105 ff.
Vindhyan, Bedeutung des Namens (Südbarriere, Sonnenwand). VI, 744.
Vindhyan-System, Bergland des, VI, 725.
Vindravana (sanskr., d. h. Wald von Tulsibäumen), Stadt am Yamuna. VI, 1133.
Vingur, einstiger Hafenort in Kutch. VI, 1044.

Viola alpina. II, 714.
Viola altaica, zur Alpenflor des Sara-Tau. II, 652. 698. 714. 942. 949.
Viola digitata. III, 281.
Viola dissecta. II, 940.
Viola grandiflora, caerulea. II, 769.
Viola lanceolata. III, 285.
Viola pinnata. III, 273. 281. 285.
Viola uniflora. II, 889.
Vipern, am Baikalsee. III, 23.
Vipâsa (sanskr. = die Entfesselnde oder pfeilgeschwind), Name des Hydaspes. V, 462.
Vipasyi s. Manushi. IV, 135.
Vir s. Virnag. III, 1124.
Virabhumi (sanskr. = Land der Helden), indische Landschaft, jetzt Birbum. V, 511.
Viragies (d. i. Bettelmönchorden), Collegium für dieselben in Bhurtpur. VI, 943.
Viraj'hamp (d. h. der Kriegersprung). VI, 804.
Viranaschi, die heilige Brahmanenstadt am Ganges. VI, 541.
Virapelly s. Varapali. V, 785.
Virawow, Hauptort in Parkur. VI, 1021. 1029.
Virgel Ganga auf Ceylon. VI, 24. 90.
Viripatnam, Kolonie von, Pondichery. V, 517.
Virnag, Dorf in Kaschmir. III, 1109.
Virnaugh s. Ver, Virnag. III, 1137.
Vir Singha, Radja von Nurpur. III, 1076.
Visa s. Vaisya. V, 936. (1 = 100 Tikal), Geldgewicht in Aracan. V, 321.
Vischnus (der Durchdringer), indische Gottheit. II, 5. — sein Adler s. Garuda. III, 1108.
Vishnudienst, in dessen Gefolge die Sanskritsprache verbreitet. V, 384. — in Munipur eingeführt. V, 366.
Vishnu-Ganga. III, 940.
Vishnu-Legende. IV, 13.
Vishnu-Padi. III, 940.
Vishnu Purana, Alter, Quelle für indische Geogr. V, 520 ff.
Vishnu-puri. III, 952.
Vishnupuri, Dorf der Munipuri. V, 367.
Vishnuräder (Ammoniten s. d.). IV, 13.
Visma Pani. IV, 136.
Visraboy, Bäder zu, in der Ghatkette. V, 670.
Visuar, Bergtribus. V, 762.
Visvamitra, Seitenfl. zum Dahderstr. VI, 633.
Viswabha s. Manushi. IV, 135.
Viss, Gewicht in Pegu. V, 172. 202. (10 V. = 265—371 Pfd.)
Viß (der Name ist bei den Birmanen aus dem indischen Paiktha entstanden). V, 266.
Vitastâ (sanskr. = pfeilgeschwind), = Hydaspesfl. V, 454. 464.
Vitex-Arten, als Waldbäume in Dschittagong. V, 414.
Vitex negundo. VI, 1115.
Viti, schwarzes Holz von einer Dalbergia-Art. V, 765.
Vitis Labrusca, wilde Rebe auf Pulo-Condor. IV, 1022. 1033.
Vitra (d. i. Weide, sanskr.). VI, 751.
Vitraventi (d. i. Weidenfluß, sanskr.). VI, 751.
Vitriolum unctuosum s. Steinbutter. III, 48.
Viverra civatta, wegen des Moschus in Siam gezogen. IV, 1107.
Vivipara fluo, im Muschel-Alluvium von Udeypur. VI, 875.
Vizagapatam, einer der Circars der Präsidentschaft Madras. VI, 471. — Stadt. VI, 475.
Vizíapur s. Bejapur. V, 634. 638. VI, 374.
Viziram Rauzi, mächtiger Polygar in Vizagapatam. VI, 476. 499 f.
Vlessow, Iwan, erster Beschiffer des Baikalsees. III, 94.
Vledermuysboom (holl.) s. Ficus indica. VI, 666.
Vocabularien der Koreaner. IV, 633. — der Newar, Parbatiya,

Limbu, Magar, Bhotiya, Murmis, Kiratas. IV, 123.
Vochang s. Unciam. IV, 744.
Vociam s. Unciam. IV, 744.
Voen chang s. Wen schang hian. IV, 533.
Vogelautomat. VI, 634. (vergl. II, 138. III, 579.)
Vogelfang, Regale in Nepal. IV, 48.
Vogelgesang, glockenähnlicher. IV, 390.
Vogelnester, eßbare, s. Salanganes. IV, 1029. 1108. V, 75. 121. — indische. IV, 934. V, 776.
Volk, vier Jahrtausende altes, noch ungebändigtes. IV, 761.
Volksleben in Korea. IV, 643.
Volkssage, indische, von der Kokospalme. V, 851.
Volterra, cyclopische Denkmäler zu, VI, 982.
Voluspa, Schlange des Odin. III, 1093.
Voluta, Muschelart. VI, 461.
Voluta gravis, pyrum, die Sangamuschel. VI, 38. 157 ff.
Vor-Alpen, Begriff. II, 33.
Vorder- und Hinterasien, Charakteristik. II, 74 f.
Vorder-Indien, Flächenraum. V, 425 f.
Vorder-Tübet. IV, 175.
Vorgebirgsländer, techn. Ausdruck bei Charakterisirung der Gebirgsmassen. II, 33.
Vormassen, techn. Ausdruck bei Charakterisirung der Gebirgsmassen. II, 33. 38.
Vorstufen, günstig zur Bändigung der Gewässer, fehlen dem Himalayasysteme. III, 1033.
Vostrets, Pflanze in der Gobi. III, 367.
Votivtafeln der Tungusen in den Badeorten. III, 183.
Vou-hou s. Wu-hu-schien. IV, 678.
Vous tsoi, König von Cochin China. IV, 985.
Vout chin. IV, 557.
Vouti, chines. Kaiser († 117 v. Chr.). IV, 526, 881.
Vou-y-Tscha. III, 232.
Voysey († 1825). VI, 474.
Völkergruppe, indo-germanische. V, 384.
Völkerrecht, die chinesische Sprache hat kein Wort für dasselbe. IV, 849.
Völkerwanderung, Bühne derselben in der Bucharey. II, 71 ff.
Vrischa (d. i. der Bulle), Symbol der göttlichen Gerechtigkeit. VI, 608.
Vucamur, Bergtribus. V, 762.
Vulkanische Bergbildungen der Inselspitzen im koreanischen Meer. IV, 609. 622.
Vulkanische Eruptionen, ob sie im Nerbudathale am Rheysir und Mundleysir Statt gefunden haben? VI, 600.
Vulkanische Gebirgslagen in der Umgebung von Selenginsk. III, 157. — V. Erscheinungen in Kamaun. III, 1035. — im Tieflande Rajasthans. VI, 948. — s. Vesuv.
Vulkane (?) am Kistna. VI, 472. — auf Formosa. IV, 867.
Vulkan auf Tavay, auf der Insel Narcondon. V, 124. — erloschener, im Insellande Kutch. VI, 1043.
Vulkane des indischen Archipelagus. V, 78 ff.
Vung-dam. IV, 1015.
Vurahimuran, Usurpator in Asam. IV, 300.
Vutschang, Stadt am Ta-kiang. IV, 657. 671.
Vyar, Fl., s. Vaygaru. VI, 4.
Vyrnag, Grenzdorf von Kaschmir. III, 1082. — s. Ver, Virnag. III, 1137.
Vysea, Diamantenart. VI, 347.
Vytullya, Leatin-Brahmane auf Ceylon. VI, 242.
Vzimkow, seine Aufnahme des Baikalsees. III, 12.

W.

Waage, Form derselben in Kanawar. III, 822.
Waarenverkehr, ältester Indiens bis zum N. und W. von Europa. IV, 436.
Waarenstraße von Nanking nach Kuantung. IV, 663.
Waa-Tribus der Bhotiyas. IV, 166.
Wackengestein. VI, 460.
Wachholderarten s. auch Dhupi. IV, 59.
Wachs, Ausfuhrprodukt in Dschittagong. V, 419.
Wachslichtfabrikation auf der Insel Hainan. IV, 883. — vorzugsweise im unteren Gangesthale. VI, 1160.
Wachsmann, seine Expedition zur Erforschung des wahren Rhabarber. II, 1033.
Wachteln, ihr Winterzug gen Süden. II, 1100. — ganz allgemein in Siam. IV, 1109.
Wa-chu, die vier, Gebirgstribus in Tübet. IV, 197. 200.
Wadhair-Rajputen. VI, 1068.
Wadhil-Tribus auf der Insel Oka-Munda. VI, 1068.
Wadi Khowar, Pisangpflanzungen zu, V, 880.
Wadjra, Sanskritname des Diamanten. VI, 343.
Waen bra s. Waenpro. V, 123.
Waffen der Koreaner. IV, 633. — die acht des Elephanten, nach der Sanskritlegende. V, 909.
Waffenarbeiter der Hiognu. II, 240.
Waffenfabriken zu Paro in Bhutan. IV, 144. — in Sindichin zu M. P. Zeit. II, 235.
Waffen-Handel im Malayen-Archipel. V, 73.
Waffenschmiede, die Turk als, II, 478.
Waffentänze der Garo's. V, 404.
Wagasügan, Ort auf der Grenze zwischen Kaschmir und Balti. Ueber den Urspr. des Namens. III, 630. 643.
Waghacha Kunwer, bei den Bhils verehrt. VI, 613.
Wagru, Fl., s. Kalyen. V, 147 f.
Wagur, Distrikt von Kutch. VI, 1038.
Wahlstatt, Mongolenschlacht bei, II, 280.
Waho, Berg mit einem Alpen-See in Tübet. IV, 252.
Wa ho tchaï. IV, 252.
Wa ho thang, Weiler in Tübet auf der H'Lassa-Route. IV, 252.
Wahrheit, Tempel der, bei den Tudas. V, 1035.
Wahrsagen aus den Schulterblättern der Thiere bei den Kalmücken. II, 975.
Wai kue (chines.), d. i. civilisirte Staaten. IV, 849.
Waiseli. V, 510.
Wai tak, Provinz von Tonking. IV, 921.
Waju, malaiischer Stamm. V, 30. 72. (Celebes.)
Wakha (?) in Bhutan. IV, 160. 166.
Wakiati Kaschmir, Geschichte des Landes Kaschmir von Mohammed Azim im J. 1727 geschrieben. III, 1104.
Wakyait-Gaum. IV, 379.
Wakyas in Asam. IV, 389.
Wa-la (chines.), Abtheilung der Delöth. II, 445.
Walakan abha, singhales. König. VI, 241.
Waldbäume in Animalaya. V, 765 ff.
Waldbrände in Sibirien, durch Wildschützen verursacht. III, 180.
Walderschöpfung in Sibirien fühlbar. II, 838.
Waldgottheit der Bhils. VI, 812.
Waldgrenze auf Gebirgen (auf dem Altai so wie in der Schweiz) liegt jetzt niedriger als früher. II, 911. 942.
Waldgürtel, eigenthümlicher, am Seegestade von Hinterindien und

an den Sunderbunds des Ganges. V, 62. 136. 252.
Waldheiligthümer der Tudas in den Nilgherry. V, 1040.
Waldkultur, trefflich bei den Kalmücken, eine Folge ihrer Abgötterei. II, 896.
Waldreichthum der Westghats. V, 698 ff.
Waldschläge des Teakbaums. VI, 512.
Waldungen, ihre verschiedenen Bestandtheile in Ceylon, Dekan, Dschittagong, Ava, Gondwana u. s. w. V, 252—255. 412—415. 420. 699—702. 720. 763—766. 827—894. 978—982. VI, 121. 272. 509 ff.
Walid, Kaliph von Bagdad (705—715). V, 582.
Waljambu=Holz auf Ceylon. VI, 122.
Walkedavrun, nährende Wasserwurzel auf Ceylon. VI, 115.
Wallaporte, Zimmerholz auf Ceylon. VI, 91.
Wallaterata (d. i. Wäscherleute). V, 937.
Walleway Ganga, Fl. auf Ceylon. VI, 88.
Wallfahrten, indische, nach Jaggernaut. VI, 547.
Wallfahrtsort Rangun. V, 171.
Wallfische in der Broughtonsbai auf Korea äußerst häufig. IV, 620.
Walli, Priester der Aracanesen. V, 314.
Wallich, Dr. V, 232 ff.
Wallnußbaum (n. sp.) in Tongtaong. V, 234.
Wallnußgrenze noch höher als die Birkengrenze im Altai. II, 714.
Wallotra, Stadt in Jhoudpur. VI, 975.
Wallrath. IV, 1068.
Walour, älterer Name für Sirdar=Kote. VI, 1001.
Waluni. II, 883. (ruſſ. = Steingrutz.)
Wampi, chinesische Frucht. VI, 1118.
Wan s. Mantschao. IV, 888. — Name der großen Brücke über den Minfl. bei Fu=tschu=fu. IV, 776.
Wa=nan, Fl. II, 531.
Wan=’an=koung (d. h. Pallast des allgemeinen Friedens), Pallast der Timuriden zu Kharakorum. II, 559.
Wanantschéou, Distrikt der Insel Hainan. IV, 883.
Wana=no=ura, Bai auf der Insel Tsu=Sima. IV, 614.
Wanarassi s. Benares. VI, 672.
Wander=Salm s. Salmo migratorius. III, 53. 106 f.
Wandertrieb der Indus=Anwohner im Gegensatze zu den festangesiedelten Ganges=Bewohnern. VI, 1073.
Wanderungen der Dörfer, Marktplätze und Anlagen aller Art in den Flußsystemen. VI, 1239. — der Stromläufe. IV, 525.
Wandgemälde in dem Landhause des Dacb Radja von Bhutan. IV, 148.
Wandhs, Name für die temporären Hütten der Bewohner von Parkur. VI, 1024. 1026.
Wandia, Ort in Kutch. VI, 1053.
Wandipore s. Andipur. IV, 140. 161.
Wangar s. Wangvu, Wangtu, Zufl. zum Ssetledsch. III, 766.
Wangfung. III, 648.
Wangh (P. T.), indisch=britischer Ingenieurcapitän. VI, 871.
Wang=ki s. Orghon. II, 528.
Wan=kung=pho, chines. Kunststraße. IV, 418.
Wangleon, Berg in Asam, Wasserscheide zwischen Dupha und Pani im N. und Noh Dihing im S. IV, 391.
Wangoka, Ort in Bhutan. IV, 14.
Wang=schin=schu, chines. Götze. IV, 676.
Wang tsa, auf der Tsiamdo=Route durch Tübet. IV, 204.
Wang=wang, chinesischer Kaiser, Herrschaft desselben circa Xr. n. II, 203.
Wanho s. Luenho. IV, 546.
Wanhufu, chines. Titel. IV, 503.
Wankanir, Ort in Kattiwar. VI, 1066.

Wan-li-schang-tsching, d. i. die große Mauer von 10000 Li. II, 200.
Wan-miao (Hallen des Confucius) zu Nan-kan-fu. IV, 676.
Wanniedbaler-Holz auf Ceylon. VI, 122.
Wanny-Provinz (d. i. armes Land) in Ceylon. VI, 195.
Wa-nan-ho, altchines. Name des Onon. II, 530.
Wan tschéou s. Wanan tschéou. IV, 883. — Mantschao. IV, 888.
Wan tschhang s. Kintschi. IV, 765.
Wan tschu fu, chinesischer Hafen. IV, 774.
Wantu, Wallnußbaumart in Kaschmir. III, 1196.
Wan yin s. Sisse. IV, 844.
Wappenthiere der hinterindischen Völker. V, 177.
War, Thierart in Kanawar. III, 774.
Waragulla s. Warangel. VI, 470.
Warakopole, Ort auf Ceylon. VI, 198.
Warangol, die ältere Residenz Telinganas. VI, 470. — d. i. Sultanpur. V, 566.
Wara-rud (pers.), Name des östlichen Hochasien. II, 85.
Warda s. Barada. VI, 449.
Ward's, d. i. Stadtquartiere. V, 322. VI, 929.
Waringen s. Ficus indica. VI, 658.
Warmbrunnen am Kirkun und Kunalei. III, 182.
Warme See, der, II, 394. 771.
Warnah, Zufluß zum Kistna. VI, 369.
Warneidechse s. Monitor, Tumpinamli. VI, 1209.
Warra, Tafelberg im Insellande Kutch. VI, 10 9.
Warren, englischer Lieutenant. VI, 440.
Warrapilli. VI, 339. 341. 370.
Wartenberg, der, bei Donaueschingen. VI, 472.
Wartu, Berg. III, 588.
Warwara (sanskr.) = Barbar. I (Afr.), 556. V, 447.
Wasantaretuwo (d. i. sanskr. die Jahreszeit der Götter) = Frühling in Dekan. VI, 371.
Waschen, nur einmal vielleicht im Leben bei den Kurumbars in den Nilgherry. V, 1019.
Waschgold in Martaban. V, 142.
Wasik, Abassidischer Kaliph (846—847). II, 1127.
Wasnud am Mhaisl. VI, 644.
Wasser, große Beweglichkeit [nicht Leichtigkeit] desselben im Baikalsee. III, 91.
Wasserbau in Orissa. VI, 531.
Wasserbeben, häufig an der Küste von Dschittagong. V, 416.
Wasserbenutzung, Unbeholfenheit in derselben bei den continentalen Völkern. II, 984. 1057.
Wasserbehälter von außerordentlicher Größe und Schönheit. VI, 860.
Wasserfall des Surdj-Pani. V, 398. — des Hoangho, mit den Cataraften des Nil verglichen. IV, 508. — des Ganges bei Sicligully. VI, 1165. — des Kupili in Cachar. V, 383. bei Nan-kan-fu am Poyangsee. IV, 675.
Wasserfälle, werden von dem Wanderlachs übersprungen. III, 106. — von Shiva Samudra. VI, 283—286. — im Altai, selten. II, 980. — des Tscharysch. II, 860. — senkrechte, interessant als geognostische Profile. VI, 842. — in den Ghats. V, 695. — s. auch Cataracten. V, 695. — ihr Zurückschreiten. VI, 840.
Wasserhosen, fern vom Meere, häufig in Nepal. IV, 50. — in der Formosa-See. IV, 871.
Wasserkröte, die scheckige. III, 282. (Bubo fuscus.)
Wasserkultur in Kaschmir. III, 1191 ff.
Wasserleben, nomadisches, der Küstenbewohner von Cochinchina. IV, 940.
Wassermelonen. II, 340. — s.

Cucurbita citrillus. V, 719. — s. Karinga. VI, 958. — gigantische in Bikanir. VI, 995.
Wassermonopol der Gärtner in Bikanir. VI, 994.
Wassernuß s. Singhara. III, 1189.
Wasserreichthum von Aurungabad. VI, 435.
Wasserrennen in Ava. V, 226. [Vgl. die Venetianische Regatta.]
Wasser-Saphir s. Topas. VI, 109.
Wasserscheide, der Flußgebiete des Ganges und Brahmaputra. IV, 154.
Wasserscheidelinien in Nord-Dekan. VI, 478 ff.
Wasserscheiden, Schutzgeister der, III, 630.
Wasserscheu, als Mittel dagegen wird von Moorcroft empfohlen die Wurzel von Alisma Plantago. III, 1194.
Wasserschnecken, von den Mergui-Insulanern als stimulirende Speise bereitet. V, 122.
Wasserschwellen des Ganges. VI, 1211 ff.
Wasserstürze, große, des Kiangsi. IV, 652.
Wassersucht, sehr selten bei den Kalmücken, trotz ihres Branntweintrinkens. II, 972.
Wasserträger, Caste der, Degradation der Merwara zu derselben. VI, 914.
Wasseruhren bei den Birmanen, aus Indien stammend. V, 285.
Wasserwerke im Parke von Kalleah-Deh. VI, 756.
Wata-giri (?), Berg auf Ceylon. VI, 248.
Wataykamund s. Utakamund. V, 990.
Wat chae tong, d. i. der Tempel des goldenen Sandelbaumes. IV, 1181.
Wattevrée (Jans), Schiffbruch desselben an der Küste von Korea im J. 1627. IV, 606.
Waugney, Bergwasser. VI, 589.
Wawaria, im Run von Kutch. VI, 1040.
Wawilowskoi, Dorf. II, 733. III, 295.
Wayr, starke Feste in Bhurtpur. VI, 942.
Wazirghur. III, 593.
Wälder auf Ceylon. VI, 121. — größer als ganz Deutschland im Jablonnoi-Chrebet. III, 176. — gigantische in Kambodja. IV, 1058.
Wärmecapacität, wachsende, auf Alpenhöhen. III, 1010.
Webereien für den feinsten Musselin im Dekan. VI, 420. — in Asam. IV, 327. — alteinheimische in Multan und Bhawalpur. V, 470. — in Jhoudpur. VI, 962. — nur von den Weibern betrieben im Dauligebiet des Himalaya. III, 1004.
Webercaste, bevorrechtet in den nördlichen Circars. VI, 475.
Webb, William Spencer, englischer Kapitän. III, 524 ff.
Weddah, die Waldbewohner auf Ceylon. VI, 229.
Wee-chang-hoo s. Wei-schan-See. IV, 563.
Weernag s. Var, Virnag. III, 1137.
Wegmesser, altes indisches Instrument. VI, 870.
Wehrwölfe. III, 1054.
Wei s. U. IV, 175. — Fl. IV, 693.
Weiber besorgen die Feldarbeit in Bhutan mit Ausnahme des Pflügens. IV, 167. — der Newar's. IV, 121. — als Priester auf Formosa. IV, 879. — dürfen den chinesischen Auswanderern nicht in die Fremde folgen. IV, 797.
Weiberklöster in Bhutan. IV, 164.
Weiberregiment in Aracan. V, 314.
Weibersitten in Aracan. V, 325.
Weibliche Personen, Ueberzahl derselben in Malwa. VI, 773.
Weideland der Elephanten (Ptolem.). V, 916.
Weidenbäume, herrliche Wälder davon. II, 138.

Wei han wei, chines. Hafenort. IV, 543.
Weiho, Zufl. zum Hoangho. IV, 492.
Weihrauch, aus Arabien nach Indien gekommen. V, 441.
Wein bei den Kafern. V, 451. — in Kaschmir, dem Maderaweine verwandt. III, 1184. — fehlt in Cathay nach M. Polo. IV, 515. den Ghylongs in Bhutan verboten. IV, 165. — (?) aus Persien, in Ceylon eingeführt (nach Edrisi). VI, 35. — süßer, von den alten Gr. und Röm. zum Versüßen der Speisen angewendet. V, 440.
Weinbau in Unter-Kanawar. III, 770 ff. — am Ssetledsch. III, 804 ff. — in Tübet. III, 462. — in der Berglandschaft von Nepal. IV, 50.
Weinberge, Anlage derselben in Utakamund verunglückt. V, 982.
Weinessig aus Kokosblüthensaft. V, 853.
Weinquelle, Provinz der, II, 214.
Weinranken am Maulbeerbaume der Lombardei. V, 777.
Weinrebe, die, auf dem Darwarplateau. V, 720. — am NO.-rande von HA. bei Gehol. II, 118. — von Khami nach China verpflanzt durch Kaiser Kang-hi. II, 359. III, 205.
Weinstock, höchste Traubengrenze auf dem Hangerangplateau. III, 703.
Weintraube, aus China nach Korea gebracht. IV, 634. — in Orissa. VI, 545. — die besten in Indien aus den Weingärten von Pokhur in Ajimer. VI, 913. — vortreffliche auf dem Harang-Paß. III, 805.
Weinverbot durch Muhammed, Nachtheile desselben. VI, 778.
Weï-ou-eul, Uigurenstamm. II, 343.
Wei schan hu, See. IV, 561.
Wei-schan-kiue, Hafen von Korea. IV, 616.
Weissagung durch Hunde. II, 308.
Weiß, Trauerfarbe der Siamesen. IV, 1148. — in Cochin China. IV, 966.
Weiße Elephanten, Inkarnationen Buddha's. V, 917.
Weiße Kalmücken s. Telenguten. II, 962.
Weißer Berg, Reise dahin von Umuna (1677). II, 92. — geograph. Lage. II, 93. — = Pe-Schan. II, 334.
Weißlachse, sibirische, s. Njelma. II, 862.
Weißtannenberg, der, II, 819.
Weitzen, Wintterernte auf Reisfeldern in Nepal. IV, 51. — früher in Munipur. V, 363.
Weitzen, chinesischer (Triticum tricoccon). II, 794. — kalmückischer, Trit. kalmanka, ebendas. — vulgare, gemeiner W. ebend.
Weitzenbau in Ava. V, 548.
Weitzenfelder in der Kirghisensteppe. II, 762.
Weitzenfluren in Bundelkhund. VI, 852.
Welessey. VI, 75.
Weleway, Bergprovinz in Ceylon. VI, 204.
Welikoi-Altai (ruff.), d. i. der Große Altai. II, 475.
Wellales, Kaste auf Ceylon. VI, 229.
Wella Mallu, Ort auf Ceylon. VI, 213.
Wellampory, Sorte der Chankmuschel. VI, 158.
Wellen, Höhe derselben auf dem Baikalsee. III, 91.
Wellenschlag, eigenthümliche Erscheinung desselben. IV, 1038.
Wellesley, Sir Arthur. VI, 405 ff.
Wellesley-Provinz. V, 45.
Welleway Ganga auf Ceylon. VI, 101. — Quelle 202.
Wellhalle, nährende Wurzelart auf Ceylon. VI, 115.
Wels, fehlt vom Ural durch ganz Sibirien. III, 281.
Weltelephanten, die 8; s. Airavathi. V, 161. 907.
Weltgegenden, bei allen Orientalen nach dem Aufgange der

Sonne bestimmt. II, 9. — die zehn, der Tübeter. IV, 277.
Weltstellung Indiens. V, 425. 528.
Wenho s. Luenho. IV, 546.
Wen-kouen (altchines.) = Orghon. II, 499. 528.
Wenphu, chinesischer Feldherr unter Kaiser Kang-hi; sein Zug gegen Tübet im J. 1718. IV, 199.
Wenschang-hian. IV, 553.
Wen-tschéou (?), Hafenort. IV, 982.
Werang-Paß in Ober-Kanawar. III, 829.
Werchangara, Dorf bei Irkutzk. III, 87.
Werch-Angarskoi, Ostrog. II, 605. 607. III, 36.
Werch-Buchtarminsk, Dorf, Lage. II, 685.
Werch-Buchtarminskaja, Jassakdorf. II, 703.
Werschininsche Piketfischerei. II, 656.
Werchnaja, Bach zum Onon. III, 278.
Werchnaja-Borsa, Fluß. III, 308.
Werchnaja Solonzowa. III, 184.
Werchnoi-Muis, Kap am Baikalsee. III, 34.
Werchnoje Isgolowje (d. i. Ober-Kopflehne). III, 48.
Wercholensk, Berg bei Irkutzk. III, 132.
Werch-Tscharyskoi-Krepost (d. h. Vorposten am oberen Tscharysch). II, 584. 856.
Were, Familienfehden auf Guzerate. VI, 1074.
Weres-rud (pers.), das östliche Hoch-Asien. II, 85.
Werschinin. II, 638.
Werst (genaue Bestimmung). II, 407.
Wesiga (ruff.) getrocknete Fische ohne Rückensehne. II, 640.
Wesleyan Society, Mission derselben auf Ceylon. VI, 188.
Wessilei, malab., d. i. Piper betle. V, 875.
Westen, rechts liegend den Völkern von Centralasien. II, 191.
Western Peak. III, 783.
West-Ghats, die, V, 655 ff.
Westindien, Bedeutsamkeit der dortigen Pisangkultur. V, 878.
Westliches Hochasien, mittlere Plateauhöhe. II, 40.
Westsibirien. II, 1040.
Westspalt in Hinterindien. V, 361.
West-Tübet, das Plateauland. III, 589 ff.
Westwinde, vorherrschend in Sibirien. III, 319.
Wet ma sut, Ort am Irawadi. V, 200.
Wetterpropheten in Korea. IV, 633.
Wetterzauberei der Mongolischen Astrologen. III, 359. 380.
Wewe, Name der wilden Mango in Amboyna. V, 889.
Whampoa, die Insel im Fluß von Canton. IV, 839.
Whampu s. Whampoa. IV, 839.
Whartu, Berg. III, 744 ff. s. Wartu.
Whatkurra, Deoti, der Tudas. V, 1037.
Wha-yu, chines. Name eines Fisches. II, 516.
White, John, Nordamerik. Schiffskapitän. IV, 995.
Whollcaru s. Cani. V, 935.
Widder, von Muhammedanern geopfert. II, 332.
Wiederkäuende Cetacee s. Dugong, Halicore cetacea. V, 65.
Wiederkäuer, fossile. V, 204.
Wiessiawanse, Kaste auf Ceylon. VI, 228.
Wijeya Raja. VI, 221.
Wijitta, Wijittepura. VI, 222.
Wilcox (Rich.), engl. Lieutenant; seine Flußaufnahme des Brahmaputra. VI, 1225.
Wild, Zahmheit desselben in Jeypur. VI, 923. — nimmt in allen tropischen Gebieten schnell überhand. V, 923.
Wild date s. Elatepalme. V, 857. VI, 315.
Wilder (M.), britischer Resident in Ajimer. VI, 908.
Williams, engl. Major. VI, 644.
Wiloschna, Fl. II, 761.

Wimelebarme, König von Ceylon. VI, 259.
Win cheng, Provinz von Kambodja. IV, 914.
Winde. V, 791 f. — auf dem Baikalsee. III, 92. — heftige, aus Höhlen. II, 389. (I. L. Ideler, Meteorol. veter. p. 29 sq.) 429. — glutheiße in Guzurate VI, 651. — Drehen derselben mit dem Fortrücken der Sonne in der Sandwüste. II, 302. — Opfer an dieselben bei den Kalmücken. II, 905.
Windfall, die Kalmücken begnügen sich mit demselben. II, 896.
Windgott der Chinesen. IV, 534.
Windrichtungen und Windvertheilung auf dem Darwarplateau. V, 711 ff.
Windstille bei Erdbeben. III, 87.
Windstillen in der Malayischen See. V, 15.
Wind- und Wolkenzüge, obere und untere. III, 1007.
Windsor-Castle, Insel im Koreaarchipel. IV, 622.
Wirbelwinde in Dekan. VI, 371.
Wirsir, Ort der Behutquelle in Kaschmir. III, 1148.
Wish, einer der Entdecker der Nilgherry. V, 952.
Wisno s. Vishnu. VI, 190.
Wissy, Bergstr. in Kaschmir. III, 1134.
Wiswakerma, Baumeister in der buddhistischen Legende. V, 879. VI, 239. 546.
Wiswanatha Nayaka, indischer König. VI, 12.
Witim, rechter Zufluß zur Lena. II, 522. 602. III, 55 ff.
Witim-Steppe. III, 51. 145.
Witterungsdaten, einzelne, aus dem Lande der Ordos. II, 157.
Wittwen-Verbrennungen s. Sutties. — bei den Kathäern zu Alex. d. Gr. Zeit. V, 462.
Wivaka s. Fiaka. IV, 444.
Wodagu, Holzart in Animalaya. V, 766.
Wodiah s. Odiah, Doria, Uria. VI, 515. 559.
Wodiar. V, 1025.
Wohamun, d. i. Prozessionen. VI, 336.
Wollotschnaja Sopka, höchster Gipfel des Narymgeb. II, 644. 667. 783.
Wollotschna-Gora (russ., d. i. Filzberg). II, 644. 667. 783.
Wolak. V, 565.
Wolfram. III, 289.
Wolga s. auch Etschel. II, 464.
Wolgaflotte Peters d. Gr. V, 456.
Woliang-ha. II, 1139.
Wolken, außerordentliche Dichtigkeit derselben. III, 554.
Wolkendamm in einer gewissen Höhe auf den Hochghats von Süd-Canara. V, 721.
Wolle auf Bäumen nach Herodot in Indien. V, 447. — rothe, der Tübetaner. IV, 364. — Bleichung derselben durch Reisblüthe in Kaschmir. III, 1200.
Wollgewebe, feine, in Jessulmer s. Looee, Lui. VI, 1012. — in Ober-Kanawar. III, 821.
Wolleinkauf der Russen in Gertope. III, 510. 604.
Wollhaar der Doms in Kamaun. III, 1044.
Wollmarkt, der große, in Undes. III, 505. — zu Gertope. III, 600 ff.
Wollsäcke (s. Granit). II, 677. III, 264.
Woloke (russ.), d. i. Wasserscheide (I, 79.). II, 617. III, 339.
Wolost, Buchtarminskischer, im Dorfe Sennoi. II, 682.
Wolotschnaja-Gora, Steppengebirge. II, 659. 664.
Wo-loung-chy (d. i. der schlafende Drache), Fels und Ansiedelung in Tübet. IV, 191.
Wombun s. Ngo lun bo. IV, 203.
Wontay s. Artocarpus bengalensis. V, 701.
Wood (G.), engl. General. III, 516. V, 366.
Worofka, Bach. III, 169.
Worofskaja Pad (d. i. das Dorf der Diebe) an der Ingoda. III, 169. 274.
Woronoi, russische Redoute am Narym. II, 666. 670.

Worota (ruff., d. i. Pforte, Sund). III, 27.
Wortelboom s. Ficus indica. VI, 660.
Woskresenskische Berge (d. h. Auferstehungsberge). II, 578.
Woskresensk-Monastyr (d. i. das Auferstehungskloster) an der Angara bei Irkutzk. III, 131.
Wostok s. Cystok. III, 93.
Wostraja-Mochnataja-Sopka (d. h. die spitze, rauhe Koppe). II, 815.
Wotimeru, Priester der Malaya-Carubaru. V, 933.
Woul s. U. IV, 175.
Wousun, Fl. (Ou-sun, d. i. mongol. = Wasser, Fluß). II, 501.
Wouweï, Territorium an der Wgrenze China's. II, 202.
Wölfe im Altai-Bjelki. II, 875. 876. — in den Wäldern am Ili. II, 403. — in Tavoy. V, 128. — in Martaban. V, 146.
Wölfin, Sage von der säugenden (Romulus), auch bei den U-siun. II, 433. 437.
Wucher mit Kapitalien in Canton. IV, 844.
Wu-E-Berge von Kianingfu. IV, 778.
Wu-hu. IV, 775.
Wu-hu-schien, Marktort am Takiangfl. IV, 678.
Wulayut (sanskr.) = die Westländer. V, 469.
Wu-li-to s. Foe li to. III, 1113.
Wu-li-ya-su-taï s. Burgassutai. II, 553. 1061.
Wu-li-ya-su-tei s. Uliassutai. II, 1051.
Wu-li-ya-su-tu, Fl. II, 1061. (nicht zu verwechseln mit Wu-li-ya-su-tai.)
Wullacutru (Barbiere). V, 937.
Wuller s. Ouller. III, 1156.
Wun, Oberhaupt der Cassayer in Ava. V, 282.
Wunan Ur s. Panyani. V, 767.
Wun dauk. V, 292.
Wunderquelle in Kaschmir. III, 1132.
Wungyi (d. i. Generalissimus) von Pegu. V, 178.
Wunz-haen s. Yung tschang fu. IV, 748.
Wu-yu-sa, See, s. Upsa S. II, 1062.
Wurda, Zufl. zum Tumbudra. V, 660. VI, 369. 427. — Barada, Warda. VI, 449.
Wurmfraß, ihm wird in den Thierhospitälern Indiens Getreide aufgeschüttet. V, 895. — in den Schiffen durch ranzige Kokosmilch abgehalten. V, 852.
Wurzelbildung, eigenthümliche, auf humusarmen Felsplatten. V, 14.
Wurzeln, Nahrung aus, auf Ceylon. VI, 115.
Wu-sing, chines. Küstenfl. IV, 705 f.
Wustapilly s. Ustapilly. VI, 351.
Wustara, Fort. V, 736.
Wusung, chin. Flecken. IV, 706.
Wu teaou kiang, Ort auf Formosa. IV, 874.
Wuth der Elephanten. V, 909 f.
Wuthkrankheiten der Katschinzinnen. II, 1097.
Wut myo Wun, das Oberhaupt der Nonnen in Ava. V, 288.
Wutschhing-hien, chines. Stadt. IV, 557.
Wu-tschin, Marktort am Poyangsee. IV, 676.
Wutter (?). III, 1139.
Wutus, religiöse Romanzen der Birmanen. V, 284.
Wuz, indischer Stahl, schon Ktesias bekannt. V, 448.
Wuzirabad (Alexandria ad Acesinem?). V, 465.
Würfelspiel, Hauptlaster in Malwa. VI, 771.
Wüste, libysche, von Strabo einem gefleckten Pantherfelle verglichen. VI, 951.
Wydricha, Dorf an der Uba. II, 725.
Wyitandsa, chines. Wachtposten. II, 417.
Wynaad-Straße, die, durch die Nilgherry mit dem Gudalarpaß. V, 1006 f.
Wyne s. Vana-Ganga. VI, 450.
Wyragur s. Byragur. VI, 466.
Wyri s. Were. VI, 1074.

X.

Xaça, Tubya s. Sakya (Tempel des). IV, 90. 94.
Xandû s. Schang-tu.
Xanthochymus dulcis, eine Guttifere. V, 979. — geograph. Verbreitung dieses Baumes. VI, 1112.
Xanthoxylon alatum. III, 856.
Xathras. V, 471. (Kschatras-tribus.)
Xatigam s. Dschittagong. V, 315.
Xattras s. Kschatra, Xathras. V, 462.
Xaverius, St. Franciscus, der Apostel von Indien. IV, 828. — sein Grabmal in Malacca. V, 40. VI, 153.
Xenagoras, mißt die Höhe des Thessalischen Olymp. II, 907.
Xinsien (d. i. die Unsterblichen). IV, 417.
Xorullokegel in Mexiko. IV, 622.
Xutham (?). IV, 1004.
Xylenepolis an der Mündung des Indus von Alex. d. Gr. angelegt. V, 478.
Ξάϑροι, Völkerst. V, 461.
Ξυλαλόη. IV, 933.
Ξυλοκασσία s. Cassia lignea. V, 823.

Y.

Yadnya (d. i. Opfer), eine der drei Hauptpflichten der Saka-Dvipa-Brahmanen. VI, 557.
Yan-yan s. Khangaï. II, 500.
Yagui Dawan (d. h. der Neue Berg). III, 638.
Ya gua (portug.) s. Artocarpus integrifolia. IV, 871.
Yaï tschéou, Distrikt der Insel Hainan. IV, 883.
Yak (Bos grunniens), der tangutische Büffel mit dem Seidenhaar, am Südrande von Hochasien. II, 178 ff. — zahlreiche Heerden auf den Bergen westlich vom Fl. Ta kiang. IV, 655. — vergl. IV, 29. 52. 127. 143. 386. III, 671. 801. 810. 831.
Yak-Art, fossile, in Kamaun. III, 1034.
Yak-Alin, Name der Gebirgsgruppe am Jalo-Paß. II, 114.
Yakanda [an den Dreizack des Poseidon erinnernd]. VI, 242.
Yakgiri duva, mythische Berginsel der Singhalesen. VI, 207.
Yakou-kiang s. Jaku.
Yaksa (chin. = eingefallenes Ufer), russ. Grenzposten. II, 618. III, 297.
Yakteg = Kameel (koreisch). IV, 634.
Yakub, der letzte König von Kaschmir. III, 1129.
Yalgis-agatsch, Bach. II, 417.
Yallenir-Ghat in Süd-Canara. V, 722—729.
Yalo-Pira, Nebenfl. des Nonni-Ula. II, 114.
Ya-lung-Kiang s. Yar-lung. II, 190. 191. IV, 648.
Yam, d. i. Posthaus. V, 631.
Yama s. Samana. III, 882.
Yamanya, Königreich, d. i. Pegu. V, 172.
Yaman-yar, der obere Theil des Kaschgar-Stromes. IV, 494.
Ya ma tao, chines. Küstenfl. IV, 541.
Yam-küam s. Yang-kouan.
Yamruk Yundso, See in Tübet. IV, 222.
Yam-Sinh-Radja. IV, 388.
Yamswurzel s. Dioscorea bultifera. V, 128. — bei den Naga's. V, 374.
Yamun (d. i. Tribunal) der Khalkasmongolen in der Urga. III, 227. 397.
Yamuna-Musjid, die Große Moschee, als Cathedrale von Delhi. VI, 1129.
Yamunavatari s. Dschemnotri

(d. i. sanskr. Herabkunft der Yamuna). III, 881.
Yamur (d. i. Großes Wasser) s. Amur. III, 298.
Yamzu, See in Tübet, s. Yarbrok-yumtso, Palte Lacus. IV, 272.
Yanaway s. Sandoway. V, 320.
Yandabu, Ort am Irawadi. V, 219. (vergl. 358). 220.
Yangainchain-yah, Ort am Irawadi. V, 167.
Ya-ngae-hian. IV, 418.
Yang ba djan, Fl. in Tübet. IV, 208.
Yangdjoch, See der Stadt Bedi in Tübet. IV, 222. 229.
Yang-fang-Keou, Gebirgspaß. II, 148.
Yang-hing-schang s. Hong-Kaufleute. IV, 842 ff.
Yang-ho, d. h. Fluß Yang. II, 127. — fließt in den San-canho. II, 147.
Yanghkor-Dola. III, 80.
Yang-kouan, chines. Grenzpaß. II, 202. 204. 206. 211.
Yangong s. Rangkong. V, 169.
Yangpa, Dorf in Kanawar. III, 766.
Yang shu, d. i. Feigenbäume. IV, 670.
Yang-ti, Kaiser der Soui-Dynastie. IV, 692.
Yang-ti, chines. Kaiser (604). II, 366.
Yang tscha schuan, chin. Stadt. IV, 533.
Yang tschéou fu, Stadt. IV, 686.
Yang tschun hien s. Nam sching. IV, 823.
Yang-tseu-Kiang, (d. i. der blaue Strom), unterer Lauf des Ta-Kiang vom Poyangsee zum Ocean. IV, 677 folgd. — vergl. 648. 649. — s. auch Jan tse Kiang, Ta Kiang, Blauer Strom.
Yang schu (chines.) = Feigenbaum. IV, 670.
Yang tschu, chinesischer Name von Ficus indica. VI, 659.
Yangui (M. Polo), s. Yang tschu fu. IV, 686. (M. Polo war hier eine Zeitlang Gouverneur.)
Yang-wha, chines. Schwarzpappel? Birke? II, 516.
Yan-Hai (chines., d. h. der Salzige See) im Thian-Schan. II, 388. 392.
Yan-khi = Kharaschar. II, 385.
Yan-thsaï s. Alan. II, 434.
Yan tschéou fu, Stadt auf Schantung. IV, 545.
Yan-yen-Schan, Gebirge, altchines. Name. II, 494.
Yao, Fluth des, II, 159. — d. i. Servus (Unterthan). IV, 766.
Yao dschung s. Pa phai yao. IV, 765.
Yaoma s. Yuma Ding. V, 308.
Yao sse s. Pa phai yao. IV, 771.
Ya pien (chinesisch) s. Opium. IV, 855.
Yaptschan, Ort am Schayuk. III, 635.
Yar, Yâra (chines.) = Kanton Tarbagataï. II, 418.
Yar-brok-yum-tso s. Palte-See. IV, 229. 271.
Yar-hla-Schamboï s. Schambu. IV, 193.
Yarlung, (Fl. tübet. = Weißer Strom). II, 190. IV, 190. 195. 648.
Yang-tsu-Kiang. IV, 186.
Yan-yan, Berg. II, 492.
Yara, Canton, wo das heutige Tschugutschack. II, 457.
Yarbrogh Yaldhi dzong s. Yaldhi. IV, 271.
Yarkend, geogr. Lage. III, 640. — Teppichwebereien zu, III, 555. 604. s. auch Jongar-iulh.
Yarla chamboï gangri, Schneeberg. IV, 194. 224. s. d. f.
Yarla-schamboi-gangri, Riesenschneepik in Tübet. III, 415.
Yartobi, Ort am Schayuk. III, 634.
Yartuli, Station am Yarkendfl. III, 638.
Yaru Dzangbo tsiu (d. i. kleiner Grenzstrom des Westens). IV, 219.
Yasavati. III, 1097.
Yasawal, Rana von, III, 1076.

Ya teng, Provinz von Kambodja. IV, 914.
Ya thrang s. Na-thrang. IV, 944.
Yati der Jainas. V, 746.
Yatinas (d. i. die Sehenden), Abtheilung der Jainas. V, 745.
Yatnika, eines der 4 Hauptsysteme der Buddhaphilosophie. IV, 135.
Yatsi s. Jaci. IV, 740.
Yau, Yo, Volk in Ava, Zweig der Birmanen. V, 267. 277.
Yavana (sanskr.) = Weihrauch. V, 441.
Yavanapriya (i. e. a Yavanis acceptum, pris par les Javaniens, würde der Fr. sagen), Name des schwarzen Pfeffers. V, 441.
Yavaneshta, Name des Zinns im Sanskr. V, 439. 441.
Yavanes, Bedeutung des Namens im Sanskr. V, 441.
Yawanas s. Yavanes.
Ydisu s. Idisa. II, 235.
Ye, Provinz. V, 130. — Fl. V, 131. — Stadt (Stockade) ebend.
Yeagatthawuti, nördl. Zufluß zum Hamavutti. IV, 724.
Yebu, heiße Quellen in Martaban. V, 136.
Yechu, soll das Jaci des M. Polo sein nach Marsden (Jacchi). IV, 741.
Yeddakurra s. Ebdakarra. V, 781.
Yedlapadu, Wasserfälle des Kistna bei Timeracotta. VI, 372. 469.
Yedsü, chines. Name der Kokosnuß. V, 842.
Ye-ga s. Re-ka (d. i. Bitterwasser). V, 229.
Yeg-thian-fu = Nanking. IV, 682.
Yegtchéou, Inseln. IV, 229.
Yehan toung, Berg in Ava. V, 282.
Yein-being, Grenzort zwischen Laos und Martaban. V, 134.
Yeka-Moal verderbt aus Kökü-Mongol. II, 275 f.
Yeko chango s. Yaru Dzangbo. IV, 273.
Ye-li-'an-thun. II, 558.
Yelitschi, Fl. IV, 497.
Yelitschu, Fl. (verschieden von dem vorigen). IV, 497.
Ye-liu-tschu-sai, Minister Oktai-Khan's. II, 559.
Yellalah-Cataracten in Congo. VI, 661.
Yellapura. V, 703.
Yelu-Antun, Tochter Dschingiskhans. II, 346.
Yelum Thungla, Bergpaß. IV, 97.
Ye-ma (d. h. das wilde Pferd), Lagune. II, 312.
Ye-man (?), Stadt. II, 429.
Yemen, Ficus indica in, VI, 663.
Ye-miaosse, d. h. wilde Miao. IV, 770 ff.
Yendok, Mahagonyähnlicher Waldbaum in Pegu. V, 183.
Yenga in Tavoy. V, 127.
Yen hoa, Spitzname für das Opium in China. IV, 855.
Yen king, d. i. Peking. II, 143. 560. (M. Polo.)
Yen-eul-tscheng, kleines Städtchen. II, 353.
Yen-wen s. Ghinbun.
Yen-Yen-Schan. II, 492.
Yeou Miao. IV, 760.
Yerracondah. VI, 306. 337.
Yerri-Boden s. Cottongrund, Regur. V, 714.
Yerugung, auf der Nepalstr. nach Teshu-Lumbu. IV, 258.
Yeschm s. Jachem, Ju ꝛc. III, 637.
Yesellen, Schlund der, II, 981.
Yesian Timur s. Esentemur, Cantemur. IV, 740.
Yesoukai, Dschingiskhans Vater, II, 256.
Ye-su-kai. II, 508.
Ye-tao-szu, Buddhatempel auf einer der Klippeninseln am Seegestade von Korea. IV, 615.
Ye-teina s. Etzina. II, 309.
Ye-tha (chines.) = Geten, Zug Timurs gegen dieselben (1400). II, 405.
Ye-tu. II, 377.
Ye Wun. V, 118.
Yeysinagar. VI, 574.

Yezd, das Asyl vieler Reste des Parsenalterthums. V, 617.
Yezdan, d. i. Licht, s. Ormuzd. V, 577.
Yezdanperest, d. i. Anbeter des Lichts oder Gottes. V, 618.
Yezdegird, der letzte Sassanide, findet Schutz in China. II, 209. III, 647.
Yfong-hien. IV, 530.
Yi-che-na, Stadt in Kambodja. IV, 980.
Yin-Daise, Newari-Name von Kathmandu. IV, 114.
Yin-mo-fu. III, 648.
Yin-Schan, d. i. Silberberg. IV, 688.
Yin-yak s. Nhal. IV, 986.
Yirrelurs s. Erular. V, 1015 ff.
Yisan, Ort im Siamgolfe. IV, 1079.
Yius, Fl. II, 1021. (Iyut?)
Yki-Dalai-Nör, d. i. der Große Heilige See. II, 540.
Yläh, burät., s. Ili. III, 280.
Ylaeh, Fl., s. Ilja. III, 277.
Ylanhua s. Lan. IV, 234.
Ylho, Sohn des Vang-Khan Togrul. II, 295.
Y-lo-lu = Peking. II, 349.
Y-ly s. Ili. II, 469.
Ymil s. Emyl.
Yo s. Yau. V, 277. — d. h. die fünf, nämlich heiligen Opferberge der Chinesen. IV, 512.
Yoandesi s. Jenisei (tungus.) III, 404.
Yo da ya, das Siamesenthor, in Ava. V, 225.
Yodun, ceylonesisches Längenmaaß. VI, 238.
Yogeshwar Singha, Radja von Asam. IV, 303.
Yogis, die, III, 944. V, 942. — von den Griechen Sophisten genannt. V, 443. — in Malwa, verbrannten sich in dem Wahne, als Radjputen wiedergeboren zu werden. VI, 770.
Yogimara. IV, 30 f.
Yo kie, d. i. gediegenes Gold. III, 1113.
Yom tim hu, chinesischer Fl. IV, 514.
Yo-muen s. Yümen. II, 211. nicht zu verwechseln mit Ju-men.
Yomuni, Zubach zum Dihong. IV, 364.
Yonglo, Sohn des Hongvu. VI, 706.
Yong-tsching, chinesischer Kaiser (Sohn Kanghi's), verbannt die Christen 1724. II, 278. 752. IV, 976.
Yoni (Mutter Erde, sanskr.). II, 7.
Yo-tim, Feste. II, 376.
Yo-tscheou-fu, Ort in der Provinz Honan am Tongting-See. IV, 662.
Yo-tu-kiun, Berg (ob identisch mit dem Ute-kian?). II, 499. 557.
Youeï-chi. II, 193. s. Yue-tschi. 431 ff.
Youeï-lun-ti-kin. II, 558.
Y-ou, Land. II, 366.
Young-ning, chines. Grenzstadt s. Usch. II, 328.
Young tchéou, Stadt in Yünnan. IV, 223.
You-ping, chines. Grenzstadt gegen NO. II, 97.
Yousup, König von Hami. II, 372.
Yo-yu s. H'lokba. IV, 212.
Y tscheou, ältester Name für Tsching tu fu. IV, 414.
Y-tscheou-Khamil. II, 357.
Y-tscheu s. I-ho. II, 346.
Yra-gha, Sohn des Vangkhan Togrul. II, 295.
Yrehn, Waldgebirge. III, 276.
Yrlou s. Y-lo-lou.
Y-ro-lu s. Y-lo-lu.
Yroo s. Irò, Jouro. III, 213.
Ytoatou-Alin. II, 493.
Yu, Arum-Art auf Formosa. IV, 871.
Yuäring, Weilergruppe in Unter-Kanawar. III, 773.
Yuan Kiang, Fl., Quellen desselben. IV, 660.
Yuan-khiu-tscheou, Name des Landes der Ku-li-han. II, 597.
Yuan-phoei. IV, 244.
Yuan-si-fu, Gouvernement in Bischbalik von Khublaï-Khan errichtet. II, 385.

Yudischtra, der Panduide. III, 1096. V, 683. VI, 322.
Yuen, Sommerresidenz der chines. Kaiser. II, 143.
Yuetchang, alter Name für Tong-king. IV, 972.
Yue-tschi. II, 193. 212. 363. 431 ff. 446.
Yue-pan, Völkersch. II, 335.
Yue-po s. Yue-pan.
Y-u-hian s. I-ho. II, 346.
Yu-hien s. Khamil. II, 357.
Yuho. IV, 557. — s. Kaiserkanal. IV, 550.
Yukreng-Nullah s. Irung. V, 370.
Yulang, Yulling, Zufl. zum Spiti. III, 730.
Yuldusgeb. II, 340.
Yu-lin-wei, Stadt, Lage. II, 156.
Yulla-Daise, Newari-Name von Lalita-Patan. IV, 114.
Yulumpilli, Ort in Gondwana. VI, 524.
Y-u-liu s. Khamil. II, 357.
Yule s. Illu. III, 770.
Yulung oder Siue Schan, Riesenpik bei der Stadt Li Kiang. IV, 409.
Yum, d. i. Gerichtstag. V, 118.
Yuma Dong, Grenzgebirge von Aracan. V, 308.
Yumbe miu s. Ramree. V, 309.
Yu-men s. Ju-men.
Yumilah, Alpenland. IV, 24.
Yu-men-hian, chines. Kreisstadt. II, 205.
Yu-min-tschung, Großmandarin unter Kaiser Khien-long. II, 466.
Yumtsen, Theilung Tübets unter König (925 n. Chr.). IV, 280.
Yu-mün-hien s. Yümen. II, 211.
Yungcham, Fl., s. Zongcham. III, 714. 718.
Yung-cone. IV, 825.
Yung-dung-Dorschi. III, 226.
Yungkhe Schan, Schneepik. IV, 409.
Yung-king-hian. IV, 418.
Yung-ko-tsui, d. i. Papagaienschnabel, Südkap der Insel Hainan. IV, 882.
Yung-lo, chines. Kaiser. III, 362.
Yung pe, unabhängiger Canton von Yünnan. IV, 753.
Yung tchang s. Unciam (M. Polo). IV, 745.
Yung-tcheo. IV, 825.
Yun ho, d. i. Om tsiu. IV, 227. 557. = Transportstrom, Name des chines. Kaiserkanals. IV, 550.
Yun-leang-ho. IV, 588.
Yun-liang-ho s. Kaiserkanal. IV, 550.
Yun-ling (d. i. das Wolkengebirge), der mittlere Siue Ling. IV, 410 ff.
Yun-thsi-uan, Berg bei Jehol. II, 139.
Yunzalaen (ob Yun Saluaen?), Fl. V, 132. 154.
Yupi-tase, noch jetzt roher Mandschurenstamm. II, 94.
Yupi-Tatse, d. i. Fisch-Tataren. II, 253.
Yus-agatsch (d. h. die 100 Bäume), Steppenbach. II, 643. 781. 789. (Jus-agatsch.)
Yus-Agatsch. II, 786 f. (nicht mit dem vorigen zu verwechseln!)
Yusef, der letzte der Jüdisch-Sabäischen Regenten, 70 Jahre vor Mohammed. V, 604.
Yusefzi, Stamm der Afghanen. VI, 1142.
Yu-siu s. Inut. II, 1119.
Yusu-Paß. III, 569. 782. 788 f. Fl. s. Sipon.
Yusu, auf der Tsiambo-Route durch Tübet. IV, 204.
Yu tayeon, chin. Admiral. IV, 860.
Yu tian s. Khotan. IV, 496.
Yu-ur-pa-tih. II, 1060.
Yu-u-tschéou, späterer Name des Landes der Ku-li-han. II, 597.
Yuz, Pelzwerk. III, 660.
Yü ling, Küstengebirgszug in Kuei-tschéou. IV, 757.
Yümen, ehemalige chines. Grenzfestung. II, 214. — Opiumbau in, VI, 797. — Ausfuhr von Pferden von dorther zu den Zelten Marco Polo's. V, 900.
Yünnan, das Alpenland von Süd-China. IV, 732 ff.
Yvo, chines. Kaiser. IV, 416.

Z.

Za, d. i. Thee (arab.). III, 231.
Zabaing, Volk in Ava. V, 277.
Zabbhaehnago, Zollhaus in Ava. V, 243.
Zaber Pahar, Berggipfel in Cachar. V, 396.
Zabu s. Bogaha, Boaha-bayn, Ficus religiosa. VI, 671.
Zabua's, die Prinzen von Lantschang oder Süd-Laos. IV, 747. 1232. V, 302.
Zachar s. Tsakhar. II, 425.
Zadadrus, alter sanskr. Name des Ssetledsch. III, 666. V, 464.
Zadun, Bach. II, 114.
Zagan-Oloiskoi-Karaul. III, 301. (d. h. der Grenzort der Weißen Wolke.)
Zagansume (d. i. Weißer Tempel), Dorf. II, 339.
Zagan-togoi, Fl. II, 422.
Zagan-Ujus. II, 1091.
ZaganUssunskoiKaraul. III, 80.
Zaghan-Machan (d. i. Weißes Fleisch). II, 1004. 1011. 1074.
Zagda (mongol.), die wilde Olive. III, 205.
Zähne und Knochen vorweltlicher Thiere am Aleiss. gefunden. II, 822.
Zähne, schwarz oder roth gebeizt bei den Siamesen. IV, 1012. 1147. — künstliche, eingesetzte, schon sehr früh in Hindostan. V, 556. — Belegen derselben mit Goldplättchen. IV, 744. — schwarz gefirnißte, als Auszeichnung bei den Formosanern. IV, 877.
Zahl, mystische (108) der Lama's. III, 825. — (27 = 3 × 3 × 3). VI, 1132.
Zahlenspiel. II, 1090.
Zahlensystem, koreanisches. IV, 634.
Zain-alabid-Din, König von Kaschmir (1422/72). III, 661.
Zaiten, f. L. statt Zaitum. IV, 779.
Zaitum (M. Polo). IV, 779.
Zaitun (in Fukian, Tsiuan-tschu-fu), Wallfahrtsort nach Ibn-Batuta. IV, 779. VI, 54. — arab. d. i. Olive. IV, 739. — S. übrigens Tsiuan-tschu-fu. IV, 775.
Zaizen, f. L. statt Zaitum. IV, 779.
Zalaung, Volk in Ava. V, 267.
Zalaw, Blutigel. V, 1012. VI, 53.
Zalim Singh (1817), der talentvolle Regent von Harowti. VI, 813.
Zalun Singh, einer der Erben von Merwar. VI, 890 f.
Zamakiteou, das Südkap von Formosa. IV, 864.
Zambu, Geb., s. Tschambah. III, 1138.
Zamsiri, chinesische Grenzpolizeistation auf den Gipfeln des Himalaya. III, 569. 697.
Zandol s. Sandelholz.
Zandapuri, Capitale der Süd-Laos. IV, 1232.
Zangcham, Zufl. zum Spiti. III, 570.
Zangti (d. i. Goldfluß in der Kanawarsprache) = Ssetledsch. III, 742.
Zapalota, mexikanischer Name der Platana Arton. V, 882.
Zapha, d. i. Zara, von Marignola für Saba gehalten. VI, 57.
Zar, Jar, Name der Einwohner des Hirtenlandes von Gertope. III, 603.
Zaradrus, falsche Leseart statt Zadadrus bei Ptolemäus. III, 666.
Zara-tusht s. Zoroaster. V, 618.
Zardandam, Provinz von Yünnan nach M. Polo. IV, 744 ff.
Zarde hesht s. Zoroaster. V, 618.
Zare's in der Zendlehre. IV, 494.
Zariza, Zufl. zum Baikal, s. Manturikan. III, 73. 96.
Zarmanos Chanes. V, 489.
Zartam, f. L. statt Zaitum. IV, 779.
Zarten, desgl. IV, 779.
Ζατρικόν = Schachspiel (bei Anna Comnena). V, 525.

Zauberei der Garo's in Asam. IV, 321. — alter Sitz derselben in Ninghia. II, 163.
Zauberer der Perlenfischer auf Ceylon. VI, 174. — als Aerzte bei den Sifan. IV, 506.
Zauberinnen der Buräten. III, 124.
Zauberlieder der Kalmücken. II, 975.
Zaubertrommel der Kalmücken. II, 967.
Zavoloczkaja cziud, d. i. Tschudi transwolokani. III, 339.
Zaw (Ibn=Batuta), Art der Chinesenschiffe. V, 592.
Zayat s. Zeytas. V, 232.
Zbu, Thierart in Kanawar. III, 774. s. Sbu.
Zea s. Ye. V, 130.
Zea Mays. V, 718.
Zeb. III, 91.
Zebu=gaong s. Spinell=Rubin, in Ava. V, 242.
Zehenringe der Buddagur. V, 1024.
Zehn, heilige Bedeutung der Zahl, in Tübet. IV, 277.
Zeichnenkunst der Bhotiya's. IV, 72. 130.
Zeichnenunterricht in der Soldatenschule zu Semipalatinsk vorzüglich. II, 800.
Zein ul abid din, König von Kaschmir (1422—1472). III, 1125 f. 1134. 1157.
Zeitrechnung der Koreaner. IV, 646.
Zekira, Bach zur Dschida. III, 82.
Zelandia, holl. Fort auf Formosa. IV, 861.
Zemarkh, Präfekt des Orients unter Kaiser Justin. II, 478.
Zemaun, Shah, Afghanenkönig von Kabul und Kandahar (1793 bis 1800). III, 1174.
Zemindara. VI, 530 ff.
Zemoun Sohah, Afghanenkönig. VI, 404.
Zempi, Amtstitel in Bhutan. IV, 158.
Zempiuscien. V, 236. — s. Sembuen. V, 302.
Zend=Avesta. V, 617.
Zen Lang s. Duller. III, 1156.
Zeolithe im Basalt. VI, 459.
Zeolithkrystalle, nierenartige, längergestreckte cylindrische, wurmförmige — im Amygdaloiden= oder Porphyrgestein bei Saugur. VI, 745.
Zerbzen, Drehbassen der Asamesen. IV, 296.
Zerquetschen zwischen Cylindern, Todesstrafe in Asam. IV, 334.
Zerru, Ort in Kaschmir. III, 1150.
Zersägen zwischen zwei Planken, Todesstrafe in Asam. IV, 334.
Zerspreizung der zwergartigen Bäume auf größeren Berghöhen. IV, 391.
Zeschinskoi=Karaul. III, 81.
Zetschkara, Berg, auf dem die Quelle des Behut, in Kaschmir. III, 1148.
Zeu a tau. IV, 541.
Zeuxina sulcata (Orchidee), merkwürdige Ausbreitung derselben. VI, 1115.
Ze ya sinha (d. i. der Siegeslöwe, eigentlich Jaya=Sinha), König von Pugan (1190—1212). V, 216.
Zeytas, Karawanserais in Birma. V, 230.
Ziamba (M. Polo), d. i. Kambodja, s. Tsiampa, Champa, Binthuen. IV, 918. 955. V, 914.
Zibea, Dorf in Birma. V, 233.
Ziegel, farbige Firnißziegel. II, 519.
Ziegeleien, treffliche in Nepal. IV, 68.
Ziegeldächer nicht allgem. erlaubt in Korea. IV, 643. — von Gold. II, 137 f. — Prärogative des eingebornen Adels auf Ceylon. VI, 200.
Ziegelthee. II, 974. III, 209.
Ziegen, wilde, s. Cervus pygargus. — auf dem Tumukéiberg. III, 216. — in den Nilgherry. V, 986. — Steppenziegen in Heerden am NOrande von Hochasien. II, 116. — tübetische, schon Ktesias bekannt. V, 448. — gelbe, d. i. die Steppenantilope. II, 543. — in Ava. V, 258. —

ihr Winterpelz im Himalaya. III, 669. — Lieblingsthier mohammedanischer Hirten. VI, 1049. — als Saumthiere im Himalaya. III, 1004.
Ziegenhirten am Dauli-Ganga. III, 999.
Zien lunk, Pallast in Kaschmir. III, 1157.
Zieselmäuse (Spermophilus cytillus) in der Kirghisensteppe. II, 741. 904. 927.
Ziffern, Erfindung derselben in Indien. VI, 422.
Ziffersystem, europäisches, indischen Ursprungs. V, 528.
Zigeuner, ihre Sprache. V, 660. 689. — ihre Lager in Jeypur. VI, 927.
Zikkaeh. V, 111.
Zilimjhar, Dorf in Bhutan. IV, 169.
Zilli, Gaum (Oberhaupt) von, in Asam. IV, 372.
Ziltura, Fl. zur Dziba. III, 80.
Zimmerleute, Zunft derselben besonders angesehen in Kaschmir. III, 1170.
Zimmt, als tübet. Handelsartikel. IV, 236. — wilder in den Nilgherry. V, 983.
Zimmtbaum, der, auf Ceylon. VI, 123—142.
Zimmtgärten der Holländer in Ceylon. VI, 7.
Zimmtholzwälder in Bhutan. IV, 145. — in Kamaun. III, 1060.
Zimmtland des Strabo an der heutigen Küste Ajan in Ostafrika. VI, 19.
Zimmtpflanzungen auf Coromandel, jetzt vernachlässigt. VI, 7. 141.
Zimmtstein auf Ceylon (nur dort). VI, 109. 111.
Zimmtwaldung in Aracan. V, 320.
Zimmtwälder in Kuantung und Cochin China. IV, 737. 757. 929. 930. VI, 126.
Zimpe s. Zempi (Zimpenum. IV, 159.)
Zinahgur s. Rettenghar. III, 1137. — s. Sypoor. III, 1137.
Zinchin, chin. Grenzpolizeistation auf den Gipfeln des Himalaya. III, 569. 699.
Zindanbaba. VI, 59.
Zinguza s. Sen ku sa. V, 303.
Zink, auf dem Mahamandalberge. IV, 32. s. Dasta. IV, 53.
Zinkaubs in Bhutan. IV, 158.
Zinkaub (Distriktbeamter). IV, 141.
Zinn, Geschichte seines Bekanntwerdens und des Handels mit demselben. V, 438. — im Gebirge von Laos. V, 246. (vergl. IV, 1217.) — in Martaban, Siam u. s. w. IV, 1217. V, 5. 6. 143. 242. — in Tutunag, Banca. IV, 800. V, 29. — als schwarzer Sand in der Stadt Mergui. V, 116. — Ausfuhrartikel in Singapore. V, 71.
Zinnerze charakterisiren das Erzgebirge der Malayen-Halbinsel. IV, 1080. — sehr reiche in Mewar. VI, 882.
Zinngruben auf Tavoy. V, 125.
Zinnminen von Djohor. V, 11. — in Cochin China, jedoch wenig bebaut. IV, 926.
Zinnmünzen der Malayen. V, 128.
Zinn-Seifen (d. h. Wäschen) in Tavoy. V, 127 f. — in Thaumpe. V, 189. — vergl. V, 30.
Zinnstein. III, 289.
Zinnsteingänge in Parak. V, 27.
Zinnverbreitung in Hinterindien. V, 77—80.
Zinnober, im Gebirgslande Malebum. IV, 18.
Zinore s. Sinnore. VI, 569.
Zinziber officinale. V, 719.
Zipa, Zufl. des Witim. III, 51. s. Zypir. II, 602 f.
Zirbelfichte (Pinus cembra), vegetative Gemsennatur derselben. II, 869. — von sehr bedeutendem Umfange. II, 94 f. III, 179.
Zirkon-edelsteine s. Matura-Diamanten. VI, 110.
Zisän s. Ssetsen Khan. II, 606.
Zittaun s. Chetaung. V, 132.

Zitteraal (Gymnotus) von Megasthenes beschrieben. V, 482.
Zitterpappel, Art. II, 544.
Zizacuma, Fl. in Asam. IV, 358.
Zizyphus Jujuba s. Rhamnus Zizyphus. V, 218. VI, 510.
Zizyphus vulgaris. V, 201.
Zobel, nicht südlich vom Jalopaß. II, 115. — im Altai. II, 716.
Zobelfang, der berühmteste am Jenisei. II, 1024. — besonders auch bei Tomsk. II, 1040.
Zodiakallicht s. Tropenlicht.
Zodiakus s. Thierkreis.
Zogi's, Priester der Gorkhas. IV, 77. — in Nepal. IV, 115.
Zohruq, rundgebaute Schiffe auf dem Indus. V, 467.
Zollabgaben, Art der, auf der großen Handelsstraße auf SW.-asien. II, 412.
Zoloma (?). IV, 209.
Zoncheng. III, 693.
Zonen, sieben in der systematischen Geogr. der Inder. II, 12.
Zong, Bach zum Ssetledsch. III, 827.
Zonghob, Sklaventribus der Bhotiyas. IV, 166.
Zongtscheng s. Zoncheng. III, 693. 695.
Zou, Völkerstamm in Hinterindien. V, 371.
Zubur, unentziffertes Buch in eckiger Schrift, auf welches die Mugs schwören. V, 422.
Zucchero = Zucker (ital.). V, 439.
Zuchi, als Volksklasse von Venedig's Lagunen bis nach Neapel. III, 1193.
Zucker, Namen desselben. V, 439. — aus China nach Korea verpflanzt. IV, 634. — Bereitung aus der Fächerpalme. V, 855. — von der Banane. V, 887. — aus der Blüthe des Churi-Baumes in Kamaun. III, 1036. — Rohr, wildwachsend, jedoch unbenutzt in Arakan. V, 319. — im Tadithal. IV, 33. — treffliches in Asam. IV, 293. — als allgemeines Nahrungsmittel frisch genossen in Asam. IV, 325. — von Sultan Baber nach Kabulistan verpflanzt. V, 884. — Benutzung desselben in Gr. Nepal. IV, 76. — früher in Munipur gebaut. V, 363. — Pflanzungen westlich vom Fl. Takiang. IV, 655. — als Opfergabe. VI, 598.
Zuckerkandfabriken, berühmte in Kalpi am Yamuna. VI, 859.
Zuckerpflanzungen auf Formosa. IV, 871.
Zuckerrohr, das, in Cochin China. IV, 928. — in Kamaun. III, 1037. — gebaut bei Jwala-Mukhi. III, 1074. — gigantische Species desselben in Sirmore, in deren Wäldern sich die Elephantenheerden während der Regenzeit verbergen. III, 847.
Zuckersiederei zu Colapore, die einzige in Dekan. V, 718.
Zue-schwa s. Tsun-hoa.
Zuffer-Khan, Kriegszug desselben am Indus (1638). III. 644. V, 563.
Zufur-Namah. III, 1119.
Zui, Fl., s. Tschui. II, 395.
Zuku s. Tschikoi. III, 169.
Zul-Fakir-Khan. III, 1081. V, 639. (Feldherr Aurung-Zeb's.)
Zulutschoko, der Zwillingsberg. II, 645.
Zumleh s. Dufleh. IV, 282.
Zunder aus der Rinde von Bauhinia Aty. V, 765.
Zungti s. Zangti. III, 742.
Zunjung, Station zwischen Shalkhar und Gertope. III, 740.
Zurru s. Zerru. III, 1150.
Zuruchaitu, Emporium, Zweck seiner Anlage verfehlt. II, 104. III, 206. 305 f. (tungusisch = Hecht.)
Zuruchaitustraße. II, 102.
Zusammenschnürung s. Gebirgsknoten. II, 40.
Zuzula. V, 411.
Zweikampf, ritterlicher, in der indischen Sage. VI, 12.
Zwergapfelbäume, Wald von, am Uldschar. II, 769. — vergl. II, 424.

Zwergpalme s. Hintal, Phoenix paludosa. VI, 538.

Zwiebelgebirge s. Thsung-ling, Zung-ling. III, 411. 729. (vgl. II, 759.)

Zwillinge (Sternbild der). IV, 414. s. Tsing.

Zwillingsgeburten, häufig in der Ebene von Buchtarminsk. II, 677.

Zwillingssysteme der Wasserläufe in Asien. II, 60.

Zwitternamen im Indischen. V, 514.

Zydj Mohammed shahsi (d. i. die Tafeln Mohammed Schah's), astronomische Tafeln des Jeysing Raja von Jeypur. VI, 1132.

Zyghur s. Jaighur. V, 667.

Zylar, Samojedischer Volksstamm. II, 1020.

Zyo s. Zou. V, 371.

Zypir, linker Zufl. zum Witim. II, 602.

Zyrbad (d. i. unter dem Wind), älteste Benennung von Malacca. V, 41. vergl. S. 89.

Zysa s. Zylar.

Zzang s. Tsang. III, 735. IV, 175.

Zzong-khaba, einer der berühmtesten tübet. Großlamas († 1312). IV, 218. 242. 249. (Zzongk'haba) 264. (Zzang-K'haba) 282.

Nachträge und Verbesserungen

zu dem

Registerbande über Ost-Asien.

Die mit * bezeichneten Artikel finden sich schon in dem Register selbst.

A.

Abdullah-Khan, Duranichef, fast unabhängiger Gouverneur von Kaschmir. III, 1176.
Aberglaube der Anamesen. IV, 970.
Abtreibung der Frucht, kein Verbrechen in Cochin China. IV, 968. — in Formosa. IV, 879.
Achbalug (M. Polo), ob = Ak Balk, d. i. die Weiße Stadt? IV, 515.
Acheri, die Feen, die Geister junger Mädchen, in Kamaun. III, 1054.
Aconitum-Arten, ob durch die giftigen Ausdünstungen derselben die böse Esch auf den Himalayahöhen erzeugt werde? III, 861.
Acosta, Ferd. IV, 958.
Adel, Einrichtung desselben in Cochin China. IV, 949.
Affen, von außerordentlicher Größe im Innern der Insel Hainan. IV, 883. — Nordgrenze ihres Vorkommens im Himalaya. III, 998. — als angebliche Ahnherren orientalischer Völkerschaften. VI, 274. 766.
* Afghanen, ihr Reich und ihre Eroberungen. III, 1174.
Agar-Agar (mal.), gallertartige See-algen-art. IV, 794. 1031.
* Agate in Siam. IV, 1091.
[Aghori's, indische Troglodyten, s. Magazin für die Literatur des Auslandes, 1836, Nr. 15, S. 60. J. L. J.]
* Agila-Holz, Regale auf Phukek; bei Todesstrafe den Fremden auch nur zu zeigen verboten. IV, 1036.
Ahowita, das Gesetzbuch der Nurbukhsh in Kaschmir. III, 1171.
Ahsen, Dorf am Duller-See in Kaschmir. III, 1157.
Akacien-Wälder (Robinia) in Sirmore. III, 867.
Ak-Balk. IV, 515.
* Akbar s. Eschbar. III, 1153.
Akoui, chinesischer Feldherr. IV, 530.
Akram-Khan, Vizier von Kaschmir. III, 1177.
Ala-Nor. IV, 497.
Alaum-nagar (?). III, 1072.
Alisma plantago. III, 1194.

* Alligatoren im Kambodja-Strom. IV, 1045.
* Almora, die Stadt in Kamaun. III, 1041.
Alpenkrähe (mit korallenrothen Beinen) im Himalaya, ob Corvus graculus? III, 1003. Vergl. III, 630.
Altschouka, chinesische Stadt. IV, 443.
Ama Gao, eigentlicher Name für Macao. IV, 828.
Amaranthus gangeticus. III, 996.
Ambergis. IV, 1029.
Amernaut, heiliges Eisbild in Kaschmir. III, 1154.
Amherst, Lord, seine Ambassade nach Peking (1816—17). IV, 834.
Amherst-Passage. IV, 701.
Amoy. IV, 783 ff.
Amrowty, Bach in Kaschmir. III, 1154.
* Amr Sing Thappeh, Gorkha-Feldherr, s. auch III, 941.
Amur, System. IV, 430 ff.
Anam s. Ngannam. IV, 734.
* Anamesen, die, d. i. das Volk von Tonkin und Cochin China. IV, 963 ff. Vergl. 952 ff.
* Ananas, vorzügliche in Cochin China. IV, 928.
Anandissar, Ort in Kaschmir. III, 1153.
Anas boschas. IV, 1109.
Anas moschata, in Amerika heimisch, durch ganz OA. als Hausthier verbreitet. IV, 1109.
* Anastomosenbildungen in den Ländern der Birmanen. IV, 347. 368. 373. 907.
Ancaria, Kletterpflanze, giebt die Terra japonica. IV, 948.
Andreas (St.), Pik des Himalaya. III, 951.
Angoda. V, 732.
* An-hoei s. Kiang nan. IV, 671.
Aniwa-Bay. IV, 474.
Ankwong, Prov. von Tungking. IV, 921.
* Ansiam s. h. nehmlich bei Odoardo Barbosa.
* Apocyneae, herrliche Arten auf den Si-Tschang-Inseln. IV 1075.
* Aprikosen, auf der Insel Tsung-ming. IV, 692.
Aravelle, Cap. IV, 900.
Arben, d. i. Zirbelnüsse. III, 862.
Ardibehescht, d. i. Mai. III, 1151.
Ardschuna, einer der fünf Panduiden. III, 886.
* Artocarpus integrifolia, auf Formosa. IV, 871.
* Arum colocasia. IV, 871.
Arzneipflanzen, chinesische, von Formosa. IV, 859.
Asari Gerh, Fort. III, 893.
Asari-Ghat, Bergstrom. III, 893.
Ascot, Ort am Zusammenfl. der Bildungsströme des Kali-Nuddi-Ganga. III, 1031.
Asparagus-Arten, eigenthümliche auf den Si-tschang-Inseln. IV, 1075.
Asps, Reptilienart in Kamaun (?). III, 1039.
Assasinen, ob sie den Opiumrausch kannten? IV, 853.
Atcheval, in Kaschmir. III, 1148.
At'hapaisa Ganga. III, 905.
A'thar, d. i. Rosenäther. III, 1183.
Athien s. Hatien, Kangkao. IV, 915.
Attar Gul, A'thar. III, 1183.
Atta Mohammed, Souverain von Kaschmir. III, 1177.
* Augen, Ausreißen derselben, als Criminalstrafe bei den Sifan. IV, 505.
Augurien auf Formosa. IV, 880.
* Aussatz in Kamaun. III, 1051. — heilende Quelle für denselben in Kaschmir. III, 1161.
* Austernbänke bei Teng tscheou fu. IV, 542.
Avastraße. IV, 750 f.
Ayot, d', Admiral von Cochin China. IV, 991.
Ayuthia, die alte Kapitale von Siam. IV, 1083.
Azerol, Baum auf der Westküste von Tarakaï. IV, 457.

B.

Badari s. Beri, Jujube. III, 993.
Baddu, Territorium von, III, 1077.
Baden der Götterbilder. III, 899. [Man denke an das Hertha-bad bei Tacitus, Germ. c. 29.]
Badi, d. i. Seiltänzer in Kamaun. III, 1055.
Badschah, s. hinzu: III, 1000.
Bag·ıur s. Bageswar. III, 1042.
Bageswar, Marktort in Kamaun. III, 1042.
Bag'h bakri, d. i. Fuchs- und Gänse-Spiel in Kamaun. III, 1052.
Bahaser s. Bageswar. III, 1042.
Baidya-Nath, Station. III, 1018.
Baikow, Peter, seine Gesandschaft nach China (16$\frac{54}{56}$). II, 549. IV, 832.
Bajan Dworo Dschare, Paß. IV, 443.
Baldera Luru, Berg. III, 925.
Baldinotti, Pat. Jul. IV, 959.
* Bambus, viereckige. IV, 542.
* Bambuswälder, heilige, gewöhnlich in der Umgegend der Fotempel. IV, 688.
Bana s. Banganga. III, 1072.
Banal, Dorf. III, 1081.
* Banca, Chinesen daselbst. IV, 800.
Bandon, Ort in Siam. IV, 1080.
Banga s. Pingeh. IV, 1046.
Banganga, Zufl. zum Beyah. III, 1072.
* Bangiram, Stadt am Siam-Golf. IV, 1070 ff.
Bangkok, als Centrum des chinesischen Handels in Siam. IV, 803. 1177 ff. (Beschr.)
Bang ya hoe, Berg und Stadt in Siam. IV, 1072.
Bang ya kung, Fl. in Siam. IV, 1072.
Bang po mung, Küstenort in Siam. IV, 1071.
Bang ta bun noe. IV, 1079.
Bang ta bun yoi. IV, 1079.
Bang ta yhan, Ort im Siamgolf. [Verschieden von dem in Tanasserim.] IV, 1080.
Banna s. Pingeh, Ben nghe, Banga. IV, 1048.
* Bannal, s. h. III, 1080.
Ban ya kung. IV, 1116.
Baragaon, Stadt am Daulisl. III, 996.
Barahat, Stadt am Bhagirathi-Ganga. III, 915 f.
* Baral, s. h. III, 1003.
Baringtonia speciosa. IV, 1021.
Bariya-Kette. IV, 1037.
Barrasah, das Gebirgsland. III, 930.
Barsu D'hara, s. h. III, 992.
Bart, d. i. Seil. III, 1055.
Basak, eine der drei Hauptmündungen des Kambodjastromes. IV, 915.
Batavia, Chinesen daselbst. IV, 799.
Bathery. III, 919.
Bathua = Chenopodium album, eßbare Vegetabilie des Himalaya. III, 1008.
Bauli's, Name der Springquellen in Kamaun. III, 1042.
* Baumwolle von gelblicher Farbe (Nan-king). IV, 696. — von vorzüglicher Güte in Kamaun. III, 1037.
* Baumwollenbaum, der, haushoch in Kamaun. IV, 931.
Baumwollen-Einfuhr in China unerläßlich nothwendig. IV, 559.
* Bären, weiße, an den Gangesquellen. III, 938. 1003. (auch schwarze.)
Begonia crenata. IV, 1033.
[Begum Somru, die indische Amazone, s. Magazin für die Litteratur des Auslandes, 1835, Nr. 152. — J. L. J.]
Behaim (Georges Pierre Pigneaux de), Bischof von Adran in Cochin China. IV, 962.
Belespur l. Belaspur.
Belhari, Markt zu, III, 1059.
Bender, Affenart in Kamaun. III, 1037.
Bengal s. Gour, Luknowti.

Benjermassin, Ansiedlung von, auf Borneo. IV, 1018.
Ben nghe s. Pinjeh. IV, 1042.
Benson, engl. Oberst, Begleiter auf Macartney's Ambassade. IV, 694.
Beoparris, steht aus Versehen hinter Bernier.
Beri s. Badari. III, 993.
* Bergkrystall, Reichthum daran im Hochgebirge von Kamaun. III, 1034.
Besitz, den Europäern in Canton verboten. IV, 840.
Bhadur, Hauptst. von Kattiwar. VI, 1066.
Bhaens, Cerealienart in Kamaun. III, 1036.
Bhagnaol s. Byri. III, 1053.
Bhairamji, Quelle des, III, 936.
Bhairog'hati (nicht identisch mit Bhagirathi). III, 934.
Bhairo-Lal. III, 938.
Bhalcot, Pik in Kamaun. III, 1028.
Bhamuri-Ghat in Gherwar. III, 1031.
Bhandaris, d. i. Schatzmeister in Kamaun. III, 1057.
Bhari. III, 1036.
Bharao, Art dramatischer Recitation in Kamaun. III, 1052.
Bhat, Cerealienart in Kamaun. III, 1036.
Bhat-Prayâga. III, 1019.
Bhawar s. Tarrai. III, 1029.
Bhim-Tal. III, 1030.
Bhoi Patra s. Bhoj-Patr. III, 954. 996.
Bhoj-Patr, Blätter der Setbarua-Pflanze. III, 996.
Bhoj-Putta s. Bhoj-Patr. III, 933. 996.
Bhomor, Ruinen von, III, 1076.
Bhut, d. i. der Geist κατ' ἐξοχήν, bei den Bewohnern von Kamaun. III, 1054.
* Bibliotheken, in Nanking. IV, 683.
Biddery, Shawl-Pakete. III, 1079.
Bidhara, Juniperus-Art. III, 1002.
[Binderwars, Gondstamm in den Bergen von Omakuta, s. Magazin für die Literatur des Auslandes, 1835, Nr. 142, Seite 568.]
Binthuon, Provinz von Cochin China. IV, 916. 918.
Birken l. Kirghisensteppe st. Kirghisteppe.
* Birkenrinde, s. h. III, 996.
Birmdeo-Ghat in Gherwar. III, 1031.
Bish'macund. III, 945.
Bisi, Maaß in Kamaun. III, 1057.
Bissuly, Fort am Rawi. III, 1077.
Bjejala Ryba l. Bjelaja Ryba.
Blachang, d. i. eingemachte Krabben. IV, 1080.
Blanchard, nordamerikan. Kapitän. IV, 1039.
Blattern auf Formosa. IV, 879.
Blauer Strom s. Jan tse Kiang. IV, 648 ff.
* Bleiminen in Kamaun. III, 1035.
Blick, schiefer [βασκανία, fascinatio], Aberglauben in Kamaun. III, 1055.
Bocca Tigris s. Tschu kiang. IV, 836.
Bodhi Darma l. Bodhi Dharma.
Bogsa, d. i. Zauberer, in der Gestalt des Wehrwolfs in Kamaun. III, 1054.
Bongory, Territorium von, III, 1077.
* Borax, tartarisches Produkt als Handelsartikel in Kamaun. III, 1059.
* Borneo, Chinesen daselbst. IV, 800 f.
Bos bubalus, wild in Siam. IV, 1101.
Bos Taurus, wild in Siam. IV, 1101.
Botol Tobaco, Insel. IV, 871.
Bouvet, Pater. IV, 659.
van Braam Houkgeest. IV, 533.
Brahmapuri. III, 952.
Brasilbalsam, auf der Insel Hainan. IV, 883.
Breakes Point, klippige Vorinseln vor der Provinz Kuangtung. IV, 816.
Brigu, der Pik der Auserwähl-

ten, bei den Gangesquellen. III, 947.
Brittenbank, Untiefe. IV, 1029.
* Brins s. auch IV, 738. [Ob Irawadi?]
Bruchweiden s. Salix fragilis. IV, 571.
* Brunnen, brennender, zu Jwala Mukhi. III, 1069.
Buagirim (?). IV, 1061.
* Buchdruckereien in Nanking. IV, 688.
Buchhandlungen auf der Insel Hainan. IV, 886. — in Nanking. IV, 683.
Buddhabild, kolossales, am Ta Kiang. IV, 655.
* Buddha-Cultus, früher bei den Sifan. II, 176. IV, 502.
Bulgarhäute, Handelsartikel der Bhutias; ob darunter russische Juchten zu verstehen? III, 1059. (Vergl. III, 483. 510. 598.)
Bulus s. Buros. IV, 900.
* Buros, s. auch IV, 900.
Butterbaum, der, s. Churi. III, 1036.
Buzomi (Franc.), Pater. IV, 959.
Büffel-Opfer, bei den Gorkhalis gestattet. III, 1010.
Byri, Duette in Kamaun. III, 1053.
Byzantinische Griechen, ihr Stolz auf ihre Literatur. IV, 843.

C.

Cachao, Hauptstadt von Tonkin; Chinesen daselbst. IV, 807.
Cacianfu, chines. Stadt nach M. Polo. IV, 516.
Caingui (M. Polo), ob = Tschin-kiang-fu? IV, 689.
Cai tcheou s. Kae chow. IV, 791.
Calaur, Dorf. III, 1017.
Calin (portugiesisch) = Zinn. IV, 1089.
Calompe s. Penompang. IV, 1062.
Calophyllum inophyllum. IV, 1001.
Camaigne s. Camraigne. IV, 918.
Ca mao s. Hosin. IV, 914.
Camraigne, Hafen von Cochin China. IV, 918.
Can fu s. Kanphu. IV, 702.
Canjer s. Kandyu. IV, 1037.
Cantemur. IV, 739.
Canton, das Weltemporium. IV, 825—858.
Can vot s. Kampot. IV, 914.
Cap Charlotte. IV, 542.
Capellen, van der, niederländischer General-Gouverneur von Indien bis zum J. 1826. IV, 801.
* Capra ibex im Himulaya. III, 1037.
Capra Leonina s. Thar. III, 1037.
Carachi, Berge an der Indusmündung. V, 477. [Steht im Register Seite 72 irrthümlich unter Cu.]
Caramoran (M. Polo) = Hoangho. IV, 500. 517.
Cara Nor. IV, 497.
Carauaille, Diego, Pater. IV, 959.
Cardandam. IV, 744.
Careri (Gemelli), der berühmte Weltreisende. IV, 829.
Cargariou (Achille de), franz. Gesandter in Cochin China (1815 bis 1817). IV, 946.
Carpentaria, Golf von, auf Macassar. IV, 802.
Caryota mitis. IV, 1032.
Castries-Bay. IV, 459.
Casuarina equisetifolia. IV, 1036.
Catimbaru (?). IV, 1061.
Catwicks-Klippen. IV, 924.
Caung shung, chinesischer Titel des Königs von Cochin China. IV, 985.
Cau the ow (?), chines. Stadt. IV, 823.
Caycan, s. L. statt Jaitum. IV, 779.
Cay Sao s. Teakbaum. IV, 932. [Ob = Cay Sanh, Ficus indica?]

* Cervus Muntjac [so, nicht munjac geschrieben]. IV, 1107.
Chabrutas, Steinhütten. III, 1021. [Ist Chabutras zu lesen, wie III, 912?]
Chafu, chinesischer Hafenort. IV, 703.
Chaigneau, franz. Ingenieur im Dienste des Kaisers von Cochin China. IV, 920.
Chai ya, Ort in Siam. IV, 1080.
Chamavat s. Champavat. III, 1042.
Chamba, Alpengau des Kulu-Kaschmir-Himalaya. III, 1064. 1069. 1077 ff.
Cham col lao s. Col lao cham. IV, 922.
Champa-Volk. IV, 955 f.
Champawat, die alte Residenz von Kamaun. III, 1042. — Höhe. III, 1028.
Champon s. Tschampon. IV, 1080.
* Chana, s. auch III, 1013.
[Chanatti und Chandari, s. auf S. 61a, wohin sie durch Versehen gekommen sind.]
Chandara-Baga [so ist zu lesen, nicht Chandera-Baga] s. auch III, 1064.
Chandel. III, 1071.
Chandra Vansi, ind. Patriarch. III, 992.
Chang (siames.), d. i. Elephant. IV, 1102.
Changleang. IV, 521.
Chang mai, Distrikt von Siam. IV, 1084.
Chang paou, der Piratenheld. IV, 892 f.
Chang tchuen, chines. Gestadeinsel bei Canton. IV, 827.
Chang-ti, das höchste Wesen der Chinesen s. Tien. IV, 512.
Chan hai s. Schang hei. IV, 701. 705.
* Chani s. China, Tschenna. III, 1003.
Chantabun l. Chantaban.
Chao, siames. Titel. IV, 1125. — Zimmerholz in Siam. IV, 931.
Chao-kun. IV, 1028.
Chapman, Mr., versucht eine Wiederherstellung des Handels zwischen Cochin China und dem engl. Indien (1778). IV, 946.
Chapmans-Bay. IV, 463.
Cha pu s. Cha fu. IV, 703.
Chaudri-Calyán. III, 998.
Chaya, Schatten der Acheri oder Feen in Kamaun. III, 1054.
Che, d. i. Flecken, Dorfschaft, auf Formosa. IV, 876.
Chenchen, durch Flugsandmassen untergegangenes Reich in der Nähe des Lop-Nor. IV, 495.
Chenopodium album. III, 1008.
Chi hoa ly yu, Karpfenart, dem Hoangho eigenthümlich. IV, 508.
China s. Tschenna, Getreideart. III, 1003.
Chinauni s. Chunduni. III, 1078.
China-Monopol, Aufhebung desselben und seine Folgen. IV, 826.
Chin cheu s. Tsiuen-tschu-fu. IV, 778.
* Chinesen, als Ehemänner von den Asamesinnen vorgezogen. IV, 968.
Chinesisches Volk, sein wahrer Nationalcharakter. IV, 692.
Chinesische Manuskripte, den Anamesen leicht verständlich, nicht umgekehrt. IV, 971.
Ching hae, chines. Stadt. IV, 703. 816.
Ching wha, Provinz von Tongking. IV, 912.
Chinka, d. i. Seilbrücken. III, 1032.
Chin suen se s. Shin Tseun. IV, 815.
Chintsong, chin. Kaiser († 1084). IV, 528.
Chir-ras, der berauschende verdickte Saft des Hanfes, wird geraucht in Kamaun. III, 1037.
Chi tsong, Kaiser der Ming-Dynastie († 1567). IV, 828.
Cho chan hou s. Schuschanhu. IV, 554.
* Cholera, furchtbare Verwüstungen derselben im Himalayagebirge. III, 995.
Chontschun, chinesische Stadt. IV, 443.

Chor-Ghats, d. i. Nebenpässe. III, 1031.
• Chou, d. i. West-Szütschuan. IV, 521.
Christen (?) auf Formosa. IV, 878.
• Christliche Gemeinde zu Hang schu fu. IV, 698.
• Chronologie der Sifan. IV, 506.
Chua s. Amaranthus gangeticus. III, 996.
Chuck lo ne, chines. Stadt. IV, 824.
Chumars, d. i. Gerber, Lederarbeiter, verstoßene Caste in Bhurtpur. VI, 942.
Chundu ni, Fürstenthum. III, 1078.
• Chunti, letzter Kaiser der Mongholendynastie. IV, 552.
Churi, der Butterbaum in Kamaun. III, 1036.
Chu-San s. Tschu Schan. IV, 537.
Chy, chines. Kornmaaß, = 5 Pinten engl. IV, 837.
Cientao, d. i. Stutzelweg, Pfeilerstraße, in China. IV, 521.
Cin s. Kui, Kwi, Cié. IV, 1079.
Ci-ning s. Kie-seou-hien. IV, 546.
• Citrone, ungesund in Tongking, und daher dort nur zum Färben gebraucht. IV, 927.
• Cochin-China, das Reich. IV, 911 ff. — Chinesen daselbst. IV, 807.
Coe tsjen tsjina, richtige Schreibart der Holländer für Cochin China. IV, 953.
Coiar s. Kokosfasern. IV, 1042.
Col lao cham, Insel an der Küste von Cochin China. IV, 922.
Col lao Roy s. Pulo Canton. IV, 922.
Colonien, eigentliche, nie von Chinesen ausgeführt, auch nach dem jetzigen Standpunkte ihrer Gesetzgebung nicht möglich. IV, 797.
Coluber aquaticus, Nahrungsmittel auf der Insel Hainan. IV, 885.
Columba litoralis. IV, 1032.
Company's Group. IV, 532.
• Compaß, chinesischer. IV, 795.
Condor (mal.) = Kürbis. IV, 1019.
• Confucius, sein Geburtsort. IV, 546.
Conon s. Kohnaong, Pulo Condor. IV, 1019.
Corallenfels (?) im Kambodja-Strome. IV, 1045.
Corvus pica, die gemeine Elster, überall in Cochin China. IV, 939.
Co tchen ching s. Cochin China. IV, 976.
Cow-Insel. IV, 995.
Coringa, chines. Pirat. IV, 832.
Crid, Dolche der Siamesen. IV, 1091.
• Criminaljustiz bei den Sifan. IV, 505.
Cui s. Kui, Kwi, Cin. IV, 1079.
Culsari, Dorf am Alacananda-Ganga. III, 1017.
[Cumbha-Mela, nicht Cumbhe-Mala. III, 909.]
Cumdan s. Si ngan fu. IV, 517.
Cunchin (M. Polo), chines. Landschaft. IV, 519.
• Cuntas-Pik [nicht Cuntes-Pik], Gruppe des Himalaya. III, 528. 1027. 1029.
Cuo-Basak s. Basak. IV, 915.
Cupschi, Seestadt in der Provinz Kuantung. IV, 815.
Currants (?), Ribes-artige Traubenfrucht auf den Himalayahöhen. III, 1009.
Cursali, Dorf am Dschemna. III, 899.
Cwari-Ghat. III, 1017.
• Cynosurus corocanus; s. auch III, 996.
• Cypressen im Himalaya (?), ob Juniperus-Arten? III, 1002.

D.

Daba, Ort im Gebiet von Kangra. III, 1075.
Daijang. IV, 1040.
Daï-liou, Land. IV, 742.
Dain, birmes. Längenmaaß. IV, 729. (2 = 1 geogr. Meile.)
[Dakauts oder Dakoits, Straßenräuber in Hindostan, s. Magazin für die Literatur des Auslandes, 1838, Nr. 142, S. 568.]
* Dakiar l. Dakiat.
Damo Mundschi. III, 1080.
Dampfbad in Nanking. IV, 684.
Dampier. IV, 799.
Dang ngay s. Tongking. IV, 953.
Dang trong s. Cochin China. IV, 953.
Darma s. Jewaur, Joyar. III, 1002.
Darnig See s. Ala-Nor. IV, 500.
Datarpur s. Dutar. III, 1074. — Rana von, 1076.
* Dauli Ganga, s. h. III, 990 ff.
(St.) Davids-Pik des Himalaya. III, 951.
Dämme, ungeheure, in China. IV, 524.
De-Brito-Bank. IV, 995.
Delangle-Bai auf Tarakaï. IV, 457.
* Delphine im Poyangsee. IV, 673.
Denschaleh. III, 1080.
Deodhar-Ghat. III, 1032.
Deos, Kobolde der Bewohner von Kamaun. III, 1054.
* Devaprayâga, s. h. III, 1019.
Dewali-kalki-Ghat. III, 1018.
Dewan, d. i. Justizminister in Kamaun. III, 1056.
Dhanpur, Minen zu, in Gherwal. III, 1035.
* Dharma-Sala, s. h. III, 942. 1080.
Dhikuli Ghat in Gherwar. III, 1031.
Dhikuli-Paß. III, 1032.
* Diamanten in Siam. IV, 1091.
Diard, französ. Naturforscher in Hinterindien. IV, 1051.
* Diebstahl, Bestrafung desselben in Siam. IV, 1127.
Dimnocarpus litchi. IV, 655. 664. 927. s. Litchi.
Diogenes, ein chines. IV, 813.
Dioscorea alata. IV, 928.
* Djamba, s. h. III, 1064.
Dobhals, Brahmanenklasse in Gherwal. III, 1049.
Dollar-Land, Name für Europa in Fukian. IV, 791.
Dongnai, Fl., s. Saigun. IV, 916. — s. Yateng. IV, 914. — s. Kambodja-Strom. IV, 1044.
Dong thrang, Insel. IV, 1040.
Donnai s. Dongnai. IV, 1044.
Don thrang. IV, 1044.
Dor, kleiner Regulo in China zu Marco Polo's Zeit. IV, 516.
Douc s. Simia nemoris. IV, 939. 1016.
Drache, der Große, Titel des Kaisers von Cochin China. IV, 093.
Drachensee, der, s. Lung-tschi. IV, 494.
Drury, engl. Admiral, nimmt Macao ein (1807). IV, 846.
Dschepen s. Zipangu. IV, 828.
Dudley, Sir Rob. IV, 831.
Dung Akhorur, Fürstenthum. III, 1078.
Dutar, Gebiet von, III, 1074 f.
Dutch Islands s. Si-tschang-Inseln. IV, 1073 ff.
Duturah s. Dutar. III, 1074 ff.

E.

E, Name der östlichen Völker in der chines. Statistik. IV, 777.
Eauwek. IV, 982.
* Ebbe und Fluth. VI, 1212 ff.
* Ehebruch, Bestrafung desselben in Siam. IV, 1127.
Ehliche Treue bei den Anamesen. IV, 968.

Eibenbäume im Himalaya. III, 1020.
* Eichhorn, ungemein verbreitete Gattung mit vielen Arten auf den hinterindischen Gestadeinseln. IV, 1034. 1051. — das Fliegende in Kamaun. III, 1037.
Eidschwur, Ceremonie dabei bei den Formosanern. IV, 880. [So auch im christlichen Mittelalter: festuca fidem facere, ein Gebrauch der aus der heidnischen Germanenzeit herübergebracht worden ist. S. meine Ausgabe des Einhard. Bd. II, S. 265, Anm. 2. — J. L. J.] — Form desselben in Kamaun. III, 1056.
Einsiedler-Höhlen bei Faifo. IV, 1003.
* Eisen, siamesisches. IV, 1059. — Ausfuhr desselben bei den Römern mit Todesstrafe, bei den Chinesen mit Bambusstreichen bestraft. IV, 844.
Eisenbrennen, als Heilmittel in Kamaun. III, 1051.
Eisenfabrikation bei den Miao tseou. IV, 768.
* Eisenminen, einträgliche in Mundi. III, 1075. — in Kamaun. III, 1035. — in Tongking. IV, 925. — im südlichen China. IV, 516.
* Elephant, der, in Kambodja. IV, 937 ff. — in Kamaun. III, 1037. — die Elephanten in Cochin China stutzten über die weißen Gesichter der europäischen Fremdlinge. IV, 1058.
Elephant, der, chinesische Küsteninsel. IV, 778.
Ellacanumsprache, d. i. der pontische Dialekt von Malayala. V, 773.
Elster, die gemeine, überall in Cochin China. IV, 939.
Emouy s. Hea-mun. IV, 775.
Emporium, das Hauptemporium von OA. ist Schanghai. IV, 707.
Engländer, die, in China. IV, 832.
Englisiren der Pferde, uralter schon von M. Polo erwähnter Gebrauch in Süd-China. IV, 742.
Epidamnier, ihre alte Handelspolitik. IV, 840.
* Erdbeben zu Sirinagur (1803). III, 1022. — auf Formosa. IV, 870. — in Josimath. III, 991.
* Erdbeeren im Himalaya. III, 1013.
Erythrina corallodendron. IV, 1032.
Esch, die böse, s. h. III, 1002.
Esche (Gebirgsesche) mit braunen Beeren auf den Himalayahöhen. III, 1013.
* Esel, fehlt in Cochin China. IV, 939.
Esentemur. IV, 739.
Euclase in Siam. IV, 1092.
Eu-ho, chines. Fl. IV, 546.
Eunuchen, kaiserliche, in China. IV, 859.

F.

Facon, Stadt mit einer Million Einwohnern in Süd-China. IV, 825.
Fahnen-Klippen, die, auf Formosa. IV, 869.
Faifo, Hafen in Cochin China. IV, 919. 1002 ff. — Chinesen daselbst. IV, 807.
Falschmünzerei des Raja von Pertabghur. VI, 642.
False Ubi. IV, 1030.
Fan s. Elfan.
Fan fu (chines.), d. i. Barbarenweiber. IV, 846. [Ueber den Ausdruck Fan s. auch IV, 501.]
Fang dschu, d. i. viereckiges Bambusrohr. IV, 543.
Fa tscheu ou, chinesische Stadt. IV, 822.
Fächerpalme, die, s. Borassus flabelliformis. V, 854 ff. — zur Papierbereitung gebraucht in Siam. IV, 1169.

Feigen, rothe, in Cochin China. IV, 928.
* Feigheit, wie bei den Sifan bestraft. IV, 505.
Feih (d. i. feuriger Hund), Name der nördlichen oder tartarischen Völker in der chinesischen Statistik. IV, 777.
Felis irbis (Pallas), in Korea. IV, 895.
Felis macroselis. IV, 1107.
Felis nubilus. IV, 1107.
Feng chong, Provinz von Kambodja. IV, 914.
Fenho, Zufluß zum Hoangho. IV, 510.
Fenmao, Grenzberg zwischen Tongking und China. IV, 913.
Fen schui lung wang Miao. IV, 554.
Fen schui ma thao, die große Wasserscheide. IV, 548.
Fen schui man wang. IV, 554.
Filagran-Arbeiten der Cochin-Chinesen. IV, 943.
Finguimatu. IV, 555.
Finlayson, Dr., sein Tod. IV, 1036.
* Firs, s. auch III, 1012.
Fisch-Concerte. IV, 1043 f.
Fischer-Inseln, die, bei Formosa. IV, 858.
Fischer-Netze aus Seide in Cochin China. IV, 936.
Fitch, Ralph, engl. Handelsmann (1587). IV, 1202 ff.
Flaschen-Kürbisse, zum Schwimmen benutzt. III, 1032.
* Fleisch, rohes, mit Pfeffer und Salz gewürzt, also wol eine Art Pökelfleisch, von den Doms gegessen. III, 1004.
Fliegen, fehlen auf den Himalayahöhen. III, 1003.
Flotten, ungeheure, der Chinesen. IV, 539.
Flußgötter der Chinesen. IV, 531.
Flußriegel s. Barre.
* Fluth, merkwürdig hohe. IV, 1035.
Folangki, chines. Name der Franzosen. IV, 838.
Fo nan, Provinz von Kambodja. IV, 914.
Fontaney, Jesuiten-Pater. IV, 689.
Formosa, die chinesische Gestadeinsel. IV, 858 ff.
Formosa-Bänke, die, IV, 865.
Formosa-Kanal, zwischen der Insel und den Manillas. IV, 858.
Formosa-Straße, zwischen der Insel und dem Kontinente von Fu-kian. IV, 858.
Foujdors, d. i. Gouverneure in Kamaun. III, 1056.
Fou nhing s. Fuh ning tschu. IV, 774.
Fou tcheou s. Fu tschu fu. IV, 774.
* Franzosen des Ostens, die Hinterindier. IV, 1039.
* Frauenleben, zügelloses (jedoch nur vor der Verheirathung), in Cochin-China. IV, 968.
* Freimaurerei, ähnliche Verbrüderungen in China. IV, 848.
Fringilla domestica in Siam. IV, 1107.
* Frohndienste in China im zweiten Jahrhundert n. Chr. aufgehoben. IV, 550.
* Frösche, als Nahrungsmittel auf der Insel Hainan. IV, 885.
* Fu, auch Name der Distrikte in Cochin China. IV, 949.
Fuchiam, Fuchim. IV, 1001.
* Fuchs, fehlt in Cochin China. IV, 939.
Fuchsschwanz an der Mütze als officielles Brandmal der Feigheit bei den Sifan. IV, 505.
Fu-giu (M. Polo), s. Fu-tschu-fu. IV, 775 f.
Fuh ning tschu, Hafenstadt in Fukian. IV, 774.
Fuïhong, chines. Stadt. IV, 823.
Fu ho, chines. Fl. IV, 561.
Fukian, die chinesische Provinz. IV, 774 ff. — der Kanal von, IV, 858.
Fukian-Könige von Formosa. IV, 862.
* Fukian-lang, d. i. die Männer von Fukian. IV, 774.
Fukian-Sprache. IV, 790.

Fu leang kiang s. Sangka. IV, 973.
Fulica. IV, 1014.
Fulu, Filzhütten der Sifan. IV, 504.
Fu nan s. Tonking. IV, 954.
Fung schan hian (d. i. Phönixstadt) auf Formosa. IV, 867. — Distr. daselbst. IV, 864.
Fung schu, der Windgott der Chinesen. IV, 534.
Fußzehen, Fingergewandheit in denselben bei den Cochinchinesen. IV, 1001. s. Kiao tschi. — kreuzweise über einander liegende, angeblich bei den Anamesen; daher der chinesische Name für Tonkin (Kiao-tschi). IV, 972.
Fu tscheou fu. IV, 665.
Fu tschu fu, Hafenstadt in Fukian. IV, 774.
Futhsoui, d. i. Papagei. IV, 939.
Fu yin s. Phu yan. IV, 997.

G.

Gabbe Gabbe, Blatt der Nipa fruticans, zum Dachdecken in Siam gebraucht. IV, 1113.
Gabeln, durch Stachelschweinstacheln ersetzt. IV, 1055.
Gadi, d. i. Thron. III, 1072.
Gahat, Cerealienart in Kamaun. III, 1036.
Galana (sanskr.) = gelare, géler. III, 1008.
Gaman Singha, Radja von Kangra. III, 1072.
* Gambier, Gambir, s. Terra japonica. IV, 948.
Gamboge (engl.) s. Cambodja. IV, 955.
Gampu (M. Polo) s. Kan phu. IV, 701.
Gangata, Ort in Nurpur. III, 1077.
Gangoli, Minen zu, in Kamaun. III, 1035.
Gango-noli, Berg. III, 1013.
Ganjifa, d. i. Kartenspiel in Kamaun. III, 1052.
Gannan s. Ngannan. IV, 972 f.
Gao mun s. Ama Gao, Macao. IV, 839.
Gar s. Gherwal. III, 1023.
Garcinia, nov. sp. auf Pulo Panjang. IV, 1033.
Gardner, John, nordamerikanischer Schiffscapitän. IV, 1041.
Garhawal s. Gherwal. III, 1023.
Gauri s. Gori. III, 1031.
Gautama Vergolde. IV, 1113.
Gebirgsschaaf mit ganz kurzem Schwanze gleich dem Reh, in Kamaun. III, 1037.
Gegha s. Kropf. III, 1011.
Geisterglaube der Bewohner von Kamaun. III, 1054.
Gelber Strom s. Hoangho. IV, 491 ff.
Gelbes Seidenzeug über dem Grabmale, Vorrecht der königlichen Familie in Cochin China. IV, 962.
Gemsen (?) im Himalaya. III, 774. 1003.
Génan s. Anan, Ngannan, d. i. Süden der Sonne. IV, 897. 972.
* Genealogien der indischen Radjageschlechter; Proben derselben. III, 1024. 1072.
Gentianen, auf den Himalayahöhen. III, 1013.
George's (St.) Canal. IV, 542.
Gerhwal s. Gherwal. III, 1023.
* Gersten-Arten, neue, im Himalaya. III, 535. 622. 733. 817. 1003. s. Awa, Awa-Jau.
Gerwhal s. Gherwal. III, 1023.
Gesetzcodex, uralter, in Siam. IV, 1127.
Gewürznelkenbaum eigener Art (M. Polo) in Yünnan. IV, 737.
Ghagar-Ghat. III, 1032.
Ghakar-Kette des Himalaya. III, 1028.
Ghat, das Beheren bei den Bewohnern in Kamaun. III, 1054.
Ghat-Ray, Fähre über den Beyah-Ganga. III, 1075. 1077.

Ghilanki, Ainos-Tribus. IV, 446 ff.
Ghowasin, Radjas von, III, 1072.
Ghurer, ob = Ghurul, Baral, Ovis ammon? III, 1037.
Gialong. IV, 986 ff.
Giftverschlucken, Ordal in Kamaun. III, 1056.
Gikul-Pauk. VI, 912.
Giljanki, Ainostribus. IV, 446 ff.
* Ginseng, Ginsong s. Panax quinquefolia. IV, 895.
Gintsong, chines. Kaiser seit 1311. IV, 764.
Giogin (M. Polo) s. Tscho-tscheou. IV, 515.
Giwain, Beerenart in Kamaun. III, 1036.
* Gnaungrue, s. auch IV, 907.
Gniama, Arum-Art auf Formosa. IV, 871.
Gno haou s. Wu-hu. IV, 775.
Go, Zimmerholz in Siam. IV, 931.
Go ei thsu s. Jaci. IV, 740.
Gola Dip, Ordal in Kamaun. III, 1056.
* Gold, angeblich auf Formosa. IV, 872. — Ausfuhr desselben aus China verboten. IV, 844.
Goldberg s. Kin-Schan. IV, 688.
Goldminen in Tongking. IV, 926.
Goldpapier, von den chinesischen Schiffern in das Meer geworfen zur Stillung der Wogen. IV, 795.
Goldplattirung der Zähne. IV, 745 f.
* Goldsand in den Flüssen auf der Insel Hainan. IV, 883.
Goldstangen nach dem Gewicht als Geld in Yünnan. IV, 766.
Goldverschwendung an Bauwerken in Hinterindien. IV, 982.
Golopa, chinesische Aussprache für Europa. IV, 838.
Golose, chines. Name für Russen. IV, 833.
Golzoska l. Golzofska.
Gongpha's-Insel an der chines. Küste. IV, 778.
Gori, Arm des Kalinuddi-Ganga. III, 1031.
Gosamp's, Reptilienart in Kamaun (?). III, 1039.
* Gossypium herbaceum. IV, 559.
Got'hs, d. i. wandernde Laubhütten der Bewohner von Kamaun. III, 1038.
* Goudron (ob eine Pinus-Art?). IV, 1022. s. Theerbaum.
Gould, Rob., nordamerik. Schiffskapit. IV, 1041.
Gour s. Bengal, Luknowti. V, 566.
Gower, engl. Kapitän zu Macao. IV, 855.
Gower-Kap. IV, 540.
Goyave, auf Formosa. IV, 871.
Goyer, Pet. de, seine Gesandschaft nach Peking (1655—56). IV, 832.
* Granit, blauer, brauner, grüner, des Himalaya. III, 1012.
Grants Island. IV, 542.
Grünköpfe s. Tsingtu. IV, 785.
Gular, Staat von, III, 1074.
Gulgul, eine Mischung von Oel, Kalk und Pech, zum Bestreichen der Schiffe gebraucht. IV, 1042.
Gunong-gerai [so ist zu lesen S. 118 b.].
Gurken-Arten, aromatische, in Kamaun. III, 1036.
Gurwal s. Gherwal. III, 1023.
Gutang. III, 1011. 1013.
Gutangnacli, Himalaya-Station. III, 1012.
Guya, süße Kartoffelart, einheimisch in Kamaun. III, 1036.
Gützlaff, seine Kenntniß der chines. Sprache. IV, 786. 809.
Gützlaff's-Insel. IV, 701.
Gwalior s. Gualior, Kawariar. V, 548.

H.

Han fung heen. IV, 815.
Han-mun, gr. Stadt in der Prov. Kuangtung. IV, 816.
Hahnengefechte aus Cochin China. IV, 939.
Hai fang hian. IV, 815.

* Haifische, von außerordentlicher Größe bei Pulo-Condor. IV, 1023.
Hai fong hien. IV, 815.
Hai Kheou so, die Gouvernementsstadt auf der Insel Hainan. IV, 886.
Haï lam, chines. Gestadeinsel, s. Hainan. IV, 881.
Haï-thsi, d. i. Meerfirniß. IV, 883.
Hai yong, Provinz von Tongking. IV, 921.
Hak kwac (d. h. Schwarze Teufel), chines. Schimpfwort gegen die Europäer. IV, 704.
Halls Gruppe (nach Sir James Hall benannt). IV, 573.
Halueggin, Bergdorf. III, 1081.
Hamoi s. Amoy. IV, 784.
Hamoy s. Hea-mun. IV, 775.
* Han, Fl. IV, 693. zum Ta Kiang. 672.
Han-Bai s. Turon-Bai. IV, 999.
Handelsleute des Hochlandes von Kamaun, eben so betriebsam wie die Kanawaris. III, 1059.
Handelstraktate, nie zwischen China und europäischen Nationen geschlossen. IV, 834.
Handschlag, vertritt die Stelle eines Kontrakts in Kamaun. III, 1052.
* Hanf, wild, in üppigster Fülle am Patal-Ganga. III, 1020.
Hang tschang fu. IV, 697.
Hang tschu fu. IV, 697.
* Hanhay, die große Sandwüste, s. auch IV, 495.
Han Kheou, der Zusammenfluß des Han-kiang und Ta-kiang. IV, 652.
Hank skain. IV, 936.
Hans (hindost. = Gans). IV, 1109.
Han-San s. Turon. IV, 1000.
Hansata. [In diesem Artikel lies Henzadeh statt Henzadah.]
* Han yang, s. auch IV, 671.
* Hariballabh, Brahmine. III, 403. 1070. — Quellort des Beyah. III, 1064.
Haribans. III, 1056.
Haripur, am Banganga, Residenz von Dutar. III, 1074.
* Hase, fehlt in Cochin China. IV, 939.
Haselnuß, die, in Kaschmir. III, 1197.
Hastings-Archipelagus an der Küste von Cochin China. IV, 921.
Hatien-Fl. s. Kang kao. IV, 915.
Hausherr, Rechte desselben werden in Hami und Yünnan an den fremden Gast abgetreten. II, 360 f. IV, 736.
Hautausschläge s. Aussatz.
Hawal Bagh (Hawil Bagh), Stat. Klima. III, 1033.
* Hazardspiele, s. auch IV, 797.
* Hängebrücken, s. auch III, 872.
Hea-mun, Hafenort in Fukian. IV, 775.
Hean am Songkasl. IV, 920.
Hedu s. Nauclea daduga. V, 699.
Heimathliebe, lokale, aller Gebirgsvölker. III, 1052.
Hekate mit der Kali verglichen. III, 1072.
Helarctos, nov. gen. s. Ursus malayanus. IV, 1106.
He long kiang. IV, 440 ff.
Hengwha, Prov. von Tongking. IV, 921.
Hentha s. Kaindu (?). IV, 737.
Hermosa s. Formosa. V, 858 ff.
Herodot und Marco Polo verglichen. IV, 514.
* Heroënkultus in Yünnan. IV, 745.
* Heschui-Kiang, s. auch IV, 522.
* Heuschrecken in Kamaun. III, 1040.
Hey san, Inselgruppe. IV, 700.
Hia-men s. Hea-mun. IV, 775.
Hian fey heou, Göttin der Formosaner, die Beschützerin der Schiffe. IV, 874.
Hiao thang ho, Kanal. IV, 693.
Hia tschin, chines. Stadt. IV, 561.
* Hian yang, s. auch IV, 517.
Hiao tsung, Kaiser der Sung-Dynastie. IV, 693.
Himgal. III, 1008.
Himmelskönigin, die Küstengottheit der Chinesen. IV, 708.
Hindur. III, 1074.
Hing hoa fu s. Sinhoa. IV, 977.

Hing höa fu s. Hing hwa fu. IV, 775.
Hing hwa fu, Hafenort in Fukian. IV, 775.
Hir, Hiri, ob = Gir, Giri (sanskr. = Berg). III, 1017.
Hirundo esculenta. IV, 1108.
Hirscharten (fünf), in Kamaun. III, 1037.
Hita-Shan, Fehler statt Hua-Schan. IV, 512.
Hitau, Radja (?). IV, 1061.
Hiun Pal, Pergunnah von Kamaun. III, 1057.
Hiwangal, westl. Zufl. zum Dauli-Ganga. III, 1012.
Ho, d. i. Fluß zweiten Ranges (chines.). IV, 535.
Hoang-hai, das Gelbe Meer. IV, 537 ff.
* Hoangho, s. h. II, 153. — Wassersystem desselben. IV, 491 ff. — Unterer Lauf. IV, 522 ff.
Hoang Ti (d. h. der Gott auf Erden, der große Beherrscher), Titel des Kaisers von China. IV, 493.
Hoang-tscheou-fu, Stadt am Ta-Kiang. IV, 658.
Hoa tcheou. IV, 821.
Hoch-un, chines. Ort. IV, 820.
Hoei-ho s. Wei-ho. IV, 509.
Hoei-ngan s. Hwuy gan heën. IV, 775.
Hoei-thung-hian, d. i. Tisee. IV, 889.
Hoei-tong (d. i. Verein der Kommunikationen), chines. Name des Kaiserkanals. IV, 552.
Hoh-Oefen in Cochin China. IV, 991.
Hoïon, chines. Stadt. IV, 821.
Hoï-thun, Stadt auf der Insel Hainan. IV, 889.
Ho kim fu, chines. Distrikt. IV, 527.
Hok ling tschn s. Fuh ning tschu. IV, 774.
Hok tschu hu s. Futschu fu. IV, 774.
Holan (chines.), d. i. Holländer. IV, 845.
Holan; Fl. IV, 497.
* Holcus sorghum s. auch Kao leang. IV, 547.
Hollandbank, Untiefe. IV, 1029.
Holzschnitzwerk, Häuserzierrath im Himalaya-Alpen-Gebirgslande [wie überhaupt in allen Gebirgsländern]. III, 836. 868. 1003.
Honan, die Mitte der Welt. IV, 523.
Honcotre, Honcothroe, Gestadeinselgruppe. IV, 1034.
Hong-Kaufleute, die, in Canton; ihr Monopol. IV, 840.
* Hongvu, s. auch IV, 769.
Hoppo, der, d. i. der kaiserliche Kaufmann in Canton. IV, 841.
* Hordeum hexastichon, s. auch III, 1003.
Hormosa s. Formosa. IV, 858.
* Ho-Schan, auch Name eines Vulkans auf Formosa. IV, 868.
Hosin, Provinz von Kambodja. IV, 914.
Ho tschung fu, chines. Stadt. IV, 516.
Hotun-Nor, d. i. das Stern-Meer. IV, 497.
Houai ho, der vermittelnde Fl. zwischen Hoangho und Ta kiang. IV, 530 ff.
Houai ngan fu, chines. Stadt. IV, 533.
Hou-Keou, Ort am Hoangho. IV, 508.
Hou-leang ho tai, Mongolen-General. IV, 973.
Howi how s. Hai Kheou so. IV, 886.
* Höhlen, von außerordentlicher Größe, bei Pankimath im Himalaya. III, 1020.
Hu (chines.), d. i. See. IV, 502. 531.
Hulang ling tschuang, Dorf. IV, 561 ff.
Huang phu s. Whampoa. IV, 839.
Huang ti, dritter Chinesenkaiser. IV, 512.
Hua-Shan, Berg. IV, 512.
Hué, Provinz von Cochin China. IV, 916. 919. — chines. Kaufleute daselbst. IV, 808.
Hué-fu, die Kapitale und Reichsresidenz des Cochin Chinesischen Reiches. IV, 1005 ff.

Hu-Keang, chines. Dorf. IV, 775.
* Hukuang, chines. Provinz, s. Hupe. IV, 655.
[* Humayun heißt „Kaiserlich“ im Türk., ist also Titel, nicht Eigenname; z. B. Humayun Nameh, „das Kaiserliche Buch.“ J. L. J.]
Hungmao (chines.), das Rothhaarige, Blonde s. Holan. IV, 845.
Hung mao schai. IV, 881.
Hung sin yu (d. i. Rothherz), Fisch auf Formosa. IV, 869.
Hung tseu hu, See. IV, 530 f.
Hung tu (d. i. Rothköpfe), Name der den Kaufleuten von Amoy zugehörigen Junken. IV, 785.
Hung tzoy s. Loxia oryzivora. IV, 885.
Huripur, am Banganga, Residenz von Dutar. III, 1074.
Hurn-Pik in Kamaun. III, 1028.
Hush-non s. Khiung tscheu fu. IV, 818. 885.
Hutan, chines. Fl. IV, 499.
Hu-tho-ho, chines. Fl. IV, 557.
Hu-yen, Name der Departements der Provinzen von Cochin China. IV, 949.
* Hüte aus Palmblättern. IV, 923.
Hway tschu fu. IV, 815.
Hwi Su, siamesische Gestadeinselgruppe. IV, 1037.
Hwuy gan heën, Hafenort in Fukian. IV, 775.
Hydrographische Doppelsysteme. IV, 710 ff.
Hystrix cristata in Siam. IV, 1107.

J.

Jaci (M. Polo), Hauptstadt von Karaïan. IV, 739.
Jackal, fehlt in Cochin China. IV, 939.
Jacquier, der, auf Formosa; ob Artocarpus integrifolia? IV, 871.
Jaffir-Khan, Subahdar von Bengalen unter Aurengzeb. VI, 1204.
Janche s. Boa constrictor. IV, 744.
Jangoma s. Changmai. IV, 1084.
Jangora, Cerealienart in Kamaun. III, 1036.
Jan Jan s. Boa constrictor. IV, 744.
* Jantse Kiang s. Ta Kiang. IV, 537.
Japaner auf Formosa. IV, 861.
Japanesen-Fl., der, Mündungsarm des Kambodjastroms. IV, 916.
Jarao, Hirschart in Kamaun. III, 1037.
Jasmin, wilder, auf Formosa, wird nach China gesandt, um dem Thee einen lieblichen Wohlgeruch zu geben. IV, 872.
Jat, Kaste der; zu ihr gehörte Rundschit-Singh. III, 1074.
Jatamos-Sprache, d. i. Altkoreisch. IV, 895.
* Jatus, s. auch IV, 932.
* Java, chinesische Colonisationen daselbst. IV, 799.
Jawahir-Gruppe des Himalaya. III, 1014 ff.
Jaya Singhapur. III, 1072.
Jelem s. Jhelim. III, 1001.
Jeli, Name der civilisirten Aboriginer von Hainan bei den Chinesen. IV, 891.
Jenya, südl. Queerarm vom Brahmaputra zum Ganges. VI, 1222.
Jepen s. Japan, Zipangu. IV, 781.
Jesse, Mr. IV, 801.
* Jesuiten, ihre Arbeiten sind nicht zu gebrauchen, sobald es sich um maritime Aufnahmen handelt. IV, 689.
Jesuiten-Collegium zu Macao. IV, 830.
Ignack s. Nhai. IV, 986.
Jhelim, Ort am Daulisi. III, 1000.
Jholi. III, 1036.
Jhula s. auch III, 1032. Sfula.
Jinan Kiun (ob = Genan?). IV, 980.
Jing-ki-li, chines. Name der Engländer. IV, 846.
Ilanchula s. San seng. IV, 443.

Imen tschin, chines. Fort am Weiho. IV, 520.
Imps s. Masan. III, 1054.
Indigo-Insel s. Kokram. IV, 1071.
Indra Dhara, Wasserfall des, III, 992.
Insekten, sehr wenige, in dem Himalaya-Gebirgslande am Daulisi. III, 1003.
John, St., chines. Gestadeinsel bei Canton. IV, 827. s. Sanchoau, Chang tchuen. [Der chin. Name ist wol nur eine Corruption des portug. San João?]
Jonsalam (?), ob = Junk-Ceylon? IV, 1091.
Josa, histor. Balladen in Kamaun? III, 1053.
* Josimath, s. auch III, 991.
Josi-Sekte der Brahmanen. III, 191.
Jos sticks, gestoßenes Agilaholz als Weihrauch zum Opfern gebraucht. IV, 1036.
Ishwara s. Raja Ishwara. III, 1022.
Isle d'Orléans, Name der Insel Pulo Condor bei den Franzosen. IV, 1017.
Iswari, Herrscher von Killu. III, 1077.
Iswari See, Radja von Mundi. III, 1075.
Itahaha, König von Cochin China (1386). IV, 978.
Juala Mukhi s. Iwala Mukhi. III, 1069.
Ju-choi, Fl. IV, 511.
Judga s. Ayuthia. IV, 1083.
Juglans regia. III, 1196.
Ju-ho, chines. Kanal. IV, 552.
Juibus, weibliche Priester auf Formosa. IV, 879.
Jumichiti (d. i. Fisch- und Reisland). IV, 671.
Jumla-Pik in Kamaun. III, 1029.
* Junalle l. Junelle.
Jung (spr. Dschunk), Junke, ursprünglich malayisches Wort. IV, 794.
Jung. IV, 777.
Jungfrauschaft, durch Priester vor der Ehe amtlich entweiht, in Kambodja. IV, 983.
Ju nieou Schan (chines.), d. i. Berg der Kuh. IV, 651.
Junk-Ceylon. IV, 1083.
Jurte, Ursprung des Namens, s. Hurto. III, 211.
Iwala Mukhi, Handelsstation im Kulu-Kaschmir-Himalaya. III, 1069. 1073.
Iyotishi s. Josi-Sekte. III, 991.

K.

Kachao s. Kecho, Kesho, Kiaotche, Keschi. IV, 920.
Kadir-Land. III, 1030.
Kae-chow, chines. Hafenort. IV, 791.
Kan Kiang, Hauptstr. zum Poyang-See. IV, 661.
Kaen (birman.) = Grenzzollhaus. IV, 749.
Kahalur s. Belaspur. III, 1074.
Kahlore s. Belaspur, Kahalur. III, 1074.
Kai fong fu, chines. Mathematiker. IV, 552.
Kai fong fu, die Kapitale von Honan. IV, 523 ff.
Kaindu (M. Polo), ob Kiangtheou? Hentha? IV, 736.
Kaiser-Kanal, Nordhälfte. IV, 549—565.
Kaisershäuser in China, d. i. Rasthäuser, Karawanserais. IV, 821.
* Kaiserstraße, als Kommunikationsweg zwischen Khotan und den indischen Provinzen des Groß-Moghul am Ganges. III, 561. 599. 1000.
Kala Banjar, Name des Brachfeldes in Kamaun. III, 1057.
Kalangas, Name der alten Burgen in Kamaun. III, 1043.
* Kalender, chinesischer, Annahme desselben als Zeichen der Unterwürfigkeit; s. auch IV, 974.

* Kali, die Zunge der Göttin, zu Jwala-Mukhi. III, 1074.
* Kali, Fl., s. Mandakni (Ghandaki); Grenzfluß von Kamaun. III, 1026.
Kali-Kamaun, Distrikt. III, 1042.
Kali-nataï. IV, 782.
Kalinuddi-Strom. III, 1027 ff. [Nicht zu verwechseln mit dem gleichnamigen kleinen Flusse bei Mirut.]
Kamaleswar, Tempeldorf bei Sirinagur in Kamaun. III, 1053.
Kamalgar, Feste in Mundi. III, 1075.
Kamaya (d. i. Einwohner von Kamaun). III, 1046.
Kambodja, die Südprovinz des Cochin-chinesischen Reiches. IV, 914 ff.
Kambalu, Erzbischof von, II, 259.
Kam butschat, ursprünglicher Pali-Name für Kambodja. IV, 1051.
Kameel, l. seine Heimath.
Kamins, erbliche Tribut-Eintreiber in Kamaun. III, 1060.
Kammen s. Kambodjen. IV, 955.
Kammer s. Kambodjen. IV, 955.
Kampeng pet, Stahlgruben zu, IV, 1091.
* Kampferbäume, aus Formosa. IV, 868.
Kam pot, kl. Küstenfl. in Cambodja. IV, 914.
Kanalsysteme, die großartigsten in Rußland, China und den V. St. von Nord-Amerika. IV, 550.
Kandarmi, Land. IV, 742.
Kandyu, Ankerpl. in Cochin China. IV, 1039.
Kangkao, Fl. in Kambodja. IV, 915.
Kangra, Radjathum. III, 1071. — Stadt, Fest. 1072 f.
* Kanonen, kolossale, in Cochin China. IV, 943.
Kanonengießerei zu Hué in Cochin China. IV, 942.
Kan phu, chines. Hafenort. IV, 701.
Kan phu tsche, d. i. Kambodja (chines.). IV, 954.
Kao Hai, Dorf in Cochin China. IV, 1014.
Kao leang s. Holcus sorghum. IV, 547.
Kao men, Kao mien s. Kambodjen. IV, 955.
Kao tcheou fu s. Fa tcheou ou. IV, 822.
Kao yeou, See. IV, 685.
Kao yeou tscheou, Stadt. IV, 686.
Kapal (malayisch), d. i. Fremdschiff. IV, 786.
Karai Dip, Ordal in Kamaun. II, 1056.
Karaïan (M. Polo), das Land der Karaïn. IV, 739.
Karamuran s. Caramoran. IV, 500.
Karazan, das Land (M. P.), s. Karadjang. IV, 741 ff.
Karbu (mal.) s. Bos Bubalus. IV, 1101.
Kar munsa s. Tuksia. IV, 915.
Karna-Prayâga. III, 1019. 1021.
* Karpfenart, eigenthümliche, im Hoangho. IV, 508.
* Kartenspiele in Kamaun. III, 1052.
Kash s. Yu. IV, 495.
Kaschgar-Strom. IV, 494.
* Kasten-Befleckung, mit dem Tode bestraft in Kamaun. III, 1056.
* Kastenwesen in Kamaun. III, 1049 ff.
Katauch-Tribus. III, 1071.
Katinor, Insel am Gestade von Schantung. IV, 540.
* Katze, die gemeine, wild in Siam. IV, 1107.
Katzensilber. III, 1000.
Kayser, Jak. de, seine Gesandschaft nach Peking (1655—56). IV, 832.
Kea King, chines. Kaiser. IV, 694. [Nicht zu verwechseln mit Kaiser Joui-ti, dessen Regierungszeit Kiakhing genannt wurde.]
Keang keo s. Kiang heo. IV, 845.
Keapan. IV, 786.
Keatze s. Cupschi. IV, 815.
Kecho s. Kesho, Kachao, Kiaotche, Keschi. IV, 920.

Kega, Ort und Küstenfl. in Tongking. IV, 919.
Kegelartiger Tempelbau in Hindostan. III, 993.
Kelung Kiang s. Helung-Kiang. IV, 520.
Kendermi s. Kandarmi. IV, 742.
Kendhur. IV, 743.
Ken tchan fu. IV, 517.
Keschi s. Kecho, Kesho, Kachao, Kiaotche. IV, 920.
Kesh s. Yu. IV, 495.
Kesho s. Kiaotschi. IV, 734.
Ketow, chinesische Küsteninsel. IV, 778.
Ketcheng, Ainostribus. IV, 446 ff.
Keu lung Kian, d. i. Neun-Drachen-Fluß; s. Kambodjastr. IV, 748.
Keun-mie-fus-Büreau bei Macao. IV, 879.
Khaker, Thier in Kamaun. III, 1037.
Khanduris, Brahmanenklasse in Gherwal. III, 1049.
Khanghi, Kaiser, seine Bemühungen um den Wasserbau. IV, 530. s. Kanghi.
* Khas, Khasiyas, s. auch III, 1025.
Khie pan tho, das Land. IV, 494.
Khing yuan s. Ningpo. IV, 702.
Khiung-tschéou, die bedeutendste Stadt auf der Insel Hainan. IV, 884.
Khogatschi, Sohn Kublaï-Khan's. IV, 740. — s. auch Kogacin. IV, 744.
Kho pan tho s. Khie pan tho. IV, 494.
Khope. In diesem Artikel lies: Bor-Khampti.
Khuey-luy-Schan, Berg auf Formosa. IV, 868.
Khumden s. Si ngan fu. IV, 517.
Khunbaghar, Ort im Himalaya. III, 1017.
Khung-fu-dsü, d. i. Confucius. IV, 546.
Khussiaul, Fürstenthum. III, 1078.
Kia hing fu. IV, 694. 697.
Kia ho, chines. Fl. IV, 561.
Kia lao, Berg auf Formosa. IV, 867.
Kiang, d. i. Fluß ersten Ranges (chines.). IV, 535.
Kiang che (d. i. Flußzunge) s. Tsungming. IV, 690.
Kiang heo, d. i. englische Schiffe aus Indien. IV, 845.
Kiangnan s. Kiangsu. IV, 527. 531.
Kiangnga s. Irawadi. IV, 749.
Kia ning fu. III, 244. IV, 777.
Kian tscheou, Stadt. IV, 522.
Kia otschi, Kapitale von Ngannan. IV, 734.
Kia tse so s. Cupschi. IV, 815.
Kia tsing, chines. Kaiser. IV, 860. — s. Chi tsong. IV, 828.
Kichteouar s. Kischtewar. III, 1081.
Kieï-cheng s. Knotenschrift. IV, 505.
Kicou-tching. IV, 972.
Kicou-tscheou, Seidenzeuge. IV, 545.
Kileng, Ainostribus. IV, 446 ff.
Kilerchadschi, Völkerschaft. IV, 444.
Killas, schwarzer Schieferfels (in Nordwales). IV, 668.
Kimieï s. Tchin la. IV, 980.
Kin, Fl., s. Tahea. IV, 703.
Kin-Dynastie, ihr letztes Asyl. IV, 583.
Kin chow, chines. Hafenort. IV, 791.
* Kinderliebe in Kamaun. III, 1052.
* Kindermord, wenn nicht erlaubt, doch ignorirt bei den Asamesen. IV, 968.
Kin djang fu. IV, 715.
King yak, Provinz von Tongking. IV, 921.
King tcheou s. Kin chow. IV, 791.
King te sching, Fabrikort am Poyangsee. IV, 671.
King tchéou fu s. Si ngan fu. IV, 517.
King tung, unabhängiger Kanton von Yünnan. IV, 753.
Kin yao ly Schan, Berg auf Formosa. IV, 869.

Kinsai, d. i. Himmelsstadt, s. Quinsay, Hangtschu fu. IV, 697.

* Kin-Schan s. Goldberg. IV, 688.

Kintschi, chines. Name für Südwest-Yünnan, Zardandam bei M. Polo. IV, 745.

Kintschuan, Fl. im Gebiete der Miosse. IV, 772.

Kirin, chines. Departement. IV, 442 ff.

Kiodain, wildes Gebirgsvolk in der Provinz Quagnan des cochinchinesischen Reiches. IV, 919.

Kio feou hien, Stadt auf Schantung. IV, 546.

Ki san Seu, Bai. IV, 541.

Kishtewar, Fürstenthum. III, 1078.

Ki theou Kuan, chines. Fort. IV, 520.

Kiulong-Fl. s. Lanthsang-Kiang. IV, 748.

Kiyakla (?), Völkerst. im Amurgebiet. IV, 444.

* Klöster, buddhistische, in Cochin China. IV, 962.

Knotenschrift, antik-asiatische. IV, 505. — noch jetzt in gewissen Fällen bei Rechnungen im Britischen Schatzamte angewendet. IV, 745.

Koei yang fu, Hauptstadt der Provinz Kueitschéou. IV, 756.

Koffler, Pat. Joh. IV, 961.

Kogacin. IV, 741.

Kohdud, d. i. Ferninsel, s. Phukok. IV, 1034.

Kohnaong (chines.) s. Pulo Condor. 1017. 1019.

Kohtrol, d. i. Weberschiffinsel, s. Kohdud, Phukok, Quadrol. IV, 987.

Kokam, eine der Si-tschang-Inseln. IV, 1074.

* Ko kong, Insel, zu Siam gehörig. IV, 912. 921. 1067.

* Kokosfasern, zur Takelage der Schiffe gebraucht. IV, 1042.

Kokosnußbal. IV, 1037.

Kokosnüsse, zierliche Arbeiten daraus auf der Insel Hainan. IV, 885.

* Ko kran, Insel. IV, 921.

Koman (siames.) s. Pulo Ubi. IV, 1033.

Komen s. Kambodjen. IV, 955.

Kongluang, d. i. Herr über Alles, Titel des Königs von Siam. IV, 1123.

Kongso (chines.), d. i. Handelskammer. IV, 843.

Kongui, cochinchines., s. Pulo Ubi. IV, 1033.

Koni, Cerealienart in Kamaun. III, 1036.

Kooraï, IV, 859.

Kopeng, Provinz von Tongking. IV, 921.

Kopfputz, eigenthümlicher der Frauen bei den Miao-tseu. IV, 771.

Kophangan, siames. Gestadeinsel. IV, 1081.

* Koreer, Menschenschlag nach Fr. von Siebold. IV, 893 ff.

* Kormorane, Fischfang durch, IV, 548. s. auch Louffe.

Ko sa mui, siames. Gestadeinsel. IV, 1081.

Kota Ghat, in Gherwar. III, 1031.

Ko Tambung s. Pulo-Ubi. IV, 1033.

Koti, Ort, s. Kotsi. IV, 498.

Kotow s. Kheou theou, San kweikew-kow. IV, 836.

Kotsi, Ort im S. des Kuenlun. IV, 498.

Kotta, Fort in Kangra. III, 1073.

Kottahar, Radjas von, III, 1072. 1076.

Kouang nan fu. IV, 972. 977.

Kouey-y. IV, 733.

Koun gyu, Fisch. IV, 741.

Königstiger in Korea. IV, 895.

Krabbenfang im Siamgolf. IV, 1080. — s. Landkrabben. III, 1039.

Krang, siames., s. Coccus lacca. IV, 1111.

Krawang (auf Java), chines. Kolonisten daselbst. IV, 800.

Krek, König von Siam. IV, 1190.

* Krokodile, werden gegessen bei den Anamesen. IV, 967.

Krom. IV, 1126.

Kromchiat, siames. Prinz. IV, 1181.

* Kropf (nicht mit Cretinismus vergesellschaftet), allgemein in Kamaun. III, 1051. — bei den Bhotiyas. III, 1011. — s. auch III, 763. 847. Aabi u. s. w.
Ku (chines.), d. i. Flußmündung. IV, 566.
* Kuangsi, chines. Gebirgsprovinz. IV, 755.
Kuang tscheou fu s. Canton. IV, 836.
Kuang tung, die Provinz. IV, 809 ff.
Kuaoua, d. Java (oder ob Hinterindien? Borneo?). IV, 782.
Kua tschéou, Stadt. IV, 686.
Kuei, Blume. IV, 756.
Kuei ling fu, bedeutende Stadt in der Provinz Kuei-tschéou. IV, 756.
Kuei te phu, chines. Fort. IV, 500.
Kuei-tschéou, chines. Gebirgsprovinz. IV, 755.
Kuen schuy Schan (d. i. Berg der kochenden Wasser) auf Formosa. IV, 868.
Kuhopfer, bei den Bhotiyas, vor der Gorkhazeit. III, 1010.
Kui s. Kwi. IV, 1079.
Ku lien (263 n. Chr.) befreit Cochin China vom Joche der Chinesen. IV, 977.
Kulkun s. Kuenlun. IV, 501.
Kulu, Gebirgsstaat des Himalaya. III, 1065 ff.
Kulu-Kaschmir-Himalaya. III, 1061 ff.
Kumaigne (?). IV, 1060.
Kunawar, Ort im Kulu-Kaschmir-Himalaya (?). III, 1067.
* Kunststraße, antike in China, von Si ngan fu nach Tsching tu fu. IV, 512 ff.
Kupferminen in Kamaun. III, 1035.
Kupfersäulen, als chines. Grenzmarken. IV, 977 u. öft.
Kupfertafeln mit Inschriften im Himalaya. III, 992.
Kurtor, Fähre über den Beyah. III, 1066.
Kwai s. Bos bubalus. IV, 1101.
Kwan, Münze in Cochin China. IV, 948.
Kwanyin, chines. Göttin. IV, 684.
Kwi, Vorgebirge von Siam. IV, 1079.
Kwin nyon s. Quinhoe. IV, 998.
Ky lung, Hafen auf Formosa, deren Berge daher den Namen Ky lung Schan erhielten. IV, 860. — s. Pekiang. IV, 870.
Ky lung tschai s. Quelong. IV, 862.
Ky Shy s. Yu. IV, 495.
Ky Shy Shoui, Fl. IV, 495.

L.

Laïlaï. IV, 782.
La kon s. Ligor. IV, 1081.
La kon sa wan, Eisengruben in Siam. IV, 1091.
Lalla Rukh, d. i. Tulpenwange, Tochter Kaiser Aurengzebs. III, 1167.
Lalmirhi s. Capsicum frutescens. V, 719.
Lal Ság s. Amaranthus gangeticus. III, 996.
La Loubères, französ. Gesandter in Siam zur Zeit Ludwig's XIV. IV, 804.
Lamay, kleine Insel bei Formosa. IV, 865.
Lanam, Provinz von Tongking. IV, 921.
Landkrabben in Kamaun. III, 1039.
Lang chang, Laosdistrikt von Siam. IV, 1084.
Lang khiao, kl. Insel, s. Lamay. IV, 880.
Langur, Affenart in Kamaun. III, 1037.
Lan-Schilf s. Limodorum striatum. IV, 928. — s. Lan. IV, 234.
Lan-schui s. Pa-schui. IV, 510.
Lan thian han, chines. Bergstadt. IV, 510.

Lao=Tseu, seine Lehre. IV, 813.
* Laos, die, s. auch IV, 1196.
Lastschaafe, Lastziegen, im Himalaya. III, 1004.
Lata, Stadt. III, 998. 1000.
Lateinische Sprache in Cochin China gelehrt. IV, 962.
Laternenfest in Siam. IV, 1184.
Leaho, Fl., s. auch Lanho, Sira-Muren. IV, 536.
*Lebensbaum s. Thuja orientalis. IV, 546 f.
* Lebug=Paß in Kamaun (17777 P. F. H.). III, 1029.
Lemsui=Point. IV, 1081.
Leongson, Provinz von Tongking. IV, 921.
* Leoparden, das Schrecken des Dauli=Thales. III, 996.
Leopolds=Insel. IV, 542.
* Leti=Fl. III, 991.
Levangaputti s. auch V, 763.
Li, Name der Aboriginer von Hainan. IV, 891.
Li, General=Gouverneur von Canton, IV, 845.
Lian hua tschy (d. i. See der Lotosblume) auf Formosa. IV, 869.
* Libertinage der unverheiratheten Frauen in Cochin China. IV, 968.
Liebesgott, indischer, s. Ishwara, Raja Ishwara. III, 1022.
Liechun, chines. Stadt. IV, 542.
Lieou houang Schan (d. i. Schwefelberg), Vulkan auf Formosa. IV, 868.
Lieou kie kie, chines. Volkstribus. IV, 764.
Lieou pi s. Lieu pang. IV, 521.
Lieupang, chines. Usurpator. IV, 521.
Ligin, chines. Schimpfname für die Pa phai yao. IV, 771.
Ligor, Malaienstaat, tributär an Siam. IV, 1081. — unbedeutender Hafen in Siam. IV, 803.
Lihao, König von Tongting (1468 bis 1471), gewaltiger Krieger. IV, 976.
Li kien te, König von Tongting (1075). IV, 972.
Li ki li, Königsmörder und Usurpator in Tongting (circa 1400 n. Chr.). IV, 974.
Li=Könige von Tongting. IV, 976.
Li li, Usurpator von Tongting (1422). IV, 975. [Ob = Li ki li?]
Limodorum striatum. IV, 928.
Limpo s. Ningpo. IV, 702.
Lin thsing tschéou. IV, 546.
Lin tsin tcheou, Stadt auf Schantung. IV, 545.
Lin tsin tchoo s. Lin thsing tschéou. IV, 551.
Lin tan kien, chines. Korsarenhäuptling. IV, 860.
Lin tcin s. Lin thsing tschéou. IV, 551.
Liny, ältester Name für Cochin China. IV, 953.
Liot, Bischof von, IV, 971.
Li ouai tao, König von Tongting. IV, 976.
Li pu, das kaiserliche chines. Sittentribunal. IV, 849.
Li Schan s. La Schan. IV, 670.
Li se s. Ly su. IV, 755.
Litseching, chines. Rebell. IV, 524.
Litung, das Innere der Insel Hainan. IV, 891.
Lob Noor s. Lop Nor. IV, 495.
Lockhoï, Stadt auf der Insel Hainan. IV, 889.
Lockun, chines. Ort. IV, 820.
Lo fu Schan, Hochgebirge in Kuangtung. IV, 813.
Lo ha, Berg. III, 1018.
Lo ho, Zufl. zum Hoangho. IV, 510.
Lo hoei hian s. Hoï=thun. IV, 889.
Lohu Ghat, brit. Kantonnement in Kamaun. III, 1032. 1042.
Lolos, wahrscheinlich identisch mit den Papesifu. IV, 765 ff.
* Long=men, Ort am Hoangho. IV, 508.
Long=niang, Usurpator von Cochin China. IV, 987. 989.
Long schia tong, Fl. zum Poyangsee. IV, 670.
* Loquals [l. Loquats], Frucht in China. IV, 707.
Lou choeu vau s. Lui tschéou ju. IV, 818.
Lounsee s. Mourin. IV, 749.
Lousse s. Kormoran. IV, 939.
Lowe, John, engl. Kapit. IV, 1127.

Loxia oryzivora. IV, 888.
* Löwen, ob in Ostindien (?). III, 1020.
Luang Khun. IV, 1125.
Luang phra bang, Distr. von Siam. IV, 1084.
Luen s. Wen-ho. IV, 555.
Luenho, chines. Fl. IV, 546.
Lu eul men, Hafenbau auf Formosa. IV, 870.
Lufterschütterung, bringt bei Temperaturen unter 0° plötzliches Gefrieren hervor. III, 1009.
Lu ho, Zufl. zum Hoangho. IV, 511.
Lukeouho, rechter Zufl. zum Peyho. IV, 514.
Luli paou ta s. Porcellanthurm. IV, 684.
Lung-kuen fu s. Lockhoï. IV, 889.
Lungu, siamesisches Küstenterritorium. IV, 1082.
Lung Schan, eine der Nordverzweigungen des Pe-ling. IV, 511.
* Lung tschi. IV, 494.
Lutra leptonyx. IV, 1107.
Lutschai, chines. Schimpfname für die Pa phai yo. IV, 771.
Luttere. III, 1080.
Ly su, Volk. IV, 755.
Ly tschaou. IV, 503.

M.

Ma (siames.) = Pferd. IV, 1101.
Macao, die felsige Insel vor dem Hafen von Canton. IV, 825. 856. — von dem englischen Admiral Drury eingenommen (1807). IV, 846.
Macartney, Lord, seine Ambassade nach Peking (1792—94). IV, 834.
Macartney-Cap. IV, 540.
Machopo, die chines. Amphitrite. IV, 1031.
Mackintosh, engl. Kapitän, Begleiter auf Macartney's Ambassade. IV, 694.
Mädchenzahl, fünfmal größer als die der Knaben in Cochin China. IV, 968.
* Maekhaun s. Kiulong, Lanthsang Kiang, Kambodja-Strom. IV, 748.
Magaillans, Gabriel de, portug. Pater, seine Reise im Innern von China. IV, 653.
Magnet, als Symbol des chinesischen Meergottes. IV, 566.
Mah-arar. IV, 743.
Mainti, Ort in Yünnan. IV, 749.
Mai tcheou che s. Boa constrictor. IV, 744.
Malanton. IV, 782.
* Malayischer Sprachstamm, seine Ausdehnung. IV, 878.
Man. IV, 777. — Sardellensauce. IV, 1023.
Mandarinen, fehlen auf der Insel Tsung-ming im Takiang, welche daher zu den freiesten Gegenden China's zu rechnen ist. IV, 691.
Mandarinensprache, ganz rein auch vom gemeinsten Manne auf Schantung gesprochen. IV, 544.
Mang, Volkstribus (ob Moang?). IV, 764.
Mangala (M. Polo), Sohn Khublai-Khans. IV, 518.
Mangifera indica, wild auf Pulo-Condor. IV, 1022.
Mangkola s. Mangala. IV, 518.
Manihot s. Jatropha Manikot. IV, 796.
Manis pentedactyla in Siam. IV, 1107.
Mantschao, Stadt auf der Insel Hainan. IV, 888.
Man Ty. IV, 860.
Mc.par, Königreich (chines.) = Indien. IV, 782. [Ob Surate?]
Marbayo-Holz der Malayen s. Metrosideros Amboinensis. IV, 806.
* Marco Polo, seine Reiseroute durch das Alpengebirgsland von West-China, durch die Thäler des Fen-ho, Hoang-ho und Wei-ho, auf der Straße von Peking, gegen SW. über Singan-fu nach

Tsching-tu-fu. in Szü-tschuan, vor dem J. 1280. IV, 513 ff. — Seine lakonische Kürze läßt dennoch in den meisten Fällen den Gegenstand seiner Schilderung auf das Deutlichste anerkennen. IV, 554. — in Yünnan. IV, 736 ff.
* Marmorarten von vorzüglicher Farbenpracht in den Schneegebirgen von Kuei tschéou. IV, 757.
Maronen auf Formosa. IV, 868.
Mas, Münze in Cochin China. IV, 948.
Mascarenhas, Jorge. IV, 783.
Ma scha or ni, chines. Name des Lord Macartney. IV, 849.
Ma tschang hu, See. IV, 554. 561.
Mattos, Pater Gabriel de, Prokurator der Jesuitenmission für die Provinzen des Orients. IV, 959.
Maxwell, M., engl. Kapitän. IV, 542.
Ma yng hang (oder Ma ying hong), d. i. Comtoir des Doppeladlers, Name der österreichischen Faktorei in Canton. IV, 838.
May uen, chines. Feldherr, erobert Tongking im J. 42 n. Chr. für die Han-Dynastie. IV, 913. 977.
Meo-tao, Inselgruppe an der chines. Küste. IV, 541 ff.
Meer, das Gelbe. IV, 537 ff.
Meerblaten. IV, 538.
* Megna-Mündung. IV, 900.
Mei-hian, Stadt am Wei-ho. IV, 510.
Meine, Canton der Miosse. IV, 772.
Melonen, vorzügliche in Cochin China. IV, 928.
Menam, Menan, d. i. Mater aquarum (siames.). IV, 1066.
Menan kung (d. i. großer Strom in der Sprache der Miao tseu). IV, 765.
* Meng, die Hauptstadt der Laos. IV, 1219 ff.
Meng hoa, unabhängiger Canton von Yünnan. IV, 753.
Meng meng, König von Cochin China. IV, 992.
* Menschenfleisch. in Zeiten der Hungersnoth auf öffentl. Markte verkauft in Cochin China. IV, 987.
Metallpyramiden, geweihte, des Fo, Handelsartikel der Sifan. IV, 506.
Metallreichthum von Yünnan. IV, 754.
* Meteoreisenmasse auf Formosa. IV, 868.
Metetschuen (Ort)? IV, 764.
Metrosideros Amboinensis. IV, 806.
Mi, d. i. Mutter, in Kambodja. IV, 983.
Mian-hian. IV, 521.
* Miao, d. i. Tempelkloster. IV, 503. (Vergl. IV, 197. 203. 204.)
Miao-Min. IV, 760.
* Miao-tseu, die Aboriginer in Süd-China. IV, 758 ff.
* Milch, ebenso wie rohes Blut der Thiere verabscheut in Cochin China. IV, 967.
Milchbaum auf Pulo Condor [ob eine Euphorbia?]. IV, 1023.
Min, Fl. in China. IV, 776.
* Mingan, chines. Station. IV, 776.
Ming kin s. Mangala. IV, 518.
Minhmieh (d. i. glanzvolles Ziel) s. Mengmeng. IV, 993.
Mischlingsnamen s. Morgenländer, Sifan, Skythen. IV, 502.
Mi tyo s. Win cheng. IV, 914.
Moang le. IV, 765.
Moang man. IV, 765.
Moang ping tsching maï. IV, 765.
Moang yung. IV, 765.
Moh ih, chines., d. i. Tauschhandel. IV, 844.
Mokan s. Mackhaun. IV, 1051.
Mola Zanda s. Santa. IV, 749.
Mollusken, eßbare. IV, 1035.
Monçaos (port., d. i. motiones aëris), Ursprung des Namens Moussons. IV, 1088.
Mengsche. IV, 733.
Montradak, Goldbezirk an der Wküste von Borneo. IV, 801.
* Moros, d. i. Araber. IV, 838.
Morrison, Dr., sein großes chinesisches Wörterbuch. IV, 856.

Moschus javanicus, * pygmaeus. IV, 1107.
Mouchin, chin. Feldherr. IV, 974.
Mount-Ellis an der chines. Küste von Schantung. IV, 543.
Mourin, chines. Grenzstadt in Yünnan. IV, 749.
* Moussons, Ursprung des Namens. IV, 1088.
Mow, chines. Ackermaaß. IV, 754.
Mowan s. Mourin. IV, 749.
Moxa, Handelsartikel in Canton. IV, 837.
Mu (siames.) = Schwein. IV, 1101.
Muan. IV, 1125.
Muang lai, Stadt im Siamgolf. IV, 1080.
Muang-mai, Stadt im Siamgolf. IV, 1080.
Mu hu fu (chines.), d. i. Magier, Guebern. IV, 813.
Mu kang Schan, d. i. Waldberg, auf Formosa. IV, 867.
Mulao, d. i. Holzratten, s. freie Miao. IV, 770.
Munningchao, Prov. von Tongking. IV, 921.
Murui-ussu. IV, 651.
Wurus-ussu. IV, 651.
* Musa troglodytarum. IV, 1032.
* Muscatnuß, wild auf Pulo Condor. IV, 1023.
Mu-yao (chines., d. i. = mauvais sujets). IV, 766.
Mya, sehr schöne durchsichtige Perlmutter-Arten in Tongking. IV, 942.

N.

Naipan. IV, 1125.
Nairo. IV, 1125.
Naisip. IV, 1125.
Namao s. Namo, Nan Gaou. IV, 817.
Namo s. Nan Gaou. IV, 817.
Nam sching, Stadt. IV, 823.
Nanaou, Jahreszeit in Siam.
Nanche, d. i. die Südschlange, Boa constrictor. IV, 744. IV, 1087.
* Nando Kando, See am Ostufer des Irawadi. IV, 737.
Nan Gaou, Insel; Grenzhafen zwischen Kuangtung und Fukian. IV, 814 ff.
Nangua (span.) s. Artocarpus integrifolia. IV, 871.
Nan kiao, alter Name für Tongking. IV, 972.
Nan ngo tching s. Namo. IV, 817.
Nan taen tsan s. Mainti. IV, 749.
Nan tschao. IV, 733.
Nan tsze, Stadt auf der Insel Namo. IV, 817.
Nanvouli. IV, 782.
Nan-wang, See. IV, 562.
Nan-wang-hu. IV, 554. 561.
Nan-wang-nan-tscha. IV, 561.
Nan yuen ho. IV, 558.
Nao, Wurzelart in Cochin China. IV, 930.
Narôn, Jahreszeit in Siam. IV, 1087.
Narôn-jai, Jahreszeit in Siam. IV, 1087.
Nase, Abschneiden derselben, als Kriminalstrafe bei den Sifan. IV, 505.
Naukratis. IV, 838.
Naumarchien, chines. IV, 518.
Navang. IV, 782.
* Nebel der chines. See. IV, 538.
Nectarinen, Frucht in China. IV, 707.
* Negrais, Cap, geogr. Lage. IV, 899.
* Neuhof (J.), holländischer Ambassadeur in China. III, 231. IV, 532.
Nga-Bay (d. i. die 7 Mündungen s. Pingeh). IV, 1042.
Ngannan s. Tunkin. IV, 733.
Ngan ping tsching auf Formosa. IV, 862.
* Ngan si fu s. Si ngan fu. IV, 517.
Ngan-tschan-tscha. IV, 556 f.
Nhac s. Tayson̄g. IV, 986. 990.
Nhatrang, Provinz von Cochin China. IV, 916.

Nieou-tschao-Khy, Fl. auf Formosa. IV, 869.
* Nil-Delta. IV, 526.
Nimpo s. Ningpo. IV, 702.
Ning kiang ho s. Lohoang, Ukiang. IV, 661.
Ningguta, chines. Stadt. IV, 443.
Ningpo, chinesischer Hafenort. IV, 700 ff.
* Niti, Dorf. III, 1006.
Noah, der, von Kaschmir, s. Kasyapa. III, 1094.
Noddies. IV, 1036.
Nom khu eu bachi, die große Gebirgskette. III, 410. 415. IV, 500.
Nou y s. Nui. IV, 755.
Nowhut Khana. VI, 1146.
* Nui, Volk. IV, 755.
Nuk mang (d. i. Süßwasser-Ort). IV, 1015.
* Nymphäen-Arten, verschiedene, in China. IV, 564.

O.

Oron, Hirschart. IV, 444.
Orotchon s. Oruntschun. IV, 444. 460.
Oruntschun, Völkerst. IV, 444. 460.

P.

Patrik (St.)-Pik des Himalaya. III, 951.
Petuna, chines. Stadt. IV, 443. [Ob Petung zu lesen?]
Pinto, Mendez. IV, 1061.

R.

Rennthier-Tungusen s. Orotchon. IV, 460 ff.

Kolibri 360 GmbH
Ferdinand-Jühlke-Straße 7
99095 Erfurt, Deutschland
produktsicherheit@kolibri360.de